Industrial Engineer Machinery Maintenance

기계정비산업기사
【필기】

마용화 저

Preface
첫머리에

4차 산업시대를 앞두고 공장자동화설비가 확산됨에 따라 고정밀도, 고성능, 다기능을 갖춘 산업기계 설비가 제조업 분야로 확대되고 있고, 향후 무인화공장도 출현할 전망입니다. 이러한 기계화 추세에 따라 기계정비분야에서도 전문 기능인력이 필요할 것으로 보입니다.

기계정비산업기사의 주요 업무는 산업활동에서 쓰이고 있는 각종 설비와 기계에 의한 사고를 미리 방지하기 원할한 기계가공을 위해서 기계설비를 체크하고 점검, 분해, 보수, 정비하는 일을 수행합니다. 또한 생산설비를 유지하고 관리하는 지도적인 업무를 합니다.
이에 기계정비산업기사 자격 취득 후 각종 설비 및 기계 제작업체 또는 수리업체, 대규모 생산설비를 이용하여 공업제품을 양산하는 업체, 금속소재 업체 등으로 진출가능합니다.

이 책은 교단과 현장에서의 경험을 토대로 기계정비산업기사 자격을 취득하고자 하는 독자들을 위하여 다음과 같은 내용으로 책을 집필하였습니다.

1. 한국산업인력공단의 최근 개정된 출제기준과 기출문제 유형 분석을 통하여 핵심적인 이론 내용을 정리하고 이에 따른 출제 예상문제를 엄선하여 수록하였습니다.
2. 삽화 및 일러스트를 본문에 삽입하여 이론 내용을 좀 더 효과적으로 습득할 수 있도록 하였습니다.
3. CBT 변경 이전 한국산업인력공단이 주관하여 시행한 최근 10년간의 기출문제를 상세한 해설과 함께 수록함으로써 문제은행 방식의 필기시험에 쉽게 대비할 수 있도록 하였습니다.

내용의 오류가 없도록 세심히 정성을 다했지만 혹 미비한 부분이 있어 불편함이 있다면 독자 여러분들의 조언과 충고를 통해 차후 보다 나은 내용으로 수험생 여러분들에게 찾아뵐 것을 약속드리며 여러분들에게 합격의 영광이 있기를 진심으로 기원합니다.

저자 드림

자격시험안내 및 출제기준

■ 수행직무

산업활동에 쓰이는 각종 설비 및 기계에 의한 사고를 미연에 방지하고 원활한 기계가공을 위해 각종 기계설비를 점검·분해·보수·정비 업무 또는 생산설비를 유지·관리하는 지도적인 기능 업무

필기과목	주요항목	세부항목	미세항목
1. 공유압 및 자동화 시스템(20문항)	1. 유공압	1. 유공압의 개요	① 기초 이론 ② 유공압의 원리 ③ 유공압의 특성
		2. 유압기기	① 유압 펌프 ② 유압 제어밸브 ③ 유압 액추에이터 ④ 유압 부속장치
		3. 공압기기	① 공압 발생장치 ② 공압 제어밸브 ③ 공압 액추에이터 ④ 공압 부속기기
		4. 유공압기호	① 유압기기 표시법 ② 공압기기 표시법
		5. 유공압회로	① 기본 회로 ② 실제 회로
	2. 자동화 시스템	1. 자동화 시스템의 개요	① 자동화 시스템의 개요 ② 제어와 자동제어
		2. 센서	① 센서의 개요 ② 신호처리 ③ 물체감지 및 검출센서
		3. 액추에이터	① 액추에이터의 개요 ② 선형운동 액추에이터 ③ 회전운동 액추에이터 ④ 핸들링
		4. 자동화 시스템 회로구성	① 동작상태 표현법 ② 프로그램 및 제어방법 ③ 프로그램 메모리
		5. 자동화시스템의 유지보수	① 자동화시스템 유지보수의 개요 ② 자동화시스템 유지보수 방법

■ 취득방법
  1. 시 행 처 : 한국산업인력공단
  2. 시험과목
     • 필기 : ① 공유압 및 자동화시스템, ② 설비진단 및 관리, ③ 공업계측 및 전기전자제어, ④ 기계정비 일반
     • 실기 : 기계정비작업
  3. 검정방법
     • 필기 : 객관식 4지 택일형, 과목당 20문항(과목당 30분)
     • 실기 : 작업형(약 6시간)
  4. 검정방법 및 합격기준
     • 필기 : 100점을 만점으로 하여 과목당 40점 이상, 전과목 평균 60점 이상
        (즉, 1과목당 8개 이상 48문항이 정답이어야 함 – 평균점이 높아도 1과목이라도 7개 이하면 과락처리)
     • 실기 : 100점을 만점으로 하여 60점 이상

필기과목	주요항목	세부항목	미세항목
2. 설비진단 및 관리(20문항)	1. 설비진단	1. 설비진단의 개요	① 설비진단 기술의 개요 ② 설비진단 기법
		2. 진동이론	① 진동의 기초 ② 진동의 물리량 ③ 기계 진동
		3. 진동측정	① 진동측정의 개요 ② 진동측정 시스템 ③ 진동측정용 센서
		4. 소음이론과 측정	① 소음의 개요 ② 소음의 물리적 성질 ③ 음의 발생과 특성
		5. 진동소음 제어	① 기계진동 방지대책 ② 공장소음 방지대책 ③ 공장진동과 소음의 발생음
		6. 회전기계의 진단	① 회전기계 진단의 개요 ② 회전기계의 간이진단 ③ 회전기계의 정밀진단
		7. 윤활관리 진단	① 윤활의 개요 ② 윤활의 종류와 특성 ③ 윤활제의 급유·급지법 ④ 윤활유의 열화와 관리기준
	2. 설비관리	1. 설비관리 개론	① 설비관리의 개요 ② 설비의 범위와 분류 ③ 설비관리의 조직과 구성원
		2. 설비계획	① 설비계획의 개요 ② 설비배치 ③ 설비의 신뢰성 및 보전성 관리 ④ 설비의 경제성 평가 ⑤ 정비계획 수립방법

필기과목	주요항목	세부항목	미세항목
		3. 설비보전의 계획과 관리	① 설비보전과 관리 시스템 ② 설비보전 조직과 표준 ③ 설비보전의 본질과 추진방법 ④ 설비의 예방보전 ⑤ 공사관리 ⑥ 보전용 자재관리와 보전비 관리 ⑦ 보전작업관리와 보전효과 측정
		4. TPM	① TPM의 개요 ② 설비효율 개선방법 ③ 만성손실 개선방법 ④ 제조부문의 자주보전 활동 ⑤ 보전부문의 계획 보전활동 ⑥ 품질개선 활동 ⑦ 생산관리
3. 공업계측 및 전기 전자제어(20문항)	1. 공업계측	1. 공업계측의 개요	① 계측의 개요와 단위
		2. 센서와 신호변환	① 센서의 정의 ② 센서의 신호변환
		3. 공업량의 계측	① 온도계측 ② 압력계측 ③ 유량계측 ④ 액면계측
		4. 변환기	① 계측신호 변환기
		5. 조작부	① 제어밸브 ② 제어밸브의 구동부 ③ 포지셔너
		6. 프로세스 제어	① 프로세스 제어 ② 공업량의 제어 ③ 조절계의 제어동작
	2. 전기제어	1. 전기기초	① 전류 ② 전압 ③ 저항 ④ 직류와 교류회로
		2. 교류회로	① 정현파 교류 ② 다상 교류
		3. 시퀀스제어	① 시퀀스 제어기초 및 기기 ② 시퀀스 제어회로
	3. 전자제어	1. 전자이론	① 반도체 소자 ② 다이오드 ③ 트랜지스터 ④ 연산증폭기

필기과목	주요항목	세부항목	미세항목
		2. 논리회로	① 논리회로 ② 논리의 표현
4. 기계정비일반 (20문항)	1. 기계정비용 공기구 및 정비 점검	1. 정비용 공기구 및 재료	① 정비용 측정기구 ② 정비용 공기구 ③ 정비용 재료
		2. 기계요소 점검 및 정비	① 체결용 기계요소 ② 축의 취급과 정비 ③ 축이음 ④ 기어 전동장치 ⑤ 벨트체인 전동장치 ⑥ 관이음 정비 ⑦ 센터링
	2. 기계장치점검, 정비	1. 기계장치 점검과 정비	① 통풍기 ② 송풍기 ③ 압축기 ④ 감속기 및 변속기 ⑤ 전동기 정비
		2. 펌프장치	① 펌프의 종류 및 특성 ② 펌프의 구조 ③ 캐비테이션 ④ 수격현상 ⑤ 펌프의 운전 ⑥ 펌프의 보수관리 ⑦ 펌프의 정비작업
		3. 기계의 분해조립	① 기계의 분해조립 ② 열박음

제1장 공유압 및 자동화 시스템

Section 01 | 공유압
- 01 공유압 개요 … 12
- 02 공압장치 … 15
- 03 유압장치 … 21
- 04 공유압 기호 … 27
- 05 공유압 회로 … 29

Section 02 | 자동화 시스템
- 01 자동화 시스템의 개요 … 31
- 02 센서 … 33
- 03 액추에이터(Actuator) … 35
- 04 자동화 시스템 회로 구성 … 37
- 05 자동화 시스템의 보수 유지 … 40

출제예상문제 … 43

제2장 설비진단 및 관리

Section 01 | 설비진단
- 01 설비진단의 개요 … 58
- 02 진동 이론 … 59
- 03 진동 측정 … 60
- 04 소음이론과 측정 … 61
- 05 소음진동 제어 … 62
- 06 회전기계의 진단 … 64
- 07 윤활관리 진단 … 65

Section 02 | 설비관리
- 01 설비관리 개론 … 68
- 02 설비계획 … 69
- 03 설비보전의 계획과 관리 … 72
- 04 종합적 생산보전(TPM) … 74

출제예상문제 … 77

제3장 공업계측 및 전기 · 전자제어

Section 01 | 공업계측
- 01 계측의 개요와 단위 … 94
- 02 센서와 신호변환 … 95
- 03 공업량의 계측 및 변환기 … 97
- 04 조작부 … 99
- 05 프로세스 제어 … 102

Section 02 | 전기제어
- 01 전기 기초 … 105
- 02 교류 회로 … 106
- 03 전기 기기 … 107
- 04 시퀀스 제어 … 110

Section 03 | 전자제어
- 01 전자 이론 … 112
- 02 연산 증폭기 및 논리의 표현 … 114

출제예상문제 … 116

제4장 기계정비일반

Section 01 | 기계정비용 공기구 및 정비점검
- 01 정비용 공기구 및 재료   132
- 02 기계요소 점검 및 정비   136

Section 02 | 기계장치의 점검 및 정비
- 01 기계장치 점검과 정비   145
- 02 펌프장치   149
- 03 기계의 분해조립   152

출제예상문제   154

제5장 최근기출문제

2011년 제1회 기출문제	166
2012년 제1회 기출문제	178
2012년 제2회 기출문제	189
2012년 제3회 기출문제	201
2013년 제1회 기출문제	212
2013년 제2회 기출문제	224
2013년 제3회 기출문제	236
2014년 제1회 기출문제	248
2014년 제2회 기출문제	260
2014년 제3회 기출문제	272
2015년 제1회 기출문제	284
2015년 제2회 기출문제	295
2015년 제3회 기출문제	306
2016년 제1회 기출문제	317
2016년 제2회 기출문제	329
2016년 제3회 기출문제	340
2017년 제1회 기출문제	352
2017년 제2회 기출문제	363
2017년 제3회 기출문제	374
2018년 제1회 기출문제	385
2018년 제2회 기출문제	398
2018년 제3회 기출문제	410
2019년 제1회 기출문제	422
2019년 제2회 기출문제	434
2019년 제3회 기출문제	446
2020년 제1·2회 통합기출문제	459
2020년 제3회 기출문제	471

CHAPTER 01

공유압 및 자동화 시스템

Section 01 공유압
Section 02 자동화 시스템

SECTION 01 공유압

STEP 01 공유압 개요

1. 기초이론

(1) SI 단위

구분	설명
힘	• $1N = 1kg \times 1m/s^2$ • $1dyn = 1g \times 1cm/s^2 = 1/10^5 kg \cdot m/s^2 = 1/10^5 N$
일	• $1kgf \cdot m = 9.8N \cdot m = 9.8J (1kgf = 9.8N)$ • $1erg = 1 \, dyn \cdot cm$ • $1J = 1 N \cdot m = 10^7 dyn \cdot cm = 10^7 erg$
동력	• $1HP(ps) = 75kgf \cdot m/sec$ • $1KW = 102kgf \cdot m/sec$ • $1W = 1J/sec = 1N \cdot m/sec = 1/9.8kgf \cdot m/sec$
압력	• $1Pa = 1N/m^2 = 1/9.8kgf/m^2$ • $1bar = 10^5 Pa$

(2) 공기의 조성 및 평균 분자량

- 질소(N_2) : 78%
- 산소(O_2) : 21%
- 아르곤(Ar)과 기타 : 1%

> **공기의 평균 분자량**
> = $(28 \times 0.78) + (32 \times 0.21) + (40 \times 0.01)$
> = $28.96 ≒ 29$

> **표준 대기압 단위**
> = $1.0332kg/cm^2$ = $14.7 \, lb/in^2$
> = $1atm$ = 1기압
> = $1.01325 \, bar$ = $1013.25 mbar$
> = $10.332 mH_2O$ = $10.332 Aq$
> = $76cm \, Hg$ = $30in \, Hg$
> = $101325 \, Pa$ = $101325 \, N/m^2$
> = $101.325 \, kPa$ = $101.325 \, kN/m^2$

(3) 대기압 : 지구 표면상의 모든 물체가 받는 압력

(4) 압력의 종류 (단위 : kg/cm^2)

구분	설명
게이지압력 (Gauge press)	대기압을 '0'으로 하여 측정한 압력
절대압력 (Absolute press)	완전 진공을 '0'으로 하여 측정한 압력
진공압력 (cmHgV, inHgV)	대기압 이하의 압력

- 절대압력 = 대기압 + 계기압력 = 국소 대기압 − 진공압
- 진공압 = $1.0332kg/cm^2 \times (1 - \dfrac{h}{76})$

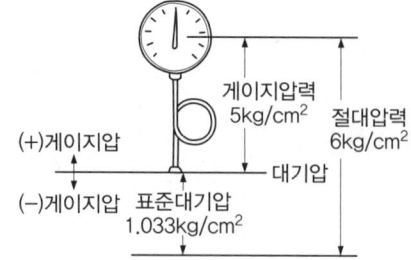

(5) 온도와 습도

1) 섭씨온도 · 화씨온도 · 절대온도

구분	설명
섭씨온도 (°C)	대기압 상태에서 물의 빙점을 0°C, 비등점을 100°C라 하고 그 사이를 100 등분한 다음 눈금 하나를 1°C로 정한 온도
화씨온도 (°F)	대기압 상태에서 물의 빙점을 32°F, 비등점을 212°F라 하고 그 사이를 180 등분한 다음 눈금 하나를 1°F로 정한 온도
절대온도 (°K)	-273°C를 기준으로 측정한 온도

- °K (섭씨 절대온도) = 273 + °C
- °R (화씨 절대온도) = 460 + °F

2) 노점온도(Dewpoint Temperature)

습공기 중에 포함되어 있는 수증기가 포화 수증기압력 이상이 되면 수증기는 유리되어 이슬로 된다. 즉, 이슬이 맺히는 온도, 습공기의 수증기 분압과 동일한 분압을 갖는 포화 습공기의 온도이며 이 현상을 이용하여 공기 중의 수분을 제거할 수 있다.

3) 상대습도와 절대습도

구분	설명
상대습도 (Relative Humidity)	• 수증기 분압과 동일온도의 포화습공기 수증기 분압의 비 • $1m^3$의 습공기 중에 함유된 수분의 중량과 이와 동일한 $1m^3$ 포화습공기 중에 함유된 수분의 중량과의 비이다.
절대습도 (Specific Humidity)	• 습공기 중에 포함되어 있는 건공기 1kg에 대한 수증기의 중량으로 나눈 값 (즉, 건공기 1kg에 대한 수증기의 중량을 말한다.) • 절대습도는 가습, 감습이 없이 냉각 가열만 할 경우에는 변하지 않는다.

(5) 완전가스(이상기체)

1) 보일의 법칙(Boyle's law)

온도가 일정한 경우 체적은 절대압력에 반비례한다.

$$P_1 \times V_1 = P_2 \times V_2 \ (T_1 = T_2)$$

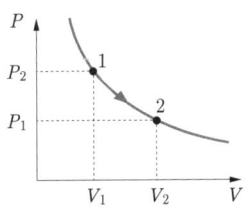

[보일의 법칙]

2) 샤를의 법칙(Charle's law)

압력이 일정한 경우 완전가스 체적은 절대온도에 정비례한다.

$$\frac{V_1}{T_1} = \frac{V_2}{T_2} \ (P_1 = P_2)$$

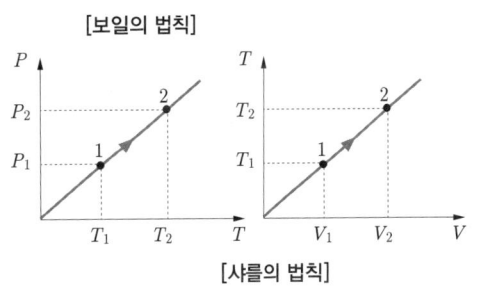

[샤를의 법칙]

3) 보일-샤를의 법칙

완전가스 체적은 절대압력에 반비례하고 절대온도에 정비례한다.

$$\frac{P_1 \times V_1}{T_1} = \frac{P_2 \times V_2}{T_2}$$

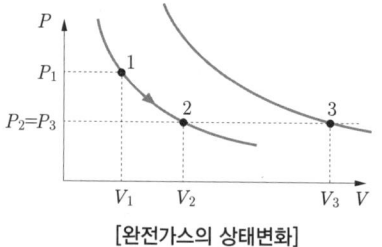

[완전가스의 상태변화]

☞ 보일-샤를의 법칙은 공기압 또는 유압 탱크 내의 체적과 압력관계를 다루는 것으로 자주 출제되며, 앞으로도 계속 출제빈도가 높으므로 반드시 숙지한다.

4) 이상기체 상태 방정식

$$P \times V = G \times R \times T$$

P : 압력(kg/m²), V : 체적(m³), G : 질량(kg)
R : 기체상수(848/M) (kg·m/kg·°k) (M : 분자량)
T : 절대온도 (°k)

이상기체와 실제기체의 차이점
- 이상기체는 분자간의 인력이 없으나, 실제기체는 분자간의 인력이 있다.
- 이상기체는 온도가 낮아져도 액화가 불가능하나, 실제기체는 액화가 가능하다.

공기의 상수 표기
- 29.27 kg·m/kg·°k
- 29.27×9.8 = 287J/kg·°k (1kgf = 9.8N)

3. 공·유압장치의 특성

	장점	단점
공압	• 레귤레이터를 이용하여 실린더의 출력을 조절할 수 있다. • 무단계로 작업속도를 조절함으로서 변경이 가능하다. • 힘의 증폭이 용이하고 에너지 축적이 가능하다. • 고속 작동이 가능하고 인화의 위험이 없다.	• 응답속도가 느리며 소음이 심하다. • 정밀한 속도 조절이 곤란하여 효율이 저하된다. • 큰 힘을 얻을 수 없어 대용량에는 부적합하다.
유압	• 동작속도를 자유로이 변환할 수 있다. • 전기적인 조작과 조합이 간단하다. • 충격이나 진동을 용이하게 감쇄시킨다. • 원격조작이 가능하다. • 입력에 대한 출력의 응답이 빠르다. • 공기압에 비하여 조작이 안전하고, 조절이 용이하다.	• 모든 기계장치에는 동력원이 필요하다. • 작동유에 의한 인화 폭발의 위험이 있다. • 배관 이음부 등에서 기름의 누유의 우려가 있고 환경오염이 될 수 있다. • 펌프 및 동력원의 소음이 심하다.

STEP 02 공압장치

1. 공압 장치의 기본구성

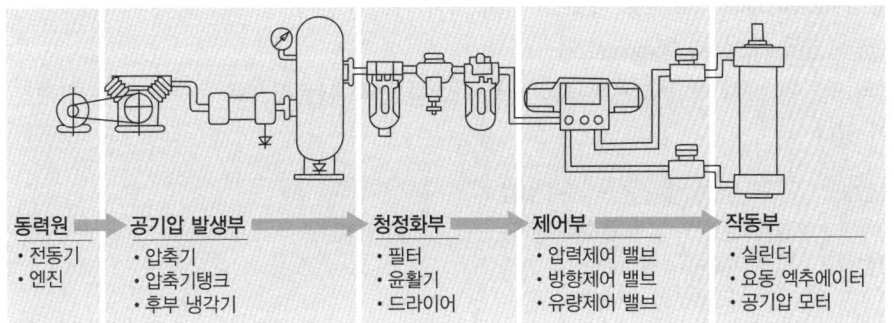

① 동력원 : 전동기, 엔진
② 공기압 발생부 : 압축기, 탱크, 후부 냉각기
③ 청정화부 : 필터, 윤활기(lubricator), 드라이어
④ 제어부 : 압력제어밸브, 유량제어밸브, 방향제어밸브
⑤ 작동부 : 실린더, 요동 액추에이터, 공기압 모터, 회전 작동기

2. 공기압 발생부

(1) 공기 압축기(Air Compressor)

공기를 압축하여 압력을 높이는 역할을 한다.

공기 압축기의 종류
왕복식 압축기 | 회전식 압축기 | 스크류식 압축기

1) 왕복식 압축기

① 피스톤 압축기 : 피스톤의 왕복운동으로 공기를 압축하여 압력을 상승시키는 역할을 하며 고압을 얻을 수 있다.
② 다이어프램(격판)식 압축기 : 흡입, 토출구와 피스톤 사이에 격판이 설치되어 있으며 피스톤이 직접 공기와 접촉하지 않으므로 오일이 공기 중에 혼입될 우려가 없다.

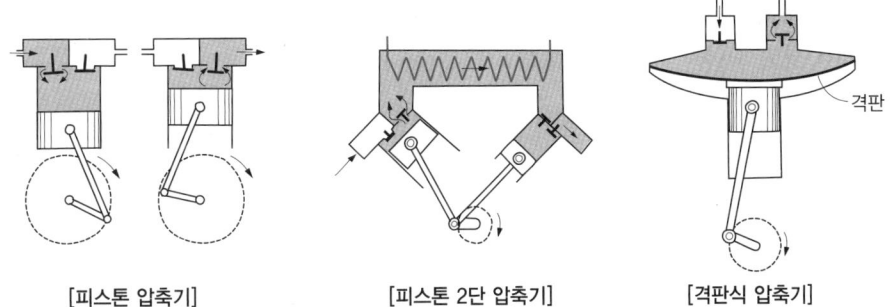

[피스톤 압축기]　　　　[피스톤 2단 압축기]　　　　[격판식 압축기]

2) 회전식 압축기(Rotary Compressor)

회전자(rotor)의 회전에 의해 가스를 압축하는 방식으로 오일 쿨러가 있다. 압축기가 완전한 회전수에 달하기 전에는 블레이드는 원심력이 작아져 실린더에 꼭 밀착할 수 없으므로 가동시에는 압축이 행하여지지 않으므로 기동 시 전력 소비가 적게 든다.

3) 스크류식 압축기(Screw Compressor)

2개의 맞물린 나사 형상의 로터 회전으로 가스를 압축하는 것으로 구동할 때는 정해진 회전방향이 있다.

특징	설명
장점	• 토출가스온도가 낮아 윤활유 열화, 탄화의 우려가 적다. • 용량에 비하여 소형이다. • 마찰, 마모 부분이 적다.
단점	• 공기와 기름이 같이 압축하므로 기름 소비가 많다. • 고속회전이므로 소음이 크고 음향에 의하여 고장발견이 어렵다. • 전력소비가 크고 가격이 비싸며 용량제어 시 효율저하가 크다.

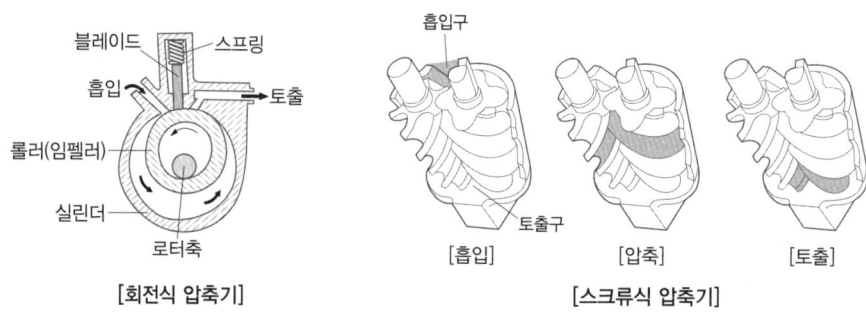

[회전식 압축기]   [스크류식 압축기]

(2) 압축공기 조정장치

1) **로드리스(rodless) 실린더** : 제한된 공간상에서 긴 행정거리가 요구되는 곳에서 사용하며 외부와 피스톤 사이의 강한 자력에 의해 운동을 전달하므로 내·외부의 실링효과가 우수하고 비접촉식 센서에 의하여 위치제어가 가능

2) **공기압력 조정 유닛** : 공기압력 시스템에서 배관 흡입측에 설치하여 양질의 공기를 공급하는 것으로 압축 공기 필터, 압축 공기 조절기, 압축공기 윤활기 등이 조합된 것이다.

3) **윤활기(lubricator)** : 공기압 실린더나 밸브 등 활동부분의 작동을 원활하게 하기 위하여 윤활제를 공급하는 장치이다.

> **윤활제 사용 목적**
> • 발열 제거
> • 마모 방지
> • 누설 방지
> • 패킹재료 보호

2. 제어밸브

(1) 압력 제어밸브

구분	설명
릴리프 밸브	• 공압회로 내의 압력이 이상 상승하면 이를 배기시켜 회로 내의 압력을 일정하게 유지 • 종류 : 직동형, 내부 파일럿형, 외부 파일럿형 **구비 조건** • 응답성이 좋아야 한다. • 진동·소음이 작아야 한다. • 누설이 작아서 압력 변화 특성이 좋아야 한다.
감압밸브 (레귤레이터)	• 회로 내의 2차 압력에 관계없이 감압된 후의 1차 압력을 일정하게 유지하는 압력 제어밸브이다. • 종류 : 직동형(릴리프형, 논 릴리프형, 블리드형), 내부 파일럿형, 외부 파일럿형
시퀀스 밸브	주 회로의 압력을 일정하게 유지하면서 조작의 순서를 제어할 때 사용한다.
카운터 밸런스 밸브	액추에이터에 외력이 가해지는 경우에 탱크 측으로 순환라인에 취부되어 외력에 의하여 액추에이터가 무제한 상태로 움직이는 것을 방지한다.
무부하 밸브	• 작동압이 규정압력 이상으로 달하였을 경우 무부하 운전을 하여 배출하고 이하가 되면 밸브를 닫고 다시 작동한다. • 열화방지 및 동력절감 효과가 있다.
압력 스위치	• 종류 : 다이어프램형, 벨로즈형, 브르돈관형, 피스톤형
안전밸브	용기나 배관에서 규정압력 이상으로 상승하게 되면 용기나 배관의 파열이 우려가 되므로 이때 상승된 압력을 외기나 탱크로 되돌려 파손을 방지한다.

(2) 방향 제어밸브

구분	설명
방향변환밸브	• 종류 : 2포트 2위치 밸브, 3포트 2위치 밸브, 4포트 2위치 밸브, 5포트 2위치 밸브, 4포트 3위치 밸브, 5포트 3위치 밸브 **포트 수와 위치 수** • 포트(port)의 수 : 밸브에 뚫려있는 개구의 수 • 위치의 수 : 공기압의 흐름을 변환한다는 것은 제어밸브의 복수상태를 말하며 이 변환상태를 위치라 하고 2종류의 변환 상태를 2위치라 한다.
클로즈드 센터형 (closed center type)	3위치 4방향 제어밸브 중 중간 정지용으로 사용할 수 있고 밸브의 전환 시 서지압이 발생될 수 있는 밸브
체크밸브	스윙형과 리프트형이 있으며 수평배관, 수직배관에 모두 사용할 수 있는 것은 스윙형이며 리프트형은 수평배관에만 사용해야 한다.
스톱밸브	밸브 시트에 밀착할 수 있는 밸브본체를 나사봉에 설치하여, 여기에 핸들을 설치하고 밸브본체의 상·하 움직임이 가능하도록 해서 유체의 흐름을 완전하게 개폐하도록 하는 밸브로 글로우브 밸브, 앵글밸브가 해당된다.
셔틀밸브	공기압 회로를 구성할 때 두 방향 이상의 방향으로부터 흐름을 하나로 합칠 때 사용되며 밸브 입구가 2개이며 출구는 하나이다.

[방향제어 밸브의 기능에 의한 분류]

종류		KS 기호	관로의 기능		
포트수	제어위치의 수		1	2	3
2포트	2위치				
3포트	2위치				
	3위치 (올포트 블록)				
4포트	2위치				
	3위치 (올포트 블록)				
	3위치 (ABR 접속)				
	3위치 (PAB 접속)				
5포트	2위치		기능은 4포트 밸브와 같으나 A, B의 개별 토출 포인트 R1, R2가 있다.		
	3위치 (올포트 블록)				

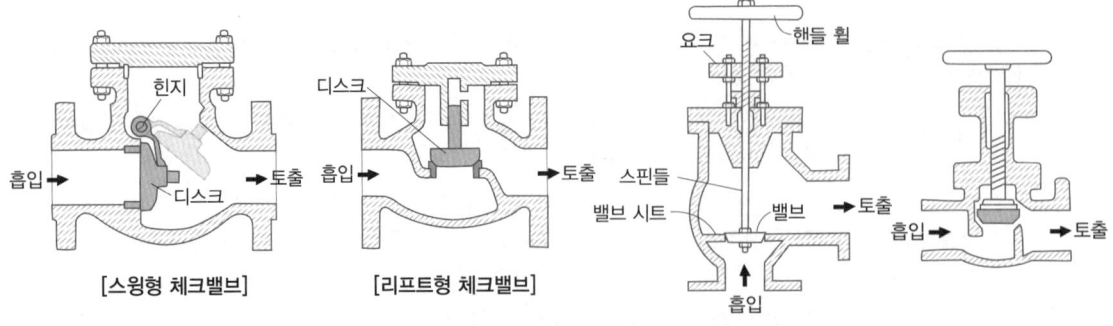

[스윙형 체크밸브]   [리프트형 체크밸브]   [앵글형 스톱밸브]   [글로브형 스톱밸브]

(3) 공압제어밸브
  (1) **교축밸브** : 스로틀(Throttle) 밸브는 교축작용에 의하여 공기량을 조절하는 밸브
  (2) **속도제어밸브** : 교축밸브와 체크밸브가 병렬로 조합되어 일체화된 것으로 주로 공기압 실린더의 속도 제어에 사용되고 있다.
    ① 미터 인(meter in) 회로 : 입구측 관로에 공기량을 교축하여 작동속도를 조절하는 방식
    ② 미터 아웃(meter out) 회로 : 출구측 관로에 공기량을 교축하여 작동속도를 조절하는 방식
    ③ 블리드 오프 회로 : 공기량의 일부를 외부로 배출시켜 실린더의 속도를 제어하는 방식

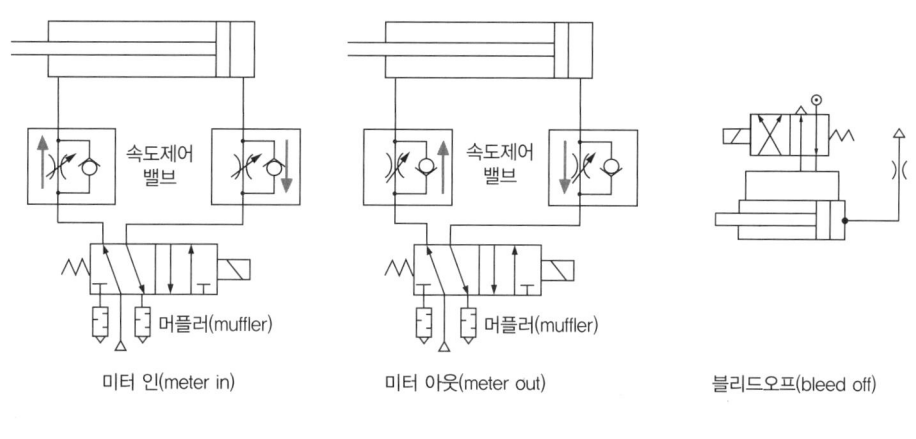

[속도제어 방식]

3. 공기압 작업요소

(1) 실린더
  1) 단동 실린더
    ① 행정거리가 짧고 귀환 장치가 내장되어 공기 소요량이 작다.
    ② 종류 : 피스톤형, 벨로스형, 다이어프램형 등
  2) **복동 실린더** : 전·후진 모두 할 수 있으며, 전·후진 운동 시 힘의 차이가 있으며 행정거리가 길다.
    ① 양로드형 실린더 : 양쪽 방향으로 작동하는 힘이 동일하다.
    ② 탠덤 실린더 : 단계적으로 출력제어가 가능하며 큰 위치 에너지를 얻을 수 있다.
    ③ 충격 실린더 : 상당히 큰 충격 에너지를 얻을 수 있으며 속도는 7.5~10m/s까지 얻을 수 있다.
    ④ 다위치 제어 실린더 : 정확한 위치를 제어할 수 있다.
    ⑤ 쿠션 내장형 실린더 : 충격을 완화할 때 사용한다.
  3) 기타 실린더
    ① 텔레스코프 실린더 : 로드의 전장에 비해 긴 행정(stroke)을 얻을 수 있다.
    ② 램형 실린더 : 좌굴 등 강성을 요구할 때 사용한다.
    ③ 브레이크 부착 실린더 : 위치, 속도제어를 요구할 때 사용한다.

(2) 공압 모터

1) **공압 모터의 종류** : 베인형, 피스톤형, 기어형, 터빈형
2) **장점**
   ① 과부하 시 폭발 등의 위험성이 없으므로 안전하다.
   ② 에너지 축적으로 정전 시에도 작동이 가능하다.
   ③ 회전수, 토크를 자유로이 조절할 수 있다.
   ④ 기동, 정지, 역회전에도 자연스럽게 작동한다.
3) **단점**
   ① 에너지 변환효율이 낮다.
   ② 압축성 때문에 제어성이 나쁘다.
   ③ 회전속도의 변형이 크므로 고정도를 유지하기 어렵다.
   ④ 소음이 크다.

4. 부속기기

(1) 공기건조기(제습기)의 종류

1) **냉동식 건조기** : 공기를 강제로 냉각하여 수증기를 노점온도 이하로 낮추어 응축시켜 제거하는 방법으로 공기건조기 입구온도가 40℃를 넘지 않도록 주라인 필터 이후에 설치하는 것이 좋다.
2) **흡착식 건조기** : 습기에 대하여 친화력을 갖는 실리카겔, 활성 알루미나 등의 고체 건조제를 두 개의 타워 속에 가득 채워 습기와 미립자를 제거하여 초 건조공기를 토출하며 최대 -70℃ 정도까지의 저노점을 얻을 수 있으며 흡착제는 1년에 1회 정도 교환해야 한다.
3) **흡수식 건조기** : 흡수액(염화리튬수용액, 폴리에틸렌 수용액)을 사용한 화학적 과정의 방식으로 기계적 마모나 외부에너지 공급이 없으며 장비 설치가 간단하다.

(2) 공기 냉각기

공기 압축기에서 토출된 고온, 고압의 압축공기는 비열비가 커서 온도 상승이 매우 높게 나타난다. 이를 냉각기에서 사용에 적합한 온도로 낮추어주는 역할을 하며, 공기로 냉각하는 공랭식과 냉각수로 낮추어주는 수랭식으로 구분한다.

(3) 공기 여과기

1) **역할** : 공기 중에 함유된 먼지, 연기 등 이물질을 제거하는 역할을 한다.
2) **여과방식** : 원심력을 이용하는 방법, 충돌판 접촉에 의한 방식, 흡착제 접촉에 의한 방식
3) **여과기의 효율 측정**
   ① 중량법 : 필터에서 집진되는 먼지의 중량으로 효율 결정(주로 큰 입자의 경우 해당)
   ② 변색도법 : 주로 작은 입자의 경우 해당되며 필터에서 포집된 공기를 각각 여과기를 통과시켜서 그 오염도를 광전관을 사용하여 측정한다.
   ③ 계수법(DOP법) : 고성능 필터로 측정하는 방법으로 일정한 크기 입자(0.3μ)를 사용하여 먼지 계측기로 측정

$$\text{필터의 여과 효율 } \eta = \frac{C_1 - C_2}{C_1} \times 100[\%]$$

- C_1 : 필터 입구 공기 중의 먼지량
- C_2 : 필터 출구 공기 중의 먼지량

4) **공기압력 조정 유닛** : 공기압력 시스템에서 배관 흡입측에 설치하여 양질의 공기를 공급하는 것으로 압축 공기 필터, 압축 공기 조절기, 압축공기 윤활기 등이 조합된 것이다.

5) **윤활기(lubricator)** : 공기압 실린더나 밸브 등 활동부분의 작동을 원활하게 하기 위하여 윤활제를 공급하는 장치이다.

STEP 03 유압장치

1. 유압 장치의 구성

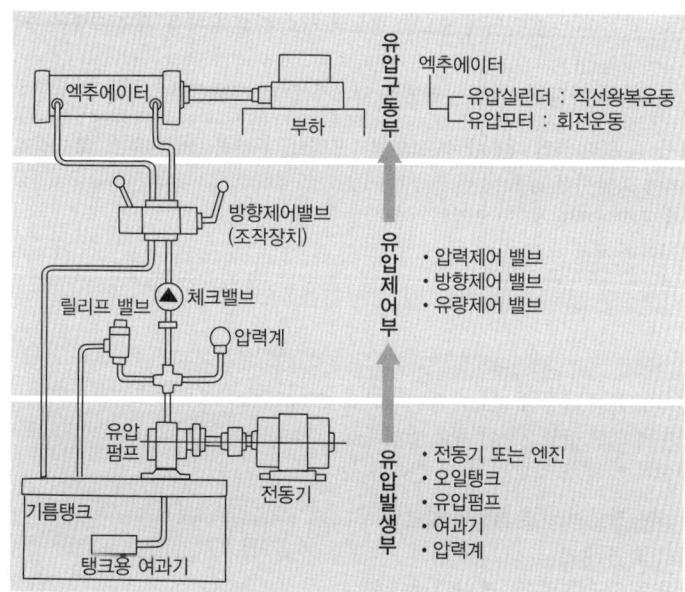

① 오일탱크 : 유압유를 저장 및 일정량 유지
② 유압펌프 : 유압유를 장치 내로 이송하는 기기
③ 펌프 구동의 동력원 : 전동기 또는 그 밖의 구동원
④ 제어밸브 : 압력제어밸브, 유량제어밸브, 방향제어밸브
⑤ 유압 실린더 → 직선 왕복운동, 유압 모터 → 연속 회전운동, 왕복 각운동
⑥ 배관 : 유체를 이송하는 통로

2. 유압펌프

유압펌프는 전동기나 엔진 등에서 가해진 기계적 에너지를 기름의 압력과 유량의 유체 에너지를 유압모터와 실린더를 작동시키는 유압장치의 기본 동력이다.

> **유압펌프의 종류**
> 베인 펌프 | 기어 펌프 | 피스톤 펌프

(1) 베인 펌프

1) 베인 펌프의 종류

종류	설명
단단 베인 펌프	• 베인 펌프의 기본형으로, 로터 홈에 끼워진 베인은 원심력과 토출압력에 의해 캠링 내벽에 접촉력을 발생시키며 회전한다. • 축과 베어링에 편심하중이 걸리지 않으므로 수명이 길다.
2단 베인 펌프	• 용량이 같은 단단 펌프 2개를 1개의 본체 안에 직렬로 연결하여 2배의 압력을 발생한다. • 1단과 2단펌프의 압력밸런스를 맞추기 위해 압력 분배밸브가 부착됨
2연 베인 펌프	• 단단 베인 펌프의 소용량 펌프와 대용량 펌프를 동일축 상에 조합시킨 것으로 토출구가 2개 있으므로, 각각 다른 유압원이 필요한 경우나 서로 다른 유량을 필요로 하는 경우에 사용된다. • 1개의 펌프 유닛을 가지고 2개의 유압원을 얻고자 할 때 사용한다.
복합 베인펌프	• 고압 소용량 펌프 및 저압 대용량 펌프와 릴리프밸브, 무부하(언로딩)밸브, 체크밸브를 1개의 본체에 조합시킨 펌프이다. • 압력제어의 조작이 자유롭고, 오일의 온도상승을 방지한다. • 단점 : 고가이며 체적이 크다.

2) 베인 펌프의 특징

구분	설명
장점	• 펌프 출력에 비하여 형상이 적으며 토출압력의 맥동이 적다. • 베인의 마모에 의한 압력손실이 거의 발생하지 않는다. • 고장이 적어 수명이 길고 보수, 유지 관리가 쉽다.
단점	• 작동유에 대한 점도의 사용 제한이 따르다. • 고 정밀도가 요구된다. • 펌프 흡입측 진공도를 일정하게 유지해야 한다.

(2) 기어 펌프

① 종류 : 외접기어펌프, 내접기어펌프, 로드펌프, 트로코이드펌프, 스크류펌프 등
② 구조가 간단하고 운전 및 보수가 용이하다.
③ 누설량이 많고 효율이 낮다.
④ 유체의 점도가 크면 작동이 원활해진다.
④ 신뢰도가 높은 반면 소음이 크다.

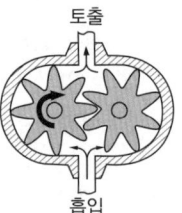

오일은 기어와 측판으로 둘러싸인 펌프실에 의해 운반된다.

[외접기어 펌프]

(3) 피스톤 펌프
  ① 종류 : 레이디얼 피스톤 펌프, 액셀형 피스톤 펌프, 리시프트형 피스톤 펌프 등
  ② 가장 고압을 얻을 수 있으며 펌프의 효율이 높다.
  ③ 펌프의 흡입 능력이 타 펌프에 비해 떨어진다.
  ④ 토출량 제어장치가 있으며 가변 용량에 적합하다.
  ⑤ 구조가 복잡하며 생산가가 비싸다.
  ⑥ 사용에 적합한 오일 선택이 어렵다.

2. 유압제어밸브

> **유압제어밸브의 종류**
> ① 압력제어밸브
>   • 유압 회로 내의 압력을 일정하게 유지하고, 최고사용압력을 제한하여 유압기기를 보호
>   • 액추에이터의 작동을 제어하여 일정한 배압을 유지
> ② 유량제어밸브
>   • 액추에이터의 속도를 제어하기 위한 유량 조절
> ③ 방향제어밸브
>   • 작동유의 흐름 방향을 변환 또는 정지

(1) 압력 제어밸브의 종류

종류	설명 및 기호	
릴리프 밸브	• 유체압력이 설정값 초과 시 회로 내의 유압을 설정값 이하로 일정하게 유지 • 종류 : 직동형, 내부 파일럿형, 외부 파일럿형	유압용 공압용
안전 밸브	• 규정압력 이상이 되면 작동되어 기기의 안전을 위한 밸브	
감압 밸브	• 고압의 유체를 감압시켜 사용조건이 변동되어도 설정공급압력을 일정하게 유지 • 종류 : 직동형(릴리프형, 논릴리프형, 블리드형), 내부 파일럿형, 외부 파일럿형	넌 릴리프 릴리프(유압) 릴리프(공압) 파일럿
시퀀스 밸브	• 공유압 회로에서 순차적으로 작동할 때 작동순서를 회로의 압력에 의해 제어하는 밸브	파일럿 無 파일럿 有
무부하 밸브	• 작동압이 규정압력 이상으로 달하였을 경우 무부하 운전을 하여 배출하고 이하가 되면 밸브를 닫고 다시 작동한다. 열화방지 및 동력절감 효과를 갖게된다.	

종류	설명 및 기호	
카운터 밸런스 밸브	• 부하가 급속히 제거될 경우 부하의 무게이나 관성력 때문에 소정의 제어를 못하게 된다거나 램의 자유낙하를 방지하기 위하여 귀환유의 유량에 관계없이 일정한 배압을 발생시켜 실린더의 급속전진을 방지하는 밸브 • 배압제어용으로 사용	
프레셔 스위치	• 종류 : 다이어프램형, 벨로즈형, 브르돈관형, 피스톤형	

(2) 유량제어밸브

종류	설명 및 기호	
교축밸브	유로의 단면적을 교축하여 유량을 제어하는 밸브로 연료와 공기의 혼합량을 조절	
속도제어밸브 (일방향 교축밸브)	유량을 교축하는 동시에 흐름의 방향을 제어하는 밸브로 실린더 속도 제어용으로 사용	
급속배기밸브	실린더의 속도를 증가시켜 급속히 작동시키고자 할 때 사용	
스톱밸브	배관 내의 흐름을 열거나 닫히게 하여 제어	

(3) 방향제어밸브

종류	설명
슬라이드 밸브	• 증기실 내부를 왕복하여 실린더의 흡기구/배기구를 개폐하여 증기의 공급 및 배출시킴 • 밀봉이 우수하다.
체크밸브	• 한 방향의 유동은 가능하나 역방향의 유동은 제지 • 역류방지밸브라고도 한다.

[방향제어 밸브]

명칭	KS 기호
2포트 2위치 변화밸브	
4포트 3위치 변화밸브	펌프를 무부하로 운전 탠덤 센터 : 센터 바이패스형 클로즈드 센터 오픈 센터 조리개 붙이 오픈 센터 조리개 붙이 ABR 접속
전기, 유압식 서보 밸브	

3. 유압 액추에이터

> **유압 액추에이터의 분류**
> ① 유압 실린더 : 직선왕복운동
> ② 유압모터 : 연속회전운동
> ③ 요동형 엑추에이터 : 일정한 회전각도의 요동 회전운동

(1) 유압 실린더
1) **정의** : 유압 에너지를 직선운동으로 변환시키는 것
2) **고정 방식에 따른 분류**
   ① 고정 실린더 : 풋형(LA), 플랜지형(FA)
   ② 요동 실린더 : 클레비스형(CA), 트러니언형(TA)
3) **종류**
   ① 단동 실린더 : 한쪽 방향으로만 압력이 가해진다.
   ② 복동 실린더 : 전·후진 모두 압력이 가해지는 실린더이다.
   ③ 다단 실린더 : 유압 실린더 내부에 작은 실린더가 내장되어 있는 것으로 유압이 유입되면 순차적으로 실린더가 이동하며 실린더 길이에 비해 큰 스트로크를 필요로할 때 사용한다.

(2) 유압 모터
1) **기어모터** : 내접형, 외접형
2) **베인모터** : 로킹암형, 코일 스프링형
3) **회전 피스톤모터** : 엑시얼형, 레이디얼형

> 기어 모터의 경우 점도가 클수록 윤활유 공급이 원활해지며 넓은 범위의 무단 변속이 가능하다.

(3) 요동형 엑추에이터
1) **정의** : 360° 이내에서 회전운동을 한다.
2) **종류** : 베인형, 피스톤형, 나사식

4. 유압 부속장치

(1) 오일탱크
1) **역할** : 유압장치에 필요한 작동유를 서장하는 용기로서, 기름 속에 혼입되어 있는 불순물이나 기포 제거, 운전 중에 흡수한 열의 방출하는 목적으로 사용한다.
2) **종류**
   ① 개방형 : 탱크 상부에 외기와 접촉하는 통기관이 있어 탱크 내부는 항상 대기압 상태를 유지할 수 있다.
   ② 밀폐형 : 탱크 내부가 완전히 차단되어 있으며 압축공기가 기름에 일정한 압력을 가하는 형식이다.

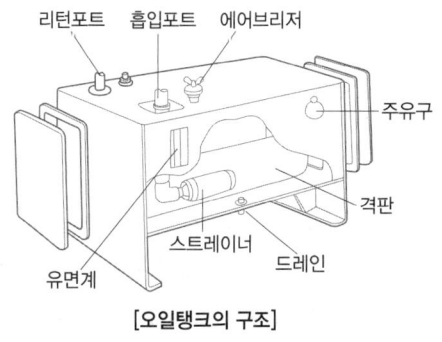

[오일탱크의 구조]

> 오일탱크의 크기는 펌프 토출량의 3배 이상이어야 한다.

(2) 여과기
　1) **역할** : 오일펌프의 흡입측에 설치하며 기름 중에 혼입된 이물질을 제거하여 유압장치의 작용에 이상이 없도록 한다.
　2) **구분**
　　① 스트레이너 : 비교적 큰 이물질 및 먼지 등을 제거한다.
　　② 필터 : 스트레이너에서 제거하지 못한 미세한 먼지, 불순물 등을 제거한다.
　　　(종류 : 표면식, 적층식, 자기식, 흡착식)

(3) 어큐뮬레이터(축압기)
　1) **역할**
　　① 압력 에너지 축적 : 회로내 소정의 압력을 유지시키는 역할을 한다.
　　② 맥동, 충격의 제거 : 밸브류, 배관, 계기류 파손 방지
　　③ 액체를 이송하는 역할을 한다.
　2) **종류**
　　① 공기압식 : 작동액이 물인 경우 대형 축압기 등에 사용한다.
　　② 스프링식 : 소형, 중·저압용으로 사용한다.
　　③ 중량식 : 저압 대용량에 사용한다.
　　④ 블래더식 : 용량에 비해 소형이며 블래더의 응답성이 좋아 많이 사용한다.
　　⑤ 피스톤식 : 충격 압축의 흡수는 미흡하나 사용온도 범위가 넓다.

> **축압기 주의사항**
> • 진동이 심한 곳에서는 충분한 지지구조로 고정할 것
> • 용접, 가공, 구멍 뚫기 등 강도가 저하되는 작업은 하지 말 것
> • 펌프와 축압기 사이에 역류방지밸브를 설치하며 압축된 기름이 펌프로 역류되지 않도록 할 것

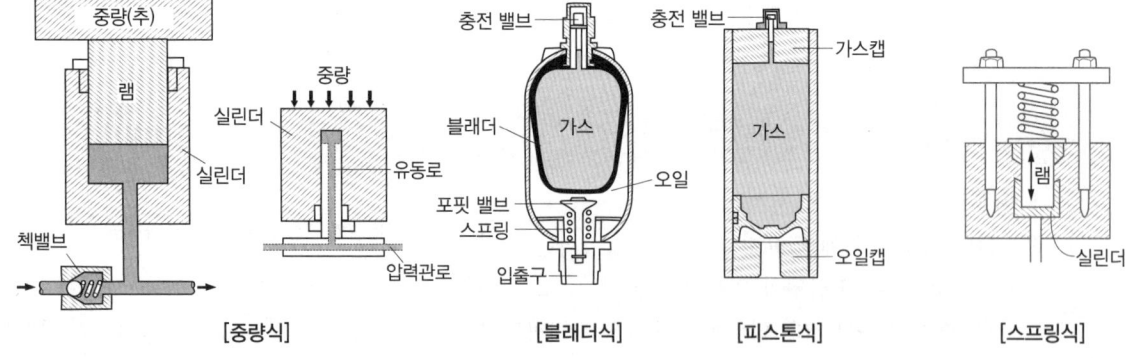

[중량식]　　[블래더식]　　[피스톤식]　　[스프링식]

(4) 냉각장치
　① 유압장치에서 윤활유 온도가 높아지면 윤활유의 기능이 떨어지므로 이때 냉각장치를 가동시켜 일정범위로 윤활유 온도를 유지시켜 주어야 한다.
　② 윤활유 온도는 온도조절장치에서 조정하며 유온은 50~60℃로 유지해야 한다.
　③ 온도차에 따른 냉각방법
　　• 25℃ 이하일 경우 : 공랭식
　　• 35℃ 정도의 차이일 경우 : 수냉식(다만, 많은 양의 열을 분산시켜야 할 경우 팬 쿨러를 사용)

(5) 가열 장치

동절기에 윤활유의 온도가 낮아지면 윤활유의 점도가 높아지기 때문에 윤활 시스템에 다량의 기름이 공급될 우려가 있다. 이를 방지하기 위하여 증기나 온수 등으로 유압 회로에 설치되어 있는 가열기에 공급하여 적정한 온도를 유지할 수 있다.

(6) 오일 실

기기의 접합부 및 이음 부분은 사용기간이 길게되면 누설의 우려가 있다. 이를 방지하기 위하여 활동부분에 누설방지용으로 사용하는 것을 실(seal)이라 한다.

> **가스켓(gasket)**
> 플랜지 등과 같이 고정된 부분에 누설 방지용으로 사용

STEP 04 공유압 기호

1. 공압 회로의 표시법

(1) 방향 제어 밸브의 도면 기호

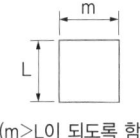
(m>L이 되도록 함)

밸브의 스위치 전환 위치는 사각형으로 표현

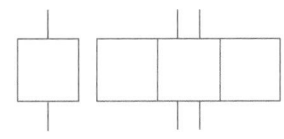

제어기기의 주 기호는 1개의 직사각형 또는 서로 인접한 복수의 직사각형으로 구성

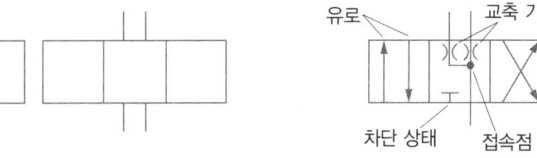

체크밸브, 교축밸브, 유로, 접속점 등의 기능은 특정 기호를 제외하고 대응하는 기능 기호를 주 기호 속에 표시

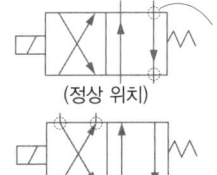
(정상 위치)
(작동 위치)

작동위치에서 형성되는 유로 상태는 유로가 외부 접속구와 일치되는 상태가 조립상태가 되도록 표시

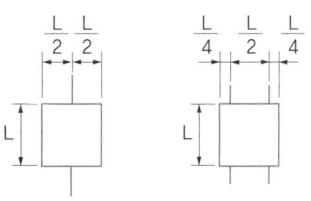

외부 접속구는 일정 간격으로 직사각형과 교차되도록 표시

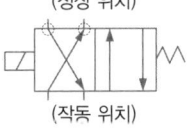

배기구는 역삼각형으로 표시

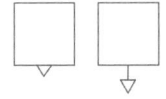
솔레노이드 스프링

일방형 조작의 조작 기호는 조작하는 기호 요소에 인접하여 쓴다.

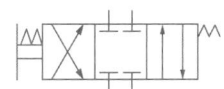

3위치 밸브의 중앙 위치 조작 기호는 외측 직사각형의 양쪽 끝 면에 기입해도 좋다.

2. 유압 회로의 표시법
(1) 관로 및 접속

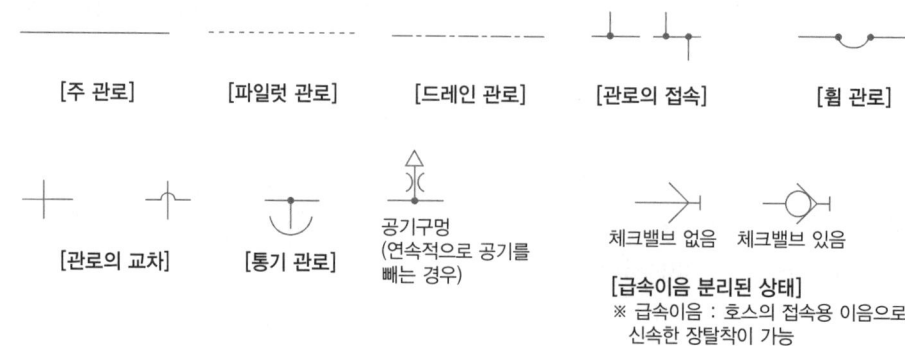

(2) 펌프 및 모터

1) 일정용량형

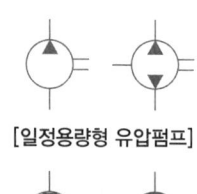
[일정용량형 유압펌프]

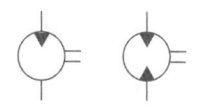
[일정용량형 유압모터]

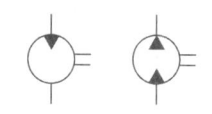
[일정용량형 유압펌프 · 모터]

2) 가변용량형

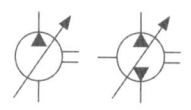
[가변용량형 유압펌프]

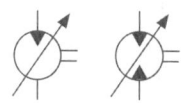
[가변용량형 유압모터]

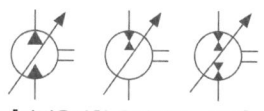
[가변용량형 유압펌프 · 모터]

(3) 실린더

1) 단동 실린더

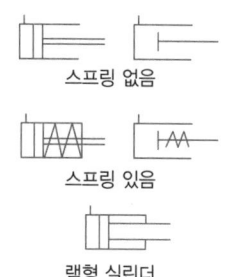

스프링 없음

스프링 있음

램형 실린더

2) 복동 실린더

한쪽 로드형

양쪽 로드형

3) 텔레스코프형 실린더

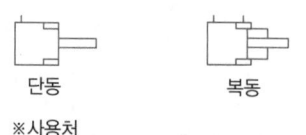

단동　　　복동

※ 사용처
- 매우 긴행정을 요하는 경우
- 부하의 초기에는 큰 힘을 필요로 하고, 행정이 진행됨에 따라 점차 감소하는 경우
- 엘리베이터, 덤프트럭 등에 사용

(4) 제어 방식

(5) 부속기기

STEP 05 공유압 회로

1. 기본 회로(실린더 속도 제어 방식)

구분	설명
미터-인 방식	실린더에 공급되는 유체를 교축
미터-아웃방식	실린더에서 배기되는 유체를 교축
블리드 오프 방식	실린더와 병렬로 밸브를 설치하여 실린더로 유입되는 유량 조절

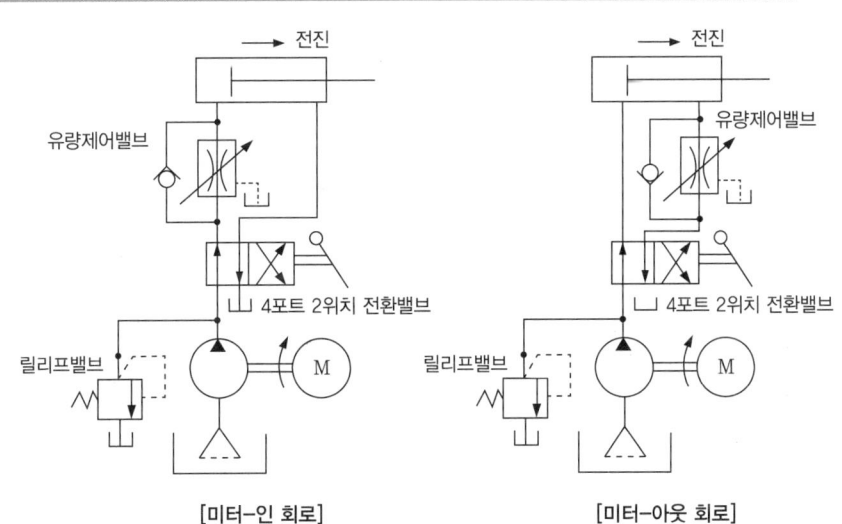

2. 실제 회로

구분	설명
카운터 밸런스 회로	부하가 급격히 감소하더라도 피스톤이 급진되지 않도록 제어하는 회로
감압회로	주 조작회로압력(1차 압력)의 변화에도 불구하고 회로의 일부를 그것보다 낮은 2차 압력으로 유지하는 회로이다.
증압 회로	• 순간적으로 고압을 필요로 할 때 사용한다. • 공기압력을 유압으로 변환하여 큰 힘을 얻고자 할 때 사용한다.

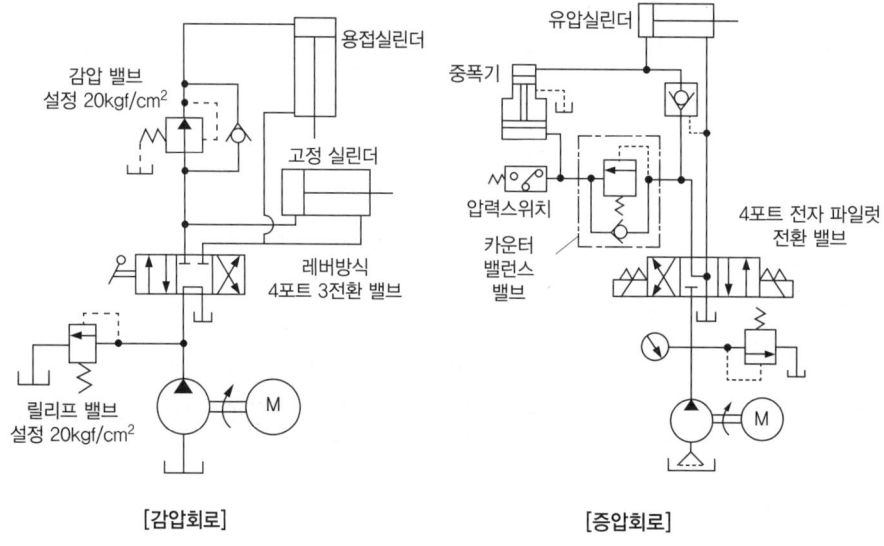

[감압회로]　　　　　　　　[증압회로]

SECTION 02 자동화 시스템

Industrial Engineer Machinery Maintenance

STEP 01 자동화 시스템의 개요

1. 개요

① 원가를 절감하고 생산성을 향상시키며 제품의 균일화 및 이익을 극대화 시키는 것을 목적으로 한다. 그러나 초기 시설 투자비 및 운영비로 자동화 비용이 많이 필요로 한다.
② 저투자성 자동화(LCA, Low Cost Automation) : 시설 투자비가 최소로 하며 운영, 보수가 간단하고 적당한 정도의 노력이 필요한 자동화
③ 유연 생산 시스템(Flexible Manufacturing System) : 다양한 제품을 동시에 처리가 가능하므로 수요의 변화에 대처가 가능하고 높은 생산성의 요구에 대항하는 생산 시스템이다.

(1) 자동화 시스템의 5대 구성 요소
① 센서(sensor)
② 프로세서(processor)
③ 액추에이터(actuator)
④ 소프트웨어(software)
⑤ 네트워크(network)

(2) 자동화 시스템의 특징

구분	설명
장점	• 제품의 품질 균일화 • 제품 생산성의 극대화 • 생산 원가의 최소화 • 제품 이윤의 극대화
단점	• 초기 시설 투자비 및 운영비 지출이 크다. • 자동화 운전에 대한 운영·유지·보수 등 전문 인력이 필요하다.

2. 제어와 자동제어

구분	설명
제어(control)	어떤 목적에 적합하도록 대상이 되어 있는 것에 필요한 조작을 가하는 것
자동제어	어떤 대상물이 요구하는 바와 같이 동작되도록 필요한 조작을 가하는 것

(1) 신호처리 방식에 의해 구분

구분	설명
동기 제어계 (synchronous control system)	실제 시간과 관계된 신호에 의하여 제어
비동기 제어계 (asynchronous control system)	시간과 관계없이 입력신호의 변화에 의해서만 제어
논리 제어계 (logic control system)	요구되는 입력조건에 의해 그에 상응하는 신호가 출력되는 시스템
시퀀스 제어계 (sequence control system)	처음에 정해진 조건 또는 순서에 따라 행하여지는 제어로서 항상 배관은 직선으로 최단거리로 설치해야 신호 지연 방지와 압력손실을 최소화 할 수 있다.

(2) 제어과정에 따른 분류

구분	설명
시간에 따른 제어	• 옥외광고와 같이 시간에 따라 행하여지는 제어
파일럿 제어	• 입력과 출력이 1:1 대응관계가 있는 시스템 • 메모리 기능은 없고 이의 해결을 위해 불(Boolean) 논리 방정식이 이용
조합제어	• 제어명령은 시간에 따른 제어와 같은 방법으로 주어지나 이의 수행은 시퀀스 제어와 마찬가지 방법으로 감시된다.
메모리 제어	• 어떤 신호가 입력되어 출력신호가 발생된 후에는 입력신호가 없어져도 그때의 출력상태를 유지하는 제어방법
시퀀스 제어	• 전 단계의 작업완료 여부를 리밋 스위치나 센서를 이용하여 확인한 후 다음 단계의 작업을 수행하는 것으로 공장 자동화에 가장 많이 이용되는 제어방법

(3) 제어 정보 표시 형태에 의한 분류

구분	설명
아날로그 신호	연속적인 양을 그 크기에 비례하는 같은 연속량의 변위의 크기(물리량)로 표시하는 방법을 아날로그라 하며 이를 나타내는 신호
디지털 신호	연속적인 양을 불연속적인 단계로 구획해서 그 단계를 단위로 하여 몇 개 포함시킬 수 있는가를 표시하는 신호
2진 제어	• 자동화 시스템에서 가장 많이 이용 • 종류 : 신호의 유/무, ON/OFF, YES/NO 등

(4) 제어 시스템의 선택 경우
① 외란 변수에 의한 영향이 무시할 정도로 작을 때
② 특징과 영향을 확실히 알고 있는 하나의 외란 변수만 존재할 때
③ 외란 변수의 변화가 아주 작을 때

3. 핸들링

(1) 정의 : 가공 및 전달, 이송, 조임, 배치, 정리 등을 사람의 손이나 기계적인 힘에 의해 작동하는 것

(2) 종류

구분	설명
인간의 손에 의한 핸들링	• 언제, 어디서든지 관계없이 신속히 작업이 가능하다. • 위치 제어, 가공, 전달 및 회수 등의 작업 가능
기계에 의한 핸들링	• 무게나 크기 등의 물리적 한계에 구애받지 않는다. • 신속·정확하게 많은 물량에도 적용이 가능하다.

(3) 부품의 이송에 따른 구분
① 로터리(rotary) 인덱싱 핸들링 : 부품의 이송이 회전에 의해 이뤄짐
② 리니어(linear) 인덱싱 핸들링 : 부품의 이송이 직전에 의해 이뤄짐

STEP 02 센서

1. 개요

① 주로 물리량에 관한 외부로부터의 정보를 검출하고 신호를 가하여 전기량으로 출력하는 장치로서 인간의 5가지 감각에 상당하는 동작을 한다.
② 자동제어를 포함 기계, 장치의 제어를 정확히 행하기 위하여 센서의 유효한 활용이 필요하다.
③ 검출대상 : 빛, 방사선, 초음파, 전기, 자기, 기계적 변위, 압력, 속도, 온도, 습도, 화학성분, 농도 등

(1) 센서의 구비 조건
정확성 및 선명도, 반응속도 및 감지거리, 신뢰성 및 내구성

(2) 반도체 메모리의 특징
① 소형화, 경량화가 가능하다. ② 응답속도가 빠르다. ③ 집적화가 용이하다.
④ 지능화가 가능하다. ⑤ 고감도 실현이 가능하다. ⑥ 경제적이다.

2. 신호처리

자동제어에서 출력을 입력측에 되돌리는 것을 귀환(feed back)이라고 하는데 귀환이 없을 때 즉, 출력이 입력에 전혀 영향을 주지 않는 계통을 개(開)회로 제어계라고 하며, 귀환이 있는 제어계를 폐회로 제어계라 한다.
① 아날로그 신호 : 시간과 정보가 모두 연속적인 신호이다.
② 디지털 신호 : 시간과 정보가 모두 불연속적인 신호이다.
③ 연속 신호 : 시간은 연속적이나 정보는 불연속적 신호이다.

3. 물체감지 및 검출센서

(1) **근접 스위치(리드 스위치)** : 백금, 금, 로듐 등의 귀금속의 접점도금을 한 자성체 리드편을 적당히 접점 간격을 유지하도록 하고, 유리관 중에 질소와 수소 혼합가스와 같은 불활성가스와 함께 봉입한 것

(2) **유도형 센서** : 물체가 접근하면 진폭이 감소하는 고주파 LC발전기에 의해 센서 표면에 전자계를 형성하고 감지거리 이내의 물체에 의한 변화에 따라 출력한다.

(3) **용량형 센서** : 전극판에서 고주파 전계를 발생시켜 물체의 접근에 따라 물체표면과 검출 전극판 표면에서 분극현상이 일어나 정전용량이 증가되어 발진조건이 향상되면 이로 인하여 발진 진폭이 증가되어 출력이 나오도록 되어 있다.

(4) **광센서** : 빛을 이용하여 물체 유무를 검출하거나 속도나 위치의 결정에 응용, 레벨검출, 특정표시의 식별 등을 하는 곳에 많이 이용되고 있으며 광기전력 효과형 센서는 P-N 접합부에 발생하는 광기전력 효과를 이용한다.

(5) **열전대** : 2개의 금속으로 폐회로를 만들어 접점간의 온도차에 의하여 기전력(起電力)을 발생하는 것이다.

> **열전대의 종류 및 온도범위**
> - 백금로듐-백금 : 1400℃
> - 크로멜-알루멜 : 650~1000℃
> - 철-콘스탄탄 : 400~750℃
> - 구리(동)-콘스탄탄 : 200~300℃

(6) **서미스터(thermistor)** : 반도체의 일종으로 전기 저항이 온도의 상승에 따라, 현저하게 감소하는 회로용 소자로 온도의 측정, 제어, 계측기의 온도 보상 등에 사용한다.

종류	설명
정특성 서미스터(NTC)	• NTC : Negative Temperature Coefficient • 주성분 : NiO, MnO, Fe_2O_3 등 • 온도상승에 따라 전기저항이 감소
부특성 서미스터(PTC)	• PTC : Positive Temperature Coefficient • 티탄산 바륨계 산화물 반도체의 일종 • 온도상승에 따라 전기저항이 증가
임계온도저항기(CTR)	• CTR : Critical Temperature Resistor • 온도 경계에서 전기저항이 급격히 변화하는 소자 • 적외선 검출, 온도 경보 등에 이용

(7) **측온 저항체** : 전기 저항이 온도에 따라 변화하는 성질을 이용한 온도 측정용의 저항체
  ① 사용온도범위 : -200~500℃
  ② 종류 : 금속 측온 저항체, 반도체 혹은 저항체
  ③ 요구조건
   - 저항 온도 계수가 클 것
   - 온도 저항 측정이 직선적일 것
   - 사용온도범위가 넓고 제작이 용이할 것
   - 소성가공이 용이할 것
   - 열적·화학적·기계적으로 안정될 것
  ④ 재료 : 백금, 구리, 니켈 등의 순금속

STEP 03 액추에이터(Actuator)

유체의 압력에너지를 이용하여 기계적인 에너지로 변환하는 유압기기 또는 공압기기 요소로서 실린더와 모터 등이 있다.

1. 선형운동 액추에이터

종류	설명
단동형 실린더	• 피스톤의 한쪽에만 압유를 공급하여 작동 • 복귀 행정은 중력이나 기계적 스프링으로 이뤄짐
복동형 실린더	• 일반적인 유압 실린더이며, 전진과 후진 모두 압력을 가해서 작동시키는 실린더 • 종류 : 편 로드형, 양 로드형, 이중 피스톤형
다단형 실린더	• 초기 동작에 큰 힘이 필요하고 행정의 진동에 따라서 점점 필요한 힘이 감소하는 형식 • 엘리베이터나 덤프 카 등에 사용한다.

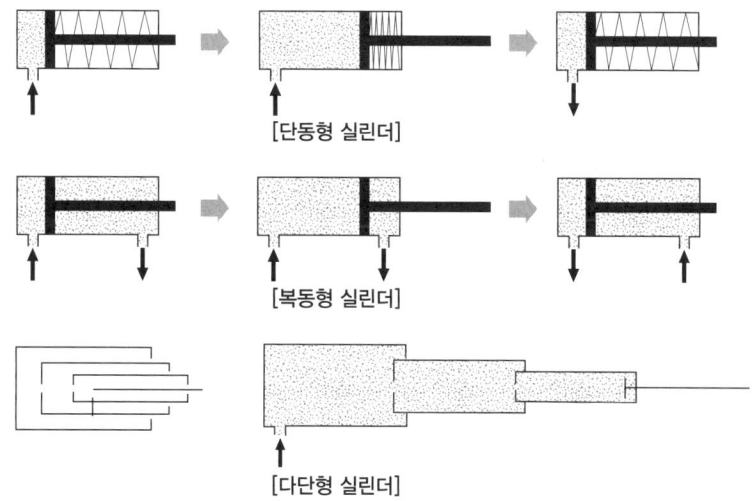

[단동형 실린더]

[복동형 실린더]

[다단형 실린더]

2. 회전운동 액추에이터

(1) 공압 요동형 액추에이터

① 공압 실린더의 직선·왕복운동과 공압 모터의 회전운동을 조합한 형태

② 일정 회전각을 왕복·회전운동하는 액추에이터(종류 : 회전 실린더, 회전 날개 실린더)

(2) 공압 모터

① 토크가 전혀 걸리지 않을 때(무부하), 최고 회전속도를 나타내고 부하의 증가에 따라 회전속도가 감소하여 최종적으로 회전이 정지된다.

② 종류 : 피스톤 모터, 미끄럼 날개 모터, 기어 모터, 터빈 모터 등

3. 유압회전 모터

(1) 일반
① 일반적으로 형상은 소형이고 회전부분의 관성 모멘트는 작다.
② 응답성이 좋아 정·역전, 정지 동작이 양호한 특성을 갖고 있다.

(2) 특징

구분	설명
장점	• 소형 경량으로 큰 힘을 낼 수 있다. • 내폭성이 좋으며 과부하가 걸리지 않는다. • 속도나 방향제어가 용이하다. • 릴리프 밸브를 이용하여 기구 손상 없이 급속 정지가 가능하다.
단점	• 먼지나 이물질 침입으로 작동에 장애를 받는다. • 인화점(118℃)이 낮아 화재의 우려가 있는 곳에는 사용하기가 어렵다. • 작동유의 점도 변화에 의해서 사용에 규제를 받는다. • 사용온도는 30~60℃로 범위가 좁다.

(3) 종류

종류	설명
유압 모터	• 유압 작동유를 공급받아 구동축을 통해 유압 에너지를 기계적 에너지로 변환 • 회전력은 작동유의 압력에 따라 비례하며, 회전속도는 작동유의 유량에 비례 • 종류 : 기어형, 베인형, 피스톤형 등
기어 모터	• 가장 간단한 구조이며 저속회전, 정·역회전이 가능 • 소형으로 큰 토크를 가질 수 있으나 누설량이 많고 토크변동이 큰 편이다. • 이물질의 영향을 적게 받으며 토크 효율은 75~85%, 최저속도는 150rpm 정도 • 서보기구에는 부적합
베인 모터	• 구성 부품수가 적고 구조가 간단하여 고장이 적음 • 축 마력당 다른 모터에 비해 크기가 소형이며 베어링 마모로 인하여 최고사용압력이 낮아질 우려가 없다. • 전효율은 70~80%이다.
피스톤 모터	• 고속(3000rpm), 고압(3.5MPa)의 고출력이 가능하며 효율이 좋다. • 구조가 복잡
요동형 유압 모터	• 한정된 회전각 내에서 왕복·회전 운동한다. • 종류 : 베인형, 피스톤형

전기회전 액추에이터의 구분
① 직류 전동기 : 강한 자계를 만드는 계자(연철에 코일을 부착한 전자석)와 회전력(토크)을 발생시키는 전기자로 구분
② 유도 전동기 : 고정자에 교류 전압을 가하여 전자 유도로서 회전자에 전류를 흘러 회전력을 생기게 하는 교류 전동기
③ 동기 전동기 : 계자를 회전시키고 전기자를 고정시키는 것으로 직류 전동기와는 반대이다.
※ 스태핑 모터 : 1개의 전기 펄스가 가해질 때 1스텝만 회전하고 그 위치에서 일정의 유지토크로 정지시키는 모터

STEP 04 자동화 시스템의 회로 구성

1. 동작상태 표현법

(1) AND 회로
① 두 개의 입력신호가 직렬로 연결된 것으로 모두 "1"일 때만 출력이 "1"이 되는 회로
② 논리식 : X = A · B

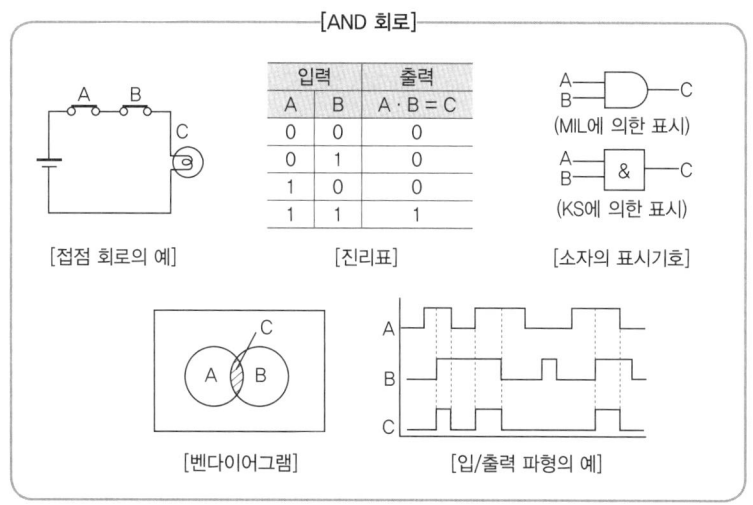

(2) OR 회로
① 두 개의 입력신호가 병렬로 연결된 것으로 입력이 하나라도 "1"이면 출력이 "1"이 되는 회로
② 논리식 : X = A + B

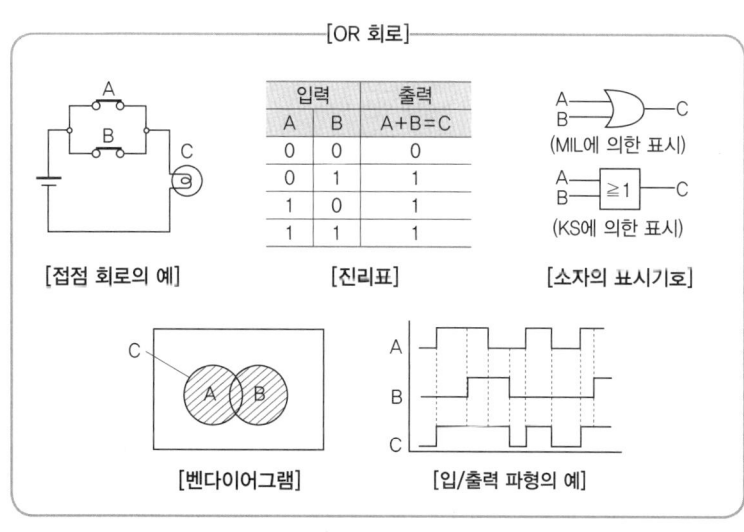

(3) NOT 회로

① 논리 부정 회로로 입력이 "0"일 때 출력이 "1", 입력이 '1'일 때 출력이 "0"이 되는 회로로서 입력신호에 대하여 부정 출력이 나오는 것이다.

② 논리식 : X = $\overline{A}$

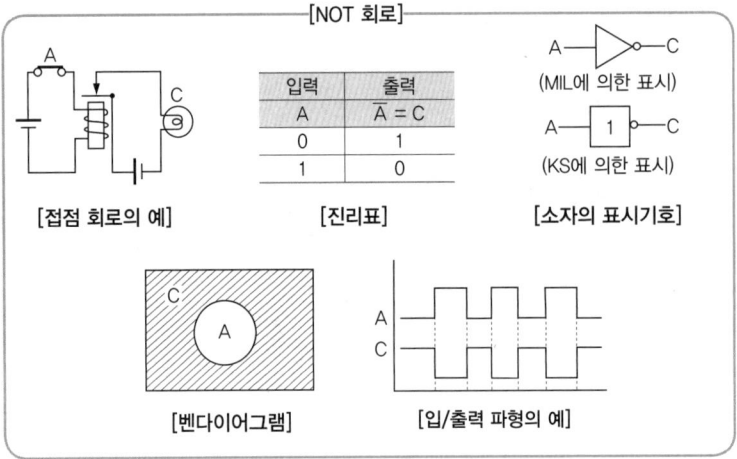

(4) NAND 회로

① AND 회로에 NOT 회로를 접속한 회로로 모든 입력이 "1"일 때만 출력이 "0"이 된다.

② 논리식 : X = $\overline{A \cdot B}$

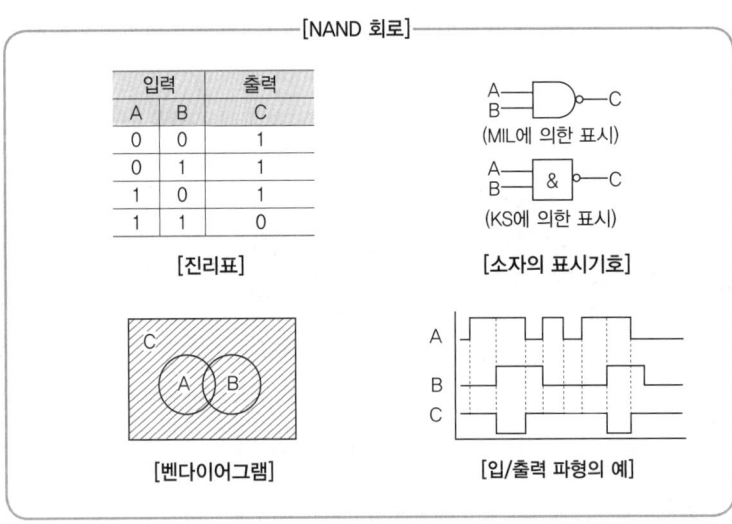

(5) NOR 회로
  ① OR 회로에 NOT 회로를 접속한 회로로 모든 입력이 "0"일 때만 출력이 "1"이 된다.
  ② 논리식 : X = $\overline{A+B}$

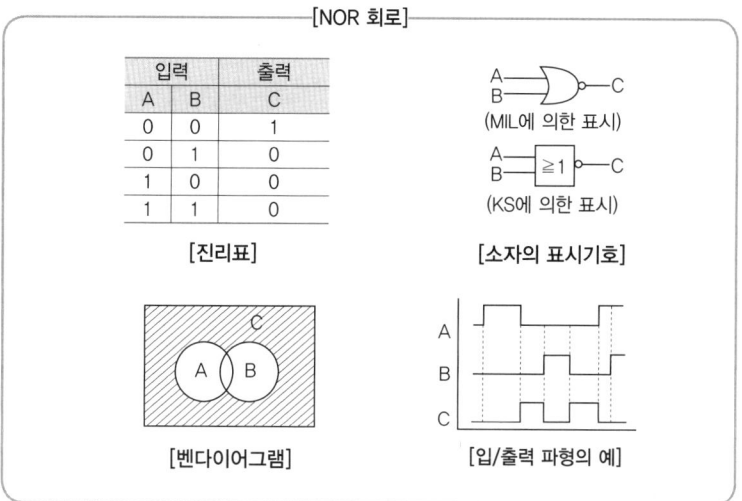
[NOR 회로]

(6) XOR 회로
  ① 배타적 논리합 회로로, 두 개의 입력이 서로 같지 않을 때만 출력이 "1"이 된다.
  ② 논리식 : X = A·$\overline{B}$ + $\overline{A}$·B

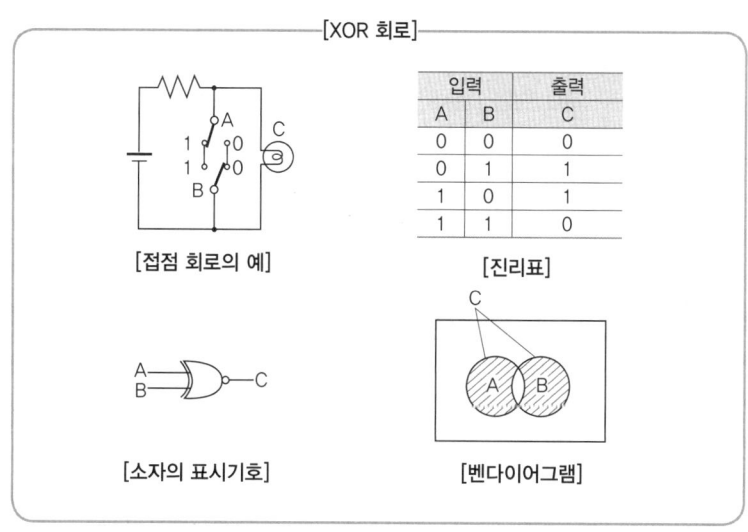
[XOR 회로]

2. 프로그램 모델의 변화

종류	설명
제어선도	• 자동제어에 있어 조절부의 출력신호로, 조작부를 조작하는 선도 • 종류 : 2위치(ON-OFF) 동작, 비례동작, 미분동작, 적분동작 등
논리도	• AND, OR, NOT 등의 기본 논리연결을 표시
플로챠트	• 산업용, 기술용으로 논리 순서를 표현
변위-단계선도	• 작업요소의 작업 순서가 표시되고 그 변위는 순서에 따라 표시 • 제어신호 중복과 작동속도 시간을 알 수 있다. • 작도시간이 많이 걸린다. • 작동선도와 같이 모든 동작을 한 눈에 알 수 있다. • 시간제어가 반드시 요구되는 경우에 한정된다.

3. 프로그램 메모리

종류	설명
읽기-쓰기 메모리	• RAM : 공급 전원이 차단되었을 때 그 내용이 전부 지워지는 메모리 • EAROM : 공급 전원이 차단되었을 때 그 내용이 지워지지 않는 메모리 ※ 읽기, 쓰기, 수정 모두 가능
읽기 전용 메모리	• ROM : 제작자에 의해 프로그램이 되는 메모리 • PROM : 사용자가 한번만 프로그램할 수 있는 메모리

- 비트(bit) : 2진 숫자의 약칭으로 컴퓨터가 정보를 기억하는데 최소단위
- 바이트(byte) : 대부분 마이크로프로세서는 8비트로 문자나 숫자, 기호를 나타내고 메모리도 8비트를 기본으로 구성되어 있다. (1byte = 8bit, 1kbyte = 1024 byte)

STEP 05 자동화 시스템의 보수 유지

1. 개요

(1) 자동화 시스템의 보수 유지의 목적
　① 자동화 시스템을 항상 최상의 상태로 유지
　② 고장의 배제와 수리를 신속하고, 확실하게 한다.

(2) 설비의 신뢰성을 나타내는데 필요한 조건
　① 신뢰도 = $\dfrac{\text{설비의 총 수} - \text{운전시간까지의 고장 수}}{\text{설비의 총 수}} \times 100$

　② MTBF(평균 고장 간격시간) = $\dfrac{x_1 + x_2 + x_3 + \cdots + x_n}{r}$
　　(x : 각 고장까지의 시간, r : 고장 발생 수)

③ MTBF(평균 고장 수리시간) = $\dfrac{y_1 + y_2 + y_3 + \cdots + y_n}{r}$

(y : 각 고장 수리 시간, r : 고장 발생 수)

> 고장율은 MTBF(평균 고장 간격시간)의 역비이다.

2. 자동화 시스템의 고장 원인

(1) 직류 전동기가 저속으로 회전할 때 원인
① 코일의 단락
② 축받이의 불량
③ 단상운전
④ 결선의 착오
⑤ 과부하
⑥ 회전자 동봉의 움직임

(2) 솔레노이드 밸브에서 전압이 걸려있는데 아마추어가 작동되지 않는 원인
① 온도에 의한 코일의 소손
② 전압이 너무 낮은 경우 또는 전압이 높을 때
③ 아마추어의 고착

(3) 유압 펌프의 토출 유량의 저하 원인
① 펌프의 회전수가 느리거나 흡입 불량
② 펌프의 고장 또는 공기의 혼입
③ 윤활유의 온도가 높거나 점성이 낮을 때
④ 윤활유가 규정량 이하로 저장

(4) 전동기의 기동 불량일 때
① 결선 불량이나 퓨즈의 단락
② 축받이의 고착 또는 불량
③ 전동기의 과부하
④ 컨트롤러의 불량 및 권선의 접지

(5) 전동기의 과열
① 전동기의 과부하 운전
② 코일의 단락
③ 회전자 동봉의 움직임

(6) 전동기 소음 및 파손
① 구동 방식의 불량
② 전동기와 펌프의 중심이 이완
③ 장치 볼트의 이완
④ 전동기 동력이 지나치게 작을 경우

(7) 펌프에서의 소음 및 진동
  ① 캐비테이션(공동현상) 발생
  ② 펌프의 rpm이 지나치게 빠를 경우
  ③ 펌프 내 공기 침입한 경우
  ④ 펌프 흡입측 여과기 및 필터 등이 막혔을 경우
  ⑤ 펌프의 임펠러 등이 손상된 경우

(8) 밸브의 작동 불량인 경우
  ① 밸브 내부의 스프링의 이완으로 작동 불량
  ② 밸브 내부에서의 누설
  ③ 파이럿부의 작동이 불량인 경우
  ④ 밸브 설치 불량인 경우

(9) 작동유의 불량인 경우
  ① 윤활유 내부에 공기 등 이물질 침입한 경우
  ② 작동유의 화학적 반응에 의하여 변질된 경우
  ③ 열을 받아 고온으로 유지되는 경우
  ④ 작동유의 제어회로에 이상이 발생된 경우

제01장_ 공유압 및 자동화 시스템
출제예상문제

01 단위 질량당 유체의 체적(SI 단위), 또는 단위 중량당 유체의 체적(중력 단위)을 무엇이라 하는가?

① 비중 ② 비체적
③ 밀도 ④ 비중량

- 비중 : 어떤 물질의 질량과 이것과 같은 부피를 가진 표준물질의 질량과의 비
- 밀도 : 물질의 질량을 부피로 나눈 값(단위 : kg/L, kg/m³)
- 비중량 : 물질의 중량을 부피로 나눈 값(단위 : kgf/L, kgf/m³)

02 공압장치의 윤활기에 관한 일반적인 사항 중 잘못 설명된 것은?

① 과도한 윤활은 부품의 오동작을 야기한다.
② 윤활기의 체적은 중성세제를 사용한다.
③ 윤활기는 밸브나 실린더 가까운 곳에 설치한다.
④ 윤활기의 원리는 파스칼의 법칙을 응용한 것이다.

윤활기의 원리는 벤투리 작용을 응용한 것이다.

03 유압 선형 액추에이터에 대한 설명으로 틀린 것은?

① 비압축성 유체를 사용한다.
② 정밀한 속도제어가 가능하다.
③ 온도변화에 따라 유체의 점도 변화가 심하다.
④ 빠른 속도가 필요한 곳에 유용한다.

빠른 속도가 필요한 곳은 축류 피스톤 모터이다.

04 공압 요동형 액추에이터 중 피스톤 로드에 기어의 형상이 있으며 피스톤의 직선 운동을 피니언의 회전 운동으로 변화시키는 것은?

① 베인 실린더 ② 회전 실린더
③ 공압 모터   ④ 터빈 모터

회전 실린더의 특징
- 체인에 의한 공압 구동의 출력축에 오일의 비압축성을 조합 회전운동을 구현한 회전구동기기
- 하이드로 쿠션 내장으로 높은 관성모멘트에 대한 충격력 흡수 능력이 뛰어남
- 유압에 의해 저속 영역에서의 정숙한 회전가능

05 공기압 조정 유닛에서 공급되는 공기압이 0.6[MPa]이고 실린더의 단면적이 10[cm²]라고 하면 작용할 수 있는 하중은 몇 [N]인가?

① 60[N]   ② 600[N]
③ 6,000[N]   ④ 60,000[N]

$P = \dfrac{F}{A}$ 에서, $F = P \times A$
$= 0.6 \times 10^6 \, Pa[N/m^2] \times 10 \times 10^{-4} \, [m^2] = 600N$

06 2개의 입력 신호 A와 B에 대하여 미리 정한 복수의 조건을 동시에 만족하였을 때에만 출력되는 회로는?

① AND 회로 ② OR 회로
③ NOT 회로 ④ NOR 회로

미리 정한 복수의 조건을 동시에 만족하였을 때에만 출력되는 회로는 직렬 연결되었을 때이므로 이는 AND 회로에 해당된다.

07 압축공기의 출입구가 있는 본체에 끝 부분이 원추 형상을 한 조절나사가 설치되어 밸브 본체 통로와 원추체간의 틈새를 변화시켜 양 방향으로 공기량을 조절 가능하게 한 밸브는?

① 스톱 밸브   ② 스로틀 밸브
③ 체크 밸브   ④ 파일럿 작동 체크 밸브

스로틀 밸브는 교축밸브로 유로의 단면적을 교축하여 유량을 제어하는 밸브로 연료와 공기의 혼합량을 조절한다.

정답 01 ② 02 ④ 03 ④ 04 ② 05 ② 06 ① 07 ②

08 다음 기호의 설명으로 적합한 것은?

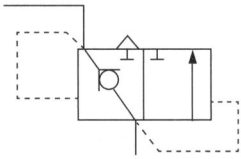

① 공압 장치의 배기 시 저항을 줄여 액추에이터의 속도를 증가시키게 한다.
② 공압 장치의 벤트 포트를 열어 무부하 운전이 용이하도록 한다.
③ 공압 장치의 맥동현상을 방지하는 특수밸브이다.
④ 공압 장치의 파일럿 작동에 의한 작은 힘으로 작동하여 작동압력을 줄일 수 있다.

> 문제 그림은 급속배기밸브의 도시기호이다.

09 공유압 변환기 사용시 주의점으로 옳은 것은?

① 수평방향으로 설치한다.
② 실린더나 배관 내의 공기를 충분히 뺀다.
③ 반드시 액추에이터보다 낮게 설치한다.
④ 열원에 가까이 설치한다.

> 공유압 변환기는 수직으로 설치해야 하며 액추에이터보다 높게 설치해야 한다.

10 고압 소용량 펌프 및 저압 대용량 펌프와 릴리프 밸브, 무부하 밸브, 체크 밸브를 1개의 본체에 조합시킨 펌프로 오일의 온도상승을 방지하는 효율적인 펌프이나 가격이 고가이고, 체적이 큰 단점이 있는 펌프는?

① 다단 펌프   ② 다련 펌프
③ 기어 펌프   ④ 복합 펌프

> 복합 베인펌프 : 고압 소용량 펌프 및 저압 대용량 펌프와 릴리프 밸브, 무부하(언로딩) 밸브, 체크 밸브를 1개의 본체에 조합시킨 펌프로서 압력제어를 자유로이 조작할 수 있고 오일의 온도상승을 방지하는 효율적인 펌프이나 가격이 고가이고, 체적이 큰 단점이 있다.

11 먼지, 더러움, 흔들림 등과 같이 평소에는 아무것도 아닌 것으로 간주되어 주의를 하지 않으며, 고장이나 불량에 주는 영향이 적다고 보는 것은?

① 복원   ② 미결함
③ 자연 열화   ④ 강제 열화

> 미결함은 고장이 나지 않은 결함으로 먼지, 더러움, 흔들림 등과 같이 고장이나 불량에 주는 영향을 주지 않는다.

12 PLC 프로그램에서 카운터의 출력은 어떻게 OFF시키는가?

① 카운터의 계수치가 설정치와 같아지면 OFF된다.
② 카운터의 리셋 입력을 ON으로 한다.
③ 카운터의 계수 입력을 설정시간 동안 ON으로 한다.
④ 카운터의 계수 입력을 설정시간 동안 OFF로 한다.

> 카운터는 계수기에서 입력하게 되면 그 값이 증가 또는 감소하게 되므로 출력을 ON하게 되며, 카운터의 리셋을 위해 입력을 ON으로 한다.

13 다음 중 공압 모터의 장점이 아닌 것은?

① 회전수와 토크를 자유롭게 조정할 수 있다.
② 다른 원동기에 비해 온도, 습도의 영향이 적다.
③ 에너지 변환 효율이 매우 높다.
④ 폭발의 위험성이 있는 곳에서도 안전하다.

공압 모터의 장·단점	
장점	• 레귤레이터를 이용하여 실린더의 출력을 조절할 수 있다. • 무단계로 작업속도를 조절함으로서 변경이 가능하다. • 힘의 증폭이 용이하고 에너지 축적이 가능하다. • 고속 작동이 가능하고 인화의 위험이 없다.
단점	• 응답속도가 느리며 소음이 심하다. • 정밀한 속도 조절이 곤란하여 효율이 저하된다. • 큰 힘을 얻을 수 없어 대용량에는 부적합하다.

정답 08 ① 09 ② 10 ④ 11 ② 12 ② 13 ③

14 공압 모터의 장점이 아닌 것은?

① 회전 방향을 쉽게 바꿀 수 있다.
② 회전 속도와 관계없이 일정한 공기를 소모한다.
③ 속도 조절 범위가 크다.
④ 과부화에 대하여 안전하다.

15 자동화를 위한 센서의 선정 기준이 아닌 것은?

① 생산원가의 절감　② 생산공정의 합리화
③ 생산설비의 자동화　④ 생산체제의 전형화

생산체제의 전형화는 자동화에 위배되는 사항이다.

16 자동화를 하는 중요한 이유가 아닌 것은?

① 생산성 향상　② 인건비 절감
③ 제품품질의 안정　④ 생산리드 타임의 증가

④항은 신뢰성 향상 또는 설비의 수명 연장 등으로 해야 한다.

17 유압 베인 모터의 1회전당 유량이 50[cc]일 때, 공급 압력 8[MPa], 유량 30[L/min]으로 할 경우 회전수 [rpm]는?

① 700　② 650
③ 625　④ 600

$$N(회전수) = \frac{Q(유량)}{V(1회전\ 유량)} \quad (1L = 1000cc)$$
$$= \frac{30 \times 1000}{50} = 600\ \text{rpm}$$

18 PLC를 이용하여 시스템을 제어하는 과정에서 프로그램 에러를 찾아내어 수정하는 작업은?

① 코딩　② 디버깅
③ 모니터링　④ 프로그래밍

디버깅은 작성한 코드를 실행하고 에러가 나오면 그 에러를 보면서 작성한 코드를 수정하는 작업이며 코딩은 기계가 알 수 있는 언어 또는 기호를 일정한 명령문에 따라 문자 또는 숫자를 사용해 기호화 한 것이다.

19 다음 중 서미스터의 분류에 해당되지 않는 것은?

① NTC　② PNP
③ CTR　④ PTC

서미스터(thermistor)
• 반도체의 일종으로 전기 저항이 온도의 상승에 따라, 현저하게 감소하는 회로용 소자로 온도의 측정, 제어, 계측기의 온도 보상 등에 사용
• 서미스터의 분류

NTC	• Negative Temperature Coefficient • NiO, MnO, Fe_2O_3 등을 주성분으로 공기 중에서 안정하여 불순물의 영향이 적으며 온도상승에 따라 전기저항이 감소한다.
PTC	• Positive Temperature Coefficient • 티탄산 바륨계 산화물 반도체
CTR	• Critical Temperature Resistor • 온도 경계에서 전기저항이 급격히 변화하는 소자이며 적외선 검출, 온도 경보 등에 이용

20 자동제어를 설명한 것과 거리가 먼 것은?

① 귀환신호(피드백 신호)가 필요하다.
② 개회로(오픈 루프)시스템이다.
③ 서보 시스템이 여기에 속한다.
④ 목표치에 맞추어 오차를 수정한다.

자동제어는 폐회로 시스템이다.

21 유압기기를 보수 관리할 때 일상 점검 요소가 아닌 것은?

① 작동유의 온도 점검
② 기름 탱크 유면 높이
③ 기기, 배관 등의 누유
④ 작동유의 샘플링 검사

작동유의 샘플링 검사는 필요 시 검사하는 것으로 일상 점검 사항은 아니다.

정답　14 ②　15 ④　16 ④　17 ④　18 ②　19 ②　20 ②　21 ④

22 짧은 실린더 본체로 긴 행정거리를 필요로 하는 경우에 사용할 수 있는 다단 튜브형 로드를 가진 실린더는?

① 탠덤 실린더
② 충격 실린더
③ 로드리스 실린더
④ 텔레스코프 실린더

> 실린더 종류
> • 탠덤 실린더 : 단계적으로 출력제어가 가능하며 큰 위치 에너지를 얻을 수 있다.
> • 충격실린더 : 상당히 큰 충격 에너지를 얻을 수 있으며 속도는 7.5~10m/s까지 얻을 수 있다.
> • 로드리스 실린더 : 제한된 공간상에서 긴 행정거리가 요구되는 곳에서 사용하며 외부와 피스톤 사이의 강한 자력에 의해 운동을 전달하므로 내·외부의 실링효과가 우수하고 비접촉식 센서에 의하여 위치제어가 가능
> • 텔레스코프 실린더 : 로드의 전장에 비해 긴 행정(스트로크)을 얻을 수 있다.

23 유압 모터 중 가장 간단하며 출력 토크가 일정하고 정·역 회전이 가능하며 토크 효율이 약 75~85%, 전효율은 약 80% 정도이고 최저 회전수는 150rpm으로 정밀 서보 기구에는 부적절한 모터는?

① 베인 모터
② 기어 모터
③ 액시얼 피스톤 모터
④ 레디얼 피스톤 모터

> 유압 액추에이터에는 유압 모터(연속 회전음)와 왕복동형으로 구분하며 기어모터는 내접형, 외접형이 있으며 점도가 클수록 윤활유 공급이 원활해지며 넓은 범위의 무단 변속이 가능하다.

24 공유압 회로 손실에 대한 설명으로 틀린 것은?

① 층류와 난류의 경계는 R_e = 13,200 정도이다.
② 레이놀즈 수에 따라 층류와 난류로 구별된다.
③ 손실수두는 유체의 운동에너지에 비례한다.
④ 손실수두는 마찰계수와 직접적인 관계가 있다.

> 층류와 난류 경계 구역은 천이구역으로 레이놀드 수(R_e)는 2100~4000이다.

25 실린더의 부하가 급격히 감소하더라도 피스톤이 급속히 전진하는 것을 방지하기 위하여 귀환 쪽에 일정한 배압을 걸어주기 위한 회로를 구성하고자 한다. 이때 가장 적합하게 사용할 수 있는 밸브는?

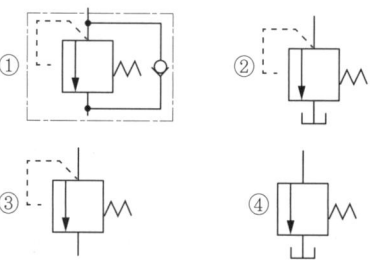

② 릴리프 밸브 ③ 시퀀스 밸브 ④ 무부하 밸브

26 공기압 조정 유닛에 대한 설명 중 틀린 것은?

① 윤활기에 공급되는 기름은 스핀들 오일이 적당하다.
② 에어 서비스 유닛이라고도 한다.
③ 공압필터 → 압력조절 밸브 → 윤활기 순서로 조립한다.
④ 기구 세척시 가정용 중성세제로 한다.

> 공기압 조정유닛은 공기원에서 공급되는 압축공기를 필터로 청정화하고 감압밸브로 회로압력을 설정한 후, 루브리케이터에서 윤활유를 급유하여 공기압 시스템으로 공급하는 기기로 액상의 양질의 광물성 기름을 사용한다.

27 다음 기호의 명칭으로 맞는 것은?

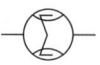

① 적산 유량계 ② 회전 속도계
③ 토크계   ④ 유면계

> 상기 기호는 적산 유량계로 일정 용적량을 사용하여 자동적으로 용적을 측정하는 용적 유량계와, 흐름 가운데에 놓여있는 날개의 회전수를 측정하여 통과 유량을 측정하는 익차 유량계 등이 있다.
> 토크계 :   유면계 :

28 공압기기 중 소음기에 대한 설명으로 맞는 것은?

① 배기 속도를 빠르게 한다.
② 공기 흐름에 저항이 부여되고 배압이 생긴다.
③ 공압 기기의 에너지 효율이 좋아진다.
④ 공압 작동부의 출력이 커진다.

> 소음기는 공압기기에서 나오는 배기가스에 의해 발생되는 소음을 줄이기 위해 이 가스를 통과시키는 장치로 이때 공기 흐름의 저항이 부여되고 이로 인하여 배압이 생긴다.

29 1 표준기압은 수은주 760[mmHg]이다. 상온의 물이라면 이것의 수주는 약 얼마인가?

① 0.76[m]   ② 1.034[m]
③ 7.6[m]   ④ 10.34[m]

> 표준 대기압 = 1.0332 kg/cm² · a = 14.7 lb/in² · a
> = 10.332 mH₂O = 10.332 Aq
> = 760 mm Hg = 30 inHg
> = 101325 Pa = 101325 N/m²

30 유압 모터에서 가장 효율이 높으며, 고압에서도 사용 할 수 있는 유압 모터는?

① 피스톤 모터   ② 기어 모터
③ 기어 펌프   ④ 베인 모터

> 피스톤 모터는 왕복동형 모터로 가장 고압을 얻을 수 있다.

31 구조가 간단하고 값이 싸므로 차량, 건설기계, 운반기계 등에 널리 사용되고 있으며, 외접, 내접, 로브, 트로코이드, 스크루 펌프의 종류가 있는 펌프를 무엇이라 하는가?

① 기어 펌프   ② 베인 펌프
③ 피스톤 펌프   ④ 플런저 펌프

> 기어 펌프의 종류는 외접기어펌프, 내접기어펌프, 로드펌프, 트로코이드펌프, 스크류펌프 등이 있으며 구조가 간단하고 운전 및 보수가 용이하다.

32 다음에 그려진 밸브의 설명으로 적당치 않은 것은?

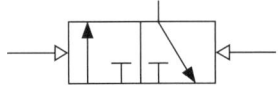

① 정상상태 닫힘형   ② 유압에 의한 작동
③ 메모리형   ④ 3/2way 밸브

> 이 밸브는 공압(▷)에 의하여 작동한다.

33 다음 중 조작력이 작용하지 않는 때의 밸브 몸체의 위치로써 맞는 것은?

① 중앙 위치   ② 초기 위치
③ 노멀 위치   ④ 중간 위치

> 노멀 위치는 흐름 형식전환 밸브에 조작력 또는 제어 신호가 작동하지 않고 있을 때의 밸브체의 위치를 말한다.

34 서비스 유닛의 구성 중 윤활기 내에 있는 윤활유가 과도할 경우 발생되는 사항이 아닌 것은?

① 진동 소음 발생
② 공기압 부품의 오동작
③ Gumming 현상 발생
④ 작업장 내 환경오염

> 진동, 소음의 경우 펌프 흡입측 압력 손실로 인하여 발생하는 공동현상(캐비테이션)에서 주로 일어난다.

35 공기압축기로부터 애프터 쿨러 또는 공기탱크까지 연결라인이며 고온 고압과 진동이 수반되는 부분은?

① 흡입 라인   ② 이송 라인
③ 토출 라인   ④ 제어 라인

> 공기압축기 흡입라인은 저온 저압이며, 압축된 후 토출라인은 고온 고압이 된다.

정답 28 ② 29 ④ 30 ① 31 ① 32 ② 33 ③ 34 ① 35 ③

36 다음 그림의 회로 명칭으로 맞는 것은?

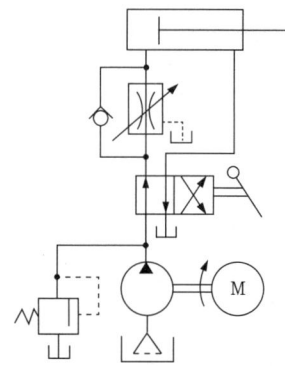

① 미터-인 회로 ② 미터-아웃 회로
③ 블리드-오프 회로 ④ 블리드-온 회로

> 미터-인 회로는 실린더 입구측에 설치하여 유압 유량을 조정하여 실린더 속도를 제어한다.

37 밸브의 조작력이나 제어신호를 가하지 않은 상태를 어떤 상태라 하는가?

① 정상상태 ② 복귀상태
③ 조작상태 ④ 누름상태

> 밸브의 조작력이나 제어신호를 가하지 않은 상태는 정상상태로 표기한다.

38 12[kW]의 전동기로 구동되는 유압펌프가 토출압이 70[kgf/cm²], 토출량은 80[L/min], 회전수가 1,200[rpm]일 때, 전효율은 약 몇 [%]인가?

① 59 ② 68
③ 76 ④ 87

> $kW = \dfrac{1000 \times Q \times H}{102 \times 60 \times \eta}$
> 여기서, Q : 유량(m³/min), H : 양정(mAq), η : 전효율
> 70[kgf/cm²] = 700mAq
> $12 = \dfrac{1000 \times 0.08 \times 700}{102 \times 60 \times \eta}$, ∴ $\eta = 0.7625 = 76.25\%$

39 유압펌프의 종류가 아닌 것은?

① 기어 펌프 ② 베인 펌프
③ 피스톤 펌프 ④ 마찰 펌프

> 유압을 상승시키기 위하여 펌프를 사용하며 주로 베인펌프, 기어펌프, 피스톤 펌프를 사용하며 공압을 상승시키기 위해서는 공기 압축기를 사용한다.

40 공압기기 및 관로 내에서 유동 또는 침전 상태에 있는 물 또는 기름의 혼합액체를 무엇이라고 하는가?

① 누설 ② 드레인
③ 개스킷 ④ 오일 미스트

> 드레인(drain)은 관로 내에서 응결된 물이나 침전된 기름 또는 이물질을 말하며 이를 배출하는데 사용되는 관, 밸브 등을 드레인 관, 드레인 밸브라 한다.

41 단단 베인 펌프 2개를 1개의 본체 내에 직렬로 연결시킨 펌프로 고압의 대출력이 요구되는 액추에이터의 구동에 적합한 펌프는?

① 2단 베인 펌프 ② 단단 베인 펌프
③ 2연 베인 펌프 ④ 복합 베인 펌프

> 베인펌프는 케이싱에 접하여 베인(날개)을 회전시킴으로써 베인 사이로 흡입한 액체를 흡입측에서 토출측으로 밀어내는 형식의 펌프로 펌프 2개를 1개의 본체에 직렬로 연결시킨 것을 2단 베인펌프라 한다.

42 작은 지름 파이프에서 유량을 미세하게 조정하기에 적합한 밸브는?

① 니들 밸브 ② 체크 밸브
③ 셔틀 밸브 ④ 소켓 밸브

> 니들밸브는 침변으로 되어 있으므로 유량을 미세하게 조정하기 위하여 고도의 숙련을 요한다.

정답 36 ① 37 ① 38 ③ 39 ④ 40 ② 41 ① 42 ①

43 보기에서 공기압 실린더의 호칭 방법에서 'LB'가 뜻하는 것은?

> KS B 6373 LB 50 B 100

① 패킹의 재질
② 지지 형식
③ 쿠션의 형식
④ 규격 형태

- KS B : 한국공업규격 기계
- 6373 : 구조형식(단동 실린더)
- LB : 지지형식(축 직각 풋형)
- 50 : 실린더 안지름(mm)
- B : 로드지름 기호
- 100 : 최고 사용압력

44 서보유압밸브의 특징으로 볼 수 없는 것은?

① 소형으로써 대출력을 얻을 수 있다.
② 빠른 응답성을 가지고 있다.
③ 작동기와 부하장치를 보호하는 효과가 있다.
④ 소형으로써 가격이 저렴하다.

서보밸브는 제어대상이 되는 장치의 입력이 임의로 변화할 때, 출력을 미리 설정한 목표 값에 이르도록 자동적으로 제어하는 밸브로서 빠른 응답 및 소형으로 대출력을 얻을 수 있으나 생산가가 비싼 것이 단점이다.

45 제어신호가 입력된 후 일정한 시간이 경과된 다음에 작동되는 시간지연 밸브의 구성요소가 아닌 것은?

① 속도 조절 밸브
② 3/2way 밸브
③ 압력 증폭기
④ 공기저장 탱크

압력 증폭기는 전압, 전류, 전력 등의 미약한 압력을 보다 큰 출력으로 변환하는 것으로 전자회로의 기본이 되는 중요한 회로로 널리 사용되고 있다.

46 감압밸브에 관한 설명으로 맞는 것은?

① 입구 압력을 일정하게 유지하는 밸브이다.
② 감압밸브는 방향밸브의 역할도 한다.
③ 감압밸브는 정상상태 열림형이다.
④ 감압밸브는 출구 측으로부터 입구 측으로 역류가 생길 때 역류작용을 하는 릴리프 밸브와 같은 작용을 한다.

감압밸브는 압력제어밸브로서 고압의 유체를 감압시켜 사용조건이 변동되어도 설정공급압력을 일정하게 유지시키며 밸브 출구압력에 의하여 작동한다.

47 다음 설명에서 ( )에 알맞은 용어는?

- 유압 장치의 최적 온도는 45~55[℃]이다.
- 작동유가 60[℃] 이하에서는 ( )가(이) 비교적 완만하다.
- 60[℃]를 넘으면 ( )가(이) 크다.
- 0.5[℃] 상승 때마다 수명이 반감하므로 펌프 흡입쪽 온도는 55[℃]를 넘겨서는 안된다.

① 마찰계수
② 산화속도
③ 동력
④ 기계적 효율

48 공압 회전액추에이터 종류 중 요동형 액추에이터는?

① 회전 실린더
② 피스톤 모터
③ 기어 모터
④ 터빈 모터

공압 요동형 액추에이터 : 공압 실린더의 직선·왕복운동과 공압 모터의 회전운동을 조합한 형태로 일정 회전각을 왕복·회전 운동(종류 : 회전 실린더, 회전 날개 실린더)

49 유압 회로 구성에 필요한 동력 공급 회로 중에서 실린더를 급속하게 작동시킬 때 단시간에 작은 동력으로 대용량의 유입유를 공급할 수 있는 것은?

① 단일 펌프 회로
② 시퀀스 회로
③ 가변 용량형 펌프 회로
④ 어큐뮬레이터와 고압 펌프 회로

어큐뮬레이터는 유압장치에 있어서 유압펌프로부터 고압의 기름을 저장해 놓는 장치이며, 여기에 고압의 질소로 봉입하여 대용량의 유입유를 공급할 수 있다.

정답 43 ② 44 ④ 45 ③ 46 ③ 47 ② 48 ① 49 ④

50 방향 제어 밸브의 구조에 의한 분류에 해당되지 않는 것은?

① 포핏 형식 ② 로터리 형식
③ 파일럿 형식 ④ 스풀 형식

> 방향제어밸브의 구조에 의한 분류
> • 포핏형식 : 밸브몸체가 밸브자리에서 수직방향으로 이동하여 유로를 개폐하는 방식
> • 스풀형식 : 밸브몸체가 원통형 미끄럼면에 내접하여 축방향으로 이동하여 유로를 개폐
> • 슬라이드형식 : 밸브본체와 밸브자리가 미끄러지면서 유로를 개폐

51 오일탱크의 바닥면과 지면의 최소 유지 간격으로 가장 바람직한 것은?

① 50[mm] ② 150[mm]
③ 250[mm] ④ 350[mm]

> 오일 탱크의 구비조건
> • 오일탱크 내에서는 먼지, 절삭분, 윤활유 등의 이물질이 혼입되지 않도록 주유구에는 여과망과 캡 또는 뚜껑을 부착하고 오일로부터 분리할 수 있는 구조
> • 공기(빼기)구멍에는 공기 청정기를 부착하여 먼지의 혼입을 방지하고 통기용 유압펌프 토출량의 2배 이상
> • 스트레이너의 유량은 유압펌프 토출량의 2배 이상
> • 소형 오일탱크는 에어블리저가 주유구를 공용시켜도 무방
> • 오일탱크 내에는 방해판으로 펌프 흡입측과 복귀측을 구별하여 오일탱크 내에서의 오일의 순환거리를 길게 하고 기포의 방출이나 오일의 냉각을 보존하며 먼지의 일부를 침전케 할 수 있도록 한다.
> • 오일탱크의 바닥면은 바닥에서 최소 간격 15cm 간격
> • 오일탱크는 완전히 세척할 수 있도록 제작
> • 스트레이너의 삽입/분리가 용이하도록 출입구를 만든다.

52 공압 액추에이터 중 회전각도의 범위가 가장 큰 것은?

① 스크루형 ② 크랭크형
③ 베인형 ④ 랙크와 피니언형

> 피스톤의 왕복운동을 랙크와 피니언을 이용해서 회전운동으로 변환하여 공기 쿠션을 이용할 수 있는 것으로 랙크와 피니언은 회전각도의 범위가 크다.

53 다음의 기호가 나타내는 것은?

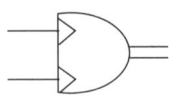

① 요동형 공기압 펌프
② 요동형 공기압 모터
③ 요동형 공기압 압축기
④ 요동형 공기압 실린더

> 요동형 공기압 실린더는 일정한 회전각으로 왕복-회전하는 액추에이터이다.

54 스트레이너는 어느 위치에 설치하는가?

① 유압실린더와 방향 제어 밸브 사이
② 방향 제어 밸브의 복귀 포트
③ 유압 펌프의 흡입관
④ 유압 모터와 방향 제어 밸브 사이

> 스트레이너(여과기)는 주로 펌프 흡입관에 설치하여 이물질의 흡입을 막아준다.

55 공기 저장 탱크의 기능 중 잘못된 것은?

① 저장기능
② 냉각효과에 의한 수분공급
③ 공기압력의 맥동을 없앰
④ 압력변화를 최소화

> 공기 저장 탱크는 항상 일정한 공압을 유지해야 하며 공기 압축기에서 온도가 높아지면 냉각기에 의해 냉각되며 제습기에 의해 수분을 제거한다.

56 공압 실린더 취급 시 주의사항으로 잘못된 것은?

① 로드 선단과 연결부에 자유도가 없도록 한다.
② 작업환경의 주위 온도는 50~60℃가 적당하다.
③ 피스톤 로드는 가로 하중과 굽힘 모멘트가 걸리지 않도록 고려한다.
④ 부하의 운동방식과 실린더 위 작동방향이 추종하도록 한다.

> 로드 선단과 연결부의 활동이 자유로워야 작동이 원활해진다.

정답 50 ③ 51 ② 52 ④ 53 ④ 54 ③ 55 ② 56 ①

57 유압기기 중 회로압이 설정압을 초과하면 유체압에 의하여 파열되어 압유를 탱크로 귀환시키고 동시에 압력상승을 막아 기기를 보호하는 역할을 하는 기기는?

① 압력스위치　　② 유체 퓨즈
③ 체크 밸브　　　④ 릴리프 밸브

- 압력스위치 : 유체의 압력이 규정 압력보다 상승하게 되면 작동을 정지
- 체크 밸브 : 유체의 역류를 방지
- 릴리프 밸브 : 유체의 압력이 높아지면 유체의 일부를 다른 회로로 되돌려 압력 상승을 방지

58 전동기 구동동력이 부족할 때 발생하는 현상은?

① 실린더 추력이 감소한다.
② 작동유가 과열된다.
③ 토출유량이 많아진다.
④ 유압유의 점도가 높아진다.

추력은 물체를 운동방향으로 밀어내는 힘으로 전동기 구동 동력이 부족하면 실린더 추력이 감소하게 된다.

59 동관 이음을 할 때 관 끝 모양을 접시 모양으로 넓혀서 이음하는 방식은?

① 플랜지(Flange) 이음
② 나사(Screw) 이음
③ 압축(Compressde) 이음
④ 플레어리스(Flareless) 이음

동관의 끝부분을 나팔관 모양으로 넓혀서 관이음을 하는 것을 플레어링(flaring) 이음이라 하며 이때 이음부분을 압축하여 밀폐시키는 방법이므로 압축이음이라고도 한다.

60 다음 중 온도 센서가 아닌 것은?

① 열전대(Thermocouple)　② 서미스터(Thermistor)
③ 측온 저항체　　　　　　④ 홀 소자

홀 소자는 자기센서에 해당된다.

61 시간 종속 순차제어 시스템에 해당되는 것은?

① 프로그램 벨트　② 엘리베이터
③ 카운터　　　　　④ 플립플롭

순차제어 시스템의 기본소자는 플립플롭으로 이 소자는 클럭이라는 입력이 변화하는 순간에만 또 다른 입력값의 상태에 따라 출력값이 결정되는 소자이다.

62 60Hz, 4극 유도 전동기의 회전자 속도가 1,710rpm일 때 슬립은 약 얼마인가?

① 5%　　② 8%
③ 10%　　④ 14%

$Ns = \dfrac{120 \cdot f}{P} = \dfrac{120 \times 60}{4} = 1800 rpm$
회전자 속도(N) = $Ns \cdot (1-S)$
$1710 = 1800 \times (1-S)$
∴ $S = 0.05 = 5\%$

63 기기 간 접속보다 단지 액추에이터의 동작순서를 표시하는 것은?

① 논리도　　　　　② 래더 다이어그램
③ 변위-단계선도　 ④ 기능선도

변위단계선도는 도면에 있는 공압 액추에이터를 보고 실린더가 어떻게 움직이는지 보고 동작순서를 표시하는 것이다.

64 기체 봉입형 어큐뮬레이터에 밀봉하여 넣은 기체의 종류는?

① 산소　　② 수소
③ 질소　　④ 이산화탄소

어큐뮬레이터는 유압펌프로부터 고압의 기름을 저장해 놓는 장치이며 여기에 봉입하는 기체는 불연성이며 위험도가 없는 질소를 주로 사용한다. 산소는 지연성가스로 오일에 산화를 일으키며 수소는 가연성가스이므로 위험도가 크다.

정답 57 ② 58 ① 59 ③ 60 ④ 61 ① 62 ① 63 ③ 64 ③

65 서보량(위치, 속도, 가속도 등)을 정밀하게 제어하는 서보제어계에 사용되는 센서의 종류가 아닌 것은?

① 열전대 ② 포텐쇼미터
③ 타코미터 ④ 리졸버

> **열전대**
> • 2개의 금속으로 폐회로를 만들어 접점간의 온도차에 의하여 기전력을 발생
> • 종류 : 백금로듐-백금(1400℃), 크로멜-알루멜(650~1000℃), 철-콘스탄탄(400~600℃), 동-콘스탄탄(200~300℃)

66 다음 중 기름이 누설되는 원인이 아닌 것은?

① 배관 재질이 불량한 경우
② 밸브의 작동이 불량한 경우
③ 배관 접속법이 불량한 경우
④ 실(Seal)이 불량한 경우

> 밸브 작동 불량은 기기 작동의 문제점을 일으키며 기름 누설의 원인은 재질 불량이나 접속 또는 실(seal) 또는 패킹 등의 불량으로 밀폐가 되지 않아 누설이 된다.

67 회로 설계를 하고자 할 때 부가조건의 설명이 잘못된 것은 어느 것인가?

① 리셋(Reset) : 리셋 신호가 입력되면 모든 작동상태는 초기위치가 된다.
② 비상정지(Emergency Stop) : 비상정지신호가 입력되면 대부분의 경우 전기 제어 시스템에서는 전원이 차단되나 공압 시스템에서는 모든 작업요소가 원위치된다.
③ 단속 사이클(Single Cycle) : 각 제어 요소들을 임의의 순서대로 작동시킬 수 있다.
④ 정지(Stop) : 연속 사이클에서 정지신호가 입력되면 마지막 단계까지는 작업을 수행하고 새로운 잣업을 시작하지 못한다.

> 시퀀스 제어는 처음에 정해진 조건 또는 임의의 순서에 따라 행하여지는 제어이다.

68 제어와 자동제어의 선택조건에서 제어시스템의 선택조건에 해당되지 않는 것은?

① 외란 변수에 의한 영향이 무시할 정도로 작을때
② 특징과 영향을 확실히 알고 있는 하나의 외란 변수만 존재할 때
③ 외란 변수의 변화가 아주 작을 때
④ 여러 개의 외란 변수가 존재할 때

> 외란은 제어값을 변화시키려는 외부로부터의 바람직하지 않는 신호로 유출량, 목표치 변경 등이 있다.

69 다음 그림의 아라고(Arago)의 회전 원판 실험과 같이 비자성체인 알루미늄 혹은 구리로 만들어진 원판위에서 영구 자석을 회전시키면 원판도 자석의 방향으로 함께 회전하는 원리를 이용한 전동기는?

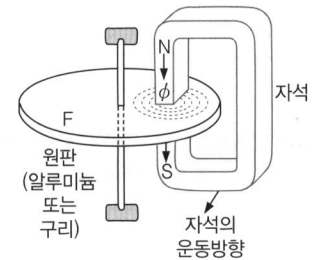

① 유도전동기 ② 직류 전동기
③ 스테핑전동기 ④ 선형전동기

> 유도전동기는 교류 전동기의 하나로서 유도전류와 회전하는 자기장의 상호작용으로 회전 자기장을 만들어 동력을 얻는 것으로 상기 그림과 같이 원판 위에 영구자석을 회전시키면 원판도 함께 회전한다.

70 출력측의 한쪽을 부하와 연결하고 다른 쪽 단자(공통단자)를 0[V]에 접지시키는 센서는? (단, 센서 작동시 + 전압 출력됨)

① NP형 ② PN형
③ NPN형 ④ PNP형

> 반도체 메모리의 특징은 응답속도가 빠르며 고감도 실현이 가능하며 소형화가 가능한 것으로 PNP형은 고주파용과 저주파용으로 구분한다.

정답 65 ① 66 ② 67 ③ 68 ④ 69 ① 70 ④

71 직류 전동기가 회전 시 소음이 발생하는 원인이 아닌 것은?

① 축받이의 불량
② 정류자 면의 높이 불균일
③ 전동기의 과부하
④ 정류자 면의 거칠음

> 전동기 과부하는 발열의 원인이 된다.

72 신호 발생 요소의 신호영역을 ON-OFF 표시 방식으로 표현함으로써 각 신호발생 간의 신호간섭현상을 예지 할 수 있는 동작 상태 표현법은?

① 제어선도
② 변위단계선도
③ 논리선도
④ 플로 차트

> ON-OFF의 신호영역은 불연속 제어로서 2위치 제어이며, 이는 제어선도에 해당된다.

73 신호발생 요소의 신호 영역을 ON-OFF 표시 방식으로 표현하는 선도는 무엇인가?

① 변위-단계선도
② 제어선도
③ 논리도
④ PFC

> ON-OFF 스위치로 전원 및 온도조절이 쉽게 이루어질 수 있으므로 이는 제어선도에 해당된다.

74 자동제어 시스템의 피드백(Feedback)에 대한 설명 중 틀린 것은?

① 목표값과 실제값을 비교한다.
② 피드백 제어는 정성적 제어이다.
③ 설계가 복잡하고 제작비용이 비싸진다.
④ 피드백을 하면 외란이나 잡음 신호의 영향을 줄일 수 있다.

> 피드백 제어는 제어량의 값을 입력측으로 돌려, 이것을 목표치와 비교하여 제어량을 목표치에 일치시키도록 정량적 제어를 한다.

75 자동화 시스템에서 핸들링 공정에 속하는 작업요소가 아닌 것은?

① 부품의 위치이동
② 가공절삭
③ 분리
④ 클램핑

> 가공 및 전달, 이송, 조임, 배치, 정리 등을 사람의 손이나 기계적인 힘에 의해 작동하는 것을 핸들링이라 하며 가공절삭은 정밀 제어를 필요로 하는 공정에 해당된다.

76 측온저항체의 특징이 아닌 것은?

① 출력신호는 전압이다.
② 최고사용온도가 600[℃] 정도이다.
③ 전원을 공급해야 한다.
④ 백금 측온저항체는 표준용으로 사용한다.

> 측온 저항체는 전기 저항이 온도에 따라 변화하는 성질을 이용한 온도 측정용의 저항체로 백금, 구리, 니켈 등의 순금속을 사용한다.

77 유압 시스템의 파워 유닛에 속하지 않는 것은?

① 릴리프 밸브
② 유량 제어 밸브
③ 펌프
④ 오일 탱크

> 유압시스템의 파워 유닛에는 유압제어밸브가 포함된다.

78 온도계나 컬러TV의 색 차이 방지용 온도보상에 사용되는 것으로 열팽창계수 차이가 있는 두 금속을 접합 한 것은?

① 바이메탈
② 세라믹
③ 도전성고무
④ 자기 저항 소자

> 서로 다른 팽창계수를 가지고 있는 두 금속판을 서로 연결해 놓은 것이 바이메탈이다. 서로 다른 팽창계수를 가지고 있기에 열이 올라가면 한쪽이 더 많이 팽창한다. 두 금속판이 서로 꼭 붙어서 떨어지지 않는다면 두 금속 중 팽창계수가 작아 적게 팽창하는 쪽으로 휘어지게 된다.

정답 71 ③ 72 ① 73 ② 74 ② 75 ② 76 ① 77 ② 78 ①

79 직류 전동기 과열의 원인이 아닌 것은?

① 전동기 과부하 ② 퓨즈의 융단
③ 스파크 ④ 베어링 조임 과다

> 직류 전동기의 과열원인
> • 먼지, 면진, 분진 등의 부착에 의해 통풍냉각의 방해
> • 과부하 또는 규정 전압 이하에서의 운전
> • 단락 등에 의한 과전류
> • 1선의 단선에 의한 삼상 전동기의 단상운전
> • 장기 사용 또는 기계적 손상에 의한 권선의 절연열화

80 그림과 같이 선형 스텝모터에서 스핀들 리드를 0.36[cm]라 하고, 회전각을 1°라 했을 때 이송거리는 몇 [mm]인가?

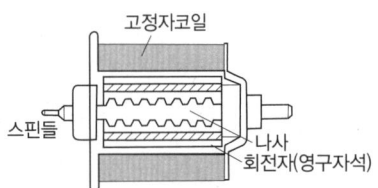

① 0.01 ② 0.02
③ 0.03 ④ 0.04

> 1° 이송거리 = $\frac{피드}{360°}$ = $\frac{0.36}{360°}$ = 0.001cm = 0.01mm

81 자동화 시스템에서 핸들링 공정에 속하는 작업요소가 아닌 것은?

① 부품의 위치이동 ② 가공절삭
③ 분리 ④ 클램핑

> 가공 및 전달, 이송, 조임, 배치, 정리 등을 사람의 손이나 기계적인 힘에 의해 작동하는 것을 핸들링이라 한다.
> ※ 가공절삭은 정밀 제어를 필요로 하는 공정에 해당된다.

82 4개의 입력요소 중 첫 번째와 두 번째 요소가 함께 작동되던지 세 번째 요소가 작동되지 않은 상태에서 네 번째 요소가 작동되었을 때 출력이 존재하는 제어기의 구성을 논리적으로 표현한 것은?

① $Z = S1 + S2 + S3 + S4$
② $Z = (S1 + S2) \cdot (\overline{S3} + S4)$
③ $Z = S1 \cdot S2 + \overline{S3} \cdot S4$
④ $Z = S1 \cdot S2 \cdot \overline{S3} + S4$

> • 첫 번째와 두 번째 요소가 함께 작동하는 것 : AND 회로
> • 세 번째 요소가 작동되지 않은 상태에서 네 번째 요소가 작동되는 것 : 세 번째는 부정
> • 첫 번째와 두 번째, 세 번째와 네 번째의 합으로 이루어지므로 : OR 회로

83 제어 시스템에서 쓰이는 트랜지스터, 연산증폭기, 노튼앰프의 공통적인 역할로 옳은 것은?

① 신호저장 ② 신호제한
③ 신호증폭 ④ 신호의 선형화

> 전기적인 신호 혹은 빛이나 음향 등에 의한 신호의 진폭을 증대하는 것으로 전기적인 신호의 증폭에는 트랜지스터, 연산증폭기, 노튼앰프, 자성체 등이 사용된다.

84 짧은 실린더가 본체로 긴 행정거리를 낼 수 있어 작은 공간에 실린더를 장착하여 긴 행정거리를 필요로 할 경우에는 좋으나 필요한 힘 이상의 큰 직경이 요구되는 것은?

① 케이블 실린더 ② 양 로드 실린더
③ 로드리스 ④ 텔레스코프

> 텔레스코프 실린더 : 로드의 전장에 비해 긴 행정(스트로크)을 얻을 수 있다.

85 설비의 6대 로스(Loss)에 해당하지 않는 것은?

① 생산률감소 로스
② 초기유동관리수율 로스
③ 순간정지 로스
④ 속도저하 로스

> 설비의 6대 로스
> • 고장로스   • 준비교체 조정 로스
> • 순간정지 공운전 로스 • 속도 저하 로스
> • 불량 수리 로스   • 초기 수율 로스

정답 78 ② 79 ① 80 ① 81 ② 82 ③ 83 ③ 84 ④ 85 ①

86 하드 와이어드한 제어(릴레이 제어)와 소프트 와이어드한 제어(PLC 제어)의 차이점 설명 중 맞지 않는 것은?

① 릴레이 제어의 경우 회로도는 배선도이다.
② 릴레이 제어가 PLC 제어의 경우보다 배선이 간단하다.
③ 제어 내용의 변경이 용이한 것은 PLC 제어이다.
④ 소프트웨어와 하드웨어 구성을 동시에 할 수 있는 것이 PLC 제어이다.

> PLC(Programmable Logic Controller)
> • 미리 정해진 순서 또는 조건에 따라 제어의 단계를 순차적으로 행하는 제어
> • 외부접점, 내부접점, 타이머, 카운터, 시프트 레지스터 등의 기능을 반도체 소자로 대체, 무접점화를 이룬 기기

87 자동화를 공장 자동화와 정보 자동화로 구분할 때 적용분야가 정보 자동화인 것은?

① ROM   ② CAD
③ Robot   ④ 자동운반

> CAD(Computer Aided Design &Drafting)는 컴퓨터를 이용하여 기계, 전기, 전자, 건축 등의 설계에 필요한 도면을 그리거나 설계 계산을 위한 컴퓨터 보조 설비로 정보 자동화에 속한다.

88 다음 메모리 중에서 사용자가 한번에 한하여 써 넣을 수(Write) 있는 것은?

① EAROM   ② PROM
③ EPROM   ④ EEROM

> • RAM : 공급 전원이 차단되었을 때 그 내용이 전부 지워지는 메모리
> • EAROM : 공급 전원이 차단되었을 때 그 내용이 지워지지 않는 메모리
> • ROM : 제작자에 의해 프로그램이 되는 메모리
> • PROM : 사용자가 한 번만 프로그램 할 수 있는 메모리

89 공장 자동화가 확장됨에 따라 릴레이제어(유접점)에서 전자제어(무접점)로 전환되어 가는 주된 이유는?

① 작업환경의 개선   ② 품질의 고급화
③ 부품수명과 동작시간   ④ 노동력의 감소

90 PLC의 성능이나 기능을 결정하는 중요한 프로그램으로 PLC 제작회사에서 직접 ROM에 써 넣는 것은?

① 데이터 메모리
② 시스템 메모리
③ 수치 연산 제어 메모리
④ 사용자 프로그램 메모리

> 시스템 메모리는 램을 나타내는 것으로 PLC제작회사에서 직접 ROM에 써 넣는 것을 말한다.

91 신뢰성으로 설비를 설명할 때의 편리한 점이 아닌 것은?

① 설비의 수명 예측가능
② 운전 조업 중인 설비의 장래 상황 예측가능
③ 작업자의 능력 예측가능
④ 사용시간과 고장 발생과의 관계 예측가능

> 설비의 신뢰성을 나타내는 필요한 조건
> • 신뢰도
> • 사용시간
> • 평균고장수리시간
> • 평균고장간격시간

92 설비의 신뢰성을 나타내는 척도 중 MTBF는 무엇을 의미하는가?

① 평균고장 수리시간
② 평균고장 간격시간
③ 고장률
④ 고장설비 수

> 설비의 신뢰성을 나타내는데 필요한 조건
> • 신뢰도 = $\dfrac{\text{설비의 총수} - \text{운전시간까지의 고장수}}{\text{설비의 총수} \times 100}$
>
> • 평균고장간격시간 (MTBF) = $\dfrac{x_1 + x_2 + x_3 + \cdots x_n}{r}$
>   (x : 각 고장까지의 시간, r : 고장 발생 수)
>
> • 평균고장간격시간 (MTTF) = $\dfrac{x_1 + x_2 + x_3 + \cdots x_n}{r}$
>   (x : 각 고장 수리 시간, r : 고장 발생 수)
>
> • 고장율은 MTBF(평균 고장 간격시간)의 역비이다.

정답 86 ② 87 ② 88 ② 89 ③ 90 ② 91 ③ 92 ②

93 설비의 평균 고장률을 나타내는 것은?

① MTTR
② MTBF
③ 1/MTTR
④ 1/MTBF

> • MTBF : 부품, 장치 등을 동작시켰을 경우의 고장에서 고장까지의 평균시간, 즉 평균고장간격으로 설비의 평균 고장률은 MTBF의 역수로 나타나며
> • MTTR : 부품, 장치 등이 고장을 일으켰을 때부터 다시 동작하기까지의 시간으로 평균수리시간을 나타낸다.

94 제어시스템에서 제어를 행하는 과정에 따른 분류 중 설명이 틀린 것은?

① 파일럿 제어 – 메모리 기능이 없고 이의 해결을 위해 불논리 방정식을 이용한다.
② 메모리 제어 – 출력에 영향을 줄 반대되는 입력 신호가 들어올 때까지 이전에 출력된 신호는 유지된다.
③ 시퀀스 제어 – 이전단계 완료여부를 센서를 이용하여 확인 후 다음단계의 작업을 수행한다.
④ 조합 제어 – 요구되는 입력 조건에 관계없이 그에 관련된 모든 신호가 출력된다.

> 조합제어
> 제어명령은 시간에 따른 제어와 같은 방법으로 주어지나 이의 수행은 시퀀스 제어와 마찬가지 방법으로 감시된다.

정답 93 ④ 94 ④

CHAPTER 02

설비진단 및 관리

Section 01 설비진단
Section 02 전원회로의 기본

SECTION 01 설비진단

Industrial Engineer Machinery Maintenance

STEP 01 설비진단의 개요

1. 설비진단 기술의 개요

모든 설비의 작동을 정확히 파악하기 위하여 설비의 고장 및 열화, 성능이나 강도 등을 정량적으로 관측하여 지속적인 운전상태를 예측할 수 있는 기술이다.

① 설비 측면 : 데이터에 의한 신뢰성
② 조업 측면 : Claim 방지
③ 정비계획 측면 : 고장의 미연 방지
④ 설비관리 측면 : 정량적
⑤ 점검면 측면 : 우수 점검자 확보
⑥ 에너지측면 : 자원 절약
⑦ 환경안전 측면 : 사고 · 오염 방지

> 파라미터 : 진동, 소음, 충격, 기름의 오염도 등 설비의 노화를 나타낸다.

2. 설비진단 기법

1) 진동법
    ① 송풍기, 펌프, 팬 등의 기초 설비 및 밸런스 이상 진동 유무 진단
    ② 각 회전 기기의 언밸런스에 의한 이상 진동 유무 진단
    ③ 기기에 공급되는 이상 압력에 의한 진동 여부 진단

2) 오일 분석법

구분	설명
페로그래피법	시료용 오일을 용제에 희석하여 경사면을 따라 흐르게 하면서 자석을 가하면 오일 중에 마모된 금속이 크기에 따라 자석에 부착하게 되며 이를 색 현미경에 의하여 크기, 형상 등을 관찰하여 마모부위와 원인을 알아내는 방법이다.
SOAP법	시료용 오일을 연소하면서 발생되는 금속성분의 발광 또는 흡광현상으로 분석하는 방법이다.
응력법	• 계속된 기기의 운전에 의하여 설비에 피로가 축적되면 응력이 집중되는데 이를 제거하기 위한 방법이다. • 기기의 실제 응력을 조사하여 파악한다. • 설비 내부의 응력 분포도를 파악한다. • 설비 피로에 의한 수명을 파악한다.

STEP 02 진동 이론

1. 진동의 기초

① 진동이란 물체 또는 기기가 일정 시간 마다 같은 운동을 반복하는 현상을 말한다.
② 영향 : 진동은 설비 자체의 마모와 이상이 발생하여 운전에 심한 악영향을 일으킨다.
③ 방지 : 진동의 발생원으로부터 진동이 다른 곳으로 전달되지 않도록 완충기나 댐퍼 등을 사용한다.

2. 진동의 물리량

1) 진동의 크기

구분	설명
피크값(편진폭)	진동량의 절대값의 최대값
피크-피크값	• 정측의 최대값에서 부측의 최대값까지의 값 • 정현파의 경우 : 피크값의 2배
실효값	• 진동의 에너지를 표현하는 것에 적합한 값 • 정현파의 경우 : 피크값의 $1/\sqrt{2}$배(=0.707)
평균값	• 진동량을 평균한 값 • 정현파의 경우 : 피크값의 $2/\pi$배

2) 진동의 기본량

① 주기(T) : 시간적으로 일정한 간격을 두고 반복되는 경우의 시간 간격, 진동이 완전한 1사이클에 걸린 시간 (sec/cycle)
② 주파수(f) : 교류에서 단위 시간(1초)에 반복되는 사이클 횟수(cycle/sec) (단위 : Hz)
③ 진폭 : 단진동에 있어서 중립의 위치로부터 상하방향으로의 최대 변위량
④ 진동수(ω) : 물체가 일정 시간마다 같은 운동을 반복하는 현상(rad/sec)
⑤ 위상 : 전기적 또는 기계적인 회전에 있어 어떤 임의의 기점에 대한 상대적인 위치

$$주기(T) = \frac{2\pi}{\omega}, \ 주파수(f) = \frac{1}{T} = \frac{\omega}{2\pi}$$
ω : 진동수

> 진동의 크기를 알아내는데 필요한 진폭표시의 파라미터 : 변위, 속도, 가속도 등

3. 기계진동

① 회전부의 불균형에 의한 진동
② 내연기관의 폭발 충격력에 의한 진동
③ 미끄럼 부분의 진동
④ 기초나 설치 불량에 의한 진동

STEP 03 진동 측정

1. 진동측정의 개요

① 진동 측정하고자 할 때 측정 위치와 측정 절차가 중요하며 이를 물리량으로 표현하여 측정데이터에 의하여 평가할 수 있는 능력을 갖추기 위함이다.

② 진동 측정량

구분	설명	단위
변위	• 진동이 어떤 위치에서 다른 위치로 이동한 양으로 크기와 방향을 갖는 벡터 • 저주파 성분이나 기계부품 사이의 미세한 틈이 문제가 되는 경우에 주로 사용	m, mm, μm
속도	• 진동이 단위 시간동안 이동할 수 있는 거리	m/s, mm/s
평균값	가속도 : 단위 시간당 진동 속도 변화의 비율	m/s^2

※ 기계 진동의 주파수 분석에는 속도 또는 가속도를 사용한다.

2. 진동측정 시스템

① 평균값 : 진동의 변화는 심하게 일어나므로 이를 측정하기 위하여 여러 가지 시스템이 있으나 그 중 가장 간단히 사용되는 것은 평균값이다. 평균값은 순간 자체 측정값을 시간 평균으로 구한다.

② 실효값 : 교류의 크기를 나타내는 값으로 진동에 의한 동일 저항으로 흐르는 경우 교류와 동일 줄(joule)의 열을 받아 발생하는 직류의 값이다.

3. 진동 측정용 센서

① 진동 측정용 센서의 종류

구분	설명
가속도계	• 적은 출력 전압에서 가속도 레벨이 낮아지는 취약성과 높은 주파수 대역에서는 저주파 결함이 나타나는 것으로서 베어링의 결함 유무를 측정하고자 할 때 사용되는 진동 측정용 센서 • 종류 : 압전형, 서보형, 스트레인 게이지형
속도계	• 진동에너지나 피로도가 문제되는 경우의 측정변수이며, 측정 주파수 범위는 보통 10~1000Hz이다. • 종류 : 동전형
변위계	• 축과 마운트 사이에 발생되는 진동이나 축 표면의 흠집, 표면 거칠기 등의 측정에 용이하다. • 종류 : 와전류식, 전자광학식, 정전용량식

※ 가속도계와 속도계는 접촉형이며, 변위계는 비접촉형이다.

② 진동 센서의 선정
- 축의 돌출 및 플렉시블 로터-베어링 시스템에서 시간 신호 해석 시 변위센서 사용
- 축이 돌출되지 않은 경우는 속도센서나 가속도 센서를 사용한다.
- 10~1000Hz일 때는 속도 센서나 가속도 센서를 사용한다.
- 1kHz 이상의 주파수일 때 가속도 센서

④ 진동 측정 시 주의사항
- 항상 동일 장소나 방향에서 측정해야 한다.
- 항상 동일 센서로 측정해야 한다.
- 센서 부착면에 먼지나 녹이 있는 경우 제거하고 센서를 부착해야 한다.
- 항상 동일한 부하일 때 측정해야 한다.
- 진동의 크기는 회전수 2승에 비례하므로 동일한 회전수를 유지해야 한다.

STEP 04 소음이론과 측정

1. 소음의 개요

① 소음의 정도는 폰(phon)으로 나타낸다. 기계나 어떤 장소에서 발생한 진동은 주위 공기의 입자군에 전달되어 연쇄반응을 일으키고 입자군에 전자 왕복운동을 하게 된다. 이 왕복운동으로 인하여 공기의 입자군이 압축 혹은 팽창으로 공기 압력변화가 생기게 된다. 공기의 입자는 탄성력과 관성력에 의하여 물체의 진동에 의해 힘이 가해지면 피스톤 운동을 일으키며 이때 밀도변화를 일으켜 소밀파로 진동체를 중심으로 사방으로 전파되는 물리적 현상이 소리이다.

② 음압과 음속

구분	설명
음압	음 에너지에 의해 매질에는 미소한 압력변화가 생기며 이 압력 변차부분을 말함(단위 : N/m^2)
음속	음파가 1초 동안에 전파하는 거리(단위 : m/sec)
음향 출력	음원으로부터 단위시간당 방출되는 총 음에너지

※ dB(decibel) : 음(音)의 강도를 나타내는데 사용되는 단위이다.

2. 소음의 물리적 성질

(1) 파장 : 위상의 차이가 360°가 되는 거리 또는 마루(가장 큰 압력)와 마루 사이의 거리
  (기호 : λ, 단위 : m)

(2) 주파수 : 단위 시간의 사이클 횟수(기호 : f, 단위 : cycle/sec, Hz)

(3) 주기 : 파장이 전파되는데 소요되는 시간(기호 : T 단위 : sec/cycle)

(4) 변위 : 진동의 상한과 하한의 거리 또는 진동의 매개체(공기)의 위치와 그것의 평균 위치와의 거리
  (기호 : D, 단위 : m)

(5) 음의 간섭 : 서로 다른 파동 사이의 상호작용으로 나타나는 현상으로 종류는 중첩의 원리, 보강 간섭, 소멸 간섭, 맥놀이 등이 있다.
  ① 중첩의 원리 : 동일한 성질의 파동이 동시에 어느 한 점을 통과할 때 그 점에서의 진폭은 각각의 파동의 진폭을 합한 것과 같다.
  ② 보강 간섭 : 여러 개의 파동이 마루는 마루에서, 골은 골에서 서로 엇갈려 지나갈 합성파의 진폭은 각각의 진폭보다 작게 된다.

③ 소멸 간섭 : 여러 개의 파동이 마루는 골과, 골은 마루와 만나면서 엇갈려 지나갈 때 합성파의 진폭은 각각의 진폭보다 작게 된다.
④ 맥놀이 : 주파수가 다른 두 개의 음원이 동시에 나오게 되면 음은 보강간섭과 소멸간섭이 교대로 이루어 한 번은 큰소리로, 한 번은 작은 소리로 들리는 현상

3. 음의 발생과 특성

구분	설명
고체음	• 일차 고체음 : 기계진동이 지반 진동음을 동반하여 함께 발생하는 소리 • 이차 진동음 : 기계 자체에서 발생하는 진동에 의한 소리
기류음	공기 내부에서 충격파에 의하여 발생하는 압력파가 전달하는 소리로, 펌프나 압축기에 의해 발생하는 맥동음, 송풍기 등에 의하여 발생되는 난류음으로 구분한다.
공명	고유 진동수가 같은 2개의 진동체에서 한 쪽에서 음이 발생하면 다른 쪽에서도 같은 음이 발생하는 현상이다.

STEP 05 소음진동 제어

1. 공장소음과 진동의 발생음

(1) **구조물의 공진 현상** : 기기 회전체의 이완 또는 불균형, 마모, 마찰, 충격 등으로 발생되는 진동이 전달되어 진동 및 소음이 동반되는 현상으로 방진 지지물과 회전체의 진동수가 다르게 하여 이를 최소화해야 한다. 방진 지지물과 회전체의 진동이 같으면 이 때 진동이 최대가 되는데 이를 공진점이라 하며, 공진점 통과 시간은 빠를수록 회전체에 무리를 주지 않는다.

(2) **동력에 의한 소음** : 압축기나 송풍기 등 각종 기기류에 공급되는 동력에 의하여 소음이 발생되는 현상

(3) **충격** : 기기 외부에서 물리적으로 가해지는 힘에 의하여 충격음이 진동으로 발전되어 기기의 다른 부위로 전달되어서 발산하는 것이다.

(4) **기계 패널(panel)에 의한 소음** : 다른 기계에서 발생된 소음과 진동이 기계 외부를 감싸고 있는 패널에 전달이 되면 이 진동에 의하여 소음이 발생되는 것이다.

(5) **베어링의 소음** : 베어링의 편심 또는 불균형에 의한 소음, 볼(ball)이나 롤러(roller)의 자체 회전에 의한 소음이 발생하기도 한다.

2. 공장소음 방지 대책

소음을 방지하기 위한 일반적인 방법은 흡음과 차음, 진동 및 소음의 차단, 진동 댐핑, 소음기 설치 등이 있다.

(1) 면적비 : 팽창식 체임버의 소음 흡수 능력은 면적비로 나타난다.

$$\text{면적비} = \frac{\text{팽창식 체임버의 단면적}}{\text{연결 덕트의 단면적}}$$

(2) 흡음 : 음파의 발생이 흡음재료로 처리된 천장 또는 벽에서 반사될 때 일부는 소음 에너지가 흡수되어 소멸되는 현상

$$\text{흡음율} = \frac{\text{흡수된 에너지}}{\text{입사에너지}}$$

> 유공판 : 소음 방지를 위해 내부 흡음재(철판, 알루미늄판, 합판 등)에 소음을 통과시키기 위한 재료로, 30% 정도의 개공율을 가지며 작은 구멍을 균일하게 분포시킨 것이 좋다.

(3) 차음 : 차음벽(주로 판넬 사용)을 기계주변에 설치하여 소음 전파를 차단하는 것으로 투과율에 의해 결정된다.

- 소음 투과율 $= \dfrac{\text{투과된 에너지}}{\text{입사 에너지}}$
- 소음 투과율 $= 10 \log \dfrac{\text{입사에너지}}{\text{투과된 에너지}}$

> 공진현상 : 진동체의 고유 진동수에 같은 진동수의 강제력을 가했을 때 약간의 힘으로 대단히 큰 진동을 일으키는 현상

3. 기계진동 방지 대책

(1) 댐핑(damping) : 진동에 대한 감폭(減幅)으로서 주로 충격이나 많은 주파수 성분을 갖는 힘에 해서 강제 진동이 발생하는 경우 댐핑 처리한다.

> 진동제어를 위한 시스템의 댐핑 처리
> - 구조물에 완전히 부착해야 한다.
> - 점성 탄성인 재료는 사용해야 한다.
> - 열을 잘 발산해야 한다.
> - 구조물이 진동할 때 현저한 변형을 받을 수 있는 곳에 설치한다.

(2) 진동 차단기
  ① 스프링, 천연고무 또는 합성고무 등으로 기기에서 발생되는 진동을 차단하는 탄성 지지체로 방진 지지물이라고도 한다.
  ② 진동 차단기 구비 조건
   • 강성이 충분히 작아서 차단 능력이 있어야 한다.
   • 강성은 작지만 걸어준 하중을 충분히 견딜 수 있어야 한다.
   • 온도, 습도, 화학적 변화 등에 의해 견딜 수 있어야 한다.

> ※ 2단계 차단기 사용 : 2단계 진동제어는 고주파 진동제어에 효과적이지만 저주파 진동제어에는 역효과를 줄 수 있다.

STEP 06 회전기계의 진단

1. 회전기계 진단의 개요

① 롤링 베어링에서 전동체가 서로 접촉하지 않도록 적당한 간격을 유지하기 위하여 리테이너(retainer)를 끼운 구조로, 전동체에 의하여 미끄럼 접촉을 구름 접촉으로 바꾸어 마찰손실을 감소시키기 위하여 사용한다.

② 발생 주파수와 이상 현상
- 저주파 : 언밸런스, 미스얼라인먼트, 풀림, 오일 휩
- 중간주파 : 압력맥동, 러너 블레이드통과 진동
- 고주파 : 공동(캐비테이션), 유체음 진동

2. 회전기계의 간이 진단

(1) 공장 내의 회전기계 간이 진단 대상 설비
 ① 생산에 직결되어 있는 설비
 ② 부대설비라도 고장이 발생하면 상당한 손해가 예측되는 설비
 ③ 고장이 발생되면 2차 피해가 예측되는 설비
 ④ 정비비가 높은 설비

(2) 롤링 베어링에 발생하는 진동의 4가지 종류
 ① 다듬면의 굴곡에 의한 진동
 ② 베어링 구조에 기인하는 진동
 ③ 베어링의 비선형성에 의하여 발생하는 진동
 ④ 베어링의 손상에 의하여 발생하는 진동

3. 회전기계의 정밀진단

(1) **언밸런스**(unbalance) : 회전수와 동일한 주파수가 검출되었을 때 진동을 발생시키며 모든 기기에서 발생하는 진동으로 수평·수직방향에 최대의 진폭이 발생하며 언밸런스 량과 회전수가 증가할수록 진동레벨이 높게 나타난다.

(2) **미스얼라인먼트**(misalignment) : 베어링 설치가 잘못되었거나 축 중심이 어긋난 경우에 발생하는 경우로 측정은 축 방향에 센서를 부착하여 측정하며, 이 때 위상각은 180°이다.

(3) **기계적 풀림**(looseness) : 회전기계 특히 베어링 케이스에서 주로 발생하며 회전 이상에 의해 진동이 불규칙적으로 발생한다.

(4) **편심** : 로터의 중심과 실체의 회전 중심이 어긋난 경우 중심이 한쪽으로 치우쳐 진동이 발생한다.

(5) **공진** : 기계의 고유 진동수와 강제 진동수가 일치하게 되면 진폭이 크게 발생하여 진동이 최대가 되어 설비에 악 영향을 끼치게 되므로 가급적 공진점은 피하여 운전하는 것이 좋다.

> **구조물의 공진을 피하기 위한 방법**
> - 구조물의 강성을 작게 하고 질량을 크게 한다.
> - 기계 고유의 진동수와 강제 진동수를 다르게 한다.
> - 우발력을 제거한다.

(6) 오일 휩(oil whip) : 강제 급유되는 미끄럼 베어링을 갖는 로터에서 발생하며 베어링 역학적 특성에 기인하는 진동으로서 축의 고유 진동수가 발생한다.

(7) 압력 맥동 : 송풍기, 펌프의 압력 발생기구에서 임펠러가 케이싱부를 통과할 때 발생하는 유체압력 변동으로, 압력 발생기구에 이상이 생기면 압력 맥동에 변화가 생긴다.

STEP 07 윤활관리 진단

1. 윤활의 개요

(1) 윤활 상태
  ① 유체 윤활 : 베어링 간극에 윤활유가 공급되어 이상적인 유막을 형성하여 마모를 방지하고 안정된 상태를 유지되며 이는 안정되게 운전되는 기기에서 이루어진다.
  ② 경계 윤활 : 윤활 상태 중 기름의 점도에 대하여 유체 역학적으로 설명할 수 없는 유막의 성질 즉, 유성(oilness)에 관계되며 시동이나, 정지 전·후에 반드시 일어나는 윤활상태
  ③ 극압 윤활 : 급격한 하중이 증가하여 마찰온도가 급상승하게 되면 유막은 제거되고 마찰부분의 금속이 응착되는 현상으로, 유기 화합물(염소, 황, 인 등)을 첨가하여 사용한다.

(2) 윤활유의 작용
  ① 감마작용 : 윤활부분의 마찰을 감소하므로 마모와 소착(燒着)을 방지
  ② 냉각작용 : 마찰열 및 외부에서 흡수된 열을 방출하는 작용
  ③ 응력 분산작용 : 활동 부분에 가해진 힘을 분산시켜 균일하게 작용
  ④ 밀봉작용 : 내부의 유체 누설과 외부로부터 외기의 침입을 방지
  ⑤ 방청작용 : 금속 표면의 녹이 스는 것을 방지
  ⑥ 방진작용 : 윤활개소에 먼지 등 이물질 혼입되는 것을 방지

> **윤활관리의 4대 목적**
> 적유, 적기, 적량, 적법

2. 윤활의 종류와 특성

(1) 액상 윤활유
  ① 광유 : 순 광유, 순 광유+**첨가제**
  ② 지방유 : 동물성(돈지유, 어유 등), 식물성(피마자유, 채종유)
  ③ 합성유(지방유+광유)
  ④ 특성 : 냉각효과가 크며 누설우려가 있다. 회전저항은 적으나 밀봉장치가 복잡하다.

(2) 반고체(그리스)
  ① 주성분 : 알루미늄, 나트륨, 칼슘, 리튬, 벤톤, 유기화합물
  ② 특성 : 냉각효과는 적고, 순환 급유의 어려움이 있다. 밀봉은 간단하고 회전저항이 비교적 크다.

(3) 고체 윤활유
   ① 고체 : 흑연, 산화납(PbO)
   ② 반고체와 혼합물
   ③ 액체와 혼합물
(4) 방청유의 종류
   ① 지문 제거형, ② 용제 희석형, ③ 방청 페트롤레이텀
   ④ 방청 윤활유, ⑤ 기화성 방청제

3. 윤활제의 급유법
(1) 순환 급유법
   ① 패드 급유법 : 털실이 직접 마찰면에 접촉하는데 모세관 현상에 의해 기름이 공급
   ② 유륜 급유법 : 축의 회전에 오일링이 수반되어 마찰면에 기름을 이송하여 윤활 작용
   ③ 체인 급유법 : 저속의 베어링에 적합하며 고점도의 윤활유를 필요로 할 때 사용
   ④ 버킷 급유법 : 고 하중 베어링의 온도를 냉각하기 위하여 사용
   ⑤ 칼라 급유법 : 베어링 전체에 기름이 공급될 수 있으며 스크레이퍼가 부착되어 있다.
   ⑥ 비말 급유법 : 활동부의 축에 오일 디퍼나 밸런스웨이터를 설치하여 오일을 튀겨 올리는 방식으로, 마찰면에 동시에 급유할 수 있다.
   ⑦ 롤러 급유법 : 유류 탱크에 롤러를 설치하여 롤러에 부착되는 기름을 공급한다.
   ⑧ 원심 급유법 : 축의 회전력에 의하여 기름이 공급되며 회전이 정지되면 급유가 중단한다.
   ⑨ 나사 급유법 : 축에 나선상의 홈을 만들어 축의 회전에 의해 기름이 홈을 따라 공급한다.
(2) 비순환 급유법 : 손 급유법, 적하 급유법
(3) 그리스 급유법 : 급유 간격이 길고 누설이 적으며 밀봉성과 먼지 침입이 적은 장점을 가지고 있으며 냉각작용과 윤활성분이 균일하지 못하다.
(4) 윤활유의 첨가제가 갖추어야 할 일반적인 성질
   ① 기유와 화학적으로 안정되어야 한다.
   ② 기유에 용해가 좋아야 한다.
   ③ 유연성이 있어 다목적이어야 한다.
   ④ 색상이 깨끗해야 한다.

4. 윤활유의 열화와 관리기준
(1) 윤활유 열화의 정의
   윤활유의 열화란 양질의 광유를 사용하는 설비에서 시간의 경과와 더불어 그 성질이 화학적으로 변형이 일어나거나 오염이 되어 사용이 불가능해지는 상태를 말한다.
(2) 열화의 종류
   ① 탄화 : 윤활유가 사용되는 설비에서 고온의 열을 받게 되면 열분해가 이루어지며, 이때 열이 지속적으로 가해지면 연소가 이루어지는데 이를 탄화라 한다.

② 유화 : 윤활유와 수분은 분리하나 수용액 상태에서 윤활유와 접촉을 하면 윤활유가 우유빛으로 변하게 하고 점도를 저하시키는 현상으로, 장치 각 부에 윤활유 공급이 저하되어 기기 소손을 일으키게 된다.

③ 희석 : 윤활유 중에 수분 및 이물질이 함유되었을 때 또는 연료 분사상태가 불량이거나 연소 불량으로 이물질이 연료에 혼입되었을 때 일어나는 현상이다.

④ 이유도(oil separation) : 그리스를 장기간 저장할 경우 또는 사용 중에 기름이 분리되는 현상으로, 기름의 유지가 불안정할 경우 겔 상태의 구조가 충분하지 못하거나 화이버상 결함으로 인한 모세관 지름의 변화를 초래한 경우 발생하며 이장 현상이라고도 한다.

⑤ 주도(penetration) : 윤활유의 점도에 해당하는 것으로 그리스의 굳은 정도를 표현한 것으로 규정된 원추를 그리스 표면에 낙하시켜 일정시간(5초)에 들어간 깊이를 측정하여 길이(mm)에 10을 곱한 수치로 나타낸다.

(3) 윤활유의 열화 방지법

① 기름의 혼합사용은 피해야 한다.
② 교환을 할 때에는 열화유를 완전히 제거한 후 교환해야 한다.
③ 기계를 새로 도입하여 사용할 경우에는 충분히 세척을 한 후 사용한다.
④ 고온에서 사용은 가능한 피해야 한다.
⑤ 먼지, 수분 등 이물질 혼입 시 신속히 배제시켜야 한다.
⑥ 1년에 1회 정도 윤활유 순환계통도 청소 및 윤활유 교체를 해준다.
⑦ 필요에 따라 첨가제를 사용하기도 한다.

SECTION 02 설비관리

Industrial Engineer Machinery Maintenance

STEP 01 설비관리 개론

1. 설비관리의 개요

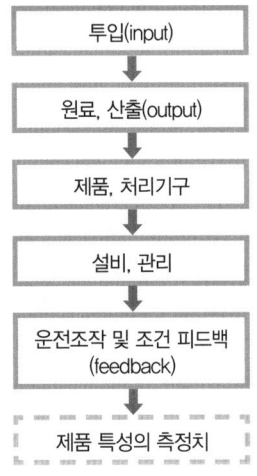

【설비관리의 5요소】

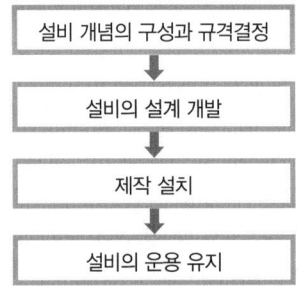

【설비관리의 4단계】

2. 설비의 범위와 분류

(1) 설비의 범위

설비는 회사의 유형 자산에 속하는 것으로 지속적으로 사용하여 이익을 창출하는 것으로, 사업장의 종류에 따라 그 범위가 차이가 있으나 궁극적이 목적은 동일하다.

구분	설명
토지 및 건물	설비의 기초가 되는 것으로 회사의 활동에 대한 기본적인 설비
부대 설비	상·하수도 설비, 조명설비, 냉·난방설비, 동력설비, 정화조 설비 등 생산에 필요한 설비
생산 설비	기계, 공구류, 기구류 등 생산 공정에 필요한 설비로 직접 생산에 투입된 필요한 설비
사무용 설비	컴퓨터, 프린트기, 복사기 등 관리 기술의 기획을 위하여 필요한 설비

(2) 설비의 분류

구분	설명
유틸리티 설비	유틸리티(연료, 전기, 급수, 가스 등)를 이용하는 설비
연구 개발설비	기초설비, 응용 연구설비, 기업 합리화를 위한 공장 연구설비 등
생산설비	직접 생산에 참여하는 기계, 전기, 배관, 계측기기, 운반장치 등
수송설비	도로, 항만, 차량, 철도 등
판매설비	입지 선정으로 판매활동을 추진하기 위한 설비
관리설비	본사의 건물관리, 공장의 시설관리, 직원 복리후생 관리설비 등

3. 설비관리의 조직과 요원

구분	설명
설비부, 시설부	설비계획 및 보전의 성능관리
공무부, 기술부	설비계획 및 보전의 성능관리, 프로세스 기술 담당
건설부	설비계획, 설계, 건설 담당
정비부, 설비관리부	설비보전의 성능관리
영선부	설비의 수리기능 담당

STEP 02 설비계획

1. 설비관리의 개요

【설비계획 단계】

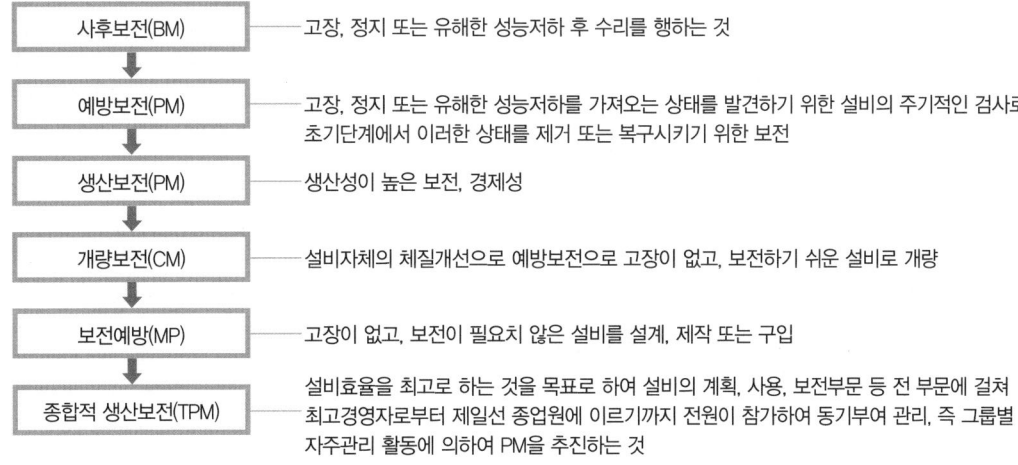

- 사후보전(BM) — 고장, 정지 또는 유해한 성능저하 후 수리를 행하는 것
- 예방보전(PM) — 고장, 정지 또는 유해한 성능저하를 가져오는 상태를 발견하기 위한 설비의 주기적인 검사로 초기단계에서 이러한 상태를 제거 또는 복구시키기 위한 보전
- 생산보전(PM) — 생산성이 높은 보전, 경제성
- 개량보전(CM) — 설비자체의 체질개선으로 예방보전으로 고장이 없고, 보전하기 쉬운 설비로 개량
- 보전예방(MP) — 고장이 없고, 보전이 필요치 않은 설비를 설계, 제작 또는 구입
- 종합적 생산보전(TPM) — 설비효율을 최고로 하는 것을 목표로 하여 설비의 계획, 사용, 보전부문 등 전 부문에 걸쳐 최고경영자로부터 제일선 종업원에 이르기까지 전원이 참가하여 동기부여 관리, 즉 그룹별 자주관리 활동에 의하여 PM을 추진하는 것

2. 설비배치의 형태

구분	설명
제품별 배치	각 공정에 따라 필요한 기기를 적정 요소에 배치하는 것
혼합형 배치	기능별, 제품별, 제품 고정형 배치와의 혼합형
기능별 배치	제품 중심으로 그 제품을 가공하는데 소요되는 작업장을 구성
제품 고정형 배치	주재료의 부품이 고정된 창고에 있고 사람이나 기계가 이동하며, 작업이 행하여지는 배치

> **GT(Group Technology layout)**
> 제품의 종류(P)와 생산량(Q)의 제품별과 기능별의 중간인 경우로서, 유사한 부품을 그룹으로 모아서 하나의 로트(lot)로서 가공하기 위한 효율적인 설비배치이다.

3. 설비의 신뢰성 및 보전성 관리

구분	설명
초기 고장의 현상	설비를 사용함에 따라 고장의 발생이 감소하게 되는데 이상이 있거나 설계·제작 불량 등은 고장을 일으키며 보전요원에 의하여 그때마다 수리·정비를 해야 한다.
우발 고장의 현상	기계의 축 절단, 전기회로의 단선, 과부하로 인한 모터의 소손 등 돌발적으로 고장이 일어나는 현상으로 예비품 관리의 필요성을 중시하게 된다.
마모 고장의 현상	압축기 피스톤링의 마모, 베어링의 마모 등 설비의 열화 및 마모에 의하여 일어나는 현상으로 주기적으로 급유, 청소를 하면 고장률을 줄일 수 있다.

4. 설비의 경제성 평가

① 설비 가동율 = $\dfrac{\text{정미 가동시간}}{\text{부하시간}} \times 100$

② 고장 도수율 = $\dfrac{\text{고장횟수}}{\text{부하시간}} \times 100$

③ 고장 강도율 = $\dfrac{\text{고장 정지시간}}{\text{부하시간}} \times 100$

④ 제품 단위당 보전비 = $\dfrac{\text{보전비 총액}}{\text{생산량}}$

⑤ 평균고장 간격 = $\dfrac{1}{\text{고장률*}}$

⑥ 평균고장시간 : 부품이 처음 사용되어 고장이 발생할 때까지의 평균시간

⑦ 설비 관련시간

> ***고장률**
> 일정시간 동안 설비를 사용하면서 단위시간에 발생하는 고장횟수로 1000시간을 기준으로 하며 이를 100백분율로 표시한다.

구분	설명
부하시간	정미 가동시간 + 정지시간
무부하시간	기계가 정지되어 있는 시간
정미가동시간	기계가 가동되어 제품을 생산하고 있는 시간
정지시간	설비 수리시간, 준비시간, 대기시간, 불량수정시간
기타시간	조업 시간 내에 전기, 압축기 등이 정지되어 작업불능시간 또는 조회, 건강진단시간

⑦ 설비 가동시간

구분	설명
보전성	규정된 조건에서 보전이 실시될 때 규정시간 내에 보전이 종료되는 확률
유용성	• 신뢰성과 보전성을 종합하여 평가하는 척도 • 어느 특정 순간에 기능을 유지하고 있는 확률
신뢰성	• 고유 신뢰성 : 설계, 제조 기술 및 재료의 상태 • 사용 신뢰성 : 보전, 조업 기술 및 사용조건, 환경의 적합 여부

⑧ 열화손실 곡선과 최적 수리 주기

- 열화손실 곡선 $f(x) = 1 + mx$
- 최적수리주기 $(x) = \sqrt{\dfrac{2a}{m}}$ (a : 1회 보전비)

⑨ 욕조곡선(Bathtub Curve, 배스터브 곡선) : 사용 중에 일반적으로 나타나는 고장률을 시간의 함수로 나타낸 곡선으로, 초기고장기, 우발고장기, 마모고장기의 3가지 기간으로 나눈다.

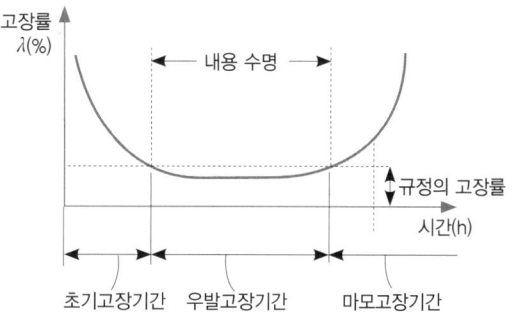

- 초기고장기(Early Failure) : 설비의 도입 후 시험과정, 공정관리 등 초기에 발생하는 고장으로 디버깅을 통해 제거해야 한다.
- 우발고장기(Random Failure) : 안전계수가 낮거나 스트레스가 기대 이상인 경우에 발생하며, 정상운전 중의 고장에 대해 사후보전을 실시한다.
- 마모고장기(Wear-out Failure) : 설비의 노후화 및 열화에 의한 고장, 부품들간의 변형, 불충분한 오버홀이 발생하며, 예방보전(PM)을 통해 고장률을 감소시켜야 한다.

5. 정비계획 수립 방법

(1) 정비 계획 수립시 검토할 사항
① 설비의 능력을 파악
② 수리형태를 파악하고 점검계획
③ 수리 요원의 능력과 인원을 검토하여 정비계획을 수립
④ 수리시기 및 수리기간 파악
⑤ 생산계획 및 수리계획
⑥ 일상점검 및 주간, 월간, 연간 등의 정기수리 파악

(2) 예비품 관리와 정비계획
예비품의 종류에는 부분 예비품, 라인 예비품, 단일기계 예비품, 부분적 세트 예비품 등이 있으며 단일기계 예비품은 전 공장에 영향을 미치는 동력설비에서 많이 볼 수 있다.

STEP 03 설비보전의 계획과 관리

1. 설비보전 조직과 표준

(1) 설비보전의 직접 기능

① 설비의 모든 상태가 이상 저하를 일으키는 원인을 제거하여 설비성능을 최상의 상태로 유지하는 활동을 말한다.

② 설비보전의 종류

구분	설명
보전예방	설비의 이상 유무를 조기에 발견하거나 예측하여 점검, 측정, 수리
일상정비	급유, 청소, 부품교체 등 고장예방 또는 조기 점검을 위해서 시행
예방정비	설비의 고장예방을 위해서 실시되는 제작, 분해, 조립 등
사후정비	설비의 고장 또는 이상 발생 후 제작, 분해, 조립 등
개량정비	설비의 수명 연장, 검사나 수리하기 쉽도록 개선
검수	수리 또는 부품이나 설비제작의 점검, 측정, 시운전
설비점검표준	진단(Diagnosis) 방법, 항목, 부위, 주기 등에 대한 표준화 대상

(2) 설비보전 조직의 유형

① 집중 보전 : 책임자 한 사람을 기준으로 하여 조직이 구성되며 모든 보전 요원은 책임자의 지시에 따라 움직이는 집중 관리 시스템이다.
- 모든 일에 대하여 통제가 수월하고 인원관리를 획일화 할 수 있다.
- 설비의 수리, 고장, 교체 등 모든 일 처리가 신속히 이루어 진다.
- 모든 보전원의 기능 숙련이 향상되고 새로운 기능에 대하여 적응이 가능하다.
- 작업 표준화를 하기 위하여 시간 손실이 많다.
- 작업 의뢰에서 생산까지 책임자의 지시를 받아야 하므로 소요시간이 많이 걸린다.

② 지역보전 : 생산 공장에 보전요원을 배치함으로서 설비의 이상 유무, 수리, 검사 등을 직접 처리한다.
- 보전요원과 작업자가 바로 접촉함으로서 제품 생산까지 소요시간을 단축할 수 있다.
- 제품 생산에 있어서 문제점이나 공정변경 등을 신속히 처리가 가능하다.
- 설비의 전문가가 상주해야 하므로 어려움이 있다.
- 설비 전체에 대한 수리나 근무시간 연장 등에 대한 문제점이 야기된다.

③ 부분보전 : 생산 제조 부분 책임자관할아래 보전요원을 상주시키는 방식이다.
- 보전요원과 작업자가 바로 접촉함으로서 제품 생산까지 소요시간을 단축할 수 있다.
- 제품 생산에 있어서 문제점이나 공정변경 등을 신속히 처리가 가능하다.
- 생산 제조 부분 책임자와 보전요원사이에 책임 및 안전에 대한 문제가 야기될 수 있다.
- 작업장의 보전책임이 서로에게 분할될 우려가 있다.

④ 절충보전 : 집중보전에 지역보전이나 부분보전을 접목시켜 서로의 장점을 계승하고 단점을 보완하여 운영하는 보전방식이다.

(3) 보전작업 표준

보전작업표준은 설비의 검사, 수리, 정비 등의 기술적인 방법을 말한다.
① 기술면의 표준 : 품질규격, 설비사양서, 작업방법
② 경영면의 표준 : 조직규정, 조직도, 책임한계, 관리규정

2. 설비보전의 본질과 추진방법

설비 열화방지는 일상보전에 해당되며 열화측정은 검사, 열화회복은 수리이다.
① 열화방지 → 일상보전 (급유, 교환, 조정, 청소)
② 열화측정 → 검사 (양부검사, 경향검사)
③ 열화회복 → 수리 (예방검사, 사후수리, 사후보전)

3. 설비의 예방보전

① 설비의 주기적인 검사와 초기단계 상태를 제거조정 또는 회복을 위한 설비의 보전으로서 검사와 예방수리
② 오버홀(Overhaul)은 설비의 효율을 높이기 위하여 관리하는데 매우 중요한 활동이다.

4. 공사 관리

공사를 하는 경우에는 체계적으로 이루어지지만 여기에 대한 관리는 경시되는 경우가 많이 있다. 이를 보완하기 위하여 단계별 공사가 완료된 경우 내부의 공사 상태까지 점검, 검수를 철저히 하여 하자의 발생이 없도록 해야 한다.

5. 보전용 자재관리와 보전비 관리

(1) 보전용 자재의 관리상 특징
① 감속기, 모터 등은 고장 시 교체하고 교체품은 수리하여 예비품으로 사용할 수 있다.
② 자재의 품목 및 수량의 구입계획을 수립하기 곤란하다.
③ 예비품이 사용되지 않고 폐기될 수도 있다.
④ 연간 사용빈도가 낮으며, 소비속도가 늦은 것이 많다.
⑤ 보전 자재의 재고량은 보전의 관리 및 기술 수준에 따라 달라진다.

(2) 예비품 발주방식

구분	설명
정량발주방식	• 재고량이 일정 이하로 소비가 되면 소비된 양만큼 주문을 하는 방식 • 항상 최저·최고의 범위에서 재고를 보유하는 방식
사용고발주방식	일정한 재고량을 정해놓고 사용한 만큼을 발주시키는 예비용 발주방식으로, 항상 일정량을 유지하는 방식
정기발주방식	소비의 상태나 실적을 감안하여 발주 수량을 상황에 따라 변하나 발주시기는 항상 일정하다.

(3) 보전작업 표준

구분	설명
경험법	숙련자에 의하여 작업 방향을 결정하는 것으로, 간단한 수리공사에 많이 사용하는 방법
실적 자료법	모든 일은 그 동안의 실적에 의하여 작업의 표준시간을 결정하는 방법으로, 적용범위가 넓다.
작업 연구법	작업 연구에 의하여 표준시간을 결정하는 방법으로 작업 순서나 시간이 다같이 신뢰적인 방법

STEP 04 종합적 생산보전(TPM)

1. TPM의 개요
① 설비효율을 최고로 높이기 위한 보전 활동
② 전사원이 참가하여 동기부여 관리
③ 소집단 활동에 의하여 생산보전 추진
④ 작업자의 자주보전 체제의 확립
⑤ 현장 체질개선으로 설비의 고장과 불량을 사전에 방지

2. 설비효율 개선방법
① 모든 것은 정품을 정위치에 정량으로 보관해야 한다.
② 모든 설비는 안정적으로 작동되어야 하고 각 부분의 운전 공정으로 제성능을 발휘할 수 있도록 해야 한다.
③ 1일 또는 월 단위로 고장, 작업계획, 준비변경, 품질, 트러블에 의한 조정, 교환 등으로 인한 정지시간을 부하시간에서 제외한 시간으로 실제로 설비가 가동한 시간을 가동 시간으로 행한다.
④ 조업시간에서 가동이 중단된 시간을 제외한 가동시간과의 비를 가동율이라 하며 설비를 정지상태에서 언제라도 정상적으로 가동하여 기능을 충분히 발휘하여 가동할 수 있는 비율이다.

3. 만성로스 개선방법
① 로스 발생 원인·상황을 철저히 조사하여 분석한다.
② 관리해야 할 요인 계를 철저히 검토한다.
③ 현장 해석을 철저히 한다.
④ 요인 중에 숨어 있는 결함을 표면으로 끌어낸다.
⑤ 각 부서의 협조를 얻어 전 시스템 공정의 문제점을 해결한다.
⑥ 조직력을 바탕으로 그 역할에 대한 책임과 권한을 부여한다.
⑦ 공정의 부조화 속에서 발생하는 원인을 구조 분석한다.
⑧ 업무 중 불필요한 공정, 저해요인, 안전 장애 등 개선이나 긍정적인 방안이 필요할 때 제안서를 작성하여 이를 구체화시킨다.

4. 제조부문의 자주보전 활동

① 설비의 운전부문을 주제로 전원 참가의 소집단 활동을 기본으로 하여 전개하는 보전 활동으로 제조설비에만 한정되어 활동하는 것이 아니라 현장 전체의 바람직한 모습을 실현하고 유지하는 활동이다.
② 설비의 본래 성능, 기능을 개선하는 것이 아니라 보전비용이 적게 드는 재료와 부품을 사용하여 작업자의 편리와 안전을 도모하기 위한 개선 보전으로 신뢰성 용어에는 개량보전으로 사후보전의 의미로 사용되고 있다.
③ 설비의 신뢰성, 경제성, 조작성, 안정성 등의 향상을 목적으로, 설비의 체질이나 향상의 개량으로 보전하는 방법이다.

5. 보전부문의 계획 보전활동

① 계획 보전은 미리 계획을 세워 행하는 보전의 총칭으로 예방보전, 개량보전 등이 해당되며 경제성을 고려한 사후 보전 등이 포함된다.
② 설비 고장의 제로화하고, 설비의 예비품 관리 및 보전작업 표준화를 통하여 설비 수명을 연장하고, 체계적인 설비관리로 이는 설비의 보전전문요원이 하는 활동이다.
③ 활동개시 초기에는 자주보전의 지원, 곤란 부분 대책으로 바쁘지만, 설비의 강제 열화를 배제하고 수명의 산포를 제거해야 한다.
④ 설비의 고장 : 규정기능을 상실하는 것
  - 기능 저하형 고장 : 설비의 부분적 기능 저하로 인하여 여러 형태의 로스가 발생되는 것으로 설비의 정리까지는 이르지 않는 형태
  - 기능 정지형 고장 : 설비의 전 시스템의 작동이 중지된 형태로 기능의 마비를 나타내는 형태
⑤ 고장의 원인, 영향, 대책 및 재발 방지 항목을 정리하여 보전부문 정보시스템에 입력하여 활용할 것
⑥ 사후 보전 : 설비의 기능저하 및 정지 또는 고장 등의 행위가 발생한 후 수리를 행하는 보전방법
⑦ 일상 보전 : 설비의 열화를 막기 위하여 청소, 급유, 점검 등의 행위

6. 품질 개선

① 품질의 이상 또는 더 나은 것을 생산하기 위하여 원리, 원칙에 의하여 원인 분석을 해야 하며 현존하는 지식과 경험, 기능으로 시간 가동률, 성능 가동률 등을 활용해야 한다.

- 설비효율 = 시간 가동률 × 성능 가동률 × 양품률
- 시간 가동률 = $\dfrac{부하시간 - 정지시간}{부하시간} \times 100\%$
- 양품률 = $\dfrac{양품수}{투입수량} \times 100\%$

② 품질 개선의 특징
- 제품 생산성, 노동 생산성, 설비 생산성의 극대화
- 생산 제품의 질적 향상
- 생산 공정 및 생산 동선의 간소화로 원가 절감
- 제품 납기일 단축
- 설비 및 작업요원 안전의 최우선
- 인간의 도덕적, 정신적으로 안정

7. 생산관리

① 생산활동을 하기 위하여 작업요소에 따라 세분화 해야 하며 정확하고 동일하게 작업할 수 있도록 순서를 정해야 한다.
② 작업자들이 설비를 운전하기 위하여 모든 공정을 플로우 챠트(flow chart) 형태로 체계화하여 시스템 흐름을 일목요연하게 한다.
③ 각종 물품의 수량과 보관 장소를 명확히 하고 필요한 물품과 불필요한 물품을 구분하고 불필요한 물품을 신속히 정리해야 한다.
④ 생산관리에 대한 계획과 실행이 일치하는지 주기적으로 진단해야 하며 양호한 방법론이 있는지를 지속적으로 진단해야 한다.
⑤ 모든 설비는 청결하게 유지해야 하며 주기적으로 청소를 하여 생산 환경에 지장이 없도록 해야 한다.
⑥ 진단
- 월 진단 : 계획대로 실행이 되고 있는지를 매월 활동내용과 추진정도를 파악하여 지도, 문제점 검토, 해결을 실시하는 활동
- 예비 진단 : 현재의 진단 활동이 어느 정도 진행하였고 차기 진단을 진행할 수준이 되었는지를 파악, 지도하는 진단

제02장_ 설비진단 및 관리
출제예상문제

01 보전자재관리의 경제성을 보증하는 시스템설계에서 기본적으로 고려해야 할 사항이 아닌 것은?

① 자재의 표준화
② 자재조달과 자재사용 자료를 정확히 파악
③ 자재의 재고비용보다 자재품절로 인한 비용을 크게 함
④ 컴퓨터를 이용한 재고관리시스템에서는 자동시스템을 채용함

> 보전자재관리의 고려해야 할 사항
> • 자재의 표준화
> • 자재조달과 자재사용 자료를 정확히 파악
> • 컴퓨터를 이용한 재고관리시스템에서는 자동시스템을 채용
> • 보전기술수준 및 관리수준으로 보전 자재의 재고량을 조절

02 부하시간에 관한 것은?

① 부하시간 + 무부하시간
② 조업시간 + 무부하시간
③ 정미가동시간 + 정지시간
④ 조업시간 + 정지시간

> • 부하시간 = 정미 가동시간 + 정지시간
> • 무부하시간 : 기계가 정지되어 있는 시간
> • 정미가동시간 : 기계가 가동되어 제품을 생산하고 있는 시간
> • 정지시간 : 설비 수리시간, 준비시간, 대기시간, 불량수정시간
> • 기타시간 : 조업 시간 내에 전기, 압축기 등이 정지되어 작업불능시간 또는 조회, 건강 진단시간

03 조업시간을 올바르게 표현한 것은?

① 부하시간+무부하시간+기타시간
② 부하시간+정미가동시간+정지시간+기타시간
③ 정미가동시간+무부하시간+기타시간
④ 부하시간+정지시간+무부하시간+기타시간

04 설비의 전형적인 고장률 곡선과 유사한 곡선은?

① 로그(log) 곡선
② 정현(Sine) 곡선
③ 배스터브(Bath Tub) 곡선
④ 하이포이드(Hypoid) 곡선

> 유아기에는 면역력이 없어 사망률이 높으나 청년기에는 면역력 증가로 사망률이 낮으며 장년기에는 건강상의 문제로 사망률이 다시 급격히 증가하게 된다. 이를 표현한 곡선을 배스터브 곡선이라 한다.

05 보전작업계획은 연간, 월간, 주간, 개별 설비보전 계획을 수립한다. 이중 연간보전 계획 항목이 아닌 것은?

① 조업계획, 설비능력 및 가동시간 계획
② 보전작업 및 설비표준의 개량
③ 분해 검사 및 외주계획
④ 작업량에 의한 설비가동 시간 계획

> 작업량에 의한 설비 가동 시간 계획은 개별 설비 보전 계획에 해당된다.

06 제품에 대한 전형적인 고장률 패턴은 욕조곡선으로 나타낼 수 있다. 우발고장기간에 발생될 수 있는 원인과 관계가 없는 것은?

① 안전계수가 낮은 경우
② 스트레스가 기대 이상인 경우
③ 사용자 과오가 발생한 경우
④ 부식 또는 산화작용의 경우

> 부식 또는 산화의 경우는 마모 고장의 단계이며 주기적으로 급유, 청소를 하면 고장률을 줄일 수 있다.

정답 01 ③ 02 ③ 03 ① 04 ③ 05 ④ 06 ④

07 제조원가는 크게 직접비와 간접비로 구분된다. 직접비에 포함되지 않는 비용은 무엇인가?

① 기술지원 인건비
② 제품 재료비
③ 제품 생산 인건비
④ 외주 및 임가공 비용

> 기술 지원 인건비는 간접비에 해당된다.

08 제품별 배치 형태의 장점을 설명한 것은?

① 수요변화가 있는 경우에 설비변경이 어렵다.
② 단순작업으로 인하여 작업자의 직무만족이 떨어진다.
③ 생산라인 중에서 한 부분이 고장 나거나 원자재가 부족한 경우 전체 공정에 영향을 준다.
④ 재공품 재고의 수준은 낮고, 보관 면적이 적다.

> 제품별 배치는 각 공정에 따라 필요한 기기를 적정 요소에 배치하는 것으로 재공품 재고의 수준은 낮고, 보관 면적이 작다.

09 다음 중 설명이 옳은 것은?

① 변위 측정 – 기어 및 베어링 진동 측정
② 가속도 측정 – 회전체의 불평형 및 구조진동 측정
③ 속도 측정 – 전동기의 전기적 진동과 같이 2[kHz]이하의 진동 측정
④ 절대위상 측정 – 설비의 결함원인 분석

> **진동 측정량**
> • 변위 : 진동이 어떤 위치에서 다른 위치로 이동한 양으로 크기와 방향을 갖는 벡터이며 저주파 성분이나 기계부품 사이의 미세한 틈이 문제가 되는 경우에 주로 사용한다.(기계 떨림 현상, 회전축 흔들림)
> • 속도 : 진동이 단위 시간동안 이동할 수 있는 거리
> • 가속도 : 단위 시간당 진동 속도 변화의 비율

10 주파수, 진폭 및 위상이 같은 두 진동이 합성되면 어떠한 진동 형태로 되는가?

① 주파수와 진폭은 변하지 않고 위상이 변한다.
② 진폭과 위상은 변동 없고 주파수만 두 배로 증가한다.
③ 주파수, 진폭 및 위상이 두 배로 증가한다.
④ 주파수와 위상은 변동 없고 진폭만 두 배로 증가한다.

> • 주파수 : 교류가 단위시간(1초)에 반복되는 파형의 수
> • 진폭 : 단진동에 있어서 중립의 위치로부터 상하방향으로의 최대 변위량
> • 진동의 크기를 알아내는데 필요한 진폭표시의 파라미터에는 변위, 속도, 가속도 등
> • 위상 : 전기적 또는 기계적인 회전에 있어 어떤 임의의 기점에 대한 상대적인 위치

11 진동측정기기의 검출단 설치 방법 중 주파수 특성이 가장 넓은 것은?

① 접착제
② 비와스(Bee Wax)
③ 마그네틱(Magnetic)
④ 손 고정

> 접착제(에폭시)를 사용할 경우 주파수 영역이 넓고 전기적 안정도가 좋은 장점이 있다.

12 회전기계에서 나타나는 이상 현상 중 발생 주파수가 고주파로 나타나는 이상 현상은?

① 언밸런스(Unbalance)
② 미스얼라인먼트(Misalignment)
③ 기계적 풀림(Looseness)
④ 공동(Cavitation)

> **발생 주파수와 이상 현상**
> • 저주파 : 언밸런스, 미스얼라인먼트, 풀림, 오일 휩
> • 중간주파 : 압력맥동, 러너 블레이드
> • 고주파 : 공동, 유체음, 진동

정답 07 ① 08 ④ 09 ③ 10 ④ 11 ① 12 ④

13 다음 진폭을 나타내는 파라미터 중 거리로 측정하는 것은?

① 변위　　　② 속도
③ 가속도　　④ 중력

> 파라미터 : 진동, 소음, 충격, 기름의 오염도 등 설비의 노화를 나타낸다.

14 진동 주파수에 대한 설명이 옳은 것은?

① 주기가 길면 주파수가 높다.
② 주기가 짧으면 주파수가 높다.
③ 회전수를 높이면 주파수는 낮아진다.
④ 회전수를 낮추면 주파수는 높아진다.

> 주파수$(f) = \dfrac{1}{T} = \dfrac{\omega}{2\pi}$
> • T(주기) : 진동이 완전한 1사이클에 걸린 시간
> • f(주파수) : 단위 시간의 사이클 횟수
> • ω : 각진동수(rad/sec)
> ※ 주기가 짧으면 주파수가 높다.

15 주기, 진동수, 각진동수에 관한 설명으로서 올바른 것은?

① 진동수란 단위시간당 사이클(cycle)의 횟수를 말한다.
② 각진동수(ω)란 진동의 한 사이클(cycle)에 걸린 총 시간을 나타낸다.
③ 각진동수(ω)는 $2\pi \times$주기로 구할 수 있다.
④ 주기는 $\dfrac{각진동수}{2\pi}$로 구할 수 있다.

> 진동수 : 물체가 일정 시간마다 같은 운동을 반복하는 현상
> ※ 주기(T) = $\dfrac{2\pi}{\omega}$로 표기된다.

16 진동에너지를 표현하는 값으로 정현파의 경우 피크 값의 $\dfrac{1}{\sqrt{2}}$배에 해당하는 것은?

① 피크값　　　② 피크-피크값
③ 실효값　　　④ 평균값

> • 실효값 : 순시값의 제곱에 대한 평균값의 제곱근
> $V = \dfrac{1}{\sqrt{2}} V_m = 0.707\, V_m$
> • 평균값 : 순시값의 1주기 동안의 평균으로 정현파는 1/2기간의 평균
> $Va = 0.9 \times V = \dfrac{2\sqrt{2}}{\pi} \times V$

17 다음 중 회전기계에서 발생하는 진동을 측정하는 경우 측정변수를 선정하는 내용에 대한 설명으로 맞는 것은?

① 낮은 주파수에서는 가속도, 중간 주파수에서는 속도, 높음 주파수에서는 변위를 측정변수로 한다.
② 진동에너지나 피로도가 문제가 되는 경우 측정변수는 속도로 한다.
③ 주파수가 낮을수록 가속도의 검출감도가 높아진다.
④ 주파수가 높을수록 변위의 검출감도가 높아진다.

> 진동 측정량
> ① 변위 : 진동이 어떤 위치에서 다른 위치로 이동한 양으로 크기와 방향을 갖는 벡터이며, 저주파 성분이나 기계부품 사이의 미세한 틈이 문제가 되는 경우에 주로 사용
> ② 속도 : 진동이 단위 시간동안 이동할 수 있는 거리
> ③ 가속도 : 단위 시간당 진동 속도 변화의 비율

18 질량 m에 의해 인장스프링의 길이가 δ만큼 늘어날 때 δ가 인장스프링에 작용하는 힘에 비례한다면 질량(m)과 늘어난 길이(δ), 고유진동수(ω_n)의 관계가 올바르게 설명된 것은?

① 질량 m이 클수록 고유진동수가 필요하다.
② 늘어난 길이 δ가 작을수록 고유진동수가 낮아진다.
③ 늘어난 길이 δ가 클수록 고유진동수가 높아진다.
④ 늘어난 길이 δ가 클수록 고유진동수가 낮아진다.

> 진동수와 길이는 서로 반비례하므로 늘어난 길이가 길수록 고유 진동수는 낮아진다.

19 진동 측정용 센서 중 접촉형은?

① 압전형　　　② 용량형
③ 와전류형　　④ 홀 소자형

> 정답　13 ①　14 ②　15 ①　16 ③　17 ②　18 ④　19 ①

진동 측정용 센서		
가속도계	• 적은 출력 전압에서 가속도 레벨이 낮아지는 취약성과 높은 주파수 대역에서는 저주파 결함이 나타나는 것 • 베어링의 결함 유무를 측정하고자 할 때 사용되는 진동 측정용 센서 • 종류 : 압전형, 서보형, 스트레인 게이지형	접촉형
속도계	• 진동에너지나 피로도가 문제되는 경우 측정변수이며, 측정 주파수 범위는 보통 10Hz~1000Hz이다. • 동전형	
변위계	• 축과 마운트 사이에 발생되는 진동이나 축 표면의 흠집, 표면 거칠기 등의 측정에 용이하다. • 와전류식, 전자광학식, 정전용량식	비접촉형

20 기계진동의 가장 일반적인 원인으로서 진동 특성이 1f 성분이 탁월한 회전기계의 열화 원인은? (단, f = 회전 주파수)

① 미스얼라인먼트 ② 언밸런스
③ 기계적 풀림 ④ 공진

회전기계의 정밀진단
• 언밸런스(unbalance) : 회전수와 동일한 주파수가 검출되었을 때 진동을 발생시키며 모든 기기에서 발생하는 진동으로 수평·수직방향에 최대의 진폭이 발생하며 언밸런스 량과 회전수가 증가할수록 진동레벨이 높게 나타난다.
• 미스얼라인먼트(misalignment) : 베어링 설치가 잘못되었거나 축 중심이 어긋난 경우에 발생하는 경우로 측정은 축 방향에 센서를 부착하여 측정하며. 이때 위상각은 180°이다.
• 기계적 풀림(looseness) : 회전기계 특히 베어링 케이스에서 주로 발생하며 회전 이상에 의해 진동이 불규칙적으로 발생한다.
• 공진 : 기계의 고유 진동수와 강제 진동수가 일치하게 되면 진폭이 크게 발생하여 진동이 최대가 되어 설비에 악영향을 끼치게 되므로 가급적 공진점을 피하여 운전하는 것이 좋다.

21 진동 차단기로 이용되는 패드의 재료로써 적합하지 않은 것은 어느 것인가?

① 스폰지 고무 ② 파이버 글라스
③ 코르크 ④ 알루미늄 합금

진동 차단기로 이용되는 패드의 재료
코르크, 유리섬유(글라스 파이버), 세라믹, 고무

22 회전기계 장치에서 회전수와 동일한 주파수가 검출되었을 때 진동을 발생시키는 주 원인은?

① 언밸런스(Unbalance)
② 풀림
③ 오일 휩(Oil Whip)
④ 캐비테이션(Cavitation)

언밸런스는 회전수와 동일한 주파수가 검출되었을 때 진동을 발생시키며 모든 기기에서 발생하는 진동으로 수평·수직방향에 최대의 진폭이 발생하며 언밸런스 량과 회전수가 증가할수록 진동레벨이 높게 나타난다.

23 고주파 진동에 효과적이지만 저주파 진동에는 역효과가 발생되는 진동방지 방법은?

① 진동차단기 사용
② 2단계 차단기 사용
③ 기초의 진동을 제어
④ 질량이 큰 경우 거더(Girder) 이용

진동 차단기 구비 조건
• 강성이 충분히 작아서 차단 능력이 있어야 한다.
• 강성은 작으나 걸어준 하중을 충분히 견딜 수 있어야 한다.
• 온도, 습도, 화학적 변화 등에 의해 견딜 수 있어야 한다.
※ 2단계 차단기 사용 : 2단계 진동제어는 고주파 진동제어에 효과적 이지만 저주파 진동 제어에는 역효과를 줄 수 있다.

24 다음 중 회전기계의 진동 측정 방법 중 변위를 측정해야 하는 경우로 가장 적합한 것은?

① 회전축의 흔들림 ② 캐비테이션 진동
③ 베어링 흠 진동 ④ 기어의 흠 진동

변위는 회전기기의 언밸런스에 의한 진동을 평가할 때 사용한다.

25 다음 중 진동 주파수에 대한 설명으로 틀린 것은?

① 회전체가 불평형시 그 물체의 회전 주파수의 정수배와 동일한 진동수를 유발시킨다.
② 기계부품 이완 시 축 회전 주파수의 정수배와 동일한 진동수를 형성한다.

정답 20 ② 21 ④ 22 ① 23 ② 24 ① 25 ①

③ 베어링에 손상이 있는 경우 베어링 회전에 해당하는 고주파의 진동을 일으킨다.
④ 진동 주파수는 단위 시간당 사이클의 횟수이다.

> 회전체 불평형 시 그 물체의 회전속도(rpm)와 동일한 진동수를 유발한다.

26 회전기계에서 발생하는 진동신호의 주파수 분석에 대한 설명이 잘못된 것은?

① 시간신호를 푸리에 변환하여 주파수를 분석한다.
② 회전기계에서 발생하는 여러 가지의 진동신호의 분석이 가능하다.
③ 언밸런스의 이상 현상은 회전주파수의 1의 특성으로 나타난다.
④ 진동주파수는 회전축의 회전수와 반비례한다.

> $N = \dfrac{120f}{P}$ (N : 회전수, f : 주파수, P : 극수)
> ∴ 회전수와 주파수는 정비례관계이다.

27 강철 시스템의 고유진동수와 차단기의 정적변위와의 관계가 옳은 것은?

① 고유진동수 = $\dfrac{10\pi}{\sqrt{정적변위}}$
② 고유진동수 = $\dfrac{10\pi}{\sqrt{동적변위}}$
③ 고유진동수 = $\dfrac{\sqrt{동적변위}}{10\pi}$
④ 고유진동수 = $\dfrac{\sqrt{정적변위}}{10\pi}$

> 고유 진동수는 물체가 현재 가지고 있는 어떠한 외력이 가해지기 전의 진동수를 말한다.

28 롤링 베어링에 발생하는 진동의 종류가 아닌 것은?

① 다듬면의 굴곡에 의한 진동
② 베어링 구조에 기인하는 진동
③ 베어링의 손상에 의한 진동
④ 베어링 선형성에 의한 진동

> ④항은 베어링의 비선형성에 의하여 발생하는 진동이다.

29 롤링 베어링에 발생하는 진동의 종류가 아닌 것은?

① 다듬면의 굴곡에 의한 진동
② 베어링 구조에 기인하는 진동
③ 베어링의 손상에 의한 진동
④ 베어링 선형성에 의한 진동

> ④항은 베어링의 비선형성에 의하여 발생하는 진동이다.

30 구조 설계에 의한 진동제어를 설명함에 있어 적용되는 요소로 틀린 것은?

① 구조물의 질량을 고려하여 진동이 최소화되도록 설계한다.
② 구조물의 강성의 크기를 진동이 최소화되도록 설계한다.
③ 구조물의 강성의 분포를 고려하여 진동이 최소화되도록 설계한다.
④ 구조물의 형태를 고려하여 진동이 최소화되도록 설계한다.

> **진동제어 방법**
> • 구조물에 완전히 부착
> • 점성 탄성인 재료는 사용
> • 열 발산
> • 구조물이 진동할 때 현저한 변형을 받을 수 있는 곳에 설치
> • 진동 차단기 설치

31 소리(음)가 서로 다른 매질을 통과할 때 구부러지는 현상은?

① 음의 반사   ② 음의 간섭
③ 음의 굴절   ④ 마스킹(Masking) 효과

> • 음의 간섭 : 서로 다른 파동사이의 상호작용으로 나타나는 현상
> • 마스킹(masking) 효과 : 어느 음의 존재로 인하여 다른 음의 최소 가청값이 상승하거나 음의 크기가 작게 느껴지거나 하는 현상

정답 26 ④ 27 ① 28 ④ 29 ④ 30 ④ 31 ③

32 음원으로부터 단위 시간당 방출되는 총 음에너지를 무엇이라 하는가?

① 음향세기　　② 음향출력
③ 음향입력　　④ 음장

> - dB(decibel) : 음(흡)의 강도를 나타내는데 사용되는 단위
> - 음압 : 음 에너지에 의해 매질에는 미소한 압력변화에 따른 압력 변차부분 (단위 : N/m^2)
> - 음속 : 음파가 1초 동안에 전파하는 거리 (단위 : m/sec)
> - 음향 출력 : 음원으로부터 단위시간당 방출되는 총 음에너지

33 직접 오는 소음은 소음원으로부터 거리가 2배 증가함에 따라 얼마나 감소하는가?

① 2[dB]　　② 4[dB]
③ 6[dB]　　④ 8[dB]

> 역2승감쇠 법칙 : 소음원으로부터 거리가 2배 멀어질 때마다 음압 레벨이 6dB씩 감소되는 것

34 정상적인 사람이 들을 수 있는 가청 음압의 변화 범위는 얼마인가?

① 20[μPa] ~ 200Pa]　　② 11[μPa] ~ 15[Pa]
③ 2[μPa] ~ 10[Pa]　　④ 0.1[μPa] ~ 1[Pa]

> 20[μPa] 이하일 경우 최저가청 음압이하가 되며 200[Pa] 이상일 경우 사람이 통증을 느낄 수 있는 소음에 해당된다.

35 소음을 거의 완전하게 투과시키는 유공판의 개공율과 효과적인 구멍의 크기 및 배치 방법은?

① 개공률 30%, 많은 작은 구멍을 균일하게 분포
② 개공률 50%, 많은 작은 구멍을 균일하게 분포
③ 개공률 30%, 몇 개의 큰 구멍을 균일하게 분포
④ 개공률 50%, 몇 개의 큰 구멍을 균일하게 분포

> 유공판 : 철판, 알루미늄판, 합판 등을 재료로 사용하며 소음을 내부 흡음재로 통과시키며 30% 정도의 개공율은 소음을 완전히 통과 시키며 많은 작은 구멍을 균일하게 분포시키는 것이 좋다.

36 다음 중 공장소음에서 마스킹(Masking) 효과의 특징이 아닌 것은?

① 두 음의 주파수가 비슷할 때는 마스킹 효과가 대단히 커진다.
② 두 음의 주파수가 거의 비슷할 때는 맥동이 생겨 효과가 감소한다.
③ 저음이 고음을 잘 마스킹한다.
④ 발음원이 이동할 때 그 진행방향 쪽에서는 원래 발음원의 음보다 고음으로 나타난다.

> 마스킹(Masking) 효과
> 어떤 소리가 다른 소리를 듣는 능력을 감소시키는 현상으로 큰 소리가 음파의 간섭으로 작은 소리를 듣지 못하게 되는 현상

37 공장 소음, 특히 저주파 소음을 방지할 수 있는 방법은?

① 재료의 강성을 높여야 한다.
② 재료의 무게를 늘인다.
③ 재료의 내부 댐핑을 줄인다.
④ 재료의 무게를 줄인다.

> 저주파는 귀로 들을 수 없는 10Hz 이하로, 재료의 강성을 높여야 소음을 방지할 수 있다.

38 윤활유에 관한 설명 중 올바르지 않은 것은?

① 윤활유의 비중은 성능에는 관계없이 물과 비교한 무게비이다.
② 절대점도는 동점도를 윤활유의 밀도로 나눈 값을 나타낸다.
③ 윤활유의 점도를 낮추게 되면 유동성이 없어지고 응고되며 유동성을 잃기 직전의 온도를 유동점이라고 한다.
④ 점도는 윤활유의 기본이 되는 성질이며 점도의 단위로는 절대점도와 동점도를 사용한다.

> 절대점도 = 동점도×윤활유의 밀도

정답　32 ②　33 ③　34 ①　35 ①　36 ④　37 ①　38 ②

39 유체기계에서 국부적 압력저하에 의하여 기포가 생기며 고입부에 도달하면 파괴되어 일반적으로 불규칙한 고주파 진동 음향이 발생하는 현상은?

① 언밸런스 ② 미스얼라인먼트
③ 풀림 ④ 공동

> **캐비테이션**(cavitation, 공동현상)
> 펌프 흡입측에서의 압력 손실로 발생된 기체가 펌프 상부에 모이게 되면 유체의 송출을 방해하고 펌프는 공회전하는 이상 현상

40 윤활유에 관한 설명 중 올바르지 않은 것은?

① 윤활유의 비중은 성능에는 관계없고 물과 비교한 무게비이다.
② 절대점도는 동점도를 윤활유의 밀도로 나눈값을 나타낸다.
③ 윤활유의 온도를 낮추게 되면 유동성이 없어지고 응고되며 유동성을 잃기 직전의 온도를 유동점이라고 한다.
④ 점도는 윤활유의 기본이 되는 성질이며 점도의 단위로는 절대점도와 동점도 단위를 사용한다.

> 절대점도는 흐름과 내부 전단저항에 의한 내부마찰값을 의미하며 사용유의 점도 관리에 적합하며 동점도는 절대점도/밀도로, 현재 가장 많이 사용하는 cSt(mm²/s)이며, 흐름과 중력에 저항하는 값이다. 즉, 절대점도 = 동점도×밀도

41 다음과 같은 가속계의 설치 방법 중 가장 높은 주파수 응답 범위를 얻을 수 있는 것은?

① 손 고정 ② 나사 고정
③ 접착제 고정 ④ 자석 고정

> 나사고정은 가속도계 이동, 고정시간이 길며 주파수 영역이 넓고 안정성이 좋다.

42 윤활유의 작용이 아닌 것은?

① 감마작용 ② 냉각작용
③ 방독작용 ④ 응력 분산작용

> **윤활유의 작용**
> • 감마작용 : 윤활부분의 마찰을 감소하므로 마모와 소착(燒着)을 방지
> • 냉각작용 : 마찰열 및 외부에서 흡수된 열을 방출하는 작용
> • 응력 분산작용 : 활동 부분에 가해진 힘을 분산시켜 균일하게 작용
> • 밀봉작용 : 내부의 유체 누설과 외부로부터 외기의 침입을 방지
> • 방청작용 : 금속 표면의 녹이 스는 것을 방지
> • 방진작용 : 윤활개소에 먼지 등 이물질 혼입되는 것을 방지

43 물 또는 적당한 액체를 가득 채운 유리관 속에서 유적이 서서히 떠올라오게 하는 급유기를 사용한 것으로서 급유상태를 뚜렷이 볼 수 있는 이점이 있는 급유법은?

① 패드 급유법
② 유륜식 급유법
③ 강제순환 급유법
④ 가시부상유적 급유법

> 실린더용 가시부상유적 급유법, 기계적 가시부상유적 급유법이 있다.

44 그리스의 굳은 정도를 나타내는 것을 무엇이라고 하는가?

① 부식 ② 응고
③ 공석 ④ 주도

> 주도(penetration)는 윤활유의 점도에 해당하는 것으로 그리스의 굳은 정도를 표현한 것으로 규정된 원추를 그리스 표면에 낙하시켜 일정시간(5초)에 들어간 깊이를 측정하여 길이(mm)에 10을 곱한 수치로 나타낸다.

45 그리스 윤활이 유(Oil) 윤활과 비교하여 장점에 해당되는 것은?

① 냉각작용이 크다. ② 누설이 적다.
③ 급유가 용이하다. ④ 순환급유가 용이하다.

> ①, ③, ④항은 오일 유량의 장점에 해당된다.

정답 39 ④ 40 ② 41 ② 42 ③ 43 ④ 44 ④ 45 ②

46 윤활제의 공급방식 중 순환 급유법으로만 짝지어진 것은?

① 패드급유법, 사이펀급유법
② 체인급유법, 비말급유법
③ 원심급유법, 손급유법
④ 바늘급유법, 나사급유법

> **순환 급유법의 종류**
> 패드 급유법, 유륜 급유법, 체인 급유법, 버킷 급유법, 칼라 급유법, 비말 급유법, 롤러 급유법, 원심 급유법, 나사 급유법 등

47 설비보전의 효과로서 적합하지 않은 것은?

① 설비불량으로 인한 정지손실이 감소한다.
② 예비설비가 줄어들어 투자비용이 절감된다.
③ 고장으로 인한 납기지연이 적어진다.
④ 가동률이 향상되나 보전비가 증가한다.

> 설비보전의 효과로 가동률이 향상되나 보전비가 감소한다.

48 설비를 주기적으로 검사하며 유해한 성능저하 상태를 미리 발견하고 성능저하의 원인을 제거하거나 원상태로 복구시키는 보전은?

① 보전예방 ② 개량보전
③ 생산보정 ④ 예방보전

> • 사후보전(BM) : 고장, 정지 또는 유해한 성능저하 후 수리를 행하는 것
> • 예방보전(PM) : 고장, 정지 또는 유해한 성능저하를 가져오는 상태를 발견하기 위한 설비의 주기적인 검사로 초기단계에서 이러한 상태를 제거 또는 복구시키기 위한 보전
> • 생산보전(PM) : 생산성이 높은 보전, 경제성
> • 개량보전(CM) : 설비자체의 체질개선으로 예방보전으로 고장이 없고, 보전하기 쉬운 설비로 개량
> • 보전예방(MP) : 고장이 없고, 보전이 필요치 않은 설비를 설계, 제작 또는 구입

49 생산의 정지 혹은 유해한 성능저하를 초래하는 상태를 발견하기 위한 설비의 정기적인 감사를 무엇이라 하는가?

① 개량보전 ② 사후보전
③ 예방보전 ④ 보전예방

50 다음은 리차드 무더(Richard Muther)에 의한 총체적 공장 배치계획 절차이다. 배치계획 단계 절차가 순서대로 된 것은?

① P-Q분석 → 흐름 → 활동 상호관계분석 → 면적 상호관계분석
② P-Q분석 → 면적 상호관계분석 → 흐름 → 활동 상호관계분석
③ 흐름 → 활동 상호관계분석 → P-Q분석 → 면적 상호관계분석
④ 흐름 → 활동 상호관계분석 → 면적 상호관계분석 → P-Q분석

> P-Q분석은 제품-수량 분석을 의미한다.

51 다음은 만성 로스의 대책이다. 거리가 먼 것은?

① 로스의 발생량을 정확하게 측정한다.
② 관리해야 할 요인계를 철저히 검토한다.
③ 현상 해석을 철저히 한다.
④ 요인 중에 숨어 있는 결함을 표면으로 끌어낸다.

> **만성로스 개선방법**
> • 로스 발생 원인·상황을 철저히 조사하여 분석한다.
> • 관리해야 할 요인 계를 철저히 검토한다.
> • 현장 해석을 철저히 한다.
> • 요인 중에 숨어있는 결함을 표면으로 끌어낸다.
> • 각 부서의 협조를 얻어 전 시스템 공정의 문제점을 해결한다.
> • 조직력을 바탕으로 그 역할에 대한 책임과 권한을 부여한다.
> • 공정의 부조화 속에서 발생하는 원인을 구조 분석한다.
> • 업무 중 불필요한 공정, 저해요인, 안전 장애 등 개선이나 긍정적인 방안이 필요할 때 제안서를 작성하여 이를 구체화시킨다.

52 설비진단기술을 이용한 결과로 볼 수 있는 것은?

① 인위적 고장 증가 ② 돌발 고장 감소
③ 정비 비용의 증가 ④ 점검 개소의 감소

> 설비진단기술을 이용하면 돌발 고장이 감소하게 된다.

정답 46 ② 47 ④ 48 ④ 49 ③ 50 ① 51 ① 52 ②

53 설비보전 표준 설정의 직접 기능에 속하지 않는 것은?

① 설비 검사   ② 설비 정비
③ 설비 수리   ④ 설비 교체

> **설비표준의 분류**
> 보전작업표준은 설비의 검사, 수리, 정비 등의 기술적인 방법을 말한다.

54 윤활유의 첨가제가 갖추어야 할 일반적인 성질 중 거리가 먼 것은?

① 증발이 많아야 한다.
② 기유에 용해가 좋아야 한다.
③ 유연성이 있어 다목적이어야 한다.
④ 색상이 깨끗해야 한다.

> ①항 → 기유와 화학적으로 안정되어야 한다.

55 설비의 정비계획 시에 주간보전계획의 6S 활동이 아닌 것은?

① 정리   ② 의식화
③ 분석   ④ 청소

> 6S 활동 : 정리, 정돈, 청소, 청결, 안전, 의식화

56 설비관리 요원이 가져야 할 업무자세가 아닌 것은?

① 작업량의 변동이 크므로 최고부하를 없앤다.
② 다직종에 걸쳐 풍부한 경험과 기능을 필요로 한다.
③ 긴급돌발을 없애고 작업자와 협력하는 자세를 가져야 한다.
④ 광범위한 전문기술을 필요로 하므로 다수의 요원이 독자적인 전문기술을 가지고 협력해야 한다.

> ①, ②, ③ 항 이외에 보전관리 요원 능력 개발, 외주업자 이용 등이 있다.

57 설비정비 표준을 결정할 때 기술적인 면에 속하는 것은?

① 규격 사양서   ② 조직 규정
③ 관리 규정   ④ 책임 한계

> 설계규격, 규격 사양서(설비성능) 등이 기술적인 면에 속한다.

58 기본적으로 새로운 설비일 때부터 고장이 일어나지 않으면서도 보전비가 소요되지 않는 설비로 해야 한다는 신 설비의 PM설계는?

① 생산보전(PM : Productive Maintenance)
② 예방보전(PM : Prevention Maintenance)
③ 개량보전(CM : Corrective Maintenance)
④ 보전예방(MP : Maintenance Prevention)

> **설비계획**
> - 사후보전(BM) : 고장, 정지 또는 유해한 성능저하 후 수리를 행하는 것
> - 예방보전(PM) : 고장, 정지 또는 유해한 성능저하를 가져오는 상태를 발견하기 위한 설비의 주기적인 검사로 초기단계에서 이러한 상태를 제거 또는 복구시키기 위한 보전
> - 생산보전(PM) : 생산성이 높은 보전, 경제성
> - 개량보전(CM) : 설비자체의 체질개선으로 예방보전으로 고장이 없고, 보전하기 쉬운 설비로 개량
> - 보전예방(MP) : 고장이 없고, 보전이 필요치 않은 설비를 설계, 제작 또는 구입

59 오버홀(Overhaul)은 설비의 효율을 높이기 위하여 관리하는데 매우 중요한 활동이다. 다음 중 오버홀은 어떤 보전활동에 포함되는가?

① 일상보전 활동   ② 사후보전 활동
③ 예방보전 활동   ④ 개량보전 활동

60 다음 중 설비의 체질을 개선하여 설비의 수명연장을 위하여 실시하는 보전활동은?

① 예방보전   ② 개량보전
③ 생산보전   ④ 사후보전

정답 53 ④ 54 ① 55 ③ 56 ④ 57 ① 58 ④ 59 ③ 60 ②

61 최고 재고량을 일정량으로 정해놓고, 사용할 때마다 사용량 만큼 발주해서 언제든지 일정량을 유지하는 방식은?

① 정량발주 방식　② 정기발주 방식
③ 사용고발주 방식　④ 2궤법 방식

- 정량발주 방식 : 재고량이 일정 이하로 소비가 되면 소비된 양만큼 주문을 하는 방식으로, 항상 최저·최고의 범위에서 재고를 보유한다.
- 사용고발주 방식 : 일정한 재고량을 정해놓고 사용한 만큼을 발주시키는 예비용 발주방식으로, 항상 일정량을 유지시킨다.
- 정기발주 방식 : 소비의 상태나 실적을 감안하여 발주 수량을 상황에 따라 변하나 발주시기는 항상 일정하다.

62 기계를 가동하여 직접 생산하는 시간을 무엇이라 하는가?

① 직접 조업 시간　② 실제 생산 시간
③ 정미 가동 시간　④ 실제 조업 시간

- 부하시간 = 정미 가동시간 + 정지시간
- 무부하시간 : 기계가 정지되어 있는 시간
- 정미가동시간 : 기계가 가동되어 제품을 생산하고 있는 시간
- 정지시간 : 설비 수리시간, 준비시간, 대기시간, 불량수정시간

63 설비보전의 추진 방법으로 적합하지 않는 것은?

① 보전 작업은 계획적으로 시행한다.
② 보전 작업 방법은 개선한다.
③ 열화 손실 비용은 가급적 적게 한다.
④ 외주업자의 활용은 배제한다.

설비보전의 추진 방법 (①, ②, ③항 이외에)
- 보전 담당자의 교육
- 설비관리 사무체계의 개선
- 외주업자의 적절한 이용
- 보전 자재 재고의 적정화

64 설비보전 조직 중 공장의 모든 보전 요원의 한 사람의 관리자 밑에 조직하고 모든 보전을 관리하는 보전방식을 무엇이라 하는가?

① 집중보전　② 지역보전
③ 부분보전　④ 절충보전

설비보전의 종류
- 집중보전 : 책임자 한 사람을 기준으로 하여 조직이 구성되며 모든 보전 요원은 책임자의 지시에 따라 움직이는 집중관리 시스템이다.
- 지역보전 : 생산 공장에 보전요원을 배치함으로서 설비의 이상 유무, 수리, 검사 등을 직접 처리한다.
- 부분보전 : 생산 제조 부분 책임자 관할 아래 보전요원을 상주시키는 방식이다.
- 절충보전 : 집중보전에 지역보전이나 부분보전을 접목시켜 서로의 장점을 계승하고 단점을 보완하여 운영하는 보전방식이다.

65 설비의 효율화를 저해하는 가장 큰 로스(Loss)는?

① 고장 로스　② 조정 로스
③ 일시정체 로스　④ 초기 수율 로스

설비 저해 로스
- 고장 로스 : 설비의 고장으로 인하여 발생하는 가장 큰 로스
- 조정 로스 : 작업준비, 부품교체 등으로 발생하는 시간적 로스
- 일시정체 로스 : 일시적인 설비의 오동작으로 발생하는 로스
- 초기 수율 로스 : 불량품 등으로 운전초기에 발생하는 로스이다.

66 경제대안을 수학적으로 비교하는 방법으로 어떤 투자 활동의 수입의 현재(혹은 연간) 등가가 지출의 현재(혹은 연간) 등가와 똑같게 되는 이자율로 경제성을 평가하는 방법은?

① 자본회수 기간법　② 수익률 비교법
③ 원가 비교법　④ 이익률법

자본회수 기간법은 이자를 고려하지 않고 초기 투자액을 매년의 순수입으로 공제해 나갈 때 전부 회수하는 기간이다.

정답　61 ③　62 ③　63 ④　64 ④　65 ①　66 ②

67 다음과 같은 설비표준화를 위한 설비위치의 코드부여 순서로 맞는 것은?

① 공장 – 작업장 – 부서 – 생산라인
② 일련번호 – 부서 – 작업장 – 공장
③ 생산라인 – 작업장 – 부서 – 공장
④ 부서 – 작업장 – 생산라인 – 일련번호

68 설비 보전 조직에 있어서 지역 보전의 특징이 아닌 것은?

① 생산라인의 공정변경이 신속히 이루어진다.
② 근무시간의 교대가 유기적이다.
③ 1인으로 보전에 관한 전 책임을 지고 있다.
④ 보전 감독자나 보전 작업원들은 생산계획, 생산성의 문제점, 특별작업 등에 관하여 잘 알게 된다.

③항은 집중보전에 대한 특징이다.

69 다음과 같은 가속도계의 설치 방법 중 가장 높은 주파수 응답 범위를 얻을 수 있는 것은?

① 손 고정
② 나사 고정
③ 접착제 고정
④ 자석 고정

나사고정식은 가장 높은 주파수 응답범위를 얻을 수 있으며 먼지, 온도, 습도 영향이 적으며 고정 시 구조물에 탭 작업을 해야 한다. 주로 가속도계 센서 부착방법으로 마그네틱고정, 절연고정 등과 같이 사용한다.

70 설비계획에 있어서 제품별 배치의 특징이 아닌 것은?

① 작업의 흐름 판별이 용이하며 조기발견, 예방, 회복 등을 하기 쉽다.
② 작업자의 간접 작업이 적어지므로 실질적 가동률이 향상 된다.
③ 정체 시간이 길기 때문에 재공품(在工品)이 많다.
④ 작업의 융통성이 적고 공정 계열이 다르면 배치를 바꾸어야 한다.

제품별 배치는 라인별 배치로 정체 시간이 짧기 때문에 재공품이 적다.

71 다음 중 간이진단의 기능과 거리가 먼 것은?

① 설비에 걸리는 스트레스의 경향 관리
② 설비에 걸리는 스트레스의 측정, 계산 및 평가
③ 설비의 열화나 고장의 경향 관리와 이상의 조기 발견
④ 설비의 성능 효율 등의 경향 관리와 이상의 조기 발견

간이진단의 기능은 ①, ③, ④ 항으로 규정되어 있다.

72 설비배치 계획자가 설비배치의 기초자료 수집 및 유형을 선택하는 것을 돕기 위해서 쓰이는 방법은?

① ABC 분석
② P-Q 분석
③ 일정계획법
④ 활동관련 분석

P-Q 분석은 제품과 생산량의 분석을 행하는 공정분석의 한 기법으로 사용한다.

73 A = 1회에 소요되는 검사 비용, B = 고장으로 인한 단위기간 당 손실, C = 손실계수(B/A), r = 단위 기간 당 장해 발생 빈도수일 때, 설비의 최적 검사주기를 구하는 식(T)은?

① $\sqrt{\dfrac{2}{C \times r}}$
② $\sqrt{\dfrac{2C}{r}}$
③ $\sqrt{\dfrac{2}{A \times r}}$
④ $\sqrt{\dfrac{2}{B \times r}}$

74 설비관리 기능을 일반 관리기능, 기술기능, 실시기능 및 지원기능으로 분류할 때 일반 관리기능이라고 볼 수 없는 것은?

① 보전정책 결정 및 보전시스템 수립
② 자산관리와 연동된 설비관리 시스템 수립
③ 보전업무의 경제성 및 효율성 분석·측정
④ 보전업무 분석 및 보전기술 개발

정답 67 ① 68 ③ 69 ② 70 ③ 71 ② 72 ② 73 ① 74 ④

④항은 기술 기능에 해당된다.

75 집중보전의 장점을 설명한 것 중 틀린 것은?

① 작업의 신속성
② 인원배치의 유연성
③ 보전책임의 명확성
④ 작업일정 조정 용이성

집중보전
책임자 한 사람을 기준으로 하여 조직이 구성되며 모든 보전 요원은 책임자의 지시에 따라 움직이는 집중 관리 시스템이다.
• 모든 일에 대하여 통제가 수월하고 인원관리를 획일화 할 수 있다.
• 설비의 수리, 고장, 교체 등 모든 일 처리가 신속히 이루어진다.
• 모든 보전원의 기능 숙련이 향상되고 새로운 기능에 대하여 적응이 가능하다.
• 작업 표준화를 하기 위하여 시간 손실이 많다.
• 작업 의뢰에서 생산까지 책임자의 지시를 받아야 하므로 소요시간이 많이 걸린다.

76 진단(Diagnosis)방법, 항목, 부위, 주기 등에 대한 표준화 대상으로 맞는 것은?

① 수리표준
② 일상점검표준
③ 작업표준
④ 설비점검표준

설비점검표준에는 일상점검표준과 정기정검표준으로 나누어진다.

77 보전자재관리상의 특징을 열거한 것 중 틀린 것은?

① 보전자재는 년간 사용빈도가 낮으며, 소비속도가 늦은 것이 많다.
② 자재구입품목, 수량, 시기계획을 수립하기 곤란하다.
③ 불용자재의 발생가능성이 적다.
④ 보전 기술수준 및 관리수준이 보전자재의 재고량을 좌우하게 된다.

보전자재관리에서 불용자재의 발생가능성이 커진다.

78 종합적 생산보전(TPM)에 대한 설명 중 옳지 않은 것은?

① 설비효율을 최고로 높이기 위한 보전 활동
② 전원이 참가하여 동기부여 관리
③ 생산설비의 라이프 사이클만 관리하는 활동
④ 작업자의 자주보전 체제의 확립

TPM(종합적 생산보전)의 개요
• 설비효율을 최고로 높이기 위한 보전 활동
• 전사원이 참가하여 동기부여 관리
• 소집단 활동에 의하여 생산보전 추진
• 작업자의 자주보전 체제의 확립
• 현장 체질개선으로 설비의 고장과 불량을 사전에 방지

79 열화상(Thermography) 측정 장비를 이용하여 발견하기에 가장 적절한 결함은?

① 구조적 헐거움(looseness)
② 공진
③ 회전체의 질량 불균형
④ 과전압 차단기의 상태 불량

물체의 열복사를 전자적으로 측정하는 것으로 과전압 차단기의 상태 불량은 과열의 원인이 되기 때문에 열화상 측정 장비로 측정이 가능하다.

80 설비투자의 합리적인 투자결정에 필요한 경제성 평가 방법이 아닌 것은?

① 자본회수법
② 비용비교법
③ MAPI법
④ 처분가치법

신 MAPI법 : 투자우선순위 결정을 위한 어떤 비율이 필요하게 되어 Terborgh는 긴급도수익율이라는 생각을 도입하여 투자우선순위를 결정

81 생산의 3요소가 아닌 것은?

① 사람(Man)
② 자본(Capital)
③ 설비(Machine)
④ 재료(Material)

정답 75 ④ 76 ④ 77 ③ 78 ③ 79 ④ 80 ④ 81 ②

원자재(material), 기계·설비(machine), 사람(man)을 가리켜 생산의 3요소 또는 3M이라고 한다.

82 제품에 대한 전형적인 고장률 패턴은 욕조곡선으로 나타낼 수 있다. 욕조곡선은 크게 초기고장기간, 우발고장기간 그리고 마모고장기간으로 구분된다. 다음 중 우발고장기간에 발생될 수 있는 원인과 관계가 없는 것은?

① 안전계수가 낮은 경우
② 스트레스가 기대 이상인 경우
③ 사용자 과오가 발생한 경우
④ 디버깅 중에 발견된 고장이 발생된 경우

디버깅은 오류를 발견하여 제거하는 작업을 말하며, 초기고장기간에 해당된다.

83 컴퓨터를 이용한 설비 배치기법이 아닌 것은?

① PERT/CPM
② CRAFT
③ CORELAP
④ ALDEP

컴퓨터를 이용한 설비 배치기법의 종류
• CORELAP(Computerized Relationship Layout Planning)
• ALDEP(Automated Layout Design Program)
• CRAFT
※ PERT/CPM : 네트워크 공정표

84 최소의 비용으로 최대의 설비효율을 얻기 위하여 고장분석을 실시한다. 고장분석을 행하는 이유가 아닌 것은?

① 설비의 고장을 없애고 신뢰성을 향상시키기 위하여
② 설비의 고장에 의한 휴지시간을 단축시켜 보전성을 향상시키기 위하여
③ 설비의 보수비용을 늘려 경제성을 향상시키기 위하여
④ 설비의 가동시간을 늘리고 열화고장을 방지하기 위하여

설비의 보수비용을 늘리는 것과 고장분석을 행하는 이유와는 무관하며, 보수비용을 무턱대고 늘리는 것은 바람직하지 않다.

85 설비관리기능은 일반관리기능, 기술기능, 실시기능 및 지원기능으로 분류할 때 보전업무에서 현 설비나 잠재적인 설계, 설계의 향상 및 설비구매에 대한 의사 결정의 기반이 되는 기능으로서 이러한 기술 기능에 해당되지 않는 것은?

① 설비 성능 분석
② 고장 분석 방법 개발 및 실시
③ 설비진단기술 이전 및 개발
④ 주유, 조정 그리고 수리업무 등의 준비 및 실시

86 부분보전과 집중보전을 조합시킨 절충형보전에 대한 장·단점으로 잘못된 것은?

① 집중 그룹의 기동성에 대한 장점
② 집중 그룹의 보생손실에 대한 단점
③ 지역 그룹의 운전과의 일체감에 대한 장점
④ 지역 그룹의 노동효율에 대한 장점

지역보전에서 설비 전체에 대한 수리나 근무시간 연장 등에 대한 문제점이 야기되므로 노동 효율에 감소하므로 단점에 속한다.

87 부품은 고장률을 알면 보전에 의하여 제품의 수명을 연장시킬 수 있다. 다음 중 부품을 사전교환 등에 의한 예방보전(Preventive Maintenance)을 실시하여 제품의 수명을 연장시키기에 가장 적합한 고장률의 유형은 무엇인가?

① 감소형(Decreasing Failure Rate)
② 증가형(Increasing Failure Rate)
③ 일정형(Constant Failure Rate)
④ 랜덤형(Random Failure Rate)

예방보전(PM)은 고장, 정지 또는 유해한 성능저하를 가져오는 상태를 발견하기 위한 설비의 주기적인 검사로, 초기단계에서 이러한 상태를 제거 또는 복구시키기 위한 보전이며 제품 수명 연장에 적합한 고장률은 증가형이다.

정답 82 ④ 83 ① 84 ③ 85 ④ 86 ④ 87 ②

88 TPM(Toral Productive Maintenance)의 활동으로 볼 수 없는 것은?

① 설비의 효율화를 위한 개선활동
② 작업자의 자주보전체제의 확립
③ 계획보전체제의 확립
④ 사후보전(BM : Breakdown Maintenance) 설계와 초기유동관리 체제의 확립

> TPM(종합적 생산보전)의 개요
> • 설비효율을 최고로 높이기 위한 보전 활동
> • 전사원이 참가하여 동기부여 관리
> • 소집단 활동에 의하여 생산보전 추진
> • 작업자의 자주보전 체제의 확립
> • 현장 체질개선으로 설비의 고장과 불량을 사전에 방지

89 설비의 진단기술 중 진동 진단 기술로 알 수 있는 것은?

① 펌프축의 불평형
② 윤활유의 열화
③ 전력 케이블의 절연 상태
④ 균열 및 부식 진단

> 펌프축의 불평형은 주로 정비 후 발생하기 쉬우며 이를 미스얼라인먼트라 한다.

90 미끄럼 베어링에 그리스를 사용할 경우 고려하지 않아도 될 사항은?

① 온도   ② 하중
③ 재질   ④ 용도

> 그리스는 알루미늄, 나트륨, 칼슘, 리튬 등 유기화합물로서 반고체 상태이며 냉각효과가 적고 순환급유의 어려움이 있으므로 온도나 용도, 하중 등을 고려해야 한다.

91 설비관리에 있어서 TPM은 여러 측면에서 전통적인 관리시스템과 차이가 있다. 다음 중 TPM관리와 가장 거리가 먼, 즉 전통적 관리 개념은 어떤 것인가?

① 원인추구 시스템
② 현장에서의 사실에 입각한 관리
③ 문제가 발생한 후 해결하려는 접근 방법
④ 로스(Loss) 측정

> TPM
> 설비의 종합적 효율화를 목표로 설비 종합시스템을 확립하고 설비 전 부분에 걸쳐 소집단 활동을 통하여 생산 보전을 추진해 나가는 것
> ※현장 체질개선으로 설비의 고장과 불량을 사전에 방지하며 문제가 발생한 후 해결하려는 접근방식과는 무관하다.

92 기어, 베어링 및 축 등으로부터의 검출된 시간영역의 여러 진동신호를 주파수 영역의 신호로 변환하는 분석기는?

① 디지털 신호분석기   ② FET 분석기
③ 소음 분석기   ④ 유 분석기

> FFT는 시간영역의 신호를 주파수 영역으로 변환시키는 알고리즘이다. 그러나 신호를 주파수 영역으로 연속적으로 변환할 수는 없다.

93 설비 보전 내용을 기록하였을 때의 장점이 아닌 것은?

① 설비 수리주기의 예측이 가능하다.
② 설비 수리비용의 예측 및 판단자료가 된다.
③ 설비에서 생산되는 생산량을 파악할 수 있다.
④ 설비 갱신 분석의 자료로 활용할 수 있다.

> 설비보전은 설비의 모든 상태가 이상 저하를 일으키는 원인을 제거하여 설비성능을 최상의 상태로 유지하는 활동으로 설비검사, 설비정비, 설비수리 등의 자료로 활용이 가능하다.

94 보전용 자재의 특징으로 적당한 것은?

① 연간 사용빈도가 많고 소비속도가 빠르다.
② 베어링, 그랜드 패킹 등은 교재 후 재활용할 수 있다.
③ 설비개선 설비변경 등으로 불용자재가 발생하지 않는다.
④ 자재구입의 품목, 수량 시기에 관한 계획을 수립하기 곤란하다.

정답 88 ④ 89 ① 90 ③ 91 ③ 92 ② 93 ③ 94 ④

보전용 자재의 관리상 특징
- 감속기, 모터 등은 고장 시 교체하고 교체품은 수리하여 예비품으로 사용할 수 있다.
- 자재의 품목 및 수량의 구입계획을 수립하기 곤란하다.
- 예비품이 사용되지 않고 폐기될 수도 있다.
- 연간 사용빈도가 낮으며, 소비속도가 늦은 것이 많다.
- 보전 자재의 재고량은 보전의 관리 및 기술 수준에 따라 달라진다.

95 품질보전의 전개에 있어서 요인해석의 방법에 해당하지 않는 것은?

① 특성 요인도
② 경제성 분석
③ FMECA 분석
④ PM 분석

FMECA(Failure modes, effects, and criticality analysis)
- 다양한 시스템 부분의 모든 가능성 있는 고장 유형
- 이런 고장이 시스템에 미치는 영향성
- 고장을 피하는 방법, 시스템에서 고장 영향성을 줄이는 방법
※ 프로젝트 관리(PM) : 프로젝트의 성공적인 완성을 목표로 움직이는 활동

96 보전작업 표준화의 목적은 보전작업의 낭비를 제거하여 효율성을 증대시키기 위한 것이다. 다음 중 보전표준의 종류가 아닌 것은?

① 작업표준
② 수리표준
③ 일상점검표준
④ 자재표준

보전표준의 종류에는 작업표준, 수리표준, 일상점검표준 등 3종류로 나누어진다.

97 부문보전의 단점이 아닌 것은?

① 생산 우선에 의한 보전 경시
② 보전 기술의 향상이 곤란
③ 보전책임의 분할
④ 현장 왕복 시간 증대

부문보전은 생산 제조 부분 책임자 관할아래 보전요원을 상주시키는 방식이다.

98 다음 중 설비배치를 하는 목적이 아닌 것은?

① 생산량 및 원가의 증가
② 작업환경 및 공장환경의 정비
③ 공간의 경제적 사용
④ 우량품의 제조 및 설비비의 절감

설비배치를 하는 목적으로 생산량을 증가시키나 원가는 절감시키는 것이다.

99 설비진단기술의 기본 시스템 구성에서 간이진단 기술이란?

① 현장 작업원이 사용하는 서비의 제1차 건강진단 기술
② 전문요원이 실시하는 스트레스 정량화 기술
③ 작업원이 실시하는 고장검출 해석 기술
④ 전문요원이 실시하는 강도, 성능의 정량화 기술

- 간이진단기술 : 운전자, 점검자가 사용, 열화경향관리, 설비의 감시와 보호, 문제설비 압출, 점검기술(MC), 감시기술(CMS)
- 정밀진단기술 : 이상형태, 발생위치 파악, 이상원인분석, 위험도파악, 수리대책, 전문 스태프 부서에서 실시

100 체계적인 설비관리를 함으로서 얻을 수 있는 효과가 아닌 것은?

① 생산계획이 달성되고 품질이 향상된다.
② 설비 고장시 복구시간이 단축된다.
③ 작업능률이 증대하고 생산성이 향상된다.
④ 돌발고장이 증가하나 수리비가 감소한다.

체계적인 관리를 함으로서 돌발고장을 감소로 수리비가 감소한다.

정답 95 ② 96 ④ 97 ④ 98 ① 99 ① 100 ④

CHAPTER 03

공업계측 및 전기·전자제어

Section 01 공업 계측
Section 02 전기 제어
Section 03 전자 제어

SECTION 01 공업계측

STEP 01 계측의 개요와 단위

1. 계측기의 측정방법의 종류

종류	설명
편위법	측정량을 원인으로 하고, 그 직접적 결과로서 생기는 지시에 의한 측정법
영위법	• 조정할 수 있는 같은 종류의 분동 무게와 측정량(천칭에 의한 계량)을 조화시켜 분동 무게로부터 측정량을 아는 측정법 • 측정량을 기준량에 평행시켜 계측기의 지시가 0위치에 나타날 때 기준량의 크기로 측정량을 구하는 방식
치환법	측정량과 기지량을 치환하여 2회의 측정 결과로부터 구하는 측정법
보상법	측정량에서 그것과 거의 동등한 기지량을 빼고 난 차를 측정하여 구하는 방법

2. 측정오차의 종류

① 과실 오차 : 측정자의 잘못으로 발생하는 오차
② 환경 오차 : 주변의 온도, 습도, 진동, 충격에 생기는 미세한 측정 조건의 변동으로 인한 오차
③ 개인 오차 : 각 개인마다 측정 시 발생하는 오차
④ 계기 오차 : 계측기기의 이상으로 발생하는 오차

3. 단위

(1) 국제 단위계(SI)에서 기본 단위계 종류와 기호
  ① 길이 : m ② 질량 : kg ③ 시간 : s(초) ④ 전류 : A
  ⑤ 열역학적 온도 : k ⑥ 물질량 : mol ⑦ 광도 : cd

(2) 힘의 단위
  $1dyne = 1g \times 1cm/s^2$, $1N = 1kg \times 1m/s^2 = 10^5 dyne$, $1kg = 9.8N$

(3) 일의 단위
  $1erg = 1dyne \times 1cm$
  $1 J = 1N \times 1m = 10^5 dyne \times 100cm = 10^7 erg$
  $1W = 1J/s$

(4) 압력단위

$1bar = 10^3 mbar = 10^5 N/m^2 = 10^5 Pa$

$1Pa = 1N/m^2$

$1kg/m^2 = 9.8N/m^2 = 9.8Pa$

STEP 02 센서와 신호변환

1. 센서

(1) 온도 센서

1) 서미스터(thermistor)

① 온도변화에 따라 소자의 전기저항이 크게 변화하는 반도체 감온소자로서 널리 이용되고 있다.

② 종류

종류	설명
NTC 서미스터 (Negative Temperature Coefficient)	• NiO, MnO, CoO, Fe_2O_3 등을 주성분으로 하고 있으며 온도가 상승함에 따라 전기 저항이 감소하는 부(負)의 온도계수를 나타낸다. • 저항값은 산소와는 무관하므로 공기 중에서 안정하다. • 예 트랜지스터 회로의 온도보상, 통신기의 자동 이득 조절 등
PTC 서미스터 (Positive Temperature Coefficient)	• 주성분이 티탄산바륨에 미량의 회토류 원소를 첨가하여 전도성을 갖게 한 N형 • 티탄산바륨계 산화물 반도체의 일종이다. • 예 퓨즈 기능 소자, 전자 모기 퇴치기 등
CTR 서미스터 (Critical Temperature Resistor)	• 온도 경계에서 전기 저항이 급격히 변화하는 소자 • 예 적외선 검출, 온도 경보 등

(2) 열전쌍(thermocouple)

① 구조가 간단하며 측정 온도범위가 넓다.

② 사용온도 범위와 기호

- 저온용(-200~350℃) : T
- 중온용(-200~800℃) : E, J
- 고온용(-200~1200℃) : K
- 초고온용(0~1600℃) : B, R, S

(3) 측온 저항체

① 접촉식 온도센서로서 저항 온도계수가 커야 한다.

② 사용온도 범위가 넓고, 제작이 용이해야 한다.

③ 기계적, 화학적, 열적 등으로 안정되고 소성가공이 용이해야 한다.

④ 백금, 구리, 니켈 등의 순금속을 사용한다.

⑤ 고온에서의 사용이 어렵다.(600℃ 정도까지 사용 가능)

⑥ 구조가 복잡하고 응답속도가 느리다.

⑦ 좁은 장소에서는 사용하기가 어렵다.

(4) 적외선 센서
물체가 발산하는 적외선을 검출하여 이들로부터 온도를 구하는 비접촉식 센서로 가전 제품의 리모콘, 방범용, 방사 온도계로 이용되고 있다.

(2) 압력 센서
① 로드 셀(load cell) : 저항선 변형 게이지를 이용한 하중 측정기
- 구조가 간단하며 가동부가 없어 반영구적으로 사용 가능하다.
- 수 백톤(ton)까지 측정이 가능하며 높은 정밀도의 측정이 가능하다.
- 출력신호가 전기이므로 제어기 사용에 적합하며 표시가 자유롭다.

② 스트레인 게이지 : 기계적으로 동작하는 부분을 가급적 적게 하고 기계량을 직접 전기량으로 인출되도록 한 센서이다.

(3) 자기 센서
① 종류 : 홀 소자, 홀 IC, 자기저항 소자
② 홀 효과(hall effect) : 자계를 가운데 반도체를 놓고 그것에 전류를 흘릴 때 반도체 단면에 전하가 발생하여 기전력이 생기는 현상
③ 홀 소자는 자속계, 속도계, 전력계 및 회전계에 이용
④ GaAs, InSb 등의 반도체 재료로 사용

(4) 초음파 센서
① 감지 물체의 표면에 경사면이 있으면 작동이 어렵다.
② 스위칭 주파수가 낮다.
③ 광센서에 비하여 고가이다.
④ 센서 선정 시 고려해야 할 사항 : 정확성, 감지거리, 신뢰성, 내구성, 반응 속도, 선명도

> **초음파**
> 인간의 귀로는 소리로서 들을 수 없을 정도의 높은 진동수(주파수)의 음파로서 전기 진동으로 발생시킨다.

(5) 광 센서
① 빛을 이용하여 물체의 유무를 검출하거나 속도나 위치의 결정에 응용
② 레벨 검출, 특정표시의 식별 등에 이용한다.
③ 분류 : 광 에너지를 전기적으로 변환하는 것에 광기전력 효과형, 광도전 효과형, 광전자 방출형으로 분류한다.
④ 광기전력 효과형 센서는 P-N접합부에 발생하는 광기전력효과를 이용한다. (예 포토 다이오드, 포토 트랜지스터 등)

2. 신호변환

(1) 자기유지회로(Memory Holding Circuit)
회로상태에서 전기를 연결하면 릴레이에 전자석이 발생되어 접점을 연결시키므로 계속적인 전류가 흐르는 회로

(2) 인터록(Inter Lock)
2대 이상 기기를 운전하는 경우 그 운전 순서를 결정하거나 동시기동을 피하거나 일정한 조건이 충전되지 않았을 경우 다른 기기가 운전되지 않도록 할 필요가 있는 경우에 사용

> **시퀀스 제어 기호**
> - STP : 정지용 스위치
> - F - ST : 정회전용 기동스위치
> - R - ST : 역회전용 기동스위치
> - F - MC : 정회전용 전자접촉기
> - R - MC : 역회전용 전자접촉기
> - THR : 열동형 과전류 계전기
> - MCB : 배선용 차단기
> - ⓜ : 전동기

STEP 03 공업량의 계측 및 변환기

1. 온도 계측

(1) 열전대

① 2개의 금속으로 폐회로를 만들어 접점간의 온도차에 의해 기전력을 발생시키는 장치로, 제백효과를 이용한다.

금속 (+)	금속 (−)	사용 온도(℃)	과열 사용 온도(℃)
백금로듐	백금	1400	1600
크로멜	알루멜	650~1000	850~1300
철	콘스탄탄	400~600	500~800
동	콘스탄탄	200~300	250~350

*제백효과
도체에 전류를 흐르게 하면 열이 발생하며 열을 가하면 전류가 흐른다.

② 콘스탄탄 : 구리(60%)+니켈(40%) 합금으로 이것을 철사로 해서 동선과 연결하여 열전대를 만들면, 비교적 큰 열기전력*을 얻을 수 있다.

*열기전력
접점간의 온도차에 의해 생기는 기전력

(2) 저항온도계 : 온도상승에 따라 순 금속선의 전기저항이 증가하는 현상을 이용

① 측정범위 : −200~400℃
② 금속선으로 백금선을 사용(니켈, 구리 등)
③ 측온체, 동도선 및 표시계로 구성(측정회로 : 휘스톤 브리지 채택)

(3) 비접촉 온도계

종류	설명
방사 온도계	피온 물체에서 나오는 전방사를 렌즈 또는 반사경으로 모아 흡수체를 받는다. 이 흡수체의 상승온도를 열전대로 읽고 측온물체의 반사경을 측정한다.
광고 온도계	피온 물체에서 나오는 가시역내의 일정파장의 빛을 선정하고 표준전구에서 나오는 필라멘트의 위도와 같게하여 표준전구의 전류 또는 저항을 측정하여 온도를 측정한다.

2. 압력 계측

종류	설명
1차 압력계	• 측정선으로 하는 압력과 평행하는 무게, 힘으로 직접 측정 • 정확한 압력의 측정이나 2차 압력계의 눈금 교정에 사용 • 종류 : 액주식(마노미터), 자유 피스톤형 압력계
2차 압력계	• 물질의 성질이 압력에 의해 받는 변화를 측정하고 그 변화율에 의해 압력을 측정 • 측정방법 : 탄성을 이용, 전기적 변화를 이용, 물질변화를 이용 • 종류 : 브르돈관식 압력계, 벨로우즈 압력계, 다이어프램 압력계, 전기저항 압력계, 피에조 압력계, 스트레인 게이지

3. 유량 계측

종류	설명
차압식 유량계	• 측정관로 중에 교축기구를 설치하여 유동을 교축하고 이 때문에 생기는 교축부 전후의 압력차에 의해서 유속을 구하여 유량을 측정하는 것 • 유량은 교축기구 전후의 차압과 평방근에 비례 • 종류 : 오리피스미터, 벤트리미터 등
면적식 유량계	• 차압식 유량계가 일정한 교축면적인데 대하여 면적식은 유량의 대소에 의해 교축면적을 바꾸고 차압을 일정하게 유지하면서 면적변화에 의한 유량을 구하는 것이다. • 로우터미터는 투영관속의 부자에 의하여 눈금으로부터 유량을 직접 읽을 수 있다. • 소용량 측정이 가능하다. • 압력손실이 적고 거의 일정하다. • 유효 측정범위가 넓다. • 장치가 간단하다. • 기체, 액체 측정이 가능하고 압력 손실이 적으며 부식성 유체도 측정이 가능
피토우 관	유체 중에 피토우관을 삽입하고 유동하고 있는 유체에 대한 동압을 측정하여 유량을 측정
용적식 유량계	• 체적기지의 계산실에 유체압에 의해 유체를 만량시키고 이어 배출조작을 반복하므로서 유체의 용적 유량을 측정 • 적산 표시에 용이하고 공업적 용도도 넓다. • 종류 : 가스미터, 회전자형미터
열선식 유량계	유속에 의한 가열체의 온도변화를 이용하여 어느 점의 유속 측정을 통해 유량을 측정
전자식 유량계	파라데이의 전자유도법칙을 이용하여 기전력 측정을 통해 유량을 측정
초음파식 유량계	• 초음파의 전파시간이 송수신 기간의 거리에 비례하고 초음파의 음속과 유체의 유속에 반비례한다는 원리를 이용하여 유량을 측정하는 방식 • 싱 어라운드(sing around)법 : 동일 거리를 나가는데 요하는 초음파 펄스의 흐름과 같은 방향과 반대 방향의 시간차에 의해 평균 유속을 구하는 측정 원리를 이용

점성계수
물의 점성계수는 온도가 증가함에 따라 그 값은 작아지며 점성계수의 특수단위로서 푸아즈(poise) 혹은 센티푸아즈(centipoise)를 사용한다.
$1[poise] = 1[dyn \cdot s/cm^2] = 1 [g/s \cdot cm] = 100 [centipoise]$

4. 액면 계측

(1) 액면계 구비조건

① 고온 고압에 견디며 내식성이 있을 것
② 지시기록의 원격조정이 용이할 것
③ 구조가 간단하고 조작이 용이할 것
④ 사용 및 보수가 용이할 것

(2) 액면계의 종류

종류	설명
부자식 액면계	액면의 변동에 따라 부자(float)가 오르내림으로서 액면을 육안으로 확인
압력 검출형 액면계	비교적 점도가 낮은 액체 측정용으로 탱크 외부에 압력계를 설치하여 액면의 변위를 측정
변위 평형식 액면계	초저온의 액체 측정용으로 사용
초음파식 액면계	발신기로부터 초음파를 발사시켜 진동막의 진동변화를 측정하여 액위를 측정

5. 변환기

① 측정량을 계측에 편리하도록 다른 량으로 바꾸어주는 기기이다.
② 길이의 변위 → 전기량으로 변환
③ 온도의 변화 → 수은주의 위치 변환

STEP 04 조작부

1. 조작부의 구비조건

① 제어신호에 정확히 동작할 것
② 주위환경과 사용조건에 충분히 견딜 것
③ 보수점검이 용이할 것

2. 제어밸브

(1) 글로브 밸브(Glove valve) : 밸브 형상이 둥글게 되어 있어 S자 모형으로 유체가 흐르므로 유체 흐름의 저항은 크나 밸브의 리프트(양정)는 작아 개폐가 용이하므로 유량 조절에 적합하고 소형 경량이다.

(2) 슬루스 밸브(Sluice valve, Gate valve) : 밸브가 시트 안을 상하로 개폐하는 방식으로, 밸브를 완전히 열면 밸브 본체 속은 지름과 같은 단면적이 되므로 유체저항이 적어 마찰손실이 매우 적다. 양정이 커서 개폐시간이 걸리며, 유량조절이 어렵다.

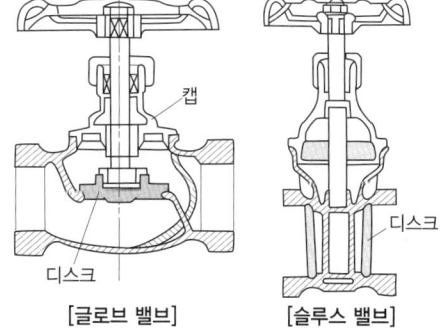

[글로브 밸브] [슬루스 밸브]

(3) 코크(Coke) : 구멍이 뚫린 원추를 1/4(90°) 회전함에 따라 유로가 개폐되어 유체의 흐름을 차단 또는 조절하는 밸브로 플러그 밸브라 한다. 개폐가 빠르므로 물, 공기, 기름의 급속 개폐에 사용하며 반면 기밀성이 나쁘고, 고압 대유량에는 부적당하다.

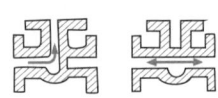 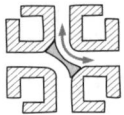 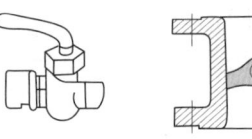

　　　(a) 삼방 코크　　　　(b) 사방 코크　　　(c) 핸들 코크

(4) **다이어프램 밸브** : 공기압의 신호를 받아 밸브의 열림을 조작하는 밸브이다. 밸브 몸통의 중앙에 원호 모양의 위어가 있으며 내열, 내약품성의 다이어프램을 밸브 시트에 밀착시켜 개폐하는 밸브로 유체저항이 적다.

[다이어프램 밸브]

(5) **버터플라이 밸브(나비 밸브)** : 원뿔면 또는 원통면 밸브시트 속에서 밸브 스템을 축으로 원판이 회전함으로서 개폐를 행하는 것으로 사용압력, 온도에 대한 제한이 많고 개폐쇄가 어렵다. 저양정 펌프에서 토출량을 조절할 수 있는 밸브로 전개 시 저항이 적고 유량 조절이 용이하며 저압의 죔 밸브로 사용한다.

(6) **체크 밸브(Check Valve)** : 유체의 흐름이 한쪽으로 흐르게 하고, 역류하면 자동적으로 배압에 의하여 밸브체가 닫힌다.(종류 : 스윙식(swing type)과 리프트식(lift type))

(7) **볼 탭(Ball Tap)** : 탱크의 액면 상승 또는 저하에 따라 볼(플로트, float)의 부력에 의해 자동적으로 밸브가 개폐되는 자동개폐밸브이다.

(8) **볼 밸브(Ball valve)** : 마개가 공모양이고 코크와 유사한 밸브로서 코크의 플러그를 볼로 바꾸고 또한 볼과 테프론링이 항상 긴밀한 접촉을 유지하므로 시트면의 손상이 적다.

(9) **감압밸브(Reducing valve)** : 고압 배관과 저압 배관 사이에 설치하여서 증기 사용량이나 고압측의 압력 변동에 관계없이 밸브의 개폐를 자동으로 조절하여 저압측 압력을 항상 일정하게 유지하는 역할을 한다.

(10) **온도조정밸브** : 열교환기 및 중유 가열기 등에 사용하며, 감온부의 검지 온도에 따라 감온부 내 액의 팽창, 수축에 따른 압력으로 벨로우즈 및 다이어프램이 작동하여 밸브를 개폐하고 기기 속으로 유입되는 기체, 액체 유량을 조절함으로써 기기 내의 유체온도를 조정한다.

(11) **안전밸브(Safety Valve)** : 고압의 압력 용기나 배관 등에 설치하여 내부의 압력이 일정압력에 도달하면 내부의 유체를 자동적으로 방출하여 설비나 배관 내에 압력을 항상 일정 이하로 유지하는 밸브이다. (스프링식, 중추식, 지렛대식)

(12) **릴리프 밸브(Relief Valve)** : 주로 액체의 압력이 상승하는 경우에 사용되고 유압이 조정압력 이상이 되면 밸브가 열려 압력상승을 방지하는 일종의 안전밸브이다.

(13) **전자밸브(Solenoid Valve)** : 홀딩 코일에 전류가 흐르면 자장이 형성되므로, 플랜저가 흡인력에 의해 전개가 되고 전류가 차단되면 홀딩 코일이 무여자가 되므로 밸브와 플랜저의 무게에 따라 닫힌다. 전자밸브 전에는 여과기를 설치하고 밸브시트 코일이 상부에 오도록 수직으로 설치하며, 유체의 흐름 방향과 화살표 표시 방향이 일치시켜야 한다.

(14) **회전밸브** : 원뿔면 또는 원통면 밸브시트 안에서 밸브가 회전하고 유체가 그 회전축에 직각으로 유동하는 구조로 된 밸브

2. 제어밸브의 구동부(시간지연밸브)

① 구성 : 압축공기로 작동되는 3/2way밸브, 교축 릴리프밸브 및 탱크
② 종류
- 한시작동시간 지연밸브 : 제어신호가 입력된 후 일정한 시간이 경과된 다음에 작동
- 한시복귀시간 지연밸브 : 제어신호가 없어진 후 일정한 시간이 경과된 후 복귀

③ 순수 공기압에서는 한시 작동 시간 지연밸브가 많이 사용되고 있다.

3. 포지셔너(positioner : 위치 조정기구)

조절계로부터의 신호와 구동축 위치 관계를 외부의 힘에 대하여 항상 정확하여 유지시키고 조작부가 제어 루프 속에서 충분한 기능을 발휘할 수 있도록 하기 위해 사용하는 것

> 전동밸브와 제어성을 양호하게 하기 위하여 전기-전기식 포지셔너가 사용된다.

밸브에 포지셔너의 사용 이유
- 조절계 신호와 구동부 신호가 다른 경우
- 제어밸브의 특성을 개선할 필요가 있는 경우
- 하나의 신호로 2대 이상의 제어밸브를 동작시킬 경우

4. 조작기기 및 제어용 증폭기

(1) 조작기기 : 제어대상에서 직접 구동시키는 장치
 ① 기계식 : 클러치, 다이어프램 밸브, 포지셔너 밸브
 ② 유압식 : 실린더 및 피스톤, 분사관
 ③ 전기식 : 전자밸브, 전동밸브, 서보 모터 등

(2) 제어용 증폭기의 종류
 ① 전기식 : 진공관, 트랜지스터, 자기 증폭기, SCR, 엠플리다인
 ② 공기식 : 노즐 플래퍼, 파이롯 밸브, 벨로우즈
 ③ 유압식 : 분사관, 안내밸브

STEP 05 프로세스 제어

1. 제어 관련 용어

종류	설명
기준입력요소	목표치에 비례하는 기준입력신호를 발생하는 요소로서 설정부라고도 함
기준입력	제어계를 동작시키는 기준으로서 직접 폐루프에 가해지는 입력이며, 목표치와 비례관계를 갖는다.
주귀환신호	제어량을 목표치와 비교하여 동작신호를 얻기 위한 귀환되는 신호로서 제어량과 함수관계가 있다.
동작신호	기준입력과 주귀환신호와의 차로서 제어동작을 일으키는 신호이며, 편차라고도 한다. (목표치와 제어량의 차)
제어요소	동작신호를 조작량으로 변환시키는 요소로, 조절부와 조작부로 구성한다.
조작량	제어장치가 제어대상에 가하는 제어신호로서, 제어장치의 출력인 동시에 제어대상에의 입력이다.
제어대상	스스로 제어활동을 하지 않는 출력발생장치로서 제어계에서 직접 제어 받는 장치
외란	제어량의 값을 변화시키려 하는 외부로부터의 바람직하지 않는 신호이다. (유출량, 목표치 변경)
제어량	제어를 받는 제어계의 출력량으로서 제어대상에 속하는 양
귀환요소(검출부)	제어량을 검출하여 주귀환신호를 만드는 요소
제어편차	'목표치 – 제어량'으로 정의되는 것으로 이 신호가 그대로 동작신호가 되기도 한다.
비교부	목표치와 제어량에서 인출한 신호를 서로 비교해서 제어동작을 일으키는데 필요한 정보를 가진 신호를 만들어 내는 부분
제어장치	제어대상의 작동을 조절하는 장치로 기준입력요소, 제어요소, 귀환요소가 이에 속한다. (제어대상 이외의 부분)
조절부	기준입력(input)과 검출부 출력(output)을 합하여 제어계가 소요의 작용을 하는데 필요한 신호를 조작부로 보낸다. (동작신호를 만드는 부분)
조작부	조절부로 부터의 신호를 조작량으로 변환하여 제어대상에 작용
검출부	압력, 온도, 유량 등의 제어량을 측정 신호로 나타낸다.

2. 프로세스 제어(공정제어)

① 온도, 압력, 유량, 액위, 농도, 효율 등의 공업 프로세스의 상태를 제어량으로 하는 제어로서 온도, 압력, 유량, 액위의 제어장치 등이 이에 속한다.
② 공업 공정의 상태량을 제어량으로 하는 제어
③ 프로세스 제어에 있어서 최적제어의 일반적인 의미는 최대효율 유지, 최대 수량 생산, 최저 단가 제품생산

노이즈(noise) : 전기적, 기계적 이유로 시스템에서 발생하는 불필요한 신호로, 정전유도, 전도, 중첩 등이 원인이다.

3. 서보기구

① 피드백 제어계 중 물체의 위치, 방위, 자세 등의 기계적 변위를 제어량으로 하는 추종제어이다.
② 신호는 디지털 신호의 경우가 많다.
③ 서보기구의 조작부에 사용되는 전동기 : 교류 서보 전동기, 스태핑 모터, 유압전동기
④ 서보기구 제어에 사용되는 검출기 : 전위차계, 차동 변압기, 마이크로신, 셀신 전동기
⑤ 비행기 등과 같은 움직이는 목표값의 위치를 알아보기 위한, 즉 원뿔주사를 이용한 서보용 제어기는 추적 레이더라 한다.

4. 공업량의 제어

(1) 정치제어(constant value control)
① 목표값이 시간적으로 변화하지 않고 일정한 제어
② 프로세스 제어, 자동 조정제어
③ **예** 컴퓨터실의 온도와 습도는 항상 일정한 온도와 습도를 유지해야 하는 자동 냉·난방기가 설치되어 있다. 이를 제어하는 것을 정치제어라 한다.

(2) 추치제어
① 목표값이 시간적으로 변화하는 경우의 제어
② 출력의 변동을 조정하는 동시에 목표값에 정확히 추종하도록 설계한 제어계
③ 자동 아날로그 선반 제어, 열처리로의 온도제어, 보일러의 자동연소 제어
④ 추치제어의 3종류 : 추종 제어, 프로그램 제어, 비율 제어

종류	설명
추종 제어 (follow up control)	• 목표값이 시간적으로 임의로 변하는 경우의 제어로서 서보기구가 속한다. • 제어계 내의 신호를 어떤 양자화된 신호를 사용하는 제어로서 공작기계가 대상인 제어를 수치제어라 한다.(수치제어는 추종제어에 해당됨) • 복잡한 가공형상이라도 균일하게, 그리고 빠른 속도로 절삭하는 공작기계의 가공에 적용되는 제어방법 (수치제어)
프로그램 제어 (program control)	• 목표치가 미리 정해진 시간적 변화를 하는 경우 제어량을 그것에 추종시키기 위한 제어 • 열처리의 온도제어 • 무인 운전을 시행하기 위한 제어 • 조종사가 배치되어 있지 않은 엘리베이터의 자동제어
비율 제어 (proportional control)	• 목표값이 다른 양과 일정한 비율 관계를 가지고 변화하는 경우의 제어 • 보일러의 자동 연소장치, 암모니아의 합성 프로세서 제어

5. 조절계의 제어동작

(1) 불연속 제어
① 간단한 단속적 제어동작이고, 사이클링이 생긴다.
② 스위치를 닫거나 열기만 하는 제어종목으로 2위치 동작을 한다.
③ 불연속 동작 제어로 샘플값 제어를 한다.

④ 릴레이형 제어로 2위치(ON-OFF) 제어라 한다.
⑤ 제어량을 목표값으로 유지하기 위해 조작량이 너무 크거나 작아 진동이 생길 수 있어 실제로는 동작간격(히스테리시스*)을 가지며 정밀도가 높은 공정제어에는 사용이 곤란한 제어

> *히스테리시스(Hysteresis)
> 철심을 자화(磁化)하도록 자계를 변화했을 때 철심 중의 자속밀도(자화의 강도에 비례)의 변화를 나타내는 곡선

(2) 연속 동작 제어

종류	설명
비례제어 동작 (Proportional control : P동작)	• 전류편차가 있는 제어계로서 사이클링은 없으나 오프셋을 일으킨다. • 검출값 편차의 크기에 비례하고 조작부를 제어하는 동작 • 계단 응답이 입력신호와 파형이 같고 크기만 증가 → 비례요소
적분 동작 (Integral control : I동작)	• 조작량이 편차의 시간 적분값에 비례하여 조작부를 제어하는 동작으로 오프셋을 소멸시킨다. • 편차 제거 시 적용한다.
비례 적분 동작 (Proportional-Integral control : PI제어동작)	• 제어 동작 중 가장 정밀한 제어로 비례 Reset 동작이라고도 한다. • off-set이 없게 할 수 있는 동작 • 전류편차와 사이클링이 없어 널리 사용되는 동작 • 간헐현상이 있다. • PI 제어동작은 프로세스 제어계의 정상 특성 개선에 흔히 사용되는데, 이것에 대응하는 보상요소를 지상보상요소라 한다. • PI 제어공학은 공정 제어계의 정상특성을 개선하기 위하여 사용한다.
미분 동작 (Differentiation control : D 동작)	• 제어오차의 변화속도에 비례하여 조작량을 조절하는 제어동작 • rate 동작이라고도 한다. • 진동이 일어나는 장치의 진동을 억제시키는데 가장 효과적인 제어동작
비례미분 동작(PD동작)	• 제어 결과에 빨리 도달하도록 미분 동작을 부가한 제어동작
비례적분 미분 동작 (PID 동작)	• 응답의 오버슈트를 감소시킨다. • 전류 편차를 최소화 시킨다. • 정정시간을 작게 한다. • 제어동작 중 정상편차와 속응도가 가장 최적이다.

(3) 제어계의 응답특성

① 오버슈트 : 응답 중에 생기는 입력과 출력 사이의 편차량

$$오버슈트 = \frac{최대\ 오버슈트}{최종\ 희망\ 값} \times 100$$

② 시간지연(time delay) : 응답이 최초로 희망값의 50% 진행되는데 요하는 시간
③ 과도응답 : 입력신호가 어떤 정상상태에서 다른 상태로 변화했을 때 출력신호가 정상상태에 도달하기까지의 특성
④ 정정시간, 응답시간(settling time) : 응답의 최종값의 허용범위가 5~10% 내에 안정되기까지 요하는 시간
⑤ 이상시간(rise time) : 응답이 희망값의 10%에서 90%까지 도달하는데 요하는 시간

> 감쇠비
> • 과도 응답의 소멸되는 정도를 나타냄
> • 감쇠비 = $\frac{제\ 2오버슈트}{최대\ 오버슈트}$

SECTION 02 전기제어

STEP 01 전기 기초

1. 전류, 전압, 저항

① 쿨롱의 법칙 : 두 개의 전하 Q_1, Q_2 사이에 작용하는 정전력 F는 Q_1과 Q_2의 제곱에 비례하고, Q_1과 Q_2의 거리 r^2에 반비례한다.

$$F = 9 \times 10^9 \times \frac{Q_1 \cdot Q_2}{r^2}$$

② 배율기(Multiplier) : 전압계의 측정범위를 넓히기 위해 전압계에 직렬로 접속하는 저항을 말한다.

$$V_0 = I(R_m + R) = \frac{V}{R}(R_m + R) = V\left(\frac{R_m}{R} + 1\right)$$

V : 전압계 지시전압, R : 전압계 내부저항,
R_m : 배율기 저항, V_0 : 피측정 전압

③ 분류기 : 전류계의 측정범위를 넓히기 위해 전류계에 병렬로 접속하는 저항을 말한다.

④ 균일한 평등 자장에 임의의 각을 이루며 진입한 전자는 나선운동을 한다.

2. 캐퍼시턴스(Capacitance)

전압 $V[V]$에 의해 축적된 전하를 $Q[C]$라 하면 정전용량 $C[F]$에 비례하고 $V[V]$에 반비례한다.

$$C = \frac{Q}{V}, \quad Q = C \cdot V$$

정전용량을 캐퍼시턴스(Capacitance)라 한다.

3. 인덕턴스

① 자기 인덕턴스 : 전자유도에 의해 코일 자신에 자속변화를 방해하려는 방향으로 유도기전력이 유도되는 현상
② 상호 인덕턴스 : 한쪽 코일의 전류가 변화할 때 다른 쪽 코일에 유도 기전력이 발생하는 현상

$$M = K\sqrt{L_1 \cdot L_2}$$
M : 상호 인덕턴스, L_1, L_2 : 두 코일 자기(자체) 인덕턴스, K : 결합계수

STEP 02 교류 회로

1. 정현파 교류

교류는 시간에 따라 크기와 방향이 변화하게 되는데, 변화의 형태에 따라 크게 정현파와 비정현파 교류로 분류한다.

- 정현파 : 사인파 교류
- 비정현파 : 비사인파 교류

(1) 주기와 주파수
  ① 정현파 주기 : 1사이클이 변화하는데 걸리는 시간
  ② 정현파 주파수 : 1사이클 동안에 반복되는 사이클 수

(2) 위상과 위상차
  ① 위상 : 전기적 또는 기계적인 회전에 있어 어떤 임의의 기점에 대한 상태적인 위치
  ② 위상차 : 주파수가 동일한 2개 이상의 교류 사이의 시간적인 차이

(3) 순시값, 최대값, 실효값, 평균값
  ① 순시값 : 시간(t)에 전압이나 전류가 순간변화하고 있는 것을 나타내는 것
  ② 최대값 : 순시값 중에서 가장 큰 값

$$\text{최대값}(V_m) = \sqrt{2} \times V \text{ (사인파 교류)}$$

  ③ 실효값 : 순시값의 제곱에 대한 평균값의 제곱근

$$V = \frac{1}{\sqrt{2}} V_m = 0.707 V_m$$

  ④ 평균값 : 순시값의 1주기 동안의 평균으로 정현파는 1/2 기간의 평균

$$V_{av} = \frac{2}{\pi} V_m = 0.637 V_m$$

⑥ 파고율과 파형율
- 파고율(최대값과 실효값의 비율) = $\dfrac{\text{최대값}}{\text{실효값}} = \dfrac{V_m}{0.707V_m} ≒ 1.414$
- 파형율(실효값과 평균값의 비율) = $\dfrac{\text{실효값}}{\text{평균값}} = \dfrac{0.707V_m}{0.637V_m} ≒ 1.11$

※ 리플(ripple) 전압 : 맥동전압으로 정류된 전압의 교류분압
※ 3상 교류회로의 각 상의 기전력과 전류의 크기가 같고 위상이 120°일 때 대칭 3상 교류라 한다.

2. 다상교류

① 주로 3상 교류를 나타내며 3조의 교류 전원을 조합한 방식을 말한다.
② 특히, 크기가 같고 서로 2π/3[rad]씩 위상이 다르게 되는 3가지의 단상 교류가 동시에 존재하는 교류를 대칭 3상 교류라 한다.

STEP 03 전기 기기

1. 직류발전기

코일(도체)이 자속을 끊어 생기는 기전력을 정류자를 통해 밖으로 내는 것으로, 직류 전압을 발생하는 발전기이다.

(1) 직류 발전기 3요소

요소	설명
계자	전기자에 쇄교하는 자속을 만들어 주는 부분
전기자	회전부분으로 자속을 끊어서 기전력을 유도하는 부분
정류자	브러시와 접촉하면서 전기자 권선에서 생긴 유도 기전력을 직류로 변환하는 부분

※ 브러시 : 직류 전동기에서 정류자와 접촉해서 전기자 권선과 외부 회로를 연결하여 주는 것으로, 전동기나 발전기 등에 있어서 회전자와 정지하고 있는 부분(고정자 등)을 접속하는 경우의 접촉자의 역할을 하는 도체이다.

(2) 직류 발전기의 종류

① 자석 발전기 : 영구 자속을 계자로 사용한 발전기(주로 특수 소형 발전기에 이용)
② 타여자 발전기 : 다른 직류 전원에서 여자전류를 받아 계자자속을 만드는 발전기
③ 자여자 발전기 : 발전기 자체에서 발생한 잔류 기전력에 의하여 계자 권선에 전류를 흘려 여자하는 발전기

종류	설명
분권 발전기	계자 권선과 전기자가 병렬로 접속된 발전기로 전기 화학적 전원, 전지 충전용, 동기기의 여자용으로 사용한다.
직권 발전기	계자 권선과 전기자가 직렬로 접속된 발전기로 전압 승압기, 아크 용접 발전기로 사용한다.
복권 발전기	분권계자 권선과 직권 계자 권선의 접속 방법에 의해 내분권, 외분권으로 구분한다.

※ 자속 : 단위 강도의 자극으로부터 1개의 자기적인 선이 나올 경우 자계를 나타내는 것으로, 직류 전동기에서는 자속을 감소시키면 회전수는 감소하게 된다.

(3) 직류전동기의 종류

요소	설명
직권 전동기	토크가 증가하면 속도가 낮아져 대체적으로 일정한 출력이 발생하는 것을 이용 (예 전차, 기중기 등)
분권 전동기	일반적으로 정속도 전동기일 뿐만 아니라 계자 조정기를 사용하면 속도제어가 용이하다는 특징이 있다. (예 압연기, 제지기, 권선기)

(4) 직류전동기의 속도 제어법

종류	설명
계자제어법	직류 전동기의 속도 제어법에서 정출력 제어에 속한다.
저항제어법	전기자회로의 전류를 변화시켜서 속도를 제어하는 방법
전압제어법	• 직류 전동기는 속도제어를 비교적 간단하게 할 수 있고 기동토크가 크다. • 직류전동기 속도제어로 많이 사용된다.(예 엘리베이터나 전차 등)

(5) 규약 효율 = $\dfrac{\text{입력} - \text{손실}}{\text{입력}} \times 100$

(6) 2차여자법 : 주파수 변환기를 사용하여 회전자의 슬립주파수와 같은 주파수의 전압을 발생시킨 것을 슬립링을 통해 회전자 권선에 공급하여 속도를 바꾸는 제어방법

2. 유도전동기

(1) 플레밍의 왼손 법칙 : 자계 안에 둔 도체에 전류가 흐를 때 도체에 작용하는 힘(전자력)의 방향을 알 수 있는 법칙(검지 : 자기 방향, 중지 : 전류 방향, 엄지 : 전자력 방향)

(2) 플레밍의 오른손 법칙 : 도체가 자계 안을 움직일 때 기전력 방향을 알 수 있는 법칙
(엄지 : 도체의 운동방향, 검지 : 자기의 방향, 중지 : 전류 방향)

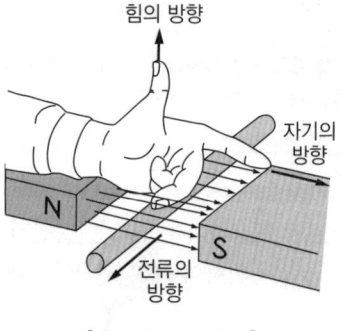

[플레밍의 왼손 법칙]

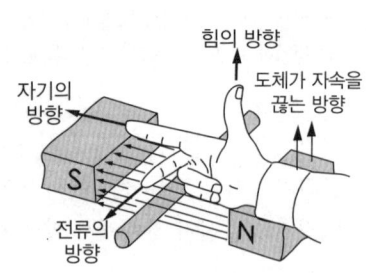

[플레밍의 오른손 법칙]

(3) 유도전동기의 속도 제어
   ① 속도를 제어하는데 필요한 요소 : 슬립, 주파수, 극수
   ② 속도 제어방법 : 극수 변환법, 전압 제어법, 1차 주파수 제어, 1차 전압제어, 2차 저항 제어법, 2차 여자 제어법

   *슬립(slip)
   전동기의 회전속도는 동기의 속도보다 약간 늦어지는데 그 늦는 비율을 슬립이라 한다. 유도전동기가 동기속도로 회전하면 '슬립 = 0'이 된다.

   > 전동기의 실제 속도 = 동기속도 × (1−슬립*)

   ③ 유도 전동기의 제동법 : 발전제동, 회생제동, 플러깅*(역상제동)

   *플러깅
   회전 중인 유도 전동기의 3상 단자 중 임의의 2상의 단자를 바꾸어서 제동

   ④ 유도전동기 기동을 위해서 △를 Y로 전환하였을 때 토크는 1/3배가 된다.
   ⑤ 인가전압이 일정하고 주파수가 정격값에서 수(%) 감소할 때의 현상
      • 역률이 저하한다.
      • 철손이 약간 증가한다.
      • 동기속도가 감소한다.
      • 누설 리액턴스가 감소한다.
   ⑥ 원선도 작성에 필요한 기본 : 무부하 시험, 저항측정, 구속시험
   ⑦ 역률을 개선하기 위하여 콘덴서 병렬접속을 많이 사용한다.
   ⑧ 유도 전동기의 회전력은 단자전압의 2승에 비례한다.
   ⑨ 3상 유도 전동기의 속도 제어방법 : 슬립의 변화에 의한 방법, 극수(P)의 변화에 의한 방법, 주파수(f)의 변화에 의한 방법
   ⑩ 유도전동기의 소음 중 기계적 소음 : 언밸런스에 의한 진동, 베어링 음, 브러시 음

(4) 유도 전동기의 종류

종류	설명
셰이딩 코일형	• 구조가 간단하나 기동 토크가 작고 효율과 역률이 떨어지는 결점이 있다. • 회전 방향을 바꿀 수 있다.
반발 기동형	• 기동 토크가 가장 크다.
권선형 유도전동기	• 회전자에 슬립링을 설치하고 외부에 기동저항을 접속하여 기동전류를 제한한다. • 권선형 유도전동기의 기동법 : 2차 저항법
농형 유도 전동기	• 권선형에 비해서 기동 특성은 떨어지지만 조작이 간단하여 운전특성은 좋다. • 농형 유도 전동기의 기동법 : 전 전압 기동법, 기동보상기법, Y-△ 기동법

(5) 변압기 : 상호 유도 작업을 이용하여, 교류 전압을 변환하는 장치(전자유도작용)
   ① 변압비 = 1차 전압과 2차 전압의 비
   ② 권수비 = 1차 권수와 2차 권수의 비
   ③ 전류비 = 1차 전류와 2차 전류의 비

STEP 04 시퀀스 제어

1. 시퀀스 제어 주요 용어

용어	설명
시퀀스 제어	처음에 정해진 조건 또는 순서에 따라 행하여지는 제어
피드백 제어	제어량의 값을 입력측으로 되돌려 이것을 목표치와 비교하여 제어량을 목표치에 일치시키도록 정정 동작을 하는 제어
프로세스 제어	온도, 유량, 압력, 액위, 농도, pH, 효율 등의 공업 프로세스의 상태량을 제어량으로 하는 제어
서보기구	물체의 위치, 방위, 자세 등의 기계적 변위를 제어량으로 해서 목표치의 임의의 변화에 추종하도록 구성된 제어계
정치 제어	목표치가 일정한 제어(예 온도를 일정하거나 속도를 일정하게 유지)
추치 제어	목표치가 변하는 제어(예 서보기구)
프로그램 제어	목표치가 처음에 정해진 변화를 하는 경우 목표값이 미리 정해진 시간적인 변화를 하는 경우 제어량을 그것에 추종시키기 위한 제어

2. 시퀀스제어의 회로

(1) 기본 회로

기본 회로	설명
논리적 회로 (AND gate)	• 2개의 입력 A와 B 모두가 '1'일 때만 출력이 '1'이 되는 회로 • 논리식 : $X = A \cdot B$
논리합 회로 (OR gate)	• 입력 A 또는 B의 어느 한쪽이던가, 양자 모두가 '1'일 때 출력이 '1'이 되는 회로 • 논리식 : $X = A+B$
논리부정회로 (NOT gate)	• 입력이 '0'일 때 출력은 '1', 입력이 '1'일 때 출력은 '0'이 되는 회로로서 입력신호에 대하여 부정(NOT)이 출력이 나오는 것이다. • 논리식 : $X = \overline{A}$
NAND 회로 (NAND gate)	AND회로에 NOT 회로를 접속한 AND-NOT 회로 • 논리식 : $X = \overline{A \cdot B}$
NOR 회로 (NOR gate)	OR회로에 NOT 회로를 접속한 OR-NOT 회로 • 논리식 : $X = \overline{A+B}$

※ '제1장 → 섹션 2. 자동화 시스템 → step 4. 자동화 시스템 회로 구성' 참조

드 모르강(De Mor-gan)의 법칙 : 영국의 수학자로서 논리합과 논리곱은 완전한 독립이 아니고 부정을 포함하면 상호 교환이 가능하다. 즉, NAND회로와 NOR회로의 응용 및 논리회로의 간소화시키는데 널리 이용되고 있다.

(2) 한시 회로

① 한시동작회로 : 입력신호가 '0'에서 '1'로 변화할 때 출력신호의 변화가 뒤지는 회로
② 한시복귀회로 : 입력신호가 '1'에서 '0'로 변화할 때 출력신호의 변화가 뒤지는 회로
③ 뒤진 회로 : 어느 때나 출력신호의 변화가 뒤지는 회로

(3) 응용 회로
　① 자기유지회로 : 회로상태에서 전기를 연결하면 릴레이에 전자석이 발생되어 접점을 연결시키므로 계속적인 전류가 흐르는 회로
　② 인터록 : 2대 이상의 기기를 운전하는 경우에 그 운전 순서를 결정하거나 동시 기동을 피하거나 일정한 조건이 충전되지 않았을 때는 다음 기기가 운전되지 않도록 할 필요가 있는 경우에 사용하는 전기적 회로이다.

3. PLC(Programmable Logic Controller)

(1) PLC의 정의
　① 종래에 사용하던 제어반 내의 보조릴레이, 컨트롤릴레이, 타이머, 카운터 등의 기능을 대체하고자 만들어진 전자 응용 기기
　② 제어대상의 시퀀스를 합리적으로 기획하고 제어반의 소형화, 내부 제어 회로 변경의 신속성 및 제어회로 상호간 배선 작업의 프로그램화로 경제성 및 신뢰성에서 획기적인 제어장치이다.

(2) PLC의 특징
　① 동작실행에 대한 내용 변경을 프로그램에 의하여 쉽게 바꿀 수 있으며 배선작업이나 부품 교체 작업이 없게 된다.
　② 프로그램 내용을 필요할 때 간단히 확인할 수 있으므로 체계적인 고장 진단과 점검이 용이하다.
　③ 릴레이 반에 비하여 신뢰성이 높고 고속 동작이 가능하다.
　④ 제어 기능량에 비하여 설치 면적이 대폭 적어지며 전기 소모량도 대단히 적어진다.

(3) PLC의 구성 중 입력측 : 센서, 입력 스위치, 열동 과전류 계전기의 접점

(4) 로딩(loading) : 재료나 부품을 작업 위치로 자동적으로 장착시키는 장치 또는 시퀀스 프로그램의 내용을 PLC 메모리에 기억시키는 작업

(5) 플립플롭(flip-flop) 회로 : 기능적 목적은 주어진 입력신호에 따라 정해진 출력을 내는데, 플립플롭 회로에 한해서는 신호와 출력의 관계가 기억 기능을 겸비한 것으로 되어 있다.

SECTION 03 전자제어

Industrial Engineer Machinery Maintenance

STEP 01 전자 이론

1. 반도체 소자

(1) 반도체
① 반도체(semiconductor) : $10^{-5} \sim 10^{-8}[\Omega m]$ 사이의 물질 (예 게르마늄, 실리콘)
② 도체(conductor) : $10^{-4}[\Omega m]$ 이하의 물질 (예 은, 구리)
③ 절연체(insulator) : $10^{7}[\Omega m]$ 이상의 물질 (예 고무, 석면 등)

(2) 반도체의 종류

구분		설명
진성 반도체		불순물이 혼합되지 않은 반도체
불순물 반도체	N형 반도체	• 과잉 전자에 의해 전기 전도가 이루어지는 불순물 반도체 • 도너(donor) : N형 반도체의 불순물(Sb, As, P, Pb)
	P형 반도체	• 정공(hole)에 의해 전기 전도가 이루어지는 불순물 반도체 • 억셉터(acceptor) : P형 반도체의 불순물(Ga, In, B, Al)

2. 다이오드

하나의 반도체 단결정 속에 하나의 접합면을 경계로 P형과 N형의 영역을 갖는 반도체 소자로, 교류의 정류와 검파에 사용한다.

(1) 정류용 다이오드
① 순방향 전압에는 전압강하가 극히 미소하다.
② 역방향 전압에는 전류가 극히 미소하다.
③ 반주기마다 개폐하는 스위칭 작용

(2) 정전압 다이오드
제너현상을 이용한 다이오드로 정전압 회로용으로 사용한다.

(3) 터널 다이오드
① 터널효과에 의한 부성저항 특성
② 초고주파 발진회로나 고속 스위칭 회로

(4) 가변용량 다이오드
① 용량에 가해지는 전압에 따라 변화하는 특성을 가진 반도체

> **순방향 전류**
> 바이어스 전압이 '0'으로부터 증가되기 시작하여 역방향으로 내장된 전위 장벽에 이르기 까지는 거의 전류가 흐르지 않다가 장벽의 수준을 넘기면서부터 갑자기 전류가 상승하게 되는 현상

② AFC회로나 FM회로 등에 사용

(5) 발광 다이오드(LED, Light Emitting Diode)
  ① 발열이 적고 응답속도가 빠르다.
  ② 수명이 길고 효율이 좋다.
  ③ 순방향 바이어스일 때 광을 방출한다.

> **다이오드의 접속**
> - 다이오드의 직렬 접속(전압 분배) : 과전압 보호
> - 다이오드의 병렬 접속(전류 분배) : 과전류 보호

(6) 제너 다이오드
  전압을 안정하게 유지하기 위해서 사용된다.

(7) PN 접합 다이오드
  ① P형 반도체와 N형 반도체를 접합하여 만든 것이다.
  ② P형 쪽에 (+)단자를, N형 쪽에 (-)단자를 접속시키는 방식을 순바이어스라 한다.

3. 트랜지스터(transistor)

(1) 트랜지스터의 전극
  ① 컬렉터(Collector) : 전류의 반송자를 모으는 부분의 전극
  ② 베이스(Base) : 주입된 반송자를 제어
  ③ 이미터(Emitter) : 전류의 반송자를 주입하는 전극

(2) 전기장 효과 트랜지스터(FET, field affect transistor)
  다수의 반송자에 의해 전류가 흐르고 5극 진공관과 비슷한 특성을 가지며, 입력 임피던스가 매우 높은 특징이 있다.

$$\text{전달 컨덕턴스} = \frac{\text{드레인 전류의 변화분}}{\text{게이트 전압의 변화분}}$$

(3) 실리콘 제어 정류 소자(SCR, Silicon Controlled Rectifier)
  ① PNPN 소자의 P에 게이트 단자를 달아 P, N 사이에 전류를 흘릴 수 있게 만든 단방향성 소자이다.
  ② SCR을 아날로그 회로시험기로 양부 측정방법
    - 캐소드(K)와 게이트(G) 사이의 순방향 저항값은 약 10Ω 정도이다.
    - 캐소드(K)와 애노드(A) 사이의 순방향 저항값은 무한대이다.
    - 캐소드(K)와 애노드(A) 사이의 역방향 저항값은 무한대이다.

(4) 다이액 소자(DIAC, Diode AC switch)
  ① 역방향이라도 통전상태와 차단 상태가 있는 쌍방향성 2단자 스위칭 소자로서, 실리콘 대칭형 스위치라고도 한다.
  ② 예 교류회로의 전류제어회로, 조명조정장치, 온도조정장치 등

(5) 단일 접합 트랜지스터(UJT, Uni-Junction Transistor)
  부성저항 특성에 의한 발진작용으로 사이리스터의 트리거 펄스 발생회로 등에 사용된다.

(2) 트랜지스터의 형명 표시법

```
숫자 S 문자 숫자 문자
 ①  ②  ③   ④   ⑤
```

① 숫자 : 반도체 P-N접합면의 수
- 0 : 광 트랜지스터, 광다이오드
- 1 : 각종 다이오드, 정류기
- 2 : 트랜지스터, 전계효과 트랜지스터, 사이리스터, 단접합 트랜지스터
- 3 : 전력 제어용 4극 트랜지스터

② S : Semiconductor(반도체)의 머리 문자

③ 문자
- A : P-N-P형의 고주파용
- B : P-N-P형의 저주파용
- C : N-P-N형의 고주파용
- D : N-P-N형의 저주파용
- F : P-N-P-N 사이리스터
- G : N-P-N-P 사이리스터
- H : 단접합 트랜지스터(VJT)
- J : P채널 전계효과 트랜지스터
- K : N채널 전계효과 트랜지스터

④ 숫자 : 등록 순서에 따른 번호로서 11부터 시작

⑤ 문자 : 보통은 붙이지 않으나 개량한 품종이 생길 경우 A에서 J까지 이용

STEP 02 연산 증폭기 및 논리의 표현

1. 연산 증폭기

(1) 개요
① 직류로부터 특정한 주파수 범위 사이에서 되먹임 증폭기를 이용하여 일정한 연산을 할 수 있도록 한 직류 증폭기이다.
② 연산 증폭기(op-amp)에 부귀환(negative feed back)회로의 역할은 출력 임피던스는 감소하고 대역폭은 증가한다.
③ 슬루율(slew rate) : 증폭기에서 방형파 또는 계단 신호 입력에 대해 출력 전압이 변하는 비율의 최대값

(2) 연산 증폭기의 특성
① 전압 이득이 무한대이다.
② 입력 저항이 무한대이다.
③ 출력 저항이 '0'이다.
④ 대역폭이 무한대이고, 지연응답이 '0'이다.
⑤ 오프셋(off-set)이 '0'이다.

(3) 정확도를 높이기 위한 구비조건
   ① 큰 증폭도와 좋은 안정도가 필요하다.
   ② 많은 양의 음 되먹임을 안정하게 입력할 수 있어야 한다.
   ③ 좋은 차단 특성을 가져야 한다.
(4) 연산 증폭기의 구성
   ① 직렬 차동 증폭기를 사용하여 보통 연산 증폭기(op-amp)의 입력단으로 사용된다.
   ② 되먹임에 대한 안정도를 높이기 위해 특정 주파수에서 주파수 보상회로를 사용한다.
(5) 차동 증폭기
   ① 2개의 입력단자에 가해진 2개의 신호차를 증폭하여 출력하는 회로이다.
   ② 직류 증폭이 가능하며 직선성이 좋다.
   ③ 온도에 대하여 안정하다.
   ④ 전원, 전압의 변동에도 안정하다.
(6) 전압 플로어(Voltage Follower)
   ① 높은 압력 임피던스를 갖는다.
   ② 낮은 출력 임피던스를 갖는다.
   ③ 전압 이득이 '1'에 가까운 비 반전 증폭기이다.
(7) 이미터 플로어(Emitter Follower)
   ① 컬렉터 접지방식으로 전압 증폭이 필요 없고 큰 전류 이득이 필요한 회로에 사용
   ② 입력 임피던스가 매우 높고 출력 임피던스는 매우 낮으므로 저항 변환을 위한 버퍼로 사용
   ③ 전압 이득 : 1 또는 1이하

> **오실로스코프(oscilloscope)**
> 브라운관을 사용하여 심한 전기현상의 파형을 눈으로 관찰하는 장치로, 수평축은 시간축이고 수직축은 입력 파형의 진폭을 나타낸다. 경우에 따라 수평축에 다른 파형을 넣어 두 파형의 위상차를 측정하기도 한다.

2. 논리의 표현

용어	설명
RTL (Resistor Transistor Logic)	동작속도가 느리다.
DTL (Diode Transistor Logic)	RTL에 비해 소비전력과 동작 속도면에서 다소 나은 편이지만 현재는 사용하지 않는다.
ECL (Emitter Coupled Logic)	NPN, PNP의 2개의 트랜지스터 동작으로 빠른 동작속도를 얻을 수 있는 디지털 IC로서 고속용으로 현재도 사용하고 있다.
TTL (Transistor To Logic)	저전력소모, 동작속도 개선, 저자격 등 이유로 현재에도 널리 사용되고 있다.
CMOS (Complementray Metal Oxide Semiconductor)	TTL에 비해 소비전력이 적고 동작전압이 넓어 집적도가 높다는 특징 때문에 대규모 집적회로에 많이 사용하나 디지털 IC의 품종이 TTL에 비해서 적다는 단점이 있다.

제03장_ 공업계측 및 전기·전자제어
출제예상문제

01 압력계의 표준 압력계로서 다른 압력계의 교정용으로 사용되는 것은?

① 부르동관식 압력계
② 피스톤식 압력계
③ 단관식 압력계
④ 분동식 압력계

압력 계측	
1차 압력계	• 측정선으로 하는 압력과 평행하는 무게, 힘으로 직접 측정하는 것 • 종류 : 액주관(U자관) 압력계, 자유 피스톤식 압력계(분동식 압력계) 등
2차 압력계	• 물질의 성질이 압력에 의해 받는 변화를 측정하고 그 변화율에 의해 압력을 측정하는 것 • 종류 : 부르동관식 압력계, 단관식 압력계, 벨로우즈 압력계, 다이어프램 압력계, 전기저항 압력계, 피에조 압력계, 스트레인 게이지 등

02 다음 설명 중 옳지 않은 것은?

① 직류는 크기와 방향이 일정하다.
② 일반적으로 왜형파와 정현파는 같은 의미이다.
③ 일반적으로 교류라 함은 정현파를 의미한다.
④ 교류는 시간에 따라서 크기와 방향이 주기적으로 변화한다.

정현파는 파형이 정현 곡선을 이루는 파동이며 왜형파는 비정현파 교류의 전력으로 왜형파와 정현파는 많은 차이가 난다.

03 다음 중 직류 전동기의 속도제어법에 속하지 않는 것은?

① 계자 제어법   ② 저항 제어법
③ 전압 제어법   ④ 주파수 제어법

직류전동기의 속도제어법
계자제어, 저항제어, 전압제어 등

04 다음 중 탄성압력계에 속하지 않는 것은?

① 부자식 압력계
② 다이어프램식 압력계
③ 벨로즈식 압력계
④ 부르동관식 압력계

탄성을 이용한 압력계 : 브르동관식 압력계, 벨로우즈 압력계, 다이어프램 압력계, 스트레인 게이지 등
※부자식 압력계 : 액면의 양에 따라 부자(float)가 작동

05 측정량과 크기가 거의 같은 미리 알고 있는 양의 분동을 준비하여 분동과 측정량의 차이로부터 측정량을 구하는 방법은?

① 영위법   ② 편위법
③ 치환법   ④ 보상법

• 영위법 : 측정량을 기준량에 평행시켜 계측기의 지시가 0위치에 나타날 때 기준량의 크기로 측정량을 구하는 방식
• 편위법 : 측정량을 그것과 비례한 지시의 변화량으로 바꾸어 그 변화량으로 측정량을 구하는 방식
• 치환법 : 측정량과 이미 알고 있는 양을 치환하여 전후 2회의 측정 결과로부터 측정량을 구하는 방식

06 다음 중 제어 밸브의 조작 신호와 밸브 시트의 형식에 따라 분류할 때 조작 신호에 따른 분류에 속하는 것은?

① 글로브 밸브   ② 격막 밸브
③ 게이트 밸브   ④ 자력식 밸브

①, ②, ③항은 밸브시트 형태별 분류에 해당되며 동압, 유압, 전기압, 수압 등은 조작 신호별로 분류된다.

정답 01 ④ 02 ② 03 ④ 04 ① 05 ④ 06 ④

07 연산증폭기의 특성 중 이상적인 연산증폭기의 특성이 아닌 것은?

① 입력 임피던스는 무한대이다.
② 출력 임피던스는 0이다.
③ 전압 이득은 0이다.
④ 동위상 신호 제거비는 무한대이다.

전압 이득은 무한대가 된다.

08 다음 중 공기식 조작기는?

① 다이어프램 밸브 ② 전자밸브
③ 전동밸브   ④ 서보전동기

공기식 조절기 및 조작기는 압축공기를 동력원으로 한 제어기구로, 다이어프램 또는 벨로스 등이 있다.

09 조절계로부터의 신호와 구동축 위치 관계를 외부의 힘에 대하여 항상 정확하게 유지시키고 조작부가 제어루프 속에서 충분한 기능을 발휘할 수 있도록 하기 위해 사용하는 것은?

① 구동부   ② 제어 밸브
③ 포지셔너 ④ 변환기

포지셔너는 위치를 결정하는 기기, 용구, 지그 또는 위치 수정 장치이다.

10 연산증폭기에 계단파 입력(Step Function)을 인가하였을 때 시간에 따른 출력전압의 최대 변화율을 무엇이라 하는가?

① 드리프트(Drift)   ② 옵셋(Offset)
③ 대역폭(Bandwidth) ④ 슬루율(Slew Rate)

슬루율은 계단 입력 전압에 응답하는 연산증폭기의 출력 전압의 최대 시간 변화율로 슬루율이 높을수록(비교적 더 짧은 시간에 응답할수록) 증폭기의 주파수 응답은 더 양호해진다.

11 오리피스 유량계는 어떤 정리를 이용한 것인가?

① 토리첼리의 정리
② 프랭크의 정리
③ 보일-샤를의 정리
④ 베르누이의 정리

점성이 없는 비압축성 유체의 정상 흐름에서의 유체의 속도와 압력, 높이의 관계를 규정한 것으로 수로의 각 단면에 있어서의 속도수두, 위치수두, 압력수두는 일정한 것으로 오리피스 유량계가 이 원리에 적용된다.

12 다음 중에서 점도의 단위는?

① A/V   ② N/m^2
③ P(Poise) ④ V/m

점도는 유체의 내부마찰력 즉 유체가 다른 부분에 대하여 운동할 때 받는 저항력으로 단위는 poise(dyne-sec/cm)이며, S.I. 단위로는 $N \cdot s/m^2$ 이다.

13 다음 중 제어 밸브를 밸브시트의 형태에 따라 분류한 것으로 옳지 않은 것은?

① 앵글 밸브   ② 공기압식 제어밸브
③ 게이트 밸브 ④ 글로브 밸브

공기압식 제어밸브는 전기식, 유압식, 수압식 제어밸브 등과 같이 조작신호별 분류에 해당된다.

14 다음 중 조작기기의 요소가 구비해야 할 조건으로 적설하지 않은 것은?

① 신뢰성이 높고 보수가 쉬울 것
② 요소에 가해지는 반력에 대하여 작동하는 조작력이 있을 것
③ 동작범위, 특성 및 크기가 적당할 것
④ 움직이는 부분의 이력현상(Hysterisis)이 있고 반응 속도가 빠를 것

이력현상이 지속되면 조작기기 작동에 오류가 일어나기 쉽다.

정답 07 ③ 08 ① 09 ③ 10 ④ 11 ④ 12 ③ 13 ② 14 ④

15 이득이 80[dB]이면 전압 증폭비는?

① 10^2 ② 10^4
③ 10^3 ④ 10

> 전압이득 = 20 log 전압 증폭비
> (전압 증폭비 = $\frac{출력전압}{입력전압}$)
> 80 = 20 log A, ∴ A = 10^4

16 다음 중 각도 검출용 센서로 사용되는 센서가 아닌 것은?

① 퍼텐쇼미터(Potentiometer)
② 싱크로(Synchro)
③ 레졸버(Resolver)
④ 리드(Reed) 스위치

> 리드 스위치는 근접스위치의 일종으로 접점부분이 비활성 가스를 충전한 유리관 속에 봉인되어 있는 스위치로 자성에 의해 스위칭된다.

17 다음 중 각도 검출용 센서가 아닌 것은?

① 포텐쇼미터(Potentiometer)
② 싱크로(Synchro)
③ 로드 셀(Load cell)
④ 레졸버(Resolver)

> 로드 셀은 저항선 변형 게이지를 이용한 하중 측정기로 압력 검출용 센서이다.

18 다음 중 공업량의 계측에 필요한 비접촉방식의 온도계는?

① 저항 온도계 ② 열전 온도계
③ 방사 온도계 ④ 서머스터 온도계

> 방사온도계는 피온 물체에서 나오는 전방사를 렌즈 또는 반사경으로 모아 흡수체를 받는것으로 이 흡수체의 상승온도를 열전대로 읽고 측온 물체의 반사경을 아는 것으로 비접촉방식의 온도계이다.

19 측온 저항온도계에서 사용하는 금속 저항체가 아닌 것은?

① 백금 ② 니켈
③ 안티몬 ④ 구리

> 측온 저항온도계는 백금, 구리, 니켈 등의 순금속을 사용한다.

20 다음 그림과 같은 연산증폭기의 기본회로는?

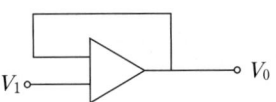

① 반전 증폭기 ② 비반전 증폭기
③ 전압 플로워 ④ 차동 증폭기

> 전압 플로워의 특징은 입력 임피던스가 높고, 출력 임피던스가 낮다.

21 전기자 철심용으로 얇은 규소 강판을 성층하는 이유는?

① 비용 절감 ② 기계손 감소
③ 와류손 감소 ④ 가공 용이

> 와류손은 시간적으로 변화하는 자속이 도체의 단면을 통과할 때 도체 내부에 렌쯔의 법칙에 의한 방향으로 유도 전류가 흐르면서 발생하는 손실을 말한다.

22 계측기가 미소한 측정량의 변화를 감지할 수 있는 최소 측정량의 크기를 무엇이라 하는가?

① 감도 ② 분해능
③ 과도 특성 ④ 정밀도

> 분해능
> • 기술 혹은 기기가 어떤 변수의 값을 주변값들과 구분할 수 있는 능력의 척도
> • 인접한 두 개의 물체를 별개의 것으로 구별할 수 있는 최소 거리.

정답 15 ② 16 ④ 17 ③ 18 ③ 19 ③ 20 ③ 21 ③ 22 ②

23 3상 교류 회로의 각 상의 기전력과 전류의 크기가 같고 위상이 몇 °일 때 대칭 3상 교류라 하는가?

① 180° ② 360°
③ 120° ④ 90°

> 대칭 3상 교류는 크기가 같고 서로 2π/3[rad] 만큼의 위상차를 가지는 3상 교류이다.

24 다음 중 극성을 가지는 콘덴서는?

① 전해 콘덴서 ② 세라믹 콘덴서
③ 마일러 콘덴서 ④ 마이카 콘덴서

> 콘덴서의 종류
> - 전해 콘덴서 : 유전체를 얇게 할 수 있어 작은 크기에도 큰 용량을 얻을 수 있다는 장점이 있으며 양극성 콘덴서로 전원의 안정화, 저주파 바이패스 등에 활용된다.
> - 탄탈 콘덴서 : 전극에 탄탈륨이라는 재질을 사용한 콘덴서로, 용도는 전해 콘덴서와 비슷하지만 오차, 특성, 주파수 특성등이 전해 콘덴서보다 우수하다.
> - 세라믹 콘덴서 : 유전율이 큰 세라믹 박막, 티탄산 바륨 등의 유전체를 재질로한 콘덴서로 박막형이나 원판형의 모양을 가지며 용량이 비교적 작고, 고주파 특성이 양호하다.

25 전류계의 측정 범위를 확대하기 위하여 사용하는 것은?

① 분류기 ② 검진기
③ 배율기 ④ 전류기

> 전류계, 전압계 측정 범위
> - 배율기는 전압계의 측정범위를 넓히기 위해 전압계에 직렬로 접속하는 저항을 말한다.
> - 분류기는 전류계의 측정범위를 넓히기 위해 전류계에 병렬로 접속하는 저항을 말한다.

26 도전성 유체의 유속 또는 유량측정에 가장 적합한 것은?

① 벤투리 유량계 ② 전자 유량계
③ 오리피스 유량계 ④ 와류 유량계

> 전자식 유량계는 페러데이의 전자유도법칙을 이용하여 기전력을 측정하며 유량을 구한다.

27 3상 유도전동기의 정·역 운전 회로에서 정·역 동시 투입에 의한 단락사고를 방지하기 위하여 사용하는 회로는?

① 인터록 회로 ② 자기유지 회로
③ 플러깅 회로 ④ 시한동작 회로

> 인터록 회로는 2대 이상의 기기를 운전하는 경우 그 운전 순서를 결정하거나 동시 기동을 피하거나 일정한 조건이 충전되지 않았을 때 다음 기기가 운전되지 않도록 할 필요가 있는 경우에 사용하는 전기적 회로이다.

28 다음 중 단상유도 전동기의 기동 방법으로 옳지 않은 것은?

① 분상 기동형 ② 콘덴서 기동형
③ 직권 기동형 ④ 셰이딩 코일형

> 단상유도 전동기의 기동 방법의 종류
> 콘덴서 기동형, 분상 기동형, 셰이딩 코일형, 반발 기동형 등

29 반도체의 성질을 설명한 것으로 옳지 않은 것은?

① 반도체는 온도가 상승하면서 전기저항이 감소한다.
② 반도체에서 전기전도는 전자와 정공으로 이루어진다.
③ 반도체에 열이나 빛을 가하면 전기저항이 변한다.
④ 반도체는 불순물이 증가하면 전기저항이 현저하게 증가한다.

> 반도체는 불순물이 증가하면 전기저항이 감소한다.

30 적분 요소의 전달함수는?

① Ts ② $\dfrac{1}{Ts}$
③ $\dfrac{K}{1+Ts}$ ④ K

> ① : 미분 요소의 전달함수
> ② : 적분 요소의 전달함수
> ③ : 1차 지연 요소의 전달함수
> ④ : 비례 요소의 전달함수

정답 23 ③ 24 ① 25 ① 26 ② 27 ① 28 ③ 29 ④ 30 ②

31 다음 중 논리회로의 불 대수식을 간략화 하는데 사용되는 규칙으로 옳지 않은 것은?

① $A+1=1$ ② $A \cdot A = A$
③ $A+A=A$ ④ $\overline{A} = A$

$\overline{A}$는 부정, A는 긍정이므로 반대의 뜻이 된다.

32 AC 200[V], 5[A]의 전열기를 7분간 사용했을 때 발생하는 열량은 대략 몇 [kcal]인가?

① 1[kca]   ② 10[kcal]
③ 100[kcal]   ④ 1,000[kcal]

$H = 0.24 \times I^2 \times R \times T$
$R = \dfrac{V}{I} = \dfrac{200}{5} = 40\Omega$
$H = 0.24 \times 5^2 \times 40 \times 7 \times 60 = 100,800[cal] = 100.8[kcal]$

33 그림의 타임차트(time chart)가 나타내는 접점 기호로 알맞은 것은?

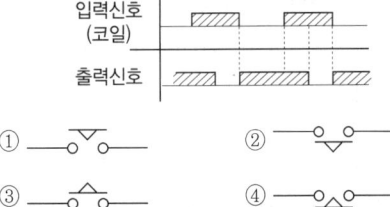

③항은 한시동작 a 접점, ④항은 한시동작 b 접점에 해당된다.

34 다음의 회로도에서 입력 A=0, B=1일 때 출력 C, S로 알맞은 것은? (단, C : 자리올림(Carry), S : 합(Sum))

① C=0, S=0   ② C=0, S=1
③ C=1, S=0   ④ C=1, S=1

C는 AND회로(직렬)이므로 A=0, B=1은 출력 '0'이고 S는 OR 회로(병렬)이므로 A=0, B=1은 출력 '1'로 표기된다.

35 다음 기호로 나타내는 것으로 알맞은 것은?

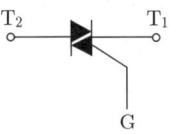

① 실리콘 제어 정류기(SCR)
② 다이액(Diac)
③ 트라이액(Triac)
④ 실리콘 양방향 스위치(SBS)

DAIC은 트리거 소자이며, SCR은 한 방향 제어소자, TRIAC 은 SCR을 양방향으로 연결하여 제어할 수 있는 소자이다.

36 그림과 같은 회로는 어떤 회로인가?

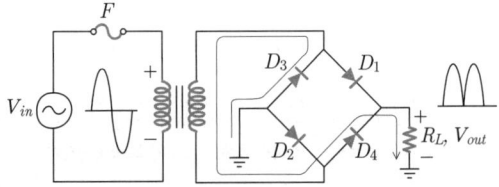

D_1, D_2 : 역방향 바이어스
D_3, D_4 : 역방향 바이어스

① 브리지형(Bridge) 전파 정류 회로
② 반파 정류 회로
③ 배전압 정류 회로
④ 전파 정류 회로

중간 탭이 있는 트랜스(변압기)와 정류 소자를 조합시켜 정류하는 회로 방식으로, 브리지형은 4개의 반도체를 사용한다.

37 신호 변환기에서 변위를 전압으로 변환하는 장치는?

① 벨로즈   ② 노즐, 플래퍼
③ 서미스터   ④ 차동 변압기

차동 변압기는 직선 변위를 전기량으로 변환하는 가동 철편 형의 전자 유도 변환기이다.

정답   31 ④   32 ③   33 ③   34 ②   35 ③   36 ①   37 ④

38 그림과 같이 입력이 A와 B인 회로도에서 출력 Y는?

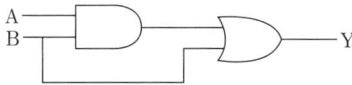

① A · B
② (A · B) · B
③ (A+B) · B
④ (A · B) + B

A와 B는 AND(직렬)회로이며 A, B와 B는 OR(병렬)회로이다.

39 플립플롭 회로는 다음 중 어느 회로에 해당되는가?

① 쌍안정 멀티바이브레이터
② 비안정 멀티바이브레이터
③ 단안정 멀티바이브레이터
④ 블로킹 발진회로

플립플롭 회로는 동작상 2개의 안정 상태를 갖는 것으로, 2안정 멀티바이브레이터 또는 쌍안정 멀티바이브레이터라고도 한다.

40 계전기(Relay) 접점의 불꽃을 소거할 목적으로 사용하는 반도체 소자는?

① 버랙터 다이오드
② 터널 다이오드
③ 바리스터
④ 서미스터

바리스터는 외부로부터 과도한 전압이나 서지 노이즈의 유입을 방지하는 역할을 한다.

41 회전속도 전송기에서 얻어지는 공기압 신호는 얼마인가?

① 0.2~1.0[kgf/cm^2]
② 1.0~2.2[kgf/cm^2]
③ 3~4[kgf/cm^2]
④ 10~20[kgf/cm^2]

회전속도 전송기에서 신호레인지가 0%일 때 0.2[kgf/cm^2], 100%일 때 1.0[kgf/cm^2]이다.

42 변위를 전압으로 변환하는 장치는?

① 서미스터
② 노즐 플래퍼
③ 차동 변압기
④ 벨로즈 관

전압의 변위를 변환시키는 장치는 트랜스(변압기), 전압분배기가 있으며 변위를 전압으로 변환하는 장치는 차동 변압기가 해당된다.

43 다음 중 프로세스 제어 시스템에서 조작부의 구비조건으로 옳지 않은 것은?

① 제어신호에 정확히 동작할 것
② 주위환경과 사용조건에 충분히 견딜 것
③ 보수점검이 용이할 것
④ 응답성이 좋고 히스테리시스가 클 것

프로세스 제어 시스템의 조작부
㉠ 조작부는 조절부의 신호를 조작량으로 변화하여 제어대상에 작용
㉡ 조작부의 구비조건
• 제어신호에 정확히 동작할 것
• 주위환경과 사용조건에 충분히 견딜 것
• 보수점검이 용이할 것

44 보일러 온도를 80[℃]로 유지시키기 위하여 기름의 공급량을 변화시킬 때 조작량에 속하는 것은?

① 80[℃]
② 온도
③ 기름 공급량
④ 보일러

조작량 → 기름 공급량, 조절부 → 온도

45 전해 콘덴서 3[F]와 5[F]를 병렬로 접속했을 때의 합선 정전용량은 몇 [F]인가?

① 1.9[F]
② 2[F]
③ 8[F]
④ 15[F]

콘덴서 병렬접속 합성 정전 용량 = $C_1 + C_2$
= 3[F] + 5[F] = 8[F]

정답 38 ④ 39 ① 40 ③ 41 ① 42 ③ 43 ④ 44 ③ 45 ③

46 어떤 회로에서 저항 양단 전압의 참값이 40[V]이나 회로시험기로 전압을 측정한 결과 39[V]를 지시했다면 이 회로시험기의 백분율 오차는 몇 [%]인가?

① -1.0　　② +1.0
③ -2.5　　④ +2.5

> 오차율 = $\dfrac{측정값 - 참값}{참값}$ = $\dfrac{39-40}{40}$ = -0.025 = -2.5%

47 다음 중 PLC의 입력부에 연결되어지는 기기가 아닌 것은?

① 솔레노이드 밸브　　② 광전 스위치
③ 근접 스위치　　　　④ 리밋 스위치

> 솔레노이드 밸브는 홀딩 코일에 전류가 흐르면 자장이 형성되므로, 플런저가 흡인력에 의해 전개가 되고 전류가 차단되면 홀딩 코일의 여자가 사라지므로 밸브와 플런저의 무게에 따라 닫힌다. 즉, 솔레노이드 밸브는 출력부이다.

48 피드백 제어계에서 그림과 같은 블록선도의 구성요소를 무엇이라 하는가?

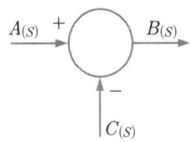

① 전달요소　　② 가산점
③ 인출점　　　④ 출력점

49 교류의 최대값이 100[V]인 경우 실효값은 약 몇 [V]인가?

① 141　　② 80
③ 70.7　　④ 63.7

> 실효값(V) = $0.707 \times V_m$ = 0.707×100 = 70.7[V]

50 검출용 기기에서 접촉식 검출기기에 해당되는 것은?

① 근접 센서　　② 광전 센서
③ 리밋 스위치　　④ 초음파 센서

> 리밋 스위치란 외부의 작용에 의해 전기적 접점이 ON 되거나 OFF하는 동작을 하는 것으로 전기회로의 제어용으로 사용된다.

51 PLC용 프로그램 작성 중 프로그램 오류를 찾아서 수정하는 작업을 무엇이라 하는가?

① 입·출력 기기의 할당
② 시퀀스 회로 조립
③ 디버깅
④ 코딩

> 디버깅이란 컴퓨터 프로그램이나 하드웨어 장치에서 잘못된 부분, 즉 버그를 찾아서 수정하거나 또는 에러를 피해가는 처리과정을 말한다.

52 계전기의 기호 중 과전류 계전기의 문자기호는?

① R　　② OVR
③ OCR　　④ GR

> ① R : 저항기　　② OVR : 과전압 계전기
> ③ OCR : 과전류 계전기　　④ GR : 지락 계전기

53 접지에 의하여 노이즈를 개선할 때의 주의할 점으로 맞는 것은?

① 1점으로 접지한다.
② 가능한 가는 선을 사용한다.
③ 직렬배선을 한다.
④ 실드피복은 접지하지 않는다.

> 노이즈란 전자파 장해(EMI : Electromagnetic Interference)라고 하며, 희망하는 수신신호에 간섭을 일으켜 손상을 주는 현상으로 노이즈 개선에는 1점으로 접지해야 한다.

정답　46 ③　47 ①　48 ②　49 ③　50 ③　51 ③　52 ③　53 ①

54 30[V]의 가전력으로 300[C]의 전기량이 이동할 때 몇[J]의 일을 하게 되는가?

① 10[J] ② 600[J]
③ 9,000[J] ④ 15,000[J]

$Q = V \times C = 30 \times 300 = 9000[J]$

55 계측계의 동작측성 중 다음 그림과 같이 시간지연에 의해 임의의 순간에 입력신호값과 출력신호값의 차 (E)가 발생하는 동특성은? (단, I : 입력신호, M : 출력신호)

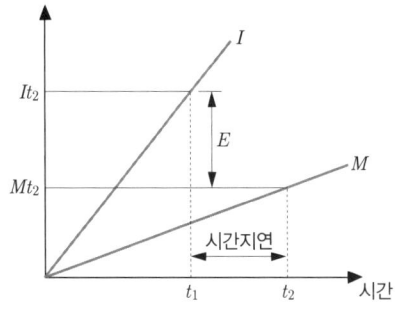

① 시간지연과 동오차
② 시간지연과 정오차
③ 히스테리시스 오차
④ 입출력신호의 직선성

56 제어량을 검출하고 기준 입력신호와 비교시키는 피드백제어의 구성 요소는?

① 조작부 ② 검출부
③ 조작량 ④ 명령 처리부

피드백 제어는 제어량의 값을 입력측으로 되돌려 이것을 목표치와 비교하여 제어량을 목표치에 일치시키도록 정정 동작을 하는 제어로 검출부는 압력, 온도, 유량 등의 제어량을 측정 신호로 나타낸다.

57 다음 시퀀스 회로를 논리식으로 나타낸 것은?

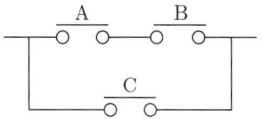

① A · B · C ② (A · B) + C
③ A · (B+C) ④ (A+B) + C

A와 B는 직렬연결이며 C와는 병렬연결이므로 (A · B)+C로 표기된다.

58 제어 밸브에서 사용되는 구동부의 종류가 아닌 것은?

① 공기압 작동식 구동부
② 전동식 구동부
③ 기계식 구동식
④ 유압식 구동부

제어밸브에서 사용되는 구동부의 종류
• 공기식 다이어프램 구동부
• 피스톤(실린더) 구동부
• 전기 유압식 구동부
• 고정도 서보 구동부(High performance servo actulator)
• 일렉트로-메커니컬 엑추에이터
• 자기식 구동부(솔레노이드)

59 도선에 흐르는 교류 전류를 측정하기 위한 계기는?

① 절연 저항계(메거)
② 클램프 미터(홀 온 미터)
③ 회로 시험기
④ 접지 저항계

클램프미터는 멀티메타와 같은 기능을 하며, 전선을 자르지 않고 클램프미터의 측정 원형에 넣어서 현재의 흐르는 전선의 전류를 측정할 수 있다.

60 회전방향을 바꿀 수 없고 기동 토크와 효율이 낮으나 구조가 간단하여 전자밸브, 녹음기 및 가정용 전동기에 많이 사용되는 것은?

① 반발기동형 전동기
② 셰이딩코일형 전동기
③ 콘덴서기동형 전동기
④ 분상기동형 전동기

- 단상 유도 전동기의 회전 방향은 축 쪽에서 보아 시계 방향으로 회전하는 것이 정방향이고, 반시계 방향으로 회전하면 역방향이다.
- 분상 기동형, 콘덴서 기동형 단상 유도 전동기에서 회전 방향을 바꾸려면, 기동 권선이나 주권선 중 어느 한 권선의 단자를 반대로 바꾸어 접속한다.
- 단상 유도 전동기에서 회전 방향을 바꿀 수 없는 전동기는 셰이딩 코일형 전동기이며 단상 유도 전동기 중 기동 전류가 가장 큰 것은 분상 기동형 전동기 이다.
- 전축에 가장 많이 쓰이는 단상 유도 전동기는 셰이딩 코일형이고, 선풍기와 세탁기 등에 많이 사용되는 전동기는 콘덴서 전동기이다.

61 피드백 제어계의 특성방정식의 근에 의하여 안정도 판별을 할 수 있다. 계가 안정하기 위한 특성근의 특성은?

① 근의 허수부가 양(+)의 부분에 위치해야 한다.
② 근이 실수축위에 모두 위치해야 한다.
③ 근의 실수부가 모두 음수(-)이어야 한다.
④ 근의 허수부가 음(-)의 부분에 위치해야 한다.

62 공기식 조작부에 널리 사용되는 공기압은 얼마인가?

① 4~20[kgf/cm²]
② 0.4~5.0[kgf/cm²]
③ 0.2~1.0[kgf/cm²]
④ 0.01~0.1[kgf/cm²]

공기식 조작부
- 공기압 조작량에 비례한 0.2~1.0[kg/cm²]의 공기압 신호로 동작되는 것으로서, 공기압 신호를 사용하는 것은 신호를 그대로 밸브 구동부에 사용될 수 있기 때문이다.
- 단점: 응답성을 향상시키면서 히스테리시스를 작게 하기 위해 보조기기인 포지셔너를 사용하는 경우가 많다.

63 4[μF]와 6[μF]의 콘덴서를 직렬로 접속했을 때 합성 정전용량[μF]은 얼마인가?

① 2
② 2.4
③ 10
④ 24

콘덴서의 직렬연결은 저항의 병렬연결과 같으므로
합성 정전용량 = $\frac{4 \times 6}{4+6} = 2.4[\mu F]$

64 잔류 편차가 발생하는 제어계는?

① 비례 제어계
② 적분 제어계
③ 비례적분 제어계
④ 비례적분미분 제어계

비례 제어는 P동작으로 오프셋(정상 편차)가 발생한다.

65 입력회로가 '0'이면 출력은 '1', 입력신호가 '1'이면 출력이 '0'이 되는 논리 회로는?

① AND 회로
② NOT 회로
③ OR 회로
④ NAND 회로

입력회로가 '0'일 때 출력은 '1', 입력회로가 '1'일 때 출력은 "0" 이면 이는 논리 부정이므로 NOT회로가 된다.

66 다음의 논리회로와 등가인 것은?

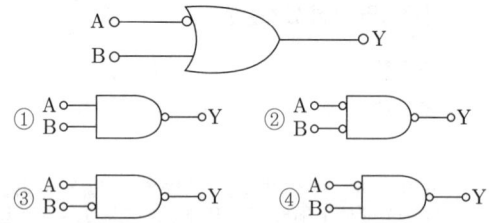

67 2개의 합성 저항 R₁, R₂를 병렬로 접속하면 합성 저항 R은 어떻게 되는가?

① $\frac{R_1+R_2}{2}$
② $\frac{R_1+R_2}{R_1 \cdot R_2}$
③ R_1+R_2
④ $\frac{R_1 \cdot R_2}{R_1+R_2}$

정답 60 ② 61 ③ 62 ③ 63 ② 64 ① 65 ② 66 ③ 67 ④

합성저항의 연결 ③ : 직렬 연결, ④ : 병렬 연결

① 수동복귀 접점 ② 수동조작 자동복귀 접점
③ 계전기 ④ 한시동작

68 다이오드에 역방향 전류를 흘려 사용하고 그 양단에서 일정한 전압을 얻는 것은?

① 발광 다이오드 ② 제너 다이오드
③ 터널 다이오드 ④ 가변용량 다이오드

제너 다이오드(Zener diode)는 일반적인 다이오드의 특성과는 달리 역방향으로 어느 일정 값 이상의 항복 전압이 가해졌을 때, 역방향으로 전류가 흐르는 다이오드이다.

72 대전체의 전하가 가지고 있는 전기량을 나타내는 데 사용되는 단위는?

① 옴(Ω) ② 쿨롬(C)
③ 볼트(V) ④ 암페어(A)

① : 저항, ② : 전기량, ③ : 전압, ④ : 전류

69 J-K 플립플롭에서 J=1, K=1 이면 동작 상태는?

① 변하지 않음 ② Set 상태
③ 반전 ④ Reset상태

J-K플립플롭은 S-R 플립플롭에서 입력 조건이 동시에 1인 경우 다음 상태출력이 현재 상태의 반전이 되도록 만들어진 플립플롭으로서 S-R 플립플롭을 개선한 플립플롭이다.

73 1차 지연요소의 스텝응답이 시정수 τ를 경과했을 때, 그 값의 최종 도달 값에 대한 비율은 약 얼마인가?

① 50[%] ② 63[%]
③ 90[%] ④ 98[%]

74 방사선식 액면계 중 방사선 빔(Beam)의 차폐유무의 원리로 2위치 검출용도로 제작된 액면계는?

① 추종형 ② 투과형
③ 조사형 ④ 정점 감시형

70 교류 회로의 피상전력이 500[VA] 유효전력 300[W]일 때 역률은 얼마인가?

① 0.56 ② 0.60
③ 0.85 ④ 0.95

역률 = 유효전력/피상전력 = 300/500 = 0.6

75 다음 논리식을 간단히 한 것은?

$$Y = \bar{A} \cdot B \cdot \bar{C} + A \cdot B \cdot \bar{C} + \bar{A} \cdot B \cdot C + A \cdot B \cdot C$$

① A ② $\bar{A}$
③ B ④ $\bar{B}$

$Y = \bar{A} \cdot B \cdot \bar{C} + A \cdot B \cdot \bar{C} + \bar{A} \cdot B \cdot C + A \cdot B \cdot C$
$= B(\bar{A} \cdot \bar{C} + A \cdot \bar{C} + \bar{A} \cdot C + A \cdot C)$
$= B\{(\bar{C}(\bar{A}+A) + C(\bar{A}+A)\}$ ← $\bar{A} \cdot A = 1$이므로
$= B(\bar{C} + C)$ ← $\bar{C} \cdot C = 1$이므로
$= B$

71 다음 심벌 중 수동복귀 접점을 나타낸 것은?

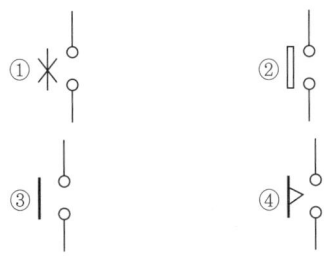

정답 68 ② 69 ③ 70 ② 71 ① 72 ② 73 ② 74 ④ 75 ③

76 논리식 A·(A+B)를 간단히 하면?

① A ② B
③ $A \cdot B$ ④ $A + B$

$$A \cdot (A+B) = A \cdot A + A \cdot B = A + A \cdot B = A(1+B) = A$$

77 다음 중 노이즈 대책에 대한 설명으로 알맞은 것은?

① 실드에 의한 방법은 자기유도를 제거할 수 있다.
② 관로를 사용하면 정전유도를 제거할 수 있다.
③ 연성을 사용하면 정전유도를 제거할 수 있다.
④ 필터를 사용하면 접지와 라인 사이에서 나타나는 일반 모드의 노이즈를 제거할 수 있다.

노이즈는 기계의 동작을 방해하는 전기신호로 소음 또는 잡음이며 연성을 사용하면 정전유도를 제거할 수 있다.

78 세이딩 코일형 전동기의 특성이 아닌 것은?

① 구조가 간단하다.
② 회전 방향을 바꿀 수 있다.
③ 효율이 좋지 않다.
④ 기동 토크가 매우 작다.

각 전동기의 특징	
권선형 유도전동기	회전자에 슬립링을 설치하고 외부에 기동저항을 접속하여 기동전류를 제한하는 전동기
세이딩 코일형 유도전동기	• 구조가 간단하나 기동 토크가 작고 효율과 역률이 떨어지는 결점이 있다. • 회전 방향을 바꿀 수 있다.
반발 기동형 전동기	기동 토크가 가장 큰 전동기

79 비접촉 검출 스위치의 종류에 해당되지 않은 것은?

① 광전 스위치 ② 마이크로 스위치
③ 초음파 스위치 ④ 근접 스위치

마이크로 스위치는 확실한 접촉으로 개폐가 빠르며, 작은 힘으로 큰 전류의 개폐가 가능하며 접촉 검출 스위치이다.

80 제어밸브는 다음 중 어디에 속하는가?

① 변환기 ② 조절기
③ 설정기 ④ 조작기

조작부는 조절부에서 신호를 받아 조작량으로 바꿔 제어 대상(밸브, 펌프 등)에 작용하는 부분으로 공압, 유압, 전기 등을 동력으로 사용한다.

81 다음 중 기계식인 것은?

① 사이리스터 ② 제너다이오드
③ 트랜지스터 ④ 안내밸브

• 트랜지스터(transistor)는 반도체 성질을 지닌 소자
• 다이오드 : 하나의 반도체 단결정 속에 하나의 접합면을 경계로 P형과 N형의 영역을 갖는 반도체 소자(교류의 정류와 검파에 사용)
• 사이리스터 : 실리콘 제어 정류 소자
※ 안내밸브는 공작 기계의 모방 장치, 자동 조종, 원격 조작 등의 기계적 위치의 변위를 피드백 제어하는 곳에 쓰이는 기계식이다.

82 다음 중 N형 반도체의 불순물에 해당되지 않은 것은?

① As ② P
③ Sb ④ In

불순물 반도체
• N형 반도체 : 과잉 전자에 의해 전기 전도가 이루어지는 불순물 반도체
 ※ 도너(donor) : N형 반도체의 불순물(Sb, As, P, Pb)
• P형 반도체 : 정공(hole)에 의해 전기 전도가 이루어지는 불순물 반도체
 ※ 억셉터(acceptor) : P형 반도체의 불순물(Ga, In, B, Al)

83 다음 중 전자계전기의 기능이라 볼 수 없는 것은?

① 증폭기능 ② 전달기능
③ 연산기능 ④ 충전기능

전자계전기는 전류가 흐르면 전기의 자기작용의 의해 계전기에 있는 코일이 여자되어 접점을 이동하는 장치로 증폭기능, 전달기능, 연산기능 등이 있다.

정답 76 ① 77 ③ 78 ② 79 ② 80 ④ 81 ④ 82 ④ 83 ④

84 다음 중 전자식 유량계용 변환기를 설명한 것으로 알맞은 것은?

① 유량변환의 1차 결과 출력은 직류 전압이다.
② 유체의 종류에 영향을 받지 않는다.
③ 패러데이의 전자유도법칙을 응용한 것이다.
④ 유량은 기전력에 반비례한다.

> 패러데이 전자기 유도 법칙은 자기 선속이 변화하면 그 주변에 전기장이 발생한다는 것으로서, 전자식 유량계용 변환기를 이용하여 발전소에서 교류 전류를 만들어낸다.

85 그림의 회로에서 저항값은 각각 $R_F = 75[k\Omega]$, $R_{in} = 15[k\Omega]$이다. V_{in}에 $-200[mV]$의 압력을 가했을 때 V_{out}의 출력전압은?

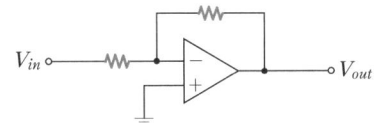

① +1[V]   ② -1[V]
③ +5[V]   ④ -5[V]

> $A = \dfrac{V_{out}}{V_{in}} = -\dfrac{R_F}{R_{in}}$
> $= \dfrac{V_{out}}{-200\times 10^{-3}} = -\dfrac{75}{15}$, ∴ $V_{out} = 1[V]$

86 다음 그림과 같은 $R_1 = 140[k\Omega]$, $R_2 = 10[k\Omega]$인 회로에 $V = 150[V]$를 인가하면 R_2 양단에 걸리는 전압 V_2는?

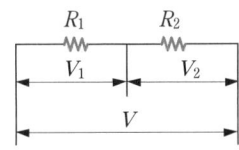

① 10[V]   ② 20[V]
③ 30[V]   ④ 40[V]

> $V_2 = \dfrac{R_2}{R_1 + R_2} \times V = \dfrac{10}{10+140} \times 150 = 10[V]$

87 제어량을 목표값으로 유지하기 위해 조작량이 너무 크거나 작아 진동이 생길 수 있어 시제로는 동작간격(히스테리시스, hysteresis)을 가지며 정밀도가 높은 공정제어에는 사용이 곤란한 제어는?

① 비례제어   ② 온/오프제어
③ 비례적분제어   ④ 비례미분제어

> ON-OFF제어는 2위치 제어라고도 하며 불연속제어이다. 주로 릴레이제어로 많이 사용하며 간단한 시스템에 사용하나 용량이 커지거나 복잡한 시스템에서는 제어가 곤란하다.

88 다음 중 FET(Filed Effect Transistor) 기호를 나타내는 것은?

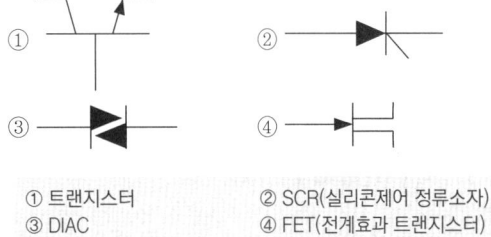

① 트랜지스터   ② SCR(실리콘제어 정류소자)
③ DIAC   ④ FET(전계효과 트랜지스터)

89 신호전송의 노이즈 대책의 방법 중 정전유도의 제거에 효과가 있는 것은?

① 필터 사용   ② 연선 사용
③ 관로 사용   ④ 실드선 사용

> 실드선을 사용하는 목적은 외부 영향 즉, 노이즈를 받지 않기 위해서 사용한다.

90 다음 중 공기식 조작기는?

① 다이어프램 밸브   ② 전자밸브
③ 전동밸브   ④ 서보전동기

> 공기식 제어는 압축공기를 동력원으로 하며 공기식 조절기 및 조작기에 의해 행해지는 제어로, 다이어프램 또는 벨로스 등이 조작기에 해당된다.

정답 84 ③ 85 ① 86 ① 87 ② 88 ④ 89 ④ 90 ①

91 200[V]를 사용하는 가정집 전압의 최댓값은 약 몇 [V]인가?

① 220[V] ② 283[V]
③ 346[V] ④ 440[V]

$V = \frac{V_m}{\sqrt{2}}$ 에서 (V_m : 최대값, V : 실효값)
$V_m = V \times \sqrt{2} = 200 \times \sqrt{2} = 283\,[V]$

92 금속표면으로부터 자유전자를 방출시키는 방법이 아닌 것은?

① 광전자 방출 ② 열전자 방출
③ 2차 전자 방출 ④ 3차 전자 방출

①, ②, ③항 이외에 전기장 방출이 있다.

93 다음 ( ) 안에 알맞은 내용은?

"교류의 전압, 전류의 크기를 나타낼 때 일반적으로 특별한 언급이 없을 때는 ( )을 가리킨다."

① 평균값 ② 최대값
③ 순시값 ④ 실효값

실효값은 진동 에너지의 표현에 적합한 값으로 정현파의 경우는 피크값의 $1/\sqrt{2}$ 배이다.

94 어떤 도체에 10초간 5[A]의 전류가 흐를 때 이동한 전기량은 몇 [C]인가?

① 0.5[C] ② 2.0[C]
③ 15[C]   ④ 50[C]

전류는 단위 시간[sec] 동안 도체의 단면을 이동한 전하량으로 나타난다.
$Q = I \times t = 5[A] \times 10[s] = 50[C]$

95 다음과 같은 블록선도에서 전달함수로 알맞은 것은?

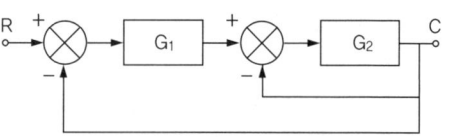

① $\dfrac{G_1 G_2}{1 + G_1 G_2}$ ② $\dfrac{G_1 G_2}{1 + G_1 + G_2}$
③ $\dfrac{G_1 G_2}{1 + G_1 + G_1 G_2}$ ④ $\dfrac{G_1 G_2}{1 + G_2 + G_1 G_2}$

96 직류 발전기에서 전기자 반작용을 방지하는 대책으로 볼 수 없는 것은?

① 브러시의 위치를 전기적 중성축까지 이동시킨다.
② 정류자를 설치한다.
③ 보상권선을 설치한다.
④ 보극을 설치한다.

전기자 반작용은 전기자에 전류가 흘러 주자극의 자기력선 분포에 영향을 주는 현상이며, 전기자 반작용의 방지대책은 ①, ③, ④ 항으로 규정되어 있다.

97 다음 중 읽기와 쓰기의 양쪽이 가능한 기억소자는?

① RAM   ② ROM
③ PROM ④ TTL

• RAM : 읽기와 쓰기의 양쪽이 가능한 주기억소자이다.
• ROM : 한번 기록한 데이터를 빠른 속도로 읽을 수 있지만, 다시 기록할 수 없는 메모리
• PROM : 1회에 한해서 새로운 내용을 기록할 수 있는 롬
• TTL : 트랜지스터와 트랜지스터를 조합한 논리회로

98 다음 중 오실로스코프로 측정할 수 없는 것은?

① 위상 ② 임피던스
③ 전압 ④ 주파수

오실로스코프는 시간에 따른 입력전압의 변화를 화면에 출력하는 장치로 위상, 전압, 주파수 이외에 노이즈 정도, 오버슈트, 언더슈트, 파형의 왜곡 정도 등을 측정할 수 있다.

정답 91 ② 92 ④ 93 ④ 94 ④ 95 ④ 96 ② 97 ① 98 ②

99 0~150[V] 전압계가 최대눈금의 1[%] 확도를 갖는다. 이 계기를 사용해서 측정한 전압이 60[V]일 때 제한오차를 백분율로 계산하면 얼마인가?

① 1.0[%]   ② 1.5[%]
③ 2.0[%]   ④ 2.5[%]

100 직류발전기의 전기자 철심을 성층 철심으로 하는 이유는?

① 동손의 감소   ② 기계손의 감소
③ 철손의 감소   ④ 풍손의 감소

> 성층 철심은 철심이 얇은 철판을 겹쳐 쌓아서 만들어진 것으로 철손의 감소를 방지하기 위함이다.

101 직류 전동기에서 자속을 감소시키면 회전수는?

① 증가   ② 감소
③ 정지   ④ 불변

> 직류기는 $E = k\phi N$이므로 (ϕ : 자속, N : 분당회전수) 자속과 회전수는 반비례한다.

정답 99 ④ 100 ③ 101 ①

CHAPTER 04

기계정비일반

Industrial Engineer Machinery Maintenance

Section 01 기계정비용 공기구 및 정비점검
Section 02 기계장치의 점검 및 정비

SECTION 01 기계정비용 공기구 및 정비점검

Industrial Engineer Machinery Maintenance

STEP 01 정비용 공기구 및 재료

1. 정비용 측정기구

(1) 캘리퍼스(Calipers) : 외경·내경 등의 치수의 옮김이나 공작물의 측정에 사용하는 공구
  ① 외경퍼스 : 폭·두께·환봉의 외경 등
  ② 내경퍼스 : 홈의 폭·구멍지름 등
  ③ 한쪽퍼스 : 환봉 등의 중심

(2) 버니어 캘리퍼스 : 외경·내경·깊이·길이 등을 측정할 수 있으며 어미자의 측정면과 버니어를 가진 슬라이드(아들자)의 측정면과 사이에서 제품을 측정한다.
  ① M형 : 가장 널리 사용되는 형식으로 아들자에 홈이 있으며 최대 측정 길이는 300mm
  ② CB형 : 안쪽과 바깥쪽 양측이 각각 측정면으로 되어 있으나 깊이를 측정할 수 없다.
  ③ CM형 : 부척이 M형과 같이 홈형으로 되어 있으며 위쪽이 내경, 아래쪽이 외경 측정용이다.

(3) 마이크로미터
  ① 나사의 이송량이 피치(회전각)에 비례하는 것을 응용한 길이의 정밀 측정기
  ② 나사의 피치를 0.5mm, 딤블의 눈금을 50등분으로 되어 있으며 한 눈금은 0.01mm이다.
  ③ 종류 : 외측 마이크로미터, 내측 마이크로미터

(4) 다이얼 게이지
  ① 평면의 요철이나, 원통면의 정도, 축의 편심 등 적은 틀림을 기준치수에 대하여 비교 측정하는 것이다.
  ② 측정범위 : 5mm, 10mm 최소눈금 : 0.01mm, 0.001mm 허용 편심 오차 : 0.15~0.2mm

(5) 블록 게이지 : 측정면이 극히 정밀하게 다듬어진 장방형의 블록으로 되어 있으며, 주로 치수의 기준으로 사용되고, 게이지 부속품이나 기타 특정기구와 병용하여 여러 가지 측정에 이용

(6) 실린더 게이지
  ① 다이얼게이지와 같은 원리를 이용한 안지름 측정기
  ② 주로 압축기, 펌프, 내연기관의 실린더 안지름 및 내면의 평행도 오차의 정밀 측정에 쓰이며 0.001mm 눈금의 A급, 0.01mm 눈금의 B급 지시기를 사용

(7) 틈새 게이지 : 강재의 얇은 편으로 작은 홈의 간극 등을 점검하고 측정

(8) 깊이 게이지 : 홈이나 구멍의 깊이 등을 측정(최대 측정 깊이 : 300mm)

(9) 와이어 게이지 : 선재(線材) 굵기를 측정

2. 브리넬 경도(Brinell hardness)

강구입자로 시료표면에 정하중을 가하여 하중을 제거한 후에 남는 압입자국의 표면적으로 하중을 나눈 값

$$HB = \frac{P}{W} = \frac{2P}{(\pi D(D-\sqrt{D^2-d^2}))} = \frac{P}{\pi Dt} [kg/mm^2]$$

P : 하중(kgf), D : 강철 볼의 지름(mm), d : 볼의 깊이(mm), t : 들어간 최대 깊이(mm)

3. 정비용 재료

(1) 금속의 변태

고체 내에서 원자의 배열 상태가 변하는 것으로 순철은 α, γ, δ의 3개의 동소체가 있다.

	α철 체심입방격자	γ철 면심입방격자	δ철 체심입방격자	
768℃		912℃	1400℃	1538℃

(2) 탄소강의 탄소 함유량에 따른 분류

종류	설명
공석강	약 0.8%의 탄소를 함유하는 탄소강
아공석강	탄소강에 있어서 탄소 함유량이 0.8% 이하에서 초석페라이트+펄라이트로 되는 강
과공석강	0.8% 이상의 탄소를 함유한 시멘타이트와 퍼얼라이트의 조직

오스테나이트 영역으로부터 서냉하면, 약 723℃로 페라이트(α고용체)와 시멘타이트(Fe_3C)를 동시에 석출하는 공석 반응을 일으킨다. 페라이트와 시멘타이트가 층상으로 함께 존재하기 때문에 이 조직을 펄라이트라 한다.

(3) 탄소강의 조직

종류	설명
펄라이트 (pearlite)	① 공석강의 결정 조직명으로 페라이트와 시멘타이트가 층상으로 혼합되어 있는 조직 ② 0.86%의 γ고용체가 723℃에서 분열하여 생긴 페라이트와 시멘타이트의 공석 조직 ③ 펄라이트의 생성되는 과정 • Fe_3C의 핵이 성장한다. • α가 생긴 입자에 Fe_3C가 생긴다. • γ의 결정립계에 Fe_3C의 핵이 생긴다.
시멘타이트 (Cementite)	① 고온의 강철 속에 생기는 철과 탄소의 화합물 ② 강철의 조직 성분으로 그 분포와 형상에 따라 강철의 강도가 다르며 이것이 많을수록 굳고 강하다.(Fe_3C) ③ 고속도강(고속도 공구강) : 절삭 공구용 합금강 • 종류 : W-Cr-v(18-4-1)계, 텅스텐계 + 코발트, 몰리브덴계(인성이 좋다) • 담금질 온도 1300℃ (기름 중에서 냉각 또는 공기 중에서 냉각) • 고온 경도가 크다. 열전도율이 작다.
오스테나이트	γ철에 탄소가 1.7% 고용된 고용체로서 고온에서만 존재하나 Mn, Ni 등이 많이 고용된 강은 상온에서도 오스테나이트계 조직이 된다.

종류	설명
페라이트	일반적으로 상온에서 α철에 탄소 0.035% 이하 고용된 철을 페라이트라 하며 순철에 가깝다. 강도와 경도가 적고 강자성체이다.
크롬강	• 철(Fe)에 약 1%의 크롬과 약 0.8%의 망간(Mn)과의 합금강 • 점도가 강하며 담금질·뜨임에 대한 저항이 크다. • 탄화물속에 크롬이 고용되어 내마모성이 좋다. • 예 볼트, 너트, 스터드, 축류, 키 등
크롬(Cr)-몰리브덴(Mo)강	• 크롬강과 0.25% 전후의 몰리브덴과의 합금강 • 담금질, 뜨임에 대한 저항이 크다. • 용접성이 좋고 고온강도가 크다. • 강인하여 내마모성이 크다. • 열간가공이 쉽고 다듬질 표면이 아름답다. • 예 고력볼트, 스터드, 프로펠러 보스, 기어 등

(4) 강의 취성

종류	설명
취성(脆性)	• 물체에 변형을 주면 변형이 극히 적음에도 불구하고 파괴되는 재료의 성질을 나타내는 것 • 고 크롬강의 경우 470~480℃ 사이에서 취성이 나타난다.
청열취성	• 탄소강을 가열하면 200~300℃ 부근에서 인장강도나 경도가 상온에서의 값보다 크게 되어 변형이나 수축이 감소하여 여리게 되는 현상 • 200~300℃의 범위에서 파란 산화피막이 표면에서 형성되기 때문에 청열취성이라고 함
저온취성	강이 상온 이하로 내려가면 취성이 생겨서 충격이나 피로에 약해지는 여린 성질
적열취성	강이 900℃ 이상에서 황이나 산소가 철과 화합하여 산화철이나 황화철을 만들어 결정입계에 나타나 강을 여리게 하는 성질

(5) 침탄법과 질화법

구분		설명
침탄 작용 (탈탄작용)		• 저탄소강으로 만든 제품을 표층부에 탄소를 투입시킨 후 담금질을 하여 표층부만 경화하는 표면 경화법의 일종 • 침탄 사용 적정범위 : 탄소 함유량 0.1~0.2%(탄소강의 경우)
	고체 침탄법	침탄제인 목탄이나 코크스 분말과 침탄 촉진제($BaCO_3$, 적혈염, 소금 등)을 소재와 함께 침탄상자에서 90~950℃로 3~4시간 가열하여 표면에서 0.5~2mm의 침탄층을 얻는 방법
	액체 침탄법	• 고온도에서 융해한 염류(鹽類)를 사용해서 침탄하는 방법 • 온도조절이 용이하고 일정시간을 지속할 수 있다. • 침탄층의 깊이가 작다. • 산화방지 및 시간절약 효과가 있다. • 균일한 가열이 가능하고 제품변형을 억제한다.
	가스 침탄법	메탄가스, 프로판가스 등을 이용한 침탄법
질화법		질화용 강의 표면층에 질소를 확산시켜 표면층을 경화하는 방법

(6) 불변강

종류	설명
인바(invar)	• 니켈(Ni) 36%, 철(Fe) 64%의 합금으로 내식성이 우수하고, 열팽창계수가 작다. • 예 계기용, 바이메탈 재료
엘린바(elinvar)	• 니켈 합금의 하나로서 탄성이 거의 변하지 않고 열팽창률이 작다. • 예 크로노미터, 게이지용 스프링, 기압계용 다이어프램과 같은 계기

(7) 관련 용어

① 심냉처리(sub-zero처리) : 강철을 열처리한 직후, 0℃ 이하의 온도에서 냉각하는 일. 경도, 내마모성 따위가 향상되고, 시간이 지남에 따라 형태가 변하는 것을 막을 수 있다.

② 피로시험 : 재료에 반복하중(인장, 압축, 회전, 굽힘, 비틀림, 충격 등)을 가하고 파괴될 때까지의 반복 횟수를 구하는 시험으로 재료의 피로한도를 조사하기도 하고, 소정의 반복횟수에 견디는 응력을 구하기도 한다.

③ 풀림(annealing) : 경화한 재료를 연화시키는 것으로 내부 변형의 제거, 절삭성의 개선, 조직의 개량 등을 목적으로 행하는 열처리이다.

④ 가공경화(work hardening) : 금속 재료를 두드리거나 펼 때 결정 내에 변형이 생겨 재료의 경도나 인장 강도가 증가하고, 연신율이나 수축성이 감소해서 여리게 되는 현상

⑤ 인코넬(inconel) : 주성분 니켈에 크롬, 철, 탄소 따위를 섞은 합금으로 열에 견디는 성질과 녹슬지 아니하는 성질이 강하므로 항공기의 배기관, 전열기의 부품, 진공관의 필라멘트 따위에 쓴다.

⑥ 백선화 : 선철의 파단면이 하얀 것으로 탄소나 규소가 적은 선철은 비교적 빨리 냉각할 때에 생기기 쉽다. 탄소가 시멘타이트(cementite)의 형으로 되어 있으며 흑연화하고 있지 않은 것으로 파단면이 하얗게 보인다.

⑦ 블루밍(Bluing) : 제강의 스프링을 성형 후 연욕 중에서 약 300℃로 가열하는 것으로 국부적인 가공 변형을 제거하여 탄성을 늘리고 사용 중의 온도 상승에 의해 무르게 되는 것을 방지한다.

⑧ 어니얼링(Annealing) : 경화한 재료의 연화, 내부 변형의 제거, 절삭성의 개선, 조직의 개량 등을 목적으로 행하는 열처리

⑨ 오스포밍(ausforming) : 가공과 열처리를 동시에 하는 방법으로, 조직은 조밀한 마텐자이트(martensite)로 되고 기계적 성질이 좋다.

⑩ 서브제로 처리(Subzero treatment) : 고탄소강과 합금강을 담금질할 때 잔류 오스테나이트를 완전하게 마텐자이트로 변화시키기 위해서 드라이 아이스와 액체 질소 등의 저온욕(-80℃)에 담그는 열처리, 심랭처리라고도 한다.

⑪ 격자상수(lattice constant) : 결정구조를 나타날 때 단위조직의 형태와 그 변의 길이를 사용하는데 그 변의 길이, 즉 원자 간의 중심거리를 말한다.

⑫ 마텐자이트 : 오스테나이트 영역으로부터 급랭할 때 탄소를 과포화상태로 고용한 α철의 조직으로 대단히 단단하다.

⑬ 초소성 : 금속을 어떤 특정한 온도, 변형 조건하에서 인장변형하면, 국부적인 수축을 일으키지 않은 커다란 연성을 보인 현상

초소성을 얻기 위한 조직의 조건
- 극히 미세 입자이어야 한다.
- 결정립의 모양은 등축이어야 한다.
- 모상입계는 큰 경사각인 것이 좋다.
- 모상입계가 인장 분리되지 말아야 한다.

⑭ 탈 아연 부식 : 20%이상의 아연(Zn)을 포함한 황동이 바닷물, 불순물 또는 부식성 물질이 녹아 있는 수용액의 작용에 의해 침식될 경우 아연만이 용해되고 동은 남아 있어 재료에 구멍이 나기도 하고, 얇게 되기도 하는 현상으로 부식예방에는 주석이나 안티몬을 첨가한다.

⑮ 서멧(cermet) : 내열성이 좋은 절삭 공구용 소결합금의 일종으로 원료는 탄화티탄의 분말(내열성이 뛰어난 금속 화합물), Ni-Mo 합금의 분말(접착성이 뛰어난 분말)을 사용하며 900℃ 이상에서 사용 가능하고 초경합금과 세라믹의 중간적인 성질이다.

서멧의 특성
- 세라믹과 금속의 특성을 가진다.
- 세라믹과 금속을 결합시킨 소결 복합체이다.
- 고온에서 안정하며 내열성이 양호하다.
- 산화물계 서멧에 사용되는 재질은 Al_2O_3나 BeO 등이다.

STEP 02 기계요소 점검 및 정비

1. 체결용 기계요소

결합용 기계 부품과 용도
- 키, 핀, 코터 : 핸들, 기어 등의 회전체를 축에 고정할 때 사용
- 나사, 보울트, 너트 : 기계를 고정하되 필요에 따라 분해할 경우 사용
- 리벳 : 영구적으로 결합할 때 사용
- 용접 : 열을 이용하여 영구적으로 결합할 때 사용

(1) 키

① 기어나 풀리 등을 축에 고정하여 회전력을 전달하는 장치로, 강 또는 특수강으로 제작하지만 일반적으로 축보다 강한 재료를 사용한다.

② 종류

종류	설명
성크 키	축과 보스 양쪽에 키 홈이 있는 키로서 가장 많이 사용
안장 키	축은 가공하지 않고 보스에만 키 홈을 만들어 마찰력으로 회전력을 전달하는 것으로 큰 힘에는 부적당하다.
평 키	키가 닿는 면의 축만 평편하게 깎은 것으로 전달력은 작지만 축을 약하게 하지 않는 특성을 지닌다.
페더 키	키에 구배가 없는 것으로 기어나 풀리를 축방향으로 이동할 경우 사용하며 키를 축이나 보스에 고정한다.
접선 키	큰 동력을 전달하는데 적당한 키로서, 키 홈을 접선방향에 만든다.
반달 키	키 홈을 축에 반달모양으로 파서 키를 끼운 후에 보스를 끼운다. 이때 위치가 자동으로 조정된다.
핀(둥근) 키	회전력이 극히 작은 곳에 사용하며 핀을 구멍에 끼워서 사용한다.
슬라이딩 키	좁은 틈에서 이동하는 것으로 축과 보스가 부드럽게 이동이 가능해야 한다.
묻힘 키	축과 보스에 다 같이 홈을 파는 가장 많이 쓰는 종류이며 키는 축심에 평행으로 끼우고 보스를 밀어 넣는다.

③ 전단응력

$$\tau = \frac{W}{bl} = \frac{2T}{b \cdot l \cdot d}$$

τ : 전단응력(kg/mm^2), W : 키에 작용하는 접선력(kg), d : 축의 지름(mm)
b : 키의 나비(mm), l : 키의 길이(mm), T : 회전축의 토오크(kg-mm)

(2) 핀(pin)
   ① 너트의 풀림 방지, 핸들과 축의 고정 또는 맞춤부분의 위치 결정에 사용하며, 보통 강제로 제작하나 황동이나 알루미늄으로 만드는 것도 있다.
   ② 종류

종류	설명
평행 핀	기계 부품을 조립할 경우나 안내위치를 결정할 경우에 사용
테이퍼 핀	원추형 핀으로 1/50의 테이퍼로 되어 있으며 주축을 보스에 고정할 때 사용
분할 핀	너트의 풀림방지나 바퀴가 축에서 이탈하는 것을 방지하기 위하여 사용
스프링 핀	탄성을 이용하여 물체를 고정시키는데 사용

   ③ 핀의 호칭 : 명칭 · 등급 · 지름×길이
   ④ 크기 : 호칭지름(mm)×길이(mm)

(3) 볼트와 너트
   ① 리머볼트 : 볼트와 볼트 구멍에 틈새를 만들지 않을 때 사용하는 볼트로 전단력이 작용하는 곳에 가장 적합한 볼트
   ② 로크너트 : 너트가 진동 따위로 풀리는 것을 막기 위하여 두 개의 너트로 죌 때 아래쪽에 끼우는 너트이다.
   ③ 턴버클 : 한쪽에 오른나사, 한쪽에 왼나사 방향으로 회전할 수 있도록 하여 로프의 장력을 줄 때 사용된다.
   ④ 볼트와 너트의 풀림 방지법
      • 로크 너트 및 자동 죔 너트 사용
      • 핀, 작은나사, 멈춤나사 등을 사용
      • 탄력성이 있는 와셔를 사용

(4) 나사
   ① 피치 : 서로 이웃한 나사산과 산 사이의 거리
   ② 리이드 : 나사가 1회전할 때 축방향으로 움직인 거리
      • 리이드 = 줄수×피치
   ③ 바깥 지름 : 숫나사의 산마루에 접하는 가상 원통의 지름
      • 골 지름 : 숫나사의 골에 접하는 가상적인 원통의 지름
      • 유효 지름 : 나사산의 두께와 골의 간격이 같은 가상 원통 지름

④ 나사의 종류

종류	설명
삼각나사	단면 모양이 이등변 삼각형으로 기계부품의 죔용이나 조정용으로 사용
미터나사	산마루는 평탄하고 골은 둥글다.(지름과 피치를 mm로 표시)(나사산의 각도 : 60°)
휘트워어드 나사	피치는 1inch 내의 산의 수로 표시(나사산의 각도 : 55°)
유니파이 나사	산마루는 평탄하고 골은 둥글다. 피치는 1inch 내의 산의 수로 표시하며, ABC나사라 한다.(나사산의 각도 : 60°)
관용 나사	파이프를 연결하는데 사용(나사산의 각도 : 55°)
너클 나사	충격이 심하거나 먼지가 많은 곳에 사용하며 전구 및 소켓나사로 사용
사다리꼴 나사	양 방향의 추력(thrust)을 받아서 정확한 운동을 전달시키려고 할 때 사용 (나사산의 각도 : 30°)
사각 나사	전동용 나사로 단면이 정사각형
톱니 나사	추력이 한 방향으로 작용하는 바이스, 프레스 등에 사용(나사산의 각도 : 30°, 45°)

(5) 리벳(rivet)

① 리벳이음의 특징
- 초응력에 의한 잔류 변형률이 생기지 않으므로 취약파괴가 일어나지 않는다.
- 구조물 등에서 현지 조립할 때는 용접이음보다 쉽다.
- 경합금과 같이 용접이 곤란한 재료에는 신뢰성이 있다.
- 경판의 두께에 한계가 있으므로, 이음효율이 낮다.

> **플러링**
> 판의 끝을 정형하는 작업으로 공구로 때려서 기밀을 유지하는 방법

② 코오킹(caucking) : 판 끝을 75~85℃로 깎아 코오킹 공구로 때려서 기밀하는 방법이다. 5mm이하의 판은 코오킹이 곤란하므로 안료를 묻힌 종이, 석면 등의 패킹을 끼운 후 리베팅한다.

③ 리베팅(riveting) : 리벳지름 8mm 이하는 상온 가공하고 10mm 이상은 고온으로 가열하여 가공한다. 리벳 구멍은 지름 20mm까지는 보통 펀칭한다.

④ 접시머리 리벳 : 주로 항공용, 둥근머리 리벳은 수밀성이 좋으므로 선박용

⑤ 리벳이음의 종류
- 겹침 이음(lap joint) : 2개의 판을 겹쳐서 리베팅하는 방법
- 맞대기 이음(butt joint) : 겹판을 대고 리베팅하는 방법

⑥ 리벳 이음의 강도

$$W = A \cdot \tau = \frac{\pi}{4} \times d^2 \times \tau = \frac{4W}{\pi} \times d^2$$

W : 1피치당 하중(kg), t : 판의 두께 (mm), P : 리벳의 피치
d : 리벳 구멍의 지름(mm), σ_1 : 판에 생기는 인장응력(kg/mm²)
τ : 리벳에 생기는 전단응력(kg/mm²)

> **침입형 고용체**
> 모체 금속의 결정격자에 합금원소가 속으로 파고 들어갈 때 모체 금속 원자의 틈새에 합금원소의 원자가 끼어 들어가서 생긴 고용체. 원자반경의 크기가 유사한 원자끼리 적절한 배열을 형성하면서 새로운 상을 형성하는 것으로 모체 금속 원자에 비하여 합금 원소 원자의 크기가 작은 경우에 일어난다.

2. 축의 취급과 정비

축의 종류 중 작용하중에 의한 분류에 속하는 스핀들(spindle)은 공작기계의 기계부품의 하나로 축단이 공작물 또는 절삭 공구의 장착에 사용되는 회전축으로 주로 비틀림 하중을 받으며 길이가 짧고 치수가 정밀한 회전축이다.

3. 축이음

(1) 베어링과 저널

① 회전축을 지지하는 부분을 베어링이라 하며, 베어링과 접촉한 부분을 저널이라 한다. 베어링은 구조가 간단하고 마찰 손실, 동력 손실 및 발열이 적고 진동·소음이 적어야 한다.

② 하중이 작용하는 방향에 의한 분류

구분	종류
하중이 축과 직각방향으로 작용	레디얼 베어링
하중이 축 방향으로 작용	스러스트 베어링, 피벗 베어링
하중이 축 방향 및 직각방향 동시에 작용	원뿔 저널, 구면 저널

> **피벗 베어링(pivot bearing)**
> 원뿔형의 축단 또는 원뿔형의 오목면을 가진 베어링으로 지지하고 축이 가볍게 회전하도록 한 스러스트 베어링으로 계기나 시계용으로 사용된다.

② 접촉 방법에 따른 분류

구분	종류
미끄럼 베어링	축과 베어링 면이 직접 접촉하여 미끄럼 운동을 하는 베어링
구름 베어링	축과 베어링 면 사이에 볼(ball)이나 롤러(rollor)를 넣어서 점 접촉이나 선 접촉을 하는 베어링으로서 볼 베어링, 롤러 베어링이 해당된다.
니들 베어링	니들 지름이 일반적으로 2~5mm이며, 베어링의 바깥지름을 작게 할 수 있으며 보통 리테이너는 쓰지 않는다.

미끄럼 베어링에 대한 볼 베어링의 특징
- 내충격성이 크다.
- 소음이 작다.
- 고온에 약하다.
- 교환성이 나쁘다.

③ 두 축이 평행하거나 교차하는 경우

구분	종류
올덤 커플링 (oldhams coupling)	두 축이 평행하며 약간 어긋나는 경우에 사용하나, 진동이나 마찰저항이 커서 고속회전에는 적당하지 않다.
유니버설 조인트	두 축이 일직선상에 있지 않고 서로 교차하는 경우에 사용하며, 두 축이 만나는 각은 30° 이하로 해야 한다.

④ 두 축이 일직선상에 있는 경우

커플링	설명
슬리브 커플링	고정축 이음으로 주철제 원통 안에 두 축을 맞추어 키로 고정
플랜지 커플링	가장 많이 사용하는 축 이음으로, 주철제 또는 주강제의 플렌지를 양축에 고정한 후 볼트로 고정
플렉시블 커플링	두 축이 정확히 일치하지 않는 경우에 사용하며, 급격히 힘이 변하는 경우 완충 작용과 전기 절연작용을 한다.

(2) 클러치(clutch)

커플링	설명
맞물림 클러치 (claw clutch)	서로 맞물리면 동력을 전달할 수 있으며, 떨어지면 동력전달이 단속된다.
마찰 클러치 (coneclutch)	마찰력에 의하여 동력을 전달하며, 마찰 클러치에는 원판 클러치, 원뿔 클러치 등이 있다.

(3) 베어링 수명

- 볼 베어링 : $L(\text{시간}) = (\frac{C}{W})^3 \times 33.3 \times 500 \times \frac{1}{n}$
- 롤러 베어링 : $L(\text{시간}) = (\frac{C}{W})^{\frac{3}{10}} \times 33.3 \times 500 \times \frac{1}{n}$

C : 기본부하용량(kg), W : 베어링 하중(kg), 33.3rpm일 때 500시간의 수명 확보

(4) 베어링 호칭 치수

> 형식번호 – 치수기호(나비와 지름기호) – 안지름 – 번호 – 등급기호

① 형식번호 (첫번째 숫자)
  1 : 복렬 자동 조심형   2, 3 : 복렬 자동 조심형(큰 나비)
  6 : 단열 홈형   7 : 단열 앵귤러 컨택트형 N : 원통 롤러형
② 지름 기호 (두번째 숫자)
  0, 1 : 특별 경하중형   2 : 경하중형   3 : 중간 하중
③ 안지름 번호(세 번째, 네 번째 숫자)
  00 : 안지름 10mm   01 : 안지름 12mm   02 : 안지름 15mm
  03 : 안지름 17mm 안지름 20mm 이상 500mm 미만은 안지름을 5로 나눈 수가 안지름 번호 (2자리)
④ 등급기호 (다섯째 이후 기호)
  무기호 : 보통급, H : 상급, P : 정밀급, SP : 초정밀급

4. 기어 전동장치

(1) 특징
① 큰 동력을 일정한 속도비로 전할 수 있다.
② 사용범위가 넓다.
③ 전동 효율이 좋고 감속비가 크다.
④ 충격에 약하고 소음과 진동이 발생한다.

(2) 두 축이 서로 평행한 경우

종류	설명
스퍼 기어(spur gear)	이가 축에 평행하다.
헬리컬 기어 (helical gear)	평행한 두 축 사이에 회전을 전달하는 기어로서 이를 축에 경사시킨 것으로 물림이 순조롭고 축에 드러스트가 발생한다.
더블 헬리컬 기어 (double helical gear)	방향이 반대인 헬리컬 기어를 같은 축에 고정시킨 것으로 축에 드러스트가 발생하지 않는다.
인터널 기어 (internal gear)	두개의 기어가 서로 맞물려서 운동을 전달하고 있으며 회전방향이 같고 감속비가 큰 기어로 내접기어라고도 하다.
래크(rack)	피니언과 맞물려서 피니언이 회전하면 래크는 직선운동을 한다.

(3) 두 축이 만나는 경우

종류	설명
베벨 기어 (bevel gear)	원뿔면에 이를 만든 것으로 이가 직선인 상태이다.
스큐 기어 (skew gear)	이가 원뿔면의 모선에 경사진 기어이다.
스파이럴 베벨 기어 (spiral bevel gear)	이가 구부러진 기어이다.

(4) 두 축이 만나지도 평행하지도 않는 경우

종류	설명
하이포이드 기어 (hypoid gear)	스파이럴 베벨 기어와 같은 형상이고 축만 엇갈린 기어이다.
스크류 기어 (screw gear)	비틀림각이 서로 다른 헬리컬 기어를 엇갈리는 축에 조합시킨 것이다.
웜 기어 (Worm Gear)	웜과 웜 기어를 한쌍으로 사용하며, 큰 감속비를 얻을 수 있다.

(5) 이의 크기

- 모듈$(M) = \dfrac{\text{피치원의 지름}}{\text{잇수}}$
- 지름 피치 $= \dfrac{\text{잇수}}{\text{피치원의 지름}}$
- 원주 피치 $= \dfrac{\pi \times \text{피치원의 지름}}{\text{잇수}}$

(6) 이의 면의 열화
① 마모 : 정상 마모, 습동 마모, 과부하 마모, 줄 흔적 마모
② 소성 항복 : 압연 항복, 피이닝 항복, 파상 항복
③ 용착 : 가벼운 스코어링, 심한 스코어링
④ 표면피로 : 초기 피칭, 파괴적 피칭, 박리
⑤ 기타 : 부식, 버닝, 간섭, 연삭 파손

(7) 이의 파손 : 과부하 절손, 피로 파손, 균열, 소손

5. 벨트체인 전동장치

(1) 벨트의 구비조건
① 장력에 대하여 강할 것 ② 탄성이 클 것
③ 굽히기 쉬울 것 ④ 마찰계수가 클 것

(2) V 벨트
① V벨트 전동은 단면이 사다리꼴인 고무벨트를 V벨트 풀리에 끼워서 전동하는 것으로, 속도비는 보통 1:7이며 벨트의 속도는 25m/s까지 가능하며 실제로는 10~15m/sec로 한다.
② V벨트는 고무 벨트의 일종으로 단면이 V형인 동력 전달용 벨트이며 각도는 40°
③ 구성 : 중심층(끈, 고무), 압축층(고무), 성형층(섬유, 고무층), 외피(섬유, 고무)
④ 종류 : M, A, B, C, D, E의 6가지가 있으며 M형이 제일 작고 E형이 가장 단면이 크다.
⑤ 호칭번호 $= \dfrac{\text{벨트의 유효 둘레}(mm)}{25.4}$
⑥ V벨트의 특징
- 두 축간 중심거리가 평벨트보다 짧다.
- 전동이 확실하다.
- 운전이 조용하다.

(3) 타이밍 벨트(timing belt)
기어처럼 등간격의 홈을 가진 벨트 풀리의 홈에 정확히 맞물리도록 내측에 같은 간격의 홈을 가진 벨트로 회전을 정확히 전달할 수 있다. 벨트는 고무로 만들어지며 내부에는 면사, 면모 와이어로 프 등을 넣는다.

(4) 체인

① 두 축간의 거리가 4m 이하에서 사용하며 체인휠(chain wheel)에 체인을 물려서 동력을 전달한다.

② 특징
- 미끄럼없이 일정한 속도비를 얻을 수 있다.
- 초 장력이 필요 없으므로 베어링 마찰손실이 적다.
- 접촉각이 90° 이상이면 전동 가능하다.
- 내열, 내유, 내수성이 크다.
- 큰 동력 전달효율이 95%이상이다.
- 체인의 탄성으로 어느 정도 충격 하중을 흡수한다.
- 진동, 소음이 발생하기 쉽다.
- 고속회전에 부적당하고 저속, 큰 마력에 적당하다.

② 롤러 체인 : 2개의 강판으로 만든 링을 핀으로 연결한 것으로 핀에 부시, 롤러를 끼운 것이다.

③ 사일런트 체인 : 전동할 때 링의 경사면이 체인휠에 밀착하므로 롤러 체인과 같은 소음은 발생하지 않는다.

6. 관이음 정비

(1) 관이음의 설계 시 내부 유체의 누설을 방지 조건

① 접합부의 접촉면은 가스켓(gasket)의 유무에 관계없이 가급적 매끈하게 다듬질하여 항상 깨끗하게 해둔다.

② 접합부의 조임은 반드시 순수하게 누르는 힘만 작용하게 한다.(즉, 비틀림작용이 없게 한다.)

③ 접촉면의 면적은 가급적 작게 한다. 즉, 단위 면적당 접촉압력을 크게 하기 위함이다.

(2) 용접이음

① 용접부의 강도가 강하므로 지반이 약하거나 부동침하가 예상되는 토지에 매설하는 관의 접합에 적합하다.

② 특징

장점	단점
• 사용재료의 두께 제한이 없다. • 기밀 유지에 용이하다. • 사용기계가 간단하고, 작업 공정수가 적어 생산성이 높다. • 이음 효율이 향상된다. • 주물보다 강도가 우수하고 중량이 가볍다. • 재료를 10~15% 절약할 수 있다.	• 용접부의 결함 검사가 곤란하다. • 응력 집중 현상이 발생한다. • 용접성은 용접 모재의 재질에 좌우된다.

(3) 플렌지 이음

① 기밀을 유지하기 위하여 특별히 가공된 면을 갖는 2장의 플렌지와 그 사이에 삽입하는 개스킷을 볼트, 너트로 조여 관을 접합하는 방식이다.

② 분해가 용이하다는 장점이 있으나 매설 시 볼트의 부식이 우려되므로 매설용으로는 사용하지 않는 것이 좋다.

(4) 나사이음

가장 많이 사용하는 방식이며, 삼각나사의 나사산의 각도는 55°인 관용나사로 평행나사와 테이퍼 나사로 구분한다. 특히 테이퍼 나사의 테이퍼는 1/16이다.

(5) 신축이음 : 배관계에서의 열팽창을 흡수하여 완충작용

종류	설명
상온 스프링	• 열의 영향을 받아 배관이 자유 팽창하는 것을 미리 계산해 놓고 시공하기 전에 배관 길이를 짧게 절단하여 강제 배관하는 것 • 절단 길이는 계산에서 얻은 자유 팽창량의 1/2 정도이다.
루프 신축이음	• 배관의 일부를 감아서 만곡을 준 것으로 고압에 견딜수 있으며 진동에 대한 어느 정도 완충효과를 지닌다. 곡률 반경은 관지름의 6배 이상이 좋다. • 종류 : 원형밴드와 U형 밴드
슬리브형 신축이음	• 이음 본체속에 슬리브 파이프를 삽입하고 석면을 흑연 또는 기름으로 처리한 패킹재를 끼워 실(seal)을 한 것이다. • 설치장소는 작지만 시공시 누설우려가 있다.
벨로우즈 신축이음	• 팩레스(pack less) 신축이음이라고도 하며 인청동제 또는 스테인레스제의 파형 주름이 신축을 흡수하는 것 • 전부 밀폐되어 있어 누설 우려는 없으나 사용 유체에 대한 부식성을 고려해야 하며 고압에는 사용이 어렵다.
스위블형 신축이음	• 배관 중에 관절을 만들어 실(seal)을 삽입한 것 • 2개 이상의 엘보가 필요하며 비틀림으로 신축을 흡수

7. 센터링

금긋기 블록이나 센터 스퀘어를 사용하여 환봉 등의 단면 중심을 구하는 것으로 이는 기계의 운전이 양호하게 이루어지도록 하며 진동, 소음을 억제하며 결국 기기의 수명을 연장시키는 역할을 한다.

(1) 축의 회전수와 센터링의 관계

종류	원주 방향	면간 차	면간 거리
1800 rpm	0.05mm	0.03mm	3~5mm
3600 rpm	0.03mm	0.02mm	3~5mm

(2) 축 하나를 회전하여 센터링을 측정

① 위치표시 : 0°, 90°, 180°, 270°
② 마그네틱베이스를 설치하는 축을 고정시키고 회전하는 축을 회전시켜 진원도 측정
③ 축 커플링의 진원도 : 0.02mm, 축의 벤딩량 : ±0.05~0.06mm

SECTION 02 기계장치의 점검 및 정비

Industrial Engineer Machinery Maintenance

STEP 01 기계장치 점검과 정비

1. 통풍기(fan)

(1) 원심형 통풍기
   ① 시로코 팬 : 시로코 통풍기는 원심식으로 전향베인이며 풍량변화에 풍압변화가 적으며 풍량이 증가하면 소요 동력도 증가한다.
   ② 플레이트 팬 : 베인 형상이 간단하다.
   ③ 터보 팬 : 효율이 가장 좋다.
(2) 왕복식 통풍기 : 기통 내의 기체를 피스톤으로 압축한다.
(3) 회전식 통풍기 : 일절체적 내에 흡입한 기체를 회전기구에 의해 압송한다.
(4) 프로펠러 통풍기 : 고속회전에 적합하다.

통풍기의 압력
$0.1 kgf/cm^2$ 이하
(= 1m Aq)

원심형 통풍기의 정기검사 항목
- 흡기, 배기의 능력
- 통풍기의 주유상태
- 덕트의 마모상태
- 덕트, 배풍기의 먼지, 퇴적상태
- 덕트 접촉부의 풀림 상태

2. 송풍기

대기압 하에서 공기를 흡입하고 압력 상승은 1000mmAq 미만이다.

- 다익 송풍기 번호 = $\dfrac{\text{임펠러 지름(mm)}}{150}$
- 축류 송풍기 번호 = $\dfrac{\text{임펠러 지름(mm)}}{100}$

(1) 각종 송풍기의 특성

종류	원심 송풍기						축류 송풍기	
	다익 송풍기	리밋로드 송풍기	터보 송풍기	익형 송풍기	관류식 송풍기 (크로스 플로팬)	관류식 송풍기 (류블러팬)	프로펠러팬	축류 송풍기 (가이드 베인 유, 무)
임펠러의 형태								
특성								

종류		원심 송풍기						축류 송풍기	
		다익 송풍기	리밋로드 송풍기	터보 송풍기	익형 송풍기	관류식 송풍기 (크로스 플로팬)	관류식 송풍기 (류블러팬)	프로펠러팬	축류 송풍기 (가이드 베인 유, 무)
비교	치수	②	③	최대 ⑥	⑤	②	④	최소 ①	최소 ①
	효율	⑤	④	최고 ⑥	②	최저 ⑥	최저 ⑥	최저 ⑥ (고정익)	③
	소음	③	④	최고 ①	②	최소 ①	③	③	최대 ⑤
요양	풍량 (m²/min)	10~2000	20~3200	60~900	60~300	3~20	20~50	10~50 (고정익)	15~1000
	정압 (mmH₂O)	10~125	10~150	125~150	125~150	0~8	10~50	0~6	0~55
효율(%)		45~60	50~65	75~85	70~85	40~50	40~50	40~50	50~60(베인 무) 50~75(베인 유)
비소음 (데시벨)		40	45	40	35	30	45	50	50
특징		• 풍량과 동력의 변화가 비교적 많다.	• 풍량 변화가 적고, 동력 변화도 최고 효율점 부근에서는 적다.	• 풍량의 변화가 비교적 많다. • 동력의 변화도 많다.	• 터보 팬과 같음	• 임펠러의 지름이 적어도 효율의 저하가 적다.	• 압력상승이 크다. • 압력변화가 기복없는 우하향 • 흐름의 손실이 크고, 효율도 나쁘다.	• 압력 상승이 적다. • 압력변화는 기복없이 우하향	• 풍량, 동력 변화가 적다. • 동압이 크다.
용도		저속덕트 공조용, 각종 공조기 용급, 배기용	저속덕트 공조용(중규모 이상) 공장용 환기 (중규모 이상)	고속덕트 공조용	팬코일 유닛, 에어커튼	옥상 환기팬	유닛쿨러, 유닛히터, 환기팬, 배기팬, 쿨링타워	국소통풍용, 쿨링타워용, 급배기용, 급속동결실용

(2) 소요 동력

$$KW = \frac{Q \times P_T}{102 \times 3600 \times \eta_T} = \frac{Q \times P_S}{102 \times 3600 \times \eta_S}$$

$$\therefore P_T = P_S + Pv = P_S + \left(\frac{V_P}{4.04}\right)^2$$

$$\therefore Pv = P_T - P_S = \frac{V^2 r}{2g} = \left(\frac{V}{4.03}\right)^2$$

$$\therefore V = 4.03\sqrt{Pv}$$

- Q : 풍량(m³/h)
- P_T : 전압(mmAq)
- Ps : 정압(mmAq)
- V_P : 토출풍속(m/s)
- η_T : 전압효율
- η_S : 정압효율
- Pv : 동압

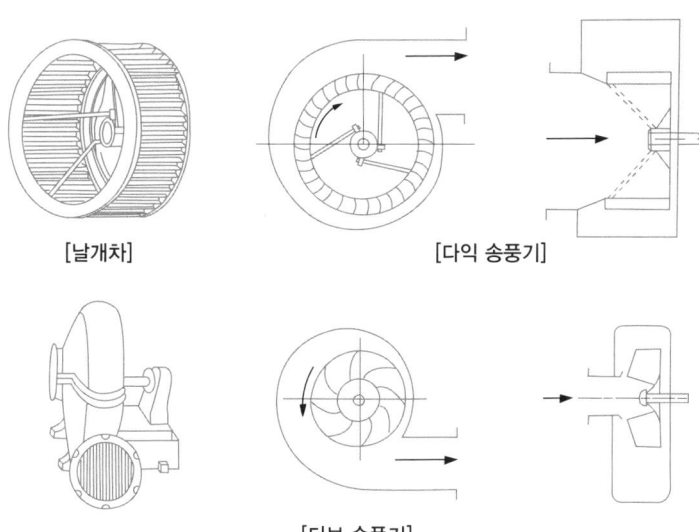

[날개차] [다익 송풍기]

[터보 송풍기]

(3) 상사의 법칙

- 풍량 $Q_2 = (\frac{N_2}{N_1}) \times (\frac{D_2}{D_1})^3 \times Q_1$
- 양정 $H_2 = (\frac{N_2}{N_1})^2 \times (\frac{D_2}{D_1})^2 \times H_1$
- 동력 $P_2 = (\frac{N_2}{N_1})^3 \times (\frac{D_2}{D_1})^5 \times P_1$

- Q_1 : 처음 풍량
- Q_2 : 변환 풍량
- N_1 : 처음 회전수
- N_2 : 변환 회전수
- D_1 : 처음 임펠러 지름
- D_2 : 변환 임펠러 지름
- H_1 : 처음 양정
- H_2 : 변환 양정
- P_1 : 처음 동력
- P_2 : 변환 동력

(4) 송풍기 점검

축 관통부의 축과의 틈새 차이가 0.2mm 이하가 되어야 하므로 틈새 게이지가 필요하며 좌우 구배차가 0.05mm 이하가 되어야 하므로 테이퍼 게이지, 축의 센터링은 커플링의 외주에 다이얼 게이지를 붙여서 측정 조정한다.

3. 압축기

저온 저압의 기체를 압축하여 고온 고압기체로 상승시켜 장치에 보내주는 역할을 한다.

(1) 왕복동식 : 피스톤의 왕복운동으로 가스를 압축하는 방식
  ① 단동식 : 1회전에 1회 압축(상승 시 : 압축, 하강 시 : 흡입)
  ② 복동식 : 1회전에 2회 압축(상승·하강 시 : 각각 흡입, 압축)
(2) 원심식 : 터보 압축기라 하며 임펠러의 고속회전에 의한 원심력으로 가스를 압축하는 방식으로, 대용량의 공기조화용으로 많이 사용한다.
(3) 회전식 압축기 : 회전자(Rotor)의 회전에 의하여 가스를 압축하며 오일 쿨러가 있다.

(4) 스크류식 압축기 : 2개의 맞물린 나사 형상의 로터 회전으로 가스를 압축하는 것으로 구동할 때 정해진 회전 방향이 있으며 토출가스 온도가 낮아 윤활유 열화, 탄화의 우려가 적으며 용량에 비해 소형이다.

4. 감속기 및 변속기

(1) 기어 감속기

　1) 두 축이 서로 평행한 경우
　　① 스퍼 기어(spur gear) : 이가 축에 평행하다.
　　② 헬리컬 기어(helical gear) : 평행한 두 축 사이에 회전을 전달하는 기어로서, 이를 축에 경사시킨 것으로 물림이 순조롭고 축에 스러스트가 발생한다.
　　③ 더블헬리컬 기어(double helical gear) : 방향이 반대인 헬리컬 기어를 같은 축에 고정시킨 것으로 축에 스러스트가 발생하지 않는다.
　　④ 인터널 기어(internal gear) : 두 개의 기어가 서로 맞물려서 운동을 전달하고 있으며 회전방향이 같고 감속비가 큰 기어로 내접기어라고도 한다.
　　⑤ 래크(rack) : 피니언과 맞물려서 피니언이 회전하면 래크는 직선운동을 한다.

　2) 두 축이 만나는 경우
　　① 베벨 기어(bevel gear) : 원뿔면에 이를 만든 것으로 이가 직선인 상태이다.
　　② 스큐 기어(skew gear) : 이가 원뿔면의 모선에 경사진 기어
　　③ 스파이럴 베벨 기어(spiral bevel gear) : 이가 구부러진 기어

　3) 두 축이 만나지도 평행하지도 않는 경우
　　① 하이포이드 기어(hypoid gear) : 스파이럴 베벨 기어와 같은 형상이고 축만 엇갈린 기어
　　② 스크류 기어(screw gear) : 비틀림각이 서로 다른 헬리컬 기어를 엇갈리는 축에 조합시킨 것이다.
　　③ 웜기어 : 웜과 웜기어를 한쌍으로 사용하며, 큰 감속비를 얻을 수 있다.

(2) 변속기 : 속도를 변화하기 위한 기계나 장치, 속도를 변화하는 것에 여러 단계로 나누는 것과 무단계의 것이 있다.
　① 유체 커플링 : 펌프 임펠러와 터빈 임펠러를 조합시켜 기름 등의 유체를 매개체로 하여 동력을 전달하는 축이음으로 진동이나 충격이 유체에 흡수되어 효율이좋고 고속회전에 적당하다.
　　(무단계)
　② 변속 마찰차 장치 : 종동축의 회전 속도를 바꾸기 위해 사용하는 마찰차 장치 무단계)
　③ 변속 기어 장치 (여러 단계)
　④ 변속 벨트 풀리 장치 (여러 단계)

5. 전동기 정비

(1) 전동기 과열

증상	정비사항
3상 중 하나의 퓨즈 이상으로 단상되어 과전류가 흐름	마그넷 스위치 접촉 불량
과부하 운전	모터 용량에 대하여 과부하, 구동계 이상에 의한 과부하
빈번한 기동·정지	기동 방법의 개선
냉각 불충분	설치장소의 환기 점검, 기기 먼지 등 이물질 부착여부 점검

(2) 소손

증상	정비사항
코일 내부의 레어 소손	진동이나 발열로 절연물의 열화, 오염 여부 점검

(3) 소음 진동

증상	정비사항
베어링 손상	베어링 과열 여부 점검
커플링, 풀리 등의 마모, 느슨해짐	수리 및 교체
냉각 팬 날개바퀴의 느슨해짐	분해, 수리 점검

STEP 02 펌프장치

1. 펌프의 종류 및 특성

구분	종류
원심 펌프	디퓨저 펌프, 벌류트 펌프
축류 펌프	프로펠러 펌프
왕복 펌프	피스톤 펌프, 플런저 펌프
회전 펌프	기어 펌프, 베인 펌프
특수 펌프	마찰 펌프, 제트 펌프, 기포 펌프

2. 펌프의 구조

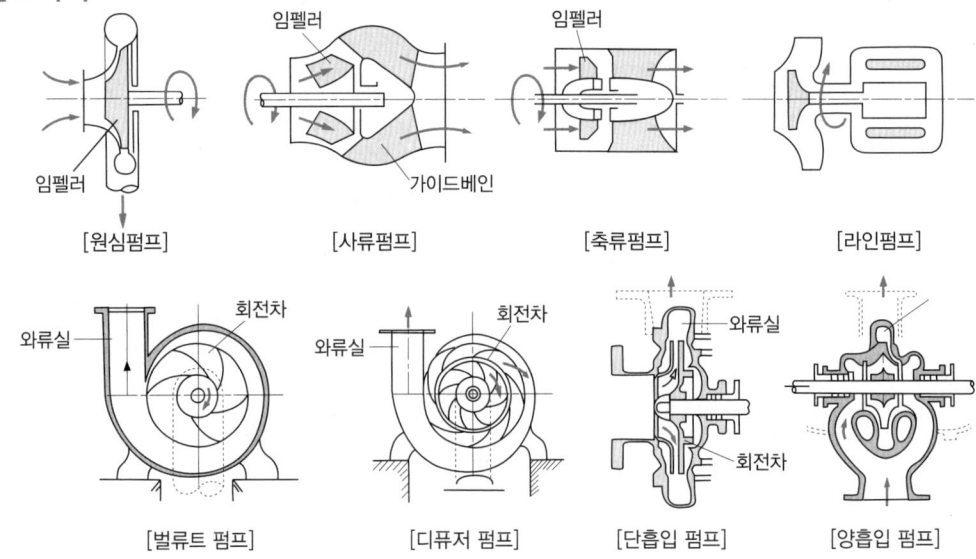

3. 캐비테이션(cavitation, 공동현상)

(1) 정의
펌프 흡입측에서의 압력 손실로 발생된 기체가 펌프 상부에 모이게 되면 유체의 송출을 방해하고 펌프는 공회전을 하는 이상 현상이다.

(2) 발생원인
① 흡입 양정이 지나치게 길 경우
② 흡입관경이 가늘 경우
③ 여과기, 후트밸브 등이 막혔을 경우
④ 펌프의 회전수가 지나치게 빠를 경우

(3) 영향
① 진동 및 소음 발생
② 임펠러 깃(날개) 침식
③ 펌프 양정 및 효율 곡선 저하
④ 펌프 양수 불능

(4) 대책
① 유효흡입양정(NPSH)을 고려하여 선정할 것
② 충분한 굵기의 흡입관경을 선정할 것
③ 여과기, 후트밸브 등은 주기적으로 청소할 것
④ 펌프의 회전수를 재조정할 것
⑤ 양 흡입 펌프를 사용하거나 펌프를 액중에 잠기게 할 것
⑥ 순환밸브(릴리프밸브)를 내장시킬 것

4. 수격현상(water hammering)

관로 내의 물의 운동 상태를 갑자기 변화시킴에 따라 생기는 물의 급격한 압력 변화의 현상으로 관 속에 전달되어 진동 및 충격음을 내고, 심할 때는 고장의 원인이 된다.

5. 펌프 운전 시 주의사항

① 펌프의 이상음 발생 여부 점검
② 펌프의 과부하 운전 여부 점검
③ 캐비테이션 발생 여부 점검
④ 이상 압력 여부 점검
⑤ 전류계 정상 여부 점검

6. 펌프의 보수관리 및 정비

(1) 시동 후 액체 송출이 안되는 경우
  ① 펌프 내에 공기가 잔류하는 경우
  ② 흡입밸브 폐쇄 및 부분적인 개방일 경우
  ③ 펌프 회전 방향 이상 또는 회전속도가 너무 느릴 때

(2) 진동·소음이 발생하는 경우
  ① 펌프나 흡입관에 액이 충만하지 않을 경우
  ② 흡입관의 필터나 여과기가 막혔을 경우
  ③ 펌프의 회전속도가 지나치게 빠를 경우

(3) 펌프의 과열일 경우
  ① 펌프 내에 공기가 잔류하는 경우
  ② 흡입밸브 폐쇄 및 부분적인 개방일 경우
  ③ 흡입관의 필터나 여과기가 막혔을 경우

(4) 펌프의 정비작업
  ① 펌프 자체의 기동이 되지 않는다. → 전동기, 엔진 수리
  ② 펌프는 기동이 되는데 양수가 불능 → 여과기, 필터 점검, 양정 점검, 회전수 점검
  ③ 펌프는 기동이 되는데 정상 유량이 안 나온다. → 회전 방향 점검, 양정 점검, 공기 침투 여부 점검

STEP 03 기계의 분해조립

1. 기계의 분해조립

(1) 주의사항

① 무리한 분해 · 조립을 하지 말 것
② 접촉면은 깨끗이 청소 후에 조립할 것
③ 접합 면에 이물질이 침입되지 않도록 할 것
④ 라이너의 틈새 조정은 정확히 할 것
⑤ 분해 부품의 분실에 주의할 것
⑥ 분해 순서를 정확히 하여 조립 시 순서가 틀리지 않도록 할 것
⑦ 습동부 등에 흠집이 나지 않도록 할 것
⑧ 배관 내에 이물질을 넣은 채로 조립하지 말아야 할 것

2. 열박음(fitting)

부속 기기를 끼워 조립하여 설치하는 것으로 주로 가열법을 많이 선택한다.

(1) 허용한계 치수와 치수공차

① 실치수 : 어떤 부품에 대하여 실제로 측정한 치수
② 최대 허용 치수 : 실치수에 대하여 허용되는 최대 치수
③ 최소 허용 치수 : 실치수에 대하여 허용되는 최소 치수
④ 기준 치수(호칭치수) : 허용 한계 치수의 기준
⑤ 치수 허용차 : 허용 한계 치수에서 기준 치수를 뺀 값
⑥ 윗 치수 허용차 : 최대 허용 치수에서 기준 치수를 뺀 값
⑦ 아랫 치수 허용차 : 최소 허용 치수에서 기준 치수를 뺀 값
⑧ 기준선 : 허용 한계 치수와 끼워맞춤을 도시할 때 치수허용차의 기준이 되는 선으로 기준치수를 나타낸다.

(2) 끼워 맞춤 방식

① 구멍과 축에서 구멍의 지름이 축 지름보다 클 때는 틈새가 생기고 축 지름이 클 때는 죔새가 생긴다.
② 헐거운 끼워 맞춤 : 항상 구멍이 축보다 큰 경우로서 언제나 틈새가 생기는 끼워 맞춤
③ 억지 끼워 맞춤 : 항상 죔새가 생기는 끼워 맞춤
④ 중간 끼워 맞춤 : 헐거운 끼워 맞춤과 억지 끼워 맞춤의 중간으로 억지 끼워 맞춤보다 작은 죔새가 있는 끼워 맞춤으로서 극히 정밀한 기계에 사용한다.
⑤ 최소 틈새 : 헐거운 끼워 맞춤에서 구멍의 최소 허용치수에서 축의 최대 허용치수를 뺀 값
⑥ 최대 틈새 : 헐거운 끼워 맞춤 또는 중간 끼워 맞춤에서 구멍의 최대 허용 치수에서 축의 최소 허용 치수를 뺀 값
⑦ 최소 죔새 : 억지 끼워 맞춤에서 축의 최소 허용 치수에서 구멍의 최대 허용 치수를 뺀 값
⑧ 최대 죔새 : 억지 끼워 맞춤 또는 중간 끼워 맞춤에서 축의 최대 허용 치수에서 구멍의 최소 허

용 치수를 뺀 값

(3) 구멍 기준식과 축 기준식
    ① 구멍 기준식 : 5급에서 10급까지 6등급으로 구분(H5~H10)
    ② 축 기준식 : 4급에서 9급까지 6등급으로 구분(H4~H9)

(4) 재료의 열팽창

$$\lambda = L \times \alpha \times \Delta t$$

λ : 신축 길이(mm) L : 전 길이(mm) α : 열팽창률(1/℃) Δt : 온도차(℃)

※ 열팽창이 큰 금속 : 알루미늄 > 황동 > 연강 > 경강 > 구리

(5) 열응력

$$\sigma = E \times \alpha \times \Delta t$$

σ : 응력(kg/mm²) E : 영률(세로탄성계수)(kg/mm²) α : 열팽창률(1/℃) Δt : 온도차(℃)

(6) 베어링의 열박음

베어링을 100~120℃ 정도로 가열 후 안지름을 팽창하여 조립하며, 이때 가열온도가 130℃ 이상이 되면 베어링 재료의 경도가 급격히 저하하게 된다.

(7) 가열 끼움 방법
    ① 수증기로 가열하는 법
    ② 기름으로 가열하는 법
    ③ 전기로로 가열하는 법
    ④ 가스버너나 가스 토치로 가열하는 법

> **열박음로에서 가열하는 법**
> 가열 시 전체를 서서히 가열하며 200~250℃ 이하로 가열해야 한다.

01 기계 조립 작업 시 주의사항으로 부적당한 것은?

① 이물질 제거 등 청소를 깨끗이 한 후 조립한다.
② 베어링 부는 녹 발생이 없도록 한다.
③ 정밀기계일 경우 기계의 보호를 위하여 반드시 장갑을 착용하고 작업한다.
④ 각 부품이 도면과 같이 조립되어 있는지 확인한다.

> 정밀기계조립 시 장갑을 착용하면 오차가 커지므로 착용을 금해야 한다.

02 기어, 커플링, 풀리 등이 축에 고착되었을 때 분해하려고 한다. 다음 중 가장 적절한 방법은?

① 황동 망치로 가볍게 두드린다.
② 쇠붙이를 대고 쇠망치를 두드린다.
③ 풀러(Puller)를 이용한다.
④ 가열하여 팽창되었을 때 충격을 주어 빼낸다.

> 풀러는 기계의 분해 작업 때 쓰이는 공구로 베어링 풀러, 기어 풀러 등이 있으며 기어, 베어링, 휠 등을 축 또는 케이스에서 빼내는 데 사용할 수 있는 만능 풀러도 있다.

03 다음 블록게이지 등급 중에서 특수 검·교정 실험실에서 사용되는 것은?

① 00급 ② 0급
③ 1급   ④ 2급

> 블록 게이지 등급
> • AA(00)급 : 표준용 또는 학술 연구용
> • A(0)급 : 표준용
> • B(1)급 : 검사용
> • C(2)급 : 공작용

04 결합이나 위치 결정보다 볼트, 너트의 풀림방지에 쓰이며 큰 강도가 요구되지 않는 곳에 사용되는 핀은 무엇인가?

① 평행 핀   ② 분할 핀
③ 테이퍼 핀 ④ 슬롯 테이퍼 핀

> 핀의 종류와 역할
> • 평행 핀 : 기계 부품을 조립할 경우나 안내위치를 결정할 경우에 사용한다.
> • 테이퍼 핀 : 원추형 핀으로 1/50의 테이퍼로 되어 있으며 주축을 보스에 고정할 때 사용
> • 분할 핀 : 너트의 풀림방지나 바퀴가 축에서 이탈하는 것을 방지하기 위하여 사용한다.
> • 스프링 핀 : 탄성을 이용하여 물체를 고정시키는데 사용한다.

05 공구 전체의 길이로 규격을 나타내지 않는 것은?

① 스톱 링 플라이어
② 멍키 스패너
③ 롱 노즈 플라이어
④ 조합 플라이어

06 송풍기의 압력 범위를 올바르게 표현한 것은?

① $0.1[kgf/cm^2]$ 이하
② $0.1 \sim 1.0[kgf/cm^2]$
③ $1.0 \sim 1.4[kgf/cm^2]$
④ $1.4[kgf/cm^2]$ 이상

> ①항은 통풍기의 압력범위이며, 압축기는 $1kg/cm^2$ 이상이다.

07 원심펌프의 이상 현상 원인이 아닌 것은?

① 스터핑 박스로 공기침입
② 펌프 내 공기 빼기를 하였을 때
③ 패킹과 주축간의 과도한 틈새
④ 펌프의 회전방향이 틀릴 때

> 펌프 내의 공기를 제거하면 액의 송출이 원활해지며 진동 및 소음을 제거할 수 있어 이상 현상의 유발을 방지할 수 있다.

정답 01 ③ 02 ③ 03 ① 04 ② 05 ① 06 ② 07 ②

08 펌프의 축 추력을 제거할 수 있는 방식은?

① 양흡입 펌프를 사용한다.
② 고유량 펌프를 사용한다.
③ 다단 펌프를 사용한다.
④ 고양정 펌프를 사용한다.

추력은 회전축과 회전체의 축 방향에 작용하는 외력으로 이를 방지하기 위하여 양흡입 펌프를 사용한다.

09 송풍기의 토출 측 압력 게이지가 200[mmHg]일 때 절대압력은 얼마인가? (단, 대기압은 표준대기압으로 한다)

① 1.8[kgf/cm^2]
② 1.3[kgf/cm^2]
③ 0.7[kgf/cm^2]
④ 0.5[kgf/cm^2]

절대압력 = 대기압 + 계기압력
= $1.0332 + 1.0332 \times \dfrac{200[mmHg]}{760[mmHg]}$
= 1.305 [kgf/cm^2]

10 송풍기 사용 압력으로 옳은 것은?

① 0~0.1[kgf/cm^2]
② 0.1~1.0[kgf/cm^2]
③ 1.0~1.5[kgf/cm^2]
④ 2~3[kgf/cm^2]

• 송풍기 압력 : 0.1~1.0[kgf/cm^2]
• 압축기 압력 : 1.0[kgf/cm^2] 이상

11 펌프의 흡입 양정이 높거나 흐름 속도가 국부적으로 빠른 부분에서 압력 저하로 유체가 증발하는 현상은?

① 서징 현상
② 수격 현상
③ 캐비테이션 현상
④ 압력 상승 현상

캐비테이션(cavitation, 공동현상)은 펌프 흡입측에서의 압력 손실로 발생된 기체가 펌프 상부에 모이게 되면 유체의 송출을 방해하고 펌프는 공회전을 하는 현상이다.

12 다음 중 펌프의 전효율을 구하는 식으로 맞는 것은?
(단, 전 효율 = η, 수력 효율 = η_h, 기계 효율 = η_m, 체적 효율 = η_v)

① $\eta = \eta_h$
② $\eta = \eta_h \times \eta_m$
③ $\eta = \eta_h \times \eta_v$
④ $\eta = \eta_h \times \eta_m \times \eta_v$

전효율은 펌프의 모든 손실 에너지를 고려한 것이다.

13 원심식 압축기의 장점이 아닌 것은?

① 윤활이 쉽다.
② 고압 발생이 용이하다.
③ 압력 맥동이 없다.
④ 대용량이다.

원심식 압축기는 임펠러의 원심력에 의하여 압축을 하는 것으로 저압용에 이용되며 고압용에는 왕복동식 압축기를 사용한다.

14 원심형 통풍기(Fan)의 정기 검사항목이 아닌 것은?

① 흡기, 배기의 능력
② 통풍기의 주유 상태
③ 덕트의 마모 상태
④ 베어링의 진동 상태

원심형 통풍기의 정기검사 항목
• 흡기, 배기의 능력
• 통풍기의 주유상태
• 덕트의 마모상태
• 덕트, 배풍기의 먼지, 퇴적상태
• 덕트 접촉부의 풀림 상태

15 노치(Notch)붙음 둥근나사 체결용으로 적합한 공구는?

① 훅 스패너
② 더블 오프셋 렌치
③ 몽키 스패너
④ 기어 풀러

훅 스패너는 원형너트에 사용하는 스패너로서, 너트면의 홈이나 구멍에 스패너의 발톱을 돌려 풀고 조이는데 사용하는 공구로 둥근나사 체결용으로 사용한다.

정답 08 ① 09 ② 10 ② 11 ③ 12 ④ 13 ② 14 ④ 15 ①

16 풍량 변화에 따른 풍압 변화가 적고 풍량이 증가하면 소요 동력이 증가하는 원심형 팬은?

① 시로코 팬 ② 플레이트 팬
③ 터보 팬   ④ 프로펠러 팬

> 원심형 통풍기(fan) 종류
> • 시로코 팬 : 시로코 통풍기는 원심식으로 전향베인이며 풍량변화에 풍압변화가 적으며 풍량이 증가하면 소요 동력도 증가한다.
> • 플레이트 팬 : 베인 형상이 간단하다.
> • 터보 팬 : 효율이 가장 좋다.

17 피스톤 또는 플런저의 왕복 운동에 의해서 액체를 흡입하여 소요 압력으로 압축 후 송출하는 것으로 송출량은 적으나 고압을 요구하는 경우에 적합한 펌프는?

① 원심 펌프 ② 축류 펌프
③ 왕복 펌프 ④ 회전 펌프

> 왕복펌프는 저유량 고양정을 요구할 때 주로 사용하며 종류에는 피스톤 또는 플런저, 다이어프램 펌프 등이 있다.

18 다음 중 압축기 밸브 플레이트 교환 시 잘못된 것은?

① 마모된 플레이트는 뒤집어서 재활용한다.
② 교환시간이 되었으면 사용한계의 기준치 내에서도 교환한다.
③ 마모한계에 달하였을 때는 파손되지 않아도 교환한다.
④ 두께가 0.3[mm] 이상 마모되면 교환한다.

> 마모된 플레이트는 새로운 것으로 교체해야 한다.

19 두 축이 평행한 경우에 사용되는 기어가 아닌 것은?

① 스퍼 기어   ② 헬리컬 기어
③ 내접 기어   ④ 베벨 기어

> 베벨 기어(bevel gear)는 원뿔면에 이를 만든 것으로 이가 직선인 상태로 두 축이 만나는 경우에 사용한다.

20 구멍 뚫린 강구를 90° 회전시켜 유로를 개폐하는 밸브는?

① 콕 밸브   ② 디스크 밸브
③ 다이어프램 밸브 ④ 체크 밸브

> 콕 밸브는 90° 회전에 의하여 개폐가 신속히 이루어지나 누설 우려가 있는 것이 단점이다.

21 기어 내경이 D이고 죔새가 Δd일 때 가열온도를 구하는 식은? (단, 기어의 열팽창계수는 α이다)

① $T = \dfrac{\Delta d}{\alpha \times D}$ ② $T = \dfrac{D}{\alpha \times \Delta d}$

③ $T = \dfrac{\alpha \times \Delta d}{D}$ ④ $T = \alpha \times \Delta d \times D$

22 유로방향의 수로 분류한 콕의 종류가 아닌 것은?

① 이방 콕   ② 삼방 콕
③ 사방 콕   ④ 오방 콕

> 콕은 개폐가 빠르나(1/4회전, 90°) 누설의 우려가 크다. 주로 나사이음을 하며 이방 콕, 삼방 콕, 사방 콕의 종류가 있다.

23 기어의 치면 열화가 아닌 것은?

① 습동 마모 ② 소성 항복
③ 표면 피로 ④ 과부하 절손

> 기어의 치면 열화
> 마모, 소성 항복, 용착, 표면피로, 부식, 버닝, 간섭, 연삭 파손

24 기어 감속기의 분류 중 교쇄 축형 감속기는?

① 웜 기어   ② 스퍼 기어
③ 헬리컬 기어 ④ 스파이럴 베벨기어

> 교쇄 축형 감속기 : 헬리컬 기어, 웜 기어, 스퍼 기어
> ※ 두 축이 만나는 경우 : 베벨 기어, 스크우 베벨 기어, 스파이럴 베벨 기어

정답 16 ① 17 ③ 18 ① 19 ④ 20 ① 21 ① 22 ④ 23 ④ 24 ④

25 평행축형 감속기에 사용하지 않는 기어는?

① 스퍼 기어   ② 헬리컬 기어
③ 더블헬리컬 기어   ④ 웜 기어

웜 기어는 웜과 웜 기어를 한쌍으로 사용하며, 큰 감속비를 얻을 수 있으며 두 축이 만나지도 평행하지도 않는 경우에 사용한다.

26 소형(1[kW] 이하) 3상 유도 전동기에서 가장 많이 사용하는 급유의 형태는?

① 그리스 급유   ② 유욕 급유
③ 강제순환 급유   ④ 적하 급유

그리스는 알루미늄, 나트륨, 칼슘, 리튬, 벤톤, 유기화합물로 이루어져 있으며 냉각효과는 적고, 순환 급유의 어려움이 있으며 밀봉은 간단하고 회전저항이 비교적 큰 특징이 있어 주로 3상유도 전동기에서도 소형에서 사용한다.

27 V벨트 전동장치에서 V벨트를 선정하려 할 때 고려하지 않아도 되는 것은?

① V벨트의 종류 및 형식
② V벨트의 장력
③ 소요 벨트의 가닥수
④ V벨트 풀리의 형상과 지름

V벨트의 선정기준
• V벨트의 종류 및 형식
• 소요 벨트의 가닥수
• V벨트 풀리의 형상과 지름
• 설계동력 및 속도(회전수)

28 다음 기어 중 이의 변형과 진동, 소음이 작고 큰 동력 전달과 고속운전에 적합한 것은?

① 헬리컬 기어(Helical Gear)
② 스퍼 기어(Spur Gear)
③ 웜 기어(Worm Gear)
④ 크라운 기어(Crown Gear)

헬리컬 기어 : 평행한 두 축사이에 회전을 전달하는 기어로서 이를 축에 경사시킨 것으로 물림이 순조롭고 축에 드러스트가 발생한다.

29 평행축 형 감속기에 사용하지 않는 기어는?

① 스퍼 기어   ② 헬리컬 기어
③ 더블 헬리컬기어   ④ 웜 기어

기어 감속기	
두 축이 서로 평행한 경우	스퍼어 기어, 헬리컬 기어, 더블 헬리컬 기어, 인터널 기어, 래크
두 축이 만나는 경우	베벨 기어, 스큐 기어, 스파이럴 베벨 기어
두 축이 만나지도 평행 하지도 않는 경우	하이포이드 기어, 스크류 기어, 웜 기어

30 기어의 피치원 지름을 D[mm], 잇수를 Z라고 할 때 모듈 M은 어떻게 표시되는가?

① $M = \dfrac{\pi Z}{D}$ ② $M = \dfrac{Z}{\pi D}$
③ $M = \dfrac{Z}{D}$ ④ $M = \dfrac{D}{Z}$

$D = M \times Z, \therefore M = \dfrac{D}{Z}$

31 강의 표면에 부동태 피막으로 불리어지는 강력한 산화피막이 형성되어 재료 내부를 보호하기 때문에 내부식성이 확보되는 재질은?

① 주철   ② 스테인리스강
③ 스텔라이트   ④ 주강

스테인리스강은 크롬, 니켈, 철의 합금강으로 내식성, 내열성이 우수한 합금강이다.

정답 25 ④ 26 ① 27 ② 28 ① 29 ④ 30 ④ 31 ②

32 축이 마모되어 수리할 때 보스에 부시를 넣어야 하는 경우는?

① 마모부분 다시 깎기
② 마모부에 금속 용사하기
③ 마모부에 덧살 붙임 용접하기
④ 마모부에 잘라 맞춰 용접하기

33 다음 중 입력축과 출력축에 드라이브 콘을 설치하고 그 바깥 가장자리에 가구를 접촉시켜 변속하는 변속기는?

① 플랜지 디스크 가변 변속기
② 디스크 무단 변속기
③ 링 원추 무단 변속기
④ 컵 무단 변속기

34 다음 축이음의 종류 중 2개의 축이 평행하고, 2축의 중심선이 어긋났을 때 각속도의 변화 없이 회전동력을 전달시키고자 할 때 사용되는 축이음 방식은?

① 올덤 커플링(Oldeham Coupling)
② 유니버설 조인트(Universal Joint)
③ 휨 커플링(Flexible Coupling)
④ 고정 축이음(Rigid Coupling)

- 올덤 커플링(oldhams coupling) : 두 축이 평행하며 약간 어긋나는 경우에 사용하나, 진동이나 마찰저항이 커서 고속회전에는 적당하지 않다.
- 유니버설 조인트 : 두 축이 일직선상에 있지 않고 서로 교차하는 경우에 사용하며, 두 축이 만나는 각은 30° 이하로 해야 한다.

35 펌프의 공동현상(Cavitation) 방지책으로 부적당한 것은?

① 비교회전도(NS)가 작은 펌프를 채택한다.
② 흡입 배관은 가능한 굵고 짧게 한다.
③ 펌프의 설치위치를 가능한 높게 하여 흡입 양정을 길게 한다.
④ 손실수두를 작게 한다.

흡입양정이 지나치게 길게 되면 압력손실이 커지므로 오히려 공동현상을 유발하게 된다. 가급적 유효흡입양정(NPSH)을 고려하여 선정해야 한다.

36 왕복식 압축기에 대한 설명으로 맞는 것은?

① 맥동 압력이 없다.
② 대용량이다.
③ 고압발생이 가능하다.
④ 윤활이 쉽다.

왕복식 압축기는 실린더내에 피스톤이 왕복운동하는 것으로 압축기 중에 가장 고압을 얻을 수 있으나 압축비 증가로 윤활유 열화, 탄화의 우려가 있다.

37 기름펌프로 사용되는 기어 펌프의 송출량 계산식으로 옳은 것은? (단, Q : 송출량[L/min], h : 이의 높이[cm], b : 이의 폭[cm], N : 회전수[rpm], d : 피치원 지름[cm])

① $Q = \dfrac{\pi h N}{1,000 bd}$ [L/min]

② $Q = \dfrac{1,000 bh}{\pi hd}$ [L/min]

③ $Q = \dfrac{\pi bdhN}{1,000}$ [L/min]

④ $Q = \dfrac{1,000 bh}{\pi dN}$ [L/min]

38 축이 휘었을 경우 짐 크로우(Jim Crow)로 수정을 가할 수 있다. 짐 크로우에 의한 일반적인 축의 수정한계는 얼마인가?

① 0.01~0.02[mm] ② 0.1~0.2[mm]
③ 0.05~0.1[mm]   ④ 0.5~1[mm]

짐 크로우는 나사를 사용하여 형강·축·레일 등의 굽혀진 부분을 바로 잡는 도구로 축의 수정한계는 0.1~0.2[mm]이다.

39 토출관이 짧은 저 양정 펌프(전 양정 약 10m 이하)에 사용되는 역류 방지 밸브는?

① 게이트 밸브   ② 풋 밸브

정답 32 ① 33 ④ 34 ① 35 ③ 36 ③ 37 ③ 38 ② 39 ③

③ 플랩 밸브 ④ 슬루스 밸브

풋 밸브는 펌프 흡입측에 설치하며 역류방지 및 여과의 역할을 하며 게이트밸브, 슬루스 밸브는 유로를 차단하는 기능을 가지고 있고 플랩밸브는 저양정용 역류를 방지하는 밸브이다.

40 회전축의 흔들림 점검, 공작물의 평행도 측정 및 표준과의 비교측정에 이용되는 측정기기는?

① 스트레인 게이지
② 다이얼 게이지
③ 서피스 게이지
④ 게이지 블록

다이얼 게이지 : 평면의 요철이나, 원통면의 정도, 축의 편심 등, 적은 틀림을 기준치수에 대하여 비교 측정하는 것이다.
- 측정범위 : 5mm, 10mm
- 최소눈금 : 0.01mm, 0.001mm
- 허용 편심 오차 : 0.15~0.2mm

41 관의 이음 중 열에 의한 관의 팽창 수축을 허용하는 이음 방법은?

① 용접 이음 ② 신축 이음
③ 유니온 이음 ④ 플랜지 이음

배관은 온도 변화에 의한 팽창과 수축을 하기 때문에 이때 발생하는 응력을 제거하기 위하여 배관 일정 위치(30m마다 1개 정도의 비율)마다 설치할 필요가 있으며 루프이음, 벨로스 이음, 슬리브 이음, 스위블 이음 등이 있으며 신축이음은 팽창 이음이라고도 한다.

42 다음 중 베어링을 적정한 틈새로 조립하기 위해 사용되는 것은?

① 부시 ② 라이너
③ 심 플레이트 ④ 베어링용 어댑터

베어링용 어댑터는 레이디얼 볼 베어링 또는 롤 베어링을 축위의 임의의 위치에 적정한 틈새로 고정시키기 위해 사용된다.

43 전동기 과부하시 회로 및 기기의 보호용으로 사용되는 것은?

① 퓨즈 ② 타이머
③ 서머 릴레이 ④ 노 퓨즈 브레이크

퓨즈는 회로의 과부하를 방지하기 위한 안전장치로, 전류가 퓨즈를 통해서 흐를 때 어느 일정 온도 이상이 되면 녹아서 회로를 차단시키는 일을 한다.

44 액상 개스킷의 사용 방법 중 잘못된 것은?

① 접합면에 수분 등 오물을 제거한다.
② 얇고 균일하게 칠한다.
③ 바른 직후 접합해서는 안 된다.
④ 사용 온도 범위는 대체적으로 40~400℃이다.

액상 가스켓은 접합부에 골고루 펼쳐 바른 후 바로 접합하고 굳을 때까지 기다려 접합한다.

45 흐르는 전류를 검출하여 전동기를 보호하는 것은?

① 전자 릴레이 ② 전자 개폐기
③ 과부하 계전기 ④ 누전 차단기

과부하계전기(THR, thermal relay)는 열동계전기 또는 서멀 릴레이라고도 하며 주로 과부하 보호에 사용된다. 정격 전류 이상의 전류(과부하 전류)가 흐르면 내부에서 발생된 열에 의해 바이메탈이 동작하여 접점이 차단되고 전자접촉기의 회로를 차단하여 부하와 전선의 과열을 방지하는데 사용한다.

46 기계기 운전 중에 가장 양호한 동심상대를 유지하기 위한 작업은?

① 분해 작업 ② 센터링 작업
③ 끼워맞춤 작업 ④ 열박음 작업

센터링 작업은 금긋기 블록이나 센터 스퀘어를 사용하여 환봉 등의 단면 중심을 구하는 것으로, 이는 기계의 운전이 양호하게 이루어지도록 하며 진동, 소음을 억제하며 결국 기기의 수명을 연장시키는 역할을 한다.

정답 40 ② 41 ② 42 ④ 43 ① 44 ③ 45 ③ 46 ②

47 스테인리스강에서 응력부식균열(SCC) 발생요인 3요소와 가장 관련이 적은 것은?

① 재료
② 환경
③ 응력
④ 용접기

> **응력부식균열**(SCC, Stress Corrosion Cracking)
> 응력의 작용 하에서 부식환경 하에 있는 재료가 탄성한계 내의 낮은 응력수준에서도 균열을 일으키는 현상을 말한다. 즉 대상이 되는 재료 중에 잔류하고 있던 기계적 응력과 환경물질의 부식작용이 상승하여 균열의 발생과 진전을 촉진하며 응력부식균열이 생기기 위해서는 다음의 조건이 동시에 존재해야 한다.
> • 재료표면에 인장응력이 작용하고 있을 것
> • 부식성 환경일 것
> • 대상이 되는 재료가 주어진 응력 및 부식환경에서 응력부식균열을 일으키는 조건이 되어 있을 것(응력부식균열이 일어나는 정도는 재질에 따라 다르다)

48 테이퍼 핀을 밑에서 때려서 뺄 수 없을 경우에 적합한 분해 방법은?

① 테이퍼 핀 머리 부분에 용접을 하여 뺀다.
② 테이퍼 핀 머리 부분에 나사를 내어 너트를 걸어 뺀다.
③ 스크루 익스트랙터를 사용하여 뺀다.
④ 테이퍼 핀을 정으로 잘라서 뺀다.

> 테이퍼 핀은 한쪽이 점점 가늘어지는 핀으로, 예를 들면 자전거의 크랭크와 크랭크축을 고정하는데 사용하는 것으로 머리 부분에 나사를 내어 너트를 걸어 빼낸다.

49 다음 중 체크밸브의 종류가 아닌 것은?

① 스윙형 체크밸브
② 리프트형 체크밸브
③ 솔리드 웨지 체크밸브
④ 경사 디스크 체크밸브

> **체크밸브**
> • 스윙형 체크밸브 : 수평, 수직배관에 설치
> • 리프트형 체크밸브 : 수평배관에만 설치
> • 경사 디스크 체크밸브 : 밸브 시트 경사면에 설치하며 작동이 신속

50 열박음을 위해 베어링은 가열 유조에 넣고 가열할 때 몇 [℃] 이상에서 베어링의 경도가 저하되는가?

① 130[℃]
② 150[℃]
③ 180[℃]
④ 200[℃]

> 베어링의 열박음은 베어링을 100~120℃ 정도로 가열 후 안지름을 팽창하여 조립하며 이때 가열온도가 130℃ 이상이 되면 베어링 재료의 경도가 급격히 저하하게 된다.

51 체인을 걸 때 이음 링크를 관통시켜 임시 고정시키고 체인의 느슨한 측을 손으로 눌러보고 조정해야 하는데 다음 그림에서 S-S′가 어느 정도일 때 적당한가?

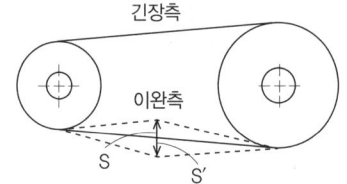

① 체인 폭의 1~2배
② 체인 폭의 2~4배
③ 체인 피치의 1~2배
④ 체인 피치의 2~4배

> 체인의 느슨한 측을 손으로 눌러 S-S′ 부분의 폭이 2~4배 정도가 적정하다.

52 나사부의 녹에 의한 고착을 방지하기 위한 방법으로 잘못된 것은?

① 산화연분을 기계유로 반죽하여 나사부에 칠한다.
② 나사부에 유성페인트를 칠한다.
③ 나사부에 개스킷을 사용한다.
④ 스테인리스강 등의 내식성 금속을 사용한다.

> **나사부 고착의 원인**
> 수분, 부식성가스(아황산가스, 염화수소 등), 부식성 액체(염산, 황산 등) 등으로 녹 발생 및 체적 팽창이 일어나게 된다.

정답 47 ④ 48 ② 49 ③ 50 ① 51 ② 52 ③

53 상온에서 유동적인 접착성 물질로 바른 후 일정시간 지난 후 건조되어 누설을 방지하는 개스킷은?

① 고무 개스킷
② 석면 개스킷
③ 접착 개스킷
④ 액상 개스킷

> 액상 개스킷은 접합면의 수분이나 이물질을 제거하고 얇게 고루 바른 후 사용하며, 사용온도 범위는 40~400℃이다.

54 전동기 사용 시 베어링 부에서의 발열의 원인이 아닌 것은?

① 윤활 불량
② 베어링 조립 불량
③ 체인, 벨트 등이 지나치게 느슨함
④ 커플링의 중심내기 불량이나 적정 틈새가 없음

> 체인, 벨트 등이 지나치게 느슨한 경우는 동력 전달이 되지 않으므로 수리 또는 교체의 원인이 된다.

55 축의 회전수가 1800[rpm]일 때 센터링 기준값으로 적정한 것은?

① 원주간 방향 0.03[mm], 면간차 0.01[mm]
② 원주간 방향 0.06[mm], 면간차 0.03[mm]
③ 원주간 방향 0.08[mm], 면간차 0.05[mm]
④ 원주간 방향 0.10[mm], 면간차 0.08[mm]

> 센터링
> - 금긋기 블록이나 센터 스퀘어를 사용하여 환봉 등의 단면 중심을 구하는 것으로 이는 기계의 운전이 양호하게 이루어지도록 하며 진동, 소음을 억제하며 결국 기기의 수명을 연장시키는 역할을 한다.
> - 축의 회전수와 센터링의 관계
>
> | | 원주 방향 | 면간차 | 면간 거리 |
> | --- | --- | --- | --- |
> | 1800 rpm | 0.06mm | 0.03mm | 3~5mm |
> | 3600 rpm | 0.03mm | 0.02mm | 3~5mm |

56 롤러 베어링을 축에 장착하는 방법으로 적당하지 않은 것은?

① 가열유조에 의한 방법
② 고주파 가열기에 의한 방법
③ 프레스 압입에 의한 방법
④ 펀치에 의한 타격 방법

> 100℃ 정도의 열을 가하고 열박음을 하는 것이 가열유조에 의한 방법이다.

57 배관의 직선 연결 이음에 사용되지 않는 배관용 관 이음쇠는?

① 유니언
② 니플
③ 플러그
④ 부싱

> 플러그는 관 끝 또는 구멍을 막는 데 사용하는 마감장치이다.

58 가열 끼워 맞춤에서 가열온도를 250[℃] 이하로 하는 이유로 맞는 것은?

① 재질의 변화 및 변형을 방지하기 위하여
② 가열 작업시간 단축을 위하여
③ 에너지 절감을 위하여
④ 조립 후 급냉을 위하여

> 가열 끼움 방법
> - 수증기로 가열하는 법
> - 기름으로 가열하는 법
> - 전기로로 가열하는 법
> - 가스버너나 가스 토치로 가열하는 법
> - 열박음로에서 가열하는 법
> ※ 가열 시 전체를 서서히 가열하며 200~250℃ 이하로 가열해야 재질의 변화 및 변형을 방지할 수 있다.

59 상비운전자가 매일 아침 오일러 스핀들을 세워서 1분 간격으로 5~10방울 정도 급유하는 체인 급유법은?

① 적하급유(저속용)
② 유욕윤활(중·저속용)
③ 회전판에 의한 윤활(중·고속용)
④ 강제 펌프 윤활(고속, 중하중용)

> 적하급유는 비순환식 급유로 베어링 등에 윤활유의 연속 급유가 필요하고, 윤활유의 발열이 적은 경우에 이용한다.

정답 53 ④ 54 ③ 55 ② 56 ④ 57 ③ 58 ① 59 ①

60 다음 밸브 중 관로에 설치한 힌지로 된 밸브판을 가진 밸브로 스톱 밸브 또는 역지 밸브로 사용되는 것은?

① 플랩 밸브　　② 게이트 밸브
③ 리프트 밸브　　④ 앵글 밸브

> 플랩밸브(flap valve) 다단원심펌프에 장착하는 밸브로 펌프가 하나의 단계에서 다음 단계로 전환할 때 물의 흐름을 제어하는 체크밸브와 유사한 기능을 수행한다.

61 정비용 측정기구 중 베어링의 윤활상태를 측정하는 기구는?

① 베어링 체커　　② 베어링 진동계
③ 회전계　　④ 표면 온도계

> 베어링 체커는 베어링의 회전 저항과 이물질 여부, 그리스 등 윤활상태, 베어링의 크랙 정도를 체크하기 위한 기구이다.

62 방청제의 종류 중 방청능력이 크고, 두터운 피막을 형성하며, 1종(KP-4), 2종(KP-5), 3종(KP-6)로 분류되는 것은?

① 바셀린 방청유
② 용제 희석형 방청유
③ 윤활 방청유
④ 지문 제거형 방청유

63 기어의 백래시(Back Lash)를 주는 이유로 틀린 것은?

① 백래시를 가능한 크게 주어 소음 진동을 줄이기 위해서다.
② 치형 오차, 피치 오차, 편심 가공 오차 때문이다.
③ 중 하중, 고속회전으로 발열되어 팽창되기 때문이다.
④ 윤활을 위한 잇면 사이의 유막 두께를 유지하기 위해서다.

> 백래시는 서로 맞물린 기어 한 쌍에서 잇면 사이의 간극으로 백래시가 크면 오히려 소음의 정도가 증가하게 된다.

64 유도전동기에서 회전수, 극수 및 주파수의 관계식이 맞는 것은? (단, N_S : 회전수, P : 극수, F : 주파수)

① $N_S = \dfrac{120F}{P}$　　② $F = \dfrac{120P}{N_S}$

③ $F = \dfrac{N_S}{120P}$　　④ $P = \dfrac{120N_S}{F}$

65 두 축을 정확하게 결합시킬 수 있고 확실하게 동력을 전달시킬 수 있어 지름이 200[mm] 이상인 축과 고속 정밀 회전축의 축이음에 많이 사용되는 것은?

① 올덤 커플링　　② 플렉시블 커플링
③ 고무 커플링　　④ 플랜지 커플링

> **커플링 종류**
> - 올덤 커플링(oldhams coupling) : 두 축이 평행하며 약간 어긋나는 경우에 사용하나, 진동이나 마찰저항이 커서 고속회전에는 적당하지 않다.
> - 유니버설 조인트 : 두 축이 일직선상에 있지 않고 서로 교차하는 경우에 사용하며, 두 축이 만나는 각은 30°이하로 해야 한다.
> - 슬리브 커플링 : 고정축 이음으로 주철제 원통안에 두 축을 맞추어 키로 고정한 것
> - 플랜지 커플링 : 가장 많이 사용하는 축 이음으로, 주철제 또는 주강제의 플렌지를 양축에 고정한 후 볼트로 고정한 것
> - 플렉시블 커플링 : 두 축이 정확히 일치하지 않는 경우에 사용하며, 급격히 힘이 변화하는 경우, 완충 작용과 전기 절연작용을 한다.

66 10[m] 이하의 저양정 펌프에서 토출량을 조절할 수 있는 밸브는?

① 풋 밸브　　② 감압 밸브
③ 체크 밸브　　④ 나비형 밸브

> 나비형 밸브는 관로 중앙에 설치한 축에 타원형 모양의 밸브판을 장착하여 축을 회전시켜 교축하므로 유량을 조절하며 흐름을 완전히 차단할 수는 없으므로 저 양정 펌프 토출측에 사용한다.

67 펌프 운전 시 캐비테이션(Cavitation) 발생 없이 펌프가 안전하게 운전되고 있는가를 나타내는 척도로 사용되는 것은?

① 유효흡입수두　　② 전양정

정답　60 ①　61 ①　62 ①　63 ①　64 ①　65 ④　66 ④　67 ①

③ 토출수두　　　　④ 실양정

유효흡입수두(NPSH)을 고려하여 배관을 선정하면 캐비테이션현상을 방지할 수 있다.

68 다음 마이크로미터에 나타난 측정값은?

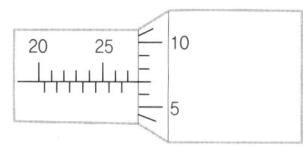

① 26.07[mm]　　② 27.07[mm]
③ 27.00[mm]　　④ 25.07[mm]

슬리브 눈금이 27mm를 나타내고 있으며 심블(한눈금 0.01mm)은 7을 나타내고 있다.
∴ 27+(0.01×7) = 27.07[mm]

69 펌프의 회전수를 변화시킬 때 양정은 어떻게 변하는가?

① 회전수이 비례한다.
② 회전수의 제곱에 비례한다.
③ 회전수의 세제곱에 비례한다.
④ 회전수의 네제곱에 비례한다.

상사의 법칙에 의하여
- $Q_2 = Q_1 \times \dfrac{N_2}{N_1}$　Q_1 : 처음 유량, Q_2 : 나중 유량
  N_1 : 처음 회전수, N_2 : 나중 회전수
- $H_2 = H_1 \times \left(\dfrac{N_2}{N_1}\right)^2$　H_1 : 처음 양정, H_2 : 나중 양정
- $P_2 = P_1 \times \left(\dfrac{N_2}{N_1}\right)^3$　P_1 : 처음 동력, P_2 : 나중 동력

∴ 유량은 회전수에 비례하며 양정은 회전수 제곱에 비례, 동력은 세제곱에 비례한다.

70 다음 중 기어 감속기의 분류에서 평행 축형 감속기에 속하지 않는 것은?

① 스트레이트 베벨기어
② 스퍼 기어
③ 헬리컬 기어
④ 더블 헬리컬기어

스트레이트 베벨기어는 교쇄 축형 감속기에 해당된다.

71 송풍기의 냉각방법에 의한 분류 중 틀린 것은?

① 공기 냉각형　　② 재킷 냉각형
③ 풍로식 흡입형　④ 중간 냉각 다단형

송풍기의 냉각방법에 의한 분류에는 ①, ②, ④항 3가지로 구분된다.

72 구름 베어링의 경우 간섭량이 적으면 원주방향으로 미끄럼이 생겨 발생하는 결함은?

① 크리프(Creep)　　② 균열(Cracks)
③ 플레이킹(Flaking)　④ 뜯김(Scoring)

재료에 응력을 일정하게 유지하고 있으면 시간의 경과와 더불어 변형률이 증가하는 현상을 크리프 현상이라 한다.

73 기어 펌프의 특징으로 맞는 것은?

① 효율이 낮다.
② 소음과 진동이 적다.
③ 기름 속에 기포가 발생되지 않는다.
④ 점성이 큰 액체에서는 회전수를 크게 해야 한다.

기어펌프는 같은 모양의 2개의 기어(회전자)의 맞물림에 의하여 송액하는 펌프로서 경량이고 구조가 간단하며, 역류의 우려가 없으므로 흡입, 토출밸브가 없으며 펌프의 효율은 낮은 로터리(회전) 펌프의 일종이다.

74 축의 고장 중 설계 불량에 의한 고장원인이 아닌 것은?

① 재질 불량　　② 치수 강도 부족
③ 급유 불량　　④ 형상 구조 불량

급유불량은 정비 불량에 해당된다.

75 V-벨트의 단면 형태 중 단면이 가장 작은 형은?

① M형
② A형
③ E형
④ B형

> V-벨트는 M, A, B, C, D, E 6종류가 있으며 M형이 가장 작으며 E형으로 갈수록 커진다.

76 베어링 열박음 시 몇 도 이상 가열하면 경도 저하가 일어나는가?

① 100[℃]
② 130[℃]
③ 160[℃]
④ 200[℃]

> 열박음은 부속 기기를 끼워 조립하여 설치하는 것으로 주로 가열법을 많이 선택하며 이 때 100℃로 가열하나 130℃ 이상이 되면 경도 저하의 우려가 있다.

77 냉간 인발로 제작된 이음매 없는 관으로 값이 비싸고 고온 강도가 약한 단점이 있으나, 내식성, 굴곡성이 우수하고 전기 및 열전도성이 좋아 열교환기용, 압력계용 배관, 급유관 등으로 널리 사용되는 관은?

① 주철관
② 강관
③ 가스관
④ 동관

> 냉간 인발은 관, 철사 등을 상온에서 다이(die)를 통해 뽑아내는 가공법이며 동관이 굴곡성, 열 전도성 등이 우수하여 열교환기에 사용된다.

78 다음 중 용적형 공작 기계의 종류는?

① 터보 블로워
② 루츠 블로워
③ 레이디올 팬
④ 프로펠러 팬

> 용적형은 루츠, 나사, 왕복동형 등이 있다.

79 밸브 취급방법으로 올바르지 않은 것은?

① 밸브를 열 때는 기기의 이상 유무를 확인하면서 천천히 연다.
② 밸브를 전개할 때는 완전히 연후 1/2회전 역회전 시켜 둔다.
③ 이종 금속으로 된 밸브는 열팽창에 주의하여 취급한다.
④ 밸브를 열고 닫을 때는 누설을 방지하기 위해 빨리 조작한다.

> 모든 밸브는 서서히 개폐해야 하며 안전밸브는 신속히 작동해야 한다.

80 열박음에서 끼워 맞춤 가열 온도를 구하는 공식으로 맞는 것은? (단, T : 가열온도, Dd : 쥠새(축지름-구멍지름), a : 열팽창계수, D : 구멍지름)

① $T = \dfrac{\Delta d}{D}$
② $T = \dfrac{\alpha \times D}{\Delta d}$
③ $T = \dfrac{\Delta d}{\alpha \times D}$
④ $T = \dfrac{D}{\Delta d}$

정답 75 ① 76 ② 77 ④ 78 ② 79 ④ 80 ③

CHAPTER 05

최근
기출문제
【2011년~2020년】

2011년 1회 최근기출문제

제1과목 공유압 및 자동화시스템

01 방향 제어 밸브의 구조에 의한 분류에 해당되지 않는 것은?

① 포핏 형식 ② 로터리 형식
③ 파일럿 형식 ④ 스풀 형식

> **방향제어밸브의 구조에 의한 분류**
> • 포핏 형식 : 밸브몸체가 밸브자리에서 수직방향으로 이동하여 유로를 개폐하는 방식
> • 스풀 형식 : 밸브몸체가 원통형 미끄럼면에 내접하여 축방향으로 이동하여 유로를 개폐
> • 슬라이드 형식 : 밸브본체와 밸브자리가 미끄러지면서 유로를 개폐

02 오일탱크의 바닥면과 지면의 최소 유지간격으로 가장 바람직한 것은?

① 50[mm] ② 150[mm]
③ 250[mm] ④ 350[mm]

> **오일 탱크의 구비조건**
> • 오일탱크 내에서는 먼지, 절삭분, 윤활유 등의 이물질이 혼입되지 않도록 주유구에는 여과망과 캡 또는 뚜껑을 부착하고 오일로부터 분리할 수 있는 구조
> • 공기(빼기)구멍에는 공기 청정기를 부착하여 먼지의 혼입을 방지하고 통기용 유압펌프 토출량의 2배 이상
> • 소형 오일탱크는 에어블리저가 주유구를 공용시켜도 무방
> • 오일탱크 내에 방해판을 두어 펌프 흡입측과 복귀측을 구별하여 오일 순환거리를 길게 하고 기포 방출, 오일 냉각 보존, 먼지 침전 등을 할 수 있다.
> • 오일탱크의 바닥면은 바닥에서 최소 간격 15cm 간격
> • 오일탱크는 완전히 세척할 수 있도록 제작
> ※ 스트레이너의 삽입이나 분리를 용이하게 할 수 있는 출입구를 만든다.
> ※ 스트레이너의 유량은 유압펌프 토출량의 2배 이상

03 공압 모터의 장점이 아닌 것은?

① 회전 방향을 쉽게 바꿀 수 있다.
② 회전 속도와 관계없이 일정한 공기를 소모한다.
③ 속도 조절 범위가 크다.
④ 과부하에 대하여 안전하다.

> **공압 모터의 장·단점**
> | | |
> |---|---|
> | 장점 | • 레귤레이터를 이용하여 실린더의 출력을 조절할 수 있다.
• 무단계로 작업속도를 조절함으로서 변경이 가능하다.
• 힘의 증폭이 용이하고 에너지 축적이 가능하다.
• 고속 작동이 가능하고 인화의 위험이 없다. |
> | 단점 | • 응답속도가 느리며 소음이 심하다.
• 정밀한 속도 조절이 곤란하여 효율이 저하된다.
• 큰 힘을 얻을 수 없어 대용량에는 부적합하다. |

04 다음 그림의 회로 명칭으로 맞는 것은?

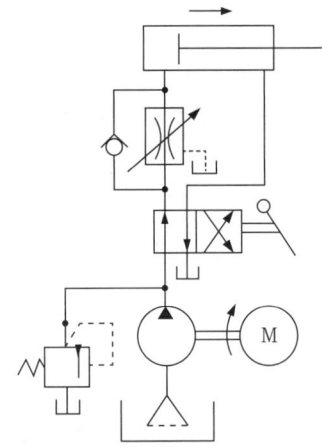

① 미터-인 회로 ② 미터-아웃 회로
③ 블리드-오프 회로 ④ 블리드-온 회로

> 미터-인 회로는 실린더 입구측에 설치하여 유압 유량을 조정하여 실린더 속도를 제어한다.

05 다음 중 조작력이 작용하지 않는 때의 밸브 몸체의 위치로써 맞는 것은?

① 중앙 위치 ② 초기 위치
③ 노멀 위치 ④ 중간 위치

> 노멀 위치는 흐름 형식전환 밸브에 조작력 또는 제어신호가 작동하지 않고 있을 때의 밸브체의 위치를 말한다.

06 다음 기호의 명칭으로 맞는 것은?

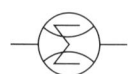

① 적산 유량계
② 회전 속도계
③ 토크계
④ 유면계

상기 기호는 적산 유량계로 일정 용적량을 사용하여 자동적으로 용적을 측정하는 용적 유량계와, 흐름 가운데 놓여있는 날개의 회전수를 측정하여 통과 유량을 측정하는 익차 유량계 등이 있다.

07 공압기기 중 소음기에 대한 설명으로 맞는 것은?

① 배기 속도를 빠르게 한다.
② 공기 흐름에 저항이 부여되고 배압이 생긴다.
③ 공압 기기의 에너지 효율이 좋아진다.
④ 공압 작동부의 출력이 커진다.

소음기는 공압기기에서 나오는 배기가스에 의해 발생되는 소음을 줄이기 위해 이 가스를 통과시키는 장치로, 이 때 공기 흐름의 저항이 부여되고 이로 인하여 배압이 생긴다.

08 1 표준기압은 수은주 760[mmHg]이다. 상온의 물이라면 이것의 수주는 약 얼마인가?

① 0.76[m]
② 1.034[m]
③ 7.6[m]
④ 10.34[m]

표준 대기압 = 1.0332kg/cm² · a = 14.7 lb/in² · a
= 10.332mH₂O = 10.332Aq
= 760mm Hg = 30in Hg
= 101325 Pa = 101325 N/m²

09 공기압축기로부터 애프터 쿨러 또는 공기탱크까지 연결라인이며 고온 고압과 진동이 수반되는 부분은?

① 흡입 라인
② 이송 라인
③ 토출 라인
④ 제어 라인

10 단단 베인 펌프 2개를 1개의 본체 내에 직렬로 연결시킨 펌프로 고압의 대출력이 요구되는 액추에이터의 구동에 적합한 펌프는?

① 2단 베인 펌프
② 단단 베인 펌프
③ 2연 베인 펌프
④ 복합 베인 펌프

베인펌프는 케이싱에 접하여 베인(날개)을 회전시킴으로써 베인 사이로 흡입한 액체를 흡입측에서 토출측으로 밀어내는 형식의 펌프로 펌프 2개를 1개의 본체에 직렬로 연결시킨 것을 2단 베인펌프라 한다.

11 서보량(위치, 속도, 가속도 등)을 정밀하게 제어하는 서보제어계의 사용되는 서보센서의 종류가 아닌 것은?

① 열전대
② 포텐쇼미터
③ 타코미터
④ 리졸버

열전대는 2개의 금속으로 폐회로를 만들어 접점간의 온도차에 의하여 기전력(起電力)을 발생한다.

12 다음 중 기름이 누설되는 원인이 아닌 것은?

① 배관 재질이 불량한 경우
② 밸브의 작동이 불량한 경우
③ 배관 접속법이 불량한 경우
④ 실(Seal)이 불량한 경우

밸브 작동 불량은 기기 작동의 문제점을 일으키며 기름 누설의 원인은 재질 불량이나 접속 또는 실(seal) 또는 패킹 등의 불량으로 밀폐가 되지 않는 경우이다.

13 설비의 신뢰성을 나타내는 척도 중 MTBF는 무엇을 의미하는가?

① 평균고장 수리시간
② 평균고장 간격시간
③ 고장률
④ 고장설비 수

설비의 신뢰성을 나타내는데 필요한 조건
- 신뢰도 = $\dfrac{\text{설비의 총수} - \text{운전시간까지의 고장수}}{\text{설비의 총수}} \times 100$
- MTTF(Mean Time To Failures) : 고장이 일어나기까지의 동작시간의 평균치(평균고장 시간)
- MTBF(Mean Time Between Failures) : 고장 사이의 작동시간 평균치(평균고장 간격시간)
- MTTR(Mean Time To Repair) : 고장 발생 순간부터 수리완료 후 정상작동까지의 평균시간(평균고장 수리시간)
- 가용도 = $\dfrac{MTBF}{MTBF + MTTR}$

14 직류 전동기 과열의 원인이 아닌 것은?

① 전동기 과부하 ② 퓨즈의 융단
③ 스파크 ④ 베어링 조임과다

15 기기 간 접속보다 단지 액추에이터의 동작순서를 표시하는 것은?

① 논리도 ② 래더 다이어그램
③ 변위-단계선도 ④ 기능선도

> 변위-단계선도는 도면에 있는 공압 액추에이터를 보고 실린더가 어떻게 움직이는지 보고 동작순서를 표시한다.

16 다음의 기호가 나타내는 것은?

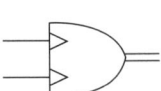

① 요동형 공기압 펌프
② 요동형 공기압 모터
③ 요동형 공기압 압축기
④ 요동형 공기압 실린더

> 요동형 공기압 실린더는 일정한 회전각으로 왕복·회전하는 액추에이터이다.

17 유압 선형 액추에이터에 대한 설명으로 틀린 것은?

① 비압축성 유체를 사용한다.
② 정밀한 속도제어가 가능하다.
③ 온도변화에 따라 유체의 점도 변화가 심하다.
④ 빠른 속도가 필요한 곳에 유용하다.

> 빠른 속도가 필요한 곳은 axial piston motor이다.

18 공압 요동형 액추에이터 중 피스톤 로드에 기어의 형상이 있으며 피스톤의 직선 운동을 피니언의 회전 운동으로 변화시키는 것은?

① 베인 실린더 ② 회전 실린더
③ 공압 모터 ④ 터빈 모터

> **회전 실린더의 특징**
> • 체인에 의한 공압 구동의 출력축에 오일의 비압축성을 조합 회전운동을 구현한 회전구동기기
> • 하이드로 쿠션 내장으로 높은 관성모멘트에 대한 충격력 흡수 능력이 뛰어남
> • 유압에 의해 저속 영역에서의 정숙한 회전가능

19 PLC의 성능이나 기능을 결정하는 중요한 프로그램으로 PLC 제작회사에서 직접 ROM에 써 넣는 것은?

① 데이터 메모리
② 시스템 메모리
③ 수치 연산 제어 메모리
④ 사용자 프로그램 메모리

> 시스템 메모리란 램을 의미하며, 제작 시 기억할 정보를 ROM에 써 넣는 것으로 사용자가 기록할 수 없다.

20 제어시스템에서 제어를 행하는 과정에 따른 분류 중 설명이 틀린 것은?

① 파일럿 제어 - 메모리 기능이 없고 이의 해결을 위해 불논리 방정식을 이용한다.
② 메모리 제어 - 출력에 영향을 줄 반대되는 입력신호가 들어올 때까지 이전에 출력된 신호는 유지된다.
③ 시퀀스 제어 - 이전단계 완료여부를 센서를 이용하여 확인 후 다음단계의 작업을 수행한다.
④ 조합 제어 - 요구되는 입력 조건에 관계없이 그에 관련된 모든 신호가 출력된다.

> 조합 제어 : 제어명령은 시간에 따른 제어와 같은 방법으로 주어지나 이의 수행은 시퀀스 제어와 마찬가지 방법으로 감시된다.

제2과목 설비진단 및 관리

21 설비종합효율은 개별설비의 종합적 이용효율이다. TPM에서의 종합효율을 측정하는 지수가 아닌 것은?

① 에너지 효율 ② 시간 가동률
③ 성능 가동률 ④ 양품률

> **품질 개선**
> 품질의 이상 또는 더 나은 것을 생산하기 위하여 원리, 원칙에 의하여 원인 분석을 해야 하며 현존하는 지식과 경험, 기능으로 시간 가동률, 성능 가동률 등을 활용해야 한다.
> • 시간 가동률 = 부하시간 / (부하시간 - 정지시간)
> • 설비효율 = 시간 가동률 × 성능 가동률 × 양품률
> • 양품률 = 양품수 / 투입수량

22 원활한 보전을 위하여 보전용 자재의 일부를 상비품으로 준비하고자 한다. 상비품으로 고려할 사항이 아닌 것은?

① 여러 공정의 부품에 공통적으로 사용되는 부품
② 사용량이 많고 계속적으로 사용되는 부품
③ 단가가 비싼 부품
④ 보관상(중량, 변질 등) 지장이 없는 부품

단가가 비싼 부품과 상비품과는 관계가 없으며 구입이 어렵거나 곤란한 경우에는 상비품으로 구입하여 사용가능하다.

23 새 펌프를 구입하여 설치 후 시험가동 중에 축봉부에 누설이 생겨 목표한 양정으로 올리지 못하여 메커니컬실(Mechanical Seal)을 교체하여 가동하였다. 다음 그림에서 어느 구역의 고장기에 해당하는가?

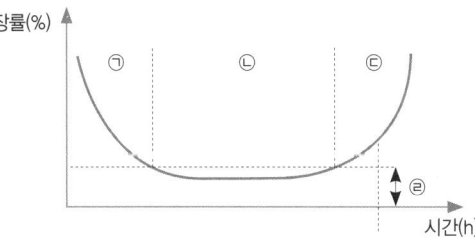

① ㉠ 구역
② ㉡ 구역
③ ㉢ 구역
④ ㉣ 구역

그림은 욕조 곡선으로 ㉠ 구역은 초기고장 구역이며 ㉡ 구역은 우발고장 구역, ㉢ 구역은 마모고장 구역이다. 문제의 경우 설치 후 시험가동 중의 고장이므로 초기고장기간인 ㉠ 구역에 해당된다.

24 설비진단 기술의 도입시 나타나는 일반적인 효과와 관련이 적은 것은?

① 진단기기를 사용하면 보다 정량화 할 수 있으므로 쉽게 이상측정이 가능하다.
② 경향관리를 통하여 설비의 수명 예측이 가능하다.
③ 중요 설비 부위를 상시 감시함에 따라 돌발사고를 미연에 방지할 수 있다.
④ 열화가 심한 설비에 효과적이며 오감에 의한 진단이 일반적이다.

열화는 재료나 제품이 열 또는 빛 등의 사용 환경에 의해 그 화학적 구조에 유해한 변화를 일으키는 것으로 검사는 초음파를 이용하므로 일반적인 효과와는 관련이 적다.

25 정현파 신호의 진동 파형에서 중심으로부터 제일 높은 부분의 최대값의 진동 크기를 나타내는 것은?

① 편진폭
② 양진폭
③ 실효값
④ 평균값

진동의 크기
• 피크값(편진폭) : 진동량의 절대값의 최대값이다.
• 피크-피크값 : 정측의 최대값에서 부측의 최대값까지의 값이다.(정현파의 경우는 피크값의 2배)
• 실효값 : 진동의 에너지를 표현하는 것에 적합한 값이다. (정현파의 경우는 피크값의 $1/\sqrt{2}$ 배)
• 평균값 : 진동량을 평균한 값이다.(정현파의 경우는 피크값의 $2/\pi$배이다.)

26 설비의 경제성 평가 방법 중 설비의 내구 사용 기간 사이의 자본비용과 가동비의 합을 현재가치로 환산하여 내구사용기간 중의 연평균 비용을 비교하여 대체안을 결정하는 방법은?

① 자본 회수법
② 평균 이자법
③ 연평균 비교법
④ 자본회수 기간법

연평균 비용을 비교하여 대체 안을 결정하는 방법을 연평균 비교법이라 한다.

27 진동 측정시 주의해야 할 점이 아닌 것은?

① 진동계를 바꿔가면서 측정한다.
② 항상 동일한 장소를 측정한다.
③ 항상 동일한 방향으로 측정한다.
④ 언제나 같은 센서를 사용한다.

진동 측정 시 주의사항
• 항상 동일 장소나 방향에서 측정해야 한다.
• 항상 동일 센서로 측정해야 한다.
• 센서 부착면에 먼지나 녹이 있는 경우 제거하고 센서를 부착해야 한다.
• 항상 동일한 부하일 때 측정해야 한다.
• 진동의 크기는 회전수의 2승에 비례하므로 동일한 회전수를 유지해야 한다.

28 두 물체의 고유진동수가 같을 때 한 쪽을 울리면 다른 쪽도 울리는 현상은?

① 음의 지향성　　② 공명
③ 맥동음　　　　④ 보강 간섭

> 공명은 고유 진동수가 같은 2개의 진동체에서 한쪽에서 음이 발생하면 다른 쪽에서도 같은 음이 발생하는 현상이다.

29 프로세스형 설비의 로스는 9대 로스로 구분된다. 그 중 이론사이클 시간과 실제사이클 시간의 차이를 나타내는 것은 어떤 로스를 말하는가?

① 계획정지 로스　　② Shut Down 로스
③ 순간정지 로스　　④ 속도저하 로스

> 속도저하 로스 : 설계 시점의 속도(또는 품종별기준 속도)와 실제 속도와의 차에 의한 로스

30 흡진 재료인 파이버 글라스(Fiber Glass)에 대한 설명 중 옳은 것은?

① 습기를 흡수하려는 성질이 있다.
② 강성은 밀도에 따라 결정되지 않는다.
③ 강성은 파이버의 직경과 상관없다.
④ 모세관이 소량 포함되어 있다.

> 파이버 글라스는 단열재 등에 사용되는 유리 섬유로 습기를 흡수하면 단열효과를 상실하게 되며 습기는 배척한다.

31 TPM의 활동에 관계없는 것은?

① 설비에 관계하는 사람은 빠짐없이 참여한다.
② 작업자를 보전 전문요원으로 활용한다.
③ 설비의 효율화를 저해하는 로스(Loss)를 없앤다.
④ 계획보전체제를 확립한다.

> TPM(종합적 생산보전)의 개요
> • 설비효율을 최고로 높이기 위한 보전 활동
> • 전원이 참가하여 동기부여 관리
> • 소집단 활동에 의하여 생산보전 추진
> • 작업자의 자주보전 체제의 확립
> • 현장 체질개선으로 설비의 고장과 불량을 사전에 방지

32 설비진단 기법 중 진동법으로 알 수 없는 것은?

① 송풍기의 언밸런스(Unbalence)
② 베어링의 결함
③ 플라이 휠(Fly Wheel)의 언밸런스
④ 윤활유에 포함된 이물질의 양

> 기계 진동법
> • 회전부의 불균형에 의한 진동
> • 내연기관의 폭발 충격력에 의한 진동
> • 미끄럼 부분의 진동
> • 기초나 설치 불량에 의한 진동

33 윤활유의 열화 방지법이 아닌 것은?

① 고온은 가능한 피한다.
② 기름의 혼합사용은 극력 피한다.
③ 신 기계 도입시는 충분히 세척 후 사용한다.
④ 교환 시는 열화유를 조금 남기고 교환한다.

> 윤활유의 열화 방지법
> • 기름의 혼합사용 금지
> • 교환 시 열화유를 완전히 제거한 후 교환
> • 기계를 새로 도입 시 충분히 세척 후 사용
> • 고온에서의 사용 금지
> • 먼지, 수분 등 이물질 혼입 시 신속히 배제
> • 1년에 1회 정도 윤활유 순환계통도 청소 및 윤활유 교체
> • 필요에 따라 첨가제 사용

34 집중보전의 장점을 설명한 것 중 거리가 먼 것은?

① 대수리가 필요할 때 충분한 인원을 동원할 수 있다.
② 자본과 새로운 일에 대하여 통제가 보다 확실하다.
③ 작업표준을 위한 시간손실이 적다.
④ 보전 요원의 기능향상을 위해 훈련이 보다 잘 행하여진다.

> • 집중 보전 : 책임자 한 사람을 기준으로 하여 조직이 구성되며 모든 보전 요원은 책임자의 지시에 따라 움직이는 집중 관리 시스템이다.
> • 모든 일에 대하여 통제가 수월하고 인원관리를 획일화할 수 있다.
> • 설비의 수리, 고장, 교체 등 모든 일 처리가 신속히 이루어진다.
> • 모든 보전원의 기능 숙련이 향상되고 새로운 기능에 대하여 적응이 가능하다.
> • 작업 표준화를 하기 위하여 시간 손실이 많다.
> • 작업 의뢰에서 생산까지 책임자의 지시를 받아야 하므로 소요시간이 많이 걸린다.

35 대부분의 설비는 어느 기간 동안 수명을 유지한다. 그러다 어느 기간이 지나면 설비가 고장나기 시작한다. 다음 중 초기고장기와 우발고장기가 지난 후, 마모고장기에 발생하는 고장 원인과 가장 거리가 먼 것은?

① 열화에 의한 고장
② 부품들간의 변형
③ 불충분한 오버홀
④ 부적절한 설비의 설치

설비의 신뢰성 및 보전성 관리
• 초기 고장의 현상 : 설비를 사용함에 따라 고장의 발생이 감소하게 되는데 이상이 있거나 설계·제작 불량 등은 고장을 일으키며 보전요원에 의하여 그때마다 수리·정비를 해야 한다.
• 우발 고장의 현상 : 기계의 축 절단, 전기회로의 단선, 과부하로 인한 모터의 소손 등 돌발적으로 고장이 일어나는 현상으로 예비품 관리의 필요성을 중시하게 된다.
• 마모 고장의 현상 : 압축기 피스톤링의 마모, 베어링의 마모 등 설비의 열화 및 마모에 의하여 일어나는 현상으로 주기적으로 급유, 청소를 하면 고장률을 줄일 수 있다.

36 기계진동의 가장 일반적인 원인으로서 진동 특성이 1f 성분이 탁월한 회전기계의 열화 원인은? (단, f = 회전주파수)

① 미스얼라인먼트   ② 언밸런스
③ 기계적 풀림   ④ 공전

언밸런스(unbalance)
회전수와 동일한 주파수가 검출되었을 때 진동을 발생시키며 모든 기기에서 발생하는 진동으로 수평·수직방향에 최대의 진폭이 발생하며 언밸런스 량과 회전수가 증가할수록 진동레벨이 높게 나타난다.

37 다음 중 설비관리의 기능과 가장 관계가 먼 것은?

① 일반관리 기능   ② 기술 기능
③ 개발 기능   ④ 실행 기능

설비관리의 기능
• 관리 기능 : 직접 기능을 수행하기 위한 계획, 통계, 조정 등과 같은 관리적인 기능
• 직접 기능 : 설계, 건설, 수리 등을 직접 수행하는 실제적인 기능(실무기능)
• 설비담당 기능 : 설비부·시설부, 공무부·기술부, 건설부, 정비부·설비관리부, 영선부

38 모세관 현상을 이용하여 윤활시키며 윤활유를 순환시켜 사용하는 급유 방법은?

① 손 급유법
② 가시 부상 유적 급유법
③ 패드 급유법
④ 적하 급유법

패드 급유법 : 털실이 직접 마찰면에 접촉하는데 모세관 현상에 의해 기름이 공급

39 어떤 보전자재의 연간 자료가 다음과 같다. 경제적 주문량은 약 얼마인가?

• 연간 평균수요량 : 2,000개
• 보전자재 단가 : 3,000원
• 1회 발주비용 : 20,000원

① 152   ② 164
③ 203   ④ 244

경제적 주문량 = $\sqrt{\dfrac{2F \cdot S}{C \cdot P}}$

여기서, • F : 1회 주문에 소요되는 고정비용
• S : 연간 매출액 또는 사용량
• C : 관리비용(보험, 이자, 저장)
• P : 단위당 구매 원가

경제적 주문량 = $\sqrt{\dfrac{2 \times 20000 \times 2000}{3000}}$ = 163.299

40 다음 중 기능별 설비배치의 특징에 대한 설명으로 맞지 않는 것은?

① 다품종 소량생산 형태로서 불규칙한 비율로 생산한다.
② 다품종 대량의 원자재 재고, 재고품이 발생한다.
③ 운반거리가 길고 운반형식이 다양하다.
④ 공간 활용이 효과적이고 단위면적당 생산량이 높다.

기능별 배치(공정별 배치)
소량의 주문생산, 다양성이 요구되는 제품의 경우에는 기능을 중심으로 설비를 배치하게 된다. 기능별배치는 다품종소량생산에 적당하며 공정별 배치라고도 한다.

제3과목 공업계측 및 전기전자제어

41 J-K 플립플롭에서 J=1, K=1이면 동작 상태는?

① 변하지 않음 ② Set 상태
③ 반전 ④ Reset 상태

JK 플립플롭
- JK 플립플롭은 RS 플립플롭과 T 플립플롭을 결합한 것이다.
- 입력은 J, K 두 개로 각각 RS 플립플롭의 S, R과 마찬가지의 역할을 한다.
- JK 플립플롭에서는 T 플립플롭에서처럼 J=K=1일 때 출력이 반전될 뿐이다.
- 회로도로부터 JK 플립플롭이 A와 B의 마스터와 슬레이브로 구성되어 있음을 알 수 있다.

42 변위를 전압으로 변환하는 장치는?

① 서미스터 ② 노즐 플래퍼
③ 차동 변압기 ④ 벨로우즈관

차동 변압기 : 전자기유도를 이용해서 직선변위를 전압으로 변환하는 검전기

43 회전자에 슬립링을 설치하고 외부에 기동저항을 접속하여 기동전류를 제한하는 전동기는?

① 농형 유도전동기 ② 권선형 유도전동기
③ 단상 유도전동기 ④ 반발 유도전동기

권선형 유도전동기 : 보통 3상 유도전동기로서 고정자 권선에는 3상 전원이 접속된다. 회전자 권선도 3상을 가지며, 3단자는 회전축에 부착된 슬립링을 통하여 외부로 통한다.

44 다음 유량계 중 부자(Float)의 이동으로 유로면적을 변화시켜 차압을 일정하게 유지하여 유량을 측정하는 유량계는?

① 차압식 유량계 ② 면적식 유량계
③ 용적식 유량계 ④ 터빈식 유량계

부자의 이동으로 유량을 측정하는 것은 로우터 미터이며 이는 면적식 유량계에 속한다.

45 60[Hz], 4극 유도전동기의 회전자 속도가 1,728[rpm]일 때, 슬립은 얼마인가?

① 0.04 ② 0.05
③ 0.08 ④ 0.10

회전수$(Ns) = \dfrac{120 \times f}{P} = \dfrac{120 \times 60}{4} = 1800\text{rpm}$
실제 회전수$(N) = Ns \times (1-S)$ S : 슬립
$1728\text{rpm} = 1800\text{rpm} \times (1-S)$, $\therefore S = 0.04$

46 직류 발전기에서 계자철심에 잔류 자기가 없어도 발전할 수 있는 발전기는?

① 분권 발전기 ② 복권 발전기
③ 직권 발전기 ④ 타여자 발전기

발전기의 종류
- 분권 발전기 : 전기자권선과 계자권선이 병렬
- 직권 발전기 : 전기자권선과 계자권선이 직렬
- 복권 발전기 : 계자권선이 병렬로도 되어 있고 직렬로도 되어있는데, 병렬권선이 직렬권선 외부에 있는 경우
- 타여자 발전기 : 계자권선이 독립적인 다른 전원으로 되어 있거나 영구자석인 경우

47 [%]오차가 -2[%]인 전압계로 측정한 값이 100[V]라면 그 참값은 약 몇 [V]인가?

① 98 ② 102
③ 104 ④ 106

참값 $= \dfrac{측정값}{1+오차} = \dfrac{100}{1-0.02} \fallingdotseq 102[V]$

48 이상적인 연산증폭기가 갖추어야 할 조건 중 틀린 것은?

① 입력저항은 무한대이다.
② 출력저항은 0이다.
③ 전압 이득은 무한대이다.
④ 동위상 신호 제거비는 0이다.

이상적인 연산증폭기의 조건
- 전압 이득, 입력 저항, 대역폭이 무한대이다.
- 출력 저항, 지연응답, 오프셋(off-set)이 '0'이다.
- 동위상신호제거비(CMRR)는 무한대이다.

49 일반적인 회로시험기(Multi-tester)로 직접 측정할 수 없는 것은?

① 교류 전압   ② 직류 전압
③ 직류 전력   ④ 직류 전류

회로시험기는 멀티테스터라고도 하며 전압, 전류, 저항 측정이 주기능이다.

50 다음 중 공기식 조작기는?

① 다이어프램 밸브   ② 전자 밸브
③ 전동 밸브   ④ 서보전동기

전자밸브, 전동밸브, 서보전동기는 피드백 시스템을 사용한다.

51 교류 기전력과 전류의 크기를 나타내는 값이 아닌 것은?

① 순시값   ② 최대값
③ 파고값   ④ 실효값

- 순시값 : 시간(t)에 전압이나 전류가 순간변화하고 있는 것을 나타내는 것
- 최대값 : 순시값 중에서 가장 큰 값
- 실효값 : 순시값의 제곱에 대한 평균값의 제곱근
- 평균값 : 순시값의 1주기 동안의 평균으로 정현파는 1/2기간의 평균
- 파고율 : 최대값 / 실효값
- 파형율 : 실효값 / 평균값

52 다음과 같은 범위(0.1~10Ω)의 저항을 측정할 때 가장 적합한 계기는?

① 절연저항계   ② 코올라시 브리지
③ 캘빈더블 브리지   ④ 휘트스톤 브리지

휘트스톤 브리지 : 브리지(bridge) 회로의 한 종류로 4개의 저항이 사각형 형태를 이루며, 대각선을 연결하는 브리지로 저항이나 전압계, 검류계를 사용한다. 일반적으로 알려지지 않은 저항값(0.1~10Ω)을 측정하기 위해서 사용한다.

53 다이오드에 역방향 바이어스를 걸어줄 때 어느 한도 이상의 역방향 바이어스를 넘어서면 전류가 급속히 증가하고 전압이 일정하게 된다. 이러한 특성으로 인해 정전압 회로에 매우 중요한 다이오드는?

① 제너 다이오드   ② 쇼트키 다이오드
③ 가변용량 다이오드   ④ 터널 다이오드

제너 다이오드 : 전압을 안정하게 유지하기 위해서 사용된다.

54 6극 유도 전동기에 60[Hz]의 교류 전압을 가하면 동기속도[rpm]는?

① 1,800   ② 3,600
③ 2,400   ④ 1,200

회전수$(Ns) = \dfrac{120 \times f}{P} = \dfrac{120 \times 60}{6} = 1200 \text{rpm}$

55 기준량을 측정량에 평형시켜 측정하는 방식은?

① 편위법   ② 영위법
③ 치환법   ④ 보상법

영위법 : 측정기준량을 갖추고, 그 어느 것과 측정량의 크기가 일치하도록 기준의 크기를 조정하면서 양자가 일치한 것을 검지하여 그 때의 기준의 크기에서 측정값을 구하는 방법

56 PLC 기본 모듈(CCU)의 구성이 아닌 것은?

① 전원부   ② A/D 변환부
③ CPU   ④ 입출력부

PLC 기본 구성요소는 CPU연산부, 메모리부, 입출력부, 전원부, 주변기기부, 특수 UNIT부 등으로 되어 있다.

57 피드백 제어계에서 제어요소를 나타낸 것으로 가장 알맞은 것은?

① 검출부와 조작부   ② 조절부와 조작부
③ 검출부와 조절부   ④ 비교부와 검출부

피드백 제어계에서 제어요소
- 조절부 : 자동 제어계에 있어서 동작 신호의 값에 따라 제어계가 필요로 하는 작동을 하는 데에 필요한 신호를 만들어 내어 조작부로 송출하는 부분
- 조작부 : 조절부로부터 오는 신호를 조작량으로 바꾸어 제어 대상에 작용을 가하는 부분

58 다음 중 PLC의 특징이 아닌 것은?

① 설비의 변경, 확장이 쉽다.
② 제어반 설치면적이 크다.
③ 안정성, 신뢰성이 높다.
④ 노이즈에 대한 대책이 필요하다.

> **PLC의 특징**
> • 동작실행에 대한 내용 변경을 프로그램에 의하여 쉽게 바꿀수 있으며 배선작업이나 부품 교체 작업이 없게 된다.
> • 프로그램 내용을 필요할 때 간단히 확인할 수 있으므로 체계적인 고장 진단과 점검이 용이하다.
> • 릴레이 반에 비하여 신뢰성이 높고 고속 동작이 가능하다.
> • 제어 기능량에 비하여 설치 면적이 대폭 축소되며 전기 소모량도 대단히 적어진다.

59 전기회로의 온도를 900[℃]로 일정하게 유지시키기 위하여 열전온도계의 지시값을 보면서 전압 조정기로 전기로에 대한 인가전압을 조절하는 장치가 있다. 이 경우 열전온도계는 다음 중 어디에 해당하는가?

① 제어량   ② 외란
③ 목표값   ④ 검출부

> 검출부 : 제어 대상 등에서 제어에 필요한 신호를 끄집어내는 부분, 즉 온도, 압력 등의 제어량을 검출단으로 검출해서 검출기로 압력, 변위, 전압, 전류 등의 목표값과 비교하기 쉬운 제어 신호로 변환하는 부분

60 논리식 X = $\overline{A}\overline{B}\overline{C}+A\overline{B}\overline{C}+\overline{A}B\overline{C}+AB\overline{C}$를 간략화하면?

① $\overline{C}$ ② A
③ $\overline{B}$ ④ $\overline{AB}$

> $\overline{B}\overline{C}(\overline{A}+A)+B\overline{C}(\overline{A}+A) = \overline{B}\overline{C}+B\overline{C} = \overline{C}(\overline{B}+B) = \overline{C}$

제4과목 기계정비일반

61 플렉시블 커플링을 사용하는 이유로 적당하지 않는 것은?

① 두 축의 중심을 완전히 일치시키기 어려울 때
② 전달토크의 변동으로 축에 충격이 가해질 때
③ 고속회전으로 인한 진동을 완화시킬 때
④ 두 축의 동력을 일시적으로 멈추고자 할 때

> 플렉시블 커플링은 두 축의 축선을 정확히 일치시키기 어려울 때나 진동·충격을 완화할 경우에 사용하는 축이음. 고무·가죽·스프링 등의 탄성이 풍부한 재료를 중간에 넣어 사용한다. 동력 전달은 체결 볼트(coupling bolt)의 전단력에 의하여 행해진다.

62 펌프에 관한 설명 중 올바른 것은?

① 다단 펌프는 유량을 증가시킨다.
② 양흡입 펌프는 양정을 증가시킨다.
③ 양흡입 펌프는 축추력이 발생되지 않는다.
④ 축방향으로 유체를 흡입하고 반경방향으로 토출시키는 펌프는 축류식 펌프이다.

> 양흡입 펌프는 양측에서 흡입되므로 펌프가 한쪽으로 밀리는 현상(축추력)을 방지할 수 있다.

63 V벨트의 특징이 아닌 것은?

① 속도비가 큰 경우의 동력전달에 좋다.
② 고속운전을 시킬 수 있다.
③ 벨트가 잘 벗겨진다.
④ 이음이 없어 전체가 균일한 강도를 갖는다.

> V벨트는 V자 홈에 벨트가 걸리는 것으로 잘 벗겨지지 않는다.

64 로크 너트는 무엇을 방지하기 위한 것인가?

① 부식   ② 풀림
③ 고착   ④ 파손

> 로크 너트 : 너트가 진동 따위로 풀리는 것을 막기 위하여 두 개의 너트로 죌 때 아래쪽에 끼우는 너트이다.

65 사이클로이드 감속기의 윤활 방법 중 옳은 것은?

① 1[kW] 이하의 소형에는 적하급유 방법, 그 이상의 것은 그리스가 사용된다.
② 1[kW] 이하의 소형에는 그리스, 그 이상의 것은 적하급유 방법이 쓰인다.
③ 1[kW] 이하의 소형에는 유욕(油慾) 윤활 방법, 그 이상의 것은 그리스가 사용된다.
④ 1[kW] 이하의 소형에는 그리스, 그 이상의 것은 유욕(油慾) 윤활 방법이 쓰인다.

사이클로이드 감속기는 기계의 회전수를 조절하기 위한 장치이다. 사이클로이드 감속기는 큰 토크로 변환시킬 수 있는 장점이 있지만 높은 회전수에는 적합하지 않다. 1kW 이하에서는 그리스, 그 이상일 경우 유욕을 사용한다.
※유욕 : 금속의 열처리용 탱크로서 250℃까지의 템퍼링에 적합하다. 광유 94%, 감화유 4%의 혼합유가 적당하다.

66 전동기 베어링부분에서 발열이 발생할 때 주요 원인이 아닌 것은?

① 베어링의 조립 불량
② 벨트의 장력 과대
③ 커플링 중심내기 불량
④ 전동기 압력전압의 변동

베어링에서의 발열 원인
• 베어링에 그리스 양이 적으면 발열 및 소음 증가
• 베어링의 조립 불량
• 과도한 벨트의 장력
• 커플링 중심내기 불량

67 펌프의 원리 구조상 분류 시 용적형 회전 펌프가 아닌 것은?

① 기어 펌프
② 베인 펌프
③ 터빈 펌프
④ 나사 펌프

터빈펌프는 원심형 펌프에 해당된다. 회전축에 안내날개가 부착되어 있으면 터빈펌프이며 안내날개가 없으면 볼류트 펌프가 된다.

68 압력이 포화 수증기압 이하로 낮아지면서 기포가 발생하는 현상을 무엇이라 하는가?

① 캐비테이션
② 수격현상
③ 채터링현상
④ 교축현상

캐비테이션(cavitation)
펌프 흡입측에서의 압력 손실로 발생된 기체가 펌프 상부에 모이게 되면 유체의 송출을 방해하고 펌프는 공회전을 하게 되는데 이를 공동현상이라 한다.

69 축의 급유불량으로 나타나는 현상은?

① 조립 불량
② 축의 굽힘
③ 강도 부족
④ 베어링 발열

윤활유의 사용목적은 발열제거가 되므로 축의 급유불량은 베어링의 발열로 나타나게 된다.

70 버니어캘리퍼스의 사용상 주의점이 아닌 것은?

① 측정시 측정 면이 이물질을 제거한다.
② 눈금을 읽을 때 눈금으로부터 직각위치에서 읽는다.
③ 측정시 본척과 부척의 영점 일치여부를 확인한다.
④ 정압 장치가 있으므로 측정력은 제한이 없다.

버어니어 캘리퍼스는 외경, 내경, 깊이, 길이 등을 측정할 수 있는 어미자와 아들자로 이루어져 있으며 정압장치는 없다.

71 다음 중 바셀린 방청유로서 막의 성질에 따른 분류로 맞는 것은?

① KP-1
② KP-2
③ KP-3
④ NP-4

방청유의 종류
• 지문 제거형(NP-0)
• 용제 희석형(NP-1, NP-2, NP-3)
• 방청 페트롤레이텀(NP-4, NP-5, NP-6)
• 방청 윤활유(NP-7, NP-8, NP-9, NP-10)
• 기화성 방청제(NP-20)

72 다음 중 감압 밸브를 바르게 설명한 것은?
① 밸브의 양면에 작용하는 온도차로 자동적으로 작동
② 피스톤의 왕복운동에 의한 유체의 역류를 자동적으로 방지
③ 유체압력이 높을 경우 자동적으로 압력이 감소
④ 내약품, 내열, 고무제의 격막판을 밸브시트에 밀어 붙인 밸브

> 감압밸브(Reducing valve) : 고압 배관과 저압 배관 사이에 설치하여 증기 사용량이나 고압측의 압력 변동에 관계없이 밸브의 개폐를 자동으로 조절하여 저압측 압력을 항상 일정하게 유지하는 역할을 한다.

73 다음 기어 손상의 분류 중 피칭과 관련이 있는 것은?
① 소성항복   ② 융착
③ 표면피로   ④ 마모

> 이의 면의 열화
> • 마모 : 정상 마모, 습동 마모, 과부하 마모, 줄 흔적 마모
> • 소성 항복 : 압연 항복, 피이닝 항복, 파상 항복
> • 용착 : 가벼운 스코어링, 심한 스코어링
> • 표면피로 : 초기 피칭, 파괴적 피칭, 박리

74 기계의 조립작업시 주의사항으로 잘못된 것은?
① 무리한 힘을 가하여 조립하지 말 것
② 접합면에 이물질이 들어가지 않도록 할 것
③ 볼트와 너트는 균일하게 체결할 것
④ 정밀기계는 장갑을 착용하고 작업할 것

> 정밀기계조립 시 장갑을 착용하면 오차가 커지므로 착용을 금해야 한다.

75 송풍기 기동 후 베어링의 온도가 급상승하는 경우 점검사항이 아닌 것은?
① 윤활유의 적정 여부
② 미끄럼 베어링은 오일링의 회전이 정상인지 여부
③ 댐퍼 및 베어 콘트롤 장치의 개폐조작이 원활한지 여부
④ 관통부에 펠트(felt)가 쓰이는 경우, 축에 강하게 접촉되어 있는지 여부

> 댐퍼 및 베인 콘트롤 장치의 개폐조작은 송풍량을 조절하는 장치로 베어링 온도 상승과는 관계가 없다.

76 신축 이음(Flexible Joint)을 하는 이유로 부적당한 것은?
① 온도 변화에 따라 열팽창에 대한 관의 보호
② 열 영향으로부터 관을 보호
③ 작업이 용이하고 설치 및 분해가 쉬워 관을 보호
④ 매설관 등 지반의 부등침하에 따른 관의 보호

> 신축이음 : 배관계에서의 열팽창을 흡수하여 완충역할을 하기 위한 것

77 토출관이 짧은 저 양정펌프(전 양정 약 10m 이하)에 사용되는 역류방지 밸브는?
① 게이트 밸브   ② 푸트 밸브
③ 플랩 밸브   ④ 슬루스 밸브

> 플랩밸브 : 평상시에는 플랩판이 닫혀 있어 위쪽의 물이 아래쪽으로 내려가지 못하게 하고, 펌프가 작동될 때 플랩판이 열려 위쪽으로 물을 통과시키는 밸브

78 펌프의 수격 현상의 방지책으로 옳지 않은 것은?
① 플라이휠 장치 사용
② 서지 탱크 설치
③ 관로의 부하 발생점에 공기 밸브 설치
④ 관로의 지름을 작게 하여 관내 유속을 증가시킴

> 수격현상(water hammering) : 관로 내의 물의 운동 상태를 갑자기 변화시킴에 따라 생기는 물의 급격한 압력 변화의 현상으로 관 속에 전달되어 진동 및 충격음을 내고, 심할 때는 고장의 원인이 된다.
> ※ 관로의 지름을 크게 하여 유속을 감소시킴으로서 수격작용을 방지할 수 있다.

79 펌프의 부식작용 요소로 맞지 않는 것은?

① 온도가 높을수록 부식되기 쉽다.
② 유체 내의 산소량이 많을수록 부식되기 쉽다.
③ 유속이 느릴수록 부식되기 쉽다.
④ 재료가 응력을 받고 있는 부분은 부식되기 쉽다.

배관에서의 유속이 느릴수록 부식을 방지할 수 있다.

80 수도, 가스, 배수관 등에 주철관을 많이 사용한다. 주철관이 강관에 비하여 우수한 점은?

① 내식성이 우수하고 가격이 저렴하다.
② 충격에 강하고 수명이 길다.
③ 비중이 적고 높은 내압에 잘 견딘다.
④ 내약품성, 열전도성, 용접성이 좋다.

주철관은 강관에 비하여 내식성이 크므로 주로 매설용으로 사용하며 가격이 저렴하다.

정답 최근기출문제 2011년 1회

01 ③	02 ②	03 ②	04 ①	05 ③
06 ①	07 ②	08 ④	09 ③	10 ①
11 ①	12 ②	13 ②	14 ②	15 ③
16 ④	17 ④	18 ②	19 ②	20 ④
21 ①	22 ③	23 ①	24 ④	25 ①
26 ③	27 ①	28 ②	29 ④	30 ①
31 ②	32 ④	33 ④	34 ③	35 ④
36 ②	37 ③	38 ③	39 ②	40 ④
41 ③	42 ③	43 ③	44 ②	45 ①
46 ④	47 ②	48 ④	49 ③	50 ①
51 ③	52 ④	53 ①	54 ④	55 ②
56 ②	57 ②	58 ②	59 ④	60 ①
61 ④	62 ③	63 ③	64 ②	65 ④
66 ④	67 ③	68 ①	69 ④	70 ④
71 ④	72 ③	73 ③	74 ④	75 ④
76 ③	77 ③	78 ④	79 ③	80 ①

2012년 1회 최근기출문제

제1과목 공유압 및 자동화시스템

01 단위 질량당 유체의 체적(SI 단위), 또는 단위 중량당 유체의 체적(중력 단위)을 무엇이라 하는가?
① 비중 ② 비체적
③ 밀도 ④ 비중량

- 비중 : 어떤 물질의 질량과 이것과 같은 부피를 가진 표준 물질의 질량과의 비
- 밀도 : 물질의 질량을 부피로 나눈 값(단위 : kg/L, kg/m³)
- 비중량 : 물질의 중량을 부피로 나눈 값(단위 : kgf/L, kgf/m³)

02 공압장치의 윤활기에 관한 일반적인 사항 중 잘못 설명된 것은?
① 과도한 윤활은 부품의 오동작을 야기한다.
② 윤활기의 세척은 중성세제를 사용한다.
③ 윤활기는 밸브나 실린더 가까운 곳에 설치한다.
④ 윤활기의 원리는 파스칼의 법칙을 응용한 것이다.

윤활기의 원리는 벤투리 작용을 응용한 것이다.

03 다음과 같은 유압회로에 대한 설명 중 틀린 것은?

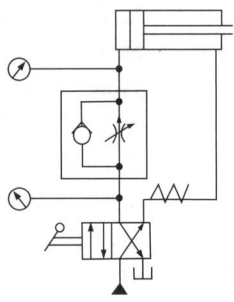

① 실린더의 속도를 항상 정확하게 제어할 수 있다.
② 실린더에 인장하중의 작용 시 카운터밸런스 회로를 필요로 한다.
③ 전진 운동 시 실린더에 작용하는 부하변동에 따라 속도가 달라진다.
④ 시스템에 형성되는 모든 압력은 항상 설정된 최대압력 이내이다.

상기 도면은 미터-인 회로이며 유압 회로에 있어서, 속도 제어로 실린더로 유입하는 유량을 직접 제어한다.

04 다음 기호의 명칭은?

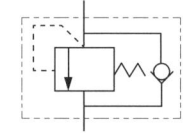

① 양방향 릴리프 밸브
② 무부하 릴리프 밸브
③ 카운터 밸런스 밸브
④ 1방향 교축밸브

상기 도면은 카운터 밸런스 밸브로 부하가 급속히 제거될 경우, 그 자중이나 관성력 때문에 소정의 제어를 못하게 된다거나 램의 자유낙하를 방지하기 위하여 귀환유의 유량에 관계없이 일정한 배압을 발생시켜 실린더의 급속전진을 방지하는 밸브로 주로 배압제어용으로 사용한다.

05 다음 그림에서 S_1과 S_2를 동시에 누른 경우 램프에 불이 들어오는 논리회로의 구성방법을 무엇이라 하는가?

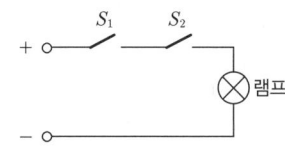

① AND 회로
② OR 회로
③ NOT 회로
④ NOR 회로

상기 도면은 S_1과 S_2가 직렬 연결이므로 AND 회로에 해당된다.

06 유압제어 밸브의 분류이다. 잘못 연결된 것은?
① 일의 크기 - 압력제어 밸브
② 일의 방향 - 방향제어 밸브
③ 일의 종류 - 유량제어 밸브
④ 일의 속도 - 유량제어밸브

유량제어 밸브는 유량을 조절하여 속도를 제어한다.

07 유압 모터 중 가장 간단하여 출력토크가 일정하고 정·역회전이 가능하여 토크 효율이 약 75~85%, 전 효율은 약 80% 정도이고 최저 회전수는 150rpm으로 정밀한 서보기구에는 적합하지 않는 모터는?

① 베인 모터
② 액시얼 피스톤 모터
③ 기어 모터
④ 레디얼 피스톤 모터

기어 모터의 경우 점도가 클수록 윤활유 공급이 원활해지며 넓은 범위의 무단 변속이 가능하다.

08 다음의 센서 중 온도 센서에 해당되는 것은?

① 리드 스위치
② PTC
③ 홀 소자
④ 스트레인 게이지

리드 스위치는 검출소자이며 홀 소자는 자기 센서, 스트레인 게이지는 압력 센서에 해당된다.

09 어큐물레이터의 용도에 대한 설명으로 적합하지 않은 것은?

① 에너지 축적용
② 펌프 맥동 흡수용
③ 압력 증대용
④ 충격 압력의 완충용

어큐물레이터(축압기) 용도
- 압력 에너지 축적 : 회로내 소정의 압력을 유지
- 맥동, 충격의 제거 : 밸브류, 배관, 계기류 파손 방지
- 액체를 이송

10 유압펌프의 고장 중 소음이 증대되는 원인이라고 할 수 없는 것은?

① 흡입관이 가늘거나 혹은 막혀있다.
② 탱크 안에 기포가 있다.
③ 흡입 필터를 설치하지 않았다.
④ 전동기 축과 펌프 축의 중심이 잘 맞지 않았다.

흡입 필터는 오일 중에 혼합된 이물질을 제거하기 위해 설치된 것으로 소음과는 직접적인 문제를 야기하지 않는다.

11 압축성이 좋은 것부터 차례로 나열한 것은?

① 액체 → 고체 → 기체
② 기체 → 액체 → 고체
③ 고체 → 액체 → 기체
④ 기체 → 고체 → 액체

고체는 완전 비압축성이며, 액체는 거의 비압축성이다. 다만, 기체의 경우 대부분 압축의 정도 차이는 있으나 압축성이므로 기체 → 액체 → 고체 순으로 표기해야 한다.

12 개회로 제어와 폐회로 제어에 대한 설명으로 틀린 것은?

① 개회로 제어는 외란의 영향을 무시하고 제어계의 출력을 유지한다.
② 외란의 영향에 대응하는 제어가 폐회로 제어이다.
③ 개회로 제어는 센서를 통해 출력을 연속적으로 감시한다.
④ 폐회로 제어는 개회로 제어에 비해 설치에 많은 비용이 소요된다.

개회로를 사용한 제어 방식을 시퀀스 제어라고 하며 제어 대상이 어떠한 동작을 했는가 하는 신호는 수치제어 장치에 되돌아오지 않는다.

13 시퀀스 제어 회로 작성에 있어 간섭 제거를 위해 사용하는 방법이 아닌 것은?

① 유도형 센서 사용
② 공압 타이머 사용
③ 방향성 리밋 스위치 사용
④ 공압 제어 체인(예 : 캐스케이드 방식)을 구성

간섭은 2개 이상의 파가 겹쳐 진폭이 다른 파동이 되는 현상으로 유도형 센서로 간섭을 제거할 수 없다.

14 유압 시스템에서 기름 탱크 내의 유온이 안전온도 영역에 해당되는 것은 몇 ℃ 범위인가?

① 80~100
② 65~80
③ 55~65
④ 45~55

유압 장치에서 윤활유 온도가 높아지면 윤활유의 기능이 떨어지므로 이때 냉각장치를 가동시켜 일정범위로 윤활유 온도를 유지시켜 주어야 한다. 윤활유 온도는 온도조절장치에서 행하며 유온은 45~55℃로 유지해야 한다.

15 역학 센서의 범주에 들지 않는 것은?

① 습도 센서 ② 길이 센서
③ 압력 센서 ④ 진동 센서

> 역학 센서의 종류 : 스트레인 게이지, 압력 센서, 하중 센서, 길이 센서, 진동 센서, 가속도계

16 수치 제어 시스템의 벨트 장력조정에 대한 설명으로 맞는 것은?

① 설치 후 3개월 이내에 실시하고 이후 매 6개월에 1회 정도 실시한다.
② 설치 후 3개월 이내에 실시하고 이후 매 3개월에 1회 정도 실시한다.
③ 설치 후 6개월 이내에 실시하고 이후 매 6개월에 1회 정도 실시한다.
④ 설치 후 6개월 이내에 실시하고 이후 매 3개월에 1회 정도 실시한다.

> V-벨트
> • 고무 벨트의 일종으로 단면이 V형인 동력 전달용 벨트이며 각도는 40°
> • 구조 : 중심층(끈, 고무), 압축층(고무), 성형층(섬유, 고무층), 외피(섬유, 고무)
> • 장력 조정 : 설치 후 3개월 이내에 실시하고 이후 매 6개월에 1회 정도 실시

17 컴퓨터를 도입한 디지털 제어에 대한 설명으로 맞는 것은?

① 연속적인 정보를 가지고 있다.
② 제어정보는 카운터, 레지스터 등의 기구를 통해 입력된다.
③ 아날로그 신호를 사용한다.
④ 온도, 속도 등의 직접적인 값이 포함된다.

> • 아날로그 신호 : 시간과 정보가 모두 연속적인 신호이다.
> • 디지털 신호 : 시간과 정보가 모두 불연속적인 신호이다.
> • 연속신호 : 시간은 연속적이나 정보는 불연속적 신호이다.

18 요동형 액추에이터의 선정과 보수 유지 시 고려사항과 거리가 먼 것은?

① 속도 조절은 미터-인 방식으로 접촉한다.
② 부하의 운동에너지가 기기의 허용 운동에너지보다 큰 경우에는 외부 완충기구를 설치 한다.
③ 외부 완충기구는 부하쪽의 지름이 큰 곳에 설치하여 내구성의 향상과 정지 정밀도를 확 보할 수 있게 한다.
④ 축과 베어링에 과부하가 작용되지 않도록 과대부하를 직접 액추에이터 측에 부착하지 않고 축에 부하가 적게 작용하도록 부착한다.

> 속도제어밸브
> • 위치 : 방향제어밸브와 액추에이터와의 사이
> • 방식 : 미터-아웃 방식(배기측을 제어), 미터-인 방식(급기측을 제어)

19 공압 액추에이터 중 회전각도의 범위가 가장 큰 것은?

① 스크루형 ② 크랭크형
③ 베인형   ④ 래크와 피니언형

> 회전각도의 범위
> • 스크루형 : 100~360°
> • 베인형 : 300°
> • 래크와 피니언형 : 45~720°

20 다음 표에 나타낸 결과 Z는 어떤 연산의 수행을 나타낸 것인가?

X	Y	Z
0	0	0
0	1	0
1	0	0
1	1	1

① AND ② OR
③ NOT ④ 플립플롭

> X와 Y 양측 연결이 되어야 출력(Z)이 나타나므로 이는 직렬 연결이다.

제2과목 설비진단 및 관리

21 보전용 자재의 상비품 발주형식에 해당되는 것은?
① 정량 발주 형식
② 순환 발주 형식
③ 적소 발주 형식
④ 비상 발주 형식

> 정량 발주 방식 : 재고량이 일정 이하로 소비가 되면 소비된 량 만큼 주문을 하는 방식으로, 항상 최저·최고의 범위에서 재고를 보유하는 방식이다.

22 진동차단기의 외부에서 들어오는 진동 주파수와 시스템 고유 주파수의 비가 1에 근접할 때 진동 차단 효과는?
① 증폭
② 낮음
③ 보통
④ 높음

> 증폭 : 회로의 입력단자에 작은 신호를 넣었을 때 출력단자에 큰 신호가 나타나는 형태

23 제품의 물리적 특성이 기계와 사람을 제품으로 가져오도록 강요하는 설비배치 방식은?
① 제품별 배치(product layout)
② 공정별 배치(process layout)
③ 정지제품 배치(static product layout)
④ 혼합방식 배치(mixed model layout)

> 설비배치의 형태
> • 제품별 배치 : 각 공정에 따라 필요한 기기를 적정 요소에 배치
> • 혼합형 배치 : 기능별, 제품별, 제품 고정형 배치와의 혼합
> • 기능별 배치 : 제품 중심으로 그 제품을 가공하는데 소요되는 작업장을 구성
> • 제품 고정형 배치 : 주재료의 부품이 고정된 창고에 있고 사람이나 기계가 이동하며, 작업이 행하여지는 배치

24 설비관리에 있어 TPM은 여러 가지 측면에서 전통적인 관리시스템과 차이가 있다. 다음 중 TPM 관리와 가장 거리가 먼, 즉 전통적 관리 개념은 어떤 것인가?
① 원인추구 시스템
② 현장에서 사실에 입각한 관리
③ 문제가 발생한 후 해결하려는 접근방법
④ 로스(loss) 측정

> TPM(종합적 생산보전)의 개요
> • 설비효율을 최고로 높이기 위한 보전 활동
> • 전원이 참가하여 동기부여 관리
> • 소집단 활동에 의하여 생산보전 추진
> • 작업자의 자주보전 체제의 확립
> • 현장 체질개선으로 설비의 고장과 불량을 사전에 방지

25 월간 사용량이 적고 단가가 높은 품목에 적용되는 보전자재 관리법은?
① 정량발주법
② 정기발주법
③ 2궤법
④ 불출 후 발주법

> 보전작업관리와 보전효과 측정
> • 정량발주방식 : 재고량이 일정 이하로 소비가 되면 소비된 량 만큼 주문을 하는 방식으로 항상 최저·최고의 범위에서 재고를 보유하는 방식
> • 사용고발주방식 : 일정한 재고량을 정해놓고 사용한 만큼을 발주시키는 예비용 발주방식으로 항상 일정량을 유지하는 방식
> • 정기발주방식 : 소비의 상태나 실적을 감안하여 발주 수량은 상황에 따라 변하나 발주시기는 항상 일정

26 설비의 고장률에 관한 설명으로 올바른 것은?
① 설비의 도입 초기에는 고장이 많다.
② 우발 고장기의 고장률 곡선은 고장률 증가형이다.
③ 마모 고장기에서 예방정비의 효과가 크다.
④ 설계 불량으로 인한 고장은 우발 고장기에 주로 발생한다.

> 고장률 : 일정시간동안 설비를 사용하면서 단위시간에 발생하는 고장횟수로 1000시간을 기준으로 하며 이를 백분율로 표시한다.
> • 초기 고장의 현상 : 설비를 사용함에 따라 고장의 발생이 감소하게 되는데 이상이 있거나 설계·제작 불량 등은 고장을 일으키며 보전요원에 의하여 그때마다 수리·정비를 해야 한다.
> • 우발 고장의 현상 : 기계의 축 절단, 전기회로의 단선, 과부하로 인한 모터의 소손 등 돌발적으로 고장이 일어나는 현상으로 예비품 관리의 필요성을 중시하게 된다.
> • 마모 고장의 현상 : 압축기 피스톤링의 마모, 베어링의 마모 등 설비의 열화 및 마모에 의하여 일어나는 현상으로 주기적으로 급유, 청소를 하면 고장률을 줄일 수 있다.

27 내연기관이 작동할 때 발생하는 진동의 종류는?

① 자유 진동   ② 강제 진동
③ 불규칙 진동 ④ 고유 진동

내연기관 및 각종 기계음은 작동 시 발생하는데 이는 강제진동에 해당된다.

28 제품에 대한 전형적인 고장률 패턴은 욕조곡선으로 나타낼 수 있다. 욕조곡선은 크게 초기고장기간, 우발고장기간 그리고 마모고장기간으로 구분된다. 다음 중 우발고장기간에 발생 될 수 있는 원인과 관계가 없는 것은?

① 안전계수가 낮은 경우
② 스트레스가 기대 이상인 경우
③ 사용자 과오가 발생된 경우
④ 디버깅 중에 발생한 경우

디버깅 : 기계나 제품이 초기에 발생하기 쉬운 고장은 설계 잘못이나 공정의 결함 등에 의해 일어나므로 이 부분을 보완하여 가급적 일어나지 않도록 감소시키려는 과정

29 설비의 분류가 옳게 연결된 것은?

① 관리 설비 : 인입선 설비, 도로, 항만설비, 육상설비, 하옥설비, 저장설비
② 유틸리티 설비 : 기계, 운반장치, 전기장치, 배관, 계기, 배선, 조명, 냉난방설비
③ 판매설비 : 서비스 스테이션(service station), 서비스숍(service shop)
④ 생산설비 : 건물, 공장 관리설비 및 보조설비, 복리후생설비

설비의 분류
- 유틸리티 설비 : 유틸리티(연료, 전기, 급수, 가스 등)를 이용하는 설비
- 연구 개발설비 : 기초설비, 응용 연구설비, 기업 합리화를 위한 공장 연구설비 등
- 생산설비 : 직접 생산에 참여하는 기계, 전기, 배관, 계측기기, 운반장치 등
- 수송설비 : 도로, 항만, 차량, 철도 등
- 판매설비 : 입지 선정으로 판매활동을 추진하기 위한 설비
- 관리설비 : 본사의 건물관리, 공장의 시설관리, 직원 복리후생 관리설비 등

30 다음 중 보전활동을 위한 5S활동이 아닌 것은?

① 검사   ② 정돈
③ 청소   ④ 청결

5S 활동 : 정리, 정돈, 청소, 청결, 습관화

31 일반적으로 사람이 들을 수 있는 주파수 범위는?

① 20~20000Hz   ② 0.2~20000Hz
③ 0~30000Hz   ④ 1000~30000Hz

- Hz는 주파수나 진동수의 단위이며, 1Hz는 1초간의 주파수(진동수)를 나타낸다.
- 가청 주파수 범위는 20~20000Hz

32 공압밸브에서 나오는 배기소음을 줄이기 위하여 사용되는 소음방지장치로 가장 적당한 것은?

① 진동 차단기   ② 차음벽
③ 댐퍼   ④ 소음기

소음기 : 내연기관이나 기계작동으로부터 나오는 소음을 줄이기 위한 장치

33 설비보전 조직의 직접 기능이 아닌 것은?

① 예방보전   ② 원가보전
③ 일상보전   ④ 사후보전

- 예방보전(PM) : 설비의 주기적인 검사로 미연에 고장, 정지 또는 성능저하 상태를 제거하고 복구시키기 위한 보전
- 일상보전 : 주로 초기 점검 및 정비
- 사후보전(BM) : 고장, 정지 또는 성능저하의 수리를 행하는 것

34 그리스의 내열성을 평가하는 기준이 되는 것은?

① 전산가   ② 알칼리가
③ 산화안정도 ④ 적하점

적하점 : 가열했을 때 반고체 상태의 그리스가 액체 상태에 이르는 최초의 온도

35 다음 그림과 같은 설비 관리의 조직 형태는?

① 기능별 조직
② 매트릭스(matrix) 조직
③ 전문 기술별 조직
④ 대상별 조직

전문 기술별 조직 : 전기, 기계, 전자, 토건 등과 같이 전문기술별로 분업화하는 것으로 각 단위 상호 간에 수평적인 관계를 유지하는 조직이다.

36 설비의 만성로스의 대책 중 잘못된 것은?

① 현상 해석 철저
② 관리 요인계의 철저한 검토
③ 요인 중 숨어있는 결함의 표면화
④ 속도저하 로스의 극대화

만성로스 개선방법
- 로스 발생 원인·상황을 철저히 조사하여 분석한다.
- 관리해야 할 요인계를 철저히 검토한다.
- 현장 해석을 철저히 한다.
- 요인 중에 숨어 있는 결함을 표면으로 끌어낸다.
- 각 부서의 협조를 얻어 전 시스템 공정의 문제점을 해결한다.
- 조직력을 바탕으로 그 역할에 대한 책임과 권한을 부여한다.
- 공정의 부조화 속에서 발생하는 원인을 구조 분석한다.
- 업무 중 불필요한 공정, 저해요인, 안전 장애 등 개선이나 긍정적인 방안이 필요할 때 제안서를 작성하여 이를 구체화시킨다.

37 가속도센서를 물체에 고정할 때 밀랍고정의 특징이 아닌 것은?

① 고정 및 이동이 용이하다.
② 먼지, 습기, 고온은 접착에 문제를 발생시키지 않는다.
③ 장기적 안정성이 안 좋다.
④ 사용 후 구조물의 접착면을 깨끗이 할 수 있다.

먼지, 습기, 고온에는 접착력이 현저히 떨어져 사용하기가 어렵다.

38 직접적인 공기의 압력변화에 의한 유체 역학적 원인에 의해 난류음을 발생시키는 것으로 맞는 것은?

① 압축기   ② 송풍기
③ 진공펌프 ④ 엔진 배기음

송풍기는 공기를 직접적으로 압력에 의해 밀어내는 것으로 난류음을 발생시킬 수 있다.

39 설비의 기술적 표준으로서 검사, 정비, 수리 등의 보전작업 방법과 보전작업 시간 표준을 명시한 것은?

① 시운전 검수 표준   ② 설비 성능 표준
③ 설비 설계 규격   ④ 보전 작업 표준

보전 작업 표준
- 경험법 : 숙련자에 의하여 작업 방향을 결정하는 것으로, 간단한 수리공사에 많이 사용하는 방법이다.
- 실적 자료법 : 모든 일은 그동안의 실적에 의하여 작업의 표준시간을 결정하는 방법으로 적용범위가 넓어지는 것이 특징이다.
- 작업 연구법 : 작업 연구에 의하여 표준시간을 결정하는 방법으로 작업 순서나 시간이 다같이 신뢰적인 방법이다.

40 설비 투자의 합리적인 투자결정에 필요한 경제성 평가방법이 아닌 것은?

① 자본회수법   ② 비용비교법
③ MAPI법   ④ 처분가치법

- 자본회수법 : 설비비를 투자 후 일정한 금액을 몇 년간 균등하게 회수하는 방법
- 비용비교법 : 기계설비의 1년당 자본 비용과 가동비의 합
- MAPI법 : 설비투자 안을 상호 간의 우선순위로 평가

제3과목 공업계측 및 전기전자제어

41 아래의 회로도에서 입력 A = 0, B = 1일 때 출력 C, S로 알맞은 것은? (단, C : 자리올림(carry), S : 합(sum))

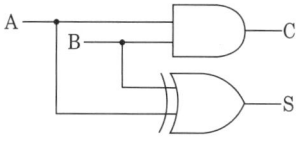

① C = 0, S = 0   ② C = 0, S = 1
③ C = 1, S = 0   ④ C = 1, S = 1

AND 회로인 출력 C는 입력값이 모두 1인 경우 출력이 1이므로 회로의 경우 0이다. 또한, 출력 S는 OR 회로로 입력값 중 하나라도 1인 경우 출력이 1이므로 회로의 경우 1이다.

42 트랜지스터가 증폭을 하기 위해 동작점은 어느 동작 영역에 있어야 하는가?

① 차단영역　② 활성영역
③ 포화영역　④ 항복영역

> 활성영역은 반도체 정류기에서 순방향 전류를 효과적으로 운반하는 정류기 접합의 부분으로 트랜지스터의 증폭은 이 영역에서 이루어진다.

43 다음 중 PLC의 입력부에 연결되어질 기기는 어느 것인가?

① 솔레노이드 밸브　② 광전 스위치
③ 경보벨　④ 표시램프

> PLC의 구성 중 입력측 : 센서, 입력 스위치, 열동 과전류 계전기의 접점 설치, 광전 스위치

44 60Hz, 4극, 3상 유도전동기가 있다. 슬립이 4%일 때 전동기의 회전수는?

① 3600rpm　② 1800rpm
③ 1728rpm　④ 1228rpm

> $Ns = \dfrac{120 \cdot f}{P} = \dfrac{120 \times 60}{4} = 1800\text{rpm}$
> 회전자 속도$(N) = Ns \cdot (1-S) = 1800 \times (1-0.04)$
> $\therefore N = 1728\text{rpm}$

45 증폭기에서 잡음의 크기는 어떤 값으로 환산하여 표시하는가?

① 저항　② 온도　③ 전류　④ 전압

> dB : 신호나 잡음의 전력레벨 또는 전압레벨을 표현하거나 비교하는데 사용

46 물탱크 수위를 조절하는 자동스위치를 표시하는 것은?

① FS　② FCB　③ FLTS　④ FTS

> FLTS : 만수위 때 모터의 동작이 정지하며, 일정 이하로 수위가 내려가면 모터 작동하게 하는 스위치이다.

47 다음 연산 증폭기 중 아날로그 적분기에 속하는 것은?

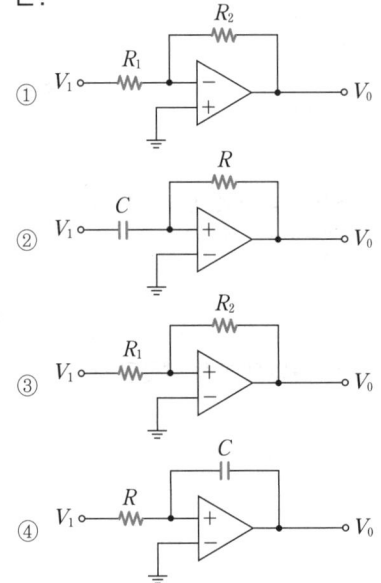

> ③항은 미분기, ④항은 적분기 회로에 해당된다.

48 다음 중 읽기와 쓰기 양쪽이 가능한 기억소자는?

① RAM　② ROM
③ PROM　④ TTL

> • RAM(Random Access Memory) : 기억된 정보를 읽어내기도 하고 다른 정보를 기억시킬 수도 있는 메모리로서 읽기와 쓰기가 가능
> • ROM : 읽기 전용 메모리
> • PROM : 프로그램 가능 ROM
> • TTL(Transistor To Logic) : 저전력소모, 동작속도 개선, 저자격 등으로 널리 사용

49 논리식 $\overline{A+B}$ 와 같은 의미를 나타내는 논리식은?

① $\overline{A} \cdot B$　② $A \cdot B$
③ $\overline{A} + \overline{B}$　④ $\overline{A} \cdot \overline{B}$

> 드모르간의 정리
> • $\overline{A+B} = \overline{A} \cdot \overline{B}$
> • $\overline{A \cdot B} = \overline{A} + \overline{B}$

50 정전압 특성을 전압 안정화 회로에 응용할 때 사용하는 다이오드는?

① 포토 다이오드 ② 쇼트키 다이오드
③ 제너 다이오드 ④ 터널 다이오드

- 제너 다이오드 : 전압을 안정하게 유지
- 터널 다이오드 : 터널효과에 의한 부성저항 특성, 초고주파 발진회로나 고속 스위칭 회로

51 직류기에서 기전력을 유도하는 부분은?

① 계자 ② 전기자
③ 정류자 ④ 계철

- 계자 : 자기장을 형성해 자속을 발생
- 정류자 : 자기장 내에서 전류가 전동기에 흐르는 방향을 주기적으로 일정하게 한다.
- 전기자 : 직류기에서 기전력을 유도
- 계철 : 전자 계전기 철심과 접극자를 연결하여 자기회로를 구성하는 철편

52 다음 중 유도 전동기의 보호방식에 속하지 않는 것은?

① 전개형 ② 보호형
③ 방수형 ④ 방진형

유도전동기는 고정자가 만드는 회전 자계에 의해, 전기 전도체의 회전자에 유도 전류가 발생해 미끄러짐에 대응한 회전 토크가 발생하는 것으로 보호형, 방수형, 방진형 등이 있다.

53 환상 솔레노이드에서 인덕턴스는 다음 중 어느 것에 비례하는가?

① 전류 ② 투자율
③ 도전율 ④ 유전율

인덕턴스 = $\dfrac{권수 \times 자속}{전류}$
= $\dfrac{권수 \times 자속밀도 \times 면적}{전류}$
= $\dfrac{권수 \times 진공투자율 \times 자계의 세기 \times 면적}{전류}$

54 전자회로에서 온도 보상용으로 많이 사용되는 소자는?

① 사이리스터 ② 콘덴서
③ 다이오드 ④ 서미스터

서미스터(thermistor) : 온도변화에 따라 소자의 전기저항이 크게 변화하는 반도체로 감온소자로서 이용

55 블록선도의 구성요소에서 그림과 같은 블록선도를 무엇이라 하는가?

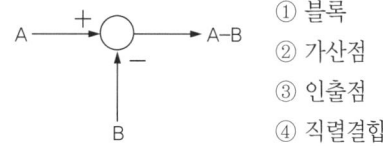

① 블록
② 가산점
③ 인출점
④ 직렬결합

블록선도에서 보기의 그림은 여러 개의 신호를 합하는 가산점을 나타내며 더해지는 신호는 해당 화살표에 +를 표시하고 뺄 때는 −를 표시해 준다.

56 열전대로 사용되어지는 금속의 조합으로 맞지 않는 것은?

① 철 + 콘스탄탄 ② 크로멜 + 알루멜
③ 구리 + 콘스탄탄 ④ 백금 + 콘스탄탄

열전대의 금속 조합
백금로듐 – 백금   크로멜 – 알루멜
철– 콘스탄탄   동– 콘스탄탄

57 다음 중 오실로스코프로 측정할 수 없는 것은?

① 주파수 ② 전압
③ 위상 ④ 임피던스

오실로스코프에는 사용자가 눈으로 신호를 파악할 수 있도록 시간과 전압에 따른 눈금도 표시되어있으며 이는 파형의 전압 최소/최대치, 주기적 신호의 빈도, 펄스 간의 시간, 관련 신호 간의 시차 등을 분석할 수 있다.

58 참값 25.00A인 직류전류를 측정하여 24.85A의 값을 얻었다. 이 측정치의 백분율 오차는?

① 0.3 ② 0.6 ③ 0.9 ④ 1.0

백분율 오차 = $\dfrac{측정값-참값}{참값} \times 100 = \dfrac{24.85-25}{25} \times 100 = -0.6$

59 제어량이 온도, 압력, 유량 및 액면 등과 같은 일반 공업량일 때의 제어방식을 무엇이라 하는가?

① 프로그램 제어 ② 프로세스 제어
③ 시퀀스 제어 ④ 추종제어

프로세스 제어(공정제어)
- 온도, 압력, 유량, 액위, 농도, 효율 등의 공업 프로세스의 상태를 제어량으로 하는 제어로서 온도, 압력, 유량, 액위의 제어장치 등이 이에 속한다.
- 공업 공정의 상태량을 제어량으로 하는 제어
- 최적 제어 : 최대효율 유지, 최대 수량 생산, 최저 단가 제품 생산

60 입력신호가 어떤 정상상태에서 다른 상태로 변화했을 때 출력신호가 정상상태에 도달하기까지의 특성을 무엇이라 하는가?

① 임펄스 응답 ② 과도 응답
③ 램프 응답 ④ 스텝 응답

과도 응답(transient response) : 물리계가 정상상태에 있을 때, 이 계에 대한 입력신호 또는 외부로부터의 자극이 가해지면 정상상태가 무너져 계의 출력신호가 변화한다. 이 출력신호가 다시 정상상태로 되돌아올 때까지의 시간적 경과를 과도응답이라고 한다.

제4과목 기계정비 일반

61 아래의 그림에서 버니어 캘리퍼스의 측정값은 얼마인가? (단, 70, 80 : 어미자 눈금, 0, 1, 2, 3, 4 : 아들자 눈금)

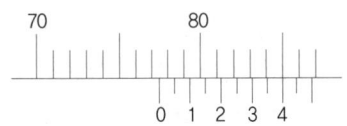

① 77.0mm ② 77.4mm
③ 85.0mm ④ 85.4mm

어미자 눈금이 77~78 사이값이며, 아들자는 어미자와 일치하는 값이 4(0.4)에서 일치한다. 그러므로 77+0.4 = 77.4 mm가 된다.

62 롤러체인은 스프로킷 휠의 이가 마멸되면 진동, 소음이 발생하는데 이러한 결점을 감소시킬 수 있으나 제작이 어렵고 무거우며 가격이 비싼 체인은?

① 부시 체인(bush chain)
② 더블 롤러체인(double roller chain)
③ 오프셋 체인(offset chain)
④ 사일런트 체인(silent chain)

사일런트 체인 : 전동할 때 링의 경사면이 체인휠에 밀착하므로 롤러 체인과 같은 소음은 발생하지 않는다.

63 송풍기의 중심 맞추기(centering)에 일반적으로 사용되는 게이지는?

① 블록 게이지 ② 다이얼 게이지
③ 센터 게이지 ④ 높이 게이지

다이얼 게이지 : 평면의 요철, 원통면의 정도, 축의 편심 등, 적은 틀림을 기준치수에 대하여 비교 측정하는 것이다.

64 윤활제의 부족에 의한 윤활불량, 베어링 조립불량, 체인, 벨트 등의 지나친 팽팽함, 커플링 등의 중심내기 불량이나 적정 틈새가 없어 스러스트를 받을 때 발생되는 전동기의 고장 현상은 무엇인가?

① 과열 ② 소음, 진동
③ 기동 불능 ④ 코일 소손

상기 원인으로 인하여 전동기에 과부하가 걸리게 되며 이때 심한 발열(과열)로 모터의 소손 등 장치에 악영향을 미치게 된다.

65 두 축이 서로 평행한 기어는?

① 베벨 기어 ② 헬리컬 베벨 기어
③ 스파이럴 베벨 기어 ④ 헬리컬 기어

- 두 축이 만나는 경우 : 베벨 기어, 스큐 기어, 스파이럴 베벨 기어
- 두 축이 서로 평행한 경우 : 스퍼 기어, 헬리컬 기어, 더블 헬리컬 기어, 인터널 기어
- 두 축이 만나지도 평행하지도 않는 경우 : 하이포이드 기어, 스크류 기어, 웜 기어

66 배관계통의 정비를 위하여 분해할 필요가 있는 곳에 사용하는 관 이음쇠로 맞는 것은?

① 유니언 ② 엘보우
③ 리듀서 ④ 니플

- 관의 분해 : 유니언, 플랜지
- 이경관 이음 : 리듀서, 부싱

67 벨트식 무단변속기의 정비 관련 사항 중 틀린 것은?

① 벨트를 이동시킴에 있어서 무리가 발생될 수 있다.
② 벨트의 수명은 표준벨트를 표준적인 사용방법으로 운전할 때의 1~2배 정도이다.
③ 가변피치 풀리의 습동부는 윤활 불량이 되기 쉽다.
④ 광폭 벨트는 특수하므로 예비품 관리를 잘 해두어야 한다.

벨트식 무단 변속기 : 자동변속기의 일종으로서 동력의 입력 축과 출력 축에 간격이 변하는 측판을 지닌 풀리를 부착하여 이것을 강철벨트나 체인으로 연결한 구조로서 정비사항은 ①, ③, ④ 3가지로 나열된다.

68 수격현상의 피해를 설명한 것 중 적합하지 않은 것은?

① 압력강하에 따라 관로가 파손된다.
② 펌프 및 원동기에 역전, 과속에 따른 사고가 발생된다.
③ 워터해머 상승 압에 따라 밸브 등이 파손된다.
④ 수주분리현상에 기인하여 펌프를 돌리는 전동기의 전압 상승이 일어난다.

수격현상(water hammering)
관로 내의 물의 운동 상태를 갑자기 변화시킴에 따라 생기는 물의 급격한 압력 변화의 현상으로 관 속에 전달되어 진동 및 충격음을 내고, 심할 때는 고장의 원인이 된다.

69 스틸 플렉시블 커플링(steel flexible coupling)이라고도 하며 축 유동 오차를 허용하여 동력을 전달시키는 커플링은?

① 플랜지 플렉시블 커플링
② 체인 커플링
③ 그리드 플렉시블 커플링
④ 기어 커플링

- 플랜지 플렉시블 커플링 : 두 축의 축선을 정확히 일치시키기 어려울 때나 진동·충격을 완화할 경우에 사용하는 축 이음
- 체인 커플링 : 체인을 이용한 축 이음쇠로 소형, 경량구조로 취급이 용이하며 진동 충격 등이 적은 전동축에 주로 사용
- 기어 커플링 : 굽힘이 가능하도록 설계된 축 이음

70 관로에 설치한 힌지로 된 밸브판을 가진 밸브로 밸브판을 회전시켜 개폐를 하며, 스톱밸브 또는 역지밸브로 사용되는 밸브는?

① 플랩(flap) 밸브 ② 게이트(gate) 밸브
③ 리프트(lift) 밸브 ④ 앵글(angle) 밸브

- 힌지 : 핀 등을 사용하여 중심축의 주위에서 서로 움직일 수 있는 구조의 접합 부분으로 경첩 등이 해당된다.
- 플랩(flap) 밸브 : 젖혀지면서 열리고 닫히는 형태의 밸브이며 스톱밸브 또는 역지밸브로 사용

71 깅핀을 징형하여 만든 너트로서 혀 부분이 나사 밑에 파고들어 풀림을 방지하는 것은?

① 절삭 너트 ② 더블 너트
③ 홈달림 너트 ④ 플레이트 너트

- 플레이트 너트 : 너트를 깎을 수 없는 얇은 판에 사용하며 볼트의 풀림 방지
- 홈 붙이 너트 : 분할 핀을 끼워 너트의 풀림 방지

72 기어의 손상 중 스코어링의 원인과 거리가 먼 것은?

① 급유량 부족 ② 윤활유 점도 부족
③ 내압성능 부족 ④ 충격과 하중

스코어링 : 길게 긁힌 홈 자국 모양의 흠집

73 기어 내경이 D이고 죔새가 Δd일 때 가열온도를 구하는 식은? (단, 기어의 열팽창계수는 α이다)

① $T = \dfrac{\Delta d}{\alpha \times D}$ ② $T = \dfrac{D}{\alpha \times \Delta d}$
③ $T = \dfrac{\alpha \times \Delta d}{D}$ ④ $T = \alpha \times \Delta d \times D$

74 원심펌프의 이상원인 중 시동 후 송출이 되지 않는 원인이 아닌 것은?

① 회전방향이 다를 때
② 회전 속도가 너무 빠를 때
③ 펌프 내 공기를 빼지 않았을 때
④ 흡입관 끝이 충분히 액체에 잠겨 있지 않을 때

> 회전 속도가 너무 빠를 때는 공동현상의 원인이 된다.

75 합성고무와 합성수지 및 금속 클로이드 등을 주성분으로 한 액상 개스킷의 사용방법으로 옳지 않은 것은?

① 접합면의 수분, 기름, 기타 오물을 제거한다.
② 얇고 균일하게 칠한다.
③ 바른 직후 접합해도 관계없다.
④ 사용온도 범위는 0~30° 까지의 범위이다.

> 사용온도 범위는 -50~250° 까지의 범위이다.

76 압축기의 작동원리에 의한 종류가 아닌 것은?

① 왕복식 압축기　② 원심식 압축기
③ 회전식 압축기　④ 배압식 압축기

> • 왕복동식 : 피스톤의 왕복운동으로 가스를 압축하는 방식
> • 원심식 : 터보 압축기라 하며 임펠러의 고속회전에 의한 원심력으로 가스를 압축하는 방식으로, 대용량의 공기조화용으로 많이 사용한다.
> • 회전식 : 회전자(Rotor)의 회전에 의하여 가스를 압축하며 오일 쿨러가 있다.
> • 스크류식 : 2개의 맞물린 나사 형상의 로터 회전으로 가스를 압축하는 것으로 구동할 때 정해진 회전 방향이 있으며 토출가스온도가 낮아 윤활유 열화, 탄화의 우려가 적으며 용량에 비해 소형이다.

77 죔새가 있는 베어링을 축에 설치할 경우 베어링의 적정 가열온도는?

① 90~120℃　② 120~150℃
③ 150~180℃　④ 180~210℃

> 베어링의 적정 가열온도는 통상 100℃ 정도로 유지하는 것이 좋으나 130℃ 이상 가열되면 베어링의 경도 저하 우려가 있다.

78 다음 측정기 중 비교 측정에 사용되는 것은?

① 버어니어 캘리퍼스　② 마이크로미터
③ 측장기　④ 전기 마이크로미터

> 비교 측정 : 기계가공 후 부품 측정 시 이미 파악하고 있는 표준치수와 비교하여 측정하는 방법으로 표준치수 게이지와 제품을 측정기로 비교하여 그 차이를 읽을 수 있으며 틈새 게이지, 공기 마이크로미터, 다이얼 게이지, 옵티 미터, 전기 마이크로미터 등이 있다.

79 기어의 치면 열화가 아닌 것은?

① 습동 마모　② 소성 항복
③ 표면 피로　④ 과부하 절손

> 기어의 치면 열화 : 습동 마모, 소성 항복, 표면 피로, 융착

80 베어링 온도는 정상 운전 상태에서 주위 온도보다 얼마를 초과하지 말아야 하는가?

① 5~10℃　② 20~30℃
③ 40~50℃　④ 60~70℃

정답 최근기출문제 2012년 1회

01 ②	02 ④	03 ①	04 ③	05 ①
06 ③	07 ③	08 ②	09 ③	10 ③
11 ②	12 ③	13 ①	14 ④	15 ①
16 ①	17 ②	18 ①	19 ④	20 ①
21 ①	22 ②	23 ②	24 ②	25 ④
26 ③	27 ②	28 ④	29 ③	30 ①
31 ①	32 ②	33 ②	34 ④	35 ③
36 ②	37 ②	38 ②	39 ④	40 ④
41 ②	42 ②	43 ②	44 ④	45 ④
46 ③	47 ②	48 ①	49 ②	50 ③
51 ②	52 ②	53 ②	54 ②	55 ②
56 ④	57 ②	58 ②	59 ②	60 ②
61 ②	62 ②	63 ②	64 ①	65 ②
66 ①	67 ②	68 ④	69 ②	70 ①
71 ④	72 ②	73 ①	74 ②	75 ④
76 ④	77 ①	78 ④	79 ④	80 ②

2012년 2회 최근기출문제

제1과목 공유압 및 자동화시스템

01 유압회로 내에 설정압력 이상으로 유압유가 동작될 때 설정압력 초과분의 압력을 탱크로 바이패스시켜 회로내의 과부하를 방지하는 기능을 가진 압력제어 밸브는?

① 릴리프 밸브   ② 시퀀스 밸브
③ 감압 밸브   ④ 압력 스위치

> 릴리프 밸브 : 유체압력이 설정값을 초과할 때 배기시켜 회로내의 유체압력을 설정값 이하로 일정하게 유지시키는 밸브

02 공기가 왕복운동을 하는 피스톤 부분과 직접 접촉하지 않기 때문에 공기에 기름이 섞이지 않으므로 깨끗한 공기를 필요로 하는 식품, 의약품, 화학 산업에 사용되는 압축기는 무엇인가?

① 피스톤 압축기   ② 격판 압축기
③ 베인 압축기   ④ 스크류 압축기

> 격판 압축기는 다이어프램식 압축기이다.

03 공압 윤활기에서 사용되는 윤활유의 설명으로 틀린 것은?

① 윤활성이 좋아야 한다.
② 마찰계수가 적어야 한다.
③ 열화의 정도가 적어야 한다.
④ 일반적으로 윤활유는 ISO VG 45 이상을 사용한다.

> 윤활기(루브리케이터)
> • 공기압 실린더나 밸브 등 활동부분의 작동을 원활하게 하기 위하여 윤활제를 공급하는 장치로 벤투리 작용에 의해 이루어진다.
> • 윤활제 사용 목적 : 발열 제거, 마모방지, 누설방지, 패킹재료 보호
> • 일반적으로 윤활유는 ISO VG 32를 사용한다.

04 윤활유를 분무 급유하는 루브리케이터의 작동원리는?

① 파스칼 원리   ② 베르누이 원리
③ 벤투리 원리   ④ 연속의 원리

> 루브리케이터(윤활기)는 급유를 필요로 하는 액추에이터(실린더 등)를 사용할 때 이용된다. 기름통에 연결된 호스를 관 안에 연결하여 낮아진 압력때문에 기름이 뿜어져 나오도록 한다. 이는 베르누이의 정리에 의한 벤투리 작용에 의해 작동된다.

05 다음 그림과 같은 회로에서 속도제어 밸브의 접속 방식은?

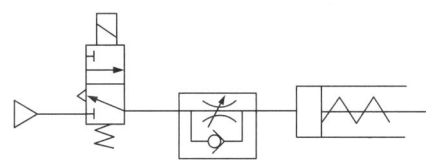

① 미터-인 방식   ② 미터-아웃 방식
③ 블리드 오프 방식   ④ 파일럿 오프 방식

> • 미터-인 방식회로 : 액추에이터의 입구 측 관로에서 유량을 교축하여 작동 속도를 조절하는 방식
> • 미터-아웃 방식회로 : 액추에이터의 출구 측 관로에서 유량을 교축하여 작동 속도를 조절하는 방식

06 오일 히터의 최대 열용량 와트 밀도로 적당한 것은?

① $2W/cm^2$ 이하   ② $5W/cm^2$ 이하
③ $7W/cm^2$ 이하   ④ $10W/cm^2$ 이하

> **와트 밀도**
> 히터의 발열면적에 단위면적 $1cm^2$에 발열되는 열량(W)를 나타내며, 와트밀도가 높을수록 단위 표면적당 열의 발생이 많으므로 히터 길이가 짧아지게 된다. 오일 히터의 최대 열용량 와트 밀도는 $2W/cm^2$ 이하로 사용한다.

07 기체는 압력이 일정하게 유지하면서 온도를 상승시키면 체적이 증가되는 것을 알 수 있으며 체적 증가는 온도 1℃ 증가함에 따라 체적이 1/273.1씩 증가한다. 이 법칙을 무엇이라 하는가?

① 보일의 법칙　　② 샤를의 법칙
③ 연속의 정리　　④ 베르누이의 정리

이 법칙은 게이뤼삭이 주장한 것으로 결국 샤를의 법칙을 따른 것이 된다.

08 외부의 압력부하가 변하더라도 회로에 흐르는 유량을 항상 일정하게 유지시켜 주면서 유압모터의 회전이나 유압 실린더의 이동속도를 제어하는 밸브는?

① 온도 보상형 유량조절밸브
② 압력 보상형 유량조절밸브
③ 단순 교축 밸브
④ 분류 밸브

압력 보상형 유량조절밸브는 유압 회로 내의 압력을 일정하게 유지시키거나 최고사용압력을 제한하여 유압기기를 보호하고 액추에이터의 작동을 제어하여 일정한 배압을 유지시키는 역할을 한다.

09 컨베이어에서 1분에 3000개의 검출체가 이동할 때 통과한 검출체를 계수하기 위한 근접 센서의 최소 감지 주파수(Hz)는?

① 20　　② 30
③ 40　　④ 50

최소 감지 주파수 = $3000/60s = 50[Hz]$

10 유압 모터의 특징으로 틀린 것은?

① 소형 경량으로 큰 출력을 낼 수 있다.
② 토크 제어의 기계에 사용하면 편리하다.
③ 최대 토크를 제한하는 기계에 사용하면 편리하다.
④ 회전속도는 쉽게 변화시킬 수 있으나 역회전은 할 수 없다.

유압 모터의 특징
- 조작하는 힘이 강하며 작동이 확실하다.
- 자동 원격조작이 가능하다.
- 속도의 조정과 정지 · 역회전 등이 쉽다.
- 압력이 내려가고, 너무 긴 배관을 할 수 없다.

11 공압장치가 유압장치에 비해 특히 좋은 점은?

① 온도에 민감하다.
② 저압이기에 효율이 좋다.
③ 공기를 사용하기 때문에 인화의 위험이 없다.
④ 작동요소의 구조가 복잡하다.

• 공압 모터의 장 · 단점

장점	• 레귤레이터를 이용하여 실린더의 출력을 조절할 수 있다. • 무단계로 작업속도를 조절함으로서 변경이 가능하다. • 힘의 증폭이 용이하고 에너지 축적이 가능하다. • 고속 작동이 가능하고 인화의 위험이 없다.
단점	• 응답속도가 느리며 소음이 심하다. • 정밀한 속도 조절이 곤란하여 효율이 저하된다. • 큰 힘을 얻을 수 없어 대용량에는 부적합하다.

• 유압 모터의 장 · 단점

장점	• 동작속도를 자유로이 변환할 수 있다. • 전기적인 조작과 조합이 간단하게 된다. • 충격이나 진동을 용이하게 감쇄시킨다. • 원격조작이 가능하다. • 입력에 대한 출력의 응답이 빠르다. • 공기압에 비하여 조작이 안전하고 조절이 쉽다.
단점	• 모든 기계장치에는 동력원이 필요하다. • 작동유에 의한 인화 폭발의 위험이 있다. • 배관 이음부 등에서 기름의 누유 우려가 있고 환경오염이 될 수 있다. • 펌프 및 동력원의 소음이 심하다.

12 전 단계의 작업 완료 여부를 리밋 스위치나 센서를 이용하여 확인한 후 다음 단계의 작업을 수행하는 것으로 공장 자동화에 많이 이용되는 제어는?

① 조합 제어　　② 파일럿 제어
③ 메모리 제어　　④ 시퀀스 제어

시퀀스 제어 : 처음에 정해진 조건 또는 순서에 따라 행하여지는 제어로서 항상 배관은 직선으로 최단거리로 설치해야 신호 지연 방지와 압력손실을 최소화 할 수 있으며 공장 자동화에 많이 이용되고 있다.

13 로터리 인덱싱 핸들링 장치를 이용하여 작업하기에 적합한 것은?

① 전체의 길이에 걸쳐 부분적인 공정이 이루어질 때
② 하나의 가공물에 여러 가공 공정을 거쳐야 할 때
③ 연속된 동일 작업을 수행할 때
④ 스트립 형태의 재질이 길이방향으로 작업될 때

핸들링
- 가공 및 전달, 이송, 조임, 배치, 정리 등을 사람의 손이나 기계적인 힘에 의해 작동하는 것
- 로터리 인덱싱 핸들링 : 회전에 의해 부품이 이송
- 리니어 인덱싱 핸들링 : 직선에 의해 부품이 이송

14 투광기와 수광기로 되어 있으며, 검출 방식에 따라 투과형, 직접 반사형, 거울 반사형으로 구분되는 센서는?

① 광 센서
② 리드 센서
③ 유도형 센서
④ 정전 용량형 센서

물체감지 및 검출센서
- 근접 스위치(리드 스위치) : 백금, 금, 로듐 등의 귀금속의 접점도금을 한 자성체 리드편을 적당히 접점 간격을 유지하도록 하고, 유리관 중에 질소와 수소 혼합가스와 같은 불활성가스와 함께 봉입한 것
- 유도형 센서 : 물체가 접근하면 진폭이 감소하는 고주파 LC 발전기에 의해 센서 표면에 전자계를 형성하고 감지거리 이내의 물체에 의한 변화에 따라 출력한다.
- 용량형 센서 : 전극판에서 고주파 전계를 발생시켜 물체의 접근에 따라 물체표면과 검출 전극판 표면에서 분극현상이 일어나 정전용량이 증가되어 발진조건이 향상되면 이로 인하여 발진 진폭이 증가되어 출력이 나오도록 되어 있다.
- 광 센서 : 빛을 이용하여 물체 유무를 검출하거나 속도나 위치의 결정에 응용, 레벨검출, 특정표시의 식별 등을 하는 곳에 많이 이용되고 있으며 광기전력 효과형 센서는 P-N 접합부에 발생하는 광기전력 효과를 이용한다.

15 초음파 센서의 특징으로 틀린 것은?

① 비교적 검출거리가 길다.
② 투명체도 검출할 수 있다.
③ 먼지나 분진 연기에 둔감하다.
④ 특정형상, 재질, 색깔은 검출할 수 없다.

초음파 센서를 이용하여 특정형상, 재질, 색깔은 검출할 수 있다.

16 자동화시스템 유지보수에 관한 설명 중 틀린 것은?

① 설비가 고장을 일으키기 전에 정기적으로 예방수리를 하여 돌발적인 고장을 줄이는데 목적이 있는 설비 관리 기법이 PM이다.
② 유지 보수비 지출을 가능한 최소로 하는 것이 전체 생산 원가를 줄이는 방법이다.
③ 예비부품의 상시 확보 여부는 그 부품의 보관비용과 고장빈도 또는 고장 1회당 설비 손실 금액을 고려하여 결정해야 한다.
④ 설비의 상태를 관찰하여 필요한 시기에 필요한 보전을 하는 것을 CM이라 한다.

개량보전(CM) : 설비자체의 체질을 개선하기 위한 예방보전으로 고장이 없고, 보전하기 쉬운 설비로 개량

17 래더 다이어그램(ladder diagram)의 회로 구성에 사용되지 않는 논리조건은?

① AND
② OR
③ NOT
④ STC

래더 다이어그램 : 스위치 등을 통해 입력신호가 들어가면 내부에서 처리되고 결과물은 최종적으로 출력코일에 나타나며 출력된 제어 대상의 동작이 전체 시스템을 제어하게 되는 것으로 a-접점 스위치, b-접점 스위치, 타이머, 논리연산 명령어 등에 사용된다.

18 유압 모터의 종류가 아닌 것은?

① 기어형
② 베인형
③ 피스톤형
④ 나사형

- 기어형 : 가장 간단한 구조이며 저속회전이 가능하고 정·역회전이 가능하며 소형으로 큰 토크를 가질 수 있으나 누설량이 많고 토크변동이 큰 편이다. 이물질의 영향을 적게 받으며 토크 효율은 75~85%, 최저속도는 150rpm정도이며 서보기구에는 부적합하다.
- 베인형 : 구성 부품수가 적고 구조가 간단하여 고장이 적으며 축 마력당 다른 모터에 비해 크기가 소형이며 베어링 마모로 인하여 최고사용압력이 낮아질 우려가 없다. 전 효율은 70~80%이다.
- 피스톤형 : 구조가 복잡하나 고속(3000rpm), 고압(350kg/cm²)으로 높은 출력이 가능하며 효율이 좋다.
- 요동형 : 출력회전으로는 기구적으로 회전각에 한정되어 있으면 그 범위를 왕복·회전 운동하는 것이다. (종류 : 베인형, 피스톤형)

19 어떤 시스템에서 목표값과 비교할 수 있는 장치가 있어 외부 조건 변화에 수정 동작을 할 수 있는 제어계는?

① 폐회로 제어계 ② 개회로 제어계
③ 시퀀스 제어계 ④ 정성적 제어계

- 폐회로 제어계 : 출력신호를 입력신호로 되먹임 시켜 출력 값을 입력 값과 비교하여 항상 출력이 목표 값에 이르도록 제어하는 것을 되먹임 제어(feedback control)라 하며 프로세서제어, 서보기구, 자동조정 등이 이에 속한다.
- 개회로 제어계 : 미리 정해놓은 순서에 따라서 제어의 각 단계가 순차적으로 진행되므로 시퀀스 제어라고도 하며 제어계는 비교적 간단하나 제어 동작이 출력과 전혀 관계없이 이루어져 오차가 많이 생길 수 있고 오차를 교정할 수 없는 결점이 있다. 전기 세탁기, 자동 판매기 등이 이에 속한다.
※ 정성적 자동제어계 : 시퀀스 제어
정량적 자동제어계 : 피드백 제어

20 실린더가 불규칙적으로 작동할 경우, 고려해야 할 고장 원인으로 적합하지 않은 것은?

① 작동유의 점성감소 ② 밸브의 작동 불량
③ 펌프의 성능 불량 ④ 배관 내의 공기 침입

작동유의 점성이 감소할 경우 실린더로 윤활유 공급이 원활하질 못해 실린더 과열의 원인이 된다.

제2과목 설비진단 및 관리

21 커플링으로 연결되어 있는 2개의 회전축의 중심선이 엇갈려 있을 경우로서 통상 회전 주파수 또는 고주파가 발생하는 이상 현상은?

① 언밸런스 ② 미스얼라인먼트
③ 풀림 ④ 오일 휩

회전기계 정밀진단
- 언밸런스 : 회전수와 동일한 주파수가 검출되었을 때 진동을 발생시키며 모든 기기에서 발생하는 진동으로 수평·수직방향에 최대의 진폭이 발생하며 언밸런스 양과 회전수가 증가할수록 진동레벨이 높게 나타난다.
- 미스얼라인먼트 : 베어링 설치 오류나 축 중심이 어긋난 경우에 발생하는 것으로, 축방향에 센서를 부착하여 측정한다.
- 기계적 풀림 : 회전 이상에 의해 진동이 불규칙적으로 발생 (회전기계 중 베어링 케이스에서 주로 발생)
- 오일 휩 : 강제 급유되는 미끄럼 베어링을 갖는 로터에서 발생하며 베어링 역학적 특성에 기인하는 진동으로서 축의 고유 진동수가 발생

22 1950년대 미국의 GE사에서 제창한 것으로 생산성을 높이기 위한 보전으로 경제성을 강조한 보전 방식은?

① 사후보전 ② 생산보전
③ 개량보전 ④ 보전예방

설비 계획
- 사후보전(BM) : 고장, 정지 또는 성능저하의 수리를 행하는 것
- 예방보전(PM) : 고장, 정지 또는 유해한 성능저하를 가져오는 상태를 발견하기 위한 설비의 주기적인 검사로 초기단계에서 이러한 상태를 제거 또는 복구시키기 위한 보전
- 생산보전(PM) : 생산성이 높은 보전, 경제성
- 개량보전(CM) : 설비자체의 체질개선으로 예방보전으로 고장이 없고, 보전하기 쉬운 설비로 개량
- 보전예방(MP) : 고장이 없고, 보전이 필요치 않은 설비를 설계, 제작 또는 구입

23 차음벽이 고유진동 모드의 주파수로 입사한 소음과 공진하는 영향 요소와 거리가 먼 것은?

① 차음벽의 강성 ② 차음벽의 무게
③ 차음벽의 표면 ④ 내부 댐핑

- 차음 : 차음벽(주로 판넬 사용)을 기계주변에 설치하여 소음 전파를 차단하는 것으로 투과율에 의해 결정된다. 차음벽의 표면과는 무관하다.
- 댐핑 : 진동에 대한 감폭으로서 주로 충격이나 많은 주파수 성분을 갖는 힘에 의해서 강제 진동이 발생하는 경우 댐핑(damping) 처리한다.

24 리차드 무더(Richard Muther)에 의한 총체적 공장 배치계획 단계절차가 순서대로 된 것은?

① P,Q 분석 → 흐름 → 활동 상호관계분석 → 면적 상호관계분석
② P,Q 분석 → 면적 상호관계분석 → 흐름 → 활동 상호관계분석
③ 흐름 → 활동 상호관계분석 → P,Q 분석 → 면적 상호관계분석
④ 흐름 → 활동 상호관계분석 → 면적 상호관계분석 → P,Q 분석

리차드 무더에 의한 총체적 공장배치계획의 목적
- 종합적인 조화의 원칙
- 최단거리 운반의 원칙
- 유통원활의 원칙
- 공간활용의 원칙
- 안전도와 만족감의 원칙
- 융통성의 원칙
※ P(제품), Q(수량) 분석

25 진동차단기의 기본 요구조건과 거리가 먼 것은?
① 차단기의 강성은 그에 부착된 진동보호 대상체의 구조적 강성보다 작아야 한다.
② 차단기의 강성은 차단하려는 진동의 최저 주파수보다 작은 고유 진동수를 가져야 한다.
③ 온도, 습도, 화학적 변화 등에 의해 견딜 수 있어야 한다.
④ 강성을 충분히 크게 하여 차단 능력이 있어야 한다.

진동 차단기 구비 조건
- 강성이 충분히 작아서 차단 능력이 있어야 한다.
- 강성은 작되 걸어준 하중을 충분히 견딜 수 있어야 한다.
- 온도, 습도, 화학적 변화 등에 의해 견딜 수 있어야 한다.

26 dB 단위로 음압레벨(SPL)의 정의로서 맞는 것은?
(단, P는 측정값, P_o는 최저 가청압력)
① $SPL = 20\log(P/P_o)dB$ ($P_o = 20\mu Pa$)
② $SPL = 10\log(P/P_o)dB$ ($P_o = 20\mu Pa$)
③ $SPL = 20\log(P/P_o)dB$ ($P_o = 2\times10^{-6} N/m^2$)
④ $SPL = 10\log(P/P_o)dB$ ($P_o = 2\times10^{-6} N/m^2$)

- 음압(N/m^2) : 음 에너지에 의해 매질에 발생하는 미소한 압력변화
- 음압레벨(SPL) = $10\log(P^2/P_o^2) = 20\log(P/P_o)$

27 신뢰성의 대상물이 사용되어 처음 고장이 발생할 때까지의 평균 시간은?
① 평균고장 간격 ② 고장률
③ 평균고장 시간 ④ 보전성

- 평균고장 간격 = 1/고장률
- 고장률 : 일정시간동안 설비를 사용하면서 단위시간에 발생하는 고장횟수로 1000시간을 기준으로 하며 이를 백분율로 표시
- 평균고장 시간 : 부품이 처음 사용되어 고장이 발생할 때까지의 평균시간
- 보전성 : 규정된 조건에서 보전이 실시될 때 규정시간 내에 보전이 종료되는 확률

28 보전 작업관리의 특징을 설명한 것 중 틀린 것은?
① 다양성 및 복잡성 ② 가혹한 조건
③ 투입비용 과다 ④ 표준화 곤란

29 하중과 마찰이 증대하여 유막이 파괴되는 것을 방지하기 위해 사용되는 극압제가 아닌 것은?
① 염소(Cl) ② 규소(Si)
③ 유황(S) ④ 인(P)

윤활유에 유황 화합물, 염소 화합물, 인 화합물 등을 첨가함으로서 베어링, 맞물린 기어 등 소손을 방지할 수 있는데 이들 첨가제를 극압 첨가제라고 한다.

30 설비를 구성하고 있는 부품의 피로, 노화현상 등에 의해서 시간의 경과와 함께 고장률이 증가하는 시기는?
① 초기 고장기 ② 우발 고장기
③ 마모 고장기 ④ 라이프 사이클

설비의 신뢰성 및 보전성 관리
- 초기 고장기 : 설비를 사용함에 따라 고장의 발생이 감소하게 되는데 이상이 있거나 설계·제작 불량 등은 고장을 일으키며 보전요원에 의하여 그때마다 수리·정비를 해야 한다.
- 우발 고장기 : 기계의 축 절단, 전기회로의 단선, 과부하로 인한 모터의 소손 등 돌발적으로 고장이 일어나는 현상으로 예비품 관리의 필요성을 중시하게 된다.
- 마모 고장기 : 압축기 피스톤링의 마모, 베어링의 마모 등 설비의 열화 및 마모에 의하여 일어나는 현상으로 주기적으로 급유, 청소를 하면 고장률을 줄일 수 있다.

31 생산설비나 시스템의 생애주기 동안에 회사의 모든 조직과 기능이 설비의 효율 극대화를 위하여 추신하는 전사적 생산보전을 무엇이라 하는가?
① 6 Sigma ② TQC
③ TPM ④ LCC

- 6 Sigma : 100만개의 생산제품 중 3.4개의 불량품이 발생할 수 있는 품질 수준 Sigma(σ)는 통계학에서 표준편차를 나타낸다.
- TQC : 전사적 종합 품질관리
- TPM : 전사적 생산보전

32 서로 다른 파동 사이의 상호작용으로 나타나는 음의 현상을 무엇이라 하는가?

① 음의 반사　　② 음의 굴절
③ 음의 간섭　　④ 음의 희절

> **음의 간섭의 종류**
> • 중첩의 원리 : 동일한 성질의 파동이 동시에 어느 한 점을 통과할 때 그 점에서의 진폭은 각각의 파동의 진폭을 합한 것과 같다.
> • 보강 간섭 : 여러 개의 파동이 마루는 마루에서, 골은 골에서 서로 엇갈려 지나갈 때 합성파의 진폭은 각각의 진폭보다 작게 된다.
> • 소멸 간섭 : 여러 개의 파동이 마루는 골과, 골은 마루와 만나면서 엇갈려 지나갈 때 합성파의 진폭은 각각의 진폭보다 작게 된다.
> • 맥놀이 : 주파수가 다른 두 개의 음원이 동시에 나오게 되면 음은 보강 간섭과 소멸 간섭이 교대로 이루어 한번은 큰 소리로 한번은 작은 소리로 들리는 현상

33 설비보전 조직 중에서 공장의 모든 보전요원을 한 관리자 밑에 조직하고 모든 보전을 집중 관리하는 보전 방식의 특징과 거리가 먼 것은?

① 부품과 자재관리의 집중화가 가능하며, 적은 재고로도 가능하다.
② 인재가 집중되며 분업전문화가 진전되며, 기술의 추진 속도가 빠르다.
③ 보전대상이 특정설비이기 때문에 작업의 숙련도가 높다.
④ 보전에 관한 책임이 확실하다.

> **집중 보전**
> • 책임자 한 사람을 기준으로 하여 조직이 구성되며 모든 보전 요원은 책임자의 지시에 따라 움직이는 집중 관리 시스템이다.
> • 모든 일에 대하여 통제가 수월하고 인원관리를 획일화 할 수 있다.
> • 설비의 수리, 고장, 교체 등 모든 일 처리가 신속히 이루어진다.
> • 모든 보전원의 기능 숙련이 향상되고 새로운 기능에 대하여 적응이 가능하다.
> • 작업 표준화를 하기 위하여 시간 손실이 많다.
> • 작업 의뢰에서 생산까지 책임자의 지시를 받아야 하므로 소요시간이 많이 걸린다.

34 설비관리의 조직 계획에서 분업의 방식이 아닌 것은?

① 기능 분업　　② 지역 분업
③ 직접 분업　　④ 전문기술 분업

> **설비관리의 조직 계획에서 분업의 방식**
> • 기능분업 : 관리 체계 단일화 가능
> • 전문기술 분업 : 기계, 전기 등과 같이 전문 기술별로 분업화의사 소통에 문제 발생
> • 지역 분업 : 공정에 따라 설비 분류

35 설비투자의 경제성평가를 위하여 중요한 비용개념으로서 주어진 상황에서 회수할 수 없는 과거의 원가로서 고려대상이 되는 어떠한 대안에도 부과할 수 없는 비용은?

① 기회 비용　　② 매몰 비용
③ 대체 비용　　④ 생애 비용

> • 매몰비용 : 이미 지불되어 다시는 회수할 수 없는 비용
> • 기회비용 : 다른 것 대신 어떤 것을 선택할 때 포기해야 하는 비용
> • 대체비용 : 두 종류 이상의 시공법에서 어느 방법과는 다른 방법에 의했을 때의 비용
> • 생애비용 : 설비 투자의 기획·설계부터 시공, 운용, 보전, 철거까지에 드는 설비 투자의 일생에 소요되는 총비용

36 주기(T), 주파수(f), 각진동수(ω)의 관계가 올바른 것은?

① $\omega = 2\pi f$　　② $\omega = 2\pi T$
③ $T = \dfrac{\omega}{\pi}$　　④ $f = \dfrac{2\pi}{\omega}$

> 주기$(T) = \dfrac{2\pi}{\omega}$,　주파수$(f) = \dfrac{1}{T} = \dfrac{\omega}{2\pi}$,　$\omega = 2\pi f$

37 중점설비 분석에 관한 설명이 잘못된 것은?

① 현재 사용되고 있는 설비의 능력을 파악한다.
② 정지손실의 영향이 큰 설비를 파악한다.
③ 설비환경과 작업조건이 열화에 미치는 영향이 큰 설비를 파악한다.
④ 원재료 불량이 품질에 영향을 미치는 상태를 파악한다.

> ①, ②, ③항 이외에 설비 열화가 품질저하에 영향이 큰 설비를 파악한다.

38 설비를 관리하기 위해서는 생산현장에서 보전요원이나 엔지니어가 보전 업무를 실시하는 기능이 필요하다. 다음 중 설비 보전의 실시기능과 관계가 가장 먼 것은?

① 고장분석 방법 개발
② 점검 및 검사
③ 주유, 조정 및 수리업무
④ 설비개조를 위한 가공업무

고장분석 방법 개발은 전문 요원의 주된 임무이다.

39 보전측면에서 MP(보전예방) 설계 시 착안 사항과 관계가 없는 것은?

① 부품 교환이 용이한가?
② 유닛(unit)교환이 되는가?
③ 도면관리가 간편한가?
④ 윤활유 교환 및 급유가 편리한가?

보전예방 : 설비의 이상 유무를 조기에 발견하거나 예측하여 점검, 측정, 수리

40 가공 및 조립형설비의 6대 로스에 속하지 않는 것은?

① 고장 로스
② 속도 저하 로스
③ 순간 정지 로스
④ 계획 정지 로스

설비 6대 로스
• 고장로스
• 준비교체 조정 로스
• 공전 · 순간정지 로스
• 속도 저하 로스
• 불량 수리 로스
• 초기 수율 로스

제3과목 공업계측 및 전기전자제어

41 전기기기에서 히스테리시스 손실을 경감시키기 위한 방법은 다음 중 어느 것인가?

① 성층 철심 사용
② 보상 권선 설치
③ 규소 강판 사용
④ 보극 설치

히스테리시스 손실 : 철심 중에서 자속 밀도가 교번하는데 발생하는 손실로 적게 하는 방법으로는 규소강판을 사용한다.

42 시료를 통에 넣어 회전시켜 점도를 측정하는 점도계는?

① 회전식
② 진동식
③ 모세관식
④ 버너식

점도계 특징
• 회전식 : 평판 상에 원추의 회전속도로 인하여 발생하는 토크로 유체의 점성력을 측정
• 모세관 : 안지름이 균일한 모세관 속에 층류 상태로 시료를 흐르게 하여 일정 체적의 시료가 흐르는 데 필요한 시간을 측정하여 그 시료의 점도를 구한다.

43 전원 전압을 안정하게 유지하기 위해서 사용되는 다이오드는 다음 중 어느 것인?

① 터널 다이오드
② 제너 다이오드
③ 버렉터 다이오드
④ 발광 다이오드

다이오드의 종류
• 터널 다이오드 : 터널효과에 의한 부성저항 특성, 초고주파 발진회로나 고속 스위칭 회로
• 발광 다이오드(LED) : 발열이 적고 응답속도가 빠르다. 수명이 길고 효율이 좋다.
• 정전압 다이오드 : 제너현상을 이용한 다이오드로 정전압 회로용으로 사용한다.

44 전달함수 $G(s)=1/(s+1)$인 제어계 응답을 시간 함수로 맞게 표현한 것은?

① e^{-t}
② $1+e^{-t}$
③ $1-e^{-t}$
④ $e^{-t}-1$

45 다음 중 불대수의 법칙으로 옳지 않은 것은?

① $A+1=1$
② $A \cdot 1=A$
③ $A+\overline{A}=A$
④ $A \cdot \overline{A}=0$

$A+\overline{A}$ 에서 이는 OR(병렬)회로이며 $\overline{A}$ 는 부정이다. 그러므로 $A+\overline{A}=1$ 이 되어야 한다.

46 그림에서와 같이 계측기의 측정량을 증가시킬 때와 감소시킬 때 동일 측정량에 대하여 지시값이 다를 경우가 있는데 이와 같이 생기는 오차로서 ( ) 안에 알맞은 것은?

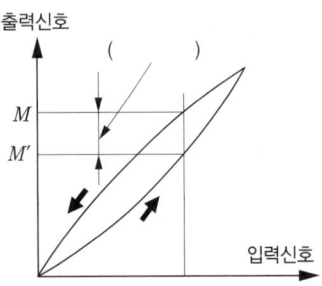

① 히스테리시스 오차 ② 직선적 오차
③ 정특성 오차 ④ 감특성 오차

히스테리시스 오차 : 같은 측정량에 대하여 측정의 전력에 의해서 생기는 계측기의 지시의 차

47 전하를 축적할 목적으로 두 개의 도체사이에 절연물 또는 유전체를 삽입한 것을 무엇이라 하는가?

① 저항 ② 콘덴서
③ 코일 ④ 변압기

콘덴서 : 전기를 축적하는 기능을 가지고 있으며 직류전류를 차단하고 교류전류를 통과시키려는 곳에서도 사용한다.

48 피드백 제어 시스템에서 안정도와 관련이 있는 것은?

① 전압 ② 주파수 특성
③ 이득여유 ④ 효율

이득여유 : 자동 제어계의 안정도를 알기 위해 위상 여유와 아울러 사용하는 값

49 콘덴서의 용량을 나타내는 단위는?

① A ② F
③ W ④ mH

콘덴서의 단위는 패럿(F)으로 표현한다.

50 직류 직권 전동기의 벨트운전을 금하는 이유는?

① 손실이 많이 발생하므로
② 출력이 감소하므로
③ 벨트가 벗겨지면 무구속 속도가 되므로
④ 과대 전압이 유기되므로

직류 직권 전동기의 벨트운전을 금하는 이유로 직권전동기는 무부하일 때 이론상으로는 속도가 무한대로 올라가기 때문에 벨트가 벗겨지면 무부하 운전이 되기 때문이다.

51 저항 $R[\Omega]$, 리액턴스 $X[\Omega]$가 직렬로 연결되어 있고, 임피던스가 $Z[\Omega]$인 부하에 교류전원이 가해졌을 때 역률은?

① $cos\theta = \dfrac{R}{\sqrt{R^2+X^2}}$ ② $cos\theta = \dfrac{R}{\sqrt{R+X}}$

③ $cos\theta = \dfrac{R}{\sqrt{R^2+Z^2}}$ ④ $cos\theta = \dfrac{R}{\sqrt{X^2+Z^2}}$

52 그림의 회로에서 SCR을 동작시키려면 X점의 전압을 몇 [V]로 하면 되는가? (단, 다이오드를 동작시키는데 필요한 게이트 전류는 정상상태에서 20[mA]이다.)

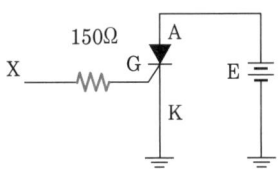

① 3.0 ② 3.6 ③ 7.0 ④ 7.5

53 다음 중 파고율을 잘 나타낸 것은?

① $\dfrac{최대값}{실효값}$ ② $\dfrac{실효값}{최대값}$

③ $\dfrac{평균값}{최대값}$ ④ $\dfrac{실효값}{평균값}$

• 순시값 : 시간(t)에 전압이나 전류가 순간변화하고 있는 것을 나타내는 것
• 최대값 : 순시값 중에서 가장 큰 값 ($V_m = \sqrt{2} \times V$)
• 실효값 : 순시값의 제곱에 대한 평균값의 제곱근 ($V = \dfrac{V_m}{\sqrt{2}} = 0.707\,V_m$)
• 평균값 : 순시값의 1주기 동안의 평균으로 정현파는 1/2기간의 평균 ($V_a = \dfrac{2\sqrt{2}}{\pi} = 0.9 \times V$)
• 파고율 = $\dfrac{최대값}{실효값}$, 파형율 = $\dfrac{실효값}{평균값}$

54 유량에 따라 테이퍼관 내를 상하로 이동하는 부자의 위치에 의해 유량을 지시하는 유량계는?

① 차압식 유량계　② 면적식 유량계
③ 용적식 유량계　④ 터빈식 유량계

- 차압식 유량계 : 측정관로 중에 교축기구를 설치하여 유동을 교축하고 이 때문에 생기는 교축부 전후의 압력차에 의해서 유속을 구하여 유량을 측정하는 것으로 오리피스미터, 벤투리미터 등이 있으며 유량은 교축기구 전후의 차압과 평방근에 비례한다.
- 용적식 유량계 : 체적기지의 계산실에 유체압에 의해 유체를 만량시키고 이어 배출조작을 반복하므로서 유체의 용적유량을 측정하여 적산 표시하는 것으로 정도도 좋고 공업적 용도도 넓다.(가스미터, 회전자형미터)
- 면적식 유량계 : 차압식 유량계가 일정한 교축면적인데 대하여 면적식은 유량의 대소에 의해 교축면적을 바꾸고 차압을 일정하게 유지하면서 면적변화에 의한 유량을 구하는 것이다. 특히 로우터미터는 투영관속의 부자에 의하여 눈금으로부터 유량을 직접 읽을 수 있다.

55 제어밸브 구동부의 동력원으로 공기압이 많이 사용되는 이유로 적합하지 않은 것은?

① 구조가 간단하다.
② 방폭성을 보유하고 있다.
③ 비용이 저렴하다.
④ 고정밀도가 있다.

공기압의 장점
- 레귤레이터를 이용하여 실린더의 출력을 조절할 수 있다.
- 무단계로 작업속도를 조절함으로서 변경이 가능하다.
- 힘의 증폭이 용이하고 에너지 축적이 가능하다.
- 고속 작동이 가능하고 인화의 위험이 없다.

56 다음 중 전자계전기의 기능이라 볼 수 없는 것은?

① 증폭기능　② 전달기능
③ 연산기능　④ 충전기능

전자계전기의 기능으로 증폭기능, 전달기능, 변환기능, 연산기능 등이 있다.

57 10진수 25를 2진수로 변환하면?

① 10011　② 11010
③ 11001　④ 11100

25를 계속 2로 나누어 가면 됩니다.
ⓐ 25 ÷ 2 = 12 나머지 1
ⓑ 12 ÷ 2 = 6 나머지 0
ⓒ 6 ÷ 2 = 3 나머지 0
ⓓ 3 ÷ 2 = 1 나머지 1
ⓔ 1은 나눌수 없으므로 그대로 1
나머지를 ⓔ, ⓓ, ⓒ, ⓑ, ⓐ 순서대로 나열하면 11001이 된다.

58 타여자 발전기의 전기자 저항 0.1[Ω]에 50[A]의 부하전류를 공급하여 단자 전압 200[V]를 얻었다. 발전기의 유도기전력은 몇 [V]인가?

① 200　② 450
③ 195　④ 205

유도 기전력 = 전압+(전류×저항) = 200+(50×0.1) = 205[V]

59 그림과 같은 회로의 특징은?

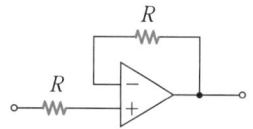

① 입력 임피던스를 낮게 잡을 수 있다.
② 출력 임피던스를 높게 잡을 수 있다.
③ 입력과 같은 극성의 출력을 얻을 수 있다.
④ 동상입력 전압의 범위에서 사용하므로 CMRR의 영향이 없다.

그림의 회로는 미분기 회로로서 입력과 같은 출력을 얻을 수 있다. CMRR (Common Mode Rejection Ratio, 동상제거비)이란 OP-Amp의 출력이 두 입력 단자(반전과 비반전)에 동일하게 가해진 동상 신호(같은 신호)에 영향을 받지 않는 정도로 무조건 높을수록 좋다.

60 진성반도체에 첨가 물질을 도핑하여 n형 반도체를 만들기 위한 도핑 물질은?

① 갈륨　② 인듐
③ 붕소　④ 비소

- 도너(donor) : N형 반도체의 불순물(Sb, As, P, Pb)
- 억셉터(acceptor) : P형 반도체의 불순물(Ga, In, B, Al)

제4과목 기계정비 일반

61 소형 원심 펌프의 흡입관 끝에 사용되는 밸브는?

① 푸트밸브　　② 슬루스밸브
③ 글러브밸브　④ 로터리밸브

> 푸트밸브는 원심 펌프의 흡입관 시작점에 부착하여 유체 이송에 함유된 이물질을 제거하며 운전 정지 중에는 역류방지 밸브 역할을 한다.

62 베어링 사용 시 주의할 점이 아닌 것은?

① 진동 또는 충격하중에 견디도록 해야 한다.
② 마찰에 의해서 발생하는 열을 흡수해야 한다.
③ 먼지 침입에 주의해야 하고 윤활제의 열화에 적당한 조치를 해야 한다.
④ 베어링 압력과 미끄럼 속도에 따라 윤활유의 종류를 선정해야 한다.

> 마찰에 의해 발생되는 열은 외부로 발산해야 한다.

63 구멍이 있는 플러그를 회전시켜 유체의 통로를 간단히 개폐할 수 있고 작은 지름의 관로나 배출용으로 쓰이는 밸브는?

① 언로드 밸브　② 시퀀스 밸브
③ 메인 코크　　④ 이압 밸브

> 메인 코크는 원뿔모양으로 물이나 오일, 공기, 증기 등의 작은 직경의 관로나 배출구에 사용한다.

64 유로방향의 수로 분류한 콕의 종류가 아닌 것은?

① 이방 콕　② 삼방 콕
③ 사방 콕　④ 오방 콕

> • 이방 콕 : 출구와 입구에 각 1개씩 두 방향에 갖는다.
> • 삼방 콕 : 3개의 방향에 구멍이 있으며 콕을 회전시켜 3개 가운데 2방향만을 선택하거나 3방향 모두 개방
> • 사방 콕 : 사방에 구멍을 가진 타원형의 밸브를 회전시켜 4방향 중 각각 2방향을 선택하여 개방

65 다음 정비용 공구 중 체결용 공구가 아닌 것은?

① 양구 스패너　② 기어 풀러
③ L 렌치　　　 ④ 조합 스패너

> 기어 풀러 : 기어, 풀리, 구름 베어링 등을 축에서 빼낼 때 사용하는 공구

66 일반 배관용 강관의 기호 중 배관용 탄소 강관을 나타내는 것은?

① SPW　② SPA
③ SUS　④ SPP

> • SPP : 배관용 탄소강 강관
> • SPW : 배관용 아아크 용접 탄소강 강관
> • SPA : 배관용 합금강 강관
> • SUS : 구조용 스테인레스강 강관

67 기어 감속기의 분류 중 교쇄 축형 감속기에 해당되지 않는 것은?

① 웜 기어　　　② 스퍼 기어
③ 헬리컬 기어　④ 스파이럴 베벨 기어

> • 교쇄 축형 감속기 : 헬리컬 기어, 웜 기어, 스퍼 기어
> ※ 두 축이 만나는 경우 : 베벨 기어, 스큐 기어, 스파이럴 베벨 기어

68 펌프의 부식에 관한 설명으로 옳은 것은?

① 유속이 느릴수록 부식되기 쉽다.
② 온도가 낮을수록 부식되기 쉽다.
③ 재료가 응력을 받고 있는 부분은 부식되기 쉽다.
④ 유체 내의 산소량이 적을수록 부식되기 쉽다.

> 유속이 빠를수록, 온도가 높을수록, 산소량이 많을수록, 응력이 클수록 부식속도는 빨라진다.

69 전동기의 고장원인에서 기동 불능에 대한 원인으로 옳지 않은 것은?

① 퓨즈 융단
② 기계적 과부하
③ 시동버튼 스위치 작동불량

④ 전원 전압의 변동

①, ②, ③항 이외에 전기 기기류 고장 및 단락 등이 있다.

70 V-벨트 전동장치에 사용되는 벨트에 관한 설명 중 틀린 것은?

① 허용장력의 크기에 따라 6종류로 규정하고 있다.
② A 등급이 가장 큰 허용장력을 받을 수 있다.
③ 벨트의 길이는 조정할 수가 없어 생산 시에 여러 가지 길이의 규격으로 제공한다.
④ 벨트의 단면 규격도 표준규격이 제정되어 있다.

V벨트는 M, A, B, C, D, E의 6가지가 있으며, M형이 제일 작고 E형이 가장 단면이 크다.

71 전동기의 운전 중 점검 항목으로 볼 수 없는 것은?

① 전압　　　　② 회전수
③ 베어링 온도 상승　　④ 브러시 습동상태

미끄러짐으로 인하여 마찰이 발생하는데 이를 습동이라 하며 브러쉬 습동상태는 운전 후에 점검 사항으로 해야 한다.

72 펌프 분해 검사에서 매일 점검항목이 아닌 것은?

① 베어링 온도
② 흡입, 토출 압력
③ 패킹상자에서의 누수
④ 펌프와 원동기의 연결 상태

①, ②, ③ 항은 수시검사를 해야 하는 사항이며, 펌프와 원동기의 연결 상태는 분기별로 점검할 사항이다.

73 피치가 2mm 인 세줄나사 스크루 잭을 2회전 시켰을 때 이동거리는 얼마인가?

① 2mm　　　　② 4mm
③ 6mm　　　　④ 12mm

나사의 이동거리 = 피치×줄수×회전수
　　　　　　　 = 2×3×2 = 12mm

74 플랜지형 커플링의 센터링 작업을 할 때에 사용되는 측정기 사용상 주의사항으로 잘못된 것은?

① 측정기의 선단을 손가락 끝으로 가볍게 밀어 올리고 가만히 내린다.
② 눈금을 읽는 시선은 측정 면과 직각방향이어야 한다.
③ 사용 중에 스핀들(spindle)에 기름을 주지 않는다.
④ 가열되었어도 즉시 측정한다.

측정기의 적정 측정온도는 20℃ 정도이며, 가열되어 있으면 측정의 오차가 생기므로 측정을 중단해야 한다.

75 합성고무와 합성수지 및 금속 클로이드 등을 주성분으로 제조된 액상 개스킷의 특징이 아닌 것은?

① 상온에서 유동성이 있는 접착성 물질이다.
② 액체 고분자 물질을 주성분으로 한 일액성 무 용제형 강력 봉착제이다.
③ 접합면에 바르면 일정 시간 후 건조된다.
④ 접합면을 보호하고 누수를 방지하고 내압 기능을 가지고 있다.

액상 개스킷의 사용온도 범위는 40~400℃로 상온에서 유동적으로 사용할 수 있으며 일정한 내압을 지니고 있는 누수 방지용이다.

76 공기를 압축할 때 압력 맥동이 발생하는 압축기는?

① 왕복식 압축기　　② 원심식 압축기
③ 축류식 압축기　　④ 나사식 압축기

압축기의 종류
- 왕복동식 : 피스톤의 왕복운동으로 가스를 압축하는 방식으로 맥동이 있다.
- 원심식 : 터보 압축기라 하며 임펠러의 고속회전에 의한 원심력으로 가스를 압축하는 방식으로 대용량의 공기조화용으로 많이 사용한다.
- 회전식 압축기 : 회전자(Rotor)의 회전에 의하여 가스를 압축하며 오일 쿨러가 있다.
- 스크루식 : 2개의 맞물린 나사 형상의 로터 회전으로 가스를 압축하는 것으로 구동할 때 정해진 회전 방향이 있으며 토출가스온도가 낮아 윤활유 열화, 탄화의 우려가 적으며 용량에 비해 소형이다.

77 기어를 분해할 때 주의사항 중 옳지 않은 것은?

① 분해는 깨끗한 작업장에서 시행한다.
② 분해한 기어박스와 케이싱을 깨끗이 닦는다.
③ 정비 후 기어박스에 오일은 가득 채운다.
④ 내부 부품을 주의하여 취급한다.

> 정비 후 기어박스에 오일은 축의 중심 정도까지 충만시킨다.

78 밸브 취급상의 일반적인 주의사항으로 옳지 않은 것은?

① 밸브를 열 때는 처음에 약간 열고 기기의 상태를 확인하면서 소정의 열림 위치까지 연다.
② 밸브를 완전히 열 때는 개폐 손잡이를 정지할 때까지 완전히 회전시킨 후 그대로 개폐 손잡이를 잠궈 둔다.
③ 밸브를 닫을 때 밸브가 진동을 일으키면 빨리 닫는다.
④ 이종 금속으로 이루어진 밸브를 닫을 때는 냉각된 다음 더 죄기를 한다.

> 밸브를 완전히 열 때는 개폐 손잡이를 정지할 때까지 완전히 회전시킨 후 약간 전진하여 잠궈야 한다.

79 원심펌프에서 수격작용 방지책이 아닌 것은?

① 펌프의 급 기동을 하지 않는다.
② 배관 구경을 작게 한다.
③ 서지탱크를 설치한다.
④ 밸브의 급개폐를 하지 않는다.

> **수격현상**(water hammering)
> 관로 내의 물의 운동 상태를 갑자기 변화시킴에 따라 생기는 물의 급격한 압력 변화의 현상으로 관 속에 전달되어 진동 및 충격음을 내고, 심할 때는 고장의 원인이 된다. 펌프 흡입측에 배관 구경을 작게 하면 캐비테이션 현상을 유발한다.

80 펌프 내부에서 흡입양정이 높거나 흐름속도가 국부적으로 빠른 부분에서 압력저하로 유체가 증발하여 소음과 진동을 수반하는 현상은?

① 수격현상   ② 공동현상
③ 점침식현상 ④ 서징현상

> **캐비테이션(공동현상)** : 펌프 흡입측에서의 압력 손실로 발생된 기체가 펌프 상부에 모이게 되면 유체의 송출을 방해하고 펌프는 공회전을 하게 되는 현상이다.

정답 최근기출문제 2012년 2회

01 ①	02 ②	03 ④	04 ③	05 ①
06 ①	07 ②	08 ②	09 ④	10 ④
11 ③	12 ④	13 ②	14 ①	15 ④
16 ④	17 ④	18 ④	19 ①	20 ①
21 ②	22 ②	23 ②	24 ①	25 ④
26 ①	27 ③	28 ④	29 ②	30 ③
31 ③	32 ③	33 ③	34 ③	35 ②
36 ①	37 ④	38 ①	39 ③	40 ④
41 ③	42 ①	43 ②	44 ③	45 ③
46 ①	47 ②	48 ③	49 ②	50 ③
51 ①	52 ②	53 ①	54 ②	55 ④
56 ④	57 ③	58 ④	59 ③	60 ④
61 ①	62 ②	63 ③	64 ④	65 ②
66 ④	67 ④	68 ③	69 ④	70 ②
71 ④	72 ④	73 ④	74 ④	75 ②
76 ①	77 ③	78 ②	79 ②	80 ②

2012년 3회 최근기출문제

제1과목 공유압 및 자동화시스템

01 두 개의 실린더를 동조시키는데 사용되며, 정확도가 크게 요구되지 않는 경우에 사용되는 밸브는?

① 체크밸브
② 감압밸브
③ 감속밸브
④ 분류 및 집류밸브

분류 및 집류밸브 : 동일 크기의 2개의 실린더에 동량 분류 집류 밸브를 설치해서 동량의 기름을 보내면 실린더는 같은 속도로 움직이고 또 실린더에서 내보내진 기름을 동량씩 집류하면 마찬가지로 실린더는 같은 속도로 되돌아온다.

02 적당한 캠 기구로 스풀을 이동시켜 유량의 증감 또는 개폐작용을 하는 밸브로서 상시 개방형과 상시폐쇄형이 있으며 귀환운동을 자유롭게 하기 위하여 체크밸브를 내장한 것도 있는 유압기기는?

① 스로틀 변환밸브
② 감속(deceleration) 밸브
③ 파일럿 조작 체크밸브
④ 셔틀밸브

감속 밸브 : 유압 모터나 유압실린더의 속도를 감속

03 공압 모터의 단점에 대한 설명으로 틀린 것은?

① 에너지 변환 효율이 낮다.
② 공기의 압축성에 의해 제어성은 거의 좋지 않다.
③ 배기음이 크다.
④ 과부하 시 위험성이 크다.

공압 모터의 특징
• 공압 모터는 유압 모터와 비교할 때 시동·정지가 원활하다.
• 공기의 압축성으로 회전 속도는 부하의 영향을 쉽게 받으나 과부하에 대해 안전하다.
• 폭발성 분위기 속에서도 안전하게 사용할 수 있다.
• 속도 제어와 정·역회전의 변환이 간단하다.
• 사용 주위 온도, 습도 등의 분위기에 대하여 전동기만큼 큰 제한을 받지 않는다.
• 공압 모터의 자체 발열이 적다. 또한 각 섭동부의 마찰열은 압축 공기의 단열 팽창으로 냉각된다.
• 압축공기 이외에 질소가스, 탄산가스 등도 사용할 수 있다.

04 유압 베인형 요동 모터 중 더블 베인형은 출력축의 회전각도 범위는 얼마 이내인가?

① 280°   ② 100°   ③ 60°   ④ 360°

더블 베인형은 싱글 베인형에 비해 2배의 축 토크를 얻을 수 있지만 그 구조상 얻을 수 있는 회전각도는 싱글 베인형은 300° 정도, 더블 베인형은 120° 정도가 최대 회전각도이다.

05 다음 회로의 설명으로 틀린 것은?

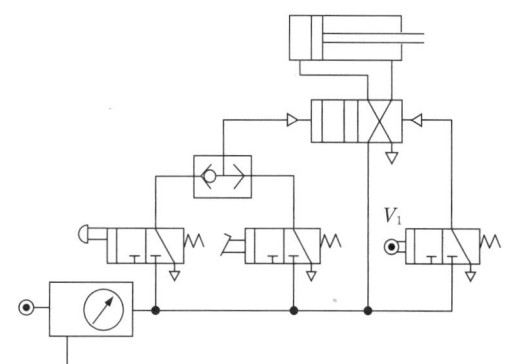

① 푸시버튼을 누르면 실린더는 전진한다.
② 페달을 밟으면 실린더는 전진한다.
③ 롤러 리밋스위치(V_1)가 작동하면 실린더는 후진한다.
④ 푸시버튼과 페달을 동시에 누르면 실린더는 전진하지 않는다.

동시에 작동하여도 실린더는 전진한다.

06 분사노즐과 수신노즐이 같이 있으며 배압의 원리에 의하여 작동되는 공압센서는?

① 공압 제어블록
② 반향 감지기
③ 공압 근접 스위치
④ 압력 증폭기

반향 감지기 : 배압원리에 의해 작동되며 구조가 간단하며 분사 노즐과 수신 노즐이 동일하게 설치되어 있으며 주로 먼지, 충격파, 어두움, 투명함 또는 내자성 물체의 영향을 받지 않기 때문에 모든 산업체에 이용된다.

07 증압기의 사용 목적으로 적합한 것은?

① 빠른 선형속도를 얻고 싶을 때 사용
② 압력에너지를 저장할 때 사용
③ 압력을 증대시켜 큰 힘을 얻고 싶을 때 사용
④ 빠른 회전속도를 얻고 싶을 때 사용

08 유압장치의 특성에 대한 설명으로 잘못된 것은?

① 큰 힘을 낼 수 있다.
② 공압에 비해 작업속도가 빠르다.
③ 무단변속이 가능하다.
④ 균일한 속도를 얻을 수 있다.

유압 장치의 특징	
장점	• 동작속도를 자유로이 변환할 수 있다. • 전기적인 조작과 조합이 간단하게 된다. • 충격이나 진동을 용이하게 감쇄시킨다. • 원격조작이 가능하다. • 입력에 대한 출력의 응답이 빠르다. • 공기압에 비하여 조작이 안전하고 조절이 용이하다.
단점	• 모든 기계장치에는 동력원이 필요하다. • 작동유에 의한 인화 폭발의 위험이 있다. • 배관 이음부 등에서 기름의 누유의 우려가 있고 환경오염이 될 수 있다. • 펌프 및 동력원의 소음이 심하다.

09 다음 기호는 무엇을 나타내는가?

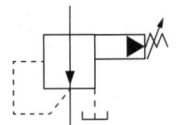

① 파일럿 작동형 감압밸브
② 릴리프 붙이 감압밸브
③ 일정비율 감압밸브
④ 파일럿 작동형 시퀀스밸브

10 방향제어 밸브의 작동을 위한 조작 방식이 아닌 것은?

① 유량제어 방식 ② 인력조작 방식
③ 기계방식   ④ 전자방식

• 밸브의 조작 방식 : 인력, 기계, 전자식

11 입력을 A, B라 하고 출력을 C라 할 때 다음 진리표를 충족시키는 회로는?

입력		출력
A	B	C
0	0	1
0	1	0
1	0	0
1	1	0

① AND 회로   ② OR 회로
③ NOT 회로   ④ NOR 회로

모든 입력이 0인 경우 출력이 1이 되는 논리 회로로, OR 게이트의 반전(complement)을 의미하는 NOR 회로이다.

12 유압을 피스톤의 한쪽 면에만 공급해주는 실린더는?

① 복동 실린더   ② 단동 실린더
③ 탠덤 실린더   ④ 텔레스코프 실린더

• 단동 실린더 : 한쪽 방향으로만 압력이 가해진다.
• 복동 실린더 : 전·후진 모두 압력이 가해진다.

13 다음 설명 중 시퀀스제어의 정의로 맞는 것은?

① 이전 단계 완료여부를 센서를 이용하여 확인 후 다음 단계의 작업을 수행하는 제어
② 어떤 신호가 입력되어 출력신호가 발생한 후에는 입력신호가 없어져도 그때의 출력상태를 유지하는 제어
③ 시스템 내의 하나 또는 여러 개의 입력 변수가 약속된 법칙에 의하여 출력 변수에 영향을 미치는 공정
④ 제어하고자 하는 하나의 변수가 계속 측정되어서 다른 변수, 즉 지령치와 비교되며 그 결과가 첫 번째의 변수를 지령치에 맞추도록 수정을 가하는 것

시퀀스 제어란 정해진 순서, 절차에 의해서 각 단계를 진행하는 제어를 말한다.

14 센서 시스템의 구성에서 신호전달 순서가 현상으로부터 제어로 진행하는 과정이 맞는 것은?

① 신호전송요소 → 신호처리요소 → 변환요소 → 정보출력요소
② 변환요소 → 신호전송요소 → 신호처리요소 → 정보출력요소
③ 신호처리요소 → 변환요소 → 신호전송요소 → 정보출력요소
④ 신호처리요소 → 신호전송요소 → 변환요소 → 정보출력요소

15 다음 논리회로의 동작 설명으로 적합한 것은?

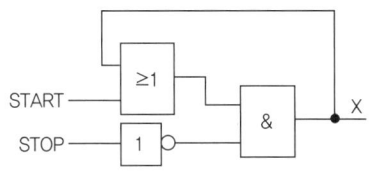

① stop 버튼을 누를 때만 출력 X에 신호가 나온다.
② start 버튼을 누를 때만 출력 X에 신호가 나온다.
③ start 버튼을 한번 누르면 출력 X에는 펄스 신호가 발생한다.
④ start 버튼을 한번 누르면 stop 버튼을 누르기 전까지 출력 X에는 신호가 존재한다.

16 자동화 추진 시 나타나는 단점이 아닌 것은?

① 높은 자동화 비용
② 품질의 균일화
③ 생산 탄력성 결여
④ 보수유지 등에 높은 기술 수준 요구

자동화 추진 시 품질의 균일화는 장점에 해당된다.

17 공압 선형 액추에이터의 특징이 아닌 것은?

① 20mm/s 이하의 저속 운전 시 스틱슬립 현상이 발생한다.
② 사용하는 압력이 높지 않아 큰 힘을 낼 수 없다.
③ 비압축성 작업매체를 이용하므로 균일한 속도를 얻을 수 있다.
④ 일반적인 작업속도는 1~2m/s이다.

공압 선형 액추에이터는 압축성 공기를 이용하므로 균일한 속도를 얻을 수 있다.

18 다음 그림의 논리회로에서 램프에 불이 들어올 수 있는 경우를 S_1, S_2의 순서로 표시한 것으로 맞는 것은?

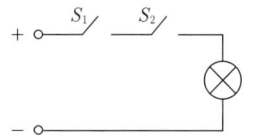

① 0, 0
② 0, 1
③ 1, 0
④ 1, 1

상기 도면은 AND회로이며 S_1, S_2 모두 연결이 되어야 불이 들어오게 된다.

19 유압 작동유의 구비조건으로 맞지 않는 것은?

① 비압축성이어야 한다.
② 적절한 점도가 유지되어야 한다.
③ 발생되는 열을 잘 보관, 저장되어야 한다.
④ 녹이나 부식이 생기지 않고 장시간 사용에도 화학적으로 안정되어야 한다.

유압 작동유는 액추에이터에서 발생하는 열을 제거하는 역할을 하므로 열을 방출해야 한다.

20 작동유의 점도가 너무 높을 경우 어떤 현상이 발생하는가?

① 내부마찰 증대와 온도 상승
② 내부 누설 및 외부 누설
③ 동력손실 감소
④ 마찰부분의 마모 증대

작동유는 발열제거, 마모방지, 누설방지, 패킹재료 보호 등의 주된 역할을 하나 점도가 너무 높게 되면 즉, 끈적끈적한 성질이 강해 내부 마찰 증대 및 온도 상승의 원인이 된다.

제2과목 설비진단 및 관리

21 고속으로 회전하는 기어 및 베어링 등에서 충격력 등과 같이 힘의 크기가 문제로 되는 이상의 진단 시 일반적으로 사용되는 측정변수는?

① 변위 ② 속도
③ 가속도 ④ 위상각

> **진동 측정용 센서**
> • 가속도계 : 적은 출력 전압에서 가속도 레벨이 낮아지는 취약성과 높은 주파수 대역에서는 저주파 결함이 나타나는 것으로서 베어링의 결함 유무를 측정하고자 할 때 사용되는 진동 측정용 센서 (압전형, 서보형, 스트레인 게이지형)
> • 속도계 : 진동에너지나 피로도가 문제되는 경우 측정변수이며 측정 주파수 범위는 보통 10~1000Hz이다. (동전형)
> • 변위계 : 축과 마운트 사이에 발생되는 진동이나 축 표면의 흠집, 표면 거칠기 등의 측정에 용이하다. (와전류식, 전자광학식, 정전용량식)

22 보전비용을 들여 설비를 안정된 상태로 유지하기 위하여 발생되는 생산손실을 무엇이라 하는가?

① 매몰손실 ② 이익손실
③ 차액손실 ④ 기회손실

> **기회손실**
> • 설비부족 때문에 얻을 수 있는 이익을 놓치는 일
> • 싼 재료나 설비로 인한 고장으로 인하여 비용의 절감이나 이익의 증가를 못하는 일
> • 구입시기가 늦거나, 지출시기가 빨라서 금리손실을 보는 일
> • 보전비용을 들여 설비를 안정된 상태로 유지하기위하여 발생되는 생산손실

23 유사한 부품 그룹의 가공공정이 같아서 가공의 흐름이 동일한 경우의 설비배치로서 대량생산에서의 흐름 생산형식에 가깝고 GT 설비배치 중 가장 바람직하며 생산효율도 높은 것은?

① GT 셀 ② GT 흐름 라인
③ GT 센터 ④ GT 계획

> • GT 셀 : 여러 종류의 기계그룹에서 부품그룹에 속하는 모든 부품 또는 대부분을 가공할 수 있는 경우의 설비 배치이다.
> • GT 센터 : 어느 한 종류의 작업장에서 가공방법이 유사한 부품의 것을 가공할 수 있도록 같은 성능의 기계를 각각 모아서 배치한 것

24 진동 픽업(vibration pickup) 중 비접촉형에 해당하는 것은?

① 압전형 ② 서보형
③ 동전형 ④ 와전류형

> 비접촉형 : 전자광학형, 용량형, 와전류형

25 설비관리기능에서 기술기능은 현 설비나 잠재적인 설비설계의 향상 및 설비구매에 대한 의사 결정의 기반이 되는 기능이다. 이러한 기술기능에 해당되지 않는 것은?

① 설비성능 분석
② 고장분석 방법 개발 및 실시
③ 설비진단기술 이전 및 개발
④ 주유, 조정 그리고 수리업무 등의 준비 및 실시

26 보전요원이 실시하는 수리표준시간, 준비작업 표준시간 또는 분해검사 표준시간을 결정하는 보전표준의 종류는?

① 일상점검표준 ② 설비점검표준
③ 작업표준 ④ 수리표준

> 작업표준 : 작업조건, 작업방법, 관리방법, 사용재료, 기타 취급상의 주의사항 등에 관한 기준을 규정한 것

27 커플링 등에서 축심이 어긋난 상태를 말하며 이것으로 야기된 진동이 회전주파수의 2f(배수)의 특성으로 나타나는 것을 무엇이라 하는가?

① 미스얼라인먼트 ② 언밸런스
③ 기계적 풀림 ④ 편심

> **회전기계의 정밀진단**
> • 언밸런스(unbalance) : 회전수와 동일한 주파수가 검출되었을 때 진동을 발생시키며 모든 기기에서 발생하는 진동으로 수평·수직방향에 최대의 진폭이 발생하며 언밸런스량과 회전수가 증가할수록 진동레벨이 높게 나타난다.
> • 미스얼라인먼트(misalignment) : 베어링 설치가 잘못되었거나 축 중심이 어긋난 경우에 발생하는 경우로 측정은 축 방향에 센서를 부착하여 측정하며 이때 위상각은 180°이다.
> • 기계적 풀림(looseness) : 회전기계 특히 베어링 케이스에서 주로 발생하며 회전 이상에 의해 진동이 불규칙적으로 발생한다.
> • 편심 : 로터의 중심과 실체의 회전 중심이 어긋난 경우 중심이 한쪽으로 치우쳐 진동이 발생한다.

28 베어링이 스러스트 하중을 받고 있는 경우 진동 센서는 어느 방향으로 부착하는 것이 좋은가?

① 수직방향　② 수평방향
③ 축 방향　④ 45° 방향

스러스트 하중은 하중이 축 방향으로 작용하는 베어링이므로 센서 역시 축 방향으로 부착해야 한다.

29 집중보전의 장점을 설명한 것 중 틀린 것은?

① 작업의 신속성　② 인원배치의 유연성
③ 보전책임의 명확성　④ 작업일정 조정 용이성

④항은 부분보전에 대한 설명이다.

30 다음 중 설비의 범위에 속하지 않는 것은?

① 생산설비　② 원자재
③ 운반기계　④ 냉동기

설비의 분류
- 유틸리티 설비 : 유틸리티(연료, 전기, 급수, 가스 등)를 이용
- 연구 개발설비 : 기초설비, 응용 연구설비, 기업 합리화를 위한 공장 연구설비 등
- 생산설비 : 직접 생산에 참여하는 기계, 전기, 배관, 계측기기, 운반장치 등
- 수송설비 : 도로, 항만, 차량, 철도 등
- 판매설비 : 입지 선정으로 판매활동을 추진하기 위한 설비
- 관리설비 : 본사의 건물관리, 공장의 시설관리, 직원 복리 후생 관리설비 등

31 정비자재 보충방식에서 일정시기에 재고 조사를 해서 발주하는 방식은?

① 개별구입방식　② 정량 발주방식
③ 정기 발주방식　④ 정수 발주방식

보전작업관리와 보전효과 측정
- 정량발주방식 : 재고량이 일정이하로 소비가 되면 소비된 량 만큼 주문을 하는 방식으로 항상 최저·최고의 범위에서 재고를 보유하는 방식이다.
- 사용고발주방식 : 일정한 재고량을 정해놓고 사용한 만큼을 발주시키는 예비용 발주방식으로 항상 일정량을 유지하는 방식이다.
- 정기발주방식 : 소비의 상태나 실적을 감안하여 발주 수량을 상황에 따라 변하나, 발주시기는 항상 일정하다.

32 공장에서 소음을 방지하기 위한 일반적인 방법이 아닌 것은?

① 흡음　② 진동차단
③ 차음　④ 소음기(silencer) 제거

소음 방지 대책
- 흡음 : 음파의 발생이 흡음재료로 처리된 천장 또는 벽에서 반사될 때 일부는 소음 에너지가 흡수되어 소멸
- 차음 : 차음벽(주로 판넬 사용)을 기계주변에 설치하여 소음 전파를 차단

33 가공 및 조립설비에서 부품 막힘, 센서의 오작동에 의한 일시적인 설비정지 또는 설비만 공회전함으로서 발생되는 로스에 해당하는 것은?

① 고장로스　② 속도저하로스
③ 수율저하로스　④ 순간정지로스

설비의 6대 저해 로스
- 고장 로스 : 큰 결함이 고장을 유발하지만, 작은 결함들이 모여 고장을 일으키는 경우도 많다.
- 준비·조정 로스 : 올바른 개선활동으로 일반적인 작업 현장의 경우에 준비·조성 로스는 70~80%까지 줄일 수 있다.
- 트러블에 의한 정지·공회전 로스 : 보통 정지와는 다른 일시적인 트러블에 의한 설비 의 정지나 공회전의 상태
- 속도 로스 : 설비 설계 시의 속도와 실제 속도와의 차이로 인해 발생하는 로스
- 불량·수정 로스 : 불량 중 돌발 불량은 원인이 쉽게 나타나므로 대책수립이 쉬우며, 수정로스는 설비효율의 큰 장애물이므로 6대 로스 중 특히 중요하다.
- 초품 생산 로스 : 생산 개시 시점부터 생산이 안정될 때까지 발생하는 로스

34 진동하는 동안 마찰이나 다른 저항으로 에너지가 손실되지 않는 진동을 무엇이라 하는가?

① 자유진농　② 강제진동
③ 비감쇠진동　④ 선형진동

비감쇠진동 : 마찰효과를 고려하지 않기 때문에 계속해서 진동하는 감쇠력을 무시한 경우의 진동 상태

35 정상청력을 가진 사람이 일반적으로 들을 수 있는 음의 한계로 맞는 것은?

① 130dB 정도　② 110dB 정도
③ 90dB 정도　④ 60dB 정도

dB(decibel)은 음(音)의 강도를 나타내는데 사용되는 단위이며, 사람이 들을 수 있는 한계는 130~140dB 정도이다.

36 변위(μm)와 속도(mm/s)의 관계식으로 옳은 것은?
(단, V: 속도, D: 변위, f: 주파수이다.)

① $V = \dfrac{1.59}{f} \times 10^2$
② $V = 2\pi f D \times 10^{-3}$
③ $V = \dfrac{D}{(2\pi f)^2} \times 10^6$
④ $V = \dfrac{(2\pi f)^2 D}{9.81} \times 10^{-6}$

37 설비의 라이프사이클 중 설비투자계획 과정에 속하는 것은?

① 설계, 제작
② 설치, 운전
③ 보전, 폐기
④ 조사, 연구

설비의 라이프사이클은 도입기, 발전기, 성숙기, 포화기, 쇠퇴기의 단계로 구분하며, 설비투자계획 단계에서 조사, 연구를 하게된다.

38 설비를 주기적으로 검사하여 유해한 성능저하 상태를 미리 발견하고 성능저하의 원인을 제거하거나 원상태로 복구시키는 보전은?

① 보전예방
② 개량보전
③ 생산보전
④ 예방보전

설비계획
- 보전예방(MP) : 고장이 없고, 보전이 필요치 않은 설비를 설계, 제작 또는 구입
- 개량보전(CM) : 설비자체의 체질개선으로 예방보전으로 고장이 없고, 보전하기 쉬운 설비로 개량
- 생산보전(PM) : 생산성이 높은 보전, 경제성
- 예방보전(PM) : 고장, 정지 또는 유해한 성능저하를 가져오는 상태를 발견하기 위한 설비의 주기적인 검사로, 초기단계에서 이러한 상태를 제거 또는 복구시키기 위한 보전

39 보전자재관리의 경제성을 보증하는 시스템 설계에서 기본적으로 고려해야 할 사항이 아닌 것은?

① 자재의 표준화
② 자재조달과 사용의 실태에 맞는 자재관리방식 적용
③ 자재의 재고비용보다 자재 품절로 인한 비용을 크게 함
④ 자재관리에 관계하는 각 부서 업무의 적절한 분배

설비 보전용 자재의 관리상 특징
- 감속기, 모터 등은 고장 시 교체하고 교체품은 수리하여 예비품으로 사용할 수 있다.
- 자재의 품목 및 수량의 구입계획을 수립하기 곤란하다.
- 예비품이 사용되지 않고 폐기될 수도 있다.
- 연간 사용빈도가 낮으며, 소비속도가 늦은 것이 많다.
- 보전 자재의 재고량은 보전 관리 및 기술 수준에 따라 달라진다.

40 제품별 배치(product layout)의 장점으로 틀린 것은?

① 배치가 작업순서에 대응하므로 원활하고 논리적인 유선이 생긴다.
② 한 공정의 작업물이 직접 다음 공정으로 공급되므로 제공품이 적어진다.
③ 단위 당 총 생산시간이 짧다.
④ 전문적인 감독이 가능하다.

④항은 부분보전에 해당된다.

제3과목 공업계측 및 전기전자제어

41 계측기의 전송기에 사용되는 전기신호의 크기는?

① DC 0.4~1mA
② DC 1.5~3mA
③ DC 4~20mA
④ DC 20~40mA

전류 : DC 4~20mA, 전압 : 1~5V

42 회전방향을 바꿀 수 없고 기동 토크와 효율이 낮으나 구조가 간단하여 전자밸브, 녹음기 및 가정용 전동기에 많이 사용되는 것은?

① 반발 기동형 전동기
② 셰이딩 코일형 전동기
③ 콘덴서 기동형 전동기
④ 분상 기동형 전동기

- 셰이딩 코일형 유도전동기
  - 구조가 간단하나 기동 토크가 작고 효율과 역률이 떨어지는 결점이 있다.
  - 회전 방향을 바꿀 수 있다.
- 반발 기동형 전동기 : 기동 토크가 가장 큰 전동기

43 전압과 주파수를 가변시켜 전동기의 속도를 고효율로 쉽게 제어하는 장치로 사용되는 것은?

① 인버터 ② 다이오드
③ 배선용 차단기 ④ 카운터

- 다이오드 : 하나의 반도체 단결정 속에 하나의 접합면을 경계로 P형과 N형의 영역을 갖는 반도체 소자로 교류의 정류와 검파에 사용
- 배선용 차단기 : 단락 및 과전류 시 전선을 보호하기 위해 작동

44 도체의 저항에 대한 설명으로 틀린 것은?

① 도체 저항의 단위는 [Ω]이다.
② 도체의 저항은 길이에 반비례한다.
③ 도체의 저항은 단면적에 반비례한다.
④ 도체의 저항은 고유 저항에 비례한다.

$R = \rho \times \dfrac{L}{A}$ 에서 (ρ : 고유저항, L : 길이, A : 단면적)
∴ 도체의 저항은 길이에 비례하며 단면적에 반비례한다.

45 유도 전동기의 동기속도가 3600rpm이고, 실제 회전자 속도가 3492rpm일 때 슬립은 몇 %인가?

① 9 ② 6
③ 3 ④ 0.03

실제 회전수(N) = $Ns \times (1-S)$ S : 슬립
3492rpm = 3600rpm×(1−S), S = 0.03 ∴ 0.03×100 = 3%

46 십진수 53을 2진수로 표시한 것은?

① 111101 ② 110101
③ 110111 ④ 111111

53÷2 = 26 나머지 1   26÷2 = 13 나머지 0
13÷2 = 6 나머지 1   6÷2 = 3 나머지 0
3÷2 = 1 나머지 1
나머지 숫자를 뒤에서부터 나열하면 110101(2)

47 다음 중 무효전력의 단위는?

① W ② J
③ Var ④ VA

리액턴스 성분(X)을 포함하는 교류 회로에서 전압의 실효값 V와 전류의 실효값 I의 곱에 그 위상각(ϕ)의 정현을 곱한 것 (Q). 단위는 바(Var). $Q = VI\sin\phi$

48 논리식 Y = A · $\overline{A}$ + B를 간단히 한 식은?

① Y = $\overline{A}$ + B ② Y = 1 + B
③ Y = A ④ Y = B

A · $\overline{A}$는 직렬연결이며 부정이므로 '0'으로 표기되므로 Y = B가 된다.

49 0.2μF의 콘덴서에 1000V의 전압을 가할 때 축적되는 에너지는 얼마인가?

① 0.1J ② 1J
③ 10J ④ 100J

$W = \dfrac{1}{2}CV^2 = \dfrac{1}{2} \times (0.2 \times 10^{-6}) \times 1000^2 = 0.1J$

50 다음 중 방사 온도계의 특징이 아닌 것은?

① 비접촉 측정을 할 수 있다.
② 비교적 높은 온도도 측정할 수 있다.
③ 물체에서 방사되는 방사에너지를 측정한다.
④ 열전대의 열기전력을 이용하여 측정한다.

방사온도계 : 피온 물체에서 나오는 전방사를 렌즈 또는 반사경으로 모아 흡수체를 받는다. 이 흡수체의 상승온도를 열전대로 읽고 측온물체의 반사경을 아는 것으로 비접촉식 온도계이다.
※ ④항은 열전대 온도계이다.

51 다음 그림의 게이트 명으로 알맞은 것은?

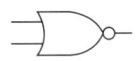

① NAND 게이트
② NOR 게이트
③ XOR 게이트
④ NOT 게이트

상기 도면은 OR회로의 부정을 표시한 것이므로 NOR 회로이다.

52 PLC (Programmable Logic Controller) 특징이 아닌 것은?

① 릴레이 제어반에 비해 가격이 매우 저가이다.
② 릴레이 제어반에 비해 배선 및 설치가 용이하다.
③ 릴레이 제어반에 비해 유지보수가 용이하다.
④ 릴레이 제어반에 비해 높은 신뢰성을 갖는다.

- 동작실행에 대한 내용 변경을 프로그램에 의하여 쉽게 바꿀수 있으며 배선작업이나 부품 교체 작업이 없게 된다.
- 프로그램 내용을 필요할 때 간단히 확인할 수 있으므로 체계적인 고장 진단과 점검이 용이하다.
- 릴레이 반에 비하여 신뢰성이 높고 고속 동작이 가능하다.
- 제어 기능량에 비하여 설치 면적이 대폭 적어지며 전기 소모량도 대단히 적어진다.

53 유도 전동기의 Y-Δ기동과 관계가 없는 것은?

① 전동기의 기동전류를 제한한다.
② 정격전압을 직접 전동기에 가해 기동한다.
③ 기동 시 전동기의 고정자 권선을 Y결선한다.
④ 기동 전류가 감소하면 Δ로 전환한다.

Y-Δ 기동 : 기동 전류를 경감시키기 위해서 사용하는 것으로 운전 상태의 각 상의 고정자 권선이 Δ결선인 전동기를 기동 시에 한하여 Y결선으로 하고 정격 전압을 인가하여 기동한 후 속도가 상승하면 Δ결선으로 환원하여 운전하는 방법이다.

54 신호전송에서 노이즈를 막기 위한 접지 방법으로 옳지 않은 것은?

① 실드접지는 1점으로 접지한다.
② 가능한 굵은 도선을 사용한다.
③ 병렬배선을 피하고 직렬로 한다.
④ 실드피복이나 판넬류는 필히 접지한다.

노이즈(noise)는 전기적, 기계적 이유로 시스템에서 발생하는 불필요한 신호로 노이즈의 원인은 정전유도, 전도, 중첩 등이며, 접지 시 병렬로 배선하여 방지한다.

55 회로에 가해진 전기에너지를 정전에너지로 변환하여 축적하는 소자는?

① 콘덴서　　　　② 인덕터
③ 변압기　　　　④ 저항

콘덴서 역할
- 역률을 개선 전력손실을 줄일 수 있다.
- 전압 강하를 보상할 수 있다.
- 설비의 효율을 극대화시킬 수 있다.
- 직류를 억제하여 교류성분만 얻을 수 있다.
- 직류를 충전할 수 있다.
- 필터로 교류성분을 제거할 수 있다.

56 전계효과 트랜지스터(FET)의 설명과 거리가 먼 것은?

① 극성이 1개만 존재하는 단극성 트랜지스터이다.
② N 채널 J FET의 경우 게이트는 N형이다.
③ 소스, 드레인, 게이트 3개의 전극이 있다.
④ 게이트 음(-)전압에 의해 채널이 막히는 것이 핀치오프이다.

전계효과 트랜지스터(FET)는 캐리어의 주입부를 소스(source), 유출부를 드레인(drain), 외부전계를 인가하는 곳을 게이트(gate)라고 하며 채널은 N형, 게이트는 P형으로 이루어져 있다.

57 도전성 유체의 유속 또는 유량측정에 가장 적합한 것은?

① 차압식 유량계　　② 전자 유량계
③ 초음파식 유량계　④ 와류식 유량계

유량 계측기의 종류
- 차압식 유량계 : 측정관로 중에 교축기구를 설치하여 유동을 교축하고 이 때문에 생기는 교축부 전후의 압력차에 의해서 유속을 구하여 유량을 측정하는 것으로 오리피스 미터, 벤투리 미터 등이 있으며 유량은 교축기구 전후의 차압과 평방근에 비례한다.
- 전자식 유량계 : 패러데이의 전자유도법칙을 이용하여 기전력을 측정하며 유량을 구한다.
- 초음파식 유량계 : 초음파의 전파시간이 송수신 기간의 거리에 비례하고 초음파의 음속과 유체의 유속에 반비례한다는 원리를 이용하여 유량을 측정하는 방식으로 동일 거리를 나가는데 요하는 초음파 펄스의 흐름과 같은 방향과 반대 방향의 시간차에 의해 평균 유속을 구하는 싱 어라운드(sing around)법을 측정 원리로 하는 유량계이다.

58 다음 중 정전압용으로 사용하는 다이오드는?

① 발광 다이오드　　② 터널 다이오드
③ 제너 다이오드　　④ 가변용량 다이오드

다이오드의 종류에 따른 특징	
발광 다이오드	• 발열이 적고 응답속도가 빠르다. • 수명이 길고 효율이 좋다. • 순방향 바이어스일 때 광을 방출한다.
터널 다이오드	• 터널효과에 의한 부성저항 특성 • 초고주파 발진회로나 고속 스위칭 회로
제너 다이오드	• 전압을 안정하게 유지하기 위해 사용
가변용량 다이오드	• 용량에 가해지는 전압에 따라 변화하는 특성을 가진 반도체 • AFC회로나 FM회로 등에 사용

59 실리콘 정류소자(SCR)에 관한 설명으로 적당하지 않은 것은?

① 직류, 교류 전력제어에 사용된다.
② 스위칭 소자이다.
③ 쌍방향성 사이리스터이다.
④ PNPN 소자이다.

실리콘 제어 정류 소자(SCR, Silicon Controlled Rectifier)
PNPN 소자의 P에 게이트 단자를 달아 P, N 사이에 전류를 흘릴 수 있게 만든 단방향성 소자이다.

60 다음 중 서보 전동기용 검출기가 아닌 것은?

① 타코 제너레이터   ② 인코더
③ 리졸버   ④ 조속기

조속기 : 원동기에서 하중의 증감에 따라 회전 속도를 일정하게 조정하는 기계

제4과목 기계정비 일반

61 무게와 양면에 작용하는 압력차로 작동하여 유체의 역류를 방지하는 밸브는?

① 감압 밸브   ② 체크 밸브
③ 게이트 밸브   ④ 다이어프램 밸브

체크 밸브는 유체를 한쪽 방향으로만 흐르게 하는 역할을 하며 수평, 수직배관에 모두 사용할 수 있는 스윙형과 수평배관에만 사용하는 리프트형, 펌프 하단에 설치하는 풋형 등이 있다.

62 전동기의 고장현상 중 과열의 원인으로 틀린 것은?

① 과부하 운전   ② 베어링부에서의 발열
③ 빈번한 기동   ④ 냉각팬에 의한 발열

냉각팬은 전동기에서의 발열을 제거해 주는 역할을 한다.

63 그림과 같이 교차하는 두 축에 동력을 전달할 때 사용하며, 잇줄이 곡선이고 모직선에 대하여 비틀려 있고, 제작이 어려우나 이의 물림이 좋아 조용한 전동을 할 수 있는 기어는?

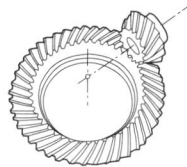

① 직선 베벨기어
② 제롤 베벨기어
③ 크라운 베벨기어
④ 스파이럴 베벨기어

스파이럴 베벨기어는 고속에서 작동이 원활하고, 직선 베벨기어에 비해 물림률이 크고 진동이나 소음이 적다.

64 구부러진 축을 현장에서 수리하여 사용할 수 있는 일반적인 경우로 맞는 것은?

① 단 달림부에서 급하게 휘어져 있는 경우
② 감속기의 고속회전축일 경우
③ 중 하중용이고 고속회전일 경우
④ 500rpm 이하이며 베어링 간격이 길 경우

구부러진 축을 현장에서 수리 사용 가능한 경우
• 경 하중용이며 진동이나 발열이 있는 경우
• 500rpm이하이며 베어링 간격이 길 경우
• 베어링 중간부에서의 소음이 발생하는 경우

65 기어의 표면피로에 의한 손상으로 맞는 것은?

① 습동 마모   ② 피이닝 항복
③ 심한 스코어링 ④ 파괴적 피칭

치면(표면)의 피로 : 피팅(파괴적 피칭), 스폴링, 절손 등

66 송풍기 임펠러 축의 수평을 맞출 때 사용되는 것은?

① 각도기   ② 수준기
③ 직각자   ④ 평행핀

수준기 : 수평을 확인하는 기구

67 펌프운전 시 캐비테이션(cavitation) 발생없이 펌프가 안전하게 운전되고 있는가를 나타내는 척도로 사용되는 것은?

① 비속도(Ns)
② 유효흡입수두(NPSH)
③ 전양정(total head)
④ 수동력(Lw)

> 유효흡입수두(NPSH, Net Positive Suction Head)는 펌프가 캐비테이션 발생없이 안전하게 운전될 수 있는가를 나타내는 척도이다.

68 다이얼게이지 인디케이터를 "0"점에 맞추는 시기로 적합한 것은?

① 하루에 한번
② 인디케이터 교정 시
③ 매 측정하기 전에
④ 처음 측정하기 전에 한번

> 다이얼게이지 인디케이터의 0점 조정은 측정하기 전에 매번 실시하도록 한다.

69 베어링 가열 시 경도가 저하되는 온도는 얼마인가?

① 80℃ 이상
② 50℃ 이상
③ 130℃ 이상
④ 100℃ 이상

> 베어링의 열박음은 베어링을 100~120℃ 정도로 가열 후 안지름을 팽창하여 조립하며 이때 가열온도가 130℃ 이상이 되면 베어링 재료의 경도가 급격히 저하하게 된다.

70 펌프 임펠러와 와류실 사이에 안내깃을 두고 임펠러를 나온 물의 운동에너지 일부를 압력으로 변환시키는 펌프는?

① 기어펌프
② 편심펌프
③ 프로펠러펌프
④ 단단펌프

> 단단펌프 : 원심 펌프의 날개 바퀴 수에 따른 분류로, 펌프 1대에 날개바퀴 1개를 가진 것으로 양정이 낮을 때 사용한다.

71 다음 중 비속도가 가장 큰 펌프로 맞는 것은?

① 원심 펌프
② 볼류트 펌프
③ 프로펠러 펌프
④ 축류 펌프

> 비속도는 결정된 유량과 양정 조건 하에서 최적특성의 펌프 임펠러를 설정하기 위한 것으로 저유량, 고양정 펌프의 경우 비속도가 작은 것으로 효율곡선은 완만하고 유량변화에 대해 효율변화의 비율이 작으며 비속도가 큰 고유량, 저양정 펌프의 경우는 공동현상 발생의 우려가 쉽다.

72 완전진공상태를 "0"으로 하여 측정한 압력으로 맞는 것은?

① 절대압력
② 게이지압력
③ 동압력
④ 정압력

> • 계기압력(gauge press) : 대기압을 "0"으로 하여 측정한 압력
> • 절대압력(Absolute press) : 완전진공상태를 "0"으로 하여 측정한 압력
> ※ 절대압력 = 대기압+계기압력 = 국소 대기압-진공압

73 베어링의 주요 기능과 거리가 먼 것은?

① 동력 전달
② 마찰 감속
③ 하중의 지지
④ 원활한 구동

> 회전축을 지지하는 부분을 베어링이라 하며, 베어링과 접촉한 부분을 저널이라 한다. 베어링은 구조가 간단하고 마찰 손실, 동력 손실 및 발열이 적고 진동·소음이 적어야 하지만 동력 전달을 하는 것은 아니다.

74 관로에 유속의 급격한 변화 및 정전에 의한 펌프의 동력이 급히 차단될 때 관내 압력이 상승 또는 하강하는 현상은?

① 수격(water hammering) 현상
② 베이퍼록(vaper rock) 현상
③ 캐비테이션(cavitation) 현상
④ 서징(suring) 현상

> • 베이퍼록 현상 : 액관이 밀봉된 상태에서 열을 받게 되면 액의 급격한 기화로 배관 내의 압력 상승으로 인하여 배관이 파손
> • 캐비테이션(공동현상) : 펌프 흡입측에서의 압력 손실로 발생된 기체가 펌프 상부에 모이게 되면 유체의 송출을 방해하고 펌프는 공회전한다.
> • 서징 현상 : 원심펌프에서 흡입측 압력이 급격히 낮아지거나 토출측 압력이 급격히 높아지면 토출 유체의 일부가 임펠러 내로 역류되어 진동 및 소음이 발생

75 벨트 풀리와 벨트사이의 접촉면에 치형의 돌기가 있어 미끄럼을 방지하고 맞물려 전동할 수 있는 벨트는?

① 평 벨트
② V 벨트
③ 타이밍 벨트
④ 체인 벨트

타이밍 벨트(timing belt) : 기어처럼 등간격의 홈을 가진 벨트 풀리의 홈에 정확히 맞물리도록 내측에 같은 간격의 홈을 가진 벨트로 회전을 정확히 전달할 수 있다. 벨트는 고무로 만들어지며 내부에는 면사, 면모 와이어로프 등을 넣는다.

76 벨트의 종류 중 고무벨트에 대한 설명으로 잘못된 것은?

① 무명에 고무를 입혀 만든 것으로 유연하다.
② 미끄럼이 적다.
③ 비교적 수명이 짧다.
④ 습기에 잘 견디고 기름에는 약하다.

고무 벨트의 특징
- 두 축간 중심거리가 평 벨트보다 짧다.
- 전동이 확실하다.
- 운전이 조용하다.
- 비교적 수명이 길다.

77 냉간 인발로 제작된 이음매 없는 관으로 값이 비싸고 고온 강도가 약한 단점이 있으나 내식성, 굴곡성이 우수하고 전기 및 열전도성이 좋아 열교환기용, 압력계용 배관, 급유관 등으로 널리 사용되는 관은?

① 주철관
② 강관
③ 가스관
④ 동관

냉간 인발은 관, 철사 등을 상온에서 다이(die)를 통해 뽑아내는 가공법이며 동관이 굴곡성, 열전도성 등이 우수하여 열교환기에 사용된다.

78 다이얼 게이지를 응용한 측정이 아닌 것은?

① 외경 측정
② 두께 측정
③ 피치 측정
④ 높이 측정

피치 측정은 나사게이지로 측정한다.

79 베어링 외 탄소강 재질의 기계부품을 가열 끼움 작업을 할 때 가열온도로 적합한 것은?

① 100~150℃
② 200~250℃
③ 400~450℃
④ 500~600℃

가열 끼움 방법
수증기, 기름, 전기로, 가스버너나 가스 토치, 열박음로에서 가열하는 법이 있으며, 가열 시 전체를 서서히 가열하며 200~250℃ 이하로 가열해야 한다.

80 축 마모부의 수리는 보스 내경과의 관계를 고려, 그 수리방법을 결정해야 한다. 수리방법의 판단기준으로 적합하지 않은 것은?

① 비용과 시간
② 신뢰성
③ 수리후의 강도
④ 외관

축 마모부의 수리에서 외관은 판단기준에서 제외된다.

정답 최근기출문제 2012년 3회

01 ④	02 ②	03 ④	04 ②	05 ④
06 ②	07 ③	08 ②	09 ①	10 ①
11 ④	12 ②	13 ①	14 ②	15 ④
16 ②	17 ③	18 ④	19 ③	20 ①
21 ③	22 ④	23 ②	24 ④	25 ②
26 ③	27 ①	28 ②	29 ④	30 ②
31 ②	32 ④	33 ②	34 ③	35 ①
36 ②	37 ④	38 ②	39 ③	40 ④
41 ③	42 ②	43 ①	44 ②	45 ③
46 ②	47 ③	48 ④	49 ①	50 ④
51 ④	52 ②	53 ②	54 ③	55 ⑤
56 ②	57 ②	58 ②	59 ③	60 ④
61 ②	62 ④	63 ②	64 ④	65 ④
66 ②	67 ②	68 ③	69 ②	70 ④
71 ④	72 ①	73 ①	74 ①	75 ③
76 ③	77 ④	78 ③	79 ②	80 ④

2013년 1회 최근기출문제

제1과목 공유압 및 자동화시스템

01 유량제어밸브를 사용해서 실린더 속도를 제어하는 다음 그림의 회로 명칭은?

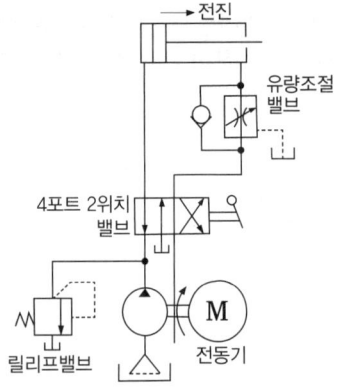

① 미터-아웃방식 회로 ② 미터-인방식 회로
③ 블리드 오프 방식 ④ 블리드 온 방식

• 미터-인방식 회로 : 액추에이터의 입구 측 관로에서 유량을 교축하여 작동 속도를 조절하는 방식
• 미터-아웃방식 회로 : 액추에이터의 출구 측 관로에서 유량을 교축하여 작동 속도를 조절하는 방식

02 압력 릴리프밸브에서 압력 오버라이드(override)는 어떻게 표현되는가?

① 전 유량 압력-크래킹 압력
② 크래킹 압력-전 유량 압력
③ 크래킹 압력+전 유량 압력
④ 전 유량 압력×크래킹 압력

크래킹 압력 : 체크밸브나 릴리프밸브 등에서 압력이 상승하고 밸브가 열리기 시작하여 어느 일정한 유량이 확인될 때의 압력

03 공기압 조정 유닛의 구성기기로 적합하지 않은 것은?

① 공압 필터 ② 건조기
③ 압력조절밸브 ④ 윤활기

• 공기압력 조정 유닛 : 공기압력 시스템에서 배관 흡입측에 설치하여 양질의 공기를 공급하는 것으로 압축 공기 필터, 압축 공기 조절기, 압축공기 윤활기 등이 조합된 것이다.
• 윤활기(루브리케이터) : 공기압 실린더나 밸브 등 활동부분의 작동을 원활하게 하기 위하여 윤활제를 공급하는 장치이다.

04 순수한 공압으로 시퀀스 제어회로를 구성할 때 신호의 간섭을 제거할 수 있는 방법을 열거한 것 중 틀린 것은?

① 방향성 롤러 리밋 스위치의 설치
② 상시 닫힘형의 공압 타이머 설치
③ 캐스케이드 회로의 사용
④ 오버센터 장치를 사용

05 공압 실린더의 호칭 사항이 아닌 것은?

① 쿠션 유무 ② 지지 형식
③ 튜브 안지름 ④ 로드 직경

공압 실린더의 호칭 : 규격 번호, 규격 명칭, 지지 형식, 튜브 안지름, 쿠션 유무, 행정거리, 기호 등

06 유압장치에서 유압유의 점성이 지나치게 큰 경우에 나타날 수 있는 현상은?

① 각 부품 사이에서 누출 손실이 커진다.
② 부품 사이의 윤활작용을 하지 못하므로 마멸이 심해진다.
③ 유동의 저항이 급격히 감소한다.
④ 밸브나 파이프를 통과할 때 압력손실이 커진다.

유압유의 점성이 지나치게 큰 경우 배관 통과 시 관 벽에 접착되어 관경을 줄이고 통과 유량의 압력저하가 증대되기 때문에 용량에 맞는 적정 윤활유를 선택해야 한다.

07 유체의 교축에서 관의 면적을 줄인 부분의 길이가 단면치수에 비하여 비교적 긴 경우의 교축을 무엇이라 하는가?

① 오리피스(orifice)
② 다이어프램(diaphragm)
③ 벤투리(venturi)
④ 초크(choke)

초크(choke) : 면적을 감소한 통로에서 그 길이가 단면 치수에 비해 비교적 길 때의 흐름 조리개

08 유압회로에서 작동유를 필요로 하지 않고 실린더가 동작하지 않을 때 작동유를 탱크로 귀환시켜 펌프의 구동력을 절약하는 회로는?

① 미터-아웃 회로
② 무부하 회로
③ 일정 토크 구동 회로
④ 로킹 회로

무부하 회로 : 실린더가 작동하지 않을 경우 유압펌프에서 송출되는 압유를 탱크로 귀환시켜 유압펌프에 부하가 가해지지 않는 상태

09 어큐뮬레이터의 사용 목적이 아닌 것은?

① 실린더 추력의 증가
② 일정 압력 유지
③ 충격파 및 진동의 흡수
④ 유압 에너지의 저장

어큐뮬레이터(축압기)의 역할
• 압력 에너지 축적 : 회로내 소정의 압력을 유지시키는 역할을 한다.
• 맥동, 충격의 제거 : 밸브류, 배관, 계기류 파손 방지
• 액체를 이송하는 역할을 한다.

10 다음 중 유압펌프의 이상 마모 원인이 아닌 것은?

① 유압 작동유의 열화
② 유압 작동유의 오염
③ 유압 작동유의 종류
④ 유압 작동유의 고온

유압펌프는 전동기나 엔진 등에서 가해진 기계적 에너지를 기름의 압력과 유량의 유체 에너지를 유압모터와 실린더를 작동시키는 유압장치의 기본 동력으로 유압펌프의 마모 원인은 열화, 오염, 고온, 탄화 등이 있다.

11 서미스터에서 온도의 상승에 따라 저항이 감소하는 요소는?

① PTC
② NTC
③ Pt100
④ Cds

서미스터(thermistor)
• 반도체의 일종으로 전기 저항이 온도의 상승에 따라 현저하게 감소하는 회로용 소자로 온도의 측정, 제어, 계측기의 온도 보상 등에 사용한다.
• 서미스터의 종류

NTC	• Negative Temperature Coefficient • 주성분 : NiO, MnO, Fe₂O₃ 등 • 공기 중에서 안정하여 불순물의 영향이 적으며 온도상승에 따라 전기저항이 감소한다.
PTC	• Positive Temperature Coefficient • 티탄산 바륨계 산화물 반도체의 일종
CTR	• Critical Temperature Resistor • 온도 경계에서 전기저항이 급격히 변화하는 소자 • 적외선 검출, 온도 경보 등에 이용

12 다음 중 릴레이에 의한 제어 시스템과 비교하여 PLC의 특징으로 볼 수 없는 것은?

① 프로그램 변경으로 제어 동작의 변경이 가능하다.
② 기계적인 접촉이 없으므로 신뢰성이 높다.
③ 고장 발견이 쉽다.
④ 장치 구성에 시간이 많이 소요된다.

PLC : 일반가정이나 사무실에 전기를 공급하는 전력선을 이용해서 음성과 문자데이터, 영상 등을 전송하는 전력선 통신으로 별도 배선 공사가 필요 없어 장치 구성에 시간이 많이 소요되지 않는다.

13 직류 전동기의 구성 요소로 토크로 발생하여 회전력을 전달하는 요소는?

① 계자
② 전기자
③ 정류자
④ 브러시

직류 발전기의 요소
• 계자 : 전기자에 쇄교하는 자속을 만들어 주는 부분
• 전기자 : 회전부분으로 자속을 끊어서 기전력을 유도하는 부분
• 정류자 : 브러시와 접촉하면서 전기자 권선에서 생긴 유도 기전력을 직류로 변환하는 부분
• 브러시 : 직류 전동기에서 정류자와 접촉해서 전기자 권선과 외부 회로를 연결하여 주는 것으로 전동기나 발전기 등에 있어서 회전자와 정지하고 있는 부분

14 압력이나 변형 등의 기계적인 양을 직접 저항으로 바꾸는 압력 센스는?

① 서미스터　　② 리니어 엔코더
③ 스트레인 게이지　　④ 휘스톤 브리지

> 스트레인 게이지 : 금속 또는 반도체의 저항체에 변형이 가해지면 그 저항치가 변화하는 압력 저항 효과를 이용한 것

15 PLC의 입출력 모듈에서 절연회로로 사용되지 않는 것은?

① 포토 커플러　　② 트랜스포머
③ 리드 릴레이　　④ 트라이액

> 트라이액 : 전력용의 반도체 소자의 일종으로 절연회로로 사용되지 않는다.

16 신호발생요소의 신호 영역을 on-off 표시방법으로 표현함으로서 각 신호 발생요소의 작동상태를 알 수 있는 회로선도는?

① 제어선도　　② 래더 다이어그램
③ 기능선도　　④ 논리도

> 제어선도 : 자동제어에 있어서, 조절부의 출력신호로 조작부를 조작하는 선도이며 종류로는 2위치(on-off) 동작, 비례동작, 미분 동작, 적분 동작 등이 있다.
> ※ 논리도 : AND, OR, NOT 등의 기본 논리연결을 표시한다.

17 스테핑 모터가 사용되는 곳으로 부적절한 것은?

① D/A 변환기
② 디지털 X-Y 플로터
③ 정확한 회전각이 요구되는 NC 공작기계
④ 큰 힘을 필요로 하는 전동 프레스

> 스테핑 모터 : 펄스 모양의 직류 전압을 가하면 일정 각도 회전하는 모터로 NC공작기계나 산업용 로봇, 프린터나 복사기 등의 OA 기기에 사용된다.

18 미리 정해 놓은 순서에 따라 제어의 각 단계를 차례차례 진행시키는 제어는?

① 피드백 제어　　② 추종 제어
③ 최적 제어　　④ 시퀀스 제어

> 시퀀스 제어 : 전 단계의 작업완료 여부를 리밋 스위치나 센서를 이용하여 확인한 후 다음 단계의 작업을 수행하는 것으로 공장 자동화에 가장 많이 이용되는 제어방법

19 다음 그림과 같이 두 개의 복동 실린더가 한 개의 실린더 형태로 조립되어 있고 실린더의 지름이 한정되고 큰 힘을 요하는 곳에 사용하는 실린더는?

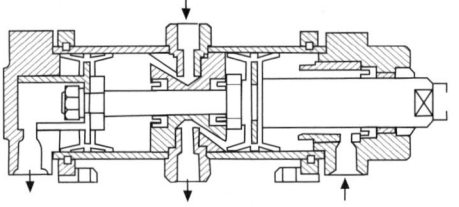

① 탠덤 실린더　　② 양 로드형 실린더
③ 쿠션 내장형 실린더　　④ 텔레스코프 실린더

> • 탠덤 실린더 : 단계적으로 출력제어가 가능하며 큰 위치 에너지를 얻을 수 있다.
> • 양로드형 실린더 : 양쪽 방향으로 작동하는 힘이 동일하다.
> • 쿠션 내장형 실린더 : 충격을 완화할 때 사용한다.
> • 텔레스코프 실린더 : 로드의 전장에 비해 긴 행정(스트로크)을 얻을 수 있다.

20 다음 중 MTTR은 무엇을 의미하는가?

① 신뢰도　　② 평균 고장간격시간
③ 평균고장수리시간　　④ 고장률

> **설비의 신뢰성을 나타내는데 필요한 조건**
> • 신뢰도 = $\dfrac{\text{설비의 총수} - \text{운전시간까지의 고장수}}{\text{설비의 총수}} \times 100$
> • MTTF(Mean Time To Failures) : 고장이 일어나기까지의 동작시간의 평균치(평균고장 시간)
> • MTBF(Mean Time Between Failures) : 고장 사이의 작동시간 평균치(평균고장 간격시간)
> • MTTR(Mean Time To Repair) : 고장 발생 순간부터 수리완료 후 정상작동까지의 평균시간(평균고장 수리시간)
> • 가용도 = $\dfrac{\text{MTBF}}{\text{MTBF} + \text{MTTR}}$

제2과목 설비진단 및 관리

21 설비에 강한 작업자를 육성하는 목적으로 7단계의 활동 내용을 가지고 있는 TPM의 활동은 무엇인가?

① 개별개선 ② 자주보전
③ 계획보전 ④ 품질보전

자주보전 7단계
- 1단계 (초기청소) : 설비를 열화로부터 지킨다.
- 2단계 (발생원 곤란개소 대책) : 발생원의 근본을 차단
- 3단계 (청소, 급유기준서 작성) : 기준을 정하여 준수함
- 4단계 (설비의 총점검) : 설비에 강한 오퍼레이터 육성
- 5단계 (자주보전) : 설비와 품질의 관계를 이해
- 6단계 (표준화와 유지관리) : 표준화와 유지관리 시스템 정착
- 7단계 (자주관리) : 최고 최강의 현장 만들기

22 신뢰성의 평가척도에 관한 설명으로 잘못된 것은?

① 평균고장간격이란 전 고장수에 대한 전 사용기간의 비이다.
② 평균고장시간이란 사용시간에 대한 평균고장시간의 비율이다.
③ 평균고장간격은 고장률의 역수이다.
④ 고장률은 일정기간 중 발생하는 단위시간 당 고장횟수이다.

- 평균고장간격 : 전 고장수에 대한 전 사용기간의 비로, 고장률의 역수이다.
- 평균고장시간 : 처음 고장이 발생될 때까지의 평균시간
- 고장률 : 일정기간 중 발생하는 단위시간 당 고장횟수

23 설비 열화를 방지하기 위한 조치로서 부적절한 것은?

① 전원스위치를 정기적으로 교체한다.
② 패킹, 시일 등을 정기적으로 점검한다.
③ 가동 전에 베어링, 기어 등 회전부에 윤활유를 공급한다.
④ 오일 필터를 규정된 시간마다 정기적으로 교환한다.

전원 스위치의 경우에는 이상이 있을 때에만 교체하여 설비 열화와는 무관하다.

24 회전기계의 간이진단에서 설비의 열화와 관련해서는 속도에 대한 판정기준을 많이 활용하고 있는 이유에 대한 내용으로 틀린 것은?

① 진동에 의한 설비의 피로는 진동속도에 비례한다.
② 진동에 의해 발생하는 에너지는 진동속도의 제곱에 비례한다.
③ 회전수에 관계없이 기준값을 설정할 수 있다.
④ 인체의 감도는 일반적으로 진동속도에 반비례한다.

25 진동의 측정에서 진동 속도의 단위로 맞는 것은?

① g ② μm
③ mm/s ④ mm/s^2

진동 속도의 단위 : m/s, mm/s, 카인(kine)

26 경제 대안을 수학적으로 비교하는 방법으로 어떤 투자 활동의 수입의 현재(혹은 연간) 등가가 지출의 현재(혹은 연간) 등가와 똑같게 되는 이자율로 경제성을 평가하는 방법은?

① 자본회수 기간법 ② 수익률 비교법
③ 원가 비교법 ④ 이익률법

27 설비진단 기법 중 해당되지 않는 것은?

① 응력법 ② 오일 분석법
③ 진동법 ④ 사각 탐상법

설비 진단 기법	
진동법	• 송풍기, 펌프, 팬 등의 기초 설비 및 밸런스 이상 진동 유무 진단 • 각 회전 기기의 언밸런스에 의한 이상 진동 유무 진단 • 기기에 공급되는 이상 압력에 의한 진동 여부 진단
오일 분석법	• 페로그래피법 : 시료용 오일을 용제에 희석하여 경사면을 따라 흐르게 하고 자석을 가까이 하면 오일 중에 마모된 금속이 크기에 따라 자석에 부착하게 되며 이를 색현미경에 의하여 크기, 형상 등을 관찰 • SOAP법 : 시료용 오일을 연소하면서 발생되는 금속성분의 발광 또는 흡광현상으로 분석
응력법	• 계속되는 기기 운전으로 인해 설비의 피로 축적에 따른 응력 집중 제거 • 기기의 실제 응력을 조사하여 파악 • 설비 내부의 응력 분포를 파악 • 설비 피로에 의한 수명을 파악

28 소음을 차단시키기 위해 차음벽을 설치하였더니 소음이 증가하였다. 소음이 증가한 요인으로 적당한 것은?

① 차음벽 재료의 강성이 크다.
② 차음벽에 공진이 발생한다.
③ 차음벽의 무게가 무겁다.
④ 차음벽의 내부 댐핑이 크다.

> 공진 : 기계의 고유 진동수와 강제 진동수가 일치하게 되면 진폭이 크게 발생하여 진동이 최대가 되어 설비에 악영향을 미치므로 가급적 공진점은 피하여 운전하는 것이 좋다.
> ※ 구조물의 공진을 피하기 위한 방법
> • 구조물의 강성을 작게 하고 질량을 크게 한다.
> • 기계 고유의 진동수와 강제 진동수를 다르게 한다.
> • 우발력을 제거한다.

29 다음은 컴퓨터를 이용한 설비배치기법이다. 자재 운송비용을 최소화시키기 위한 배치기법으로 운반 비용은 운반 장비의 효율성과 무관하고 운반비용은 운반거리에 비례하여 증가한다는 가정으로 정량적으로 분석하는 기법은?

① CRAFT (Computerized Relative Allocation of Facilities Technique)
② COFAD (Computerized Facilities Design)
③ PLANET (plant layout Analysis and Evaluation Technique)
④ CORELAP (Computerized Relationship layout planning)

> CRAFT : 자재흐름 빈도 및 운반비용 등을 고려한 휴리스틱 (직관, 경험적 판단) 기법

30 진동차단기의 기본 요구 조건이 아닌 것은?

① 온도, 습도, 화학적 변화에 견딜 수 있어야 한다.
② 강성이 충분히 커야 한다.
③ 차단하려는 진동의 최저 주파수보다 작은 고유 진동수를 가져야 한다.
④ 하중을 충분히 받칠 수 있어야 한다.

> 진동 차단기 구비 조건
> • 강성이 충분히 작아서 차단 능력이 있어야 한다.
> • 강성은 작되 걸어준 하중을 충분히 견딜 수 있어야 한다.
> • 온도, 습도, 화학적 변화 등에 의해 견딜 수 있어야 한다.

31 다음 용어에 대한 설명 중 틀린 것은?

① 변위란 진동의 상한과 하한의 거리를 말한다.
② 속도란 일정거리를 몇 초에 지나가는가를 의미한다.
③ 가속도란 단위 시간당 거리의 증가를 말한다.
④ 실효값이란 진동의 에너지를 표현하는데 적합한 값이다.

> 가속도 : 단위 시간당 진동 속도 변화의 비율(단위 : m/s²)

32 진동 측정을 할 때 사용하는 진동 센서의 종류가 아닌 것은?

① 가속도 검출형 센서　② 속도 검출형 센서
③ 변위 검출형 센서　　④ 고주파 검출형 센서

> 진동 측정용 센서
> • 종류 : 가속도계, 속도계, 변위계
> • 가속도계와 속도계는 접촉형이며 변위계는 비접촉형이다.

33 보전효과를 측정하는 기준 중 틀린 것은?

① 예방보전 수행률　② 고장 강도율
③ 설비 가동률　　　④ 제조원가 당 인건비

> 설비의 경제성 평가
> • 설비 가동률 = (정미 가동시간 / 부하시간)×100
> • 고장 도수율 = (고장횟수 / 부하시간)×100
> • 고장 강도율 = (고장 정지시간 / 부하시간)×100
> • 제품 단위당 보전비 = 보전비 총액 / 생산량
> • 평균고장 간격은 1/고장률 이다.
> • 평균고장시간은 부품이 처음 사용되어 발생할 때까지의 평균시간이다.

34 보전작업 표준화의 목적은 보전작업의 낭비를 제거하여 효율성을 증대시키기 위한 것이다. 다음 중 보전표준의 종류가 아닌 것은?

① 작업 표준　　② 수리 표준
③ 일상점검 표준　④ 자재 표준

> 보전표준의 종류 : 작업표준, 수리표준, 일상점검 표준으로 구분한다.
> • 일상점검 : 급유, 청소, 부품교체 등 고장예방 또는 조기 점검을 위해서 시행
> • 수리점검 : 수리 또는 부품이나 설비제작의 점검, 측정, 시운전

35 기계 진동의 방진 대책으로 발생원에 대한 대책과 거리가 먼 것은?

① 가진력을 감쇠시킨다.
② 진동원의 위치를 멀리하여 거리 감쇠를 크게 한다.
③ 불평형이 존재하는 곳을 힘이 균형을 유지하도록 한다.
④ 기초 부분의 중량을 부가하거나 경감한다.

- 가진력 : 진동계에 가해지는 진동 외력
- 기계 진동의 방진 대책으로 거리 감쇠는 의미가 없으며 진동에 대한 감폭(減幅)으로서 주로 충격이나 많은 주파수 성분을 갖는 힘에 의해서 강제 진동이 발생하는 것을 방지시켜야 한다.

36 설비보전 자재관리의 활동영역과 거리가 먼 것은?

① 보전 자재 범위 결정
② 구매 또는 제작에 관한 의사 결정
③ 보전 자재 재고관리
④ 설비 낭비(lose) 관리

보전작업표준은 설비의 검사, 수리, 정비 등의 기술적인 방법을 말한다.
- 기술면의 표준 : 품질규격, 설비사양서, 작업방법
- 경영면의 표준 : 조직규정, 조직도, 책임한계, 관리규정

37 기름을 회전체에 떨어뜨려 미립자 또는 분무상태로 만들어 급유하는 밀폐부의 급유법은?

① 링 급유법
② 나사 급유법
③ 중력 급유법
④ 비말 급유법

- 비말 급유법 : 활동부이 축에 오일 디퍼나 밸런스웨이터를 설치하여 오일을 튀겨하여 비산시키는 방식으로 마찰면에 동시에 급유할 수 있다.
- 나사 급유법 : 축에 나선상의 홈을 만들어 축의 회전에 의해 기름이 홈을 따라 공급

38 설비를 제품별, 공정별 또는 지역별로 나누어 계획과 관리를 담당하는 설비관리의 조직 형태는?

① 기능별 조직
② 전문 기술별 조직
③ 메트릭스 조직
④ 대상별 조직

- 기능별 조직 : 기능별 업무전문화의 원칙에 의하여 업무상의 영역별로 관련된 활동을 부서단위로 구분한 조직
- 메트릭스 조직 : 구성원 개인을 원래의 종적 계열과 함께 횡적 또는 프로젝트 팀의 일원으로서 임무를 수행하게 하는 조직 형태

39 음원으로부터 단위 시간당 방출되는 총 음에너지를 무엇이라 하는가?

① 음의 세기
② 음향 출력
③ 음향 압력
④ 음장

- dB(decibel) : 음의 강도를 나타내는데 사용되는 단위
- 음압 : 음 에너지에 의해 매질에는 발생하는 미소한 압력변화
- 음속 : 음파가 1초 동안에 전파하는 거리
- 음향 출력 : 음원으로부터 단위시간당 방출되는 총 음에너지

40 체계적인 설비관리를 수행함으로서 얻을 수 있는 효과가 아닌 것은?

① 돌발고장이 증가하나 수리비가 감소한다.
② 설비고장 시 복구시간이 단축된다.
③ 작업능률이 향상되고 생산성이 증대된다.
④ 생산계획이 달성되고 품질이 향상된다.

체계적인 설비관리를 수행함으로서 돌발고장은 감소하게 된다.

제3과목 공업계측 및 전기전자제어

41 1차 지연요소에서 시정수의 응답을 바르게 설명한 것은?

① 시정수가 크면 응답시간이 길어진다.
② 시정수가 크면 응답시간이 짧아진다.
③ 시정수는 응답시간과 무관하다.
④ 시정수가 작으면 응답시간이 길어진다.

시정수 : 어떤 회로, 어떤 물체, 또는 어떤 제어대상이 외부로부터의 입력에 얼마나 빠르게 혹은 느리게 반응할 수 있는지를 나타내는 지표로, 시정수가 크면 응답시간이 길어진다.

42 비유전율이 "1"인 유전체는 어느 것인가?

① 변압기유 ② 진공
③ 자기   ④ 운모

> 비유전율이 1인 특수한 경우로 진공 중에서의 쿨롱의 법칙이 해당된다.

43 다음 ( )에 알맞은 것으로 나열한 것은?

> "전압의 측정범위를 늘리기 위하여 (㉮)와 (㉯)로 저항을 접속하여 사용하는데 이러한 목적의 저항을 (㉰)라 한다."

① ㉮ 전압계, ㉯ 직렬, ㉰ 배율기
② ㉮ 전류계, ㉯ 병렬, ㉰ 분류기
③ ㉮ 전압계, ㉯ 병렬, ㉰ 배율기
④ ㉮ 전류계, ㉯ 직렬, ㉰ 분류기

> • 배율기 : 전압계의 측정범위를 넓히기 위해 전압계에 직렬로 접속하는 저항
> • 분류기 : 전류계의 측정범위를 넓히기 위해 전류계에 병렬로 접속하는 저항

44 조절기 또는 수동 조작기기에서 조절신호를 조작량으로 바꾸어 제어대상을 움직이는 부분으로 구성된 계측계의 구성요소는?

① 검출기   ② 전송기
③ 수신기   ④ 조작부

> • 조절부 : 기준입력(input)과 검출부 출력을 합하여 제어계가 소요의 작용을 하는데 필요한 신호를 조작부로 보낸다. (동작신호를 만드는 부분)
> • 조작부 : 조절부로 부터의 신호를 조작량으로 변화하여 제어대상에 작용
> • 검출부 : 압력, 온도, 유량 등의 제어량을 측정 신호로 나타낸다.

45 신호 변환기에서 변위 센서로 많이 사용되며, 변위를 전압으로 변환하는 장치는?

① 벨로즈   ② 노즐, 플래퍼
③ 차동 변압기 ④ 서미스터

> **차동 변압기**
> 변위 센서의 하나로 코일 축 상에 1차 코일, 차동 접속된 2차 코일을 감고 코일 내에 가동 철심을 넣은 변압기. 측정 정확도, 감도, 응용 범위, 내구성 등 변위 변환용으로서 가장 유효하게 사용된다.

46 출력 특성이 좋고 사용하기 쉬우므로 기계 및 지반 진동에 가장 많이 사용되는 진동 센서는?

① 압전형 가속도 센서   ② 동전형 속도 센서
③ 서보형 가속도 센서   ④ 와전류형 변위 센서

> • 압전형 : 압전소자에 힘이 가해졌을 때 발생하는 전하를 검출하여 가속도를 구한다.
> • 동전형 : 도체가 자계 속을 이동하면 그 속도에 비례하여 기전력이 발생하며 이를 이용하여 가속도를 구한다.
> • 서보형 : 정전용량의 변화를 전류로 검출하여 가속도를 구한다.

47 다음 그림은 어떤 논리 회로를 나타낸 것인가?

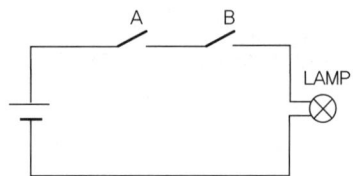

① AND 회로   ② OR 회로
③ NAND 회로   ④ NOR 회로

> 상기 회로는 직렬로 표기되어 있으므로 AND 회로이다.

48 소자상태에서 트랜지스터의 이미터와 컬렉터 사이의 저항 값은?

① 10Ω   ② 20Ω
③ 50Ω   ④ ∞ Ω

> **트랜지스터의 전극**
> • 컬렉터(C) : 전류의 반송자를 모으는 부분의 전극
> • 베이스(B) : 주입된 반송자를 제어하는 경우
> • 이미터(E) : 전류의 반송자를 주입하는 전극
> ※ 이미터와 컬렉터 사이의 저항은 베이스에 아무 신호를 넣지 않았을 때는 저항값이 매우 높게(∞)로 측정되고, 베이스에 전류를 넣어주면 저항값이 낮아진다.

49 주기 T = 50ms이면 주파수 Hz는 얼마인가?

① 20　　② 60
③ 100　　④ 200

$$f(주파수) = \frac{1}{T} = \frac{1}{50ms} = \frac{1}{0.05s} = 20Hz$$

50 제어량에 따른 분류에서 프로세스 제어라고 볼 수 없는 것은?

① 온도　　② 압력
③ 방향　　④ 유량

프로세스 제어 : 온도, 유량, 압력, 액위, 농도, pH, 효율 등의 요소를 제어량으로 하는 제어

51 두 가지 서로 다른 금속선의 양 끝을 상호 융착시켜 회로를 만든 것을 무엇이라 하는가?

① 저항선　　② 열전쌍
③ 서미스터　　④ 바이메탈

열전대 : 2개의 금속으로 폐회로를 만들어 접점간의 온도차에 의해 기전력을 발생시키는 장치(열전대 = 열전쌍)

52 40Ω의 저항에 5A의 전류가 흐르면 전압은 몇 V인가?

① 8　　② 100
③ 200　　④ 400

$E = I \cdot R = 5A \cdot 40[\Omega] = 200 V$

53 전자의 전하량은 얼마인가?

① 9.1×10^{-31}C　　② -9.1×10^{-31}C
③ -1.6×10^{19}C　　④ -1.6×10^{-19}C

전자의 전하량은 기본 전하량으로 모든 물질은 이 전하량의 정수배만큼의 전하량을 갖는다. 전자질량은 9.107×10^{-31}kg이고, 전하는 -1.602×10^{-19}C이다.

54 다음 중 3상 유도 전동기의 속도 제어법이 아닌 것은?

① 슬립제어　　② 극수제어
③ 주파수제어　　④ 계자제어

3상 유도 전동기의 속도 제어방법
- 슬립의 변화에 의한 방법
- 극수 P의 변화에 의한 방법
- 주파수 f의 변화에 의한 방법

55 다음 논리회로 중 두 개의 입력이 모두 "0"일 때에만 출력이 "1"이 되는 회로는?

① NAND 회로　　② NOR 회로
③ AND 회로　　④ OR 회로

논리회로의 종류	
논리적 회로 (AND)	• 2개의 입력 A와 B 모두가 '1'일 때만 출력이 '1'이 되는 회로 • 논리식 : $X = A \cdot B$
논리합 회로 (OR)	• 입력 A 또는 B의 어느 한쪽이던가, 양자 모두가 '1'일 때 출력이 '1'이 되는 회로 • 논리식 : $X = A + B$
논리부정회로 (NOT)	• 입력이 '0'일 때 출력은 '1', 입력이 '1'일 때 출력은 '0'이 되는 회로로서 입력신호에 대하여 부정(NOT)이 출력이 나오는 것이다. • 논리식 : $X = \overline{A}$
NAND 회로	• AND회로에 NOT 회로를 접속한 AND-NOT 회로 • 논리식 : $X = \overline{A \cdot B}$
NOR 회로	• OR회로에 NOT 회로를 접속한 OR-NOT 회로 • 논리식 : $X = \overline{A + B}$

56 다음 그림은 제어밸브 고유 유량 특성에 대한 것이다. ㉮번 곡선에 해당되는 특성은?

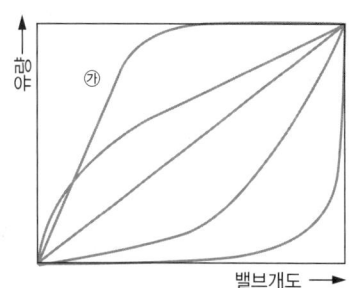

① 리니어 ② 이퀄 퍼센트
③ 퀵 오픈 ④ 하이퍼 볼릭

㉮는 퀵 오픈 특성이며, 오른쪽 곡선의 순서대로 스퀘어 루트, 리니어, 이퀄 퍼센트, 하이퍼 볼릭 특성에 해당된다.

57 다음에서 전력을 나타내는 단위가 아닌 것은?

① W ② mW
③ kW ④ kWh

kWh는 전력량의 단위이다.

58 방사선식 액면계 중 방사선 빔(beam)의 차폐유무의 원리로 2위치 검출용도로 제작된 액면계는?

① 추종형 ② 정점 감시형
③ 조사형 ④ 투과형

방사선식 액면계는 γ선을 이용하여 액면의 변동으로 발생하는 방사선 강도변화로 액면을 측정하는 것으로 방사선 빔(beam)의 차폐유무의 원리로 2위치 검출용도로 제작된 액면계는 감시형에 해당된다.

59 다음 중 논리회로의 불대수식을 간략화하는데 사용되는 규칙으로 옳지 않은 것은?

① $A + 1 = 1$ ② $A \cdot A = A$
③ $A + A = A$ ④ $A \cdot \overline{A} = A$

$A \cdot \overline{A}$는 AND(직렬) 회로에서 한쪽이 부정이므로 '0'으로 표기되어야 한다.

60 축전기의 정전용량을 C[F], 전위치를 V[V], 저장된 전기량을 Q[C]라고 할 때 정전 에너지를 나타내는 식 중 옳지 않은 것은?

① $\frac{1}{2}QV[J]$ ② $\frac{1}{2}CV^2[J]$
③ $\frac{1}{2}Q^2C[J]$ ④ $\frac{Q^2}{2C}[J]$

제4과목 기계정비 일반

61 키(key) 맞춤 시 기본적인 주의사항으로 틀린 것은?

① 충분한 강도를 검토하여 규격품을 사용한다.
② 키는 측면에 힘이 작용하므로 폭, 치수의 마무리가 중요하다.
③ 키의 각 모서리는 면 따내기를 하고 양단은 큰 면 따내기를 한다.
④ 키 홈은 축심과 평행되지 않게 가공한다.

키는 기어나 풀리 등을 축에 고정하여 회전력을 전달하는 장치로 홈은 축심과 평행하도록 가공해야 한다.

62 3상 220V 50Hz용 유도 전동기를 3상 220V 60Hz 전원을 사용하면 어떻게 되는가?

① 모터의 회전수가 감소한다.
② 모터가 회전하지 않는다.
③ 모터의 회전수가 증가한다.
④ 모터의 회전수 변화가 없다.

속도 = $\frac{120 \times 주파수}{모터극수}$ 이므로
- 50Hz일 때 속도는 $\frac{120 \times 50}{모터극수} = \frac{6000}{모터극수}$
- 60Hz일 때 속도는 $\frac{120 \times 60}{모터극수} = \frac{7200}{모터극수}$

즉, 회전수는 1.2배 증가하게 된다.

63 축의 회전수가 1600rpm일 때 센터링 기준값으로 적정한 것은?

① 원주간 방향 0.03mm, 면간차 0.01mm
② 원주간 방향 0.06mm, 면간차 0.03mm
③ 원주간 방향 0.08mm, 면간차 0.05mm
④ 원주간 방향 0.10mm, 면간차 0.08mm

축의 회전수와 센터링의 관계

구분	원주 방향	면간 차	면간 거리
1800rpm까지	0.06mm	0.03mm	3~5mm
3600rpm까지	0.03mm	0.02mm	3~5mm

64 물의 낙차를 이용하여 흐르는 물을 갑자기 차단함으로서 순간적으로 관내의 압력이 상승하게 되는데 이와 같이 압력을 이용하여 낮은 곳의 물을 높은 곳으로 퍼 올리는 그림과 같은 펌프는?

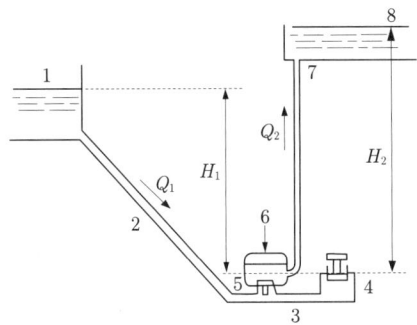

① 수격 펌프 ② 베인 펌프
③ 피스톤 펌프 ④ 진공 펌프

수격펌프 : 수격 펌프 방수관의 밸브를 갑자기 개폐함으로써 생기는 수격 작용을 이용하여 흘러내리는 저 낙차의 물의 일부를 높은 곳으로 퍼올리는 펌프

65 볼트, 너트에 녹이 발생하여 고착을 일으키는 원인으로 가장 거리가 먼 것은?

① 수분침투
② 부식성가스 침투
③ 부식성 액체 혼입
④ 첨가제 사용

녹은 금속의 표면에 생성되는 부식생성물의 일컫는 것으로 일반적으로 공기 중의 산소, 수분, 이산화탄소 등의 작용에 의한 산화작용에 의해 발생된다.

66 다음 중 정비용 체결 공구가 아닌 것은?

① 양구 스패너 ② 훅 스패너
③ L-렌치 ④ 잭 스크류

잭 스크류는 나사의 원리를 이용해서 무거운 것을 들어 올릴 때 사용하며 특히 고하중을 요구할 때 사용한다.

67 록 타이트로 접착된 곳에 분리되지 않을 경우 그 부분을 몇 ℃ 정도로 가열하여 분리하는가?

① 50℃ ② 150℃
③ 250℃ ④ 350℃

록 타이트는 혐기성 금속접착제이며 볼트 너트를 체결할 때 록 타이트를 채우고 굳으면 볼트, 너트가 풀리지 못하도록 하는 역할을 하며 250℃ 정도로 가열하여 분리한다

68 보통 밸브박스가 구형으로 만들어져 있으며 구조상 유로가 S형이고 유체의 저항이 크나 전개(全開)까지의 밸브 리프트가 적어 개폐가 빠른 밸브는?

① 플러그 밸브 ② 버터 플라이 밸브
③ 글로브 밸브 ④ 체크밸브

• 글로브 밸브(glove valve) : 밸브 형상이 둥글게 되어 있으며, 유체의 흐름이 S자 모형으로 되므로 유체 흐름의 저항은 크나 밸브의 리프트(양정)는 작아 개폐가 용이하므로 유량 조절에 적합하고 소형 경량이다.
• 버터플라이 밸브 : 나비형 밸브로 원뿔면 또는 원통면 밸브 시트 속에서 밸브 스템을 축으로 원판이 회전함으로서 개폐를 행하는 것으로 사용압력, 온도에 대한 제한이 많고 개폐쇄가 어렵다. 저양정 펌프에서 토출량을 조절할 수 있는 밸브로 전개 시 저항이 적고 유량 조절이 용이하며 저압의 쪽 밸브로 사용한다.
• 체크밸브(check valve) : 유체의 흐름이 한쪽으로 흐르게 하고, 역류하면 자동적으로 배압에 의하여 밸브체가 닫히며 스윙식(swing type)과 리프트식(lift type)이 있다.

69 접착제의 종류 중 용매 또는 분산매의 증발에 의하여 경화되는 것은?

① 중합제형 접착제
② 유화액형 접착제
③ 열용융형 접착제
④ 감압형 접착제

접착제 종류
• 중합제형 접착제 : 화학반응에 의하여 경화하며 주로 고무제품 순간접착제로 이용되고 있다.
• 유화액형 접착제 : 용매 또는 분산매의 증발에 의하여 경화된다.
• 열용융형 접착제 : 접촉되는 부분에 온도저하(냉각)로 인하여 경화된다.
• 감압형 접착제 : 접촉 부분에 압력을 가해주므로 경화된다.

70 다음 중 버니어 캘리퍼스의 용도로서 적합하지 않은 것은?

① 물체의 길이 측정
② 구멍의 내경 측정
③ 구멍의 깊이 측정
④ 나사의 유효직경 측정

> 버어니어 캘리퍼스 : 외경·내경·깊이·길이 등을 측정할 수 있으며 어미자의 측정면과 버어니어를 가진 슬라이드(아들자)의 측정면과 사이에서 제품을 측정한다.

71 게이지 압력 0.5kgf/cm²의 압력으로 공기를 이송시키고자 한다. 적절한 공기기계는?

① 축류식 압축기
② 통풍기
③ 원심식 송풍기
④ 캐스케이트 펌프

> 적절한 공기압
> • 통풍기 : 0.1kgf/cm² 이하
> • 송풍기 : 0.1~1kgf/cm²
> • 압축기 : 0.1kgf/cm² 이상

72 다음 중 펌프의 부착계기가 아닌 것은?

① 압력 스위치
② 플로트 스위치
③ 리밋 스위치
④ 액면 스위치

> 리밋 스위치 : 외부의 작용에 의해 전기적 접점이 ON 되거나 OFF하는 동작을 하는 것으로 전기회로의 제어용에 사용

73 강관의 양 끝에 나사를 절삭하여 관 이음을 할 때 많이 사용하는 나사는?

① 톱니 나사
② 사각 나사
③ 관용 나사
④ 둥근 나사

> 나사의 종류
> • 톱니 나사 : 나사산의 각도가 30°인 것과 45°인 것이 있으며 추력이 한 방향으로 작용하는 바이스, 프레스 등에 사용
> • 사각 나사 : 전동용 나사로 단면이 정사각형
> • 관용 나사 : 파이프를 연결하는데 사용하며 나사산의 각도는 55°
> • 둥근나사 : 나사산의 단면이 원호모양으로 되어 있는 형태의 나사

74 변속기를 분해할 때 유의사항이 아닌 것은?

① 분해 전 취급 설명서 등을 확인한다.
② 스프링은 분해 전용공구를 사용한다.
③ 무리한 힘을 가하지 않는다.
④ 가급적 경험에 의존하여 분해한다.

> 모든 기계를 분해 할 경우 도면과 지정된 순서에 의하여 분해를 해야 하며 경험에 의존하는 것은 피해야 한다.

75 더블 너트라고도 하며 처음에 얇은 너트로 조이고 다시 정규 너트를 사용하여 조임하는 체결방식은?

① 홈붙이 너트에 의한 방법
② 절삭 너트에 의한 방법
③ 로크 너트에 의한 방법
④ 자동 쬠 너트에 의한 방법

> 로크 너트 : 너트가 진동 따위로 풀리는 것을 막기 위하여 두 개의 너트로 쬘 때 아래쪽에 끼우는 너트이다.

76 이의 맞물림이 원활하여 이의 변형과 진동, 소음이 작고 큰 동력의 전달과 고속 운전에 적합한 기어는?

① 헬리컬 기어
② 스퍼 기어
③ 웜 기어
④ 크라운 기어

> 헬리컬 기어(helical gear) : 평행한 두 축 사이에 회전을 전달하는 기어로서 이를 축에 경사시킨 것으로 물림이 순조롭고 축에 드러스트가 발생한다.

77 다음 중 리프트 밸브의 종류가 아닌 것은?

① 나사 박음 글로브 밸브
② 나사 박음 앵글 밸브
③ 플랜지형 앵글 밸브
④ 플랜지형 버터플라이 밸브

> 리프트 밸브 : 밸브 몸체를 아래, 위로 들어 올리고 내려서 밸브 시트를 개폐하는 밸브로 앵글 밸브, 니들 밸브, 글로브 밸브 등이 있다.

78 평형 축형 감속기에 사용되는 기어는?

① 스퍼 기어
② 웜 기어
③ 스파이럴 베벨 기어
④ 하이포이드 기어

스퍼 기어(spur gear) : 이가 축에 평행하다.

79 체인을 걸 때 이음 링크를 관통시켜 임시 고정시키고 체인의 느슨한 측을 손으로 눌러보고 조정해야 하는데 아래 그림에서 S-S′가 어느 정도 일 때 적당한가?

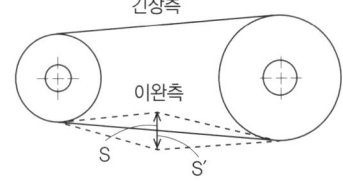

① 체인 폭의 1~2배
② 체인 폭의 2~4배
③ 체인 피치의 1~2배
④ 체인 피치의 2~4배

80 상승된 압력을 직접 도피시켜 계통을 보호하는 밸브는?

① 안전밸브
② 체크밸브
③ 유량밸브
④ 방향밸브

안전밸브(Safety Valve)
• 고압의 압력 용기나 배관 등에 설치하여 내부의 압력이 일정압력에 도달하면 내부의 유체를 자동적으로 방출하여 설비나 배관 내에 압력을 항상 일정 이하로 유지하는 밸브이다.
• 종류 : 스프링식, 중추식, 지렛대식

정답 최근기출문제 2013년 1회

01 ①	02 ①	03 ②	04 ②	05 ④
06 ④	07 ④	08 ②	09 ①	10 ③
11 ②	12 ④	13 ②	14 ③	15 ④
16 ①	17 ④	18 ④	19 ①	20 ③
21 ②	22 ②	23 ①	24 ④	25 ③
26 ②	27 ①	28 ②	29 ①	30 ②
31 ③	32 ④	33 ④	34 ④	35 ②
36 ④	37 ④	38 ④	39 ④	40 ①
41 ①	42 ②	43 ①	44 ④	45 ③
46 ②	47 ①	48 ④	49 ①	50 ③
51 ②	52 ③	53 ④	54 ④	55 ②
56 ③	57 ④	58 ②	59 ④	60 ③
61 ④	62 ②	63 ②	64 ①	65 ④
66 ④	67 ③	68 ③	69 ②	70 ④
71 ③	72 ②	73 ③	74 ④	75 ③
76 ①	77 ④	78 ①	79 ②	80 ①

2013년 2회 최근기출문제

제1과목 공유압 및 자동화시스템

01 양 끝의 지름이 다른 관이 수평으로 놓여 있다. 왼쪽에서 오른쪽으로 물이 정상류를 이루고 매초 2.8L의 물이 흐른다. B부분의 단면적이 20cm² 이라면 B부분에서 물의 속도는 얼마인가?

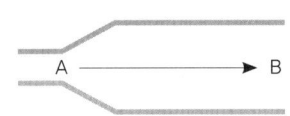

① 14[cm/s]   ② 56[cm/s]
③ 140[cm/s] ④ 56[cm/s]

$Q = A \times V$에서 $(1L = 1000cm^3)$
$V = \dfrac{2.8 \times 1000[cm^3/sec]}{20[cm^2]} = 140[cm/s]$

02 실린더 행정 중 임의의 위치에서 피스톤의 이동을 방지하는 회로는?

① 미터-인 회로   ② 압력설정 회로
③ 압력유지 회로 ④ 로킹 회로

- 로킹회로 : 피스톤의 이동을 방지하는 회로
- 미터-인 회로 : 엑추에이터에 들어가는 유량을 제어
- 미터-아웃 회로 : 엑추에이터로부터 나오는 유량을 제어

03 유압 실린더를 선정함에 있어서 유의할 사항으로 거리가 먼 것은?

① 부하의 크기   ② 속도
③ 스트로크   ④ 설치방법

유압 실린더를 선정
- 실린더 용량 및 수량 확인
- 실린더 행정(stroke) 확인
- 실린더 단동식, 복동식 결정
- 실린더의 종류

04 공기탱크와 공압회로 내의 공기압을 규정 이상으로 상승되지 않도록 하며 주로 안전밸브로 사용하는 밸브는?

① 감압 밸브   ② 릴리프 밸브
③ 교축 밸브   ④ 시퀀스 밸브

밸브의 특징
- 릴리프 밸브 : 주로 액체의 압력이 상승하는 경우에 사용되고 액체의 압력이 조정압력 이상이 되면 자동적으로 열려 소정의 액을 배출하는 밸브로 안전밸브의 일종이다.
- 감압밸브 : 고압 배관과 저압 배관 사이에 설치하여 증기 사용량이나 고압측의 압력 변동에 관계없이 밸브의 개폐를 자동으로 조절하여 저압측 압력을 항상 일정하게 유지하는 역할을 한다.
- 교축 밸브 : 통로의 단면적을 바꿔 교축작용으로 감압과 유량 조절을 하는 밸브
- 시퀀스 밸브 : 미리정해 놓은 순서대로 작동시키고 정하고 액추에이터의 작동 순서를 제어

05 포핏식(poppet type) 방향 전환밸브의 장점으로 맞는 것은?

① 밸브의 이동거리가 길다.
② 밸브의 내부 누설이 적다.
③ 밸브의 추력을 평형시키기 적당하다.
④ 조작의 자동화가 쉽다.

포핏 밸브의 특징은 구조가 튼튼하여 내부 누설이 적으나 중량이 무거워 고속 회전에는 사용하기 어렵다.

06 공기 저장 탱크의 기능 중 잘못 된 것은?

① 저장 기능
② 냉각효과에 의한 수분 공급
③ 공기압력의 맥동을 제거
④ 압력변화를 최소화

압축공기를 냉각시키면 공기 중의 수분이 응결되므로 이를 드레인시켜야 한다.

07 윤활유에 사용되는 소포제로 가장 적당한 것은?

① 실리콘 유 ② 나프텐계 유
③ 파라핀 유 ④ 중화수 유

연료유, 윤활유 등에서 기포 발생은 급유 계통의 공기폐색, 마찰면 마모 등을 초래할 수 있으므로 이를 제거하기 위해 소포제(주로 실리콘 유)를 사용한다.

08 실린더의 지지형식 중 축심 요동형이 아닌 것은?

① 크래비스(clevis)형
② 풋(foot)형
③ 트러니언(trunnion)형
④ 볼(ball)형

풋형이나 플랜지형은 실린더의 축심이 고정이다.

09 다음 회로의 속도제어 방식으로 맞는 것은?

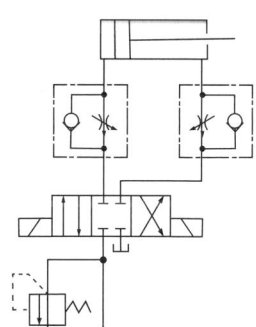

① 미터-인 방식
② 블리드 오프 방식
③ 미터-아웃 방식
④ 카운터 밸런스 방식

• 카운터 밸런스 회로 : 부하가 급격히 감소하더라도 피스톤이 급진되지 않도록 제어
• 미터-인 회로 : 액추에이터에 들어가는 유량을 제어
• 미터-아웃 회로 : 액추에이터로부터 나오는 유량을 제어

10 유압기기에 적용되는 파스칼 원리에 대한 설명으로 맞는 것은?

① 일정한 부하에서 압력은 온도에 비례한다.
② 일정한 온도에서 압력은 부피에 반비례한다.
③ 밀폐된 용기 내의 압력은 모든 방향에서 동일하다.
④ 유체의 운동속도가 빠를수록 배관의 압력은 낮아진다.

파스칼 원리 : 밀폐된 용기 속에 담겨있는 액체의 한쪽 부분에 주어진 압력은 그 세기에는 변함없이 같은 크기로 액체의 각 부분에 골고루 전달된다는 법칙

11 하나의 가공물에 여러 개의 가공 공정이 진행되어야 할 때 가공물을 클램핑, 클램핑 해제공정의 필요 없이 한 위치에서 연속되는 가공공정을 수해하는데 적합한 핸들링 장치는?

① 리니어 인덱싱 핸들링
② 로터리 인덱싱 핸들링
③ 고정 자동장치
④ 자동화 라인 장치

• 로터리 인덱싱 핸들링 : 부품의 이송을 회전에 의하여 이루어지는 것
• 리니어 인덱싱 핸들링 : 직선으로 부품이 이송되는 것

12 유압 시스템에서 기름 탱크 내 유면이 낮을 때 발생하는 현상은?

① 펌프의 흡입불량 ② 실린더의 추력 증대
③ 외부 누설의 증대 ④ 토출 유량의 감소

기름 탱크 내 유면이 낮아지면 공급 유량(토출 유량)이 감소되는 것으로 전체 유압 저하 원인이 되는 것이다.

13 PLC의 시스템 구축 시 문제가 발생하였을 때 다음 조치 사항 중 틀린 것은?

① 배터리 전압이 저하된 경우 배터리를 교환한다.
② 노이즈 발생 대책으로 접지를 한다.
③ CPU가 해독 불가능한 명령이 포함된 경우는 틀린 명령을 수정한다.
④ 최대 실장이 가능한 입출력 모듈의 개수가 정해진 수량을 초과한 경우 프로그램의 스텝 수를 줄인다.

PLC(Programmable Logic Controller)
• 동작실행에 대한 내용 변경을 프로그램에 의하여 쉽게 바꿀수 있으며 배선작업이나 부품 교체 작업이 없게 된다.
• 프로그램 내용을 필요할 때 간단히 확인할 수 있으므로 체계적인 고장 진단과 점검이 용이하다.
• 릴레이 반에 비하여 신뢰성이 높고 고속 동작이 가능하다.
• 제어 기능량에 비하여 설치 면적이 대폭 적어지며 전기 소모량도 대단히 적어진다.

14 유압기기의 고장원인이 되는 유압 작동유의 오염의 원인과 거리가 먼 것은?

① 기기의 부식과 녹
② 유압 작동 유의 산화
③ 외부로부터 침입하는 고형 이물질
④ 유압 필터의 주기적인 교체

> 유압 필터의 주기적인 교체는 유압 작동유의 오염을 방지하는 역할을 한다.

15 다음 그림은 논리를 전기적으로 표현한 것이다. 어떤 논리에 해당되는가?

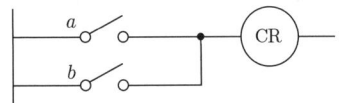

① AND 회로
② OR 회로
③ NOT 회로
④ AND OR회로

> 상기 도면은 병렬로 연결되어 있으며 a, b 중 하나만 연결되어도 ON이 될 수 있으므로 OR회로에 해당된다.

16 어느 제어계에서 0~10V 아날로그 신호를 센서를 통하여 읽어들이기 위하여 8비트 A/D 변환기를 사용한다면 아날로그 신호를 몇 V 간격으로 읽어들일 수 있는가?

① 1.25
② 0.625
③ 0.078
④ 0.039

> 8비트의 분해능은 1/256이지만 4비트의 분해능은 1/16이 된다. 0~10V의 전압을 8비트 ADC로 처리할 때 비트하나의 값 즉 최소단위는 10/256 = 0.039V가 된다.

17 광전 스위치의 특징으로 가장 거리가 먼 것은?

① 광전도 효과를 이용한다.
② 검출 거리가 길다.
③ 높은 정밀도를 얻을 수 있다.
④ 금속 물체만 검출이 가능하다.

> 광전 스위치는 빛의 변화를 일으키는 물체가 있다면 금속 뿐 아니라 고체·액체·기체 모든 것이 가능한 검출기이며, 비교적 원거리에서 검출이 가능하고 비접촉 스위치이다.

18 유압 모터 중 한 종류인 기어 모터의 특징이 아닌 것은?

① 유압 모터 중 구조가 가장 간단하다.
② 소형으로 큰 토크를 낼 수 있다.
③ 정밀한 서보기구에 적합하다.
④ 정·역회전이 가능하다.

> 기어 모터의 경우 점도가 클수록 윤활유 공급이 원활해지며 넓은 범위의 무단 변속이 가능하다.

19 논리 방정식 X + XY를 간략하게 하면 어떠한 논리로 대처 할 수 있는가?

① 0
② 1
③ X
④ Y

> $X + XY = X(1+Y)$
> 여기서, $1+Y = 1$이므로 ∴ X

20 신호처리 방식에 따른 제어계의 분류로 맞는 것은?

① 동기 제어계, 비동기 제어계, 논리 제어계, 시퀀스 제어계
② 동기 제어계, 파일럿 제어계, 논리 제어계, 시퀀스 제어계
③ 동기 제어계, 비동기 제어계, 메모리 제어계, 시퀀스 제어계
④ 동기 제어계, 프로그램 제어계, 논리 제어계, 시퀀스 제어계

> 신호처리 방식에 의해 구분
> • 동기 제어계 : 실제 시간과 관계된 신호에 의하여 제어
> • 비동기 제어계 : 시간과 관계없이 입력신호의 변화에 의해서만 제어
> • 논리 제어계 : 요구되는 입력조건에 의해 그에 상응하는 신호가 출력
> • 시퀀스 제어계 : 처음에 정해진 조건 또는 순서에 따라 행하여지는 제어

제2과목 설비진단 및 관리

21 윤활유 점도에 관한 설명이 잘못 된 것은?
① 점도란 윤활유가 유동할 때 나타나는 내부 저항의 크기를 나타낸 것이다.
② 동점도는 윤활유의 절대점도에 윤활유의 밀도를 곱한 값으로 구할 수 있다.
③ 절대점도를 표시할 때 포아즈(poise)를 사용한다.
④ 동점도는 스톡스를 사용하며 cm²/s로 나타낸다.

- 점도 : 유체가 유동하는 경우의 내부 저항(단위 : 포아즈)
- 1[poise] : 유체 내에 1[cm]에 대해 1[cm/s]의 속도 구배가 있을 때, 그 속도 구배의 방향으로 수직인 면에 있어 속도의 방향으로 1[cm²]에 대해 1[dyn]의 힘의 크기의 응력이 발생하는 점도
- 동점도 : 점성유체의 점도(점성율)을 밀도로 나눈 양으로 SI 단위계에서는 [cm²/s]이지만, CGS 단위의 Stokes(St)도 사용된다. 1St = 1[cm²/s]이다.

22 PM 초기에 검사주기를 결정하기 위해 선결되어야 하는 것은?
① 설비성능 표준작성
② 프로세스 개선
③ 급유 개소 표시
④ 정확한 자료 축적

예방보전(PM) : 설비의 주기적인 검사로 미연에 고장, 정지 또는 성능저하 상태를 제거하고 복구시키기 위한 보전으로 정확한 자료 축적이 우선이다.

23 설비관리 기능을 일반 관리기능, 기술기능, 실시기능 및 지원기능으로 분류할 때 일반관리 기능이라고 볼 수 없는 것은?
① 보전정책 결정 및 보전시스템 수립
② 자산관리와 연동된 설비관리 시스템 수립
③ 보전업무의 경제성 및 효율성 분석, 측정
④ 보전업무 분석 및 검사기준 개발

④항은 기술기능에 해당된다.

24 소음의 크기를 나타내는 단위로 맞는 것은?
① Hz ② dB ③ ppm ④ fc

- dB(decibel) : 음(音)의 강도를 나타내는데 사용되는 단위이다.
- Hz : 주파수나 진동수의 단위dlau 1Hz는 1초 간의 주파수, 진동수를 나타낸다.

25 차음벽의 무게는 중간 이상 주파수 소음의 투과손실을 결정한다. 무게를 두 배 증가시킬 때 투과손실은 이론적으로 얼마나 증가하는가?
① 2dB   ② 6dB   ③ 12dB   ④ 24dB

소음투과율 = $\dfrac{\text{투과된 에너지}}{\text{입사 에너지}}$

무게를 2배로 증가시키거나 주파수를 2배로 증가시키면 투과손실은 6dB 증가

26 마찰이나 저항 등으로 인하여 진동 에너지가 손실되는 진동의 종류는?
① 자유 진동   ② 감쇠 진동
③ 규칙 진동   ④ 선형 진동

진동 에너지가 감소하는 경우에는 감쇠 진동이라고 한다.

27 설비배치 계획이 필요하지 않은 것은?
① 신제품을 개발할 때
② 공장을 증설할 때
③ 작업방법을 개선할 때
④ 작업장을 축소할 때

설비배치 계획 : ②, ③, ④항 이외에도 작업장 이동, 설계변경 등이 있다.

28 제품별 설비배치에 대한 특징과 거리가 먼 것은?
① 작업흐름이 원활하고, 생산시간이 짧고 작업장 간 거리축소로 재고감소, 비용감소, 생산 통제 용이함

② 하나 또는 소수의 표준화된 제품을 대량으로 반복 생산하는 라인 공장에 적합함
③ 하나의 기계고장 시에도 유연하게 생산을 수행하여 고임금 기술자가 필요로 함
④ 작업흐름은 미리 정해진 패턴을 따라가며, 각 작업장은 고도로 전문화된 하나의 작업만을 수행함

제품별 설비 배치의 특징
- 단위당 생산원가 저렴
- 소품종 다량의 규격화가 가능
- 연속생산, 전용설비, 재고 수량 감소
- 작업 공간 축소

29 설비진단 기술을 도입함으로서 얻을 수 있는 일반적인 효과로 보기 어려운 것은?

① 정형적인 지식을 활용하여 설비를 평가하기 때문에 고장의 정도를 정량화하기 위한 노력이 불필요하다.
② 경향관리를 실행함으로서 설비의 수행을 예측하는 것이 가능하다.
③ 돌발적인 중대고장 방지를 도모하는 것이 가능하다.
④ 정밀진단을 실행함에 따라 설비의 열화 부위, 열화내용정도를 알 수 있기 때문에 오버 홀이 불필요해진다.

설비진단 기술을 도입함으로 얻을 수 있는 일반적인 효과로는 ②, ③, ④항 이외에도 설비의 성능, 상황을 정량적으로 파악하여 신뢰성이나 성능을 진단, 예측하고, 이상이 있으면 원인, 위치, 위험도 등을 식별 평가하여 수정 방법을 결정한다.

30 고장 원인을 분석하기 위해 많이 쓰이는 방법으로 일명 생선뼈와 같다고 하여 생선뼈 그림이라고도 하는데 특정 문제나 그 상황의 원인을 규명하여 그림으로 보여 줌으로서 문제 해결을 위한 전반적인 흐름으로 볼 수 있는 방법으로 맞는 것은?

① 특성요인 분석법   ② 상황 분석법
③ 의사 결정법   ④ 변환 기획법

특성요인 분석법
물고기 뼈와 같은 구조를 완성하면, 브레인라이팅 방법에 의해 큰 요인에 원인이 되는 요인을 "왜"라는 물음으로 하나씩 계속적으로 분해, 정리하여 작은 가지를 기록한다. 이 경우에도 모든 팀원이 원인요소 내용을 모두 적어 제출하고, 이를 다시 카테고리별로 정리하여 논리적 질서에 따른 우선순위를 부여하여 정리한다.

31 다음 설명 중 TPM 특징이 아닌 전통적 관리에 해당하는 것은?

① input 지향, 원인 추구 시스템
② 현장 사실에 입각한 관리
③ 사전 활동, 로스 측정
④ 상벌위주의 동기부여

TPM(종합적 생산보전)의 특징
- 설비효율을 최고로 높이기 위한 보전 활동
- 전원이 참가하여 동기부여 관리
- 소집단 활동에 의하여 생산보전 추진
- 작업자의 자주보전 체제의 확립
- 현장 체질개선으로 설비의 고장과 불량을 사전에 방지

32 회전기계의 이상 현상에서 고주파의 발생에 따른 이상 현상으로 적합한 것은?

① 오일 휩   ② 미스얼라인먼트
③ 언밸런스   ④ 유체음

회전기계 정밀 진단
- 오일 휩(oil whip) : 강제 급유되는 미끄럼 베어링을 갖는 로터에서 발생하며 베어링 역학적 특성에 기인하는 진동으로서 축의 고유 진동수가 발생
- 미스얼라인먼트(misalignment) : 베어링 설치가 잘못되었거나 축 중심이 어긋난 경우에 발생하는 경우로 측정은 축방향에 센서를 부착하여 측정(위상각 : 180°)
- 언밸런스(unbalance) : 회전수와 동일한 주파수가 검출되었을 때 진동을 발생시키며 모든 기기에서 발생하는 진동으로 수평·수직방향에 최대의 진폭이 발생하며 언밸런스량과 회전수가 증가할수록 진동레벨이 높게 나타난다.

33 고장정지 또는 유해한 성능저하를 가져오는 상태를 발견하기 위한 보전은?

① 사후보전   ② 예방보전
③ 개량보전   ④ 보전예방

- 사후보전(BM) : 고장, 정지 또는 성능저하의 수리를 행하는 것
- 예방보전(PM) : 설비의 주기적인 검사로 미연에 고장, 정지 또는 성능저하 상태를 제거하고 복구시키기 위한 보전
- 생산보전(PM) : 생산성이 높은 보전, 경제성
- 개량보전(CM) : 설비자체의 체질개선으로 예방보전으로 고장이 없고, 보전하기 쉬운 설비로 개량
- 보전예방(MP) : 고장이 없고, 보전이 필요치 않은 설비를 설계, 제작 또는 구입

34 설비보전 조직의 기본형에서 집중보전의 단점으로 잘못된 것은?

① 보전요원이 공장 전체에서 작업을 하기 때문에 적절한 관리감독을 할 수 없다.
② 작업 표준을 위한 시간 손실이 많다.
③ 일정 작성이 곤란하다.
④ 긴급작업, 새로운 작업의 신속한 처리가 어렵다.

> **집중 보전** : 책임자 한 사람을 기준으로 하여 조직이 구성되며 모든 보전 요원은 책임자의 지시에 따라 움직이는 집중 관리 시스템이다.
> - 모든 일에 대하여 통제가 수월하고 인원관리를 획일화 할 수 있다.
> - 설비의 수리, 고장, 교체 등 모든 일처리가 신속히 이루어진다.
> - 모든 보전원의 기능 숙련이 향상되고 새로운 기능에 대하여 적응이 가능하다.
> - 작업 표준화를 하기 위하여 시간 손실이 많다.
> - 작업 의뢰에서 생산까지 책임자의 지시를 받아야 하므로 소요시간이 많이 걸린다.

35 회전기계에서 발생하는 불균형(unbalance)이나 축정렬불량(misalignment) 시 널리 사용되는 설비 진단 기법은?

① 진동법
② 페로그래피법
③ 오일 SOAP법
④ 응력법

설비 진단 기법	
진동법	• 송풍기, 펌프, 팬 등의 기초 설비 및 밸런스 이상 진동 유무 진단 • 각 회전 기기의 언밸런스에 의한 이상 진동 유무 진단 • 기기에 공급되는 이상 압력에 의한 진동 여부 진단
오일 분석법	• 페로그래피법 : 시료용 오일을 용제에 희석하여 경사면을 따라 흐르게 하고 자석을 가까이 하면 오일 중에 마모된 금속이 크기에 따라 자석에 부착하게 되며 이를 색현미경에 의하여 크기, 형상 등을 관찰 • SOAP법 : 시료용 오일을 연소하면서 발생되는 금속성분의 발광 또는 흡광현상으로 분석
응력법	• 계속되는 기기 운전으로 인해 설비의 피로 축적에 따른 응력 집중을 조사하여 파악 • 기기의 실제 응력을 조사하여 파악 • 설비 내부의 응력 분포도를 파악 • 설비 피로에 의한 수명을 파악

36 윤활상태를 표현하는 유체 윤활에 대한 설명으로 적합한 것은?

① 유막에 의하여 마찰면이 완전히 분리되어 베어링 간극 중에서 균형을 이루는 상태
② 유온 상승 혹은 하중의 증가로 점도가 떨어져 유압만으로 하중을 지탱할 수 없는 상태
③ 유막이 파괴되어 금속간의 접촉이 일어나는 상태
④ 금속에 융착과 소부현상이 발생하여 극압제인 유기화합물의 첨가가 필요한 상태

> **윤활 상태**
> - 유체 윤활 : 베어링 간극에 윤활유가 공급되어 이상적인 유막을 형성하여 마모를 방지하고 안정된 상태를 유지되며 이는 안정되게 운전되는 기기에서 이루어진다.
> - 경계 윤활 : 윤활 상태 중 기름의 점도에 대하여 유체 역학적으로 설명할 수 없는 유막의 성질 즉, 유성(oilness)에 관계되며 시동이나, 정지 전·후에 반드시 일어나는 윤활상태
> - 극압 윤활 : 급격한 하중이 증가하여 마찰온도가 급상승하게 되면 유막은 제거되고 마찰부분의 금속이 응착되는 현상으로 이럴 때는 염소, 황, 인 등의 유기 화합물을 첨가하여 사용한다.

37 설비의 경제성을 평가하기 위한 방법으로 거리가 먼 것은?

① 자본회수 기간법
② 수익률 비교법
③ 미래가치법
④ 원가 비교법

38 진동차단 효과는 고유 진동수인 R값에 따라 다르다. 진동차단 효과가 가장 큰 값으로 맞는 것은?
(단, R = 외부진동 주파수/시스템 고유 진동수)

① 1.4 이하
② 3~6
③ 6~10
④ 10 이상

39 보전용 자재는 재고품절로 생기는 손실의 대소, 자재단가 재고 유지비의 대소 등에 따라 등급을 붙여 중점관리를 실시한다. 이를 위해 실시하는 분석 기법은?

① ABC 분석
② PERT/CPM
③ 유입 유출표
④ 유동도

> **ABC 분석** : 재고 관리 방법으로, 값이 비싸고 소량이어서 입수하기 어려운 것을 A 재고품, 값이 싸고 입수하기 쉬운 것을 C 재고품, 중간 것을 B 재고품으로 분류하여 관리의 중점을 바꾸는 방법이다.

40 조직상으로 집중보전과 같이 한 관리자 밑에 조직되어 있지만 배치상 각 지역에 분산된 형태를 무슨 보전이라 하는가?

① 지역보전　② 부분보전
③ 절충형보전　④ 설비보전

- 집중보전 : 책임자 한 사람을 기준으로 하여 조직이 구성되며 모든 보전 요원은 책임자의 지시에 따라 움직이는 집중 관리 시스템이다.
- 지역보전 : 생산 공장에 보전요원을 배치함으로서 설비의 이상 유무, 수리, 검사 등을 직접 처리한다.
- 부분보전 : 생산 제조 부분 책임자 관할아래 보전요원을 상주시키는 방식이다.
- 절충보전 : 집중보전에 지역보전이나 부분보전을 접목시켜 서로의 장점을 계승하고 단점을 보완하여 운영하는 보전방식이다.

제3과목 공업계측 및 전기전자제어

41 0.1[H]의 코일에 교류 200[V], 60[Hz] 전압을 가하면 유도리액턴스는 약 몇 Ω인가?

① 12　② 18.8
③ 37.7　④ 125.6

인덕턴스의 유도 작용에 의한 리액턴스, 인덕턴스를 $L[Hz]$, 주파수를 $f[Hz]$로 하면
유도 리액턴스(X_L) = $2\pi fL = 2\pi \times 60 \times 0.1 = 37.7[\Omega]$

42 p형 반도체와 n형 반도체를 접합시키면 반송자가 결핍되는 공핍층이 생성된다. Si의 경우 이러한 접합면 사이의 전위차는 얼마인가?

① 0.2V　② 0.3V
③ 0.7V　④ 0.9V

pn접합면 양단에 접촉전위차가 생기는 이유는 접촉면에서 양쪽에 도핑된 물질이 다르므로 각각 가지고 있는 전하가 반대편으로 확산하여 또는 서로 결합하여 전하가 없는 부분이 생기며 이를 유지하게 위해 접촉 전위차는 확산 때문이며 Si의 경우 이러한 접합면 사이의 전위차는 0.7V 이다.

43 직류 전동기의 속도제어법에 해당되지 않는 것은?

① 계자 제어　② 저항 제어
③ 전압 제어　④ 전류 제어

직류전동기의 속도 제어법
계자제어법, 저항제어법, 전압제어법

44 그림과 같은 회로에서 각각의 계기가 100V, 5A를 지시할 때 R에서의 소비전력은 몇 kW인가? (단, 전압계의 내부저항은 무시한다.)

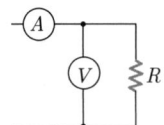

① 0.5
② 0.6
③ 0.7
④ 0.8

$P = I \times V = 5[A] \times 100[V] = 500[W] = 0.5[kW]$

45 다음은 열전대 조합에서 가장 높은 온도까지 측정할 수 있는 것은?

① 백금로듐-백금　② 크로멜-알루멜
③ 철-콘스탄탄　④ 구리-콘스탄탄

금속 (+) (−)	사용 온도(℃)	과열 사용 온도(℃)
백금로듐 - 백금	1400	1600
크로멜 - 알루멜	650~1000	850~1300
철 - 콘스탄탄	400~600	500~800
동 - 콘스탄탄	200~300	250~350

46 다음 논리회로에서 입력이 A, B일 때 출력 Y에 나타나는 논리식은?

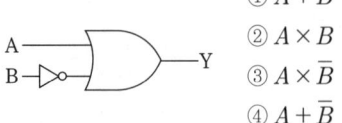

① $A + B$
② $A \times B$
③ $A \times \overline{B}$
④ $A + \overline{B}$

상기 도면에서 A와 B는 OR회로로 이루어져 있으며, 특히 B는 입력이 부정표시이므로 ④항 같이 이루어져야 한다.

47 통전 중인 변류기를 교체하고자 할 때 어떻게 해야 되는가?

① 1차측 권선을 개방하고 계기를 바꾼다.
② 1차측 권선을 단락하고 계기를 바꾼다.
③ 2차측 권선을 개방하고 계기를 바꾼다.
④ 2차측 권선을 단락하고 계기를 바꾼다.

변류기는 교류의 큰 전류에서 그것에 비례하는 작은 전류를 얻는 장치로, 변류기 2차 측에 연결되어있는 전류계를 고장으로 교체하기 전에 2차측 단락을 해야 한다.

48 클램프미터(Clamp meter)의 용도를 바르게 설명한 것은?

① 교류전류를 측정할 수 없다.
② 절연저항을 측정할 수 있다.
③ 반드시 도선을 1선만 클램프시켜 전류를 측정한다.
④ 반드시 도선에 2선을 클램프시켜 전류를 측정한다.

클램프 미터(Clamp meter)
전류가 흐르는 도체에는 자기장이 형성되는 것을 이용 하여 코일을 감은 형태로 이루어져 출력을 전압으로 바꾸어 측정 장비에 전달하도록 되어 있으며 도선을 1선만 클램프시켜 전류를 측정한다.

49 실리콘(Si)의 진성 반도체에 극히 적은 불순물을 혼합하여 N형 반도체를 만들려고 한다. 다음 중 사용할 수 없는 불순물은?

① 비소(As)   ② 인(P)
③ 인듐(In)   ④ 안티몬(Sb)

반도체의 분류

진성 반도체	불순물이 혼합되지 않은 반도체
불순물 반도체	• N형 반도체 : 과잉 전자에 의해 전기 전도가 이루어지는 불순물 반도체 ※도너(donor) : N형 반도체의 불순물 (Sb, As, P, Pb) • P형 반도체 : 정공(hole)에 의해 전기 전도가 이루어지는 불순물 반도체 ※억셉터(acceptor) : P형 반도체의 불순물(Ga, In, B, Al)

50 다음 중 온도에 따라 저항값이 변하는 성질을 이용한 것은?

① 트랜지스터   ② SCR
③ 서미스터   ④ TRAIC

서미스터(thermistor) : 온도변화에 따라 소자의 전기저항이 크게 변화하는 반도체 감온소자로서 널리 이용되고 있다.

51 제어 밸브는 다음 중 어디에 속하는가?

① 변환기   ② 조절기
③ 설정기   ④ 조작기

제어밸브는 조작기에 속하며 글로우브 밸브, 슬루스 밸브, 코크 등 각종 밸브가 해당된다.

52 2개의 계전기 중에서 먼저 여자된 쪽에 우선순위가 주어지고 다른 쪽의 동작을 금지하는 회로로서, 기기의 보호와 조작자의 안전을 주목적으로 하는 회로는?

① 자기 유지 회로   ② AND 회로
③ 시간 지연 회로   ④ 인터록 회로

인터록(Inter Lock)
이상 기기를 운전하는 경우, 그 운전 순서를 결정하거나 동시 기동을 피하거나 일정한 조건이 충전되지 않았을 경우, 다음 기기가 운전되지 않도록 할 필요가 있는 경우에 사용하는 전기적 회로

53 다음 중 차압식 유량계가 아닌 것은?

① 오리피스   ② 벤투리관
③ 로터미터   ④ 피토관

차압식 유량계 : 측정관로 중에 교축기구를 설치하여 유동을 교축하고 이 때문에 생기는 교축부 전후의 압력차에 의해서 유속을 구하여 유량을 측정하는 것으로 오리피스미터, 벤투리미터 등이 있으며 유량은 교축기구 전후의 차압과 평방근에 비례한다.
※로터미터는 면적식 유량계에 해당된다.

54 출력파형이 그림과 같다면 논리기호는?

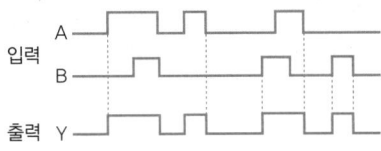

① OR 회로 ② AND 회로
③ NOR 회로 ④ NAND 회로

> 입력 A 또는 B 중 하나면 입력이 되어도 출력이 이루어지므로 OR회로에 해당된다.

55 천평을 이용하여 물체의 무게를 구할 때 측정량의 크기와 거의 같은 미리 알고 있는 분동을 이용하여 측정량과 분동의 차이로 구하는 방법은?

① 편위법 ② 영위법
③ 치환법 ④ 보상법

> - 영위법 : 조정할 수 있는 같은 종류의 분동 무게와 측정량(천칭에 의한 계량)을 조화시켜 분동 무게로부터 측정량을 아는 측정법이다. 측정량을 기준량에 평행시켜 계측기의 지시가 0위치에 나타날 때 기준량의 크기로 측정량을 구하는 방식
> - 편위법 : 측정량을 그것과 비례한 지시의 변화량으로 바꾸어 그 변화량으로 측정
> - 치환법 : 측정량과 이미 알고 있는 양을 치환하여 전후 2회의 측정 결과로부터 측정량을 파악

56 다음 논리회로도에서 출력되는 X의 값은?

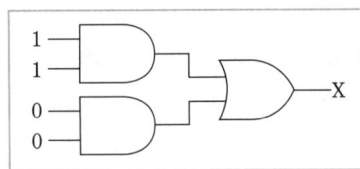

① 0 ② 1
③ 11 ④ 101

> 1은 AND회로이며 입력에 부정이 없으므로 1이 된다. 0과 0으로 이루어진 도면은 AND회로이나 출력이 부정이 되며 0이 된다. 결국 두 회로가 마지막에 OR회로이며 이는 1과 0의 혼합으로 1이 된다.

57 피드백제어에서 가장 핵심적인 역할을 수행하는 장치는?

① 신호를 전송하는 장치
② 안정도를 증진하는 장치
③ 제어대상에 부가되는 장치
④ 목표치와 제어량을 비교하는 장치

> 피드백 제어 : 제어량의 값을 입력측으로 되돌려 이것을 목표치와 비교하여 제어량을 목표치에 일치시키도록 정정 동작을 하는 제어

58 다음 중 단상 교류 전력 측정법과 가장 관계가 없는 것은?

① 3전압계법 ② 3전류계법
③ 단상 전력계법 ④ 2전력계법

> 2전력계법은 3상 교류 전력 측정에 사용한다.

59 교류의 정현파에서 주파수가 1[kHz]이면 주기는 얼마인가?

① 1[ms] ② 1[us]
③ 1[ns] ④ 1[ps]

> $T = 1/f = 1/1000 = 0.001\text{sec} = 1[\text{ms}]$

60 공기식 조작부에서 공기량은 일반적으로 조작량에 비례한 몇 [kgf/cm²]의 공기압이 사용되는가?

① 4~20 ② 0.4~5.0
③ 0.2~1.0 ④ 0.01~0.1

> 공기식 조절장치는 일반적으로 1[kgf/cm²] 전후의 압축공기를 이용하여 작동된다.

제4과목 기계정비 일반

61 축의 중심내기에 대한 설명으로 잘못된 것은?

① 죔형 커플링의 경우 스트레이트 에지를 이용하여 중심을 낸다.
② 체인 커플링의 경우 원주를 4등분한 다음, 다이얼 게이지로 측정해서 중심을 맞춘다.
③ 플렉시블 커플링은 중심내기를 하지 않는다.
④ 플랜지의 면간도 편차를 측정하여 중심 맞추기를 한다.

> 플렉시블 커플링은 부하가 규정 이상으로 작용한 경우 회전력을 전달하는 이음부가 미끄러지거나 떨어지도록 설계된 토크전동 제한기로서 미세한 중심을 벗어남도 보정이 가능하므로 중심내기를 해야 한다.

62 공구 중 규격을 입의 너비의 대변거리로 나타내지 않는 것은?

① 양구 스패너   ② 편구 스패너
③ 타격 스패너   ④ 멍키 스패너

> 멍키 스패너는 스패너의 목에 나사를 이용하여 자유로이 입의 너비를 조절하므로 규격이 없다.

63 펌프 운전 시 기계식 밀봉부위에서 소음이 발생하는 원인 중 가장 적절한 것은?

① O 링의 파손
② 섭동면의 열 변형
③ 섭동면의 가공 불량
④ 섭동면의 불충분한 윤활작용

> 섭동면에 충분한 윤활작용을 하면 유막을 형성하여 수분 및 부식성 가스의 침투를 방지하고 침투한 것을 치환하는 작용을 하며 방청 작용이 불량하면 섭동면에 녹이 슬고 부식이 발생되는 것으로 소음 발생과는 무관하다.

64 펌프에서 캐비테이션(cavitation)이 발생했을 때 그 영향으로 옳지 않은 것은?

① 소음과 진동이 생긴다.
② 펌프의 성능에는 변화가 없다.
③ 압력이 저하하면 양수 불능이 된다.
④ 펌프 내부에 침식이 생겨 펌프를 손상시킨다.

> **캐비테이션 발생 영향**
> • 진동 및 소음 발생
> • 임펠러 깃(날개) 침식
> • 펌프 양정 및 효율 곡선 저하
> • 펌프 양수 불능

65 공기 압축기의 흡입 관로에 설치하는 스트레이너(strainer)의 설치 목적으로 맞는 것은?

① 빗물이 스며들어 압축기에 들어가지 않도록 차단해 준다.
② 배관의 맥동으로 소음이 발생하는 것을 방지하기 위한 장치이다.
③ 나뭇잎 등의 이물질이 압축기에 들어가지 않도록 차단해 준다.
④ 공기 중의 수분이 응축되어 압축기에 들어가지 않도록 제거하는 장치이다.

> 수분을 제거하는 것은 건조기에서 행해지며 스트레이너(여과기)는 이물질의 혼입을 막아주는 역할을 한다.

66 1m에 대하여 감도 0.05mm의 수준기로 길이 3m 베드의 수평도 검사 시 오른쪽으로 3눈금 움직였다면, 이 때 베드의 기울기는 얼마인가?

① 오른쪽이 0.15mm 높다.
② 왼쪽이 0.3mm 높다.
③ 오른쪽이 0.45mm 높다.
④ 왼쪽이 0.75mm 높다.

> 베드의 수평도 검사 시 오른쪽으로 움직였다면 오른쪽이 높게 되어 있는 것이며, 0.05mm/m×3m×3눈금 = 0.45mm

67 가열 끼움 시 가열온도로 가장 적당한 것은?

① 50~100℃ 이하　② 100~150℃ 이하
③ 200~250℃ 이하　④ 300~350℃ 이하

가열 시 전체를 서서히 가열하며 200~250℃ 이하로 가열해야 한다.

68 압축기 부품에서 밸브의 취급불량에 의한 고장이라고 볼 수 없는 것은?

① 그랜드 패킹의 과다 조임
② 펌프의 조임 불량
③ 시트의 조립 불량
④ 스프링과 스프링 홈의 부적당

그랜드 패킹의 과다 조임은 외부 공기의 침입을 막아주므로 큰 문제가 되질 않으며 운전 시 그랜드 패킹을 풀어주므로 밸브의 취급 불량으로 보기는 어렵다.

69 압력 배관용 탄소강 강관에서 스케줄 번호(Sch NO)는 무엇을 나타내는가?

① 관의 바깥지름　② 관의 안지름
③ 관의 길이　　　④ 관의 두께

Sch NO = 10×P/S
여기서, P : 사용압력(kg/cm²) S : 허용응력(kg/mm²)
스케줄 번호는 관의 두께를 표시이다.

70 V벨트나 풀리의 홈 크기에 대한 규격 중 단면이 가장 큰 것은?

① M형　② A형
③ E형　④ Y형

V벨트 종류 : M, A, B, C, D, E의 6가지가 있으며, M형이 제일 작고 E형의 단면이 가장 크다.

71 왕복 피스톤 압축기를 사용하는 이유 중 가장 적합한 것은?

① 설치면적이 작다.　② 윤활이 쉽다.
③ 대용량이다.　　　④ 고압 발생이 쉽다.

피스톤의 왕복운동으로 압축이 이루어지며 압축기 중 가장 고압을 얻을 수 있으나 흡입, 토출이 단속적이다.

72 원주면에 홈이 있는 원판 상 회전체를 케이싱 속에서 회전시켜 이것에 접촉하는 액체를 유체 마찰에 의한 압력에너지를 주어 송출하는 펌프는?

① 분류 펌프　② 수격 펌프
③ 마찰 펌프　④ 횡축 펌프

마찰 펌프 : 고속 회전하는 임펠러와 유체 와의 마찰에 의하여 양수하며 웨스코 펌프 또는 와류 펌프라고도 한다.

73 밸브에 대한 설명으로 옳은 것은?

① 글로브 밸브는 밸브 박스가 구형으로 되어 있고 밸브의 개도를 조절해서 교축기구로 쓰인다.
② 슬루스 밸브는 유체의 역류를 방지하기 위한 밸브이며 리프트식과 스윙식이 있다.
③ 체크밸브는 전두부(핸들)를 90도 회전시킴으로서 유로의 개폐를 신속히 할 수 있다.
④ 콕(cock)은 밸브박스의 밸브시트와 평형으로 작동하고 흐름에 대해 수직으로 개폐한다.

②항은 체크밸브, ③항은 콕, ④항은 슬루스 밸브에 대한 설명이다.

74 관의 이음에서 신축 이음(flexible joint)을 하는 이유로 부적당한 것은?

① 온도변화에 따라 열 팽창에 대한 관의 보호
② 열 영향으로부터 관을 보호
③ 배관 측의 변위 고정, 진동에 대한 관의 보호
④ 매설관 등 지반의 부동침하에 따른 관의 보호

신축이음 : 배관계에서의 열팽창을 흡수하여 완충역할을 한다.

75 펌프의 흡입관 배관에 대한 설명 중 틀린 것은?

① 흡입관에서 편류나 와류가 발생치 못하게 한다.
② 흡입관 끝에 스트레이너를 사용한다.
③ 관내 압력은 대기압 이상으로 공기 누설이 없는 관이음으로 한다.
④ 배관은 공기가 발생치 않도록 펌프를 향해 1/50 정도의 올림구배를 한다.

펌프 흡입관은 대기압 이하로 하여 유체의 펌프 흡입을 원활하게 하여 공동현상을 방지해야 한다.

76 3상 유도 전동기의 구조에 속하지 않는 것은?

① 회전자 철심 ② 고정자 철심
③ 고정자 권선 ④ 정류기

정류기 : 교류전원에서 직류전원을 얻기 위해 주로 사용되는 것으로 한 방향으로만 전류를 흐르게 하는 기능을 가진 소자

77 소음과 진동이 적고 역전을 방지하는 기능을 가지고 있으나 효율이 낮고 호환성이 없는 기어로 맞는 것은?

① 스퍼 기어 ② 베벨 기어
③ 웜 기어   ④ 하이포이드 기어

웜 기어 : 두 축이 교차하면서 큰 감속비를 얻을 수 있으나 효율이 낮다.

78 플렉시블 커플링에 대한 설명으로 틀린 것은?

① 두 축이 일직선상에 일치하는 경우에 사용한다.
② 완충작용이 필요한 경우에 사용한다.
③ 그리드 플렉시블 커플링을 스틸 플렉시블 커플링이라고도 한다.
④ 고무 커플링은 방진고무의 탄성을 이용한 커플링이다.

플렉시블 커플링 : 두 축의 축선을 정확히 일치시키기 어려울 때나 진동·충격을 완화할 경우에 사용

79 다음 중 볼트의 호칭길이를 나타내는 것은?

① 머리 부분에서 선단까지의 길이
② 선단에서 불 완전 나사부까지의 길이
③ 머리부를 제외한 전체 길이
④ 선단에서 완전 나사부까지의 길이

80 기어의 언더컷 방지에 대한 설명으로 틀린 것은?

① 이 높이를 높게 제작한다.
② 압력 각을 증가시킨다.
③ 한계 잇수 이상으로 제작한다.
④ 전위기어를 만들어 사용한다.

언더컷의 방지책
· 피니언의 잇수를 최소치수 이상으로 한다.
· 기어의 치수를 한계치수 이하로 한다.
· 압력각을 크게 한다.
· 치형수정을 한다.(기어의 이끝면을 깎거나 피니언의 이뿌리면을 파냄)
· 기어의 이 높이를 줄인다.

정답 최근기출문제 2013년 2회

01 ③	02 ④	03 ④	04 ②	05 ②
06 ②	07 ①	08 ②	09 ③	10 ③
11 ②	12 ④	13 ④	14 ④	15 ②
16 ④	17 ④	18 ③	19 ③	20 ①
21 ④	22 ④	23 ④	24 ②	25 ②
26 ②	27 ①	28 ③	29 ①	30 ①
31 ④	32 ④	33 ②	34 ④	35 ①
36 ①	37 ③	38 ①	39 ①	40 ①
41 ③	42 ④	43 ④	44 ①	45 ①
46 ④	47 ④	48 ③	49 ③	50 ③
51 ④	52 ④	53 ②	54 ①	55 ④
56 ②	57 ④	58 ④	59 ①	60 ③
61 ③	62 ④	63 ④	64 ②	65 ①
66 ④	67 ③	68 ①	69 ④	70 ①
71 ④	72 ④	73 ①	74 ④	75 ③
76 ④	77 ③	78 ①	79 ③	80 ①

2013년 3회 최근기출문제

제1과목 공유압 및 자동화시스템

01 건설기계 중 굴삭기는 붐 실린더나 버킷 실린더가 정지된 상태에서 굴삭기가 회전하는 경우가 있다. 4/3 way 밸브를 사용한다면 중간 정지가 가능한 중립 위치의 형식은?

① 펌프 클로즈드 센터형   ② 오픈 센터형
③ 클로즈드 센터형   ④ 오픈 텐덤 센터형

> 클로즈드 센터형 : 중립 위치에서 모든 포트가 차단되는 기능이 있다.

02 공기압 기기 중 서비스 유닛에 있는 압력 조절기에 대한 설명으로 맞는 것은?

① 압력조절기는 방향전환 밸브의 일종이다.
② 일정 압력 이상이 되어야 순차적으로 동작되는 밸브이다.
③ 높은 압력의 1차측 압력을 2차측에서 설정 압에 맞게 일정한 저압으로 조정한다.
④ 설정압력보다 낮은 압력이 1차측에 공급되면 설정압력이 출력된다.

> 압력조절기는 고압의 유체를 저압으로 바꾸는데 사용되는 조절 장치이다.

03 공압에서 사용되는 압축공기에는 오염된 물질이 혼입되는 경우가 있다. 시스템 외부에서 혼입되는 오염 물질로 볼 수 없는 것은?

① 먼지(분진, 매연, 모래먼지 등)
② 유해가스(황화수소, 아황산가스 등)
③ 유해물질(습기, 염분 등)
④ 파이프의 부식물(필터 부스러기, 마모분 등)

> 파이프의 부식물은 시스템 내부에서의 발생 조건에 해당된다.

04 로킹 회로는 액추에이터 작동 중에 임의의 위치에 정지 또는 최종단계에 로크(Lock)시켜 놓은 회로이다. 다음 그림의 로킹을 위하여 사용한 밸브는?

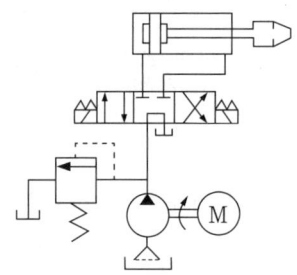

① 올 포트 블록형 변환밸브
② 텐덤 센터형 변환밸브
③ PB 포트 블록형 변환밸브
④ 파일럿 조작 체크밸브

05 다음 그림의 회로 명칭으로 맞는 것은?

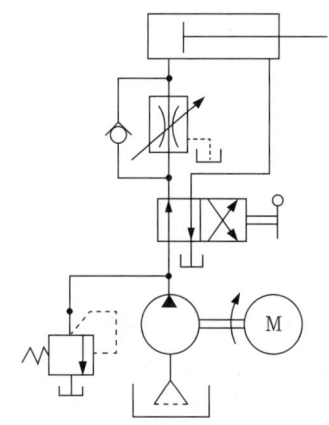

① 미터-아웃 회로   ② 미터-인 회로
③ 블리드-아웃 회로   ④ 블리드-인 회로

> 실린더 입구측에 교축하여 유량을 제어하므로 미터인 회로에 해당된다.

06 공기 압축기의 설치조건으로 적합하지 않은 것은?

① 지반이 견고한 장소에 설치하여 소음, 진동을 예방한다.
② 고온, 다습한 장소에 설치하여 드레인 발생을 많게 한다.
③ 빗물, 바람, 직사광선 등에 보호될 수 있도록 한다.
④ 예방정비가 가능하도록 충분한 공간을 확보한다.

가급적 공기 압축기는 고온, 다습한 곳을 피하여 설치하며 부득이 한 경우 공기 건조기를 설치하여 습기로부터 보호해야 한다.

07 실린더에 적용된 사양이 다음과 같을 때 실린더의 전진 추력은 얼마인가? (단, 피스톤 직경 10cm, 공급압력 1000 kPa, 로드 직경 2cm이며, 배압은 작용하지 않는다.)

① 250π [N]
② 500π [N]
③ 2500π [N]
④ 5000π [N]

$P = \dfrac{F}{A}$ 에서
$F = P \times A = 1000 \times 1000 [N/m^2] \times \dfrac{\pi}{4}(0.1m)^2 = 2,500\pi [N]$

08 다음 회로의 명칭으로 가장 적합한 것은?

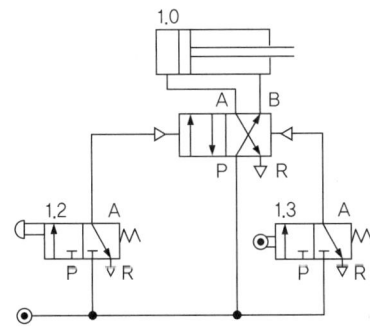

① 단동 실린더 전진회로
② 복동 실린더 자동 복귀회로
③ 미터-인 회로
④ 차동회로

복동 실린더 : 전, 후진 모두 할 수 있으나 전, 후진 운동 시 힘의 차이가 있으며 행정거리가 길다.

09 다음 중 유압 실린더의 호칭법에 속하지 않는 것은?

① 지지형식의 기호
② 로드 무게
③ 최고사용압력
④ 행정길이

유압 실린더의 호칭 : 규격 명칭, 구조 형식, 지지형식 기호, 실린더 안지름, 로드 지름 기호, 최고사용압력, 쿠션의 구분, 행정거리, 패킹 종류 등

10 유압 구동기구의 제어 밸브가 아닌 것은?

① 방향 제어밸브
② 회로 지시밸브
③ 유량 제어밸브
④ 압력 제어밸브

유압장치 제어부에는 방향, 유량, 압력 제어밸브가 있다.

11 직류 전동기가 회전 시 소음이 발생하는 원인으로 틀린 것은?

① 정류자 면의 높이 불균일
② 정류자 면의 거칠음
③ 전동기의 무부하 운전
④ 축받이의 불량

전동기 무부하 운전의 경우 전동기에 부하가 걸리지 않으므로 오히려 소음이 감소한다.

12 저항 변화형 센서가 아닌 것은?

① 스트레인 게이지
② 리드 스위치
③ 서미스터
④ 포텐쇼미터

리드스위치는 자석으로 동작시키는 스위치로 코일 등에 의해 외부자계를 받으면, 리드편의 양단이 자화되고, 이것에 따라 상대하는 접점부에 반자력이 발생하고, 이 자기 흡인력이 리드편의 탄성력에 이기면 접점이 닫힌다. 마그네트를 리드스위치에서 멀리하면, 리드편이 탄성력이 자기 흡인력보다 상회하기 때문에 접점이 열린다.(개방)

13 전동기 구동동력이 부족할 때 발생하는 현상은?

① 실린더 추력이 감소된다.
② 작동유가 과열된다.
③ 토출유량이 많아진다.

④ 유압유의 점도가 높아진다.

실린더 추력 = 실린더 단면적×공압×공압 실린더 개수×효율
즉, 전동기 구동동력이 부족하면 실린더 추력이 저하하게 된다.

14 다음 기호가 나타내는 것은?

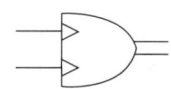

① 요동형 공기압 액추에이터
② 요동형 공기압 펌프
③ 요동형 유압 모터
④ 요동형 공기압 압축기

15 제어계 중 시간과 관계된 신호에 의해서만 제어가 행해지는 것은?

① 동기 제어
② 비동기 제어
③ 위치 종속 시퀀스 제어
④ 논리 제어

신호처리 방식에 의해 구분
• 동기 제어계 : 실제 시간과 관계된 신호에 의하여 제어
• 비동기 제어계 : 시간과 관계없이 입력신호의 변화에 의해서만 제어
• 논리 제어계 : 요구되는 입력조건에 의해 그에 상응하는 신호가 출력되는 시스템
• 시퀀스 제어계 : 처음에 정해진 조건 또는 순서에 따라 행하여지는 제어로서 항상 배관은 직선으로 최단 거리로 설치해야 신호 지연 방지와 압력손실을 최소화 할 수 있다.

16 공압 회전 액추에이터 중 피스톤형 요동 액추에이터에 속하지 않는 것은?

① 래크와 피니언   ② 스크류형
③ 베인형   ④ 크랭크형

요동형 액추에이터에는 공압 모터와 같은 구조인 베인식과 피스톤의 직선운동을 기계적인 나사나 기어 등을 이용하여 회전운동으로 변환시켜 토크를 얻는 피스톤식으로 크게 나누어진다. 이 중 피스톤형 요동 액추에이터는 래크와 피니언, 스크류(나사)형, 크랭크형, 요크형 등으로 분류되며 이중 가장 많이 이용되고 있는 것은 래크와 피니언 요동 액추에이터이다.

17 설비 개선의 사고법의 종류에 속하지 않는 것은?

① 기능의 사고법
② 바람직한 모습의 사고법
③ 결함의 사고법
④ 조정, 조절화의 사고법

18 PLC의 성능이나 기능을 결정하는 중요한 프로그램으로 PLC 제작회사에서 직접 ROM에 써 넣는 것은?

① 데이터 메모리
② 수치 연산 제어 메모리
③ 시스템 메모리
④ 사용자 프로그램 메모리

ROM은 제작자에 의해 프로그램이 되는 메모리이며 여기에 제작자에 의해 시스템 메모리가 프로그램 된다.

19 0~5V 사이의 아날로그 입력을 8bit 출력으로 변환될 때 아날로그 입력이 2V라면 디지털 출력값은 얼마인가?

① 20   ② 51
③ 102   ④ 204

분해능 = 2^8 = 256
입력이 0~5V로 변할 때 0~256의 디지털이 출력된다.
디지털 값이 변화하기 위한 최소 전압의 변화 = $\frac{5}{256}$
= 0.019531
∴ 디지탈 값 = $\frac{2}{0.019531}$ = 102.4 ≒ 102

20 일상용어와 가까운 니모닉으로 작성한 소스 프로그램을 기계어로 바꾸는 번역기(번역 프로그램)을 무엇이라 하는가?

① 파스칼   ② 베이직
③ 어셈블러 ④ 에이터

어셈블러(assembler)는 어셈블리 언어로 작성된 소스 코드를 기계어로 변환하는 프로그램이다.

제2과목 **설비진단 및 관리**

21 설비효율화를 저해하는 최대 요인의 로스(loss)로 맞는 것은?

① 고장 로스 ② 조정 로스
③ 속도 로스 ④ 불량 로스

설비효율 저해로스
- 고장로스 : 설비의 고장으로 발생되며 설비효율화를 저해하는 최대 요인으로 꼽는다.
- 조정로스 : 작업준비, 부품교체 등으로 발생하는 시간적 로스
- 순간정지 로스 : 일시적인 설비 정지 등으로 발생하는 로스
- 속도로스 : 이론 시간과 실제 시간의 차이
- 불량로스 : 정상 제품의 규정을 만족시키지 못하는 로스

22 가속도계를 기계에 설치하려 하나 드릴이나 탭을 사용하여 구멍을 뚫을 수 없을 때 사용하는 센서 고정법으로 고정이 빠르고 장기적 안정성이 좋으나 먼지와 습기는 접착에 문제를 일으킬 수 있고 가속도계를 분리할 때 구조물에 잔유물이 남을 수 있는 방법은?

① 에폭시 시멘트 고정 ② 마그네틱 고정
③ 손 고정 ④ 절연 고정

- 에폭시 시멘트 : 사용 주파수 영역이 넓고 안정성이 좋으나 먼지, 습기에 접착력이 나쁘다.
- 마그네틱 고정 : 가속도계의 고정 및 이동이 용이하나 고온과 먼지에 접착력이 나쁘다.
- 손 고정 : 주파수 영역이 좁고 신뢰성 문제점이 있으나 측정을 빨리 할 수 있다.
- 절연 고정 : 절연되어야 하는 곳에 이용해야 한다.

23 TPM 관리와 전통적 관리의 차이점 중 TPM 관리에 속하지 않는 것은?

① input 지향
② 원인 추구 시스템
③ 전사적 조직과 전사원 참여
④ 문제를 해결하려는 접근 방법

종합적생산보전(TPM) : 설비효율을 최고로 하는 것을 목표로 하여 설비의 계획, 사용, 보전부문 등 전 부문에 걸쳐 최고경영자로부터 제일선 종업원에 이르기까지 전원이 참가하여 동기부여 관리, 즉 그룹별 자주관리 활동에 의하여 PM을 추진하는 것

24 유틸리티 설비와 관계가 없는 것은?

① 원수 취수 펌프 ② 보일러
③ 공기 압축기 ④ 호이스트

유틸리티 설비 : 연료, 전기, 급수, 가스 등을 유틸리티라 하며 이를 이용하는 설비

25 금속 가공유에 속하지 않는 것은?

① 절삭유 ② 연삭유
③ 압연유 ④ 방청유

방청유 : 금속제품의 표면에 기름 보호막을 만들어 공기 중의 산소나 수분을 차단하여 녹이 스는 것을 방지한다.

26 집중보전에 대한 특징(장, 단점)으로 잘못된 것은?

① 보전 요원의 기동적인 활용이 가능하다.
② 전(全)공장적인 판단으로 중점보전이 수행될 수 있다.
③ 대 공장에서도 보행의 손실이 적다.
④ 직종간의 연락이 좋고, 공사관리가 쉽다.

집중 보전 : 책임자 한 사람을 기준으로 하여 조직이 구성되며 모든 보전 요원은 책임자의 지시에 따라 움직이는 집중 관리 시스템이다.
- 모든 일에 대하여 통제가 수월하고 인원관리를 획일화 할 수 있다.
- 설비의 수리, 고장, 교체 등 모든 일 처리가 신속히 이루어진다.
- 모든 보전원의 기능 숙련이 향상되고 새로운 기능에 대하여 적응이 가능하다.
- 작업 표준화를 하기 위하여 시간 손실이 많다.
- 작업 의뢰에서 생산까지 책임자의 지시를 받아야 하므로 소요시간이 많이 걸린다.

27 설비의 신뢰성 설계 시 풀 프루프(fool proof)방식이란 무엇인가?

① 고장이 일어나면 안전 측에 표시하는 설계
② 오조작하면 작동되지 않는 설계
③ 최소비용으로 하는 설계방식
④ 스트레스에 대한 고려

풀 프루프(fool proof) 방식 : 어리석은 사람도 다룰 수 있다는 의미로, 제어계 시스템이나 제어 장치에 대하여 인간의 오동작을 방지하기 위한 설계이다.

28 자주보전을 추진하기 위한 7단계로 맞는 것은?

① 초기 청소 → 점검 · 급유기준 작성 → 발생원 곤란개소 대책 → 총 점검 → 자주보전의 시스템화 → 자주점검 → 자주관리의 철저
② 초기 청소 → 점검 · 급유기준 작성 → 발생원 곤란개소 대책 → 자주점검 → 총 점검 → 자주보전의 시스템화 → 자주관리의 철저
③ 초기 청소 → 발생원 곤란개소 대책 → 점검 · 급유기준 작성 → 총 점검 → 자주점검 → 자주보전의 시스템화 → 자주관리의 철저
④ 초기 청소 → 발생원 곤란개소 대책 → 점검 · 급유기준 작성 → 자주보전의 시스템화 → 자주점검 → 총 점검 → 자주관리의 철저

29 진동시스템에 대한 댐핑(damping)처리의 효과가 크지 않은 것은?

① 시스템이 그의 고유 진동수에서 강제 진동을 하는 경우
② 시스템이 많은 주파수 성분을 갖는 힘에 의해서 강제 진동이 되는 경우
③ 시스템이 충격과 같은 힘에 의해서 진동이 되는 경우
④ 시스템을 지지한 댐핑(damping) 재료가 공진할 경우

> 댐핑 : 진동에 대한 감폭(減幅)으로서 주로 충격이나 많은 주파수 성분을 갖는 힘에 의해서 강제 진동이 발생하는 경우 댐핑 처리한다.

30 설비진단기술의 기본 시스템 구성에서 간이진단 기술이란?

① 현장 작업원이 사용하는 설비의 제1차 건강 진단기술
② 전문요원이 실시하는 스트레스 정량화 기술
③ 작업원이 실시하는 고장검출 해석 기술
④ 전문요원이 실시하는 강도, 성능의 정량화 기술

> 간이진단이란 사람의 제1차 건강진단에 해당되는 것으로 다수의 설비 열화 상태를 신속히 효율 있게 행하는 것으로 전문적 지식, 기술을 습득하지 않은 사람도 가능하다.

31 기계설비의 진동을 측정할 때 진동센서의 부착위치가 올바른 것은?

① 베어링 하우징 부위
② 커플링의 연결 부위
③ 플라이 휠의 외주 부위
④ 맞물림 기어의 구동 부위

> 진동 센서의 선정
> • 축의 돌출 및 플렉시블 로터 – 베어링 시스템에서 시간 신호 해석 시 변위센서 사용
> • 축이 돌출되지 않은 경우는 속도센서나 가속도센서를 사용한다.
> • 1kHz 이상의 주파수일 때 가속도 센서
> ※ 10~1000Hz일 때는 속도 센서나 가속도 센서를 사용한다.

32 제품의 크기, 무게 및 기타 특성 때문에 제품 이동이 곤란한 경우에 생기는 배치 형태로 자재, 공구, 장비 및 작업자가 제품이 있는 장소로 이동해서 작업을 수행하는 설비 배치의 형태는?

① 공정별 배치   ② 제품별 배치
③ 제품 고정형 배치   ④ 혼합형 배치

> 설비배치의 형태
> • 제품별 배치 : 각 공정에 따라 필요한 기기를 적정 요소에 배치하는 것
> • 혼합형 배치 : 기능별, 제품별, 제품 고정형 배치와의 혼합형
> • 기능별 배치 : 제품 중심으로 그 제품을 가공하는데 소요되는 작업장을 구성
> • 제품 고정형 배치 : 주재료의 부품이 고정된 창고에 있고 사람이나 기계가 이동하며, 작업이 행하여지는 배치

33 회전기계의 열화 시 발생되는 주파수 특성에서 언밸런스(unbalance)에 의한 특성으로 맞는 것은?

① 휨 축이거나 베어링의 설치가 잘못 되었을 때 나타난다.
② 축의 회전 주파수 f와 그 고주파 성분(2f, 3f,…)이 나타난다.
③ 회전 주파수의 1f 성분의 탁월 주파수가 나타난다.
④ 회전 주파수의 분수 주파수 성분(1/2f, 1/3f, …)이 나타난다.

> 언밸런스(unbalance) : 회전수와 동일한 주파수가 검출되었을 때 진동을 발생시키며 모든 기기에서 발생하는 진동으로 수평 · 수직방향에 최대의 진폭이 발생하며 언밸런스 양과 회전수가 증가할수록 진동레벨이 높게 나타난다.

34 경제대안의 평가를 위한 방법으로 자본 사용의 여러 가지 방법에 대하여 창출되는 수입액수를 기준으로 평가하는 기법이다. 즉, 미래의 모든 비용의 현재가치와 미래의 모든 수입의 현재가치를 같게 하는 방법은?

① 현가액법 ② 연차등가액법
③ 회수기간법 ④ 수익률법

35 회전체의 회전수와 동일한 주파수를 나타내는 것은?

① 축 정렬 불량 ② 불평형(unbalance)
③ 풀림 ④ 베어링 불량

36 유용도는 부하시간에서 설비가 실제로 얼마나 가동되는가를 나타내는 것으로 설비의 고유 유용도라고 한다. 다음 중 유용도 함수(A)를 정확히 나타낸 수식은 어느 것인가? (단, MTTR = mean time to repair, MTBF = mean time between failure, MTBM = mean time between maintenance, MTFF =mean time to first failure)

① $A = \dfrac{MTTR}{MTTR+MTBF}$

② $A = \dfrac{MTFF}{MTFF+MTTR}$

③ $A = \dfrac{MTBF}{MTBF+MTTR}$

④ $A = \dfrac{MTBM}{MTBM+MTTR}$

37 윤활유가 갖추어야 할 성질이 아닌 것은?

① 충분한 점도를 가질 것
② 한계 윤활상태에서 견디어 낼 수 있을 것
③ 화학적으로 활성이고 안정할 것
④ 청정하고 균질할 것

다른 물질과 결합 또는 화합하지 않는 비활성이어야 한다.

38 회전기계의 진단방법으로 가장 폭 넓게 많이 이용되는 것은?

① 진동법 ② 오일 분석법
③ 응력법 ④ 음향법

설비 진단 기법	
진동법	• 송풍기, 펌프, 팬 등의 기초 설비 및 밸런스 이상 진동 유무 진단 • 각 회전 기기의 언밸런스에 의한 이상 진동 유무 진단 • 기기에 공급되는 이상 압력에 의한 진동 여부 진단
오일 분석법	• 페로그래피법 : 시료용 오일을 용제에 희석하여 경사면을 따라 흐르게 하고 자석을 가까이 하면 오일 중에 마모된 금속이 크기에 따라 자석에 부착하게 되며 이를 색현미경에 의하여 크기, 형상 등을 관찰 • SOAP법 : 시료용 오일을 연소하면서 발생되는 금속성분의 발광 또는 흡광현상으로 분석
응력법	• 계속되는 기기 운전으로 인해 설비의 피로 축적에 따른 응력 집중 제거 • 기기의 실제 응력을 조사하여 파악 • 설비 내부의 응력 분포도를 파악 • 설비 피로에 의한 수명을 파악

39 설비보전 조직을 구성할 때 고려할 사항이 아닌 것은?

① 제품의 특성화를 고려해야 한다.
② 설비의 특징을 고려해야 한다.
③ 설비조작 인력의 출신지를 고려해야 한다.
④ 공장의 규모와 지리적 조건을 고려해야 한다.

①, ②, ④항 이외에도 인적 구성 및 입지, 생산 형태 등을 고려해야 한다.

40 소리(음)가 서로 다른 매질을 통과할 때 구부러지는 현상은?

① 음의 반사 ② 음의 간섭
③ 음의 굴절 ④ 마스킹(masking)효과

보통 공기에서 다른 매질을 통과하게 될 때 빛은 속도가 느려지는 대신 짧은 거리를 가려는데 이때 굴절이 발생한다.

굴절률 = $\dfrac{\text{매질에서의 빛의 속도}}{\text{공기에서 빛의 속도}}$

제3과목 공업계측 및 전기전자제어

41 용량이 같은 2[μF]의 콘덴서 2개를 직렬로 연결하였을 때의 합성용량 [μF]은?

① 1　　　② 2
③ 3　　　④ 4

> 콘덴서의 직렬 연결은 저항의 병렬연결과 같다.
> $C = \dfrac{C_1 \times C_2}{C_1 + C_2} = \dfrac{2 \times 2}{2+2} = 1$

42 다음 중 각도 검출용 센서가 아닌 것은?

① 퍼텐쇼미터(potentiometer)
② 싱크로(synchro)
③ 로드 셀(load cell)
④ 레졸버(resolver)

> 로드 셀 : 콘크리트나 철근의 재료 등의 하중을 시험하는 측정 기기

43 셰이딩 코일형 전동기의 특성이 아닌 것은?

① 구조가 간단하다.
② 회전방향을 바꿀 수 있다.
③ 효율이 좋지 않다.
④ 기동 토크가 매우 작다.

> 셰이딩 코일형 유도전동기의 특성
> • 구조가 간단하다.
> • 회전 방향을 바꿀 수 있다.
> • 기동 토크가 작고 효율과 역률이 떨어진다.

44 브러시와 접촉하여 전기자 권선에 유도되는 교류 기전력을 직류로 만드는 부분은?

① 계철　　　② 계자
③ 전기자　　　④ 정류자

> • 계철 : 주철·주강으로 만들어진 전동기·발전기 등의 기체를 이루는 부분으로 회전 전기에서는 계자극을 부착한 자기회로의 일부분
> • 계자 : 권선에 전류를 흘려 자기장을 형성해 자속을 발생
> • 전기자 : 전류의 통로이면서 자속을 끊는 역할

45 검출대상 물체가 검출면 가까이 왔을 때 검출신호를 출력하는 비접촉식 검출 스위치는?

① 플로트레스 스위치　　② 근접 스위치
③ 리밋 스위치　　　　　④ 온도 스위치

> 근접 스위치 : 금속체가 접근하면 발진코일의 자력선을 받아 그 유도에 의하여 금속체 내부에 와전류가 발생하고, 발진 코일의 저항이 커져서 발진이 정지되며 이로써 출력을 얻는 형식의 고주파형 스위치

46 유체의 흐름 속에 회전자 날개를 설치하여 유량을 검출하는 유량계는?

① 초음파식 유량계　　② 터빈식 유량계
③ 와류식 유량계　　　④ 용적식 유량계

> • 초음파식 유량계 : 초음파의 전파시간이 송수신 기간의 거리에 비례하고 초음파의 음속과 유체의 유속에 반비례한다는 원리를 이용하여 유량을 측정하는 방식으로 동일 거리를 나가는데 요하는 초음파 펄스의 흐름과 같은 방향과 반대 방향의 시간차에 의해평균 유속을 구하는 싱 어라운드 (sing around)법을 측정 원리로 하는 유량계이다.
> • 열선식 유량계 : 유속에 의한 가열체의 온도변화를 이용하여 어느 점의 유속을 측정하여 유량을 구하는 방법이다.

47 정전 용량 $C[F]$, 전위차 $V[V]$, 저장 전기량 $Q[C]$일 때 정전 에너지 $W[J]$를 나타내는 식 중 틀린 것은?

① $\dfrac{QV}{2}$　　　　② $\dfrac{CV^2}{2}$
③ $\dfrac{Q^2 V}{2}$　　　④ $\dfrac{Q^2}{2C}$

> $W = \dfrac{1}{2}QV = \dfrac{1}{2}CV^2 = \dfrac{Q^2}{2C}$　$(Q = CV, V = \dfrac{Q}{C})$

48 어떤 금속의 전기저항이 20℃ 일 때 50Ω 이었다면 금속을 가열하여 30℃ 일 때의 전기저항은 몇 [Ω]인가? (단, 이 금속의 온도계수는 0.01 이다.)

① 50　　　② 55
③ 60　　　④ 65

> $R_T = R_0\{1 + \alpha(T - T_0)\}$에서
> R_T : T℃에서의 저항값, R_0 : 처음온도의 저항값,
> T : 변화 온도, T_0 : 나중온도
> $50 = R_0\{1 + 0.01(30 - 20)\}$, ∴ $R_0 = 55[\Omega]$

49 운전 중 직류 전동기가 과열하는 고장원인으로 거리가 먼 것은?

① 축받이 불량
② 코일의 절연 증가
③ 과부하
④ 중성축으로부터 브러시 이탈

브러시 : 직류 전동기에서 정류자와 접촉해서 전기자 권선과 외부 회로를 연결하여 주는 것으로 전동기나 발전기 등에 있어서 회전자와 정지하고 있는 부분(고정자 등)을 접속하는 경우의 접촉자의 역할을 하는 도체

50 10kW 이하의 소용량 농형유도전동기에 정격전압을 가하면 기동전류는 정격전류의 몇 배가 흐르는가?

① 1~2배
② 3~4배
③ 4~6배
④ 7~10배

51 다음 중에서 열전 온도계의 제작원리로서 이용되는 것은?

① 제백 효과
② 펠티어 효과
③ 톰슨 효과
④ 압전기 현상

• 제백효과 : 도체에 전류를 흐르게 하면 열이 발생하며 열을 가하면 전류가 흐른다.
※ 열전대 : 2개의 금속으로 폐회로를 만들어 접점간의 온도차에 의해 기전력을 발생시키는 장치

52 측정량과 일정한 관계가 있는 몇 개의 양을 측정하고 이로부터 계산에 의하여 측정값을 유도해 내는 측정법은?

① 직접 측정
② 간접 측정
③ 비교 측정
④ 절대 측정

• 직접 측정 : 측정량을 직접 측정기로 재고, 측정값을 구하는 방법
• 간접 측정 : 측정량과 일정한 관계가 있는 몇 개의 양을 측정함으로써 구하고자 하는 측정값을 간접적으로 유도해 내는 측정법
• 비교 측정 : 측정되는 양과 동종의 양에 대해서 표준을 정하고, 이것과 비교함으로서 미지량을 구하는 측정법
• 절대 측정 : 계측기에서 기본 단위로 주어지는 양과 비교함으로써 이루어지는 측정

53 입력신호가 서로 다른 경우에만 출력이 나타나는 조합 논리회로는?

① NAND 회로
② EX-OR 회로
③ EX-NOR 회로
④ AND 회로

EX-OR 회로 : 서로 다른 입력이 있을 때만 출력이 1이 되는 논리함수로, 동일 논리를 검출하는 데 이용되며 가산기, 감산기의 기본 게이트가 된다.

54 계측기의 측정량을 증가시킬 때와 감소시킬 때의 동일 측정량에 대하여 지시값이 다른 경우의 오차는?

① 비직선상 오차
② 히스테리시스 오차
③ 정상상태 오차
④ 동오차

히스테리시스 오차 : 같은 측정량에 대하여 측정의 전력에 의해서 생기는 계측기의 지시의 차

55 불순물이 전혀 첨가되지 않은 순수 반도체로 구성된 것은?

① Ge, B
② Ge, Sb
③ Si, As
④ Si, Ge

반도체의 분류

진성 반도체	불순물이 혼합되지 않은 반도체
불순물 반도체	• N형 반도체 : 과잉 전자에 의해 전기 전도가 이루어지는 불순물 반도체 ※ 도너(donor) : N형 반도체의 불순물(Sb, As, P, Pb) • P형 반도체 : 정공(hole)에 의해 전기 전도가 이루어지는 불순물 반도체 ※ 억셉터(acceptor) : P형 반도체의 불순물(Ga, In, B, Al)

56 0~150V 전압계가 최대눈금의 1% 확도를 갖는다. 이 계기를 사용해서 측정한 전압이 60V 일 때 제한오차를 백분율로 계산하면 얼마인가?

① 1.0%
② 1.5%
③ 2.0%
④ 2.5%

150V의 1% = 1.5V의 오차가 발생하므로 실측은 60+1.5 = 61.5V
∴ 백분율 오차 = [(61.5−60)/60]×100% = 2.5%

57 조절계에서 PID 제어와 관계가 없는 것은?

① 비례 제어 ② 적분 제어
③ 미분 제어 ④ ON-OFF 제어

> PID 제어는 비례적분 미분 동작으로 연속제어이지만 ON-OFF 제어는 불연속 제어에 해당된다.

58 계측계의 조작부 구성에서 조작신호에 따라 응답성이 좋고 큰 조작력을 가지고 있는 것은?

① 전기식 ② 유압식
③ 공기식 ④ 냉동식

> 조작부의 분류
> • 기계식 : 클러치, 다이어프램 밸브, 포지셔너 밸브
> • 유압식 : 조작력이 큰 실린더 및 피스톤, 분사관
> • 전기식 : 전자밸브, 전종밸브, 서보 모터 등

59 실리콘 다이오드의 순방향 전압강하는 대개 몇 V 정도인가?

① 0.1~0.2 ② 0.3~0.4
③ 0.6~0.7 ④ 0.9~1.0

> 다이오드의 순방향 전압강하는 전류에 따라 다소 차이가 나지만 0.65~0.7V 정도이다.

60 논리식 $A \cdot \overline{A}$의 결과는?

① 0 ② 1
③ A ④ $\overline{A}$

> A와 $\overline{A}$는 직렬연결(AND회로)이며 $\overline{A}$가 부정이므로 '0'이 된다.

제4과목 기계정비 일반

61 플렉시블 커플링을 사용하는 이유로 적합하지 않은 것은?

① 축 방향으로 인장력이 작용하는 긴 전동축에 사용할 때
② 전달토크의 변동으로 축에 충격이 가해질 때
③ 고속회전으로 인한 진동을 완화시킬 때
④ 두 축의 중심을 완전히 일치시키기 어려울 때

> 플렉시블 커플링 : 두 축의 축선을 정확히 일치시키기 어려울 때나 진동·충격을 완화 할 경우에 사용

62 하우징에 베어링을 설치할 때 한쪽 또는 양쪽을 좌우로 이동할 수 있게 하는 이유로 가장 적합한 것은?

① 베어링의 마찰 감소
② 윤활유의 원활한 공급
③ 베어링의 끼워맞춤 용이
④ 열팽창에 의한 소손 방지

> 회전축을 지지하는 부분을 베어링이라 하며, 베어링과 접촉한 부분을 저널이라 한다. 베어링은 구조가 간단하고 마찰 손실, 동력 손실 및 발열이 적고 진동·소음이 적어야 하며 열팽창에 의한 소손을 방지하기 위하여 좌우로 이동할 수 있게 해준다.

63 기어에 대한 설명으로 옳지 않은 것은?

① 표준 스퍼기어의 이 두께(circular thickness)는 원주 피치의 1/2이다.
② 뒤틈(back lash)을 두는 이유는 원활한 윤활과 조립상의 오차 등을 고려하기 때문이다.
③ 뒤틈을 너무 크게 하면 소음과 진동의 원인이 된다.
④ 스퍼기어에서 원주 피치의 값이 클수록 잇수는 커지고, 이의 크기는 작아진다.

> 피치원 지름이 일정할 경우 모듈이 클수록 이의 크기는 커지고 잇수는 작아진다. 지름 피치와 모듈은 서로 역수의 관계이다.

64 측정방법 중 비교측정의 장점으로 맞는 것은?

① 측정범위가 넓다.
② 측정물의 치수를 직접 잴 수 있다.
③ 길이 뿐 아니라 면의 모양 측정 등 사용범위가 넓다.
④ 소량 다종의 제품 측정에 적합하다.

> 비교측정은 기계가공 분야의 능력단위로 기계가공 후 부품 측정 시 이미 파악하고 있는 표준치수와 비교하여 측정하는 방법으로 표준제품과 길이, 면의 모양 등 측정기로 비교하여 그 차이를 읽을 수 있다.

65 기계요소에 대한 설명 중 옳지 않은 것은?

① 분할핀은 풀림방지용으로 사용한다.
② 테이퍼핀은 위치 결정용으로 사용한다.
③ V벨트는 평벨트보다 전동효율이 높다.
④ 크랭크축은 연삭기 등의 주축에 사용한다.

> 크랭크축 연삭기는 크랭크축의 축수부를 연삭하기 위한 연삭기이다.

66 롤러 베어링의 규격이 6200일 때 안지름은 얼마인가?

① 10mm
② 12mm
③ 15mm
④ 20mm

> 베어링 호칭 치수
> 형식번호 치수기호(나비와 지름기호) 안지름번호 등급기호
> ① ② ③ ④
> ① 형식번호 (첫번째 숫자)
> • 1 : 복렬 자동 조심형 • 2, 3 : 복렬 사동 조심형(큰 나비)
> • 6 : 단열 홈형   • 7 : 단열 앵귤러 컨택트 형
> • N : 원통 로울러 형
> ② 지름기호 (두번째 숫자)
> • 0, 1 : 특별 경하중형 • 2 : 경하중형
> • 3 : 중간 하중
> ③ 안지름번호 (세번째, 네번째 숫자)
> • 00 : 안지름 10mm • 01 : 안지름 12mm
> • 02 : 안지름 15mm
> • 03 : 안지름 17mm 안지름 20mm 이상 500mm미만은 안지름을 5로 나눈 수가 안지름 번호(2자리)
> ④ 등급기호 (다섯째 이후 기호)
> 무기호 : 보통급, H : 상급 P : 정밀급 SP : 초정밀급

67 밸브의 호칭경과 단위에 대한 설명 중 옳지 않은 것은?

① 밸브의 크기는 호칭경으로 나타내며 강관이나 이음쇠의 호칭경 치수와 일치한다.
② 호칭경을 mm로 나타낸 것을 A열, 인치(inch)단위로 나타낸 것은 B열이라 한다.
③ 강관의 접속 끝이나 밸브 시트부의 유로경을 구경이라고 한다.
④ 대형, 고압, 선박용 밸브는 호칭경보다 구경을 약간 크게 한다.

68 밸브의 조립에 관한 설명으로 틀린 것은?

① 실린더 밸브 홈의 시트패킹의 오물을 청소한 후 조립한다.
② 시트패킹을 물고 있지는 않은가 밸브를 좌우로 회전시켜 확인한다.
③ 밸브 홀더 볼트는 각각 서로 다른 토크(torque)로 잠근다.
④ 밸브 조립불량에 의한 고장의 이유로는 조립순서의 불량을 들 수 있다.

> 밸브 홀더 볼트는 동일한 토크로 잠궈야 한다.

69 관속을 충만하게 흐르고 있는 액체의 속도를 급격히 변화시키면 어떤 현상이 일어나는가?

① 공동 현상
② 서징 현상
③ 수격 현상
④ 펌프효율 상승 현상

> **수격현상**(water hammering)
> 관로 내의 물의 운동 상태를 갑자기 변화시킴에 따라 생기는 물의 급격한 압력 변화의 현상으로 관 속에 전달되어 진동 및 충격음을 내고, 심할 때는 고장의 원인이 된다.

70 아래 그림과 같이 볼트를 체결할 때 필요한 조임 토크는 몇 kgf·m인가?

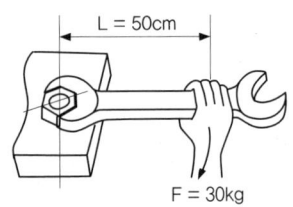

① 300   ② 150   ③ 30   ④ 15

$30 kgf \times 0.5 m = 15 kgf \cdot m$

71 밸브 취급 방법으로 올바르지 않은 것은?

① 밸브를 열 때는 기기의 이상 유무를 확인하면서 천천히 연다.
② 밸브를 전개할 때는 완전히 연 후 1/2회전 역회전시켜 둔다.
③ 이중 금속으로 된 밸브는 열팽창에 주의하면서 취급한다.
④ 밸브를 열고 닫을 때는 누설을 방지하기 위해 빨리 조작한다.

모든 밸브는 서서히 개폐해야 하며 신속히 작동해야 하는 것은 안전밸브이다.

72 송풍기 설치 장소 선정 시 고려사항으로 거리가 먼 것은?

① 급수 장치
② 습도 및 부식성 가스
③ 보수작업에 필요한 공간
④ 환기 및 소음

급수장치는 펌프에 적합하며 송풍기는 공기 이송에 사용된다.

73 원심펌프 내의 안내 깃의 역할을 설명한 것 중 가장 적합한 것은?

① 유체의 흐름을 난류로 바꾸어 준다.
② 임펠러에서 나온 물의 운동에너지 일부를 압력에너지로 바꾼다.
③ 케이싱에 고정되어 강도를 증가시켜 준다.
④ 케이싱에 고정되어 유체의 흐름에 역류를 방지한다.

임펠러의 원심력에 의하여 운동에너지가 압력에너지로 변환시키는 것은 안내 날개(깃)의 주된 역할이 된다.

74 전동기의 고장 원인과 그 대책으로 적합하지 않은 것은?

① 시동 불능 : 단선-배선 등의 단선을 체크
② 과열 : 통풍방해-냉각용 송풍기 설치
③ 진동, 소음 : 베어링 불량-베어링 교체
④ 절연 불량 : 코일 절연물의 열화-근본적인 원인의 배제

전동기 과열 : 3상 중 하나의 퓨즈 이상으로 단상되어 과전류가 흐른다.
※ 전동기 과열의 원인
 • 마그넷 스위치 접촉 불량
 • 과부하 운전(모터 용량에 대하여 과부하, 구동계 이상에 의한 과부하)
 • 빈번한 기동·정지(→기동 방법의 개선)
 • 불충분한 냉각(→설치장소의 환기 점검, 기기 먼지 등 이물질 부착여부 점검)

75 글로브 밸브의 일종으로 L형 밸브라고도 하며 관의 접속구가 직각으로 되어 있는 밸브는?

① 버터플라이 밸브   ② 체크밸브
③ 앵글 밸브   ④ 게이트 밸브

제어 밸브
• 버터플라이 밸브 : 나비형 밸브로 원뿔면 또는 원통면 밸브 시트 속에서 밸브 스템을 축으로 원판이 회전함으로서 개폐를 행하는 것으로 사용압력, 온도에 대한 제한이 많고 개폐쇄가 어렵다. 저양정 펌프에서 토출량을 조절할 수 있는 밸브로 전개 시 저항이 적고 유량 조절이 용이하며 저압의 죔 밸브로 사용한다.
• 체크밸브(check valve) : 유체의 흐름이 한쪽으로 흐르게 하고, 역류하면 자동적으로 배압에 의하여 밸브체가 닫히며 스윙식(swing type))과 리프트식(lift type)이 있다.
• 슬루스 밸브(Sluice valve, Gate valve) : 밸브 본체가 밸브 시트 안을 상하하므로서 개폐하는 방식으로 밸브를 완전히 열면 밸브 본체 속은 지름과 같은 단면적이 되므로 유체 저항이 적어 마찰손실이 매우 적다. 양정이 커서 개폐시간이 걸리며, 유량조절이 어렵다.

76 변속기 중 유성 운동을 하는 원추판을 가진 변속기는?

① 가변 변속기
② 디스크 무단 변속기
③ 링 원추 무단 변속기
④ 컵 무단 변속기

77 배관의 누설에 대한 설명으로 옳지 않은 것은?

① 증기, 물 등의 나사부에서 누설은 관의 나사부분을 부식시켜 강도저하, 균열, 파단의 원인이 된다.
② 나사부의 정비 등으로 탈·부착을 반복함으로서 나타난 마모는 누설과 관계가 없다.
③ 배관 이음쇠 용접부의 일부에 균열이 생겨 누설이 진행되면 파단에 이르기도 하므로 조기 발견이 중요하다.
④ 비틀어 넣기부 배관의 나사부에서 누설 시 그 상태로 밸브나 관을 더 조이면 반드시 반대측의 나사부에 풀림이 생겨 누설개소가 이동한다.

탈·부착의 반복은 이음부의 마모로 누설의 원인이 된다.

78 펌프를 정격유량 이하에서 운전할 때, 즉 부분 유량으로 운전 시 발생되는 현상이 아닌 것은?

① 차단점 부근에서 펌프 과열현상 발생
② 임펠러에 작용하는 추력의 증가
③ 고양정 펌프는 차단점 부근에서 소음 및 진동 발생
④ 특성곡선의 변곡점 부근에서 소음 및 진동 발생

③항의 경우 고양정 펌프를 저양정 펌프로 해야 한다.

79 펌프의 축 추력을 제거할 수 있는 방식은?

① 양흡입 펌프를 사용한다.
② 고유량 펌프를 사용한다.
③ 다단 펌프를 사용한다.
④ 고양정 펌프를 사용한다.

펌프의 축 추력을 제거 방법
• 임펠러에 밸런스 홀(balance hole)을 설치한다.
• 토출 측 위치를 흡입 측 위치보다 낮게 설치한다.
• 양 흡입 펌프를 사용한다.
• 추력 방지 날개를 설치한다.

80 접착제가 구비해야 할 일반적인 조건으로 틀린 것은?

① 액체성 일 것
② 고체 표면의 좁은 틈새에 잘 침투할 것
③ 도포 직후 고체화하여 일정 강도를 가질 것
④ 고체의 표면을 녹일 수 있는 성질이 우수할 것

접착제는 두 물체를 서로 접합하는 데 사용하는 물질이며 고체 표면을 녹여 부착하는 것은 용접에 해당된다.

정답 최근기출문제 2013년 3회

01 ③	02 ③	03 ④	04 ②	05 ②
06 ②	07 ②	08 ②	09 ②	10 ②
11 ③	12 ②	13 ①	14 ①	15 ①
16 ③	17 ③	18 ②	19 ③	20 ③
21 ①	22 ①	23 ②	24 ②	25 ④
26 ③	27 ②	28 ②	29 ④	30 ①
31 ①	32 ③	33 ②	34 ④	35 ②
36 ②	37 ②	38 ①	39 ②	40 ③
41 ①	42 ③	43 ②	44 ④	45 ②
46 ②	47 ③	48 ②	49 ②	50 ③
51 ①	52 ②	53 ②	54 ②	55 ④
56 ④	57 ④	58 ②	59 ③	60 ①
61 ①	62 ④	63 ②	64 ③	65 ②
66 ①	67 ②	68 ②	69 ②	70 ④
71 ④	72 ①	73 ②	74 ②	75 ③
76 ②	77 ②	78 ③	79 ①	80 ④

2014년 1회 최근기출문제

제1과목 공유압 및 자동화시스템

01 공압 포핏식 밸브의 단점으로 옳은 것은?

① 이물질의 영향을 잘 받는다.
② 윤활이 필요하고 수명이 짧다.
③ 짧은 거리에서 개폐를 할 수 없다.
④ 다방향 밸브일 때는 구조가 복잡해진다.

> 포핏밸브(poppet valve)의 특징
> • 구조가 간단하며 행정이 짧다.
> • 누설 우려가 적고 윤활이 필요 없다.
> • 이물질의 영향이 없으나 작동력이 커야 한다.
> • 구조가 튼튼하나 중량이 무거워 자동화가 어렵다.

02 다음 기호의 명칭으로 옳은 것은?

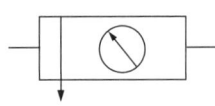

① 루브리케이터
② 공기압 조정유닛
③ 드레인 배출기
④ 기름 분무 분리기

> 공기압 조정유닛 : 압축공기를 필터로 정화시키고 감압밸브에서 회로압력을 설정하며, 루브리케이터에서 급유하여 공기압 시스템으로 공급하는 기기이다.

03 그림에서 A축에 입력 50kgf/cm²의 유압유를 12L/min씩 보낼 때 동력(힘)은 약 몇 N·m/s인가?

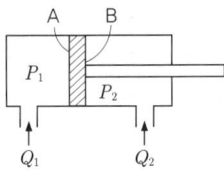

① 1   ② 5   ③ 10   ④ 15

> $50[kgf/cm^2] = \dfrac{50}{0.01^2}[kgf/m^2]$
> $\dfrac{50}{0.0001}[kgf/m^2] \times \dfrac{0.012}{60}[m^3/s] = 100 kgf \cdot m/s$
> $1kgf = 9.8N$이므로 $\dfrac{100}{9.8} = 10.2[N \cdot m/s]$

04 유압 실린더의 지지형식에 따른 기호에 해당되지 않는 것은?

① LA   ② FA
③ LC   ④ TC

> • 표준형 : SD, LA, FA, FB, CA, TC
> • 양로드형 : SD, LA, FA, FB, TC

05 무부하 회로를 사용하는 이유로 적당하지 않은 것은?

① 유온의 상승방지   ② 펌프의 수명연장
③ 장치의 가열방지   ④ 펌프의 구동력 증가

> 유압 회로에서 반복작업을 할 경우 작업을 하지 않는 동안에는 펌프를 무부하 상태로 유지하는 회로로서 펌프의 수명 연장, 동력비의 절감, 열 발생 방지, 조작의 안전성을 고려하기 위함이다.

06 다음 기호의 명칭으로 옳은 것은?

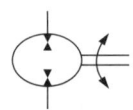

① 기어 모터
② 정용량형 펌프·모터
③ 공기 압축기
④ 가변 용량형 펌프·모터

> 정용량형 펌프는 1회전마다의 이론 토출량이 변화되지 않는 펌프다.

07 압축공기 중에 포함된 수분을 제거하기 위한 공기 건조기의 건조 방식이 아닌 것은?

① 냉동식   ② 흡수식
③ 흡착식   ④ 압력식

> • 냉동식 : 공기의 온도를 노점온도 이하로 냉각하여 제거
> • 흡수식 : 염화칼슘을 이용하여 공기 중의 수분을 흡수·용해
> • 흡착식 : 실리카겔, 알루미나겔 등을 이용하여 공기 중의 수분을 흡착 분리

08 유압 카운터 밸런스 회로의 특징이 아닌 것은?

① 부하가 급격히 감소되더라도 피스톤이 급발진 되지 않는다.
② 카운터 밸런스 밸브는 릴리프 밸브와 체크 밸브로 구성되어 있다.
③ 이 회로는 실린더 포트에 카운터 밸런스 밸브를 병렬로 연결시킨 회로이다.
④ 일정한 배압을 유지시켜 램의 중력에 의해서 자연 낙하 하는 것을 방지한다.

> 카운터 밸런스 회로는 회로의 일부에 배압을 발생시키고자 할 때 반대방향의 흐름을 자유흐름으로 하는 것으로 부하가 급격히 제어되어 관성에 의한 제어가 곤란한 경우에 사용하며 수직형 실린더의 자중 낙하 방지에 이용된다.

09 유압펌프 전체 송출량의 작동유가 필요하지 않게 되었을 때 오일을 저압으로 하여 탱크에 귀환시키는 회로는?

① 시퀀스 회로 ② 신호설정 회로
③ 언로드 회로 ④ 저입제어 회로

> • 시퀀스 회로 : 기기를 동작 순서대로 동작하게끔 제어회로를 구성하는 것
> • 언로드회로(무부하 회로) : 액추에이터가 작업을 수행하지 않는 동안에도 펌프를 정지시키지 않고 동력손실을 최소화 하는 회로

10 메모리 기능이 없고 입·출력 요소가 있을 때는 논리적인 해결을 위해 부울 대수가 이용되므로 논리제어라고도 하는 것은?

① 조합제어 ② 파일럿 제어
③ 시퀀스 제어 ④ 메모리 제어

> 제어 과정에 따른 분류
> • 파일럿 제어 : 요구되는 입력조건이 만족하면 상응하는 출력 신호가 발생되는 형태
> • 조합 제어 : 목표치가 프로그램에 의하여 주어지는 경우 상응하는 출력 변수가 제어계의 작동에 의해 영향을 받는 것 (시간에 따른 제어와 시퀀스 제어의 조합)
> • 시퀀스 제어 : 전단계 작업의 완료 여부를 센서 등을 이용하여 확인한 후 다음 단계 작업을 수행하는 것(공장 자동화에 많이 이용)
> • 메모리 제어 : 신호가 입력되면서 출력신호가 발생한 후 다시 입력신호가 없어져도 그 상태의 출력상태를 유지하는 제어

11 공압모터에 관한 설명으로 적절치 못한 것은?

① 윤활기를 반드시 설치 해야 한다.
② 고속회전이나 저온에서 사용할 경우 빙결에 유의해야 한다.
③ 밸브는 될 수 있는 한 공압 모터에서 멀리 떨어지도록 설치한다.
④ 배관 및 밸브는 될 수 있는 한 유효 단면적이 큰 것을 사용한다.

> 공압 모터는 압축 공기 에너지를 기계적 회전 에너지로 변환하는 액추에이터로 정회전, 정지, 역회전 등은 방향제어 밸브에 의해 제어되며 밸브는 될 수 있는 한 공압 모터에 가까이 설치해야 한다.

12 유압 작동유 중 공기의 침입으로 발생하는 현상은?

① 작동유의 과열
② 토출유량의 증대
③ 비금속 실의 파손
④ 실린더의 불규칙 작동

> 실린더의 불규칙 작동 원인
> • 피스톤 링이 마모 되었을 때
> • 유압유의 점도가 너무 높을 때
> • 회로 내에 공기가 혼입되었을 때

13 일반적인 공압 단동 실린더의 최대 행정 거리는 얼마인가?

① 10mm ② 50mm
③ 100mm ④ 200mm

> 공압 단동 실린더 특징
> • 한 방향의 운동에만 압축 공기를 사용하고 반대방향의 운동에는 스프링이나 피스톤 및 로드의 자중 또는 외력에 의해 복귀시킨다.
> • 복귀운동용 스프링이 내장된 단동 실린더는 스프링 때문에 행정거리가 제한되는데 보통 100mm 내외 정도가 최대 행정 길이이다.
> • 주요 용도 : 클램핑, 프레싱, 이젝팅 등

14 비상업무처리를 위한 기능으로서, 어떤 특정의 입력이 들어 왔을 때 즉시 응답되는 제어동작을 수행하도록 요구하는 용도로 쓰이는 것은?

① 병챙처리 기능
② 싸이클릭 처리 기능
③ 시퀀스 처리 기능
④ 인터럽트 처리 기능

> 인터럽트 : 실행 중인 프로그램을 일시 중단하고 다른 프로그램을 끼워 넣어 실행시키는 것으로 컴퓨터 작동 중에 예기치 않은 문제가 발생한 경우라도 업무 처리가 계속될 수 있도록 하는 컴퓨터 운영체계의 한 기능

15 그림과 같은 논리회로도의 명칭은?

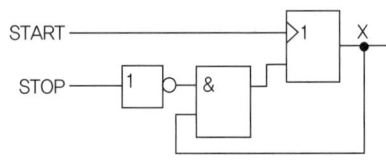

① 계수 회로
② 셋우선 자기유지 회로
③ 시간지연 회로
④ 리셋우선 자기유지 회로

> 자기유지 회로 : 한번 동작된 회로가 취급한 상태를 원래대로 하여도 정해진 다른 값이 입력되기 전까지 계속 동작하고 있는 상태

16 핸들링 중 직선적으로 부품이 이송되며 작업이 수행되어지는 핸들링은?

① 리니어 인덱싱 핸들링
② 로터리 인덱싱 핸들링
③ 수평 로터리 인덱싱 핸들링
④ 수직 로터리 인덱싱 핸들링

> 부품이 이송이 회전을 통하여 이루어지는 것은 로터리 인덱싱 핸들링이며 직선적으로 부품이 이송되는 것은 리니어 인덱싱 핸들링이다.

17 하드 와이어드한 제어(릴레이 제어)와 소프트 와이어드한 제어(PLC 제어)의 차이점에 대한 설명으로 옳지 않은 것은?

① 릴레이 제어의 경우 회로도는 배선도이다.
② 제어 내용의 변경이 용이한 것은 PLC 제어이다.
③ 릴레이 제어가 PLC 제어의 경우보다 배선이 간단하다.
④ 소프트웨어와 하드웨어 구성을 동시에 할 수 있는 것은 PLC 제어이다.

> PLC 제어의 특징
> • 온도와 노이즈에 강해 신뢰성이 높다.
> • 산술연산, 비교, 데이터처리가 가능하다.
> • 유지보수가 쉬워 경제적이나 부품의 수가 많다.
> • 설비 증설에 대한 접점용량에 대한 우려가 없다.
> • 제조 및 설계에 숙련된 제어기술자가 필요하다.

18 설비의 신뢰성을 나타내는 척도가 아닌 것은?

① 신뢰도
② 최대고장수리시간
③ 고장률
④ 평균고장간격시간

> • 신뢰도 : 동일한 검사 또는 동형의 검사를 반복 시행했을 때 개인의 점수가 일관성 있게 나타나는 정도
> • 고장률 : 기계나 장치, 기기, 부품 등이 어떤 기간동안 고장 없이 동작한 후 계속해서 어떤 단위시간 내에 고장을 일으키는 비율
> • 평균고장간격시간 : 평균고장간격은 고장률의 역비이다.

19 공압모터 중 3~10개의 회전날개를 갖고 있으며 정·역회전이 가능한 공압 모터는?

① 베인모터
② 기어모터
③ 터빈모터
④ 피스톤모터

> 베인모터 : 케이싱 안쪽으로 베어링이 있고 그 안에 편심 로터가 있으며 이 로터에 가공되어 있는 슬롯에 3~10개의 회전날개가 있고 구조가 간단하고 무게가 가볍다.

20 검출 물체가 센서의 작동영역(감지거리 이내)에 들어올 때부터 센서의 출력상태가 변화하는 순간까지의 시간지연을 무엇이라 하는가?

① 동작주기
② 초기지연
③ 복귀시간
④ 응답시간

- 동작주기 : 하나의 데이터처리를 실행하기 위한 작업의 개시, 입력, 처리, 출력, 기억 등의 단계 전체
- 초기지연 : 등록시작 버튼을 누른 시점으로 등록 시간을 설정해 주는 기능
- 복귀시간 : 자동 차단기 등이 개방되었을 경우, 다음에 차단기가 닫혀서 그 기능이 복귀하기까지의 시간
- 응답시간 : 자동 제어계에 있어서 입력 신호의 변화가 여기에 대응하는 출력 신호에 이르러 입력 신호와 출력 신호가 평형할 때까지의 시간

제2과목 설비진단 및 관리

21 정비의 시기에 맞추어 필요한 예비품을 준비해 두어야 하는데 해당되는 예비품이 아닌 것은?

① 부품 예비품 ② 부분적 세트 예비품
③ 연료 예비품 ④ 라인 예비품

예비품에는 부품 예비품, 부분적 세트 예비품, 단일기계 예비품(라인 예비품) 등이 있으며 이는 우발고장기에 대비해야 하므로 예비품 관리가 중요하다.

22 2대의 기계가 각각 90dB의 소음을 발생시켰다면 2대가 동시에 동작할 때의 소음도는 얼마인가?

① 90dB ② 93dB
③ 135dB ④ 180dB

합성소음 = $10 \log(10^{\frac{90}{10}} + 10^{\frac{90}{10}}) \approx 93dB$

23 컴퓨터를 이용한 설비 배치기법이 아닌 것은?

① PERT/CPM ② CRAFT
③ COPELAP ④ ALDEP

PERT/CPM은 불확실한 프로젝트의 일정, 비용 등을 합리적으로 계획하고 관리하는 기법으로 컴퓨터를 이용한 설비 배치기법과는 무관하다.

24 예방보전 효과가 가장 높을 때는?

① 설비를 새로 제작하여 시운전할 때
② 설비가 유효 수명 내에서 정상 가동 중 일 때
③ 설비가 유효 수명을 초과하여 가동 중 일 때
④ 새로운 원료를 투입 할 때

생산의 정지 혹은 유해한 성능저하를 초래하는 상태를 발견하기 위한 설비의 정기적인 감시를 예방보전이라하며, 이는 설비가 유효 수명을 초과하여 가동 중일 때 가장 효과가 크다.

25 설비 열화의 측정, 열화의 진행방지, 열화의 회복을 위한 제조건의 표준은?

① 설비성능 표준
② 설비보전 표준
③ 보전작업 표준
④ 시운전 점수 표준

열화손실은 생산량저하, 품질저하, 납기지연, 안전저하, 환경조건의 악화 등 악영향을 일으키므로 설비보전의 표준설정(설비검사 및 점검, 설비정비(일상보전), 설비수리)을 통해 피해를 최소화해야 한다.

26 설비의 제 1차 건강진단 기술로서 현장작업원이 수행하는 기술은?

① 간이진단 기술 ② 정밀진단 기술
③ 고장해석 기술 ④ 응력해석 기술

간이진단은 생산에 직결되는 것으로 기기 및 부대설비 등이 고장이 발생하면 손해가 예측되므로 설비의 이상 유무를 파악하는 것을 목적으로 한다.

27 설비 관리의 목표인 생산성을 나타내는 것은?

① 투입/산출 ② 산출/투입
③ 제품생산량/보전비 ④ 보전비/제품생산량

생산성 = $\frac{산출량}{투입량}$
- 산출량(output) : 제품 또는 이익
- 투입량(input) : 원료 또는 자금

28 윤활유 중 그리스의 상태를 평가하는 항목이 아닌 것은?

① 주도 ② 점도
③ 이유도 ④ 적하점

> 그리스(Grease) 상태를 평가하는 항목
> • 주도 : 그리스의 굳은 정도
> • 적하점 : 가열했을 때 반고체 상태의 그리스가 액체 상태로 떨어지는 최초의 온도
> • 이유도 : 그리스를 구성하는 기름이 분리되는 현상
> ※ 점도 : 액체가 유동할 때 나타나는 내부저항(끈끈한 정도)

29 일정한 정점에 대하여 다른 정점의 순간적인 위치 및 시간의 지연을 나타내는 것은?

① 변위 ② 위상
③ 댐핑 ④ 주기

> • 변위 : 구조물이 하중을 받을 경우 변형이 발생하며 그로 인하여 원위치에서 이동하게 되는데 이 때의 이동량
> • 댐핑 : 진동을 흡수해서 억제시키는 것
> • 주기 : 교류전파 또는 진동 등의 1주기에 필요한 시간

30 산소가스를 압축할 때 사용하는 윤활제는?

① 점도가 높은 압축기유를 사용한다.
② 점도가 낮은 압축기유를 사용한다.
③ 황 성분이 적은 윤활유를 사용한다.
④ 급유를 하지 않거나 물을 사용한다.

> 산소는 기름과 혼합 압축하면 폭발의 위험이 있으므로 산소 압축기의 윤활제는 물 또는 10% 이하의 묽은 글리세린을 사용하며 산소 압력계는 전용으로 반드시 '금유'라고 명기된 것만 사용해야 한다.

31 보전작업 표준을 설정하고자 할 때 사용하지 않는 방법은?

① 작업 연구법 ② 경험법
③ 실적 자료법 ④ 공정 실험법

> 보전작업표준을 설정하고자 할 때 사용하는 방법으로는 경험법, 실적 자료법, 작업 연구법이 있다.

32 시스템에 공진 상태가 존재할 때 제거하는 방법이 아닌 것은?

① 회전수를 변경한다.
② 기계의 강성과 질량을 변경한다.
③ 고유 진동수와 일치한 주파수의 강제 진동을 가한다.
④ 우발력을 없앤다.

> 공진은 고유진동수와 강제진동수가 일치할 경우 진폭이 크게 발생하는 현상으로 고유 진동수와 일치한 주파수의 강제 진동을 피해야 공진을 제거할 수 있다.

33 설비보전 관리시스템의 지속적인 개선을 위한 사이클로 맞는 것은?

① P(계획)-A(재실시)-C(분석)-D(실시)
② P(계획)-A(재실시)-D(실시)-C(분석)
③ P(계획)-D(실시)-A(재실시)-C(분석)
④ P(계획)-D(실시)-C(분석)-A(재실시)

> PDCA : Plan → Do → Check → Act

34 설비의 기술적인 표준으로서 설비의 공통 요소와 설비능력 계산방식의 기준 등을 표시하는 것은?

① 설비설계 규격 ② 설비성능 표준
③ 설비보전 표준 ④ 보전작업 표준

> 설비보전의 표준설정 : 설비검사(점검), 설비정비(일상보전), 설비수리(공작)

35 다음 그림은 설비관리 조직 중에서 어떤 형태의 조직인가?

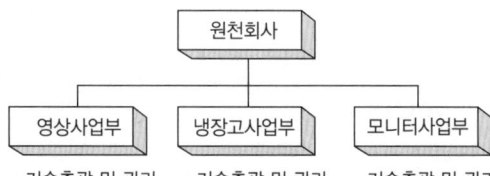

① 제품중심 조직
② 기능중심 조직
③ 제품중심 매트릭스 조직
④ 설계보증 조직

36 설비투자에 대한 경제성 평가방법에 해당되지 않는 것은?

① 비용 비교법 ② 자본 회수법
③ MTBF법 ④ MAPI법

경제성 평가방법
- 비용 비교법 : 1년 동안 기계설비의 가동비와 투자비용의 합한 것
- 자본 회수법 : 설비비를 투자하고 일정기간동안 일정 금액을 균등하게 회수하는 방법
- MAPI법 : 설비 투자안의 우선순위를 상호간에 평가하는 방법
- 평균고장간격 : MTBF

37 센서 고정방법 중 주파수 영역이 넓고 정확도가 가장 좋은 것은?

① 나사 고정 ② 손 고정
③ 밀랍 고정 ④ 마그네틱 고정

센서 고정
- 나사 고정 : 가장 높은 주파수 응답 범위를 얻을 수 있으며 온도, 습기 영향을 거의 받지 않는다.
- 손 고정 : 사용 주파수 영역이 좁고 신뢰성이 떨어진다.
- 밀랍 고정 : 고정 및 이동이 용이하다.
- 마그네틱 고정 : 가속도계의 고정 및 이동이 용이하다.
- 에폭시 시멘트 : 주파수 영역이 넓고 정확도 및 안정성이 우수하다.
※ 에폭시 시멘트가 정답이 되나 보기에 없는 관계로 주파수 응답범위가 넓은 나사고정을 정답으로 한다.

38 진동 소음에 관한 설명으로 옳은 것은?

① 공진은 고유 진동수와 상관없다.
② 이론상으로 차음벽 무게를 2배 증가시키면 투과손실은 6dB 정도 증가한다.
③ 투과손실은 반사값만 계산한다.
④ 소음은 진동과 전혀 상관없다.

소음투과율$(\tau) = \dfrac{\text{투과된 에너지}}{\text{입사 에너지}}$

무게를 2배로 증가시키거나 주파수를 2배로 증가시키면 투과손실은 6dB 증가

39 보전효과 측정방법에서 항목에 따른 공식이 잘못된 것은?

① 설비 가동률 $= \dfrac{\text{가동 시간}}{\text{부하 시간}} \times 100$

② 고장 강도율 $= \dfrac{\text{고장 정지시간}}{\text{부하 시간}} \times 100$

③ 고장 도수율 $= \dfrac{\text{고장 건수}}{\text{부하 시간}} \times 100$

④ 예방보전 수행률 $= \dfrac{\text{고장수리 시간}}{\text{예방보전 건수}} \times 100$

예방보전 수행률 $= \dfrac{\text{예방보전건수}}{\text{예방보전계획건수}} \times 100$

40 기계진동의 발생에 따른 문제점으로 관련이 적은 것은?

① 진동체에 의한 소음 발생
② 기계가공 정밀도 저하
③ 기계의 수명 저하
④ 고유 진동수의 증가

고유진동수
- 강성이 4배 증가하면 고유진동수는 2배 증가하고, 질량이 4배 증가하면 고유진동수는 2배 감소한다.
- 공진 : 고유진동수와 강제진동수가 일치할 경우 진폭이 크게 발생하는 현상으로, 고유 진동수는 어느 물체가 고유 진동을 하고 있을 때의 진동수로 기계진동의 발생에는 큰 영향을 주지 않는다.

제3과목 공업계측 및 전기전자제어

41 2개 이상의 논리변수들을 논리적으로 합하는 연산으로서 논리변수 중에서 어느 것이라도 '1'이면 그 결과가 '1'이 되는 연산은?

① NOT 연산 ② OR 연산
③ AND 연산 ④ NOR 연산

> 논리 연산
> • OR 연산 : 하나라도 '1'이면 결과는 '1'이 된다.
> • AND 연산 : 하나라도 '0'이면 결과가 '0'이 된다.
> • NOT 연산 : '0'은 '1'이 되고, '1'은 '0'이 된다.
> • NOR 연산 : 행하는 회로로서 입력들이 없을 때만 출력할 수 있는 회로이며 OR 회로와 NOT 회로를 조합하여 만들 수 있다.

42 다음 전력 증폭기 중 효율이 가장 높은 것은?

① A급 전력 증폭기 ② AB급 전력 증폭기
③ B급 전력 증폭기 ④ C급 전력 증폭기

> • A급 : 신호의 전구간을 선형영역에서 증폭하는 것으로, 선형성은 뛰어나지만 효율이 매우 나쁘다.
> • B급 : 신호의 50%에 대해 양쪽에서 각각 담당하여 증폭해 주는 방식으로 출력이 나오지 않는 현상이 발생하기 때문에 무신호시에도 약간의 바이어스를 걸어주는 AB급을 더 많이 사용한다.
> • C급 : B급에서 바이어스를 더 줄여 사용하기 때문에 효율은 뛰어나지만 왜율(왜곡)이 심하다.

43 제어밸브의 구동원으로 공기압이 사용되는 이유 중 적당하지 않은 것은?

① 구조가 간단하고 고장이 적다.
② 방폭성이 있어 취급이 용이하다.
③ 압축성이 있어 원거리 전송에 알맞다.
④ 유압, 전기요소에 비해 값이 싸다.

> 공압 장치의 특징
> • 에너지원으로서 간단히 얻을 수 있다.
> • 힘의 전달이 간단하고, 또 자유로운 형태로 이루어지며, 힘의 증폭이 용이하다.
> • 속도의 증감을 쉽게 할 수 있다.
> • 제어가 간단하며, 다루기가 쉽다.
> • 인화의 위험이 없다.

44 와류식 유량계는 유량에 비례한 주파수에 의해 체적유량을 측정할 수 있다. 안정한 와류를 발생시키는 조건은? (단, 와류의 간격을 L_1, 와류 사이의 거리를 L이라 한다.)

① $L_1/L = 0.5$ ② $L_1/L = 0.357$
③ $L_1/L = 0.281$ ④ $L_1/L = 0.194$

45 0.002μF 콘덴서 2개를 병렬로 연결하여 100V 전압을 가할 때 전 전하량(μC)은?

① 0.04 ② 0.4
③ 0.2   ④ 0.1

> 일(W) = 전압(V) × 전하량(Q) = 100×2×0.002 = 0.4[μC]

46 그림과 같이 응답이 나타나는 전달요소는?

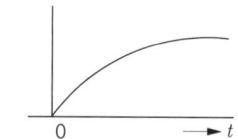

① 비례요소
② 1차 지연 요소
③ 적분 요소
④ 미분 요소

> 자동제어회로 중에서 가장 기본적인 1차 지연회로의 특성은 어떤 목표치에 대해서 그 결과가 지수 함수적으로 증가하여 결국 목표치에 도달하게 되는 것이다.

47 피드백 제어계의 구성에서 제어요소가 제어대상에 주는 양은?

① 제어량 ② 조작량
③ 검출량 ④ 기준량

> • 제어 요소 : 동작 신호를 조작량으로 변환하는 요소
> • 조절부 : 제어요소가 동작하는데 필요한 신호를 만들어 조작부에 보내는 부분
> • 조작부 : 조절부로부터 받은 신호를 조작량으로 바꾸어 제어 대상에 보내주는 부분
> • 조작량 : 제어요소가 제어대상에 가하는 제어신호로써 제어 요소의 출력 신호, 제어대상의 입력신호
> • 외란 : 제어량의 값을 교란시키려 하는 외부신호
> • 제어 대상 : 제어 활동을 갖지 않는 출력 발생 장치로 제어계에서 직접 제어를 받는 장치
> • 검출부 : 제어량을 검출하고 입·출력의 비교부가 필요
> • 제어량 : 제어를 받는 제어계의 출력, 제어 대상에 속하는 양

48 회로시험기(multi tester)로 측정할 수 없는 것은?

① 저항
② 교류 전압
③ 직류 전압
④ 교류 전류

회로 시험기는 저항, 직류전압, 교류 전압, 직류 전류 등을 측정할 수 있으며, 교류전류는 측정할 수 없다.

49 어떤 도체 5[A]의 전류가 10분 동안 흐르면 이 때 이동한 전기량은 몇 [C]인가?

① 500
② 1000
③ 2000
④ 3000

$Q = I(전류) \times t(시간 : 초) = 5 \times 10 \times 60 = 3000[C]$

50 전동식 구동부를 가진 제어밸브의 특징이 아닌 것은?

① 신호전달의 지연이 없다.
② 동력원 획득이 용이하다.
③ 큰 조작력을 얻을 수 있다.
④ 구조가 복잡하지 않고 방폭 구조이다.

전동식은 구조가 복잡하다.

51 40[W]의 전구 4개를 5시간 동안 사용하였다면 전력량은 몇 [Wh]인가?

① 800
② 300
③ 200
④ 160

전력량 = 전력×시간 = 40[W]×4×5[h] = 800[Wh]

52 그림과 같은 논리 입력에 대한 출력은? (단, R ≠ 0)

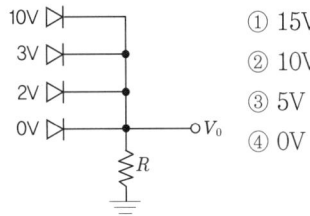

① 15V
② 10V
③ 5V
④ 0V

53 시퀀스 제어회로에서 입력에 의하여 작동된 후 입력을 제거하여도 계속 작동되는 회로는?

① 자기유지 회로
② 인터록 회로
③ 수동복귀 회로
④ 타이머 회로

응용 회로
• 자기유지 회로 : 회로상태에서 전기를 연결하면 릴레이에 전자석이 발생되어 접점을 연결시키므로 계속적인 전류가 흐르는 회로이다.
• 인터록 : 2대 이상의 기기를 운전하는 경우에 그 운전 순서를 결정하거나 동시 기동을 피하거나 일정한 조건이 충전되지 않았을 때는 다음 기기가 운전되지 않도록 할 필요가 있는 경우에 사용하는 전기적 회로이다.

54 옴의 법칙(Ohm's law)에 관한 설명 중 옳은 것은?

① 전압은 저항에 반비례한다.
② 전압은 전류에 반비례한다.
③ 전압은 전류에 비례한다.
④ 전압은 전류의 2승에 비례한다.

I(전류) = E(전압)/R(저항)
즉, 전류는 전압에 비례하며 저항에는 반비례한다.

55 기준량을 준비하고 이것을 피 측정량과 평행시켜 기준량의 크기로부터 피 측정량을 간접적으로 알아내는 방법은?

① 편위법
② 영위법
③ 치환법
④ 보상법

• 영위법 : 측정하려고 하는 양과 같은 종류로서 크기를 조정할 수가 있는 기준량을 준비하여 기준량을 측정량에 평형시켜 계측기의 지시가 0위치를 나타낼 때의 기준량의 크기로부터 측정량의 크기를 간접적으로 하는 방식
• 편위법 : 측정하려고 하는 양의 작용에 의해 계측기의 지침에 편위를 일으켜 이 편위를 눈금과 비교함으로서 측정을 행하는 방식

56 동일거리를 나가는데 요하는 초음파 펄스의 흐름과 같은 방향과 반대 방향의 시간차에 의해 평균 유속을 구하는 싱 어라운드(sing around)법을 측정원리로 하는 유량계는?

① 초음파식 유량계
② 터빈식 유량계
③ 와류식 유량계
④ 용적식 유량계

초음파식 유량계
- 초음파의 전파시간이 송수신 기간의 거리에 비례하고 초음파의 음속과 유체의 유속에 반비례한다는 원리를 이용하여 유량을 측정하는 방식
- 동일 거리를 나가는데 요하는 초음파 펄스의 흐름과 같은 방향과 반대 방향의 시간차에 의해 평균 유속을 구하는 싱어라운드(sing around)법을 측정 원리로 하는 유량계이다.

57 직류 전동기의 속도제어법이 아닌 것은?
① 계자 제어법 ② 저항 제어법
③ 극수 제어법 ④ 전압 제어법

직류전동기의 속도 제어법
계자제어법, 저항제어법, 전압제어법

58 온도변환기에 요구되는 기능으로 옳은 것은?
① mA 레벨 신호를 안정하게 낮은 레벨까지 증폭할 수 있을 것
② 입력 임피던스가 높고 장거리 전송이 가능할 것
③ 입출력 간은 교류적으로 절연되어 있을 것
④ 온도와 출력신호의 관계를 비직선화 시킬 수 있을 것

변환기 : 측정량을 계측에 편리하도록 다른 양으로 바꾸어주는 기기
길이의 변위 → 전기량으로 변환, 온도의 변화 → 수은주의 위치 변환

59 다음 중 연산 증폭기의 심벌은?

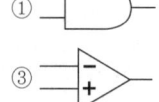 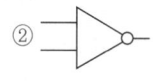

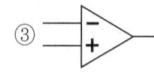

① AND 회로, ② NOT 회로, ④ OR 회로

60 PLC의 구성 중 입력 측에 해당되지 않는 것은?
① 센서
② 푸시버튼 스위치
③ 열동 과전류 계전기의 접점
④ 전자접촉기

PLC(Programmable Logic Controller)
- 기존의 제어반 내의 보조릴레이, 컨트롤릴레이, 타이머, 카운터 등의 기능을 대체하고자 만들어진 전자 응용 기기
- 제어대상의 시퀀스를 합리적으로 기획하고 제어반의 소형화, 내부 제어 회로 변경의 신속성 및 제어회로 상호간 배선 작업의 프로그램화하여 경제성 및 신뢰성을 줌
- PLC의 구성 중 입력측 : 센서, 입력 스위치, 열동 과전류 계전기의 접점 설치

제4과목 기계정비 일반

61 임펠러(impeller) 흡입구에 의하여 송풍기를 분류한 것이 아닌 것은?
① 편 흡입형 ② 양 흡입형
③ 구름체 흡입형 ④ 양쪽 흐름 다단형

- 편 흡입형 : 흡입구가 하나인 표준 폭의 와류 케이싱 내에 한쪽 흡입의 깃을 가진 임펠러를 내장한 원심 송풍기이다.
- 양 흡입형 : 흡입구가 양쪽 대칭으로 설치된 넓은 폭의 와류 케이싱 내에 한쪽 흡입의 깃을 양쪽 대칭인 임펠러를 내장한 원심 송풍기이다.

62 다음 중 전동기 기동불능의 원인이 아닌 것은?
① 전선의 단선
② 과부하 계전기의 작동
③ 기계적 과부하
④ 정전류 및 정전압 발생

전동기 기동 불능 원인
- 고정자 권선 및 회전자의 내부 접속 오류
- 전선의 단선
- 공극의 불균등
- 기동기 고장
- 큰 전압 강하로 인한 기동 토크 부족
- 코일의 단선 및 소손
- 결선상의 접속 오류

63 고착 또는 부러진 볼트의 분해법으로 거리가 먼 것은?

① 너트를 두드려 푸는 방법
② 너트를 잘라 넓히는 방법
③ 가스 용접기로 가열하는 방법
④ 스크루 엑스트렉터를 사용하는 방법

- 고착된 볼트의 분해 : 너트를 두드려 푸는 방법, 너트를 잘라 넓히는 방법
- 부러진 볼트의 분해 : 스크루 엑스트렉터를 사용하는 방법

64 V벨트에 대한 설명으로 틀린 것은?

① V벨트는 속도비가 큰 경우의 동력전달에 좋다.
② 비교적 작은 장력으로서 큰 회전력을 얻을 수 있다.
③ V벨트의 종류에는 A, B, C, D, E의 다섯 가지만 있다.
④ V벨트는 사다리꼴의 단면을 가지고, 이음매가 없는 고리 모양이다.

V벨트의 종류 : M, A, B, C, D, E의 6가지가 있으며 M형이 제일 작고 E형이 가장 단면이 크다.

65 기어 피치원의 지름을 D, 원주피치를 P 라고 하면 기어의 잇수 Z를 구하는 식은?

① $Z = \pi \cdot D/P$
② $Z = 25.4/P \cdot D$
③ $Z = 25.4 \cdot \pi/P$
④ $Z = D/\pi \cdot P$

이의 크기
- 모듈율(M) = 피치원의 지름 / 잇수
- 지름 피치 = 잇수 / 피치원의 지름
- 원주 피치 = π×피치원의 지름 / 잇수

66 펌프성능에 관한 몇 가지 일반원리를 나타낼 수 있는 성능곡선에 나타나지 않는 성능값은?

① 효율
② 축동력
③ 전양정
④ 비교 회전도

펌프특성곡선의 가로축은 토출량, 세로축은 펌프효율, 전양정, 축동력 등으로 구성되며, 일정 회전수 하에서의 펌프성능을 나타낸다.

67 고정 커플링 중 원통 커플링에 속하지 않는 것은?

① 머프 커플링
② 플랜지 커플링
③ 셀러 커플링
④ 마찰 원통 커플링

마찰원통 커플링
- 두 축의 끝부분에 축 방향으로 분할된 2개의 반원통이 축을 감싸는 형상으로 반원통의 안쪽은 축방향 구배가 없으나 반원통의 바깥쪽은 축방향 구배가 있는 형상이다.
- 설치, 분해가 용이하다.

68 펌프의 캐비테이션 방지책으로 적합한 것은?

① 펌프의 흡입양정을 되도록 높게 한다.
② 펌프의 회전속도를 되도록 높게 한다.
③ 단 흡입 펌프이면 양 흡입 펌프로 사용한다.
④ 유효흡입수두를 필요 흡입수두보다 작게 한다.

캐비테이션 방지책
- 유효흡입양정(NPSH)을 고려하여 선정할 것
- 충분한 굵기의 흡입관경을 선정할 것
- 여과기, 후트밸브 등은 주기적으로 청소할 것
- 펌프의 회전수를 재조정할 것
- 양 흡입 펌프를 사용하거나 펌프를 액 중에 잠기게 할 것
- 순환밸브(릴리프밸브)를 내장시킬 것

69 기계 운전 중에 가장 양호한 동심상태를 유지하기 위한 작업은?

① 분해 작업
② 센터링 작업
③ 끼워맞춤 작업
④ 열박음 작업

센터링 작업 : 금긋기 블록이나 센터 스퀘어를 사용하여 환봉 등의 단면 중심을 구하는 것으로 이는 기계의 운전이 양호하게 이루어지도록 하며 진동, 소음을 억제하며 결국 기기의 수명을 연장시키는 역할을 한다.

70 사이클로이드 감속기의 윤활 방법 중 옳은 것은?

① 1kW 이하의 소형에는 그리스, 그 이상의 것은 적하 급유 방법이 쓰인다.
② 1kW 이하의 소형에는 적하 급유 방법, 그 이상의 것은 그리스가 사용된다.
③ 1kW 이하의 소형에는 그리스, 그 이상의 것은 유욕(油慾) 윤활방법이 쓰인다.
④ 1kW 이하의 소형에는 유욕 윤활방법, 그 이상의 것은 그리스가 사용된다.

유욕 윤활방법은 주변을 밀폐하고 베어링 등 주유 또는 급유할 부분 또는 전부를 기름 속에 담가 주유하는 방법으로 주로 대용량에 사용한다.

71 수도, 가스, 배수관 등에 사용되고 있는 주철관이 강관에 비하여 우수한 점은?

① 충격에 강하고 수명이 길다.
② 내식성이 우수하고 가격이 저렴하다.
③ 비중이 작고 높은 내압에 잘 견딘다.
④ 내약품성, 열전도성, 용접성이 좋다.

주철관은 내식성이 풍부하고 값이 싸며 수도, 가스, 배수 등의 매설용 관 등에 사용한다.

72 다단 원심펌프에서 수평 분할형과 수직 분할형에 대한 설명 중 옳은 것은?

① 수평 분할형은 분해 점검이 약간 불편하나 고압 용기에 적당하다.
② 수직 분할형은 분해 점검이 약간 불편하며 고압 용기에 부적당하다.
③ 수직 분할형은 분해 점검이 쉬우나 고압일 경우에는 위아래 면이 누설되기 쉽다.
④ 수평 분할형은 분해 점검이 쉬우나 고압일 경우에는 위아래 면이 누설되기 쉽다.

펌프의 축이 수평일 때는 횡축 펌프, 수직일 때는 입축펌프라고 하며 대부분 횡축 펌프이지만 깊은 우물용 펌프나 오수용 펌프는 입축이 적당하나 고압일 경우에는 위아래 면이 누설되기 쉽다.

73 관의 이음에서 분해조립이 편리하고, 산업배관에 많이 사용되며, 관의 직경이 비교적 클 경우, 내압이 높을 경우에 볼트와 너트를 사용하는 이음은?

① 신축이음   ② 유니언 이음
③ 플랜지 이음   ④ 턱걸이 이음

• 신축이음 : 배관계에서의 열팽창을 흡수하여 완충역할을 하기 위한 이음
• 플랜지 이음 : 플랜지 사이에 개스킷을 삽입하고 볼트, 너트로 조여 관을 접합하는 방식으로, 분해가 용이하나 부식으로 인해 매설용으로는 적합하지 않다.

74 밸브 판이 흐름에 대하여 직각으로 놓여지며, 밸브 시트에 대하여 미끄럼운동을 하는 구조이며, 흐름에 대한 유체의 저항이 적은 밸브는?

① 스톱 밸브   ② 슬루스 밸브
③ 감압 밸브   ④ 글로브 밸브

• 글로브 밸브(Glove valve) : 밸브 형상이 둥글게 되어 있으며, 유체의 흐름이 S자 모형으로 되므로 유체 흐름의 저항은 크나 밸브의 리프트(양정)는 작아 개폐가 용이하므로 유량 조절에 적합하고 소형 경량이다.
• 슬루스 밸브(Sluice valve, Gate valve) : 밸브 본체가 밸브 시트 안을 상하로 개폐하는 방식으로서 밸브를 완전히 열면 밸브 본체 속의 지름과 같은 단면적이 되므로 유체 저항이 적어 마찰손실이 매우 적다. 양정이 커서 개폐시간이 걸리며, 유량조절이 어렵다.
• 감압밸브(Reducing valve) : 고압 배관과 저압 배관 사이에 설치하여 증기 사용량이나 고압측의 압력 변동에 관계없이 밸브의 개폐를 자동으로 조절하여 저압측 압력을 항상 일정하게 유지하는 역할을 한다.

75 기어의 손상 분류 중 피칭과 관련이 있는 것은?

① 마모   ② 소성항복
③ 용착   ④ 표면피로

기어의 손상 분류
• 마모 : 정상 마모, 습동 마모, 과부하 마모, 줄 흔적 마모
• 소성 항복 : 압연 항복, 피이닝 항복, 파상 항복
• 용착 : 가벼운 스코어링, 심한 스코어링
• 표면피로 : 초기 피칭, 파괴적 피칭, 박리
• 피칭 : 전후방향의 흔들림

76 일반적으로 베어링 끼워맞춤 시 올바른 방법은?

① 내륜과 축의 중간 끼워 맞춤
② 내륜과 축의 헐거운 끼워 맞춤
③ 외륜과 하우징의 억지 끼워 맞춤
④ 외륜과 하우징의 헐거운 끼워 맞춤

끼워 맞춤 방식
• 구멍과 축에서 구멍의 지름이 축 지름보다 클 때는 틈새가 생기고 축의 지름이 클 때는 죔새가 생긴다.
• 헐거운 끼워 맞춤 : 항상 구멍이 축보다 큰 경우로 언제나 틈새가 생기는 끼워 맞춤
• 억지 끼워 맞춤 : 항상 죔새가 생기는 끼워 맞춤이다.
• 중간 끼워 맞춤 : 헐거운 끼워 맞춤과 억지 끼워 맞춤의 중간으로 억지 끼워 맞춤보다 작은 죔새가 있는 끼워 맞춤으로서 극히 정밀한 기계에 사용한다.
※ 베어링은 외륜과 하우징의 헐거운 끼워 맞춤으로 이뤄진다.

77 키 맞춤을 위해 보스의 구멍 지름을 포함한 홈의 깊이를 측정할 때 적합한 측정기는?

① 강철자　　② 마이크로미터
③ 틈새게이지　④ 버니어 캘리퍼스

- 버니어 캘리퍼스 : 외경, 내경, 깊이, 길이 등을 측정할 수 있으며 어미자의 측정면과 버니어를 가진 슬라이드(아들자)의 측정면과 사이에서 제품
- 틈새게이지 : 강재의 얇은 편으로 작은 홈의 간극 등을 점검하고 측정
- 마이크로미터 : 나사의 이송량이 피치(회전각)에 비례하고 있는 것을 응용한 길이의 정밀 측정기로 나사의 피치를 0.5mm, 딤블의 눈금을 50등분으로 되어 있으며 한 눈금은 0.01mm이다. 종류로는 외측 마이크로미터와 내측 마이크로미터가 있다.

78 기어 감속기 중 평형측정 감속기가 아닌 것은?

① 웜 기어 감속기
② 스퍼 기어 감속기
③ 헬리컬 기어 감속기
④ 더블 헬리컬 기어 감속기

웜 기어 감속기는 두 축이 만나지도 평행하지도 않는 경우에 사용된다.

79 유체의 역류를 방지하기 위하여 사용되는 밸브는?

① 볼 밸브
② 체크 밸브
③ 앵글 밸브
④ 글로브 밸브

체크 밸브 : 유체의 흐름이 한폭으로 흐르게 하고, 역류하면 자동적으로 배압에 의하여 밸브체가 닫히며 스윙식(swing type))과 리프트식(lift type)이 있다.

80 무거운 기계나 전동기를 들어 올릴 때 로프, 체인, 훅 등을 거는데 사용되는 볼트는?

① 아이 볼트　② 충격 볼트
③ 기초 볼트　④ 스테이 볼트

- 아이 볼트 : 둥근 구멍이 있는 림 모양의 머리를 가진 볼트로 주로 매달아 올리는 용도로 사용
- 기초 볼트 : 기계구조물을 설치할 때 구조물을 콘크리트 기초에 고정시키기 위하여 사용하는 볼트
- 스테이 볼트 : 2개의 물건 사이 간격을 일정하게 유지시키면서 체결하는 역할을 하는 볼트

정답 최근기출문제 2014년 1회

01 ④	02 ②	03 ③	04 ③	05 ④
06 ②	07 ④	08 ③	09 ③	10 ②
11 ③	12 ④	13 ③	14 ④	15 ②
16 ①	17 ③	18 ②	19 ①	20 ④
21 ③	22 ②	23 ①	24 ③	25 ②
26 ①	27 ②	28 ②	29 ②	30 ④
31 ④	32 ③	33 ④	34 ①	35 ①
36 ③	37 ①	38 ②	39 ④	40 ④
41 ②	42 ④	43 ②	44 ③	45 ②
46 ②	47 ③	48 ④	49 ④	50 ④
51 ①	52 ②	53 ①	54 ②	55 ①
56 ①	57 ③	58 ②	59 ③	60 ④
61 ③	62 ②	63 ②	64 ③	65 ①
66 ④	67 ②	68 ③	69 ②	70 ③
71 ②	72 ④	73 ②	74 ②	75 ④
76 ④	77 ④	78 ①	79 ②	80 ①

2014년 2회 최근기출문제

제1과목 공유압 및 자동화시스템

01 유압의 동조회로에서 동조운전을 방해하는 요소로 보기에 가장 거리가 먼 것은?
① 마찰 차이
② 펌프 토출량
③ 내부 누설의 양
④ 실린더 안지름 차이

> 동조운전 방해하는 요소
> • 마찰 저하에 의한 차이
> • 유압기기의 내부 누설의 양
> • 실린더 공차에 의한 치수 차이
> • 부하 분포의 불 균일에 대한 차이

02 그림에서 제시한 2압 밸브의 특성으로 옳지 않은 것은?

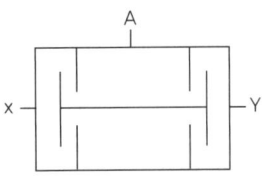

① AND의 논리를 만족한다.
② 먼저 들어온 고압 압력신호가 출구 A로 나간다.
③ 압축공기가 2개의 입구 X, Y에 모두 작용할 때에만 출구 A에 압축공기가 흐른다.
④ 2개의 압력신호가 다른 압력일 경우에는 낮은 압력 쪽의 공기가 출구 A로 출력된다.

> 2압 밸브의 특성
> • AND 밸브라고도 하며 AND의 논리를 만족한다.
> • X, Y라는 두 개의 입구와 A라는 하나의 출구로 이루어져 있다.
> • 압축공기가 2개의 입구 X, Y에 모두 작용할 때에만 출구 A에 압축공기가 흐른다.
> • 입력신호가 동시에 작용하지 않으면 뒤에 들어온 신호가 출구 A로 나가며, 압력이 다를 경우 낮은 압력쪽의 공기가 출구 A로 나가게 된다.

03 공압 루트 블로어(Roots blower)에 대한 설명으로 옳은 것은?
① 소음이 작다.
② 토크 변동이 작다.
③ 비접촉형으로 무급유식이다.
④ 대형이고, 고압 송풍을 할 수 없다.

> 공압 루트 블로어
> • 비접촉형이므로 무급유식이다.
> • 소형, 고압으로 사용한다.
> • 토크변동이 크고, 소음이 크다.

04 비교적 큰 먼지를 제거할 목적으로 사용되는 기기로, 유압회로에서 펌프의 흡입 관로에 사용되는 것은?
① 탱크
② 스트레이너
③ 필터
④ 어큐뮬레이터

> • 스트레이너 : 비교적 큰 이물질 및 먼지 등을 제거한다.
> • 필터 : 스트레이너에서 제거하지 못한 미세한 먼지, 불순물 등을 제거한다.

05 유공압 기호에서 온도계 기호로 옳은 것은?

② 유면계, ③ 유량계, ④ 토크계

06 공기압 장치의 구성요소가 아닌 것은?
① 원심 펌프
② 애프터 쿨러
③ 공기 탱크
④ 공기 압축기

> 원심펌프는 유압장치 구성에서 유압유를 장치 내로 이송하는 기기에 해당된다.

07 드릴 및 보링 공구를 이용하여 구멍을 뚫거나 구멍을 확장시키는 다축보링머신과 같은 공작기계에서 관통구멍의 경우 부하가 급격히 감소하므로 스핀들이 급진된다. 이를 방지하기 위하여 실린더에 유량조절밸브를 설치한다. 이러한 회로를 무엇이라 하는가?

① 감속회로
② 미터-인 회로
③ 미터 아웃 회로
④ 블리드 오프 회로

> 미터인 및 미터아웃 회로는 '일방향 유량제어밸브'를 사용한다.
> • 미터-인 : 액추에이터의 입구 측 관로에서 유량을 교축하여 작동 속도를 조절하는 방식
> • 미터-아웃 : 액추에이터의 출구 측 관로에서 유량을 교축하여 작동 속도를 조절하는 방식
> • 감속 회로 : 유량조절밸브에 의하여 교축되면서 감속 운동을 하는 회로
> • 블리드 오프 회로 : 유압회로에 있어서 속도 제어인 기본 회로의 일종으로, 실린더로의 유입 유량을 바이패스로 제어한다.

08 다음 중 압력제어밸브로 옳은 것은?

① 체크 밸브
② 리듀싱 밸브
③ 셔틀 밸브
④ 감속 밸브

> • 방향제어 밸브 : 체크 밸브, 셔틀 밸브
> • 유량제어 밸브 : 감속(교축) 밸브, 속도 제어 밸브

09 내경 10cm, 추력 3140kgf, 피스톤 속도 40m/min 인 유압 실린더에서 필요로 하는 유압은 최소 몇 kgf/cm² 인가?

① 40 ② 60 ③ 80 ④ 160

$$P = \frac{F}{A} = \frac{3140}{\frac{\pi}{4} \times 10^2} \fallingdotseq 40[kgf/cm^2]$$

10 공유압 변환기 사용 시 주의사항으로 옳은 것은?

① 수평방향으로 설치한다.
② 열원에 가까이 설치한다.
③ 반드시 액추에이터보다 낮게 설치한다.
④ 실린더나 배관내의 공기를 뺀다.

> 공유압 변환기는 실린더나 배관내의 공기를 배제하고 수직방향으로 설치하며 유효용량을 액추에이터보다 높게 유지해야 한다.

11 컨베이어를 이용한 자동화시스템을 설계하고자 할 때 고려해야 할 기본 설계 원칙에 해당되지 않는 것은?

① 이송능력한계
② 속도의 원칙
③ 균일성의 원칙
④ 투입 산출의 원칙

> 컨베이어는 일정한 거리를 자동적·연속적으로 재료나 물품을 운반하는 기계장치로 이송능력, 속도, 균일성의 원칙 등을 고려해야 한다.

12 제작자에 의해 한번만 프로그램되는 메모리는 어느 것인가?

① RAM
② MaskRom
③ EAROM
④ EPROM

> • RAM : 공급 전원이 차단되었을 때 그 내용이 전부 지워지는 메모리
> • EAROM : 공급 전원이 차단되었을 때 그 내용이 지워지지 않는 메모리
> • EPROM : 필요할 때마다 기억된 내용을 지우고 다른 내용을 기록할 수 있는 메모리

13 정보의 정의역이 어느 구간에서 모든 점으로서 표시되는 신호로서 시간과 정보가 모두 연속적인 신호는 어느 것인가?

① 연속 신호
② 이산시간 신호
③ 디지털 신호
④ 아날로그 신호

> • 아날로그 신호 : 시간과 정보가 모두 연속적인 신호이다.
> • 디지털 신호 : 시간과 정보가 모두 불연속적인 신호이다.
> • 연속신호 : 시간은 연속적이나 정보는 불연속적 신호이다.

14 자동화 시스템의 목적으로 가장 거리가 먼 것은?

① 원가 절감
② 이익의 극대화
③ 제품 품질의 균일성
④ 생산 탄력성 증가

> **자동화 시스템의 장점**
> • 제품의 품질 균일화
> • 제품 생산성의 극대화
> • 생산 원가의 최소화
> • 제품 이윤의 극대화

15 직류 전동기 과열의 원인이 아닌 것은?

① 퓨즈의 융단
② 베어링 조임의 과다
③ 전동기 과부하
④ 브러시 압력 과다

> 직류 전동기 과열의 원인
> • 전동기 과부하 운전
> • 베어링 조임의 과다로 인한 발열
> • 전동기 코일의 단락
> • 냉각 불충분
> • 빈번한 운전 및 정지
> • 단상 운전

16 다음 그림과 같은 타이밍 챠트(timing chart)에서 입력은 A와 B이며, 출력은 Y일 때 이 타이밍 챠트는 어떤 회로인가? (단, 입 · 출력 모두 양논리로 작동한다.)

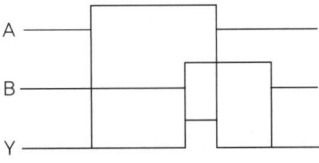

① AND 회로
② OR 회로
③ NOT 회로
④ NAND 회로

> 입력측 A와 B 모두 들어 왔을 때 출력 Y가 나오므로 AND 회로이다.

17 그림과 같은 선형 스텝모터에서 스핀들 리드가 0.36cm이고, 회전각이 "1"라고 하였을 때 이송거리는 몇 mm 인가?

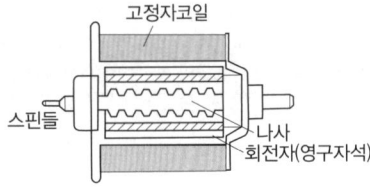

① 0.01
② 0.02
③ 0.03
④ 0.04

> $1°$ 이송거리 $= \dfrac{\text{피드}}{360°} = \dfrac{0.36}{360°} = 0.001\text{cm} = 0.01\text{mm}$

18 유도형 센서의 감지거리에 대한 설명으로 옳지 않은 것은?

① 공칭검출거리 – 제조공정, 온도, 공급전압에 의한 허용치를 고려하지 않는 상태의 거리
② 정미검출거리 – 정격전압과 정격주위 온도일 때 측정하는 거리
③ 유효검출거리 – 공급전압과 주위온도의 허용 한도 내에서 측정한 거리
④ 정격검출거리 – 어떠한 전압변동 또는 온도변화에도 관계없이 표준 검출체를 검출할 수 있는 거리

> 정격검출거리 : 근접 스위치를 사용하는 경우 주변 환경, 주위온도, 공급전압 등을 무시한 거리

19 유압펌프의 소음발생 원인이 아닌 것은?

① 펌프 흡입 불량
② 작동유 점성 증대
③ 펌프의 저속 회전
④ 이물질의 침입

> 펌프에서의 소음 및 진동
> • 캐비테이션(공동현상) 발생
> • 펌프의 rpm이 지나치게 빠를 경우
> • 펌프 내에 공기가 침입한 경우
> • 펌프 흡입측 여과기 및 필터 등이 막혔을 경우
> • 펌프의 임펠러 등이 손상된 경우

20 그림과 같은 공기압 실린더의 올바른 명칭은?

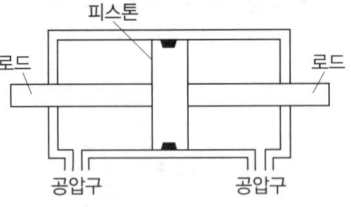

① 단동 실린더
② 편로드 복동 실린더
③ 탠덤형 실린더
④ 양로드 복동 실린더

> 실린더 특징
> • 단동 실린더 : 행정거리가 짧고 귀환 장치가 내장되어 공기 소요량이 작다.
> • 양로드형 실린더 : 양쪽 방향으로 작동하는 힘이 동일하다.
> • 탠덤 실린더 : 단계적으로 출력제어가 가능하며 큰 위치 에너지를 얻을 수 있다.

제2과목 설비진단 및 관리

21 정비계획에 필요한 예비품의 종류 중 전 공장에 영향을 미치는 동력설비에서 많이 볼 수 있는 것은?

① 부품 예비품
② 라인 예비품
③ 단일 기계 예비품
④ 부분적 세트 예비품

예비품의 종류에는 부분 예비품, 라인 예비품, 단일기계 예비품, 부분적 세트(set) 예비품 등이 있으며 단일기계 예비품은 전 공장에 영향을 미치는 동력설비에서 많이 볼 수 있다.

22 다음 중 자재를 취급하는데 공간적인 면에서 가장 유연성이 우수한 장비는?

① 자동 저장/ 반출 시스템(AS/RS)
② 호이스트(hoist)
③ 무인 반송차(AGV)
④ 팔렛 트럭(pallet truck)

팔렛 트럭은 자재 운반 및 취급에 있어서 중량적인 면에서는 제한이 있으나 공간적인 면에서는 편리함을 갖추고 있어 가장 유연성이 우수한 장비이다.

23 설비 보전상 청소, 급유, 조정, 부품교체 등의 적절한 시기를 산정하는 기준은?

① 성능 기준
② 검사 기준
③ 예방 기준
④ 정비 기준

정비 기준
• 설비의 능력을 파악
• 수리형태를 파악하고 점검계획
• 수리 요원의 능력과 인원을 검토하여 정비계획을 수립
• 수리시기 및 수리기간 파악
• 생산계획 및 수리계획
• 일상점검 및 주간, 월간, 연간 등의 정기수리 파악

24 동점도를 나타내는 단위로 옳은 것은?

① cm^2/s
② s/cm^2
③ m/s^2
④ s/m^2

유체의 점도를 그 유체의 질량 밀도로 나눈 값으로, SI 단위계에서는 m^2/s, cm^2/s로 표시된다.

25 보전 작업 표준에서 표준시간의 결정방법이 아닌 것은?

① 경험법
② 실적 자료법
③ 작업 연구법
④ 관적 자료법

보전작업 표준
• 경험법 : 숙련자에 의하여 작업 방향을 결정하는 것으로, 간단한 수리공사에 많이 사용
• 실적 자료법 : 모든 일은 그 동안의 실적에 의하여 작업의 표준시간을 결정하는 방법으로 적용범위가 넓다.
• 작업 연구법 : 작업 연구에 의하여 표준시간을 결정하는 방법으로 작업 순서나 시간이 다같이 신뢰적인 방법

26 기술면의 표준 중 목표가 되는 표준을 지칭하는 것은?

① 규격
② 사양서
③ 지도서
④ 조직규정

관리자가 직원에게 기술면의 목표가 되는 기술에 관련한 중요사항을 지도하고 전달하기 위한 문서를 지도서라고 한다. 직원이 업무와 관련한 내용 및 기술을 숙지하여 올바른 제품 생산으로 업무 수행 시 효율적인 생산이 가능한 장점이 있다.

27 설비 가동부문의 운전자들의 소집단활동을 중심으로 운전자 또는 작업자 스스로 전개하는 생산보전 활동은?

① 일상보전
② 예방보전
③ 자주보전
④ 개량보전

• 일상보전 : 설비열화를 방지하기 위한 청소, 급유, 점검 등의 일상적인 활동으로 점검 주기가 1개월 미만인 것을 보통 일상점검이라 하고 주기가 1개월 이상인 것을 정기보전 이라고 한다.
• 예방보전(PM) : 설비의 주기적인 검사로 미연에 고장, 정지 또는 성능저하 상태를 제거하고 복구시키기 위한 보전
• 자주보전 : 현장 작업자의 기능을 향상시켜서 설비의 가동상태를 체크하여 전개하는 보전
• 개량보전(CM) : 설비자체의 체질개선으로 예방보전으로 고장이 없고, 보전하기 쉬운 설비로 개량

28 설비는 사용기간이 길면 길수록 자본 회수비는 감소하나 열화에 의한 보전비와 운영비는 증가한다. 이 두 비용의 총비용이 최소가 되는 수명은?

① 경제수명 ② 실질유효수명
③ 내용연수 ④ 운전수명

- 경제 수명 : 설비의 기능에 대하여 가장 경제적으로 충족시킬 수 있는 지속 기간
- 실질유효수명 : 기구 및 시설을 유효하게 충분한 기능을 발휘하여 안전하게 사용할 수 있는 기간

29 진동차단기로 이용되는 패드의 재료로써 적합하지 않는 것은?

① 스폰지 고무 ② 파이버 글라스
③ 코르크 ④ 알루미늄 합금

알루미늄 합금 : 항공기, 건물, 자동차 등의 구조 재료, 주방기구, 기계 부품, 특수 화학 설비와 알루미늄 호일, 음료수 용기 등에 사용한다.

30 투과계수가 0.001일 때 투과 손실량은?

① 20dB ② 30dB ③ 40dB ④ 50dB

투과 손실량 = 10×log(1/투과계수) = 10×log(1/0.001) = 30dB

31 정현파 신호에서 피크값(편진폭)을 기준한 진동의 크기가 "1"일 때 실효값의 크기는?

① 2 ② 1/2 ③ $1/\pi$ ④ $1/\sqrt{2}$

실효값 = $\dfrac{피크값}{\sqrt{2}}$, 피크값이 1이므로, 실효값 = $\dfrac{1}{\sqrt{2}}$

32 베어링의 결함 유무를 측정하고자 할 때 사용되는 진동 측정용 센서는?

① 변위계 ② 속도계
③ 가속도계 ④ 레벨계

진동 측정량
- 변위 : 진동이 어떤 위치에서 다른 위치로 이동한 양으로 크기와 방향을 갖는 벡터이며, 저주파 성분이나 기계부품 사이의 미세한 틈이 문제가 되는 경우에 주로 사용한다.
- 속도 : 진동이 단위 시간동안 이동할 수 있는 거리
- 가속도 : 단위 시간당 진동 속도 변화의 비율
※기계 진동의 주파수 분석에는 속도 또는 가속도를 사용한다.

33 기계진동이 공진으로 인하여 높은 경우, 진동을 절감하는 방법으로 잘못된 것은?

① 구조물의 강성을 높여 고유 진동 주파수를 낮은 영역으로 변환시킨다.
② 구조물의 질량을 크게 하여 고유 진동 주파수를 낮은 영역으로 변환시킨다.
③ 구조물의 강성을 낮추어 고유 진동 주파수를 낮은 영역으로 변환시킨다.
④ 구조물의 강성과 질량을 적절히 조절하여 현재 가지되고 있는 공진 주파수 영역을 피한다.

구조물의 공진을 피하기 위한 방법
- 구조물의 강성을 작게 하고 질량을 크게 한다.
- 기계 고유의 진동수와 강제 진동수를 다르게 한다.
- 우발력을 제거한다.

34 일반적으로 시스템을 구성하는 기본적 요소에 속하지 않는 것은?

① 투입 ② 처리기구 ③ 산출 ④ 품질

설비관리 5요소 : 투입(input), 산출(output), 처리기구, 관리, 피드백(feedback)

35 음의 지향지수 [DI]에 대한 설명 중 틀린 것은?

① 음원이 자유공간에 있을 때 [DI]는 0[dB]이다.
② 반 자유공간(바닥 위)에 음원이 있을 때 [DI]는 +3[dB]이다.
③ 두 면이 접하는 구석에 음원이 있을 때 [DI]는 +6[dB]이다.
④ 세 면이 접하는 구석에 음원이 있을 때 [DI]는 +12[dB]이다.

DI = 3×접합면의 수 = 3×3 = 9[dB]

36 생산의 정지 혹은 유해한 성능저하를 초래하는 상태를 발전하기 위한 설비의 정기적인 검사를 무엇이라 하는가?

① 개량보전 ② 사후보전
③ 예방보전 ④ 보전예방

설비계획
- 사후보전(BM) : 고장, 정지 또는 성능저하의 수리를 행하는 것
- 예방보전(PM) : 설비의 주기적인 검사로 미연에 고장, 정지 또는 성능저하 상태를 제거하고 복구시키기 위한 보전
- 생산보전(PM) : 생산성이 높은 보전, 경제성
- 개량보전(CM) : 설비자체의 체질개선으로 예방보전으로 고장이 없고, 보전하기 쉬운 설비로 개량
- 보전예방(MP) : 고장이 없고, 보전이 필요치 않은 설비를 설계, 제작 또는 구입

37 설비진단 기법 중 급속성분 특유의 발광 또는 흡광 현상을 이용하는 기법은?

① 진동법 ② 페로그래피법
③ SOAP법 ④ 응력법

설비 진단 기법	
진동법	• 송풍기, 펌프, 팬 등의 기초 설비 및 밸런스 이상 진동 유무 진단 • 각 회전 기기의 언밸런스에 의한 이상 진동 유무 진단 • 기기에 공급되는 이상 압력에 의한 진동 여부 진단
오일 분석법	• 페로그래피법 : 시료용 오일을 용제에 희석하여 경사면을 따라 흐르게 하고 자석을 가까이 하면 오일 중에 마모된 금속이 크기에 따라 자석에 부착하게 되며 이를 색현미경에 의하여 크기, 형상 등을 관찰 • SOAP법 : 시료용 오일을 연소하면서 발생되는 금속성분의 발광 또는 흡광현상으로 분석
응력법	• 계속되는 기기 운전으로 인해 설비의 피로 축적에 따른 응력 집중 제거 • 기기의 실제 응력을 조사하여 파악 • 설비 내부의 응력 분포도를 파악 • 설비 피로에 의한 수명을 파악

38 자재 흐름 분석의 P-Q분석에 의하여 분류가 결정되면 그 분류 내에 있는 제품들에 대하여 개별적인 분석을 행할 때 그 분류와 내용이 옳은 것은?

① D급 분류 : 제품의 종류도 적고 생산량도 적다. 소품종 공정표를 작성한다.
② C급 분류 : 제품의 종류는 적고 생산량이 많다. 단순 작업 공정표 다음 조립 공정표를 작성한다.
③ B급 분류 : 제품의 종류는 중간이고 생산량도 중간이다. 다품종 공정표를 작성한다.
④ A급 분류 : 제품의 종류도 많고 생산량은 적다. 유입, 유출표를 작성한다.

P-Q 분석
- P-Q 분석은 제품과 생산량의 관계를 나타낸 것으로 가로축에 제품, 세로축에 각 제품의 생산량을 나타낸 도표이다.
- P-Q 분석의 분류

A급 분류	소품종 다량생산, 제품별 배치가 적당
B급 분류	중품종 중량 생산, 집단 배치 혹은 혼합된 배치가 적당
C급 분류	다품종 소량 생산, 공정별 배치 혹은 고정 위치가 적당

39 다음 보전 조직은 무엇인가?

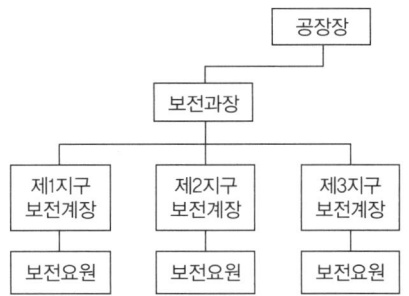

① 집중보전조직 ② 부분보전조직
③ 지역보전조직 ④ 절충보전조직

- 집중보전 : 책임자 한 사람을 기준으로 하여 조직이 구성되며 모든 보전 요원은 책임자의 지시에 따라 움직이는 집중 관리 시스템이다.
- 지역보전 : 생산 공장에 보전요원을 배치함으로서 설비의 이상 유무, 수리, 검사 등을 직접 처리한다.
- 부분보전 : 생산 제조 부분 책임자 관할 아래 보전요원을 상주시키는 방식이다.
- 절충보전 : 집중보전에 지역보전이나 부분보전을 접목시켜 서로의 장점을 계승하고 단점을 보완하여 운영하는 보전방식이다.

40 설비보전의 표준화가 가져오는 직접적인 이점과 가장 거리가 먼 것은?

① 설비보전 기술의 축적
② 설비 개량 또는 설계능력 향상
③ 생산 제품의 불량률 증대
④ 설비 보전 작업의 효율성 증대

> 설비보전의 표준화로 생산 제품의 불량률이 감소한다.

제3과목 공업계측 및 전기전자제어

41 저항 $R_1 = 5Ω$, $R_2 = 10Ω$, $R_3 = 15Ω$을 직렬로 접속하고 전압 120V인가 하였을 때 저항 R_3에 분배되는 전압[V]는?

① 20
② 40
③ 60
④ 80

> 직렬이므로 $R = R_1+R_2+R_3 = 5 + 10 + 15 = 30[Ω]$
> $I(전류) = \dfrac{E(전압)}{R(저항)} = \dfrac{120V}{30Ω} = 4[A]$
> $V_3 = I \times R_3 = 4[A] \times 15[Ω] = 60[V]$

42 차압식 유량계의 차압기구에 해당되지 않는 것은?

① 회전자
② 오리피스
③ 벤투리관
④ 피토관

> **차압식 유량계**
> 측정관로 중에 교축기구를 설치하여 유동을 교축한다. 이 때문에 생기는 교축부 전후의 압력차에 의해서 유속을 구하여 유량을 측정하는 것으로 오리피스미터, 벤투리미터 등이 있으며 피토우관은 유체 중에 피토우관을 삽입하고 유동하고 있는 유체에 대한 동압을 측정하여 유량을 구한다.

43 다음 중에서 압력스위치의 표시문자 기호는?

① PS
② FS
③ PXS
④ PHS

> • PS : pressure switch(압력 스위치)
> • FS : flow switch(유량 스위치)

44 외력이 없을 때는 닫혀있고 외력이 가해지면 열리는 접점은?

① a 접점
② b 접점
③ c 접점
④ d 접점

> 시퀀스 제어 : 처음에 정해진 조건 또는 순서에 따라 행하여지는 제어
> • a 접점 : 열려있는 접점
> • b 접점 : 닫혀있는 접점
> • c 접점 : 전환 접점

45 온도가 변화하면 저항값이 매우 많이 변화하는 반도체를 무엇이라 하는가?

① 배리스터(Varistor)
② 서미스터(Thermistor)
③ CdS(황화 카드뮴)
④ 발광 다이오드

> • 서미스터 : 온도변화에 따라 소자의 전기저항이 크게 변화하는 반도체 감온소자로서 널리 이용되고 있다.
> • 발광 다이오드 : 발열이 적고 응답속도가 빠르다.

46 복합루프 제어계가 아닌 것은?

① 캐스케이드 제어
② 선택 제어
③ 비율 제어
④ 비례적분 제어

> 비례적분 제어는 연속동작 제어로서 제어 동작 중 가장 정밀한 제어로 비례 Reset 동작이라고도 한다.

47 내부저항이 20[$k\Omega$]인 전압계에 40[$k\Omega$]의 배율기를 접속하여 어떤 전압을 측정하였더니 전압계의 지시가 50[V]였다면 측정전압[V]은?

① 50
② 100
③ 150
④ 200

> 저항 = 20+40 = 60[$k\Omega$]
> 즉, 저항이 20[$k\Omega$] → 60[$k\Omega$] 이므로 3배 증가
> I = E/R에서 [I]가 일정하면 50[V]×3 = 150[V]

48 직류전동기에서 저항기동을 하는 목적으로 가장 옳은 것은?

① 전압을 제어한다.
② 저항을 제어한다.

③ 속도를 제어한다.
④ 기동 전류를 제어한다.

직류전동기의 속도 제어법
- 계자제어법 : 직류 전동기의 속도 제어법에서 정출력 제어에 속한다.
- 저항제어법 : 직류 전동기에서 기동 전류를 제어한다.
- 전압제어법 : 직류 전동기에 가해지는 전압을 제어하는 속도 제어로 많이 사용한다.

49 다음 중 기계식인 것은?

① 사이리스터　　② 제너다이오드
③ 트랜지스터　　④ 안내밸브

- 사이리스터 : 실리콘 제어 정류 소자(SCR)라고도 하며 PNPN 소자의 P에 게이트 단자를 달아 P, N 사이에 전류를 흘릴 수 있게 만든 단방향성 소자이다.
- 제너 다이오드 : 전압을 안정하게 유지하기 위해서 사용
- 트랜지스터 : 반도체를 사용한 기능 소자

50 논리회로의 불 대수 $(A+B) \cdot (A+\overline{B})$를 간략화 한 것은?

① B　　② $\overline{A}$
③ $\overline{B}$　　④ A

$(A+B) \cdot (A+\overline{B})$
$= A \cdot (A+\overline{B}) + B \cdot (A+\overline{B})$
$= A \cdot A + A \cdot \overline{B} + A \cdot B + B \cdot \overline{B}$
여기서, $A \cdot A = A$, $B \cdot \overline{B} = 0$이므로
$= A + A(B+\overline{B}) = A + A = A$

51 10진수 256을 BCD코드로 변환한 것은?

① 0101 0110 0010　　② 0010 0101 0110
③ 0010 0101 0100　　④ 0101 0110 0110

BCD 코드 : 10진법의 각 자리를 4비트의 2진 부호로 표현하는 부호

10진수	0	1	2	3	4	5	6	7	8	9
2진수	0000	0001	0010	0011	0100	0101	0110	0111	1000	1001

52 되먹임 제어(feed back control)에서 반드시 필요한 장치는?

① 구동기　　② 조작기
③ 검출기　　④ 비교기

피드백 제어는 신호를 그 입력 신호로 되돌림으로써 제어량의 값을 목표값과 비교하여 그들을 일치시키도록 정정 동작을 하는 제어로서 비교기는 목표치와 제어량에서 인출한 신호를 서로 비교해서 제어동작을 일으키는데 필요한 정보를 가진 신호를 만들어 내는 부분으로 반드시 필요한 장치이다.

53 다음 중 수동형 센서(Passive sensor)에 속하는 것은?

① 포토 커플러　　② 포토 리플렉터
③ 레이저 센서　　④ 적외선 센서

적외선 센서 : 물체가 발산하는 적외선을 검출하여 이들로부터 온도를 구하는 비접촉식 수동형 센서로 가전제품의 리모콘, 방범용, 방사 온도계로 이용되고 있다.

54 제어밸브를 선정하는 필요요건이 아닌 것은?

① 대상 프로세스　　② 적정재고
③ 응답성　　④ 사용목적

제어밸브는 다이어프램과 스프링을 비치하고 소정 공기압을 도입시켜 밸브 본체를 움직여 지시에 따라 개도를 결정하여 유량을 조정하는 타력 제어 밸브로, 원격 제어가 가능하며 사용목적, 대상 프로세스, 응답성에 따라 선정되어야 한다.

55 물리, 화학량을 전기적 신호로 변환하거나, 역으로 전기직 신호를 다른 물리적인 량으로 바꾸어지는 장치는?

① 트랜스듀서　　② 엑추에이터
③ 포지셔너　　④ 오리피스

- 트랜스듀서 : 전기 에너지를 자기 에너지 또는 기계 에너지로 바꾸기도 하고, 그 반대로도 하는 전자기 장치
- 엑추에이터 : 동력을 이용하여 기계를 동작시키는 구동 장치로 모터 혹은 유압이나 공기압으로 작동하는 피스톤 · 실린더 기구
- 포지셔너 : 위치를 결정하는 기기, 용구, 지그 또는 위치 수정 장치

56 계측된 신호를 전송할 때 발생하는 노이즈의 원인과 거리가 먼 것은?

① 전도 ② 정전유도
③ 중첩 ④ 온도변화

> 노이즈는 전기적, 기계적 이유로 발생하는 불필요한 신호로 정전유도, 전도, 중첩 등이 노이즈 원인에 해당된다.

57 다음 설명 중 틀린 것은?

① 3상 유도전동기는 운전 중 전원이 1선 단선되어도 운전이 계속된다.
② 단상 유도전동기는 기동을 위해 보조 권선을 사용한다.
③ 콘덴서 전동기는 콘덴서에 의해 역률이 높고, 토크가 균일하며 소음이 작다.
④ 분상 기동형 단상 유도전동기의 회전방향 변경은 전원의 접속을 바꾼다.

> **분상 기동형 단상 유도전동기**
> 회전자는 농형권선으로 되어있고, 고정자는 주권선인 운전권선과 보조권선인 기동권선이 병렬로 감겨져 있으므로 이 병렬회로에 단상 교류전압을 가하면 운전권선과 보조권선 사이의 리액턴스 차로 두 회로에 흐르는 전류에 위상차이가 생겨서 회전 자기장이 발생하여 토크가 발생되므로 이 부분의 조절로 회전 방향 변경이 가능하게 된다.

58 다음 그림 기호 중 한시동작형 a 접점은?

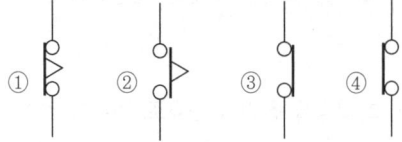

① : 한시동작 b 접점, ③ : 계전기 및 보조 계전기 a 접점
④ : 계전기 및 보조 계전기 a 접점

59 다음 중 열전대 조합으로 사용되지 않는 것은?

① 백금-콘스탄탄
② 백금-백금로듐
③ 구리-콘스탄탄
④ 철-콘스탄탄

> 열전대는 2개의 금속으로 폐회로를 만들어 접점간의 온도차에 의하여 기전력을 발생하는 것으로 백금로듐-백금, 크로멜-알루멜, 철-콘스탄탄, 동-콘스탄탄 등이 있다.

60 계측(계장)용 문자 기호로서 유량지시 조절경보계의 표시 방법으로 맞는 것은?

① FICA-201 ② TRCA-201
③ QICA-201 ④ LRCA-201

제4과목 기계정비 일반

61 펌프 축에 설치된 베어링에 이상 현상을 일으키는 원인이 아닌 것은?

① 윤활유의 부족 ② 축 중심의 일치
③ 축 추력의 발생 ④ 베어링 끼워맞춤 불량

> 축 중심의 일치는 베어링 운전이 정상임을 나타내는 것이다.

62 롤러 체인을 스프로킷 휠이 부착된 평형 축에 평행 걸기를 할 때 거는 방법으로 적합한 것은?

① 긴장측에 긴장 풀리를 사용하여 건다.
② 이완측에 이완 풀리를 사용하여 건다.
③ 긴장측은 위로, 이완측은 아래로 해야 한다.
④ 긴장측은 아래로, 이완측은 위로 해야 한다.

> 평행걸기에서는 긴장측(인장측)은 위로, 이완측은 아래로 설치하며 수직에 가까운 경우에는 체인이 늘어나면 빠지기 쉬우므로 긴장 풀리를 사용하며 축 배치 경사각은 60° 이내로 해야 한다.

63 테이퍼 핀을 밑에서 때려서 뺄 수 없을 경우에 적합한 분해 방법은?

① 테이퍼 핀을 정으로 잘라서 뺀다.
② 스크류 익스트랙터를 사용하여 뺀다.
③ 테이퍼 핀 머리부분에 용접을 하여 뺀다.
④ 테이퍼 핀 머리부분에 나사를 내어 너트를 걸어 뺀다.

테이퍼 핀 : 원추형 핀으로 1/50의 테이퍼로 되어 있으며 주축을 보스에 고정할 때 사용하며 머리부분에 나사를 내어 너트를 걸면 분해가 용이하다.

64 정비용 측정기구가 아닌 것은?

① 오스터
② 진동계
③ 소음계
④ 베어링 체커

오스터는 파이프에 나사를 절삭하는 다이스 돌리기이다.

65 너트의 이완을 방지하는 방법 중 높이가 다른 2개의 너트를 사용하여 이완을 방지하는 방법은?

① 턴 버클에 의한 방법
② 절삭 너트에 의한 방법
③ 로크 너트에 의한 방법
④ 리머 볼트에 의한 방법

볼트와 너트의 풀림 방지법
- 로크 너트
- 자동 죔 너트
- 핀, 작은나사, 멈춤나사 등
- 탄력성이 있는 와셔

66 구름 베어링을 구성하는 기본 요소가 아닌 것은?

① 저널
② 내륜
③ 전동체
④ 리테이너

구름베어링은 일반적으로 궤도륜(외륜, 내륜), 전동체 및 리테이너(Retainer)로 구성되어 있다.

67 다음 동력전동장치 중 직접 접촉에 의한 것은?

① 기어 전동장치
② 체인 전동장치
③ 로프 전동장치
④ V벨트 전동장치

기어 전동장치
- 회전 방향을 바꿀 수 있다.(베벨기어 : 직각으로 방향 전환)
- 동력을 정확하게 직접 전달한다.
- 두 축이 평행하지 않아도 동력을 전달할 수 있다.(교차 또는 꼬인 위치)
- 물리는 기어 이의 수에 따라 회전 속도가 달라진다.

68 수격현상에서 압력상승 방지책으로 사용되는 밸브는?

① 안전 밸브
② 슬루스 밸브
③ 셔틀 밸브
④ 언로딩 밸브

수격현상(water hammering) : 관로 내의 물의 운동상태를 갑자기 변화시킴에 따라 생기는 물의 급격한 압력 변화의 현상으로 관 속에 전달되어 진동 및 충격음을 내고, 심할 때는 고장의 원인이 되며 이를 방지하기 위해 압력을 되돌리는 릴리프밸브를 설치하거나 외부로 방출하는 안전밸브를 설치한다.

69 펌프의 배관을 90°로 방향을 바꾸고자 할 때 사용하는 배관용 이음쇠는?

① 크로스
② 유니언
③ 엘보우
④ 레듀서

- 크로스 : 서로 직각을 이루며 4방향으로 배치되는 관의 이음쇠
- 유니언 : 배관의 양측으로부터 접속하는 경우에 이용되는 것으로 수리, 분리가 용이한 너트에 의한 조립식의 관 이음쇠
- 레듀서 : 서로 다른 관경을 이을 때 사용하며 연결부 양쪽 모두가 암나사로 되어 있다.

70 송풍기 진동의 원인으로 볼 수 없는 것은?

① 축의 굽음
② 모터의 회전수 저하
③ 임펠러의 마모나 부식
④ 임펠러에 더스트(dust) 부착

송풍기 진동 · 소음의 발생원인
- 송풍기 임펠러의 마모나 부식
- 흡입관의 필터나 여과기가 막혔을 경우
- 송풍기의 회전속도가 지나치게 빠를 경우
- 임펠러에 더스트(1μ 이상 크기의 고체 입자) 부착

71 죔새 Δd, 기어의 열팽창계수 α, 가열온도 T일 때 기어 내경 D는?

① $D = \alpha \times \Delta d \times T$
② $D = \dfrac{T}{\alpha \times \Delta d}$
③ $D = \dfrac{\alpha \times \Delta d}{T}$
④ $D = \dfrac{\Delta d}{\alpha \times T}$

$\Delta d = \alpha \times T \times D$

72 외측 마이크로미터를 0점 조정하고자 한다. 딤블과 슬리브의 0점이 딤블의 한 눈금 간격에 1/2 정도 어긋나 있다면 어떻게 조정하는가?

① 앤빌을 돌려 0점을 맞춘다.
② 슬리브를 돌려서 0점을 맞춘다.
③ 스핀들을 돌려서 0점을 맞춘다.
④ 래칫 스톱(rachet stop)을 돌려서 0점을 맞춘다.

> 조정용 렌치를 사용하여 마이크로미터 슬리브 부분에 끼워서 조심스럽게 돌려서 0점을 맞춘다.

73 고가(高架) 탱크, 물 탱크 등에 자동운전을 위하여 사용되며, 부력을 이용한 것은?

① 유체 퓨즈
② 플로트 스위치
③ 압력 스위치
④ 유량 제어 스위치

> 플로트 스위치 : 플로트의 부력을 이용하여 액면의 변화를 검출하고, 그 상하 운동을 레버에 의해 스위치로 전해 개폐시키는 것으로 주로 액면 제어에 이용된다.

74 센터링 불량으로 인한 현상이 아닌 것은?

① 기계 성능이 저하된다.
② 축의 진동이 증가한다.
③ 동력의 전달은 원활하다.
④ 베어링부의 마모가 심하다.

> 센터링 : 금긋기 블록이나 센터 스퀘어를 사용하여 환봉 등의 단면 중심을 구하는 것으로 이는 기계의 운전이 양호하게 이루어지도록 하며 진동, 소음을 억제하며 결국 기기의 수명을 연장시키는 역할을 하는 것으로 센터링 불량일 경우 동력 전달이 어려워진다.

75 볼트, 너트 이완 방지법이 아닌 것은?

① 분할 핀에 의한 방법
② 로크 너트에 의한 방법
③ 특수 너트에 의한 방법
④ 둥근 와셔에 의한 방법

> 볼트와 너트의 풀림 방지법
> • 로크 너트
> • 자동 죔 너트
> • 핀, 작은 나사, 멈춤 나사 등
> • 탄력성이 있는 와셔

76 저전압 전동기가 고장났을 때 고장진단 방법으로 옳지 않은 것은?

① 전류를 측정한다.
② 권선저항을 측정한다.
③ 절연저항을 측정한다.
④ 손으로 전동기를 돌려본다.

> 저전압 전동기가 고장났을 때 전류 측정은 불가능하며 정상 작동 시에는 전류 및 진동 측정이 가능하다.

77 폐수처리 설비에 사용되는 화학약품에 적합한 밸브는?

① 코크 밸브
② 플립 밸브
③ 글로브 밸브
④ 다이어프램 밸브

> 다이어프램 밸브
> 밸브 몸통의 중앙에 원호 모양의 위어를 가지며 내열, 내약품성의 다이어프램을 밸브시트에 밀착시켜 개폐하는 밸브로 화학약품의 차단에 사용하며 유체저항이 적다.

78 다음 그림은 기어 감속기에 부착된 명판이다. 이 감속기의 출력 회전수는 얼마인가?

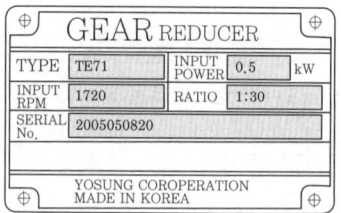

① 27.3[rpm]
② 57.3[rpm]
③ 75.3[rpm]
④ 95.3[rpm]

> 입력 1720[rpm], 비율 1 : 30 이므로 출력은 입력에 1/30이다.
> ∴ 1720[rpm]×1/30 = 57.33[rpm]

79 다음 중 밸브의 손잡이를 90° 회전시킴으로서 유로를 신속히 개폐할 수 있는 밸브는?

① 앵글 밸브 ② 체크밸브
③ 코크 밸브 ④ 슬루스 밸브

> 코크(Coke) : 구멍이 뚫린 원추를 1/4(90°)회전함에 따라 유로가 개폐되어 유체의 흐름을 차단 또는 조절하는 밸브로 플러그 밸브라 한다.

80 볼트와 너트의 다듬질 정도에 따라 어떻게 세가지로 구분되는가?

① 3A, 2A, 1A ② 상, 중, 흑피
③ 3B, 2B, 1B ④ 1급, 2급, 3급

> 유니파이 나사 정밀도 등급
> • 숫나사 : 3A, 2A, 1A
> • 암나사 : 3B, 2B, 1B
> • 미터 나사 정밀도 등급 : 1급, 2급, 3급

정답 최근기출문제 2014년 2회

01 ②	02 ②	03 ③	04 ②	05 ①
06 ①	07 ③	08 ②	09 ①	10 ④
11 ④	12 ②	13 ④	14 ④	15 ①
16 ①	17 ①	18 ④	19 ③	20 ④
21 ③	22 ④	23 ④	24 ①	25 ④
26 ③	27 ③	28 ①	29 ④	30 ②
31 ④	32 ④	33 ①	34 ④	35 ④
36 ③	37 ③	38 ③	39 ③	40 ③
41 ③	42 ①	43 ①	44 ③	45 ②
46 ④	47 ③	48 ④	49 ④	50 ④
51 ②	52 ④	53 ③	54 ②	55 ①
56 ④	57 ④	58 ②	59 ①	60 ①
61 ②	62 ③	63 ④	64 ①	65 ③
66 ①	67 ①	68 ①	69 ③	70 ②
71 ④	72 ③	73 ②	74 ③	75 ④
76 ①	77 ④	78 ②	79 ③	80 ②

2014년 3회 최근기출문제

제1과목 공유압 및 자동화시스템

01 다음 공압 및 전기 회로도는 상자이송 장치 회로도이다. 이 회로도에서 실린더 동작순서로 옳은 것은?
(단, 실린더 전진은 +, 실린더 후진은 -로 한다.)

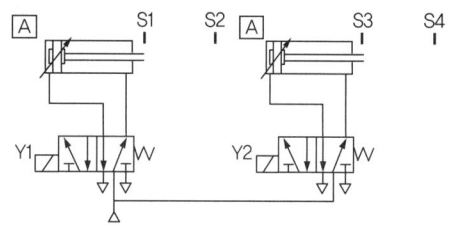

① A+, B+, B-, A- ② A+, B+, A-, B-
③ A+, A-, B+, B- ④ A+, B-, B+, A-

02 그림과 같은 변위단계선도에 맞는 동작 순서는?

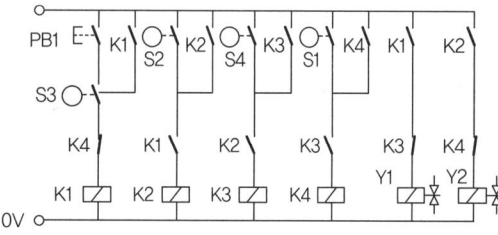

① A+, B+, B-, A- ② A+, A-, B+, B-
③ A+, B+, A-, B- ④ A+, B-, B+, A-

> A실린더가 전진 및 후진이 이루어진 다음 B 실린더가 전진과 후진이 이루어지는 변위단계선도이므로 A+ → A- → B+ → B- 순으로 작동하게 된다.

03 유압의 제어밸브 중 포펫밸브 구조가 아닌 것은?
① 콘(cone) 내장 밸브
② 볼(ball) 내장 밸브
③ 스풀(spool) 내장 밸브
④ 디스크(disk) 내장 밸브

> 주 밸브의 기본구조에 따른 분류
> • 포펫(포핏)밸브 : 밸브 몸체가 밸브자리에서 수직방향으로 이동하여 유로를 개폐하는 형식
> • 스풀밸브 : 밸브 몸체가 원형통 미끄럼면에 내접하여 축 방향으로 이동하여 유로를 개폐하는 형식
> • 슬라이드밸브 : 밸브 몸체와 밸브자리가 미끄러지면서 유로를 개폐하는 형식

04 다음과 같은 진리표를 만족하는 것은?

A · B = C

입력		출력
A	B	C
0	0	0
0	1	0
1	0	0
1	1	1

① 2압 밸브
② 셔틀 밸브
③ 3/2way 밸브의 병렬연결
④ 3/2way 정상상태 닫힘형

> A · B = C의 진리표는 AND 밸브이므로, 2압 밸브에 해당된다.

05 높은 압력과 많은 토출량을 필요로 하는 유압장치에 적합한 펌프는?
① 기어 펌프   ② 베인 펌프
③ 나사 펌프   ④ 회전 피스톤 펌프

> 높은 압력을 요구되는 펌프는 왕복펌프이며 많은 토출량은 회전 펌프가 적합하다. 그러므로 상기 문제의 경우는 회전 피스톤 펌프가 적합하다.

06 공압 장치의 소음기에 관한 설명으로 옳지 않은 것은?

① 공압시스템의 에너지 효율을 향상시킨다.
② 팽창형, 흡수형, 간접형 등의 종류가 있다.
③ 압축 공기가 대기 중에 방출될 때 발생하는 소음을 작게 한다.
④ 공기압 회로에서 일을 마친 압축공기를 대기 중에 방출하는 장치이다.

> 공압장치에서 압축공기 사용으로 상당한 상태의 소음이 압축된 공기가 대기로 방출될 때 발생한다. 그러므로 대부분의 소음원은 공압 배기관과 압축공기 분출기이므로 소음기를 흡입구·취출구 부근의 덕트 사이에 설치하는 것으로 에너지 효율은 저하된다.

07 유압기기 중 회로압이 설정압을 초과하면 유체압에 의하여 파열되어 압유를 탱크로 귀환시키고 동시에 압력상승을 막아 기기를 보호하는 역할을 하는 기기는?

① 체크 밸브
② 릴리프 밸브
③ 유압 퓨즈
④ 압력 스위치

> 유압 퓨즈 : 유압계통의 관이나 호스가 파손되거나 기기 내의 실에 손상이 생겼을 때 과도한 누설을 방지하기 위한 장치이다.

08 피스톤의 왕복운동을 회전운동으로 변환하며 양 방향의 출력 토크가 같은 요동형 액추에이터는?

① 베인형 엑추에이터
② 기어형 엑추에이터
③ 스크루형 엑추에이터
④ 래크와 피니언형 엑추에이터

> 피스톤의 왕복운동을 회전운동으로 변환시키는 것은 래크와 피니언을 이용하는 래크와 피니언형이며 베인형은 압축공기의 에너지를 회전운동으로 변환시키는 것이며 스크루형은 스크루에 의해 회전운동으로 변환한다.

09 실린더의 종류 중 전진과 후진 시 추력이 동일하게 발생되는 형식은?

① 탠덤 실린더
② 케이블 실린더
③ 격판 실린더
④ 양로드형 실린더

> 복동 실린더의 종류
> • 양로드형 실린더 : 양쪽 방향으로 작동하는 힘이 동일하다.
> • 탠덤 실린더 : 단계적으로 출력제어가 가능하며 큰 위치 에너지를 얻을 수 있다.
> • 충격실린더 : 상당히 큰 충격에너지를 얻을 수 있으며 속도는 7.5~10m/s까지 얻을 수 있다.
> ※복동 실린더 : 전/후진 모두 가능하며 전/후진 운동 시 힘의 차이가 있으며 행정거리가 길다.

10 면적이 $1m^2$인 곳을 50N의 무게로 누를 때 면적에 작용하는 압력은

① 50 Pa
② 100Pa
③ 500Pa
④ 1000Pa

> $P = F/A = 50N/1m^2 = 50N/m^2$ ($1Pa = 1N/m^2$) $= 50Pa$

11 공압 배관 연결 작업이나 용접작업 시 발생되는 이물질이 공압 시스템으로 유입되어 고장이 발생하는데, 이로 인한 고장으로 가장 거리가 먼 것은?

① 압력 스프링 손상으로 누설이 생긴다.
② 슬라이드 밸브의 고착 현상이 생긴다.
③ 포펫밸브의 시트부에 융착되어 누설이 생긴다.
④ 유량제어 밸브에 융착되어 속도제어를 방해한다.

> 압력 스프링 손상은 과도한 장력이 가해졌을 경우 발생하는 경우로 공압 배관 연결 작업이나 용접작업 시 발생되는 이물질이 공압 시스템으로 유입된 경우 압력 스프링 손상은 일어나지 않는다.

12 다음의 진리표가 나타내고 있는 논리는?

입력		출력
A	B	Z
0	0	1
0	1	1
1	0	1
1	1	0

① NOR
② NAND
③ EX-OR
④ EQUIVALENT

> NAND 회로는 AND 회로와 NOT 회로로 구성되어 있으며, AND의 부정연산회로이다. 따라서 입력 A, B가 모두 1일 때만 출력이 0이 된다.

13 유압 에너지를 이용하여 한정된 회전운동을 하는 기계는?

① 유압 모터　② 유압 실린더
③ 유압 펌프　④ 유압 요동 액추에이터

> 요동 액추에이터는 연속적인 회전운동을 하는 모터와 달리 일정한 각도만큼 회전하면 회전이 멈추고 또 압유를 보내는 방향을 역으로 하면 반대방향으로 회전하는 액추에이터로 그러한 의미에서 한정된 회전운동을 한다.

14 센서의 사용 목적과 가장 거리가 먼 것은?

① 정보의 수집　② 연산 제어 처리
③ 정보의 변환　④ 제어 정보의 취급

> 연산 제어 처리 : 중앙처리장치의 일부분으로 수, 함수 등에서 일정한 법칙에 따라 결과를 내는 조작으로 센서와는 무관하다.

15 자동화 시스템을 구성하는 각 단위기기를 하드웨어 및 소프트 웨어를 연결하는 방법을 의미하는 것은?

① 네트워크(network)　② 메카니즘(mechanism)
③ 엑추에이터(actuator)　④ 프로세서(processor)

> 네트워크(network) : 통신선로에 의해 서로 연결되어 있는 일련의 집합체

16 시스템 회로의 구성 중 동작상태 표현법에 관한 설명으로 틀린 것은?

① 기능선도 : 논리제어 문제를 표시하는 적절한 방법이다.
② 래더다이어그램 : 릴레이 시퀀스 제어 회로 표시에 이용된다.
③ 변위-단계선도 : 작업순서가 표시되고 그 변위는 순서에 따라 선도에 표시되며 각 요소의 관계는 스텝별로 비교할 수 있다.
④ PFC(Program flow chart) : 상업용, 기술용으로 논리 순서를 표현하는 방법으로 광범 위하게 사용된다.

> 기능선도 : 순차적으로 제어를 표시하는 방법

17 다음 그림이 의미하는 시스템은?

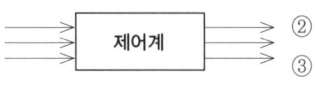

① 서보 시스템
② 피드백 제어 시스템
③ 개회로 제어 시스템
④ 폐회로 제어 시스템

> 개회로 제어시스템
> 출력이 제어 과정에 영향을 끼치지 않는 시스템으로 출력 결과에는 관계없이 미리 정해진 순서에 따라 제어를 진행하는 것으로, 그림과 같이 제어계에 의한 제어명령이 내려지면 스위치의 열림과 닫힘, 즉 두 동작 가운데 한 동작이 내려지며 이를 자동적으로 처리하게 된다.

18 다음 그림의 기호가 나타내는 것은?

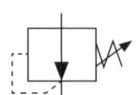

① 체크밸브
② 무부하 밸브
③ 감압 밸브
④ 급속 배기 밸브

19 유압 실린더의 수축과정에서 발생하는 힘을 나타내는 수식 표현으로 옳은 것은?

① 압력 × 피스톤 면적
② 유량 ÷ 피스톤 면적
③ 압력 × (피스톤 면적 – 로드 면적)
④ 유량 ÷ (피스톤 면적 – 로드 면적)

> P(압력) = F(힘) / A(면적)이므로 F = P×A로 표시된다.
> 또한 피스톤 로드의 단면적은 실린더의 1/2 이상이므로 실린더 수축과정에서 발생하는 힘은 피스톤 면적에서 로드 면적을 빼 주어야 한다.

20 제어작업이 주로 논리제어의 형태로 이루어지는 곳에 AND, OR, NOT, 플립플롭 등의 기본 논리 연결을 표시하는 기호도를 무엇이라 하는가?

① 논리도　② 제어선도
③ 회로도　④ 변위-단계선도

> • 제어선도 : 자동제어에 있어서, 조절부의 출력신호로 조작부를 조작하는 선도이며 종류로는 2위치(on-off) 동작, 비례동작, 미분 동작, 적분 동작 등이 있다.
> • 논리도 : AND, OR, NOT 등의 기본 논리연결을 표시한다.
> • 플로챠트 : 산업용, 기술용으로 논리 순서를 표현한다.
> • 변위-단계선도 : 작업요소의 작업 순서가 표시되고 그 변위는 순서에 따라 표시된다.

제2과목 설비진단 및 관리

21 보전표준의 종류 중 진단방법, 항목, 부위, 주기 등에 대한 것이 표준화 대상인 것은?

① 수리 표준 ② 일상점검표
③ 작업 표준 ④ 설비점검표

> 설비점검표는 분류한 항목에 따라 설비 시설을 점검한 내용을 기록하며 여기에는 장비명, 점검방법, 점검항목, 특이사항 등을 기록한다.

22 설비관리의 분업방식으로 가장 거리가 먼 것은?

① 기능 분업 ② 절충 분업
③ 전문기술 분업 ④ 지역 분업

23 TPM에서의 로스에 대하여 설비의 종합 이용효율을 계산하기 위하여 측정하는 종류로 가장 거리가 먼 것은?

① 에너지 효율 ② 시간 가동률
③ 성능 가동률 ④ 양품율

> 품질 개선 : 품질의 이상 또는 더 나은 것을 생산하기 위하여 원리, 원칙에 의하여 원인 분석을 해야 하며 현존하는 지식과 경험, 기능으로 시간 가동률, 성능 가동률 등을 활용해야 한다.
> • 시간 가동률 = [부하시간 / (부하시간 – 정지시간)]×100(%)
> • 설비효율 = 시간 가동률×성능 가동률×양품률
> • 양품률 = 양품수 / 투입수량

24 설비보전 내용을 기록하였을 때 장점으로 가장 거리가 먼 것은?

① 설비 수리주기의 예측이 가능하다.
② 설비 수리비용의 예측 및 판단 자료가 된다.
③ 설비에서 생산되는 생산량을 파악할 수 있다.
④ 설비 갱신 분석의 자료로 활용할 수 있다.

> ③ 항의 경우 생산보전에 해당되는 설명이다.

25 윤활유를 선정할 때 가장 기본적이고 먼저 검토해야 할 사항은?

① 적정 점도 ② 운전 속도
③ 급유 방법 ④ 관리 방법

> 윤활유를 선정할 때 일반적으로 고려해야 할 사항은 윤활제의 점도, 열 및 산화 안정성, 적합성, 부식성, 가연성, 유독성 등이 고려되어야 한다.

26 설비보전에서 효과 측정을 위한 척도로서 널리 사용되는 지수 중 고장 도수율의 공식은?

① (정미 가동시간/부하시간) × 100
② (고장횟수/부하시간) × 100
③ (고장 정지시간/부하시간) ×100
④ (보전비 총액/생산량) × 100

> 설비의 경제성 평가
> • 설비 가동률 = (정미 가동시간 / 부하시간) × 100(%)
> • 고장 도수율 = (고장횟수 / 부하시간) × 100(%)
> • 고장 강도율 = (고장 정지시간 / 부하시간) × 100(%)
> • 제품 단위당 보전비 = 보전비 총액 / 생산량

27 제품에 대한 전형적인 고장률 패턴은 욕조곡선으로 나타낼 수 있다. 우발고장기간에 발생될 수 있는 원인과 관계가 없는 것은?

① 안전계수가 낮은 경우
② 스트레스가 기대 이상인 경우
③ 사용자 과오가 발생한 경우
④ 폐기 되었을 경우

> 욕조곡선
> • 초기고장(감소형) : 제조 또는 생산과정에서의 고장
> • 우발고장(일정형) : 사용 중 발생하는 예측 불능의 고장
> • 마모고장(증가형) : 수명을 다함으로써 발생하는 고장

28 진동 에너지를 표현하는데 가장 적합한 것은?

① 피크값 ② 평균값
③ 실효값 ④ 최대값

> 진동의 크기
> • 피크값(편진폭) : 진동량의 절대값의 최대값이다.
> • 피크-피크값 : 정측의 최대값에서 부측의 최대값까지의 값이다.(정현파의 경우는 피크값의 2배)
> • 실효값 : 진동의 에너지를 표현하는 것에 적합한 값이다. (정현파의 경우는 피크값의 $1/\sqrt{2}$ 배)
> • 평균값 : 진동량을 평균한 값이다.(정현파의 경우는 피크값의 $2/\pi$배이다.)

29 진동측정기기의 검출단 설치방법 중 사용할 수 있는 주파수 영역이 가장 넓은 고정 방식은?

① 나사 고정
② 밀랍 고정
③ 영구자석 고정
④ 손 고정

> 나사 고정은 먼지, 온도, 습기의 영향을 적게 받으며 가장 넓은 주파수 응답 범위를 가질 수 있다.

30 시스템의 고유 진동 주파수 f를 2배로 증가시키기 위한 정적 처짐량 δ의 값은?

① 2배로 증가시킨다.
② 1/2로 감소시킨다.
③ 4배로 증가시킨다.
④ 1/4로 감소시킨다.

> 고유 진동 주파수는 정적 처짐량의 제곱에 반비례한다.

31 듀폰(Dupont)사에 의해 제시된 보전요원 자신이 스스로 계획, 작업량, 비용, 생산성 측면으로 평가하여 미래의 목표를 제시하는 목표관리(MBO : management by object) 시스템에서 계획의 기능에 해당되는 측정요소는?

① 노동 효율
② 계획 달성률(예상 효율)
③ 월당 총공수에 대한 예방보전공수의 비율
④ 총 설비투자에 대한 보전비의 비율

> 목표관리시스템 : 실질적 성과와 질의 경영을 추구하는 기업의 내부경쟁 프로그램으로 노동 효율이 계획 기능에 해당된다.

32 아래 그림은 최적 수리주기를 나타낸 것으로 ( ) 안에 들어갈 내용은?

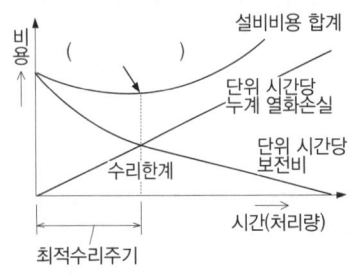

① 최소 비용점
② 최소 수리점
③ 적정 비용점
④ 최고 효율점

33 회전체 질량 중심의 불균형으로 인해 회전체의 회전 주파수가 가장 크게 나타나는 것은?

① 미스얼라인먼트(misalignment)
② 언밸런스(unbalance)
③ 공진(resonance)
④ 윤활(lubrication) 부족

> - 언밸런스(unbalance) : 회전수와 동일한 주파수가 검출되었을 때 진동을 발생시키며 모든 기기에서 발생하는 진동으로 수평·수직방향에 최대의 진폭이 발생하며 언밸런스량과 회전수가 증가할수록 진동레벨이 높게 나타난다.
> - 미스얼라인먼트(misalignment) : 베어링 설치가 잘못되었거나 축 중심이 어긋난 경우에 발생하는 경우로 측정은 축 방향에 센서를 부착하여 측정하며 이때 위상각은 180°이다.
> - 공진 : 기계의 고유 진동수와 강제 진동수가 일치하게 되면 진폭이 크게 발생하여 진동이 최대가 되어 설비에 악 영향을 끼치게 되므로 가급적 공진점은 피하여 운전하는 것이 좋다.

34 고정자산의 구입가격에서 법정 잔류가치를 뺀 차액을 법정 내용 연수기간 동안에 매년 분할하여 손금(損金)의 일종으로 취급하는 비용은?

① 자본 회수비
② 감가 상각비
③ 이익 할인비
④ 처분 가치비

> 감가 상각비 : 토지 등을 제외한 무형·유형의 고정 자산의 물리적 또는 기계적인 원인에 의해 생기는 감가액을 일정한 산정 방식에 따라 비용으로서 계산하는 것

35 설비보전조직의 유형에서 전문 보전원에 대하여 보전 책임이 집중인지 분산인지에 대한 분류 중 조직상·배치상 모두 분산 형태인 보전 조직은?

① 집중 보전
② 지역 보전
③ 부분 보전
④ 절충 보전

> - 집중 보전 : 책임자 한 사람을 기준으로 하여 조직이 구성되며 모든 보전 요원은 책임자의 지시에 따라 움직이는 집중 관리 시스템이다.
> - 지역 보전 : 생산 공장에 보전요원을 배치함으로서 설비의 이상 유무, 수리, 검사 등을 직접 처리한다.
> - 부분 보전 : 생산 제조 부분 책임자 관할아래 보전요원을 상주시키는 방식이다.
> - 절충 보전 : 집중보전에 지역보전이나 부분보전을 접목시켜 서로의 장점을 계승하고 단점을 보완하여 운영하는 보전방식이다.

36 일반적으로 사람이 들을 수 있는 가청 주파수의 범위는?

① 0.2~30000Hz ② 0.1~10000Hz
③ 10~30000Hz ④ 20~20000Hz

가청 주파수 : 사람의 청력으로 소리를 느낄 수 있는 음파의 주파수 영역으로 보통 20Hz~20kHz의 주파수 범위이다.

37 회전기계에서 발생하는 이상현상 중 언밸런스나 베어링 결함 등의 검출에 널리 사용되는 설비 진단 기법은?

① 오일 분석법 ② 진동법
③ 응력 해석법 ④ 페로그래피법

설비 진단 기법	
진동법	• 송풍기, 펌프, 팬 등의 기초 설비 및 밸런스 이상 진동 유무 진단 • 각 회전 기기의 언밸런스에 의한 이상 진동 유무 진단 • 기기에 공급되는 이상 압력에 의한 진동 여부 진단
오일 분석법	• 페로그래피법 : 시료용 오일을 용제에 희석하여 경사면을 따라 흐르게 하고 자석을 가까이 하면 오일 중에 마모된 금속이 크기에 따라 자석에 부착하게 되며 이를 색현미경에 의하여 크기, 형상 등을 관찰 • SOAP법 : 시료용 오일을 연소하면서 발생되는 금속성분의 발광 또는 흡광현상으로 분석
응력법	• 계속되는 기기 운전으로 인해 설비의 피로 축적에 따른 응력 집중 제거 • 기기의 실제 응력을 조사하여 파악 • 설비 내부의 응력 분포를 파악 • 설비 피로에 의한 수명을 파악

38 제품별 배치형태의 특징으로 틀린 것은?

① 작업의 흐름 판별이 용이하며 조기발견, 예방, 회복 등이 쉽다.
② 공정이 확정되므로 검사 횟수가 적어도 되며 품질관리가 쉽다.
③ 작업을 단순화할 수 있으므로 작업자의 훈련이 용이하다.
④ 정체 시간이 길기 때문에 재공품(在工品)이 많다.

설비배치의 형태
• 제품별 배치 : 각 공정에 따라 필요한 기기를 적정 요소에 배치하는 것
• 혼합형 배치 : 기능별, 제품별, 제품 고정형 배치와의 혼합형이다.
• 기능별 배치 : 제품 중심으로 그 제품을 가공하는데 소요되는 작업장을 구성
• 제품 고정형 배치 : 주재료의 부품이 고정된 창고에 있고 사람이나 기계가 이동하며, 작업이 행하여지는 배치

39 설비나 부품의 고장결과를 다시 원상태로 회복시키기 위한 설비보전 방법은?

① 개량 보전
② 사후 보전
③ 예방 보전
④ 자주 보전

• 사후보전(BM) : 고장, 정지 또는 성능저하의 수리를 행하는 것
• 예방보전(PM) : 설비의 주기적인 검사로 미연에 고장, 정지 또는 성능저하 상태를 제거하고 복구시키기 위한 보전
• 생산보전(PM) : 생산성이 높은 보전, 경제성
• 개량보전(CM) : 설비자체의 체질개선으로 예방보전으로 고장이 없고, 보전하기 쉬운 설비로 개량

40 공장 내의 회전기계 간이진단 대상 설비 중 주요 진단 대상으로 가장 거리가 먼 것은?

① 생산과 직접 관련된 설비
② 부대설비인 경우라도 고장이 발생하면 큰 손해가 예측되는 설비
③ 고장 발생 시 2차 손실이 예측되는 설비
④ 정비비가 낮은 설비

공장 내의 회전기계 간이 진단 대상 설비
• 생산에 직결되어 있는 설비
• 부대설비라도 고장이 발생하면 상당한 손해가 예측되는 설비
• 고장이 발생되면 2차 피해가 예측되는 설비
• 정비비가 높은 설비

제3과목 공업계측 및 전기전자제어

41 2진수 1100을 10진수로 바꾸면 어떻게 되는가?

① 10 ② 11
③ 12 ④ 13

> 숫자 나오는 순서대로 표기하면
> $1 \to 2^3 = 8, 1 \to 2^2 = 4, 0 \to 2^1 = 0, 0 \to 2^0 = 0$
> ∴ $8 + 4 + 0 + 0 = 12$

42 정전용량 1[μF]의 콘덴서가 60[Hz]인 전원에 대한 용량 리액턴스[Ω]의 값은 약 얼마인가?

① 2500 ② 2600
③ 2653 ④ 2753

> $Xc = \dfrac{1}{w \cdot c} = \dfrac{1}{2\pi \cdot c} = \dfrac{1}{2 \times 3.14 \times 60 \times 1 \times 10^{-6}} = 2653.93\Omega$

43 측정량과 크기가 거의 같은 미리 알고 있는 양의 분동을 준비하여 분동과 측정량의 차이로부터 측정량을 구하는 방법은?

① 영위법 ② 편위법
③ 치환법 ④ 보상법

> • 영위법 : 조정할 수 있는 같은 종류의 분동 무게와 측정(천칭에 의한 계량)량을 조화시켜 분동 무게로부터 측정량을 아는 측정
> • 편위법 : 측정량을 그것과 비례한 지시의 변화량으로 바꾸어 그 변화량을 측정
> • 치환법 : 같은 측정장치에 측정하고자 하는 양을 입력하여 얻어진 값과 측정하고자 하는 양을 이미 알고 있는 같은 종의 양으로 치환하여 측정해서 얻어진 값으로 피 측정량을 아는 방법

44 다이오드의 최대 정격 중 연속적으로 가 할 수 있는 직류전압의 최대 허용값을 나타낸는 것은?

① 최대 첨두 역방향 전압
② 최대 직류 역방향 전압
③ 최대 첨두 순방향 전압
④ 최대 평균 정류 전압

> 최대 역전압으로 다이오드에 역방향 바이어스가 되었을 경우 다이오드 양단에 걸리는 것은 최대 역방향 전압이다.

45 연산 증폭기의 입력단과 출력단의 구성은?

① 1개의 입력과 1개의 출력
② 1개의 입력과 2개의 출력
③ 2개의 입력과 1개의 출력
④ 2개의 입력과 2개의 출력

> 연산 증폭기는 두개의 입력단자와 한개의 출력단자를 가지며, 두개의 입력단자간의 전압 차이를 증폭시키는 증폭기로 고증폭도를 가지며 아날로그 신호의 가산, 감산, 적분 등의 연산이 가능한 증폭기이다.

46 전기세탁기, 승강기 및 자동판매기는 다음 중 어떤 제어에 가장 적합한가?

① 폐회로 제어 ② 공정 제어
③ 시퀀스 제어 ④ 되먹임 제어

> 시퀀스 제어 : 처음에 정해진 조건 또는 순서에 따라 행하여지는 제어

47 입력 임피던스가 높고 100kHz 정도의 고속 스위칭이 가능하며, 대전류의 출력 특성을 고루 갖추고 있는 사이리스터의 대체 소자로서 무정전 전원장치 등의 대폭적인 성능개선에 기여한 전력제어용 반도체 소자는?

① 실리콘 제어 정류기(SCR)
② 단접합 트랜지스터(UJT)
③ 프로그램가능 단접합 트랜지스터(PUT)
④ 절연 게이트형 양극성 트랜지스터(IGBT)

> 절연 게이트 양극성 트랜지스터(IGBT)는 금속 산화막 반도체 전계효과 트랜지스터(MOSFET)을 게이트부에 넣은 접합형 트랜지스터로서 소형, 경량화가 가능하며 높은 사용률 및 절전효과가 뛰어나다.

48 절연저항을 측정하는 계기는?

① 계기용 변류기 ② 계기용 변압기

③ 전력계　　　　　④ 메거

메거는 전선 또는 전동기 등의 절연 저항의 측정에 사용하는 테스터이다.

49 시퀀스 제어에 관한 다음의 설명 중 옳지 않은 것은?
① 전체 계통에 연결된 제어신호가 동시에 동작할 수도 있다.
② 시간지연 요소도 사용된다.
③ 기계적 계전기도 사용된다.
④ 조합 논리회로도 사용된다.

시퀀스 제어는 정해진 순서에 따라 작동하는 것으로 제어신호가 동시에 동작할 수가 없다.

50 전계효과 트랜지스터의 특징에 해당되지 않는 것은?
① 유니폴라(Unipolar) 소자이다.
② 바이폴라(Bipolar) 소자이다.
③ 전압제어 소자이다.
④ 저전력증폭기의 입력단에 적합하다.

트랜지스터는 바이폴라 트랜지스터와 전계효과 트랜지스터(FET)로 나누어지며 양극성의 뜻으로 접합형 트랜지스터의 경우에는 동작의 바탕이 되는 캐리어가 두 종류 있어 전자나 정공의 양쪽이 작용하는데 이것을 바이폴라 소자라고 한다.

51 다음 중 트랜지스터의 접지방식이 아닌 것은?
① 게이트 접지　　　② 이미터 접지
③ 베이스 접지　　　④ 켈렉터 접지

트랜지스터의 접지방식
• 베이스 접지 : 입력 임피던스가 가장 낮고, 출력 임피던스가 가장 높다. 차단주파수가 높아서 고주파 증폭회로에 많이 사용된다.
• 이미터 접지 : 입, 출력 임피던스는 컬렉터 접지 및 베이스 접지의 중간 정도이다. 전류 및 전압증폭률이 효율적으로 크므로 증폭회로에 일반적으로 많이 사용된다.
• 컬렉터 접지 : 입력 임피던스가 높고, 출력 임피던스는 낮다. 버퍼단(임피던스를 낮추어 주는 역할)으로 많이 사용된다.

52 다음 중 PLC의 전원부에 대한 잡음 대책이 아닌 것은?
① 스파크 킬러를 사용한다.
② 필터를 사용한다.
③ 트랜스를 사용한다.
④ 트랜스와 필터를 사용한다.

PLC : 제어 논리를 프로그램에 의하여 변경시킬 수 있는 제어기로서 필터, 트랜스를 사용하여 전원부 잡음을 제거한다.

53 2개의 입력을 가지는 경우 두 입력이 서로 다를 때 출력이 "1"이 되고 같을 때에는 출력이 "0"이 되는 배타적 OR회로의 논리식은?
① $Y = A \cdot B$　　　② $Y = A + B$
③ $Y = A \oplus B$　　　④ $Y = A \odot B$

배타적 OR회로 : 배타적 OR회로는 연산 기호는 +이며, 입력되는 내용이 서로 다르면 결과가 1이고 같으면 0인 것이 특징이며, A⊕B, A XOR B와 같이 표현한다.

54 직류 발전기의 구성요소 중 자속을 만들어 주는 부분은?
① 계자　　　　　② 전기자
③ 정류자　　　　④ 브러시

직류 발전기 3요소
• 계자 : 전기자에 쇄교하는 자속을 만들어 주는 부분
• 전기자 : 회전부분으로 자속을 끊어서 기전력을 유도하는 부분
• 정류자 : 브러쉬와 접촉하면서 전기자 권선에서 생긴 유도 기전력을 직류로 변환하는 부분

55 신호 전송 시 노이즈(noise) 대책으로 접지를 할 때의 주의사항으로 틀린 것은?
① 1점으로 접지를 할 것
② 가능한 가는 도선을 사용할 것
③ 병렬배선으로 할 것
④ 실드 피복은 필히 접지 할 것

노이즈는 전기적, 기계적 이유로 시스템에서 발생하는 불필요한 신호로 정전유도, 전도, 중첩 등이 노이즈 원인에 해당되며 저항 접지 시 저항값을 가능한 한 크게 하는 것이 좋다.

56 다음과 같은 블록선도에서 전달함수로 알맞은 것은?

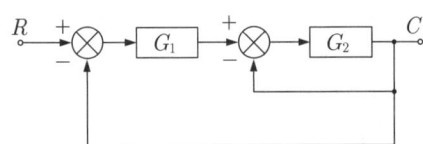

① $\dfrac{G_1G_2}{1+G_1G_2}$ ② $\dfrac{G_1G_2}{1+G_1+G_2}$
③ $\dfrac{G_1G_2}{1+G_1+G_1G_2}$ ④ $\dfrac{G_1G_2}{1+G_2+G_1G_2}$

57 계측기가 미소한 측정량의 변화를 감지할 수 있는 최소 측정량의 크기를 무엇이라 하는가?

① 정밀도 ② 정확도
③ 오차 ④ 분해능

> 분해능(분리능) : 기기가 어떤 변수의 값을 주변 값들과 구분할 수 있는 능력의 척도 또는 인접한 두 개의 물체를 별개의 것으로 구별할 수 있는 최소 거리

58 전기가 잘 통하는 성질을 도전율이라 한다. 도전율이 가장 좋은 물질은?

① 은 ② 구리
③ 금 ④ 알루미늄

> 도전율이 좋은 순서 : 은 > 구리 > 금 > 알루미늄

59 피드백 제어에서 반드시 필요한 장치는?

① 조작기 ② 비교기
③ 검출기 ④ 조절기

> 피드백 제어는 신호를 그 입력 신호로 되돌림으로써 제어량의 값을 목표값과 비교하여 그들을 일치시키도록 정정 동작을 하는 제어로서 비교기는 목표치와 제어량에서 인출한 신호를 서로 비교해서 제어동작을 일으키는데 필요한 정보를 가진 신호를 만들어 내는 부분으로 반드시 필요한 장치이다.

60 다음 그림과 같이 휘트스톤브리지 회로가 구성되었다. 슬라이드 저항의 브러시 위치를 움직여 검류계 G가 '0'을 지시하고 브리지가 평형을 이루었을 경우의 관계식은?

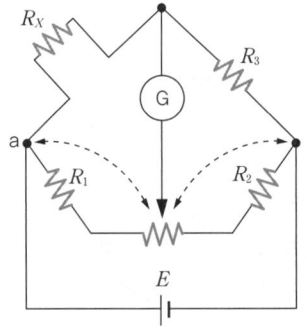

① $R_X \cdot R_2 = R_1 \cdot R_3$ ② $R_1 \cdot R_2 = R_X \cdot R_3$
③ $R_X + R_2 = R_1 + R_3$ ④ $R_1 + R_2 = R_X + R_3$

> 4군데 모두 저항으로 이루어져 있는 경우 서로 마주보는 저항을 곱한 값이 같다.
> ∴ $R_X \cdot R_2 = R_1 \cdot R_3$

제4과목 기계정비 일반

61 원심펌프 축의 밀봉장치 요소로 옳은 것은?

① 축 슬리브 ② 스터핑 박스
③ 라이너 링 ④ 케이싱 웨어링

> 스터핑 박스 : 펌프의 축 밀봉부를 형성하여 그랜드 패킹 및 기계식 시일 등의 밀봉 장치를 설치하기 위한 부분이다.

62 수격작용에 의해 발생되는 피해 현상이 아닌 것은?

① 압력 강하에 따른 관로의 파손
② 펌프 및 원동기의 역회전 과속에 따른 사고 발생
③ 수격현상 상승압에 따라 펌프, 밸브, 관로 등의 파손
④ 관로의 압력 상승에 의한 수주 분리로 낮은 충격압 발생

> 수격현상이 나타나면 관로의 압력상승에 의한 수주분리로 높은 충격압력이 발생한다.

63 전동기 베어링 부분에서 발열이 발생할 때 주요 원인이 아닌 것은?

① 벨트의 장력 과대
② 커플링 중심내기 불량
③ 베어링의 조립 불량
④ 전동기 압력 전압의 변동

베어링 부분에서 발열
• 윤활유 열화, 유출 등에서 오는 윤활 불량으로 발열
• 윤활제의 부적합으로 인한 발열
• 베어링 조립 불량에 의한 발열
• 체인, 벨트 등의 지나친 꽉 조임으로 인한 발열
• 커플링의 중심내기 불량이나 적정 틈새가 없음으로 인한 발열

64 V벨트에 관한 설명으로 옳은 것은?

① V벨트는 미끄럼이 발생되지 않는다.
② V벨트의 각도는 38도의 마름모를 형성한다.
③ 풀리 홈의 각도는 V벨트 크기에 관계없이 일정하다.
④ V벨트 난닌 형상은 M, A, B, C, D, E 여섯 가지이다.

V벨트의 특징
• 고무 벨트의 일종으로 단면이 V형인 동력 전달용 벨트이며 각도는 40°이다.
• 두 축간 중심거리가 평벨트보다 짧다.
• 전동이 확실하다.
• 운전이 조용하다.
• 종류 : M, A, B, C, D, E의 6가지가 있으며 M형이 제일 작고 E형이 가장 단면이 크다.

65 입력축과 출력축에 드라이브 콘을 설치하고 그 바깥 가장자리에 강구를 접촉시켜 변속하는 변속기는?

① 컵 무단 변속기
② 디스크 무단 변속기
③ 링 원추 무단 변속기
④ 플랜지 디스크 가변 변속기

66 다음 중 펌프 흡입밸브로 차단용이 아닌 것은?

① 플랩 밸브(flap valve)
② 앵글 밸브(angle valve)
③ 글로브 밸브(glove valve)
④ 슬루스 밸브(sluice valve)

플랩 밸브는 나비형 밸브로 개폐를 신속하게 할 수 있으며 저압부터 고압까지의 물, 증기, 공기, 가스용으로 널리 사용되며 펌프 흡입밸브에는 사용하지 않는다.

67 두 기어 사이에 있는 기어로서 속도비에 관계없이 회전방향만 변하는 기어는?

① 웜 기어
② 아이들 기어
③ 구동 기어
④ 헬리컬 기어

아이들 기어 : 공전 기어라고도 하며, 두 개의 메인 기어 사이에 설치되어 그 위치를 조정하거나 회전 방향을 변환시킬 목적으로 사용되는 기어이다.

68 펌프에서 발생하는 이상 현상 중 수격현상에 관한 설명으로 옳은 것은?

① 관로의 유체가 비중이 낮아 흐름속도가 빨라지는 현상이다.
② 펌프내부에서 흡입양정이 높아 유체가 증발하여 기포가 생기는 현상이다.
③ 배관을 흐르는 유체에 불순물이 섞여 관로에서 충격파를 발생시키는 현상이다.
④ 배관에 흐르는 유체의 속도가 급격한 변화에 의해 관내 압력이 상승 또는 하강하는 현상이다.

수격현상(water hammering) : 관로 내의 물의 운동 상태를 갑자기 변화시킴에 따라 생기는 물의 급격한 압력 변화의 현상으로 관 속에 전달되어 진동 및 충격음을 내고, 심할 때는 고장의 원인이 된다.

69 두 축을 동시에 센터링할 때 측정 준비 작업이 아닌 것은?

① 커플링의 외면을 세척한다.
② 다이얼 게이지의 오차 및 편차를 구한다.
③ 펌프측 베이스 하단에 라이너를 삽입한다.
④ 커플링의 외면에 0°, 90°, 180°, 270°의 방향을 표시한다.

> **축 하나를 회전하여 센터링을 측정**
> - 위치표시 : 0°, 90°, 180°, 270°
> - 마그네틱베이스를 설치하는 축을 고정시키고 회전하는 축을 회전시켜 진원도 측정
> - 축 커플링의 진원도 : 0.02mm, 축의 벤딩량 : ±0.05~0.06mm

70 측정을 할 때 측정치와 참값과의 차를 오차라고 하는데 측정기에 의한 오차가 아닌 것은?

① 지시 오차
② 되돌림 오차
③ 흔들림 오차
④ 탄성변형 오차

> - 지시오차 : 계기 등으로 측량할 때 조정이 잘못되어 야기된 오차
> - 되돌림 오차 : 동일 측정량에 대하여 다른 방향으로 부터 접근한 경우 지시의 평균값의 차
> - 흔들림 오차 : 동일 측정량에 대하여 가장 큰 값과 가장 작은 값 차이를 계산한 값

71 선반에서 나사 절삭 바이트의 설치 및 측정에 사용되며 게이지 위에 있는 스케일은 인치당 나사수를 정하는데 사용되는 것으로 맞는 것은?

① 블록 게이지
② 틈새 게이지
③ 센터 게이지
④ 스크류 피치 게이지

> **측정 공구**
> - 블록게이지 : 측정면이 극히 정밀하게 다듬어진 장방형의 블록으로 되어 있으며, 주로 치수의 기준으로 사용되고, 게이지 부속품이나 기타 특정기구와 병용하여 여러 가지 측정에 이용
> - 틈새게이지 : 강재의 얇은 편으로 작은 홈의 간극 등을 점검하고 측정하는데 사용
> - 스크류 피치 게이지 : 일반나사의 피치를 측정하는 게이지

72 축이음의 종류에서 두 축의 관계 위치에 따라 종류를 연결한 것 중 관련이 없는 것은?

① 플렉시블 커플링 : 2개의 축이 서로 교차되는 것
② 그리드 플렉시블 커플링 : 경강선으로 된 그리드의 탄성을 이용한 것
③ 유니버설 조인트 : 2개의 축이 어느 각도를 가지고 교차되는 것
④ 올덤 커플링 축 이음 : 2개의 축이 평행이고, 축선이 어긋나 있는 것

> 플렉시블 커플링 : 비틀림 진동을 흡수하는 작용으로 편심, 편각이 어느 정도 허용되는 축 이음이다.

73 구멍의 치수가 축의 치수보다 작을 때의 끼워맞춤은?

① 억지 끼워맞춤
② 중간 끼워맞춤
③ 헐거운 끼워맞춤
④ 가열 끼워맞춤

> **끼워맞춤의 종류**
> - 가열 끼워맞춤 : 가열 시 전체를 서서히 가열하며 200~250℃ 이하로 가열해야 한다.
> - 헐거운 끼워 맞춤 : 항상 구멍이 축보다 큰 경우로서 언제나 틈새가 생기는 끼워 맞춤
> - 억지 끼워 맞춤 : 항상 쳄새가 생기는 끼워 맞춤이다.
> - 중간 끼워 맞춤 : 헐거운 끼워 맞춤과 억지 끼워 맞춤의 중간으로 억지 끼워 맞춤보다 작은 쳄새가 있는 끼워 맞춤으로서 극히 정밀한 기계에 사용한다.

74 일반 산업기계에서 축의 구부러짐으로 발생하는 현상으로 볼 수 없는 것은?

① 베어링의 발열
② 기어의 이상 마모
③ 축의 경도 저하
④ 축의 진동 및 소음

> 경도 저하는 축에 가해지는 하중의 감소이기 때문에 축의 구부러짐이 방지된다.

75 감압밸브에 관한 설명으로 옳은 것은?

① 밸브의 양면에 작용하는 온도차에 의해 자동적으로 작동한다.
② 피스톤의 왕복운동에 의한 유체의 역류를 자동적으로 방지한다.
③ 내약품, 내열 고무제의 격막 판을 밸브 시트에 밀어 붙인 밸브이다.
④ 유체 압력이 높을 경우 자동적으로 압력을 감소시키며 감소된 압력을 일정하게 유지한다.

> ① : 온도조정 밸브, ② : 역류방지 밸브, ③ : 다이어프램 밸브

76 기계조립작업 시 주의사항으로 틀린 것은?

① 베어링부는 녹 발생이 없도록 한다.
② 이물질 제거 등 청소를 깨끗이 한 후 조립한다.
③ 각 부품이 도면과 같이 조립되어 있는지 확인한다.
④ 정밀 기계인 경우 기계의 보호를 위하여 반드시 장갑을 착용하고 작업한다.

> 정밀 기계인 경우 오차의 범위를 줄이기 위해 장갑을 착용하지 않아야 한다.

77 원심형 통풍기 중 실로코 통풍기의 베인 방향으로 옳은 것은?

① 전향 베인 ② 경향 베인
③ 후향 베인 ④ 회전 베인

> **원심형 통풍기**
> • 시로코 팬 : 시로코 통풍기는 원심식으로 전향베인이며 풍량변화가 풍압변화가 적으며 풍량이 증가하면 소요 동력도 증가한다.
> • 플레이트 팬 : 베인 형상이 간단하고 경향 베인이다.
> • 터보 팬 : 효율이 가장 좋으며 후향 베인이다.

78 축 방향에 인장 또는 압축력이 작용하는 두 축의 결합에 사용하는 기계요소는?

① 핀   ② 코터
③ 키   ④ 스플라인

> • 핀(pin) : 너트의 풀림 방지, 핸들과 축의 고정 또는 맞춤부분의 위치 결정에 사용하며, 보통 강재로 제작하나 황동이나 알루미늄으로 만드는 것도 있다.
> • 키(key) : 기어나 풀리 등을 축에 고정하여 회전력을 전달하는 장치로 강 또는 특수강으로 제작하지만 일반적으로 축보다 강한 재료를 사용한다.
> • 스플라인(Spline) : 큰 토크를 전달하고자 할 때 원주 방향을 따라 같은 간격으로 여러 개의 키 홈을 가공한 축을 사용 회전토크를 전달하는 동시에 축 방향으로도 이동할 수 있는 기계요소

79 펌프에 캐비테이션이 발생하면 성능저하와 펌프를 손상시킨다. 캐비테이션 방지방법으로 적합하지 않은 것은?

① 흡입관을 크게 한다.
② 펌프의 회전수를 높인다.
③ 양 흡입 펌프를 사용한다.
④ 흡입양정을 되도록 낮게 한다.

> **캐비테이션의 대책**
> • 유효흡입양정(NPSH)을 고려하여 선정할 것
> • 충분한 굵기의 흡입관경을 선정할 것
> • 여과기, 푸트(foot) 밸브 등은 주기적으로 청소할 것
> • 펌프의 회전수를 재조정할 것
> • 양 흡입 펌프를 사용하거나 펌프를 액중에 잠기게 할 것
> • 순환밸브(릴리프밸브)를 내장시킬 것

80 센터링 불량 시 나타나는 현상이 아닌 것은?

① 진동이 크다.
② 축 하나만 회전된다.
③ 베어링부 마모가 심하다.
④ 회전력 전달이 원활하지 못하다.

> 센터링 불량 시 소음, 진동이 심하게 동반되며 축의 손상이 심하게 발생된다.

정답 최근기출문제 2014년 3회

01 ②	02 ②	03 ③	04 ①	05 ④
06 ①	07 ③	08 ④	09 ④	10 ①
11 ①	12 ③	13 ④	14 ②	15 ①
16 ①	17 ③	18 ③	19 ③	20 ①
21 ④	22 ②	23 ①	24 ③	25 ①
26 ②	27 ②	28 ②	29 ①	30 ④
31 ①	32 ①	33 ②	34 ②	35 ③
36 ④	37 ②	38 ④	39 ②	40 ④
41 ②	42 ③	43 ④	44 ②	45 ③
46 ③	47 ④	48 ④	49 ①	50 ②
51 ①	52 ②	53 ③	54 ①	55 ②
56 ④	57 ④	58 ④	59 ②	60 ①
61 ②	62 ④	63 ②	64 ④	65 ①
66 ①	67 ②	68 ②	69 ③	70 ④
71 ②	72 ①	73 ①	74 ②	75 ④
76 ④	77 ①	78 ②	79 ②	80 ②

2015년 1회 최근기출문제

제1과목 공유압 및 자동화시스템

01 공압 모터의 장점이 아닌 것은?

① 에너지 변환 효율이 높다.
② 폭발의 위험성이 있는 곳에도 안전하다.
③ 회전수와 토크를 자유롭게 조정할 수 있다.
④ 다른 원동기에 비해 온도, 습도의 영향이 작다.

> **공압 모터의 특징**
> • 공압 모터는 유압 모터와 비교할 때 시동·정지가 원활하다.
> • 공기의 압축성으로 회전 속도는 부하의 영향을 쉽게 받으나 과부하에 대해 안전하다.
> • 폭발성 분위기 속에서도 안전하게 사용할 수 있다.
> • 속도 제어와 정·역회전의 변환이 간단하다.
> • 사용 주위 온도, 습도 등의 분위기에 대하여 전동기만큼 큰 제한을 받지 않는다.
> • 공압 모터의 자체 발열이 적다. 또한 각 섭동부의 마찰열은 압축 공기의 단열 팽창으로 냉각된다.
> • 압축공기 이외에 질소가스, 탄산가스 등도 사용할 수 있다.

02 그림과 같은 회로에 대한 설명으로 옳은 것은?

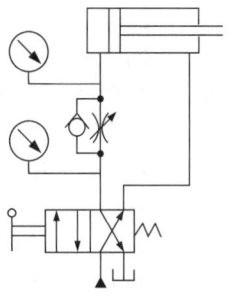

① 미터인(Meter-In) 방식의 전진 속도조절 회로이다.
② 미터인(Meter-In) 방식의 후진 속도조절 회로이다.
③ 미터아웃(Meter-Out) 방식의 전진 속도조절 회로이다.
④ 미터아웃(Meter-Out) 방식의 후진 속도조절 회로이다.

03 그림의 변위-단계선도에서 실린더 A, B의 작동순서는?

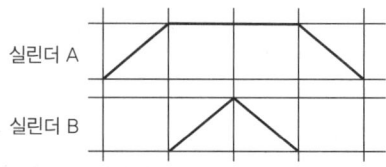

① 실린더 A 전진 → 실린더 A 후진 → 실린더 B 전진 → 실린더 B 후진
② 실린더 A 전진 → 실린더 B 전진 → 실린더 A 후진 → 실린더 B 후진
③ 실린더 B 전진 → 실린더 B 후진 → 실린더 A 전진 → 실린더 A 후진
④ 실린더 A 전진 → 실린더 B 전진 → 실린더 B 후진 → 실린더 A 후진

04 공기의 압력이 일정할 때 온도와 체적의 관계로 옳은 것은?

① 공기의 체적은 온도에 정비례한다.
② 공기의 체적은 온도에 반비례한다.
③ 공기의 체적은 온도의 제곱에 정비례한다.
④ 공기의 체적은 온도의 제곱에 반비례한다.

> **보일-샤를의 법칙**
> 완전가스의 체적은 절대압력에 반비례하고 절대온도에 비례한다. 즉, 압력이 일정할 때에 완전가스 체적은 절대온도에 비례한다.

05 펌프의 토출량이 15L/min이고 유압실린더에서의 피스톤 직경이 32mm, 배관경이 6mm일 때 배관에서의 유속(A)과 피스톤의 전진속도(B)는 각각 몇 m/s인가?

① (A) : 0.88 (B) : 0.03
② (A) : 5.31 (B) : 1.87
③ (A) : 8.84 (B) : 0.31
④ (A) : 53.1 (B) : 18.7

$15L/min = 0.015m^3/min$, 배관에서의 유속이므로 배관경이 6mm를 이용한다.

배관의 단면적 $= \frac{\pi}{4} \times 0.006^2 = 0.00002826 m^2$

유속(A) $= \frac{\text{토출량}}{\text{단면적}} = \frac{0.015 m^3/s}{0.00002826 m^2}$
$= 530.79 m/min = 8.84 m/s$

피스톤의 전진속도(B)는 피스톤 직경이 32mm를 이용한다.

배관의 단면적 $= \frac{\pi}{4} \times 0.032^2 = 0.000804 m^2$

유속(B) $= \frac{\text{토출량}}{\text{단면적}} = \frac{0.015 m^3/s}{0.000804 m^2}$
$= 18.65 m/min = 0.31 m/s$

06 교축밸브에 체크밸브를 붙인 것으로 공압 회로에서 실린더의 속도를 제어하기 위한 밸브는?

① 급속 배기 밸브 ② 한방향 유량제어 밸브
③ 방향 제어 밸브 ④ 양방향 유량제어 밸브

체크밸브 부착 니들 밸브(Needle valve with check valve)는 방향의 흐름에 대해서는 유량이 제어되며, 반대방향으로는 자유흐름이 되는 밸브로 한 방향 유량제어 밸브이다.

07 비접촉식 공압 근접 센서의 원리는?

① 파스칼의 원리 ② 에너지 보존의 법칙
③ 자유 분사 원리 ④ 뉴턴의 운동 방정식

근접 센서는 물체의 접근과 위치를 접촉없이 검출하는 센서로 자유분사원리를 이용한다.

08 그림과 같은 회로의 명칭은? (단, A, B는 입력, C는 출력이다.)

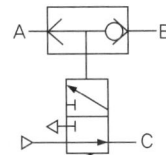

① AND
② NOT
③ NOR
④ NAND

NOR회로는 논리합의 부정 회로이며 OR-NOT으로 구성된 회로서 OR의 부정연산회로이다. 즉, 입력 A, B 중 최소한 어느 한 쪽의 입력이 1이면 출력은 0이 된다.

09 유압장치 작동 중 관로의 흐름이 밸브 등에 의해 순간적으로 차단될 때, 유체의 운동에너지가 탄성에너지로 변하여 나쁜 영향을 미치는 것은?

① 오리피스(Orifice)
② 채터링(Chattering)
③ 캐비테이션(Cavitation)
④ 서지압력(Surge Pressure)

- 오리피스 : 수조의 측벽 또는 바닥에 구멍을 뚫어서 물을 유출시킬 때 유출구를 나타내는 것으로 유량측정에 이용되고 있다.
- 채터링 : 릴레이의 접점이 닫힐 때 한 번에 닫히지 못하고 여러 번 단속을 반복하는 것으로 회로의 오동작 원인이 된다.
- 캐비테이션 : 펌프 흡입측 압력손실로 발생되는 기체가 펌프 상부에 모이게 되면 액의 송출을 방해하고 운전 불능에 이르는 현상이다.

10 진공발생기에서 진공이 형성되는 원리와 가장 관련이 깊은 것은?

① 샤를의 법칙 ② 보일의 법칙
③ 파스칼의 원리 ④ 벤투리 원리

- 샤를의 법칙 : 일정 압력 하에서 완전가스 체적은 절대온도에 비례한다.
- 보일의 법칙 : 일정 온도 하에서 완전가스 체적은 절대압력에 반비례한다.
- 파스칼의 원리 : 밀폐된 공간에 채워진 유체에 힘을 가하면, 내부로 전달된 압력은 밀폐된 공간의 각 면에 동일한 압력으로 작용한다.

11 유도 전동기의 회전속도에 영향을 주지 못하는 것은?

① 극수 ② 슬립(slip)
③ 주파수 ④ 정전기

유도 전동기의 회전속도는 코일을 감은 횟수에 비례, 전류의 세기에 비례, 전압에 비례, 저항에 반비례하며 주파수에 비례하고, 극수에 반비례하며 슬립에 해당하는 값만큼 속도가 줄어들게 된다.

12 유압실린더에서 면적비가 1 : 0.5(피스톤측 면적 : 피스톤 로드측 면적)이라면 유량이 일정할 때 피스톤의 후진 운동속도는 전진 운동속도의 몇 배인가?

① 0.5 ② 1.5
③ 2 ④ 3

유량이 일정하므로 연속의 법칙을 응용하면
$Q = A_1 \times V_1 = A_2 \times V_2$
면적비가 2배(1 : 0.5) 차이가 나므로 속도는 2배 빨라야 한다. 피스톤측 면적은 전진속도에 해당되며 피스톤 로드측 면적은 후진속도에 해당된다.

13 PLC를 이용하여 시스템을 제어하는 과정에서 프로그램 에러를 찾아내어 수정하는 작업은?

① 코딩
② 디버깅
③ 모니터링
④ 프로그래밍

- 코딩 : 프로그래밍 언어를 사용해 프로그램을 작성하는 작업
- 모니터링 : 프로그램이 처음의 설계에 일치되게 운용되고 있는가를 확인하는 작업
- 프로그래밍 : 데이터의 처리나 계산, 입출력 장치 등의 작동 순서를 명시하고, 그것이 제대로 실행되도록 명령어로 나타낸 것을 프로그램이라 하고, 이 프로그램을 만드는 것을 프로그래밍이라고 한다.

14 서미스터의 분류에 해당되지 않는 것은?

① NTC
② PNP
③ CTR
④ PTC

서미스터의 분류
- NTC(Negative Temperature Coefficient) : NiO, MnO, Fe_2O_3 등을 주성분으로 공기 중에서 안정하여 불순물의 영향이 적으며 온도상승에 따라 전기저항이 감소한다.
- PTC(Positive Temperature Coefficient) : 티탄산 바륨계 산화물 반도체의 일종이다.
- CTR(Critical Temperature Resistor) : 온도 경계에서 전기저항이 급격히 변화하는 소자이며 적외선 검출, 온도 경보 등에 이용된다.
- PNP : 부하에 −전압이 공급되어 있고 TR(트랜지스터)에 의해서 +가 공급되는 방식

15 유압시스템에 사용되는 작동유에 대한 수분의 영향과 가장 거리가 먼 것은?

① 밀봉작용이 저하된다.
② 작동유의 방청성을 저하시킨다.
③ 금속 촉매작용을 저하시킨다.
④ 작동유의 산화 및 열화를 촉진시킨다.

작동유와 수분이 혼합하면 오일의 빛깔이 우유빛으로 변하게 되고 점도가 저하하게 되는 유화현상이 일어나게 된다. 이 현상이 일어나면 방청능력이 저하되고 윤활유 열화 및 탄화가 발생, 발열 및 누설의 우려가 있다.

16 공압 시스템에서 공급 유량 부족으로 인한 고장발생 상황으로 옳은 것은?

① 갑작스런 압력강하로 실린더가 충분한 추력을 발생시킬 수 없다.
② 밸브가 고착을 일으켜 제대로 동작이 일어나지 못한다.
③ 과도한 마찰이나 스프링의 손상으로 기계적 스위칭 동작에 이상이 발생한다.
④ 반지름 방향의 하중이 작용하면 피스톤 로드 베어링이 빨리 마모된다.

17 PLC(Programmable Logic Control)는 다음 중 어느 영역을 담당하는 장치인가?

① 센서(Sensor)
② 엑추에이터(Actuator)
③ 프로세서(Processor)
④ 소프트웨어(Software)

PLC는 프로그램 가능한 메모리를 사용하고 여러 종류의 기계나 프로세서를 제어하는 디지털 동작의 전자장치이다.

18 빛을 이용하는 센서로 사용되는 것만을 나열한 것은?

① 열전쌍, 초전 센서
② 포토 커플러, 조도 센서
③ 포텐쇼미터, 차동트랜스
④ 초음파 센서, 파이로 센서

빛을 이용한 센서(광 센서)
- 빛의 양 또는 물체의 모양이나 상태·움직임 등을 빛이 물체에 부딪혀 반사되어 오는 것을 감지하여 적용
- 종류 : 포토 커플러, 조도 센서, 포토 다이오드, 포토 트랜지스터 등

19 단동 실린더에 대한 설명으로 틀린 것은?

① 피스톤의 전진 및 후진 운동을 통해 일을 해야 할 경우 사용한다.
② 피스톤의 귀환은 내장된 스프링의 힘으로 이루어진다.
③ 공압의 경우 귀환 스프링으로 인하여 최대 행정거리가 100mm 정도로 제한된다.
④ 공압의 경우 귀환장치로 탄력있는 인조고무를 사용하기도 한다.

- 단동형 실린더 : 피스톤의 한쪽에만 압유를 공급하여 작동한다. 복귀 행정은 중력이나 기계적 스프링으로 가능하다.
- 복동형 실린더 : 전진과 후진 모두 압력을 가해서 작동시키는 실린더로 편 로드형, 양 로드형, 이중 피스톤형이 있다.

20 제어신호의 간섭을 제거하기 위하여 캐스케이드 회로 설계방법을 이용하였을 때의 특징이 아닌 것은?

① 오버센터 작동 기구를 사용한다.
② 특정한 밸브를 사용하지 않고 일반적인 밸브를 사용한다.
③ 입력신호와 출력신호가 각각 대응되어 제어의 신뢰성이 보장된다.
④ 제어회로가 복잡하여 밸브가 많아지면 회로내의 입력 강화로 인한 스위칭 시간의 지연과 배선이 복잡해진다.

캐스케이드 회로 : 플립플롭형 밸브 등의 제어 요소를 접속할 때 앞단의 출력 신호를 다음 단의 입력 신호에 차례로 직렬로 단계별 연결한 것으로 각 제어 요소가 다음 위치에 있는 제어 요소의 작동을 제어하는 회로이며 오버센터 작동 기구를 사용하지 않는다.

제2과목 설비진단 및 관리

21 설비보전 조직 설계 시 고려사항으로 가장 거리가 먼 것은?

① 생산 형태
② 설비의 특성
③ 생산제품의 특성
④ 기업 경영 방식

설비보전 조직 설계 시 고려사항
- 생산제품의 특성
- 설비의 특성
- 공장의 규모
- 생산의 형태
- 인적 구성
- 지리적 조건

22 사람이 가청할 수 있는 최소 가청음의 세기[W/m²]는? (단, [W/m²]은 음향출력/표면적)

① 10^{-12}
② 20^{-12}
③ 100^{-12}
④ 200^{-12}

가청음의 세기 : 10^{-12} [W/m²]

23 문제 해결방식에 대한 순서로 ( ) 안의 내용으로 옳은 것은?

테마 선정 → (ⓐ) → 목표설정 → 활동계획의 입안 → 요인 분석 → 대책 검토 및 실시 → (ⓑ) → 표준화 및 사후관리

① ⓐ 현상 파악, ⓑ 효과 파악
② ⓐ 현상 파악, ⓑ 개선 활동
③ ⓐ 문제 분석, ⓑ 개선 활동
④ ⓐ 문제 분석, ⓑ 데이터 정리

24 보전용 자재의 재고 문제에 관한 정량발주방식의 형태 중 주문량과 주문점을 균등하게 한 것으로서 용량이 같은 저장용기를 교대로 사용하는 방식은?

① Double-Bin 방식
② 추출 후 발주법
③ 사용고 발주방식
④ 정기 발주 방식

Double-Bin 방식 : BIN을 2개를 사용하여 운영하며, 첫 번째 BIN을 사용 한 후에 2번째 BIN을 사용 시에 생산 또는 발주를 내보내며, BIN의 수납량이 생산 또는 발주량이 된다.

25 회전기계의 정격 회전속도가 1800rpm일 때, 이 설비가 5400rpm의 진동성분을 발생한다면 이에 대한 설명으로 옳은 것은?

① 30Hz 진동 성분이다.
② 60Hz 진동 성분이다.
③ 1차 배수 성분이다.
④ 3차 배수 성분이다.

회전속도에 비례해서 진동 성분 또한 증가하므로 5400/1800 = 3차 배수 성분이 된다.

26 진동 차단기의 변위가 걸리는 힘에 비례할 때 시스템의 고유진동수(ω)와 정적변위(δ)와의 관계식으로 옳은 것은?

① $\omega = \dfrac{5\pi}{\delta}$
② $\omega = 5\pi\delta$
③ $\omega = \dfrac{10\pi}{\delta}$
④ $\omega = \dfrac{10\pi}{\sqrt{\delta}}$

정적변위는 처짐을 나타내는 것으로, 단위는 cm로 표현된다.

27 등청감곡선(Equal Loudness Contours)이란?

① 소음의 크기를 음압에 따라 표시한 곡선
② 사람의 귀로 듣는 같은 크기의 음압을 주파수별로 구하여 작성한 곡선
③ 정상 청력을 가진 사람이 1000Hz에서 들을 수 있는 최소 음압의 실효치
④ 음의 진행방향에 수직하는 단위 면적을 단위시간에 통과하는 음에너지 양

> **등청감곡선**
> 음 크기의 등감곡선, 청감곡선, 등라우드네스곡선이라고 하며 그림으로 나타낼 경우 최하단의 점선이 두 귀의 최소 가청치, 최상단의 실선이 최대 가청치이며, 중앙의 점선으로 에워싸인 범위는 소음레벨을 구하는 청감보정의 기초가 된다.

28 설비진단 기법 중 진동 분석법으로 알 수 없는 것은?

① 송풍기의 언밸런스(Unbalance)
② 설비의 피로에 의한 수명을 해석
③ 유압 밸브의 누설(Leak) 진단
④ 베어링 결함

> **진동 분석법**
> • 송풍기, 펌프, 팬 등의 기초 설비 및 밸런스 이상 진동 유무 진단
> • 각 회전 기기의 언밸런스에 의한 이상 진동 유무 진단
> • 베어링 결함, 기기에 공급되는 이상 압력에 의한 진동 여부 진단

29 설비관리기능 중 지원기능으로 가장 거리가 먼 것은?

① 보전 인력관리 및 교육훈련
② 보전자재 선정 및 구매
③ 포장, 자재취급, 저장 및 수송
④ 부품대체(교체) 분석

> 부품대체(교체) 분석은 지원 기능이 아니라 기술 기능에 해당된다.

30 손상된 기어에서 나타나는 주파수의 특징은?

① 축회전 주파수가 나타난다.
② 축회전 주파수의 배수로 나타난다.
③ 축회전 주파수의 분수로 나타난다.
④ 축회전 주파수×기어 잇수로 나타난다.

31 설비투자의 경제성 평가에 있어서 각 대안의 미래의 모든 수입과 지출을 일정 동일액으로 바꿔서 비교 평가하는 방법은?

① 연차등가액법
② 수익률법
③ 현가비교법
④ 자본회수기간법

> • 연차등가액법 : 각 대안의 미래의 모든 수입과 지출을 일정 동일액으로 바꿔서 비교 평가하는 방법
> • 수익률법 : 투자 자본에 대한 수익을 비율로 나타내어 분석하는 수법

32 소음원으로부터 거리를 2배 증가시키면 음압도(dB)는 어떻게 변하는가?

① 2배 증가한다.
② 1/2로 감소한다.
③ 6[dB] 증가한다.
④ 6[dB] 감소한다.

> 거리를 2배 증가시키면 상용로그로 0.3010이고, 음압도(dB)는 이 수에 20을 곱한 값이므로
> ∴ $0.3010 \times 20 = 6.02[dB]$ 감소

33 설비 관리 조직의 계획상 고려되어야 할 사항으로 가장 거리가 먼 것은?

① 제품의 품질
② 설비의 특징
③ 지리적 조건
④ 외주 이용도

> **설비 관리 조직의 계획상 고려 사항**
> 생산형태, 제품의 특성, 설비의 특징, 지리적 조건, 외주 이용도, 공장의 규모

34 정현파 신호에서 양진폭(Peak To Peak)은 피크 진폭값의 몇 배인가?

① $\frac{1}{\sqrt{2}}$ 배
② $\sqrt{2}$ 배
③ 1배
④ 2배

> **진동의 크기**
> • 피크값(편진폭) : 진동량의 절대값의 최대값이다.
> • 피크-피크값 : 정측의 최대값에서 부측의 최대값까지의 값이다.
> ※ 정현파의 경우는 피크값의 2배이다.

35 라인별 배치라고도 하며, 공정의 계열에 따라 각 공정에 필요한 기계가 배치되고 대량생산에 적합한 설비배치는?

① 기능별 배치　② 제품별 배치
③ 혼합별 배치　④ 제품 고정형 배치

설비배치의 형태
- 제품별 배치 : 각 공정에 따라 필요한 기기를 적정 요소에 배치하는 것
- 혼합형 배치 : 기능별, 제품별, 제품 고정형 배치와의 혼합형이다.
- 기능별 배치 : 제품 중심으로 그 제품을 가공하는데 소요되는 작업장을 구성
- 제품 고정형 배치 : 주재료의 부품이 고정된 창고에 있고 사람이나 기계가 이동하며, 작업이 행하여지는 배치

36 시스템을 구성하는 요소 중 피드백에 속하는 것은?

① 원료　② 제품
③ 제품 특성의 측정치　④ 설비

투입(input) → 원료, 산출(output) → 제품, 처리기구 → 설비, 관리 · 운전조작 및 조건 피드백(feedback) → 제품 특성의 측정치

37 설비보전표준의 분류와 가장 거리가 먼 것은?

① 설비 검사 표준　② 설비 성능 표준
③ 정비 표준　④ 수리 표준

- 보전작업표준 : 설비의 검사, 수리, 정비 등의 기술적인 방법
- 기술면의 표준 : 품질규격, 설비사양서, 작업방법
- 경영면의 표준 : 조직규정, 조직도, 책임한계, 관리규정

38 설비관리의 기능과 가장 거리가 먼 것은?

① 실행 기능　② 기술 기능
③ 개발 기능　④ 일반관리 기능

설비관리의 기능에는 ①, ②, ④ 이외에 지원 기능이 있다.

39 다음 진동 측정용 센서 중 접촉형은?

① 압전형　② 용량형
③ 와전류형　④ 전자 광학식

진동 측정용 센서의 분류

분류	설명	비고
가속도계	· 적은 출력 전압에서 가속도 레벨이 낮아지는 취약성과 높은 주파수 대역에서는 저주파 결함이 나타나는 것으로서 베어링의 결함 유무를 측정 · 압전형, 서보형, 스트레인 게이지형	접촉형
속도계	· 진동에너지나 피로도가 문제되는 경우 측정변수 · 측정 주파수 범위 : 10~1000Hz · 동전형	
변위계	· 축과 마운트 사이에 발생되는 진동이나 축 표면의 흠집, 표면 거칠기 등의 측정에 용이 · 와전류식, 전자광학식, 정전용량식	비접촉형

40 설비를 만족한 상태로 유지하여 막을 수 있었던 생산상의 손실을 기회손실이라 하는데 이러한 기회손실에 해당하지 않는 것은?

① 휴지손실　② 준비손실
③ 회복손실　④ 재고손실

기회 손실은 일을 하고 있으면 얻을 수 있었던 이익이 그 일을 하지 않았기 때문에 얻을 수 없었던 손실로 휴지손실, 준비손실, 회복손실 등이 해당된다.

제3과목 **공업계측 및 전기전자제어**

41 진리표의 논리회로는?

입력		출력
A	B	X
0	0	0
0	1	1
1	0	1
1	1	1

① AND　② OR
③ NOR　④ NAND

- OR회로 : 입력 중에 하나만 입력되어도 출력이 나타남
- AND회로 : 양측이 다 입력이 되어야 출력이 나타남

42 절연저항 측정 시 가장 많이 사용되는 계기는?

① 메거
② 캘빈더블
③ 휘트스톤 브리지
④ 코올라시 브리지

> 메거는 전선 또는 전동기 등의 절연 저항의 측정에 사용하는 테스터이다.

43 시퀀스도 작성방법의 설명으로 틀린 것은?

① 각 기기는 전원이 투입되어 작동되는 상태로 작성한다.
② 각 기호는 전원이 투입되지 않은 상태로 작성한다.
③ 기기명으로 첨가시키는 문자기호는 시퀀스제어 기호를 사용한다.
④ 각 접속선은 동작순서에 따라 좌로부터 우로 배열하여 그린다.

> 시퀀스도 작성방법에서 각 기기 전원은 생략하며 제어기기는 작동이 되지 않는 상태이다.

44 프로세스 제어에 속하지 않는 것은?

① 압력
② 유량
③ 온도
④ 자세

> 프로세스 제어 요소
> 압력, 유량, 온도, 농도, 습도, pH, 액위 등

45 전동밸브의 제어성을 양호하게 하기 위하여 사용되는 포지셔너(Positioner)는?

① 전기-전기식 포지셔너
② 전기-유압식 포지셔너
③ 전기-공기식 포지셔너
④ 공기-공기식 포지셔너

> 전동밸브 포지셔너는 밸브 개도를 지시하는 장치로 전기-전기식 포지셔너를 사용한다.

46 제어 조작용 기기로서 큰 전류가 흘러도 안전한 큰 전류 용량의 접점을 가지고 있는 조작용 기기는?

① 전자 타이머
② 전자 릴레이
③ 전자 개폐기
④ 전자 밸브

> 전자 개폐기는 전기 접촉기와 과부하 보호장치 등을 하나의 용기 안에 내장하여 큰 전류가 흘러도 안전한 전류 용량 접점을 수용할 수 있는 전동기 회로 등의 개폐에 사용한다.

47 컬렉터접지 증폭기의 일반적인 특징이 아닌 것은?

① 입력 임피던스는 크다.
② 출력 임피던스는 작다.
③ 입력과 출력전압 신호는 역위상이다.
④ 안정적이고 왜곡이 적다.

> 입력과 출력 전압 사이에 동위상 일치한다.

48 일명 PD미터라고도 부르며 오발(oval) 기어형과 루츠(roots)미터형을 주로 사용하고 있는 유량계는?

① 전자 유량계
② 와류식 유량계
③ 용적식 유량계
④ 터빈식 유량계

> 용적식 유량계는 일정 용적의 계량실을 가지며, 여기에 측정 유체를 유입하여 통과 체적을 측정하는 형식의 유량계로서 오벌 유량계나 원판 유량계, 가스 미터 등이 이에 해당된다.

49 불순물 농도가 가장 큰 반도체 소자는?

① 제너 다이오드
② 터널 다이오드
③ FET
④ SCR

> 터널 다이오드는 불순물 반도체에서 부성(負性)저항 특성이 나타나는 현상을 응용한 p-n 접합 다이오드이다.

50 접지선의 색은?

① 청색
② 적색
③ 황색
④ 녹색

> 접지선 및 접지단자는 녹색으로 되어 있다.

51 최대눈금 5[mA]의 직류 전류계로 50[A]까지의 전류를 측정하려면 약 몇 [Ω]의 분류기가 필요한가?
(단, 직류 전류계의 내부저항은 10[Ω]이다)

① 0.001
② 0.01
③ 0.1
④ 0.2

분류기 저항$(R) = \dfrac{r}{n-1}$, r : 내부 저항 (10Ω)
전류계 측정범위$(n) = 50A/0.005A = 10000[A]$
$\therefore R = \dfrac{10}{10000-1} = 0.001$

52 접촉방식 온도계가 아닌 것은?

① 압력 온도계
② 저항 온도계
③ 열전 온도계
④ 방사 온도계

비접촉 온도계
- 방사 온도계 : 피온 물체에서 나오는 전방사를 렌즈 또는 반사경으로 모아 흡수체를 받는다. 이 흡수체의 상승온도를 열전대로 읽음
- 광고 온도계 : 피온 물체에서 나오는 가시역내의 일정파장의 빛을 선정하고 표준전구에서 나오는 필라멘트의 위도와 같게하여 표준전구의 전류, 저항을 통해 온도 측정

53 연산증폭기의 구조(동작흐름)이다. ( )안에 알맞은 것은?

V_{in}(입력) → (　) → 전치증폭기 → 완충증폭기→ 주증폭기 → V_O(출력)

① 가산기
② 감산기
③ 차동증폭기
④ 전압비교기

2개의 입력신호의 차에 비례한 출력을 얻을 수 있는 증폭기로 연산증폭기(OP앰프)의 반전, 비반전 입력을 함께 이용하면 차동증폭기가 된다.

54 어떤 회로에서 저항 양단 전압의 참값이 40[V]이나 회로시험기로 전압을 측정한 결과 39[V]를 지시했다면 이 회로시험기의 백분율 오차(%)는?

① -1.0
② +1.0
③ -2.5
④ +2.5

오차율 $= \dfrac{측정값-참값}{참값} \times 100 = \dfrac{39-40}{40} \times 100 = -2.5(\%)$

55 서지 전압을 흡수하고 전자회로를 보호하거나 또는 스위치나 계전기의 접점을 개폐할 때에 불꽃 소거용으로 사용되고 있는 소자는?

① 서미스터
② 배리스터
③ 광 결합기
④ 터널 다이오드

배리스터는 피뢰기, 변압기나 코일 등의 과전압 보호, 스위치나 계전기의 접점 불꽃 소거용 등에 사용된다.

56 40[Ω]과 60[Ω]의 저항이 병렬로 연결된 경우 합성저항[Ω]은?

① 24
② 32
③ 50
④ 100

합성저항$(R) = \dfrac{R_1 \times R_2}{R_1 + R_2} = \dfrac{40 \times 60}{40 + 60} = 24[\Omega]$

57 유접점 시퀀스 제어의 특징이 아닌 것은?

① 개폐 부하의 용량이 크다.
② 제어반의 외형과 설치면적이 작아진다.
③ 온도 특성이 좋다.
④ 입·출력이 분리된다.

제어반의 외형과 설치면적이 커진다.

58 제어밸브 구동부의 동력원으로 가장 많이 사용되는 것은?

① 기계
② 전기
③ 공기압
④ 유압

공기압은 구조가 간단하고 고장이 적으며 취급이 용이하여 제어 밸브 구동부의 동력원으로 많이 사용한다.

59 100[μF]의 콘덴서에 교류 200[V], 60[Hz]의 교류 전압을 가할 때 용량성 리액턴스[Ω]는?

① 30.5 ② 26.5
③ 24.6 ④ 30.4

> 용량성 리액턴스(X_C) $= \dfrac{1}{2\pi f C}$
> $= \dfrac{1}{2\pi \times 60 \times 100 \times 10^{-6}} = 26.5\,[\Omega]$

60 피드백 제어계에서 제어요소를 나타낸 것으로 가장 알맞은 것은?

① 검출부와 조작부 ② 조절부와 조작부
③ 검출부와 조절부 ④ 비교부와 검출부

> 피드백은 자동제어 장치에서 기계나 장치 등 제어 대상물의 동작에 대하여 목표치와의 편차가 끊임없이 검사되어 제어 장치에 신호로 되돌려 보내지는 것으로 조절부와 조작부로 이루어진다.

제4과목 기계정비일반

61 송풍기의 분류 중 흡입 방법에 의한 분류가 아닌 것은?

① 풍로 흡입형 ② 양쪽흐름 다단형
③ 흡입관 취부형 ④ 실내 대기 흡입형

> 양쪽흐름 다단형은 양흡입형과 같이 임펠러 흡입구에 의한 분류에 속한다.

62 벨트식 무단변속기의 정비에 관한 사항으로 옳지 않은 것은?

① 벨트를 이동시킴에 있어서 무리가 발생될 수 있다.
② 가변피치 풀리의 습동부는 윤활 불량이 되기 쉽다.
③ 광폭 벨트는 특수하므로 예비품 관리를 잘 해두어야 한다.
④ 벨트의 수명은 표준 벨트를 표준적인 사용방법으로 운전할 때의 1~2배 정도이다.

> 벨트의 수명은 표준벨트를 표준적인 사용방법으로 운전할 때의 1/2~1/3배 정도이다.

63 체인 전동의 특징으로 옳지 않은 것은?

① 진동, 소음이 생기지 않는다.
② 유지 및 수리가 간단하고 수명이 길다.
③ 미끄럼 없이 일정한 속도비를 얻을 수 있다.
④ 인장강도가 크므로 큰 동력을 전달할 수 있다.

> 체인 전동장치는 벨트 전동장치에 비해 정확한 속도비 전달이 가능하며 큰 힘을 전달할 수 있으나 진동 및 소음 발생이 심하다.

64 유도전동기에서 회전수(N_S), 극수(P) 및 주파수(F)의 관계식이 맞는 것은?

① $N_S = \dfrac{120F}{P}$ ② $F = \dfrac{120P}{N_S}$
③ $F = \dfrac{N_S}{120P}$ ④ $P = \dfrac{120N_S}{F}$

65 배관이음 중 용접이음의 특징으로 옳지 않은 것은?

① 설비비와 유지비가 적게 든다.
② 나사식 이음보다 문제 발생이 적다.
③ 누설의 조기발견과 처치가 중요하다.
④ 정비를 위하여 중간에 유니언 이음쇠를 부착한다.

> 용접이음은 모재와 동일한 용접봉을 사용하므로 강도가 크며 유체 흐름에 손실이 작으나 분해, 수리가 어렵다.

66 다음 중 터보형 원심식 송풍기가 아닌 것은?

① 다익 팬 ② 한정부하 팬
③ 터보 팬 ④ 레이디얼 팬

> 원심식 송풍기에서 임펠러 깃의 각도에 따라 다익 팬, 터보 팬, 레이디얼 팬으로 나누어진다.

67 베어링을 적정한 틈새로 조립하기 위해 사용하는 것은?

① 부시 ② 라이너
③ 심 플레이트 ④ 베어링용 어댑터

> 베어링용 어댑터는 레이디얼 볼 베어링 또는 롤 베어링을 축 위의 임의의 위치에 적정한 틈새로 고정시키기 위해 사용된다.

68 베어링 사용 시 주의할 점으로 옳지 않은 것은?

① 진동 또는 충격 하중에 견디도록 해야 한다.
② 마찰에 의해서 발생하는 열을 흡수해야 한다
③ 베어링의 압력과 미끄럼 속도에 따라 윤활유의 종류를 선정해야 한다.
④ 먼지 침입에 주의해야 하고 윤활제의 열화에 적당한 조치를 해야 한다.

마찰열은 방출해야 한다.

69 베어링의 주요 기능으로 가장 거리가 먼 것은?

① 동력 전달   ② 하중의 지지
③ 마찰 감소   ④ 원활한 구동

베어링은 축받이라고도 하며 회전하고 있는 기계의 축을 일정한 위치에 고정시키고 축의 자중과 축에 걸리는 하중을 지지하면서 축을 회전시키는 역할을 한다.

70 축이음의 종류 중 하중이 충격적이거나 신동을 일으키기 쉬운 경우에 주로 사용하는 것은?

① 원추 커플링   ② 플렉시블 커플링
③ 고정축 이음   ④ 유니버셜 조인트 이음

플렉시블 커플링은 고무 등 탄성체를 이용한 유니버셜 조인트로 비틀림 강성이 크고 충격 완화 및 진동 흡수, 능력이 우수하며, 내마모성, 내유성, 내약품성이 우수하다.

71 펌프 분해 검사에서 매일 점검항목이 아닌 것은?

① 베어링 온도
② 흡입 토출압력
③ 패킹상자에서의 누수
④ 펌프와 원동기의 연결 상태

펌프와 원동기의 연결 상태는 수시 분해 점검 항목이다.

72 펌프를 시운전할 때의 주의사항이 아닌 것은?

① 회전방향을 확인한다.
② 밸브 개폐에 주의한다.
③ 공운전을 먼저 실시한다.
④ 압력, 회전수 등을 확인한다.

펌프를 시운전할 때 공운전은 금지사항이다.

73 벨트의 종류 중 고무벨트에 관한 설명으로 옳지 않은 것은?

① 미끄럼이 적다.
② 비교적 수명이 짧다.
③ 습기에 잘 견디고 기름에는 약하다
④ 무명에 고무를 입혀 만든 것으로 유연하다.

고무벨트는 다른 벨트에 비해 미끄럼이 적어 수명이 길다.

74 터보 팬(Fan)에 관한 설명으로 옳은 것은?

① 축류식 팬의 일종이다.
② 베인 방향이 전향 베인이다.
③ 원심 송풍기 중 가장 크고 효율이 높다.
④ 같은 주속도의 다른 팬보다 풍량이 적다.

터보 팬은 원심 송풍기에서 안내날개(가이드 베인)가 부착된 것으로 볼류트 팬보다 효율이 좋다.

75 펌프의 부식을 촉진시키는 요인으로 옳지 않은 것은?

① 온도가 높을수록 부식되기 쉽다.
② 유속이 빠를수록 부식되기 쉽다.
③ 산소량이 적을수록 부식되기 쉽다.
④ 금속 표면이 거칠수록 부식되기 쉽다.

산소는 산화작용을 일으키는 원인이므로 산소량이 증가하면 부식이 커지게 된다.

76 구멍이 뚫린 강구를 90° 회전시켜 유로를 개폐하는 밸브는?

① 볼 밸브   ② 디스크 밸브
③ 체크 밸브   ④ 다이어프램 밸브

볼 밸브는 개폐가 빠르나(1/4 회전) 누설의 우려가 큰 것이 단점이다.

77 스틸 플렉시블 커플링(Steel Flexible Coupling)이라고도 하며 축 유동 오차를 허용하여 동력을 전달시키는 커플링은?

① 체인 커플링
② 그리드 플렉시블 커플링
③ 기어 커플링
④ 플랜지 플랙시블 커플링

> 그리드 플렉시블 커플링은 유동오차, 평행오차, 각도오차를 허용하여 동력을 전달할 수 있는 커플링이다.

78 기계를 분해할 때 주의해야 할 사항으로 옳지 않은 것은?

① 무리한 힘을 가하지 않는다.
② 기계구조를 충분히 검토한다.
③ 작은 부품은 상자나 통에 보관한다.
④ 정비 후 기어박스에 오일을 가득 채운다.

> 정비 후 기어가 잠길 정도로 오일을 채우면 된다.

79 10[m] 이하의 저양정 펌프에서 토출량을 조절할 수 있는 밸브는?

① 푸트 밸브   ② 감압 밸브
③ 체크 밸브   ④ 나비형 밸브

> 나비형 밸브는 원판의 중심선을 지축으로 하고, 원판의 회전에 의해서 개폐를 하는 밸브로 개폐를 간단하고 빨리 할 수 있어서 저압부터 고압까지의 물, 증기, 공기, 가스용으로 널리 사용된다.

80 그림과 같이 교차하는 두 축에 동력을 전달할 때 사용하며, 잇줄이 곡선이고 모직선에 대하여 비틀려 있고 제작이 어려우나 이의 물림이 좋아 조용한 전동을 할 수 있는 기어는?

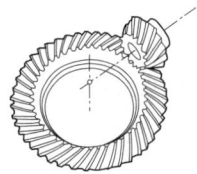

① 직선 베벨기어
② 제롤 베벨기어
③ 크라운 베벨기어
④ 스파이럴 베벨기어

> • 베벨 기어(bevel gear) : 원뿔면에 이를 만든 것으로 이가 직선인 상태이다.
> • 스큐 기어(skew gear) : 이가 원뿔면의 모선에 경사진 기어이다.
> • 스파이럴 베벨 기어(spiral bevel gear) : 이가 구부러진 기어이다.

정답 최근기출문제 2015년 1회

01 ①	02 ①	03 ④	04 ①	05 ③
06 ②	07 ③	08 ③	09 ④	10 ④
11 ④	12 ③	13 ②	14 ②	15 ③
16 ①	17 ③	18 ②	19 ①	20 ①
21 ④	22 ①	23 ①	24 ①	25 ④
26 ②	27 ②	28 ①	29 ①	30 ④
31 ①	32 ④	33 ①	34 ①	35 ②
36 ③	37 ②	38 ③	39 ①	40 ④
41 ②	42 ①	43 ①	44 ④	45 ①
46 ③	47 ③	48 ③	49 ②	50 ④
51 ①	52 ④	53 ③	54 ④	55 ②
56 ①	57 ②	58 ③	59 ②	60 ②
61 ②	62 ④	63 ①	64 ①	65 ④
66 ①	67 ④	68 ②	69 ①	70 ②
71 ④	72 ③	73 ①	74 ①	75 ③
76 ①	77 ②	78 ④	79 ④	80 ④

2015년 2회 최근기출문제

제1과목 공유압 및 자동화시스템

01 그림은 건설기계에서 사용되고 있는 유압모터 회로이다. 이 회로의 명칭은?

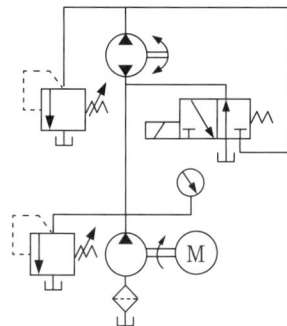

① 정토크 회로
② 직렬 배치회로
③ 탠덤형 배치회로
④ 병렬 배치회로

02 절대습도를 구하는 식은?

① $\dfrac{\text{습공기 중의 증기의 중량(g)}}{\text{습공기 중의 건공기의 중량(g)}} \times 100(\%)$

② $\dfrac{\text{습공기 중의 건공기의 중량(g)}}{\text{습공기 중의 증기의 중량(g)}} \times 100(\%)$

③ $\dfrac{\text{습공기 중의 건공기의 중량(g)}}{\text{포화수증기량(g)}} \times 100(\%)$

④ $\dfrac{\text{포화수증기량(g)}}{\text{습공기 중의 건공기의 중량(g)}} \times 100(\%)$

절대습도는 건조한 공기 1kg당 함유된 수증기의 량(kg)이다.

03 긴 행정거리를 얻을 수 있도록 다단 튜브형의 로드를 갖는 실린더는?

① 충격 실린더
② 양로드형 실린더
③ 로드리스 실린더
④ 텔레스코프 실린더

텔레스코프 실린더 : 로드의 전장에 비해 긴 행정(스트로크)을 얻을 수 있다.

04 그림의 회로와 같이 필터를 설치하였을 때 특징으로 적합한 것은?

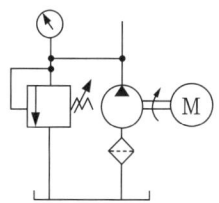

① 유압밸브 보호를 주 목적으로 한다.
② 오염으로부터 펌프를 보호할 수 있다.
③ 복귀관 필터라고 하며 가격이 비싸다.
④ 필터오염 시 캐비테이션이 발생하지 않는다.

유체 속에 함유되어 있는 이물질을 제거하여 펌프를 보호하는 역할로 필터를 사용한다.

05 공압기기에서 비접촉식 감지장치가 아닌 것은?

① 압력 증폭기
② 반향 감지기
③ 배압 감지기
④ 공기 배리어(Barrier)

고압 발생을 위한 압력 증폭기는 접촉식에 해당된다.

06 유압펌프의 이론 토출량에 대한 실제 토출량의 비는?

① 전효율
② 기계효율
③ 용적효율
④ 동력효율

펌프 효율
• 용적효율 : 체적효율이라고도 하며 이론적인 펌프의 토출량에 대한 실제 토출량의 비
• 기계효율 : 구동장치로부터 받은 동력에 대한 펌프가 유압유에 준 이론 동력의 비
• 전효율 : 펌프 동력의 축동력에 대한 비

07 방향 전환 밸브의 포트 수와 위치 수가 그림과 일치하는 것은?

① 2포트 2위치:
② 2포트 3위치:
③ 2포트 4위치:
④ 3포트 4위치:

② 3포트 2위치 ③ 4포트 2위치 ④ 4포트 3위치

08 유압 펌프 토출 측 관로에 설치하는 필터는?

① 보조 필터
② 압력라인 필터
③ 바이패스 필터
④ 복귀라인 필터

보조 필터는 저유량 펌프에 사용하며 바이패스 필터는 일부의 유량을 주 라인 이외의 라인에서 여과를 하며 복귀라인 필터는 유압 펌프에서 복귀하는 오일의 전부를 여과하는데 사용한다.

09 강관 배관 시 주의사항으로 옳지 않은 것은?

① 실링 테이프는 1~2산 정도 남기고 감는다.
② 액체 실(Seal)을 사용할 경우 암나사부에 바른다.
③ 나사 전용기로 정확하게 나사를 가공하고 내부청소를 깨끗이 한다.
④ 기기의 점검과 보수를 위하여 부분적으로 플랜지, 유니언 등을 사용한다.

액체 실(Seal)은 축 또는 베어링 등 외부에 누설방지용으로 사용한다.

10 압축기의 설치 장소에 관한 설명으로 옳지 않은 것은?

① 통풍이 양호한 장소에 설치한다.
② 옥외 설치 시 직사광선을 피한다.
③ 쿨링 타워 부근에 설치해야 한다.
④ 건축물과는 벽면에 30cm 이상 떨어져 있어야 한다.

쿨링타워는 응축기에서 사용된 냉각수를 냉각하는 기기로 응축기 주변에 설치한다.

11 다음 공압 액추에이터 중 회전각도의 범위가 가장 큰 것은?

① 피스톤형
② 크랭크형
③ 베인형
④ 래크와 피니언형

피스톤 형 종류회전 각도 범위
• 크랭크 형 : 110° 이내
• 베인 형 : 300° 이내
• 래크와 피니언형 : 45~720° 이내

12 공압 실린더가 전·후진 시 낼 수 있는 힘과 관계없는 것은?

① 공기 압력
② 실린더 속도
③ 실린더 튜브의 직경
④ 피스톤 로드의 직경

공압 실린더의 전·후진 시 낼 수 있는 힘
힘 = 압력×피스톤 단면적($\frac{\pi}{4}$×실린더 직경^2)

13 제어를 행하는 과정에 따라 제어시스템을 분류한 것 중 설명이 틀린 것은?

① 메모리 제어-출력에 영향을 줄 반대되는 입력 신호가 들어올 때까지 이전에 출력된 신효는 유지된다.
② 시퀀스 제어-이전 단계 완료여부를 센서를 이용하여 확인 후 다음 단계의 작업을 수행한다.
③ 조합 제어-요구되는 입력 조건에 관계없이 그에 관련된 모든 신호가 출력된다.
④ 파일럿 제어-메모리 기능이 없고 이의 해결을 위해 불(Boolean) 논리 방정식을 이용한다.

조합제어에서 출력은 제어계의 작동요소에 의하여 이루어진다.

14 직류전동기의 회전 시 소음이 발생하는 원인과 가장 거리가 먼 것은?

① 코일 단락
② 축받이의 불량
③ 정류자 면의 거침
④ 정류자 면의 높이 불균일

단락은 전기의 공급이 중단된 상태로 소음의 발생 원인이 될 수 없다.

15 다음 그림과 같은 전기회로도에 해당하는 논리식은?

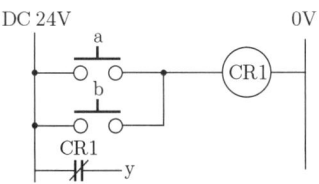

① $y = a+b$
② $y = a \cdot b$
③ $y = \overline{a+b}$
④ $y = (a+b) \cdot \overline{(a+b)}$

a와 b는 병렬(OR)회로이나 부정상태이다.

16 ROM에 대한 설명 중 틀린 것은?

① 저장된 내용을 변경할 수 없다.
② 저장된 내용을 읽기만 가능하다.
③ 한 번만 프로그램 입력이 가능하다.
④ 사용자 프로그램과 데이터를 저장할 수 있다.

읽기 전용 메모리
- RAM : 공급 전원이 차단되었을 때 그 내용이 전부 지워지는 메모리
- EAROM : 공급 전원이 차단되었을 때 그 내용이 지워지지 않는 메모리
- ROM : 제작자에 의해 프로그램이 되는 메모리
- PROM : 사용자가 한번만 프로그램 할 수 있는 메모리

17 설비의 고장 발생원인 중 미결함에 대한 내용으로 틀린 것은?

① 설비의 고장에 대한 잠재적인 원인이다.
② 만성로스는 미결함의 방치로 인해 발생한다.
③ 일반적으로는 생각되는 먼지 마모, 녹, 흠, 변형 등을 말한다.
④ 항상 돌발고장 이후에 직접적인 고장 원인이 되는 미결함이 발생한다.

미결함은 아주 작은 즉, 무시할 정도의 작은 결함으로 설비에 고장, 불량 등으로 미치는 영향이 거의 없다고 간주하는 것으로 주의를 하지 않으므로 오히려 돌발고장을 일으키는 원인이 된다.

18 하나의 피스톤 로드에 두 개의 피스톤을 부착하여 실린더 전진운동 시 수압면적이 두 배가 될 수 있어 같은 크기의 다른 실린더에 비하여 두 배 크기의 힘을 낼 수 있는 실린더는?

① 램형 실린더
② 탠덤 실린더
③ 로드리스 실린더
④ 양로드형 실린더

실린더의 종류별 특징
- 양로드형 실린더 : 양쪽 방향으로 작동하는 힘이 동일하다.
- 탠덤 실린더 : 단계적으로 출력제어가 가능하며 큰 위치 에너지를 얻을 수 있다.
- 충격실린더 : 상당히 큰 충격 에너지를 얻을 수 있으며 속도는 7.5~10m/s까지 얻을 수 있다.
- 다위치 제어 실린더 : 정확한 위치를 제어할 수 있다.
- 쿠션 내장형 실린더 : 충격을 완화할 때 사용한다.
- 텔레스코프 실린더 : 로드의 전장에 비해 긴 행정(스트로크)을 얻을 수 있다.
- 램형 실린더 : 좌굴 등 강성을 요구할 때 사용한다.

19 전기에너지와 탄성에너지의 가역 변환에 의해 변형량을 측정하는 데 이용되는 센서는?

① 서미스터
② 초음파 센서
③ 포텐쇼미터
④ 스트레인 게이지

스트레인 게이지 : 기계적으로 동작하는 부분을 가급적 적게 하고 기계량을 직접 전기량으로 인출되도록 한 센서이다.

20 기계적인 변위를 제어하는 서보(Servo) 센서의 종류가 아닌 것은?

① 리졸버
② 타코미터
③ 포텐쇼미터
④ 파이로 센서

파이로 센서는 초음파 센서의 종류이다.

제2과목 설비진단 및 관리

21 설비관리의 조직계획에서 지역이나 제품, 공정 등에 따라 설비를 분류하여 그 관리를 담당하는 방식은?

① 기능 분업　　② 지역 분업
③ 직접 분업　　④ 전문기술 분업

> **설비관리의 분류**
> • 기능분업 : 생산형태, 설비의 특징, 지리적 조건 등으로 분업하는 방식으로 직접기능과 관리기능으로 분류한다.
> • 전문기술 분업 : 기계, 전기, 토목, 건축 등 전문적인 기술을 요구하는 분야에 이용되나 서로 보완되는 부분에서의 협동에는 결함이 생길 수 있다.
> • 지역분업 : 지역이나 제품, 공정 등에 따라 설비를 분류한다.

22 다음 중 일상 보전에서 취급하지 않는 것은?

① 정기점검　　② 정기적 갱유
③ 정기적 정밀진단　　④ 정기적 부품 교환

> **일상보전** : 급유, 청소, 부품교체 등 고장예방 또는 조기 점검을 위해서 시행

23 진동현상의 특징 중 고주파에서 발생하는 이상 현상인 것은?

① 풀림(Looseness)
② 언밸런스(Unbalance)
③ 공동현상(Cavitation)
④ 미스얼라인먼트(Misalignment)

> 공동현상은 고주파에서 발생하는 이상 현상이다.

24 프로세스형 설비의 로스는 9대 로스로 구분된다. 그 중 이론사이클 시간과 실제사이클 시간의 차이를 나타내는 것은 어떤 로스를 말하는가?

① 계획정지로스　　② Shut Down 로스
③ 순간정지로스　　④ 속도저하로스

> Shut Down 로스는 설비 조업도를 저해하는 손실이며 순간정지 로스는 품질 불량 등으로 센서가 작동하여 일시 정지되는 로스이다.

25 PM분석의 특징으로 맞는 것은?

① 현상은 포괄적으로 파악한다.
② 원인 추구 방법은 과거의 경험이다.
③ 각각의 원인을 나열식으로 하여 요인을 발견한다.
④ 원리 및 원칙을 수립하므로 필요한 대책을 수립하기가 용이하다.

> PM은 예방보전으로 설비의 주기적인 검사로 미연에 고장, 정지 또는 성능저하 상태를 제거하고 복구시키기 위한 보전이다.

26 TPM의 특징 및 목표가 아닌 것은?

① Output을 지향할 것
② 현장의 체질을 개선할 것
③ 맨·머신·시스템을 극한 상태까지 높일 것
④ 설비가 변하고, 사람이 변하고, 현장이 변하는 것

> TPM은 종합적 생산보전으로 설비효율을 최고로 높이기 위한 보전 활동이며 Input의 개념이다.

27 다음 중 소음 방지 기본 방법이 아닌 것은?

① 흡음　　② 차음
③ 방풍망　　④ 소음기(Silencer)

> **소음 방지 기본 방법** : 흡음, 차음, 소음기, 진동차단, 진동 댐핑 등

28 보전작업의 낭비를 제거하여 효율성을 증대시키기 위한 것으로 보전작업 측정, 검사 및 일정계획을 위해서 반드시 필요한 것은?

① 설비효율측정　　② 로스(Loss) 관리
③ 설비보전표준　　④ 설비 경제성 평가

> **설비보전 표준** : 설비 열화의 측정, 열화의 진행방지, 열화의 회복을 위한 제조건의 표준이다.
> • 열화방지 → 일상보전 (급유, 교환, 조정, 청소)
> • 열화측정 → 검사 (양부검사, 경향검사)
> • 열화회복 → 수리 (예방검사, 사후수리, 사후보전)

29 신뢰성의 대상물이 사용되어 처음 고장이 발생할 때까지의 평균시간은?

① 고장률
② 정미시간
③ 평균고장간격
④ 평균고장시간

> 설비의 경제성 평가
> • 설비 가동율 = (정미 가동시간 / 부하시간) × 100
> • 고장 도수율 = (고장횟수 / 부하시간) × 100
> • 고장 강도율 = (고장 정지시간 / 부하시간) × 100
> • 제품 단위당 보전비 = 보전비 총액 / 생산량
> • 평균고장 간격 = 1/고장률
> • 평균고장시간은 부품이 처음 사용되어 고장이 발생할 때까지의 평균시간이다.
> • 고장률 : 일정시간동안 설비를 사용하면서 단위시간에 발생하는 고장횟수로 1000시간을 기준으로 하며 이를 백분율로 표시한다.

30 신뢰성을 평가하기 위한 기준에 관한 설명으로 옳은 것은?

① 신뢰성이란 일정조건하에서 일정기간 동안 고장 없이 기능을 수행할 확률을 나타낸다.
② 고장률이란 신뢰성의 대상물에 대한 전 고장수에 대한 사용시간의 비율을 나타낸다.
③ 평균고장시간(Mean Time To Failures)이란 일정기간 중 발생하는 단위 시간당 고장횟수로 나타낸다.
④ 평균고장간격(Mean Time Between Failures)이란 설비 또는 중요부품이 사용되기 시작하여 처음 고장이 발생할 때까지의 평균시간을 말한다.

31 진동 측정 시 주의해야 할 점이 아닌 것은?

① 언제나 같은 센서를 사용한다.
② 진동계를 바꿔가면서 측정한다.
③ 항상 동일한 위치에서 측정한다.
④ 항상 동일한 방향으로 측정한다.

> 진동 측정은 항상 동일한 진동계로 측정해야 한다.

32 보전효과 측정방법에서 항목별 계산공식으로 틀린 것은?

① 설비가동률 = $\dfrac{\text{부하시간}}{\text{가동시간}} \times 100(\%)$

② 고장강도율 = $\dfrac{\text{고장정지시간}}{\text{부하시간}} \times 100(\%)$

③ 고장빈도(회수)율 = $\dfrac{\text{고장건수}}{\text{부하시간}} \times 100(\%)$

④ 예방보전 수행률 = $\dfrac{\text{예방보전건수}}{\text{예방보전계획건수}} \times 100(\%)$

> 설비 가동률 = $\dfrac{\text{정미가동시간}}{\text{부하시간}} \times 100$

33 설비보전의 효과가 아닌 것은?

① 보전비 및 제작 불량 감소
② 가동률 향상 및 자본 투자 감소
③ 제조원가 절감 및 보험료 증가
④ 재고품 및 납기 지연 감소

> 설비 보전 효과에서 제조원가 절감은 해당되지만 보험료와는 무관하다.

34 설비관리 조직 설계상 고려 요인이 아닌 것은?

① 공장규모 또는 기업의 크기
② 설비의 특징(구조, 기능, 열화속도)
③ 제품의 특성(원료, 반제품, 완제품)
④ 설비의 취득부터 폐기까지의 관리

> 설비의 취득부터 폐기까지의 관리는 생산관리에 해당된다.

35 신호처리를 하는 경우 최소 주파수와 최고 주파수 구간을 설정하여 사용하는 필터는?

① 로 패스 필터(Low Pass Filter)
② 밴드 제거 필터(Band Stop Filter)
③ 하이 패스 필터(High Pass Filter)
④ 밴드 패스 필터(Band Pass Filter)

> 밴드 패스 필터(Band Pass Filter)는 특정 주파수 대역내의 신호만 감쇄없이 통과시키고 나머지 주파수 신호는 감쇄시키는 필터이다.

36 설비배치 계획자가 설비배치의 기초자료 수집 및 유형을 선택하는 것을 돕기 위해서 쓰이는 방법은?

① ABC 분석
② P-Q 분석
③ 일정계획법
④ 활동관련 분석

P-Q 분석은 제품 수량 분석으로 설비배치의 기초자료 수집을 위해 설비배치계획 수립 시 최초로 하는 분석기법이다.

37 설비진단기술의 도입효과는?

① 설비의 자동화 ② 돌발적 고장 방지
③ 현장작업자의 감소 ④ 오버홀 주기의 단축

설비진단 기술의 도입 효과는 모든 설비의 작동을 정확히 파악하기 위하여 설비의 고장 및 열화, 성능이나 강도 등을 정량적으로 관측하여 지속적인 운전 상태를 예측할 수 있는 것이다.

38 미스얼라인먼트(Misalignment)의 주요 발생 원인이 아닌 것은?

① 윤활유 불량 ② 축심의 어긋남
③ 휨축(Bent Shaft) ④ 베어링 설치불량

미스얼라인먼트는 베어링 설치가 잘못되었거나 축 중심이 어긋난 경우에 발생하는 경우로 측정은 축 방향에 센서를 부착하여 측정하며 이때 위상각은 180°이다.

39 윤활유의 첨가제가 갖추어야 할 일반적인 성질과 가장 거리가 먼 것은?

① 증발이 많아야 한다.
② 색상이 깨끗해야 한다.
③ 기유에 용해도가 좋아야 한다.
④ 유연성이 있어 다목적이어야 한다.

윤활유 첨가제는 ②, ③, ④항 이외에 저장 중 안정성이 좋아야 하며, 첨가제는 수용성 물질에 녹지 말아야 하며, 증발이 적어야 한다.

40 외력이나 외부 토크가 연속적으로 가해짐으로써 생기는 진동은?

① 공진 ② 강제진동
③ 고유진동 ④ 자유진동

외력이나 외부 토크가 연속적으로 가해짐으로써 생기는 진동은 강제 진동이 되며 외란이 가해진 후에 생기는 진동은 자유 진동이 된다.

제3과목 공업계측 및 전기전자제어

41 제어 요소의 동작 중 연속동작이 아닌 것은?

① 미분동작 ② On-off 동작
③ 비례미분동작 ④ 비례적분동작

on-off 동작은 불연속 제어 동작으로 2위치 제어라고도 한다.

42 두 종류의 금속을 접속하고 양 단에 온도차를 주면 단자 사이에 발생되는 기전력을 이용한 온도계는?

① 광온도계 ② 열전 온도계
③ 방사 온도계 ④ 액정 온도계

열전대는 2개의 금속으로 폐회로를 만들어 접점간의 온도차에 의해 기전력을 발생시키는 장치로 제백효과라고도 한다.
※ 제백효과 : 도체에 전류를 흐르게 하면 열이 발생하며 열을 가하면 전류가 흐른다.

43 그림과 같이 입력이 A와 B인 회로도에서 출력 Y는?

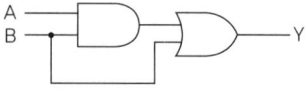

① $A \cdot B$ ② $(A \cdot B) \cdot B$
③ $(A+B)+B$ ④ $(A \cdot B)+B$

A와 B는 직렬회로(AND회로)이며, 다시 B와는 OR 회로에 해당된다.

44 외력이 없을 때는 닫혀 있고 외력이 가해지면 열리는 접점은 어느 것인가?

① a 접점 ② b 접점 ③ c 접점 ④ d 접점

• a 접점 : 외력이 없을 때는 열려 있고, 외력이 가해지면 닫히는 접점
• b 접점 : 외력이 없을 때는 닫혀 있고, 외력이 가해지면 열리는 접점

45 연산증폭기에 계단파 입력(Step Function)을 인가하였을 때 시간에 따른 출력전압의 최대 변화율은?

① 드리프트(Drift) ② 옵셋(Offset)
③ 대역폭(Bandwidth) ④ 슬루율(lew Rate)

> 슬루율은 출력 전압의 최대 변화율로 시간당 변화할 수 있는 전압이다.

46 미분시간 3분 비례이득 10인 PD 동작의 전달 함수는?

① $10(1+2_s)$ ② $1+3_s$
③ $10(1+3_s)$ ④ $5+2_s$

47 반복적으로 읽기와 쓰기 양쪽이 가능한 기억소자는?

① RAM ② ROM
③ PROM ④ TTL

> - RAM : 공급 전원이 차단되었을 때 그 내용이 전부 지워지는 메모리
> - EAROM : 공급 전원이 차단되었을 때 그 내용이 지워지지 않는 메모리
> - ROM : 제작자에 의해 프로그램이 되는 메모리
> - PROM : 사용자가 한번만 프로그램 할 수 있는 메모리
> - TTL(Transistor To Logic) : 저전력소모, 동작속도 개선, 저자격 등으로 널리 사용

48 일정한 환경 조건하에서 측정량이 일정함에도 불구하고 전기적인 증폭기를 갖는 계측기의 지시가 시간과 함께 계속적으로 느슨하게 변화하는 현상은?

① 드리프트(Drift) ② 히스테리시스
③ 비직선성 ④ 과도특성

> 드리프트는 측정대상이나 조건을 일정하게 해 두어도 측정기가 지시하는 값이 시간의 경과와 더불어 이탈해 가는 현상이다.

49 미리 설정된 조건 순서에 따라 행하여지는 제어 방식은 다음 중 어느 것인가?

① 피드백 제어 ② 프로세스 제어
③ 시퀀스 제어 ④ 추치 제어

> 제어의 종류
> - 시퀀스 제어 : 처음에 정해진 조건 또는 순서에 따라 행하여지는 제어
> - 피드백 제어 : 제어량의 값을 입력측으로 되돌려 이것을 목표치와 비교하여 제어량을 목표치에 일치시키도록 정정 동작을 하는 제어
> - 프로세스 제어 : 온도, 유량, 압력, 액위, 농도, PH, 효율 등의 공업 프로세스의 상태량을 제어량으로 하는 제어
> - 정치 제어 : 목표치가 일정한 제어 (온도를 일정하거나 속도를 일정하게 하는 경우)
> - 추치 제어 : 목표치가 임의의 변화를 하는 제어(서보기구가 해당된다.)
> - 프로그램 제어 : 목표치가 처음에 정해진 변화를 하는 경우 목표값이 미리 정해진 시간적인 변화를 하는 경우 제어량을 그것에 추종시키기 위한 제어

50 다음 중 이상적인 연산증폭기의 특징으로 틀린 것은?

① 전압 이득이 무한대
② 입력 임피던스는 0
③ 대역폭이 무한대
④ 출력 임피던스는 0

> 입력 임피던스는 무한대이다.

51 전동기의 과부하 보호장치로 사용되는 계전기는?

① 지락계전기(GR)
② 열동계전기(THR)
③ 부족전압 계전기(UVR)
④ 래칭 릴레이(LR)

> 열동계전기는 전류가 흐르게 되면 발생하는 이상열을 감지하여 계전기를 동작시키는 것으로 전동기의 과부하 보호장치로 사용한다.

52 파형률을 옳게 나타낸 것은?

① 최대값/실효값
② 실효값/최대값
③ 평균값/실효값
④ 실효값/평균값

> 파형률은 파형의 실효값을 평균값으로 나눈 것이다.

53 연산증폭기를 이용한 회로 중 전압 플로워(Voltage Follower)에 관한 설명으로 틀린 것은?

① 높은 입력 임피던스를 갖는다.
② 낮은 출력 임피던스를 갖는다
③ 이득이 1에 가까운 비반전 증폭기이다.
④ 입력과 극성이 반대로 되는 출력을 얻을 수 있다.

> 전압 플로워는 입력 전압을 받아 그대로 출력 전압으로 변하게 된다.

54 NOR 회로를 나타내는 논리기호는?

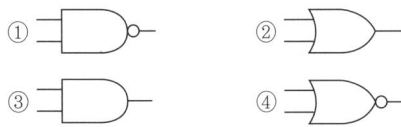

> ① NAND회로, ② OR 회로, ③ AND 회로, ④ NOR 회로

55 RLC 직렬 회로에서 공진이 발생하기 위한 조건은?(단, X_C는 용량성 리액턴스, X_L은 유도성 리액턴스이다.)

① $X_C > X_L$
② $X_C < X_L$
③ $X_C = X_L$
④ $X_C \cdot X_L = 0$

> ① 유도성, ② 용량성, ③ 공진

56 디지털 시스템에서 여러 가지 연산 동작을 위하여 1비트 이상의 2진 정보를 임시로 저장하기 위해 사용하는 기억 장치는?

① 계수기
② 플립플롭
③ 부호기
④ 레지스터

> 소량의 데이터나 처리중인 중간 결과를 일시적으로 기억해 두는 고속의 전용 영역을 레지스터라고 한다.

57 회로시험기로 전압을 측정하여 230[V]를 나타낸다. 참값이 220[V]이면 오차는 몇 [V]인가?

① 20   ② 10
③ -10   ④ -20

> 오차 = 측정값 - 참값 = 230 - 220 = 10V

58 다음의 그림은 3상 유도전동기의 단자를 표시한 것이다. 이 전동기를 △ 결선하고자 한다면?

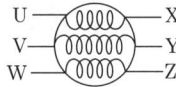

① U-W, Z-Y, V-X를 연결한다.
② U_Y, V-W, X-Z를 연결한다.
③ U-Y, V-Z, W-X를 연결한다.
④ X, Y, Z를 연결한다.

> ⊿결선은 3각 결선이라고도 하며 위상이 120°로 각 상의 단자 전압이 각 선간 전압과 동일하므로 각 선의 전류는 $1/\sqrt{3}$ 이 된다.

59 60[Hz] 4극 3상 유도 전동기의 회전 자기장 회전수(rpm)는?

① 3,600   ② 1,800
③ 1,600   ④ 1,200

> $Ns = \dfrac{120 \cdot f}{P} = \dfrac{120 \times 60}{4} = 1800 \text{rpm}$
> (Ns : 회전수, f : 주파수, P : 극수)

60 다음 압력계의 종류 중에서 탄성식은?

① 침종식
② 벨로우즈식
③ 경사관식
④ 압전기식

> 브르돈관식 압력계, 벨로우즈 압력계, 다이어프램 압력계 등은 탄성식 압력계이다.

제4과목 기계정비 일반

61 버니어 캘리퍼스의 종류 중 부척(Vernier)이 홈형으로 되어 있으며 외측 측정용 조(Jaw), 내측 측정용 조(Jaw), 깊이 바(Depth Bar)가 붙어있는 것은?

① M형 ② CB형
③ CM형 ④ MT형

버니어 캘리퍼스 종류
- M형 : 가장 널리 사용되는 형식으로 아들자에 홈이 있으며 최대 측정 길이는 300mm
- CB형 : 안쪽과 바깥쪽 양측이 각각 측정면으로 되어 있으나 깊이를 측정할 수 없다.
- CM형 : 부척이 M형과 같이 홈형으로 되어 있으며 위쪽이 내경, 아래쪽이 외경 측정용

62 접착제의 구비조건으로 적합하지 않은 것은?

① 액체성일 것
② 고체 표면에 침투하여 모세관 작용을 할 것
③ 도포 후 일정시간 경과 후 누설을 방지할 것
④ 도포 후 고체화하여 일정한 강도를 유지할 것

접착제는 도포 후 바로 고체화하여 누설을 방지해야 한다.

63 펌프의 사용 재질에 따른 분류 중 대단히 높은 고압용에 사용되는 펌프는?

① 경연 펌프 ② 자기제 펌프
③ 주강제 펌프 ④ 경질 염비제 펌프

일반적으로 고압용 펌프는 왕복펌프(플런저 펌프, 피스톤 펌프)등을 나타내며 사용재질에 따라서는 주강제 펌프가 고압용에 사용된다.

64 어떤 볼트를 조이기 위해 50[kg-cm] 정도의 토크가 적당하다고 할 때 길이 10[cm]의 스패너를 사용한다면 가해야 하는 힘은 약 얼마 정도가 적정한가?

① 5[kgf] ② 10[kgf]
③ 50[kgf] ④ 100[kgf]

토크 = 힘×거리, 힘 = $\frac{50[kg-cm]}{10[cm]}$ = 5[kg]

65 기계 조립작업 시 주의사항으로 옳지 않은 것은?

① 볼트와 너트는 균일하게 체결할 것
② 무리한 힘을 가하여 조립하지 말 것
③ 정밀기계는 장갑을 착용하고 작업할 것
④ 접합면에 이물질이 들어가지 않도록 할 것

기계의 분해조립 주의사항
- 무리한 분해·조립을 하지 말 것
- 접촉면은 깨끗이 청소 후에 조립할 것
- 접합면에 이물질이 침입되지 않도록 할 것
- 라이너의 틈새 조정은 정확히 할 것
- 분해 부품의 분실에 주의할 것
- 분해 순서를 정확히 하여 조립 시 순서가 틀리지 않도록 할 것
- 습동부 흠에 흠집이 나지 않도록 할 것
- 배관 내에 이물질을 넣은 채로 조립하지 말 것
- 정밀기계작업 시 장갑을 착용하지 말 것

66 축의 손상이나 파손되는 형태의 여러 가지 요소 중 가장 많이 발생하는 고장 원인은?

① 불가항력 ② 자연 열화
③ 설계 불량 ④ 조립, 정비 불량

축의 손상이나 파손되는 형태는 조립, 정비 불량이 가장 많으며 그 다음으로 설계불량이 해당된다.

67 관 이음쇠의 기능이 아닌 것은?

① 관로의 연장 ② 관로의 곡절
③ 관로의 분기 ④ 관의 피스톤 운동

④항은 관의 상호 운동으로 표현되어야 한다.

68 펌프의 수격현상 방지책으로 틀린 것은?

① 서지 탱크를 설치한다.
② 관로의 부하 발생점에 공기 밸브를 설치한다.
③ 관로의 지름을 크게 하여 관내 유 감소시킨다.
④ 플라이휠 장치를 사용하여 회전속도를 급감속시킨다.

플라이휠 장치를 사용하여 회전속도를 급·감속시키는 것은 펌프 동력소비를 절감하기 위한 것으로, 수격현상의 방지책에는 해당되지 않는다.

69 V벨트 풀리의 홈 각이 V벨트의 각도에 비해 작은 이유로 옳은 것은?

① 고속회전 시 풀리의 진동 및 소음 방지
② 미끄럼 발생 방지에 의한 동력손실 감소
③ V벨트가 인장력을 받아 늘어났을 때 동력 손실 방지
④ 장기간 사용시 마모에 의한 V벨트와 풀리간 헐거움방지

> 동력에 따라 V벨트 증감이 용이하므로 V벨트 미끄럼 발생 방지를 위해 V벨트 풀리의 홈 각이 V벨트의 각도에 비해 작게 한다.

70 파이프를 절단하는 데 주로 사용하는 공구는?

① 오스터 ② 파이프 커터
③ 리머 ④ 플레어링 툴 세트

> 오스터는 나사내는데 사용하며, 리머는 절단 후 생기는 거스러미 제거용이다. 또한, 플레어링 툴 세트는 동관 끝을 나팔관 모양으로 확관시킬 때 사용한다.

71 원심형 통풍기의 정기검사항목에 해당되지 않는 것은?

① 풍속과 흡기온도 ② 흡기, 배기의 능력
③ 통풍기의 주유상태 ④ 덕트 접촉부의 풀림

> 풍속과 흡기온도는 필요에 따라 수시로 점검하는 사항이다.

72 주철제 원통 속에 두 축을 맞대어 끼워 키로 고정한 축이음은?

① 머프 커플링 ② 플랜지 커플링
③ 유체 커플링 ④ 플렉시블 커플링

> 커플링의 종류
> • 슬리브 커플링 : 고정축 이음으로 주철제 원통 안에 두 축을 맞추어 키로 고정한 것
> • 플랜지 커플링 : 가장 많이 사용하는 축 이음으로, 주철제 또는 주강제의 플랜지를 양축에 고정한 후 볼트로 고정한 것
> • 플렉시블 커플링 : 두 축이 정확히 일치하지 않는 경우, 급격히 힘이 변화하는 경우, 완충 작용과 전기 절연작용으로 사용
> • 머프 커플링 : 주철제의 통 속에 양 축단을 끼워 넣어 키를 이용하여 고정하는 간단한 축이음으로 축 이동, 조립, 분해가 용이

73 펌프에서 흡입관을 설치할 때 적절한 방법이 아닌 것은?

① 관의 길이는 짧고 곡관의 수는 적게 한다.
② 흡입관에 편류나 와류를 적당히 발생시킨다.
③ 흡입관 끝에 스트레이너 또는 푸트 밸브를 사용한다.
④ 관내 압력은 대기압 이하로 공기 누설이 없는 관 이음으로 한다.

> 흡입관에 편류나 와류를 발생시키면 공동현상이 유발하므로 가급적 흡입관은 직관으로 하고 짧게 하는 것이 좋다.

74 두 축이 평행하지도 않고 만나지도 않는 기어는?

① 웜기어 ② 스퍼기어
③ 내접기어 ④ 헬리컬기어

축에 따른 기어의 분류	
두 축이 서로 평행한 경우	스퍼 기어, 헬리컬 기어, 더블 헬리컬 기어, 인터널 기어, 래크
두 축이 만나는 경우	베벨 기어, 스큐 기어, 스파이럴 베벨 기어
두 축이 만나지도 평행하지도 않는 경우	하이포이드 기어, 스크류 기어, 웜기어

75 기어 감속기의 분류 중 평행 축형 감속기가 아닌 것은?

① 스퍼기어 ② 헬리컬기어
③ 더블 헬리컬기어 ④ 스트레이트 베벨기어

> 스트레이트 베벨기어는 교쇄축형 감속기에 해당된다.

76 펌프의 보수 관리에 있어서 베어링의 과열현상을 일으키는 원인으로 가장 거리가 먼 것은?

① 조립·설치 불량
② 흡입유량의 부족
③ 윤활유 질의 부적합
④ 윤활유 및 그리스 양의 부족

> ①, ③, ④항 이외에 베어링 내의 불순물 침입 시 등이 있다.

77 밸브의 완전 개방 시 유체저항이 가장 작은 밸브는?

① 앵글 밸브   ② 글루브 밸브
③ 슬루스 밸브   ④ 리프트 밸브

슬루스 밸브는 게이트 밸브라고도 하며, 완전 개방 시 유체 저항이 적어 주로 펌프 흡입 측 배관에 많이 사용한다.

78 밸브 시트부의 누설 원인으로 가장 거리가 먼 것은?

① 본체의 변형
② 시트면의 손상
③ 시트면의 이물질 부착
④ 패킹 누르개의 과대 조임

④항의 경우 밀착이 되어 누설 방지를 방지할 수 있으나 장시간 사용 후 마모가 커질 우려가 있다.

79 열 박음에 의해서 베어링을 조립하고자 할 때 적당한 가열온도는?

① 50℃   ② 100℃
③ 200℃   ④ 400℃

열박음(fitting)은 부속 기기를 끼워 조립하여 설치하는 것으로 주로 가열법을 많이 선택하며 가열온도는 100℃로 한다.

80 전동기의 고장현상 중 기동불능의 원인으로 거리가 먼 것은?

① 퓨즈 단락
② 베어링의 손상
③ 서머 릴레이 작동
④ 노 퓨즈 브레이크 작동

베어링 손상은 기동은 가능하나 이상음, 누설, 진동, 소음 등의 원인이 된다.

정답 최근기출문제 2015년 2회

01 ①	02 ①	03 ④	04 ②	05 ①
06 ③	07 ①	08 ②	09 ②	10 ③
11 ④	12 ②	13 ③	14 ①	15 ③
16 ④	17 ④	18 ②	19 ④	20 ④
21 ②	22 ③	23 ③	24 ②	25 ④
26 ①	27 ③	28 ③	29 ④	30 ①
31 ②	32 ①	33 ③	34 ④	35 ④
36 ②	37 ②	38 ①	39 ①	40 ②
41 ②	42 ②	43 ④	44 ②	45 ④
46 ③	47 ①	48 ①	49 ③	50 ②
51 ②	52 ④	53 ④	54 ④	55 ③
56 ④	57 ②	58 ③	59 ②	60 ②
61 ③	62 ②	63 ③	64 ①	65 ③
66 ④	67 ④	68 ④	69 ②	70 ②
71 ①	72 ①	73 ②	74 ①	75 ④
76 ②	77 ③	78 ④	79 ②	80 ②

2015년 3회 최근기출문제

제1과목 공유압 및 자동화시스템

01 오일 탱크의 용도로 적합하지 않은 것은?

① 유압 에너지 축적
② 유온 상승의 완화
③ 기름 내의 기포 분리
④ 기름 내의 불순물 제거

> 오일탱크는 유압장치에 필요한 작동유를 저장하는 용기로서, 기름 속에 혼입되어 있는 불순물이나 기포 제거, 운전 중에 흡수한 열의 방출하는 목적으로 사용한다.

02 유압 액추에이터의 속도조절용 밸브는?

① 축압기
② 압력제어밸브
③ 방향제어밸브
④ 유량제어밸브

> 유압밸브
> • 유량제어, 압력제어, 방향제어 등의 기능
> • 유압 회로 내의 압력을 일정하게 유지시키거나 최고사용압력을 제한하여 유압기기를 보호하고 액추에이터의 작동을 제어하여 일정한 배압을 유지
> • 액추에이터의 속도를 제어하기 위하여 유량 조절
> ※ 방향제어밸브 : 작동유의 흐름 방향을 변환시키거나 정지

03 피스톤형 축압기의 특징으로 옳지 않은 것은?

① 대용량도 제작이 용이하다.
② 공기 에너지를 저장할 수 있다.
③ 형상이 간단하고 구성품이 적다.
④ 유실에 가스 침입의 염려가 있다.

> 피스톤식 축압기는 충격 압축의 흡수는 미흡하나 사용온도 범위가 넓고 대용량 제작이 용이하나 공기 에너지는 저장할 수 없다.

04 공유압 변환기와 에어 하이드로 실린더를 조합하여 사용할 때의 주의사항으로 옳은 것은?

① 공유압 변환기는 수평으로 설치한다.
② 공유압 변환기는 수직으로 설치한다.
③ 공유압 변환기는 30° 경사를 주어 설치한다.
④ 공유압 변환기는 45° 경사를 주어 설치한다.

> 공유압 변환기는 수직으로 설치해야 하며 배관 내의 공기를 충분히 제거하고 사용해야 한다.

05 유압 실린더를 구성하는 기본적인 부품이 아닌 것은?

① 커버
② 피스톤
③ 스풀
④ 실린더 튜브

> 스풀은 원통형의 미끄럼면을 축방향으로 이동하면서 유체의 유로를 변환시키는 스핀들이다.

06 다음 기호의 명칭으로 적합한 것은?

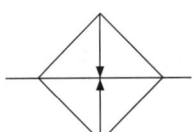

① 냉각기
② 온도 조절기
③ 가열기
④ 드레인 배출기

07 공기 압축기에서 표준 대기압 상태의 공기를 시간당 10[mm³]씩 흡입한다. 이 공기를 700[kPa]로 압축하면 압축된 공기의 체적은 약 몇 [mm³]인가? (단, 압축 시 온도의 변화는 무시한다)

① 1.26
② 1.43
③ 2.43
④ 3.25

> 700[kPa]를 절대압력으로 환산하면
> $700 + 101.325 = 801.325[kPa]$
> $101.325 \times 10 = 801.325 \times V$, ∴ $V = 1.26 m^3$

08 서비스 유닛을 구성하는 기기의 순서가 올바른 것은?

① (유입측)-필터-윤활기-압력조절기-(유출측)
② (유입측)-필터-압력조절기-윤활기-(유출측)
③ (유입측)-압력조절기-필터-윤활기-(유출측)
④ (유입측)-압력조절기-윤활기-필터-(유출측)

09 다음 중 표준 대기압에 해당되지 않는 것은?

① 760[mmHg] ② 10.33[mAq]
③ 14.7[mbar] ④ 1.033[kgf/cm²]

표준 대기압 = 1.0332kg/cm² · a = 14.7 lb/in² · a
= 10.33mH₂O = 10.33mAq = 1.01325 bar
= 760mm Hg = 30in Hg
= 101325 Pa = 101325 N/m²

10 KS B 0054(유압·공기압 도면 기호)의 기호 요소 중 정사각형의 용도가 아닌 것은?

① 실린더 ② 제어기기
③ 유체 조정 기기 ④ 전동기 이외의 원동기

기호요소의 용도(KS B 0054)
• 정사각형 : 제어기기, 전동기 이외의 원동기, 유체 조정기기, 실린더 내의 쿠션, 어큐뮬레이터 내의 추
• 직사각형 : 실린더, 밸브, 피스톤, 특정의 조작 방법

11 설비의 로스(Loss) 중 정지로스에 해당되는 것은?

① 순간정지로스, 속도저하로스
② 고장정지로스, 작업준비·조정로스
③ 초기 유동관리수율로스, 순간정지로스
④ 불량 수정 로스, 초기유동관리수율로스

불량로스에는 불량·수정로스, 초기유동관리수율로스, 속도로스에는 속도저하로스, 작업준비·조정로스 등이 있다.

12 8비트의 2진 신호로 표현되는 0~10[V]의 아날로그 값의 최소 범위는?

① 0.039[V] ② 0.042[V]
③ 0.045[V] ④ 0.048[V]

8비트의 2진 신호는 2⁸ =256이 되며 10 / 256 = 0.039[V]

13 다음 그림의 기호가 의미하는 것은?

① 한시동작 타이머 a접점
② 한시동작 타이머 b접점
③ 한시복귀 타이머 a접점
④ 한시복귀 타이머 b접점

14 빛을 이용하여 물체 유무를 검출하거나 속도, 위치 결정에 응용되는 센서는?

① 포토 센서 ② 리드 스위치
③ 유도형 센서 ④ 용량형 센서

물체감지 및 검출센서
• 근접 스위치(리드 스위치) : 백금, 금, 로듐 등의 귀금속의 접점도금을 한 자성체 리드편을 적당히 접점 간격을 유지하도록 하고, 유리관 중에 질소와 수소 혼합가스와 같은 불활성가스와 함께 봉입한 것
• 유도형 센서 : 물체가 접근하면 진폭이 감소하는 고주파 LC 발전기에 의해 센서 표면에 전자계를 형성하고 감지거리 이내의 물체에 의한 변화에 따라 출력한다.
• 용량형 센서 : 전극판에서 고주파 전계를 발생시켜 물체의 접근에 따라 물체표면과 검출 전극판 표면에서 분극현상이 일어나 정전용량이 증가되어 발진조건이 향상되면 이로 인하여 발진 진폭이 증가되어 출력이 나오도록 되어 있다.
• 광(포토)센서 : 빛을 이용하여 물체 유무를 검출하거나 속도나 위치의 결정에 응용, 레벨검출, 특정표시의 식별 등을 하는 곳에 많이 이용되고 있으며 광기전력 효과형 센서는 P-N 접합부에 발생하는 광기전력 효과를 이용한다.

15 개회로 제어 시스템(Open loop control system)을 적용하기에 적합하지 않은 제어계는?

① 외란 변수의 변화가 매우 적은 경우
② 여러 개의 외란 변수가 존재하는 경우
③ 외란 변수에 의한 영향이 무시할 정도로 적은 경우
④ 외란 변수의 특징과 영향을 확실히 알고 있는 경우

②항의 경우는 폐회로 제어 시스템일 경우에 해당된다.

16 다음 중 되먹임(Feedback) 제어에서 꼭 필요한 장치는?

① 안정도를 좋게 하는 장치
② 응답속도를 빠르게 하는 장치
③ 응답속도를 느리게 하는 장치
④ 입력과 출력을 비교하는 장치

피드백 제어는 제어량을 측정하여 목표값과 비교한 후 출력측의 신호를 입력측으로 되돌려 보내는 제어이다.

17 그림과 같은 논리회로의 동작 설명으로 옳은 것은?

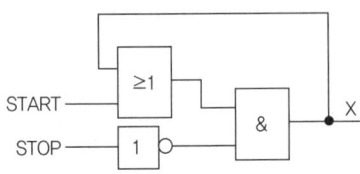

① STOP을 부를 때만 출력 X에 신호가 나온다.
② START를 누를 때만 출력 X에 신호가 나온다.
③ START를 한번 누르면 출력 X에는 펄스 신호가 발생한다.
④ START를 한번 누르면 STOP 버튼을 누르기 까지 출력 X에는 신호가 존재한다.

18 솔레노이드 밸브에서 전압이 걸려있는데도 아마추어가 작동되지 않는 원인과 가장 거리가 먼 것은?

① 코일의 소손   ② 아마추어의 고착
③ 전압이 너무 낮음   ④ 실링 시트의 마모

> 실링 시트의 마모는 솔레노이드 밸브(전자밸브)가 닫혔을 때 누설의 원인이 된다.

19 다음 논리식 중 틀린 것은?

① $A \cdot 0 = 0$ ② $A \cdot \overline{A} = 0$
③ $A + 1 = 1$ ④ $A + \overline{A} = 0$

> $A + \overline{A} = 1$

20 확산반사형 혹은 직접반사형 광센서를 사용할 때, 다음 중 감지거리가 가장 긴 것은?

① 목재   ② 금속
③ 면직물   ④ 폴리스틸렌

> 광센서는 빛을 이용하여 물체 유무를 검출하거나 속도나 위치의 결정에 응용, 레벨검출, 특정표시의 식별 등을 하는 곳에 많이 이용되며, 금속 물체의 반사가 많으므로 감지거리가 가장 길다.

제2과목 설비진단 및 관리

21 음의 전파 중 장애물 뒤쪽으로 음이 전파되는 현상은?

① 음의 간섭   ② 음의 굴절
③ 음의 확산   ④ 음의 회절

> 음의 전파 현상
> • 음의 간섭 : 서로 다른 파동사이의 상호작용으로 나타나는 현상
> • 음의 굴절 : 음파가 매질에서 다른 매질로 통과할 때 굴절이 되는 현상

22 주파수, 진폭 및 위상이 같은 두 진동 파형이 합성되면 진동 형태는 어떻게 변화되는가?

① 주파수, 진폭 및 위상이 두 배로 증가한다.
② 주파수와 진폭은 변하지 않고 위상이 변한다.
③ 주파수와 위상은 변동이 없고 진폭만 두 배로 증가한다.
④ 진폭과 위상은 변동이 없고 주파수만 두 배로 증가한다.

> • 주파수 : 교류가 단위시간(1초)에 반복되는 주파의 수
> • 진폭 : 단진동에 있어서 중립의 위치로부터 상하방향으로의 최대 변위량
> • 진동수 : 물체가 일정 시간 마다 같은 운동을 반복하는 현상
> • 위상 : 전기적 또는 기계적인 회전에 있어 어떤 임의의 기점에 대한 상대적인 위치

23 보전작업 표준에서 표준시간의 결정방법에 해당하지 않는 것은?

① 경험법   ② 실존법
③ 실적자료법   ④ 작업연구법

> 보전작업 표준
> • 경험법 : 숙련자에 의하여 작업 방향을 결정하는 것으로, 간단한 수리공사에 많이 사용하는 방법이다.
> • 실적 자료법 : 모든 일은 그동안의 실적에 의하여 작업의 표준시간을 결정하는 방법으로 적용범위가 넓어지는 것이 특징이다.
> • 작업 연구법 : 작업 연구에 의하여 표준시간을 결정하는 방법으로 작업 순서나 시간이 다같이 신뢰적인 방법이다.

24 석유 제품의 산성 또는 알칼리성을 나타내는 것으로써 산화 조건하에서 사용되는 동안 기름 중에 일어난 변화를 알기 위한 척도로 사용되는 것은?

① 전산가
② 중화가
③ 산화 안정도
④ 혼화 안정도

중화가는 지방산 1g을 중화하는 데 필요한 가성칼리의 mg 수이다.

25 진동 시스템에서 질량은 그대로 유지하고, 강성을 증가시키면 고유 주파수는 어떻게 되는가?

① 고유 주파수가 증가한다.
② 고유 주파수가 감소한다.
③ 고유 주파수는 변하지 않는다.
④ 고유 주파수는 증가하다가 감소한다.

고유 주파수 = $\sqrt{(k/m)}$ 에서 (k : 강성, m : 질량)
질량은 그대로 유지하고, 강성을 증가시키면 고유 주파수는 증가하게 된다.

26 집중보전에 대한 특징으로 틀린 것은?

① 보전요원이 용이하게 생산요원에게 접근할 수 있다.
② 긴급 작업, 고장, 신규 작업을 신속히 처리할 수 있다.
③ 보전요원의 기술 향상을 위한 교육 훈련이 보다 잘 행해진다.
④ 보전요원이 생산작업에 있어서 생산요원에 비해 우선순위를 갖는다.

①항의 경우는 지역보전에 대한 설명이다.

27 설비관리의 목표는?

① 손실 감소
② 품질 향상
③ 기업의 생산성 향상
④ 기업의 이윤 극대화

설비관리의 목표는 기업의 생산성 향상에 있다.

28 다음 특징의 설비배치 형태는?

- 유사한 기계설비나 기능을 한 곳에 모아 배치함
- 각 주문 작업은 가공요건에 따라 필요한 작업장이나 부서를 찾아 이동하므로 작업흐름이 서로 다르고 혼잡함
- 단속생산이나 개별주문생산과 같이 다양한 제품이 소량으로 생산되고 각 제품의 작업흐름이 서로 다른 경우에 적합함

① 공정별 배치
② 제품별 배치
③ 혼합형 배치
④ 고정위치 배치

설비배치의 형태
- 제품별 배치 : 각 공정에 따라 필요한 기기를 적정 요소에 배치
- 혼합형 배치 : 기능별, 제품별, 제품 고정형 배치와의 혼합
- 기능별 배치 : 제품 중심으로 그 제품을 가공하는데 소요되는 작업장을 구성
- 제품 고정형 배치 : 주재료의 부품이 고정된 창고에 있고 사람이나 기계가 이동하며, 작업이 행하여지는 배치

29 내부에 형성되어 있는 하나 혹은 그 이상의 챔버(Chamber)에 의해서 입사 소음 에너지를 반사하여 소멸시키는 장치는?

① 반사 소음기
② 회전식 소음기
③ 흡음식 소음기
④ 흡진식 소음기

흡음식 소음기는 암면 등의 흡음력을 이용한 것이며 반사 소음기는 덕트 등과 같이 내부에 형성되는 입사 소음 에너지를 반사하여 소멸시킨다.

30 제품별 배치의 장점에 속하지 않는 것은?

① 1회의 내규모 사업에 낳이 이용된다.
② 정체시간이 짧기 때문에 재공품(在工品)이 적다.
③ 공정이 단순화되고 직접 확인 관리를 할 수 있다.
④ 작업을 단순화할 수 있으므로 작업자의 훈련이 용이하다.

제품별 배치는 라인별 배치라고도 하며 작업 흐름이 원활하고 하나의 표준화된 제품을 대량으로 반복 생산하는 공정에 적합한 배치이다.

31 진동 차단기로 이용되는 패드의 재료로 부적합한 것은?

① 스프링
② 코르크
③ 스폰지 고무
④ 파이버 글라스

> 스프링 패드는 완충기로 사용하며 진동 차단기로는 사용하지 않는다.

32 자주보전 활동 7단계 내용 중 단계에 대한 활동내용이 틀린 것은?

① 제1단계 – 초기 청소
② 제2단계 – 청소, 급유 기준 작성과 실시
③ 제4단계 – 총 점검
④ 제5단계 – 자주 점검

> **자주보전 활동 7단계**
> - 제1단계: 초기 청소
> - 제2단계: 발생원인 · 곤란개소대책
> - 제3단계: 청소 · 급유기준의 작성과 실시
> - 제4단계: 총 점검
> - 제5단계: 자주 점검
> - 제6단계: 자주보전의 시스템화
> - 제7단계: 철저한 자주관리

33 정현파의 경우 평균값은 피크값의 몇 배인가?

① π
② 2π
③ $2/\pi$
④ $\pi/2$

> **진동의 크기**
> - 피크값(편진폭): 진동량의 절대값의 최대값이다.
> - 피크-피크값: 정측의 최대값에서 부측의 최대값까지의 값이다. 정현파의 경우는 피크값의 2배이다.
> - 실효값: 진동의 에너지를 표현하는 것에 적합한 값이다. (정현파의 경우는 피크값의 $1/\sqrt{2}$ 배)
> - 평균값: 진동량을 평균한 값이다. (정현파의 경우는 피크값의 $2/\pi$배이다.)

34 윤활제의 급유법 중 순환 급유법에 속하는 것은?

① 수 급유법
② 비말 급유법
③ 적하 급유법
④ 사이펀 급유법

> 비말 급유법, 강제 순환 급유법은 순환 급유법에 나머지 항은 비순환 급유법에 해당된다.

35 구름 베어링 결함에 대한 설명으로 맞는 것은?

① 1X 성분의 조화파가 많이 나타난다.
② 1X 성분이 수직 및 수평방향에서 뚜렷하게 나타난다.
③ 수직방향에서 1X 성분이 나타나고 수평방향에서 2X, 3X 성분이 나타난다.
④ 고주파 영역에서 비동기 성분의 피크값이 나타나고 시간파형에서 충격파형 형태로 관찰된다.

36 보전요원의 각 보전작업에 대한 표준화로 수리 표준시간, 준비작업 표준시간 또는 분해검사 표준시간을 결정하는 것은?

① 보전작업표준
② 설비성능표준
③ 설비점검표준
④ 일상점검표준

> 보전작업표준은 설비의 검사, 수리, 정비 등의 기술적인 방법을 말한다.
> - 기술면의 표준: 품질규격, 설비사양서, 작업방법
> - 경영면의 표준: 조직규정, 조직도, 책임한계, 관리규정

37 보전용 자재 관리상 특징이 아닌 것은?

① 불용 자재 발생 가능성이 높다.
② 보전용 자재는 비순환성이 높다.
③ 연간 사용 빈도가 적고, 소비 속도가 늦다.
④ 자재 구입의 품목, 수량, 시기 등의 계획 수립이 어렵다.

> **설비 보전용 자재의 관리상 특징**
> - 감속기, 모터 등은 고장 시 교체하고 교체품은 수리하여 예비품으로 사용할 수 있다.
> - 자재의 품목 및 수량의 구입계획을 수립하기 곤란하다.
> - 예비품이 사용되지 않고 폐기될 수도 있다.
> - 연간 사용빈도가 낮으며, 소비속도가 늦은 것이 많다.
> - 보전 자재의 재고량은 보전의 관리 및 기술 수준에 따라 달라진다.

38 보전 비용을 들여 설비를 안정된 상태로 유지하기 위하여 발생되는 생산손실은?

① 기회원가
② 매몰손실
③ 이익손실
④ 차액손실

> 기회원가 = 기회손실

39 설비진단기술의 정의로 가장 적합한 것은?

① 설비를 교정하는 것
② 설비의 경제성을 평가하는 것
③ 설비를 투자할 것인지 결정하는 것
④ 설비의 상태를 정량적으로 관측하여 예측하는 것

> 설비진단 기술 : 모든 설비의 작동을 정확히 파악하기 위하여 설비의 고장 및 열화, 성능이나 강도 등을 정량적으로 관측하여 지속적인 운전상태를 예측할 수 있는 기술이다.

40 고장 분석에서 설비관리의 목적인 최소 비용으로 최대효율을 얻기 위해 계획, 진행하는 것과 관계없는 것은?

① 경제성의 향상 : 가능한 비용을 절감한다.
② 신뢰성의 향상 : 설비의 고장을 없게 한다.
③ 유용성의 향상 : 설비의 가동률을 높인다.
④ 보전성의 향상 : 고장에 의한 휴지시간을 단축한다.

> 고장 분석에서 설비관리의 목적 : 경제성, 신뢰성, 보전성

제3과목 공업계측 및 전기전자제어

41 반도체에 대한 설명 중 맞는 것은?

① N형 반도체에 혼입된 불순물을 억셉터라 한다.
② P형 반도체에 혼입된 불순물을 도너라 한다.
③ 불순물 반도체에는 P형과 N형이 있다.
④ 진성 반도체는 자유전자와 전공의 수가 다르다.

> 불순물 반도체의 분류

진성 반도체	불순물이 혼합되지 않은 반도체
반도체	• N형 반도체 : 과잉 전자에 의해 전기 전도가 이루어지는 불순물 반도체 ※도너(donor) : N형 반도체의 불순물(Sb, As, P, Pb) • P형 반도체 : 정공(hole)에 의해 전기 전도가 이루어지는 불순물 반도체 ※억셉터(acceptor) : P형 반도체의 불순물(Ga, In, B, Al)

42 전압 폴로어(Voltage Follower)에 대한 설명으로 틀린 것은?

① 전압이득이 1에 가깝다
② 반전 증폭기이다.
③ 임피던스 변환회로이다.
④ 입력 임피던스가 크다.

> 전압 폴로어(Voltage Follower)는 연산 증폭기이다.

43 P형 반도체와 N형 반도체를 접합시키면 반송자가 결핍되는 공핍층이 생성된다. Si의 경우 이러한 접합면 사이의 전위차는?

① 약 0.2[V]   ② 약 0.3[V]
③ 약 0.7[V]   ④ 약 0.9[V]

> Si 접합면 사이의 전위차는 0.7[V]이다.

44 계측기를 기능적으로 크게 분류했을 때 해당되지 않는 것은?

① 검출기   ② 조작기
③ 전송기   ④ 수신기

> 계측기기는 센서(검출기)에서 감지하여 증폭기 또는 변환기(전송기)를 거쳐 지시, 기록(수신기)하는 과정으로 이루어져 있다.

45 대칭 3상 교류에 대한 설명으로 옳은 것은?

① 각 상의 기전력과 전류의 크기가 같고 위상이 120도인 3상 교류
② 각 상의 기전력과 전류의 크기가 다르고 위상이 120도인 3상 교류
③ 각 상의 기전력과 전류의 크기가 같고 위상이 240도인 3상 교류
④ 각 상의 기전력과 전류의 크기가 다르고 위상이 240도인 3상 교류

> 3조의 교류 전원을 조합한 방식을 말하며, 특히 크기가 같고 서로 $2\pi/3$[rad] 씩 위상이 다르게 되는 3가지의 단상 교류가 동시에 존재하는 교류를 대칭 3상 교류라 한다.

46 피측정량을 직접 측정하지 않고, 피측정량에서 기지(旣知)의 일정량을 뺀 나머지 양을 측정하는 방법은?

① 편위법 ② 영위법
③ 치환법 ④ 보상법

보상법은 상기 내용 이외에 전압이나 주파수 측정에서 미소 변화량을 구하는 경우에 적합하다.

47 회전하고 있는 전동기를 역회전되도록 접속을 변경하면 급정지한다. 압연기의 급정지용으로 이용되는 제동방식은?

① 플러깅 제동 ② 회생 제동
③ 다이나믹 제동 ④ 와류 제동

유도 전동기의 제동법 : 발전 제동, 회생 제동, 플러깅(역상제동)
※ 플러깅 : 회전 중인 유도 전동기의 3상 단자 중 임의의 2상의 단자를 바꾸어서 제동

48 그림과 같은 회로는?

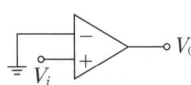

① 전압팔로어
② 비교기
③ 미분기
④ 전압-전류변환기

입력 전압이 일정 범위를 넘는 것을 감지하기 위하여 사용하는 것을 비교기라 한다.

49 OP 앰프의 특징이 아닌 것은?

① OP 앰프는 두 개의 전원단자(+, -)를 가지고 있다.
② 두 개의 입력단과 1개의 출력단을 가지고 있다.
③ 일반적으로 비반전 입력은 (-)로 표기한다.
④ 일반적인 전원 전압은 ±15V가 된다.

OP 앰프는 연산 증폭기로 일반적으로 비반전 입력은 (+)로 표기한다.

50 열전대 조합으로 많이 사용하지 않는 것은?

① 백금로듐-백금
② 크로멜-알루멜
③ 철-코스탄탄
④ 구리-알루멜

열전대는 2개의 금속으로 폐회로를 만들어 접점간의 온도차에 의하여 기전력을 발생하는 것으로 백금로듐-백금, 크로멜-알루멜, 철-콘스탄탄, 동-콘스탄탄 등이 있다.

51 100[V], 20[W]의 전구에 50[V]의 전압을 가했을 때의 전력은 몇 [W]인가?

① 20 ② 10
③ 5   ④ 3

$P = \dfrac{E^2}{R}$ 에서, $R = \dfrac{E^2}{P} = \dfrac{100^2}{20} = 500[\Omega]$

$\therefore P = \dfrac{E^2}{R} = \dfrac{50^2}{500} = 5\text{W}$

52 동기속도가 1,800[rpm]이고, 회전자 회전수가 1,728[rpm]인 유도 전동기의 슬립은 약 몇 [%]인가?

① 2% ② 3%
③ 4% ④ 6%

실제 회전수(N) = $Ns \times (1-S)$ S : 슬립
$1,728\text{rpm} = 1800\text{rpm} \times (1-S)$, $S = 0.03$ ∴ $0.03 \times 100 = 3\%$

53 그림에서 정전 용량 C_1, C_2를 병렬로 접속하였을 때의 합성 정전 용량 C_{AB}는?

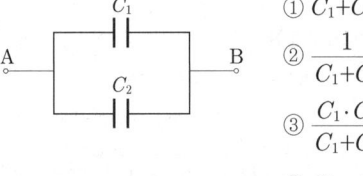

① $C_1 + C_2$
② $\dfrac{1}{C_1 + C_2}$
③ $\dfrac{C_1 \cdot C_2}{C_1 + C_2}$
④ $C_1 \cdot C_2$

콘덴서의 병렬 합성 용량은 저항의 직렬 합성과 같으며, 콘덴서의 직렬 합성용량은 저항의 병렬 합성과 같다.

54 압력 검출기와 관계가 없는 것은?

① 부르동관　　② 벨로즈
③ 다이어프램　　④ 서미스터

서미스터는 온도를 검출하는데 사용한다.

55 전자의 에너지 준위 M각에 들어갈 수 있는 전자의 수는 얼마인가?

① 4개　　② 8개
③ 18개　　④ 32개

전자의 에너지 준위
K각 : 2개, L각 : 8개, M각 : 18개, N각 : 32개

56 어느 교류 전압의 순시값이 $v=311 \cdot \sin(2\pi \times 60)$ [V] 라고 하면, 이 전압의 실효값은 약 몇 [V]인가?

① 110　　② 125
③ 220　　④ 311

실효값[V] $= 0.707 \times V_m = 0.707 \times 311 = 219.87 ≒ 220[V]$

57 3상 유도 전동기의 속도제어법이 아닌 것은?

① 계자 제어　　② 주파수 제어
③ 2차 저항 조정　　④ 극수변환

계자제어는 직류전동기의 속도 제어법에 해당된다.

58 방사선식 액면계에서 2위치 검출용으로 적당한 형식은?

① 정점 감시형　　② 추종형
③ 투과형　　④ 조사형

방사선식 액면계는 방사선 동위 원소에서 방사되는 γ선이 투과할 때 흡수되는 에너지를 이용한 것으로 2위치 검출용으로 정점 감시형을 사용한다.

59 그림과 같은 기호를 나타내는 것으로서 옳은 것은?

① 수동조작 자동복귀 b접점
② 전자 접촉기 b접점
③ 보조 계전기 b접점
④ 수동복귀 b접점

60 변환기에서 노이즈 대책이 아닌 것은?

① 실드의 사용　　② 비접지
③ 접지　　④ 필터의 사용

노이즈 : 전기적, 기계적 이유로 시스템에서 발생하는 불필요한 신호로 흔히 잡음이라고 하며 정전유도, 전도, 중첩 등이 노이즈 원인에 해당된다.

제4과목 기계정비 일반

61 기어의 손상 중 스코어링의 원인과 거리가 먼 것은?

① 급유량 부족　　② 내압성능 부족
③ 충격 및 하중　　④ 윤활유 점도 부족

충격과 하중은 기어 이의 절손 원인에 해당된다.

62 다음 중 원심 펌프에 해당되는 것은?

① 기어 펌프　　② 플런저 펌프
③ 벌류트 펌프　　④ 다이어프램 펌프

원심펌프에는 벌류트 펌프와 터빈 펌프가 있으며, 플런저 펌프, 다이어프램 펌프는 왕복펌프에 해당된다.

63 밸브의 무게와 양면에 작용하는 압력차로 작동하여 유체의 역류를 방지하는 밸브는?

① 감압 밸브　　② 체크밸브
③ 게이트 밸브　　④ 다이어프램 밸브

역류방지밸브 = 체크밸브

64 송풍기 축은 압축열이나 취급하는 가스의 온도 등의 영향으로 운전 중에 축방향으로 신장하려고 한다. 다음 중 온도 상승에 의하여 송풍기 축의 길이가 변할 때의 대책으로 옳은 것은?

① 신장되지 못하도록 제한한다.
② 축을 전동기 측 방향으로 신장되도록 한다.
③ 축을 전동기 측 반대 방향으로 신장되도록 한다.
④ 축을 전동기 측과 전동기 측 반대 방향 양쪽 모두 신장되도록 한다.

> 송풍기 축은 운전 중 추력으로 한쪽으로 밀리기 때문에 전동기측 반대방향으로 신장이 되도록 해야 한다.

65 관의 직경이 비교적 크고 내압이 비교적 높은 경우에 사용되며 분해 조립이 편리한 관이음은?

① 나사 이음
② 플랜지 이음
③ 용접 이음
④ 턱걸이 이음

> 관경이 작은 경우(20mm)에는 유니언 이음을 하고 관경이 큰 경우에는 플랜지 이음을 한다.

66 합성고무와 합성수지 및 금속 클로이드 등을 주성분으로 한 액상 개스킷의 사용방법으로 옳지 않은 것은?

① 얇고 균일하게 칠한다.
② 바른 직후 접합해도 관계없다.
③ 사용 온도 범위는 0~30℃까지의 범위이다.
④ 접합면의 수분, 기름, 기타 오물을 제거한다.

> 합성고무와 합성수지 및 금속 클로이드 등을 주성분으로 한 액상 개스킷의 사용온도 범위는 50~350℃ 정도이다.

67 삼각형 모양의 다리로 운전이 원활하고, 전동 효율이 높고 소음이 적어 정숙운전이 가능하나 제작이 어렵고 무거우며 가격이 비싼 체인은?

① 부시 체인(Bush Chain)
② 오프셋 체인(Offset Chain)
③ 사일런트 체인(Silent Chain)
④ 더블 롤러 체인(Double Roller Chain)

> 사일런트 체인 : 전동할 때 링의 경사면이 체인휠에 밀착하므로 롤러 체인과 같은 소음은 발생하지 않는다.

68 윤활제의 부족에 의한 윤활 불량, 베어링 조립 불량 체인, 벨트 등의 팽팽함, 커플링의 중심내기 불량이나 적정 틈새가 없어 추력을 받을 때 발생되는 전동기의 고장 현상은 무엇인가?

① 과열
② 코일 소손
③ 기동 불능
④ 기계적 과부하

> 윤활제의 주된 역할은 발열제거 및 마모방지이나 윤활 부족은 결국 과열이 되어 전동기 소손을 일으키는 원인이 된다.

69 축정렬 준비사항 중 축이나 커플링이 진원에서 얼마나 편차가 되었는가를 확인하는 방법은?

① 봉의 변형량(Sag)의 측정
② 흔들림 공차(Run Out)의 측정
③ 커플링 면 갭(Face Gap)의 측정
④ 소프트 풋(Soft Foot) 상태의 측정

> 축이나 커플링이 진원에 제대로 연결되었을 경우 흔들림이 적으나 잘못 연결된 경우에는 흔들림 자체가 심하게 발생하게 된다.

70 V 벨트의 정비에 관한 사항으로 옳지 않은 것은?

① 풀리의 홈 하단과 벨트의 아랫면은 접촉되어야 한다.
② 2줄 이상을 건 벨트는 균등하게 처져 있어야 한다.
③ 벨트 수명은 이론적으로 보면 정 장력이 옳다고 본다.
④ 베이스가 이동할 수 없는 축 사이에서는 장력 풀리를 쓴다.

> 풀리의 홈 상단과 벨트의 상단면이 일치되어야 한다.

71 500[rpm] 이하로 사용되던 길이 2[m]의 축이 구부러져 수정하고자 할 때 사용하는 공구는?

① 짐 크로(Jim Crow)
② 토크 렌치(Torque Wrench)
③ 임펙트 렌치(Impact Wrench)
④ 스크루 익스트랙터(Screw Extractor)

> 짐 크로는 레일을 굽혀 커브를 만드는 기구로 레일 벤드라고도 한다.

72 아주 높은 온도를 유지하는 장치의 실(seal)로 사용되고 다른 실에 비해 유밀기능이 떨어지므로 와이퍼(Wiper)형 실로 많이 사용되는 것은?

① 금속 실(Metallic Seal)
② 스프링 실(Spring Seal)
③ 플랜지 실(Flange Seal)
④ 기계적 실(Mechanical Seal)

73 기어 전동장치에서 원활한 전동을 위하여 백래시(Backlash)를 주는 이유로 옳지 않은 것은?

① 기어의 가공 치수 오차 고려
② 윤활을 위한 유막 두께 유지
③ 언더컷(Undercut)의 방지를 고려
④ 발열 팽창에 의한 중심거리 변화 고려

> 백래시는 기계에 쓰이는 나사, 톱니바퀴 등의 서로 맞물려 운동하는 기계장치 등에서 운동방향으로 만들어진 틈이며, 랙(rack) 공구 또는 호브(hob)로 기어 절삭을 할 때 이의 수가 적으면 이의 간섭이 일어나 이뿌리가 깎이는 것을 언더컷이라고 한다.

74 무동력 펌프라고도 하며, 비교적 저낙차의 물을 긴 관으로 이끌어 그 관성작용을 이용하여 일부분의 물을 원래의 높이보다 높은 곳으로 수송하는 양수기는?

① 마찰펌프
② 분류펌프
③ 기포펌프
④ 수격펌프

> 수격펌프는 방수관의 밸브를 갑자기 개폐함으로써 생기는 수격 작용을 이용하여 흘러내리는 저 낙차의 물의 일부를 높은 곳으로 퍼 올리는 무동력펌프이다.

75 기어 감속기 중 평행 축형 감속기의 종류가 아닌 것은?

① 웜 기어 감속기
② 스퍼 기어 감속기
③ 헬리컬 기어 감속기
④ 더블 헬리컬 기어 감속기

기어 감속기	
두 축이 서로 평행한 경우	스퍼 기어, 헬리컬 기어, 더블 헬리컬 기어, 인터널 기어, 랙
두 축이 만나는 경우	베벨 기어, 스큐 기어, 스파이럴 베벨 기어
두 축이 만나지도 평행하지도 않는 경우	하이포이드 기어, 스크류 기어, 웜 기어

76 원심펌프 운전에서 병렬 운전이 유리한 경우는?

① 송출유량의 변화가 클 때
② 송출양정의 변화가 클 때
③ 송출유량의 변화가 작을 때
④ 송출양정의 변화가 작을 때

> · 원심펌프 병렬 운전 : 양정은 동일하나 유량은 증가한다.
> · 원심펌프 직렬 운전 : 유량은 동일하나 양정은 증가한다.

77 다이얼게이지 인디케이터를 "0"점에 맞추는 시기로 적합한 것은?

① 하루에 한번
② 매번 측정하기 전에
③ 인디케이터 교정 시
④ 처음 측정하기 전에 한번

> 인디케이터는 지침에 의하여 계량, 계측을 하는 계기를 총칭하는 것으로 "0"점에 맞추는 시기는 항상 측정하기 전에 행한다.

78 축이음 중 원활한 동력 전달이 되고 축의 연결이 용이하여 진동과 충격이 잘 흡수되는 장점이 있어 최근 자동차 및 선박 등 산업 분야에 널리 사용되는 것은?

① 유체 커플링
② 스프링 축이음
③ 플랜지형 축이음
④ 분할 원통형 커플링

> 유체 커플링은 작은 간격을 두고 회전하는 날개 사이에 오일을 채워 동력을 전달하는 기기로 저속 시의 토크 변동을 흡수하여 진동, 소음을 저감시키는 작용도 한다.

79 펌프 흡입 쪽에 설치하여 차단성이 좋고 전개 시 손실수두가 가장 적은 밸브는?

① 감압 밸브
② 글로브 밸브
③ 앵글 밸브
④ 슬루스 밸브

> 슬루스 밸브(sluice valve, gate valve) : 밸브 본체가 밸브 시트 안을 상하 운동하여 개폐하는 밸브로, 밸브를 완전히 열면 밸브 본체 속의 지름과 같은 단면적이 되므로 유체 저항이 적어 마찰손실이 매우 적다. 양정이 커서 개폐시간이 걸리며, 유량조절이 어렵다.

80 펌프의 공동현상 방지책이 아닌 것은?

① 양흡입 펌프를 사용한다.
② 펌프의 회전수를 낮게 한다.
③ 흡입측에서 펌프의 토출량을 감소시킨다.
④ 펌프의 설치 높이를 낮추고 흡입 양정을 낮게 한다.

> **캐비테이션의 방지책**
> • 펌프의 회전수를 낮게 할 것
> • 양흡입 펌프를 사용하거나 펌프를 액중에 잠기게 할 것
> • 펌프의 설치 높이를 낮추고 흡입 양정을 낮게 할 것
> • 유효흡입양정(NPSH)을 고려하여 선정할 것
> • 충분한 굵기의 흡입관경을 선정할 것
> • 여과기, 후트밸브 등은 주기적으로 청소할 것
> • 순환밸브(릴리프밸브)를 내장시킬 것

정답 최근기출문제 2015년 3회

01 ①	02 ④	03 ②	04 ②	05 ③
06 ③	07 ①	08 ②	09 ③	10 ①
11 ②	12 ①	13 ③	14 ①	15 ②
16 ④	17 ④	18 ④	19 ④	20 ②
21 ④	22 ④	23 ②	24 ②	25 ①
26 ①	27 ③	28 ①	29 ①	30 ①
31 ①	32 ②	33 ①	34 ②	35 ④
36 ①	37 ②	38 ①	39 ④	40 ③
41 ③	42 ②	43 ①	44 ②	45 ①
46 ④	47 ①	48 ②	49 ③	50 ④
51 ①	52 ②	53 ①	54 ④	55 ③
56 ③	57 ①	58 ①	59 ④	60 ②
61 ③	62 ③	63 ②	64 ③	65 ②
66 ③	67 ②	68 ①	69 ②	70 ①
71 ①	72 ①	73 ③	74 ④	75 ①
76 ①	77 ②	78 ①	79 ④	80 ③

2016년 1회 최근기출문제

제1과목 공유압 및 자동화시스템

01 오일탱크에 설치되어 있는 방해판의 일반적 기능이 아닌 것은?

① 오일의 냉각을 양호하게 한다.
② 오일에 포함된 오염입자의 침전을 돕는다
③ 오일탱크로 이물질이 흡입되는 것을 방지한다.
④ 오일 중에 함유된 기포를 방출하는 데 도움이 된다.

오일탱크로 이물질이 흡입되는 것을 방지하는 것은 여과기이다.

02 유압실린더 쿠션장치의 요소에 관한 설명으로 틀린 것은?

① 체크밸브-복귀시동 속도를 촉진한다.
② 쿠션링-로드엔드축에 흐르는 오일을 차단한다.
③ 쿠션플런저-헤드엔드축에 흐르는 오일을 차단한다.
④ 쿠션밸브-완충장치로 서지압(Surge Pressure)은 발생하지 않는다.

쿠션밸브는 엑추에이터로부터 유출되는 공기의 배기량을 조절하여 엑추에이터의 속도를 증가시키는 역할을 한다.

03 12[kW]의 전동기로 구동되는 유압펌프가 토출압이 70[kgf/cm²], 토출량은 80[L/min], 회전수가 1,200[rpm]일 때, 전효율은 약 몇 [%]인가?

① 59 ② 68
③ 76 ④ 87

$$kW = \frac{1000 \times Q \times H}{102 \times 60 \times \eta}$$

여기서, Q : 유량(m³/min), H : 양정(mAq), η : 전효율
70[kgf/cm²] = 700mAq

$12 = \frac{1000 \times 0.08 \times 700}{102 \times 60 \times \eta}$, ∴ $\eta = 0.7625 = 76.25\%$

04 다음 중 유압실린더의 사용 목적으로 가장 적절한 것은?

① 유체의 양을 조절하기 위하여
② 유체의 흐름 방향을 제어하기 위하여
③ 유체 압력에너지의 압력을 조절하기 위하여
④ 유체 압력에너지를 직선운동으로 변환하기 위하여

유압실린더는 유압을 이용하여 큰 출력 · 추력의 직선운동을 실현하는 기계이다.

05 유압모터 제어회로의 종류에 해당되지 않는 것은?

① 정출력 회로   ② 정토크 회로
③ 급속배기 회로 ④ 브레이크 회로

유압모터 제어회로의 종류에는 ①, ②, ④항 이외에 유압모터 직렬회로, 유압모터 병렬회로 등이 있다.

06 한쪽 방향의 흐름에 대해서는 설정된 배압이 생기게 하고, 다른 방향으로는 자유로운 흐름이 가능한 유압밸브로 체크밸브가 내장되어 있는 것은?

① 감압 밸브   ② 무부하 밸브
③ 시퀀스 밸브   ④ 카운터밸런스 밸브

유압제어밸브
- 감압 밸브 : 고압의 유체를 감압시켜 사용조건이 변동되어도 설정공급압력을 일정하게 유지시킨다.
- 시퀀스 밸브 : 공유압 회로에서 순차적으로 작동할 때 작동 순서를 회로의 압력에 의해 제어하는 밸브이다.
- 카운터 밸런스 밸브 : 부하가 급속히 제거 될 경우, 그 자중이나 관성력 때문에 소정의 제어를 못하게 된다거나 램의 자유낙하를 방지하기 위하여 귀환유의 유량에 관계없이 일정한 배압을 발생시켜 실린더의 급속전진을 방지하는 밸브로 주로 배압제어용으로 사용한다.
- 무부하 밸브 : 작동압이 규정압력 이상으로 달하였을 경우 무부하 운전을 하여 배출하고, 이하가 되면 밸브를 닫고 다시 작동한다. 열화방지 및 동력절감 효과를 갖게된다.

07 다음 그림과 같이 2개의 회전자를 서로 90° 위상으로 설치하고, 회전자 간의 미소한 틈을 유지하고 역방향으로 회전시키는 방식의 공기 압축기는?

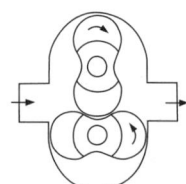

① 루트 블로워
② 에인형 공기 압축기
③ 축류식 공기 압축기
④ 회전식 공기 압축기

> 루트 블로워는 회전식 압축기의 일종으로 케이싱 내에 8자 모형의 로터 2개를 조합시켜 90° 각도를 유지하며 서로 반대방향으로 회전하면서 기체를 압축하는 장치이다.

08 직관적인 회로 구성 방법 중 실린더의 운동을 나타내는 방법이 아닌 것은?

① 수식적 표현법　② 서술적 표현법
③ 테이블 표현법　④ 약식기호 표현법

09 윤활기(Lubricator)의 사용목적으로 적합하지 않은 것은?

① 내구성 향상　② 마찰력 감소
③ 기기효율 상승　④ 실(Seal)의 고착

> 윤활기(루브리케이터)는 공기압 실린더나 밸브 등 활동부분의 작동을 원활하게 하기 위하여 윤활제를 공급하는 장치로 활동부분 마찰력 감소로 내구성이나 기기효율 향상을 얻을 수 있다.

10 전기를 이용하여 기계에서 정지스위치를 ON하여도 기계가 정지하지 않는 고장의 원인으로 가장 적합한 것은?

① 과전압, 내부 누설의 감소
② 구동 동력 부족, 과부하 작동, 고압운전
③ 펌프의 흡입불량 내부 누설의 감소, 공기의 침입
④ 접촉자 접촉면의 오손, 접촉불량, 푸시 버튼 장치와 제어 기기의 결선 착오

> 정지스위치를 ON하여도 기계가 정지하지 않는 것은 스위치 접점 및 결선의 문제이다.

11 압축공기의 질을 높이는 방법으로 틀린 것은?

① 제습기를 사용한다.
② 응축수를 제거한다.
③ 공기압 필터를 사용한다.
④ 압축공기의 흐름을 빠르게 한다.

> 압축공기의 흐름을 빠르게 하는 것은 공기의 질과는 무관하며 오히려 배관의 부식을 초래 할 우려가 있다.

12 생산공정이나 기계장치 등에 자동제어계를 도입하여 자동화를 추진했을 때의 장점이 아닌 것은?

① 생산원가를 줄일 수 있다.
② 생산량을 증대시킬 수 있다.
③ 인건비를 감축시킬 수 있다.
④ 시설투자비를 감소시킬 수 있다.

> 자동화 추진 시 초기 투자비용은 증가하게 된다.

13 검출물체가 검출면으로 접근하여 출력이 동작한 지점에서 검출물체가 검출면에서 멀어져 출력이 복귀한 지점 사이의 거리는?

① 검출거리　② 설정거리
③ 응차거리　④ 공칭동작거리

> 응차거리는 검출물체가 검출면에 접근하여 출력신호가 ON하는 점에서 검출물체가 검출면에서 멀어지면서 출력신호가 OFF하는 점까지의 거리의 차이이다.

14 다음 중 유압펌프소음 발생 원인으로 가장 적합한 것은?

① 작동유의 오염　② 에어필터의 막힘
③ 내부 누설의 증가　④ 외부 누설의 증가

> 유압 펌프에서의 소음 및 진동
> • 캐비테이션(공동현상) 발생
> • 펌프의 rpm이 지나치게 빠를 경우
> • 펌프 내 공기 침입한 경우
> • 펌프 흡입측 여과기 및 필터 등이 막혔을 경우
> • 펌프의 임펠러 등이 손상된 경우

15 자외선으로 데이터를 지울 수 있어 다시 프로그램이 가능한 메모리는?

① PROM
② EPROM
③ ERPROM
④ Mask ROM

프로그램 메모리	
읽기	• 쓰기 메모리 (읽기, 쓰기, 수정 가능) • RAM : 공급 전원이 차단되었을 때 그 내용이 전부 지워지는 메모리 • EAROM : 공급 전원이 차단되었을 때 그 내용이 지워지지 않는 메모리
읽기 전용 메모리	• ROM : 제작자에 의해 프로그램이 되는 메모리 • PROM : 사용자가 한번만 프로그램 할 수 있는 메모리

16 스텝각 1.8°인 스테핑 모터에서 펄스당 이동량이 0.01[mm]일 때 2[mm]를 이동하려면 필요한 펄스 수는?

① 100
② 200
③ 300
④ 400

1펄스당 이동량이 0.01[mm]이므로, 2/0.01 = 200 펄스

17 온도 센서가 아닌 것은?

① 열전대
② 홀 소자
③ 서미스터
④ 측온 저항체

홀 소자는 홀 효과를 이용하여 자계의 방향이나 강도를 측정할 수 있는 자기 센서이다.

18 설비의 6대 로스(Loss)에 해당하지 않는 것은?

① 속도저하로스
② 일시정체로스
③ 초기수율로스
④ 생산율감소로스

설비의 6대 로스
• 고장 정지로스   • 작업준비·조정로스
• 공전·순간정지로스   • 속도저하로스
• 초기수율로스   • 불량·수선로스

19 산업현장에서 외부기계나 장치에 직접 연결하여 사용되는 PLC의 입·출력부가 갖추어야 할 기본 조건이 아닌 것은?

① 입·출력 신호를 증폭할 것
② 외부기기와 전기적 규격이 일치할 것
③ 입·출력부 상태를 감시할 수 있어야 할 것
④ 외부기기로부터 노이즈가 CPU 쪽에 전달되지 않도록 할 것

①항의 경우는 입·출력의 상태를 감시할 수 있어야 한다.

20 유압을 피스톤의 한쪽에만 공급해 주는 실린더는?

① 단동 실린더
② 복동 실린더
③ 탠덤 실린더
④ 양로드 실린더

유압 피스톤의 분류
• 단동 실린더 : 한쪽 방향으로만 압력이 가해진다.
• 복동 실린더 : 전·후진 모두 압력이 가해지는 실린더이다.

제2과목 설비진단 및 관리

21 제조원가는 크게 직접비와 간접비로 구분된다. 다음 중 직접비에 포함되지 않는 비용은?

① 제품 재료비
② 기술지원 인건비
③ 제품 생산 인건비
④ 외주 및 임가공 비용

기술지원 인건비는 간접비에 해당된다.

22 신규 설비가 설치, 시운전, 양산에 이르기까지의 기간 즉 안전가동에 들어가기까지의 기간을 최소로 하기 위한 활동을 무엇이라 하는가?

① 복원관리
② 로스관리
③ 자주보전관리
④ 초기유동관리

초기유동관리는 신설비의 운전초기부터 공정 안정화 시기까지에 발생되는 품질, 생산량 등의 역할분담으로 최단 시일 내에 공정 안전화를 이루기 위한 공동 관리활동이다.

23 기계진동의 가장 일반적인 원인으로서 진동 특성이 1f 성분이 탁월한 회전기계의 열화 원인은? (단, f = 회전 주파수)

① 공진
② 언밸런스
③ 기계적 풀림
④ 미스얼라인먼트

> **회전기계의 정밀진단**
> - 언밸런스(unbalance) : 회전수와 동일한 주파수가 검출되었을 때 진동을 발생시키며 모든 기기에서 발생하는 진동으로 수평·수직방향에 최대의 진폭이 발생하며 언밸런스량과 회전수가 증가할수록 진동레벨이 높게 나타난다.
> - 미스얼라인먼트(misalignment) : 베어링 설치가 잘못되었거나 축 중심이 어긋난 경우에 발생하는 경우로 측정은 축 방향에 센서를 부착하여 측정하며 이때 위상각은 180°이다.
> - 기계적 풀림(looseness) : 회전기계 특히 베어링 케이스에서 주로 발생하며 회전 이상에 의해 진동이 불규칙하게 발생한다.
> - 편심 : 로터의 중심과 실체의 회전 중심이 어긋난 경우 중심이 한쪽으로 치우쳐 진동이 발생한다.
> - 공진 : 기계의 고유 진동수와 강제 진동수가 일치하게 되면 진폭이 크게 발생하여 진동이 최대가 되어 설비에 악 영향을 끼치게 되므로 가급적 공진점은 피하여 운전하는 것이 좋다.

24 가속도계를 기계에 설치하려 하나 드릴이나 탭을 사용하여 구멍을 뚫을 수 없을 때 사용하는 센서 고정법으로 고정이 빠르고, 장기적 안정성이 좋으나 먼지와 습기는 접착에 문제를 일으킬 수 있고, 가속도계를 분리할 때 구조물에 잔유물이 남을 수 있는 방법은?

① 손 고정
② 절연 고정
③ 마그네틱 고정
④ 에폭시 시멘트 고정

> 에폭시는 플라스틱의 일종으로 굳은 콘크리트를 서로 접착시키고, 또 골재와 혼합해서 고급의 콘크리트가 되는 액체로 고정이 빠르고, 장기적 안정성이 좋으나 먼지와 습기는 접착에 문제를 일으킬 수 있다.

25 내연기관이 작동할 때 주로 발생하는 진동은 어떤 진동인가?

① 자유진동
② 이상진동
③ 불규칙 진동
④ 강제진동

> 내연기관이 지속적으로 외력을 받게 되면 진동을 일으키게 되는데 이를 강제진동이라 하며, 외란이 가해진 후 내연기관 스스로 발생하는 진동을 자유진동이라 한다.

26 보전비를 들여 설비를 만족한 상태로 유지하여 막을 수 있는 생산성의 손실을 무엇이라고 하는가?

① 기회 원가
② 단위 원가
③ 열화 원가
④ 수리한계 원가

> 기회 손실은 어떤 일을 하고 있으면 얻을 수 있었던 이익이 그 일을 하지 않았기 때문에 얻을 수 없었던 손실로 기회 원가 및 열화 손실이 해당된다.

27 설비 열화의 원인 중 방치에 의한 녹 발생, 절연 저하 등 재질 노후화에 의해 발생하는 열화는?

① 사용 열화
② 자연 열화
③ 재해 열화
④ 강제 열화

> - 자연열화 : 사용의 유무에 관계없이 시간의 경과에 의한 재질의 노후화나 녹, 외창
> - 재해열화 : 지진이나 침수 등에 의한 파손
> - 사용열화 : 설비 사용에 대한 구성품의 마모, 피로, 변형 등

28 소음을 거의 완전하게 투과시키는 유공판의 개공률과 효과적인 구멍의 크기 및 배치방법은?

① 개공률 30(%), 많은 작은 구멍을 균일하게 분포
② 개공률 10(%), 많은 작은 구멍을 균일하게 분포
③ 개공률 30(%), 몇 개의 큰 구멍을 균일하게 분포
④ 개공률 50(%), 몇 개의 큰 구멍을 균일하게 분포

> 유공판은 흡음 효과 목적으로 개공률 30%, 다수의 작은 구멍을 뚫은 판이며 석면판, 석고판, 금속판, 연질 섬유판 등이 있다.

29 가속도 센서의 부착 방법 중 마그네틱 고정방식의 특징이 아닌 것은?

① 습기에 문제가 없다.
② 먼지와 온도에 문제가 없다.
③ 가속도계의 고정 및 이동이 용이하다.
④ 작은 구조물에는 자석의 질량효과가 크다.

> 마그네틱 고정방식에서 먼지와 높은 온도는 부착력을 저해한다.

30 다음 중 진동 방지의 방법으로 옳지 않은 것은?

① 진동전달 경로차단
② 진동원에서의 진동제어
③ 진동발생 설비의 자동화
④ 외부 진동으로부터의 보호

진동 발생 설비에서는 진동원을 제어해야 한다.

31 안전계수가 낮거나 스트레스가 기대 이상인 경우에 발생하며, 설비의 열화 패턴에서 개선개량과 예비품 관리가 중요시 되는 기간으로 유효 수명이라고도 하는 것은?

① 우발 고장기
② 초기 고장기
③ 돌발 고장기
④ 마모 고장기

설비의 신뢰성 및 보전성 관리
- 초기 고장기 : 설비를 사용함에 따라 고장의 발생이 감소하게 되는데 이상이 있거나 설계·제작 불량 등은 고장을 일으키며 보전요원에 의하여 그때마다 수리·정비를 해야 한다.
- 우발 고장기 : 기계의 축 절단, 전기회로의 단선, 과부하로 인한 모터의 소손 등 돌발적으로 고장이 일어나는 현상으로 예비품 관리의 필요성을 중시하게 된다.
- 마모 고장기 : 압축기 피스톤링의 마모, 베어링의 마모 등 설비의 열화 및 마모에 의하여 일어나는 현상으로 주기적으로 급유, 청소를 하면 고장률을 줄일 수 있다.

32 자주보전의 7전개 단계 중 마지막 단계는?

① 자주관리의 철저
② 자주보전의 시스템화
③ 발생원인, 곤란개소대책
④ 점검, 급유기준의 작성과 실시

자주보전 7단계
- 1단계 (초기청소) : 설비를 열화로 부터 보호
- 2단계 (발생원 곤란개소 대책) : 발생원의 근본을 차단
- 3단계 (청소, 급유기준서 작성) : 청소, 점검, 급유에 대한 기준서 작성
- 4단계 (설비의 총점검) : 점검기능 교육실시와 전달교육
- 5단계 (자주보전) : 설비와 품질의 관계 이해
- 6단계 (표준화와 유지관리) : 표준화와 유지관리 시스템 정착
- 7단계 (자주관리) : 자주관리의 철저

33 외란(Disturbance)이 가해진 후에 계가 스스로 진동하고 반복되며 외부 힘이 이 계에 작용하지 않는 진동은?

① 자유진동
② 강제진동
③ 감쇠진동
④ 선형진동

내연기관이 지속적으로 외력을 받게 되면 진동을 일으키게 되는데 이를 강제진동이라 하며, 외란이 가해진 후 내연기관 스스로 발생하는 진동을 자유진동이라 한다.

34 고온에서 사용되는 윤활유의 주된 열화현상은?

① 산화   ② 희석   ③ 탄화   ④ 유화

윤활유의 열화와 관리기준
- 탄화 : 윤활유가 사용되는 설비에서 고온의 열을 받게 되면 열분해가 이루어지며 이때 열이 지속적으로 가해지면 연소가 이루어지는데 이를 탄화라 한다.
- 유화 : 윤활유와 수분은 분리하나 수용액상태에서 윤활유와 접촉을 하면 윤활유가 우유빛으로 변하게 하고 점도를 저하하게 되는 현상으로 이 현상이 일어나는 장치 각부에 윤활유 공급이 저하되어 기기 소손을 일으키게 된다.
- 희석 : 윤활유 중에 수분 및 이물질이 함유되었을 때 또는 연료 분사상태가 불량하거나 연소 불량으로 이물질이 연료에 혼입되었을 때 일어나는 현상이다.
- 이유도(oil separation) : 그리스를 장기간 저장할 경우 또는 사용 중에 기름이 분리되는 현상으로 기름의 유지가 불안정할 경우, 겔 상태의 구조가 충분하지 못하거나 화이버상 결함으로 인한 모세관 지름의 변화를 초래한 경우 발생하며 이장 현상이라고도 한다.
- 주도(penetration) : 윤활유의 점도에 해당하는 것으로 그리스의 굳은 정도를 표현한 것으로 규정된 원추를 그리스 표면에 낙하시켜 일정시간(5초)에 들어간 깊이를 측정하여 길이에 10을 곱한 수치로 나타낸다.

35 보전조직의 기본 형태를 분류한 것 중 틀린 것은?

① 집중보전
② 지역보전
③ 설비보전
④ 절충보전

설비표준의 분류
- 집중보전 : 책임자 한 사람을 기준으로 하여 조직이 구성되며 모든 보전 요원은 책임자의 지시에 따라 움직이는 집중 관리 시스템이다.
- 지역보전 : 생산 공장에 보전요원을 배치함으로서 설비의 이상 유무, 수리, 검사 등을 직접 처리한다.
- 부분보전 : 생산 제조 부분 책임자 관할아래 보전요원을 상주시키는 방식이다.
- 절충보전 : 집중보전에 지역보전이나 부분보전을 접목시켜 서로의 장점을 계승하고 단점을 보완하여 운영하는 보전방식이다.

36 설비 관리의 기능분업 방식 중 직접 기능에 속하지 않는 것은?

① 설계　　　② 건설
③ 수리　　　④ 조정

> 조정, 계획, 통제 등은 관리기능에 해당된다.

37 원자재의 양, 질, 비용, 납기 등의 확보가 곤란할 경우 원자재를 자사생산(自社生産)으로 바꾸어 기업방위를 도모하는 투자는?

① 제품 투자　　　② 합리적 투자
③ 방위적 투자　　　④ 공격적 투자

> • 제품투자 : 기존제품의 품질수준을 개량하거나 신제품을 추가하기 위한 투자
> • 합리적 투자 : 설비의 경비절감을 목적으로 투자
> • 공격적 투자 : 기술혁신을 도모하기 위하여 투자

38 펌프를 사용하던 중 축봉부에 누설이 생겨 목표한 양정으로 올리지 못하여 메커니컬실(Mechanical Seal)을 교체하여 계속 가동하였다. 다음 그림에서 어느 구역의 고장기에 해당하는가?

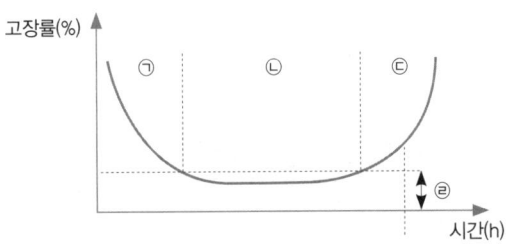

① ㉠ 구역　　　② ㉡ 구역
③ ㉢ 구역　　　④ ㉣ 구역

> 욕조곡선으로 ㉠ 구역은 초기고장 구역이며 ㉡ 구역은 우발고장 구역, ㉢ 구역은 마모고장 구역이다. 펌프를 사용하던 중 메커니컬 실의 교체는 우발고장이므로 ㉡ 구역에 해당된다.

39 보전 계획을 수립할 때 검토해야 할 사항이 아닌 것은?

① 보전 비용　　　② 수리 시간
③ 운전원 역량　　　④ 생산 및 수리계획

> 보전 계획 수립 시 검토 사항
> 보전 비용, 수리 시간, 수리 시기, 생산 및 수리계획, 일상점검

40 공정별 배치(Process Layout)에 대한 설명으로 틀린 것은?

① 같은 종류의 기계들이 한 작업장에 같은 기능별로 배치되어 있다.
② 다품종 소량생산에 적합한 배치 방법이다.
③ 생산효율을 높이기 위해서는 운반거리의 최소화가 주안점이다.
④ 제품이 규칙적인 비율로 생산되어 원자재 재고, 재고품 등이 발생하지 않는다.

> 공정별 배치는 제품 중심으로 그 제품을 가공하는데 소요되는 작업장을 구성하며 주문 생산과 표준화가 곤란한 경우에 배치하는 형태로 기능별 배치라고도 한다.

제3과목　공업계측 및 전기전자제어

41 그림과 같은 블록선도가 의미하는 요소는?

$$R(s) \rightarrow \boxed{\dfrac{K}{1+Ts}} \rightarrow C(s)$$

① 미분요소
② 1차 빠른요소
③ 1차 지연요소
④ 2차 지연요소

> 1차 지연요소 전달 함수 $G(s) = \dfrac{K}{1+Ts}$
> 여기서, K : 이득 상수, Ts : 시상수
> 유입량을 일정량만큼 갑자기 증가하면 수위는 증가하기 시작하나 유출량도 증가하여 어느 일정한 수위에서 안정된다.

42 조절계의 제어동작 중 단일 루프 제어계에 속하지 않는 것은?

① 비율제어　　　② 비례제어
③ 적분제어　　　④ 미분제어

> 조절계의 제어동작
> • 연속제어 : 비례제어, 미분제어, 적분제어, 비례미분제어, 비례적분제어, 비례적분미분제어
> • 불연속제어 : 2위치제어(on-off제어)

43 다음 중 각도 검출용 센서로 사용되는 센서가 아닌 것은?

① 싱크로(Synchro)
② 리졸버(Resolver)
③ 리드(Reed) 스위치
④ 포텐쇼미터(Potentiometer)

리드스위치는 접점 부분이 비활성 가스를 충전한 유리관 속에 봉입되어 있는 스위치로 온도 검출용 센서로도 이용되고 있다.

44 전압계로 전압의 측정 범위를 확대하기 위하여 전압계 내부에 배율기의 저항은 전압계와 어떻게 연결해야 하는가?

① 전류계와 병렬로 연결한다.
② 전압계와 직렬로 연결한다.
③ 전압계와 병렬로 연결한다.
④ 전압계와 연결하지 않는다.

- 전압계 : 도선과 병렬로 연결하여 전압을 측정
- 전류계 : 도선과 직렬로 연결하여 전류를 측정
- 배율기 : 전압계의 측정범위를 확대하기 위해 전압계와 직렬로 연결

45 소용량 농형 유도전동기에 정격전압을 가하면 기동전류가 정격전류의 4~6배의 기동전류가 흐르지만 용량이 작기 때문에 정격전압을 가해서 기동하는 방식은?

① Y-△ 기동
② 전전압 기동
③ 리액터 기동
④ 2차 저항기동

전전압기동은 단자에 직접 전전압을 인가하여 기동하는 방법으로 소용량 전동기에 사용한다.

46 어떤 양을 수량적으로 표시하려면 그 양과 같은 종류의 기준이 필요한데 이 비교 기준은 무엇인가?

① 오차
② 측정
③ 단위
④ 보정

단위는 길이, 무게, 시간 등을 수량의 수치로 나타낼 때 기초가 되는 일정한 기준이다.

47 순시값의 제곱에 대한 평균값의 제곱근으로 표현되는 값은?

① 파고값
② 최대값
③ 실효값
④ 평균값

- 순시값 : 시간(t)에 전압이나 전류가 순간변화하고 있는 것을 나타내는 것
- 최대값 : 순시값 중에서 가장 큰 값 ($V_m = \sqrt{2} \times V$)
- 실효값 : 순시값의 제곱에 대한 평균값의 제곱근 ($V = \frac{V_m}{\sqrt{2}} = 0.707\,V_m$)
- 평균값 : 순시값의 1주기 동안의 평균으로 정현파는 1/2기간의 평균 ($V_a = \frac{2\sqrt{2}}{\pi} = 0.9 \times V$)
- 파고율 = $\frac{최대값}{평균값}$, 파형율 = $\frac{실효값}{평균값}$

48 트랜지스터의 일본식 명칭표기가 (2 S C 1815 Y)로 되어 있다면, 이것은 어떤 형식인가?

① PNP 저주파 전력용
② NPN 저주파 전력용
③ PNP 고주파 소신호용
④ NPN 고주파 소신호용

트랜지스터의 형명 표시법

| ㉮ 숫자 | ㉯ S | ㉰ 문자 | ㉱ 숫자 | ㉲ 문자 |

㉮ 숫자 : 반도체 P-N접합면의 수
- 0 : 광 트랜지스터, 광다이오드
- 1 : 각종 다이오드, 정류기
- 2 : 트랜지스터, 전계효과 트랜지스터, 사이리스터, 단접합 트랜지스터
- 3 : 전력 제어용 4극 트랜지스터

㉯ S : Semiconductor(반도체)의 머리 문자

㉰ 문자
- A : P-N-P형의 고주파용
- B : P-N-P형의 저주파용
- C : N-P-N형의 고주파용
- D : N-P-N형의 저주파용
- F : P-N-P-N 사이리스터
- G : N-P-N-P 사이리스트
- H : 단접합 트랜지스터(VJT)
- J : P채널 전계효과 트랜지스터
- K : N채널 전계효과 트랜지스터

㉱ 숫자 : 등록 순서에 따른 번호로서 11부터 시작

㉲ 문자 : 보통은 붙이지 않으나 개량한 품종이 생길 경우 A에서 J까지 이용

49 피드백 제어에서 가장 핵심적인 역할을 수행하는 장치는?

① 신호를 전송하는 장치
② 안정도를 증진하는 장치
③ 제어대상에 부가되는 장치
④ 목표값과 제어량을 비교하는 장치

> 피드백 제어는 제어량을 측정하여 목표값과 비교한 후 출력측의 신호를 입력측으로 되돌려 보내는 제어이다.

50 다음 그림은 구동부의 약도이다. 이에 해당하는 것은?

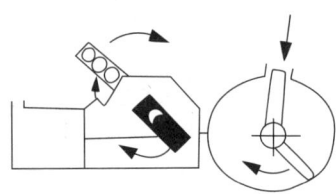

① 실린더식 스프링형
② 다이어프램식 스프링형
③ 전동모터식 스프링리스형
④ 전동유압 서보식 스프링형

51 십진수 53을 2진수로 표시한 것은?

① 111101 ② 110101
③ 110111 ④ 111111

> 53 ÷ 2 = 26 과 나머지 1
> 26 ÷ 2 = 13 과 나머지 0
> 13 ÷ 2 = 6 과 나머지 1
> 6 ÷ 2 = 3 과 나머지 0
> 3 ÷ 2 = 1 과 나머지 1
> 그러므로 마지막 나온 숫자 1과 나머지를 뒤에서부터 조합하면 110101

52 1[μF] 콘덴서에 22,000[V]로 충전하여 이를 200[Ω]의 저항에 연결하면 저항에서 소모되는 총 에너지는 약 몇 [J]인가?

① 12.2 ② 122
③ 24.2 ④ 242

53 대칭 3상 Y결선에서 상전류(L_p)와 선전류(I_l)와의 관계는?

① $L_p = I_l$ ② $L_p = \sqrt{3} \cdot I_l$
③ $L_p = \sqrt{2} \cdot I_l$ ④ $L_p = \dfrac{1}{\sqrt{3}} \cdot I_l$

> 삼상회로의 부하의 접속에는 스타 결선과 델타 결선 등이 있으나, 각 상의 접속방법에 따라 상전류가 다르나 대칭 3상 Y결선에서는 스타결선으로 상전류=선전류로 표기되며 델타결선에서는 상전류 = 선전류/√3 이 된다.

54 사람의 귀에 들리지 않을 정도로 높은 주파수의 소리를 이용한 센서는?

① 온도 센서 ② 초음파 센서
③ 파이로 센서 ④ 스트레인 게이지

> 초음파 센서는 사람의 귀에 들리지 않을 정도로 높은 주파수(약 20kHz 이상)의 소리인 초음파가 가지고 있는 특성을 이용한 센서이다.

55 2진수 11001의 2의 보수는 다음 중 어느 것인가?

① 00110 ② 00111
③ 11000 ④ 11010

> 2진수의 보수 : 0101의 2의 보수는 0101의 각 자리에서 1과 0, 0과 1의 교환을 행하면 1010으로 되고, 이것에 1을 더하면 1011이 된다. 상기 문제의 경우 11001의 2의 보수는 00110이 되며 여기에 1을 더하면 00111이 된다.

56 다음과 같은 회로에서 부하전력을 정확히 표시한 것은?(단, R : 전압계 내부저항, r : 전류계 내부저항, E : 전압계 지시값, I : 전류계 지시값)

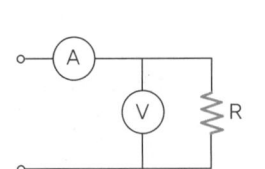

① $P = EI + \dfrac{E^2}{r}$
② $P = EI - \dfrac{E^2}{r}$
③ $P = EI - Ir$
④ $P = EI + Ir$

> 전체 전력(P_0) = E · I
> • 내부 저항에서의 소비전력(P_1) = E^2/r
> • 부하 전력(P_2) = $P_0 - P_1$ = E · I - E^2/r

57 다음 중 직류전동기의 속도 제어 방법이 아닌 것은?

① 저항제어
② 극수제어
③ 계자제어
④ 전압제어

직류전동기의 속도 제어법 : 계자제어법, 저항제어법, 전압제어법

58 전압을 안정하게 유지하기 위해서 사용되는 다이오드는?

① 정류 다이오드
② 제너 다이오드
③ 터널 다이오드
④ 쇼트키 다이오드

다이오드의 종류
- 정류용 다이오드 : 순방향 전압에는 전압강하가 극히 미소하다, 역방향 전압에는 전류가 극히 미소하다.
- 정전압 다이오드 : 제너현상을 이용한 다이오드로 정전압 회로용으로 사용
- 터널 다이오드 : 터널효과에 의한 부성저항 특성, 초고주파 발진회로나 고속스위칭 회로
- 가변용량 다이오드 : 용량에 가해지는 전압에 따라 변화하는 특성을 가진 반도체
- 발광 다이오드 : 발열이 적고 응답속도가 빠르다, 수명이 길고 효율이 좋다.
- 제너 다이오드 : 전압을 안정하게 유지하기 위해서 사용된다.

59 A와 B가 입력되고 Z가 출력일 때 다음 그림과 같이 타임 차트(Time Chart)가 그려졌다면 어느 회로인가?

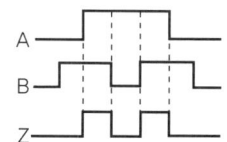

① AND 회로
② OR 회로
③ Flip-Flop 회로
④ Exclusive-OR 회로

타임차트에서 A와 B가 입력이 "1"일 때 Z의 출력 역시 "1"이 되므로 이는 AND회로가 된다.

60 대전현상에 의해서 물체가 가지는 전기량을 무엇이라 하는가?

① 전류
② 저항
③ 전하
④ 전압

전하는 물체가 가지고 있는 정전기의 양으로 양전하와 음전하가 있고 전하가 이동하는 것을 전류라 한다.

제4과목 기계정비일반

61 축이음의 종류 중 2개의 축이 평행하고, 2축 사이가 비교적 가까운 경우의 회전동력을 전달시키고자 할 때 사용되는 축이음 방식은?

① 고정 커플링(Rigid Coupling)
② 올덤 커플링(Oldham's Coupling)
③ 유니버설 조인트(Universal Joint)
④ 플렉시블 커플링(Flexible Coupling)

축이음 방식	
두 축이 평행하거나 교차하는 경우	• 올덤 커플링 : 두 축이 평행하며 약간 어긋나는 경우에 사용하나, 진동이나 마찰저항이 커서 고속회전에는 적당하지 않다. • 유니버설 조인트 : 두 축이 일직선상에 있지 않고 서로 교차하는 경우에 사용
두 축이 일직선상에 있는 경우	• 슬리브 커플링 : 고정축 이음으로 주철제 원통 안에 두 축을 맞추어 키로 고정한 것 • 플랜지 커플링 : 가장 많이 사용하는 축 이음으로, 주철제 또는 주강제의 플랜지를 양축에 고정한 후 볼트로 고정한 것 • 플렉시블 커플링 : 두 축이 정확히 일치하지 않는 경우에 사용하며, 급격히 힘이 변화하는 경우, 완충 작용과 전기 절연작용을 한다.

62 펌프의 회전수를 변화시킬 때 양정은 어떻게 변하는가?

① 회전수에 비례한다.
② 회전수의 제곱에 비례한다.
③ 회전수의 세제곱에 비례한다.
④ 회전수의 네제곱에 비례한다.

펌프의 상사의 법칙
- 유량 $Q_2 = \left(\dfrac{N_2}{N_1}\right)\left(\dfrac{D_2}{D_1}\right)^3 Q_1$
- 양정 $H_2 = \left(\dfrac{N_2}{N_1}\right)^2\left(\dfrac{D_2}{D_1}\right)^2 H_1$
- 동력 $P_2 = \left(\dfrac{N_2}{N_1}\right)^3\left(\dfrac{D_2}{D_1}\right)^5 P_1$

여기서,
- Q_1 : 처음 유량
- Q_2 : 변환 유량
- N_1 : 처음 회전수
- N_2 : 변환 회전수
- D_1 : 처음 임펠러 지름
- D_2 : 변환 임펠러 지름
- H_1 : 처음 양정
- H_2 : 변환 양정
- P_1 : 처음 동력
- P_2 : 변환 동력

※ 유량은 회전수에 비례하며 양정은 회전수 제곱에 비례한다. 동력은 회전수 3제곱에 비례한다.

63 유체의 역류를 방지하는 것으로 역류할 때에 밸브체가 자중과 유체 압력에 의해 자동적으로 닫히는 것은?

① 콕 체크밸브
② 흡입형 체크밸브
③ 리프트 체크밸브
④ 스프링 부하형 체크밸브

> 스윙형 체크밸브는 수평, 수직배관 모두에 사용가능하며 리프트 체크밸브는 수평배관에만 사용 가능하다.

64 키(Key) 맞춤 시 기본적인 주의사항으로 틀린 것은?

① 키 홈은 축심과 평행되지 않게 가공한다.
② 충분한 강도를 검토하여 규격품을 사용한다.
③ 키는 측면에 힘이 작용하므로 폭 치수의 마무리가 중요하다.
④ 키의 각 모서리는 면 따내기를 하고 양단은 큰면 따내기를 한다.

> 키는 측면에서 힘이 가해지므로 키 홈은 축심과 평행하게 가공해야 한다.

65 열박음 작업 중 가열조립 작업 시 주의사항이 아닌 것은?

① 천천히 정확하게 조립한다.
② 조립 후 냉각할 때는 급랭하지 않는다.
③ 둘레에서 중심으로 서서히 균일하게 가열한다.
④ 가열 도중 구멍 내경을 수시로 측정하여 팽창량을 점검한다.

> 열박음은 부속 기기를 끼워 조립하여 설치하는 것으로 주로 가열법을 많이 선택하며 이 때 신속하게 조립해야 한다.

66 기어 감속기의 분류 중 교쇄축형 감속기에 해당하는 것은?

① 웜 기어
② 스퍼 기어
③ 헬리컬 기어
④ 스파이럴 베벨 기어

기어 감속기	
두 축이 서로 평행한 경우	스퍼 기어, 헬리컬 기어, 더블 헬리컬 기어, 인터널 기어, 래크
두 축이 만나는 경우	베벨 기어, 스큐 기어, 스파이럴 베벨 기어
두 축이 만나지도 평행하지도 않는 경우	하이포이드 기어, 스크류 기어, 웜 기어

67 V벨트 전동장치에 사용되는 벨트에 관한 설명으로 옳지 않은 것은?

① A등급이 가장 큰 허용장력을 받을 수 있다.
② 벨트의 단면규격도 표준규격이 제정되어 있다.
③ 허용장력은 크기에 따라 6종류로 규정하고 있다.
④ 벨트의 길이는 조정할 수가 없어 생산 시에 여러 가지 길이의 규격으로 제공한다.

> V벨트 종류 : M, A, B, C, D, E의 6가지가 있으며 M형이 제일 작고 E형이 가장 단면이 크다.

68 송풍기 가동 후 베어링 온도가 급상승하는 경우 점검사항이 아닌 것은?

① 윤활유의 적정 여부를 점검한다.
② 미끄럼 베어링은 오일링의 회전이 정상인가 점검한다.
③ 베어링 내의 영하 기상 조건의 경우에는 냉각수를 점검한다.
④ 베어링 케이스의 경우는 자유측의 커버가 베어링의 외륜을 누르고 있지 않은지 점검한다.

> ③항의 경우 냉각수 동파의 우려가 있으며, 베어링 온도 상승 원인과 무관하다.

69 배관용 파이프에 나사를 가공하기 위하여 사용하는 공구는?

① 오스터(Oster)
② 파이프 벤더(Pipe Bender)
③ 파이프 렌치(Pipe Wrench)
④ 플레어링 툴 세트(Flaring Tool Set)

② : 파이프 구부릴 때 ③ : 파이프 분해, 조립 할 때 ④ : 동관 끝을 나팔관 모양으로 확관시킬 때

70 축 정렬(Centering)에 관한 설명으로 옳지 않은 것은?

① 가능한 한 심(Shim)의 개수를 최소화한다.
② 라이너(Liner)는 높은 쪽의 축 기초볼트에 삽입한다.
③ 심을 넣어 조정할 부위의 페인트나 녹은 반드시 제거한다.
④ 측정 시 커플링(Coupling)을 회전방향과 같은 방향으로 돌린다.

라이너(Liner)는 낮은 쪽의 축 기초볼트에 삽입한다.

71 냉간 인발로 제작된 이음매 없는 관으로 값이 비싸고 고온 강도에 약한 단점이 있으나, 내식성, 굴곡성이 우수하고 전기 및 열전도성이 좋아 열교환기용 압력계용 배관 급유관 등으로 널리 사용되는 관은?

① 강관
② 동관
③ 가스관
④ 주철관

동관은 알칼리성에는 강하고 산성에는 침식한다. 그러나 알칼리성에서도 암모니아에는 침식하므로 사용에 주의해야 한다.

72 기어전동 장치에서 두 축이 직각이며, 교차하지 않는 경우에 큰 감속비를 얻을 수 있으나 전동 효율이 매우 나쁜 기어는?

① 웜 기어(Worm Gear)
② 내접 기어(Internal Gear)
③ 베벨 기어(Bevel Gear)
④ 헬리컬 기어(Helical Gear)

웜 기어 : 웜과 웜 기어를 한 쌍으로 사용하며, 큰 감속비를 얻을 수 있다.

73 원주면에 홈이 있는 원판상 회전체를 케이싱 속에서 회전시켜 이것에 접속하는 액체를 유체 마찰에 의한 압력에너지를 주어 송출하는 펌프는?

① 분류펌프
② 수격펌프
③ 마찰펌프
④ 횡축펌프

마찰 펌프는 축에 부착된 원판의 바깥 둘레에 많은 홈을 낸 임펠러를 회전시키는 펌프로 웨스코 펌프라고도 한다. 구조가 간단하며 토출량은 적으며 소구경으로 높은 안정을 얻을 수 있으나 효율이 낮다. 가정용 우물 전동 펌프, 보일러 급수 펌프 등 점성이 낮은 액체의 압송에 적합하다.

74 간단한 형상의 경향 베인을 사용하고 토출 압력이 50~250[mmHg]인 원심형 통풍기는?

① 축류 팬
② 시로코 팬
③ 터보 팬
④ 플레이트 팬

원심형 통풍기
• 시로코 팬 : 시로코 통풍기는 원심식으로 전향베인이며 풍량변화에 풍압변화가 적으며 풍량이 증가하면 소요 동력도 증가한다.
• 플레이트 팬 : 베인 형상이 간단하고 송출 압력이 50~250[mmHg] 정도이다.
• 터보 팬 : 효율이 가장 좋다.

75 용적형 회전펌프로서 대유량의 기름을 수송하는데 적당하고 비교적 고장이 적고 보수가 용이한 것은?

① 수격 펌프
② 축류 펌프
③ 베인 펌프
④ 벌류트 펌프

베인 펌프는 케이싱에 접하여 베인(날개)을 회전시킴으로서 베인사이로 흡입한 액체를 흡입측에서 토출측으로 밀어내는 형식의 용적형 회전펌프이다.

76 관로에 설치한 힌지로 된 밸브판을 가진 밸브로 밸브판을 회전시켜 개폐를 하며, 스톱밸브 또는 역지밸브로 사용되는 밸브는?

① 플랩(Flap) 밸브
② 게이트(Gate) 밸브
③ 앵글(Angle) 밸브
④ 리프트(Lift) 밸브

> 플랩밸브(flap valve)는 다단원심펌프에 장착하는 밸브이며 펌프가 하나의 단계에서 다음 단계로 전환할 때 물의 흐름을 제어하는 체크밸브와 유사한 기능을 수행한다.

77 유체의 흐르는 방향을 직각으로 바꿀 때 사용하는 밸브는?

① 체크 밸브
② 앵글 밸브
③ 슬루스 밸브
④ 나비형 밸브

> 앵글 밸브는 유체의 입구와 출구의 방향이 직각으로 되어 있는 밸브이다.

78 축 고장의 원인 중 조립 및 정비 불량에 속하지 않는 것은?

① 급유 불량 ② 휜 축 사용
③ 치수 강도 부족 ④ 끼워 맞춤 불량

> 치수 강도 부족은 제작 불량의 원인 된다.

79 전동기의 고장 현상과 원인의 연결이 옳지 않은 것은?

① 기동 불능 – 공진
② 과열 – 과부하 운전
③ 진동 – 베어링 손상
④ 절연불량 – 코일 절연물의 열화

> 기동 불능 – 결선 불량

80 정적 실(Seal)로 O-링을 사용할 경우 장점이 아닌 것은?

① 설치 공간이 작다.
② 실(Seal) 효과가 매우 크다.
③ 저압이 작용되는 곳에 좋다.
④ 접촉 면적이 작아 마찰이 적다.

> 정적 실(Seal)인 O-링은 고압이 작용되는 곳에 좋다.

정답 최근기출문제 2016년 1회

01 ③	02 ④	03 ③	04 ④	05 ③
06 ④	07 ①	08 ①	09 ④	10 ④
11 ④	12 ④	13 ③	14 ①	15 ②
16 ②	17 ②	18 ④	19 ①	20 ①
21 ②	22 ④	23 ②	24 ④	25 ④
26 ①	27 ②	28 ①	29 ②	30 ③
31 ①	32 ①	33 ①	34 ③	35 ③
36 ④	37 ③	38 ②	39 ③	40 ④
41 ③	42 ①	43 ③	44 ②	45 ②
46 ③	47 ③	48 ④	49 ④	50 ①
51 ②	52 ②	53 ①	54 ②	55 ②
56 ②	57 ③	58 ②	59 ①	60 ③
61 ②	62 ②	63 ③	64 ①	65 ①
66 ④	67 ①	68 ③	69 ①	70 ①
71 ②	72 ①	73 ③	74 ④	75 ③
76 ①	77 ②	78 ③	79 ①	80 ③

2016년 2회 최근기출문제

제1과목 공유압 및 자동화시스템

01 압축공기의 건조에 사용되는 흡착식 건조기에 관한 설명으로 옳은 것은?

① 일시적으로 사용한다.
② 외부에너지 공급이 필요하지 않다.
③ 사용되는 건조제는 염화리튬 수용액, 폴리에틸렌 등이다.
④ 물리적 방식을 사용하여 반영구적으로 사용할 수 있다.

> 흡착식 건조기에는 실리카겔, 알루미나겔 등이 사용되며 수분을 흡착 분리한다. 염화리튬 수용액, 염화칼슘 수용액 등은 흡수 분리한다.

02 다음 유압 유량제어 밸브 상세 기호의 명칭은?

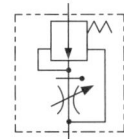

① 분류형 유량 조정 밸브
② 체크붙이 유량 조정 밸브
③ 바이패스형 유량 조정 밸브
④ 온도보상붙이 직렬형 유량 조정 밸브

03 기체 봉입형 어큐뮬레이터(Accumulator)에 밀봉하여 넣는 기체의 종류는?

① 산소   ② 수소
③ 질소   ④ 이산화탄소

> 봉입용 가스로는 불활성가스(질소, 아르곤 등)가 사용되며 산화력이 큰 산소나 가연성 가스인 수소 등은 사용을 금하고 있다.

04 그림은 4포트 전자 파일럿 전환밸브의 상세 기호이다. 이것을 간략 기호로 나타낸 것은?

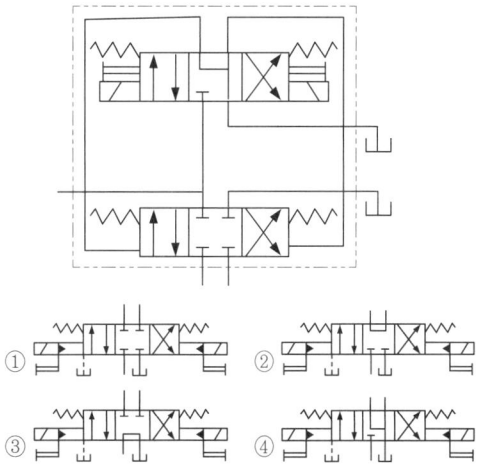

05 공기 압축기로부터 애프터 쿨러 또는 공기탱크까지의 연결 라인이며 고온·고압과 진동이 수반되는 부분은?

① 이송라인   ② 제어라인
③ 토출라인   ④ 흡입라인

> 공기 압축기에서 압축을 하면 고온, 고압의 상태가 되며 이때 진동 및 소음이 동반되는데 이는 토출라인에 해당된다.

06 피스톤 없이 로드 자체가 피스톤 역할을 하는 것으로 로드가 굵기 때문에 좌굴하중을 받을 수 있고, 공기 구멍을 두지 않아도 되는 유압 단동 실린더는?

① 램형 실린더(Ram Cylinder)
② 디지털 실린더(Digital Cylinder)
③ 양로드 실린더(Double Rod Cylinder)
④ 텔레스코프 실린더(Telescope Cylinder)

> **실린더 종류**
> - 텔레스코프 실린더 : 로드의 전장에 비해 긴 행정(스트로크)을 얻을 수 있다.
> - 램형 실린더 : 좌굴 등 강성을 요구할 때 사용한다.
> - 브레이크 부착 실린더 : 위치, 속도제어를 요구할 때 사용한다.
> - 양로드형 실린더 : 양쪽 방향으로 작동하는 힘이 동일하다.

07 다음 밸브의 설명으로 틀린 것은?

① 메모리형
② 3/2 way 밸브
③ 정상상태 닫힘형
④ 유압에 의한 작동

제어신호가 ▷형 : 공압, ▶형 : 유압이므로 상기 문제는 공압을 표시한 것이다.

08 공압 실린더 직경의 크기가 제한되어 있는 경우 보다 큰 힘을 내기 위하여 사용되는 실린더는?

① 탠덤형 실린더
② 다위치형 실린더
③ 양로드형 실린더
④ 텔레스코프형 실린더

복동 실린더의 종류
- 양로드형 실린더 : 양쪽 방향으로 작동하는 힘이 동일하다.
- 탠덤 실린더 : 단계적으로 출력제어가 가능하며 큰 위치 에너지를 얻을 수 있다.
- 충격 실린더 : 상당히 큰 충격 에너지를 얻을 수 있으며 속도는 7.5~10m/s까지 얻을 수 있다.
- 다위치 제어 실린더 : 정확한 위치를 제어할 수 있다.
- 쿠션 내장형 실린더 : 충격을 완화할 때 사용한다.

09 실린더의 지지방식 중 피스톤 로드의 중심선에 대하여 직각을 이루는 실린더의 양측으로 뻗은 한 쌍의 원통모양 피벗으로 지지된 부착형식은?

① 풋형
② 용접형
③ 플랜지형
④ 트러니언형

트러니언형은 축 양단에 베어링을 끼우고 축에 직각으로 회전할 수 있도록 한 것을 컵 모양의 하우징(용기) 내에 홈을 만들어 넣은 구조로 되어 있으며 실린더 본체가 요동하는 형식으로 크레비스형(CB), 또는 트러니언형(TC)이 있으며 로드 선단에 너클을 사용하는 경우가 많다.

10 압축공기의 특징으로 틀린 것은?

① 비압축성이다.
② 저장성이 좋다
③ 인화의 위험이 없다.
④ 대기 중으로 배출할 수 있다.

비압축성은 주로 액체일 경우이며, 공기는 압축성에 해당된다.

11 다음 그림의 회로는?

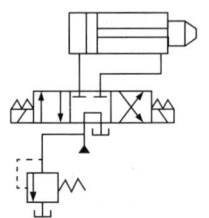

① 차동 회로
② 2 펌프 회로
③ 브레이크 회로
④ 임의위치 로크 회로

12 연속 회전운동을 하지 않고 한정된 회전각 내에서 회전운동을 하는 공압 액추에이터는?

① 공압 모터
② 공압 실린더
③ 공압 전기모터
④ 공압요동 액추에이터

공압 액추에이터
- 공압 요동형 액추에이터 : 공압 실린더의 직선·왕복운동과 공압 모터의 회전운동을 조합한 형태로 일정 회전각을 왕복·회전운동하는 액추에이터(종류 : 회전 실린더와 회전 날개 실린더)
- 공압 모터 : 토크가 전혀 걸리지 않을 때(무부하), 최고 회전속도를 나타내고 부하의 증가에 따라 회전속도가 감소하여 최종적으로 회전이 정지된다.(종류 : 피스톤 모터, 미끄럼 날개 모터, 기어 모터, 터빈 모터 등)

13 텔레스코프형 실린더의 특징으로 틀린 것은?

① 긴 행정거리를 얻을 수 있다.
② 단동 및 복동 형태로 작동된다.
③ 전진 끝단에서의 출력이 떨어진다.
④ 다른 실린더에 비해 속도제어가 용이하다.

텔레스코프 실린더는 로드의 전장에 비해 긴 행정(스트로크)을 얻을 수 있으나 다른 실린더에 비해 속도제어가 곤란하다.

14 스트립(Strip) 또는 로드형상의 재질이 그 재질 전체의 길이에 걸쳐 부분적인 공정이 이루어지는 작업에 적합한 핸들링 방식은?

① AGV
② 서보시스템
③ 로터리 인덱싱
④ 리니어 인덱싱

가공 및 전달, 이송, 조임, 배치, 정리 등을 사람의 손이나 기계적인 힘에 의해 작동하는 것을 핸들링이라 하며 부품의 이송을 회전에 의하여 이루어지는 것을 로터리 인덱싱 핸들링, 직선으로 부품이 이송되는 것은 리니어 인덱싱 핸들링이라 한다.

15 전기신호로 전자석을 조작해서 그 힘으로 전자 밸브 내의 스풀(Spool)을 변환시켜 공기의 흐름 방향을 제어하는 것은?

① 배압 센서
② 리밋 스위치
③ 공기압 실린더
④ 솔레노이드 밸브

복동식 솔레노이드 밸브에서 왕복하며 공급과 차단을 하는 부품을 스풀(Spool)이라 하며 원형막대기에 역기 몇개를 끼워넣은 모양으로 된 구조이다.

16 전원 차단 시 내용이 전부 지워지는 메모리는?

① RAM
② ROM
③ PROM
④ EPROM

프로그램 메모리
- RAM : 공급 전원이 차단되었을 때 그 내용이 전부 지워지는 메모리
- EAROM : 공급 전원이 차단되었을 때 그 내용이 지워지지 않는 메모리
- ROM : 제작자에 의해 프로그램이 되는 메모리
- PROM : 사용자가 한번만 프로그램 할 수 있는 메모리

17 전 단계의 작업완료 여부를 리밋 스위치 또는 센서를 이용하여 확인한 후 다음 단계의 작업을 수행하는 제어방법은?

① 메모리 제어
② 시퀀스 제어
③ 파일럿 제어
④ 시간에 따른 제어

제어과정에 따른 분류
- 시간에 따른 제어 : 옥외광고와 같이 제어가 시간에 따라 행하여지는 제어
- 파일럿 제어 : 입력과 출력이 1:1 대응관계가 있는 시스템으로서 메모리 기능은 없고 이의 해결을 위해 불(Boolean) 논리 방정식이 이용된다.
- 조합 제어 : 제어명령은 시간에 따른 제어와 같은 방법으로 주어지나 이의 수행은 시퀀스 제어와 마찬가지 방법으로 감시된다.
- 메모리 제어 : 어떤 신호가 입력되어 출력신호가 발생된 후에는 입력신호가 없어져도 그 때의 출력상태를 유지하는 제어방법
- 시퀀스 제어 : 전 단계의 작업완료 여부를 리밋 스위치나 센서를 이용하여 확인한 후 다음 단계의 작업을 수행하는 것으로 공장 자동화에 가장 많이 이용되는 제어방법

18 다음 진리표와 관계가 있는 밸브는?

S1	S2	H
0	0	0
0	1	0
1	0	0
1	1	1

① 2압 밸브
② OR 밸브
③ 교축 밸브
④ 체크 밸브

2압 밸브는 2개의 입구와 1개의 출구가 있으며, 2개의 입구에 모두 흐를 때 출구에 흐른다.

19 그림과 같은 논리 회로의 연산 결과를 불식으로 나타낸 것은?

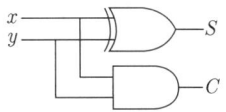

① $S = x + y,\ C = x \cdot y$
② $S = x + y,\ C = x - y$
③ $S = \overline{x} \cdot y + x,\ C = x + y$
④ $S = x \cdot \overline{y} + \overline{x},\ C = x \cdot y$

20 논리방정식을 간략하게 한 것으로 틀린 것은?

① $A + 0 = A$
② $A + 1 = 1$
③ $A \cdot 0 = 0$
④ $A \cdot \overline{A} = 1$

$A \cdot \overline{A} = 0$
EN 연결이 직렬로 되어 있으며 한쪽은 연결의 부정이 되므로 출력은 0 이 된다.

제2과목 설비진단 및 관리

21 변위 진동의 표현 단위가 아닌 것은?

① $[m]$
② $[mm]$
③ $[\mu m]$
④ $[mm/s]$

변위 진동은 진동하고 있는 어느 기준점으로부터의 물체의 이동량을 나타낸다.

22 다음 중 집중보전의 장점이 아닌 것은?

① 노동력의 유효 이용
② 보전 책임의 명확성
③ 현장 감독의 용이성
④ 보전용 설비 공구의 유효 이용

③항의 경우는 지역보전의 장점에 해당된다.

23 주로 베어링 등 동일 부위에서 측정한 값을 판정 기준과 비교하여 양호/주위/위험을 판정하는 것은?

① 0점 판정 기준
② 상대 판정 기준
③ 상호 판정 기준
④ 절대 판정 기준

판정 기준
- 상호 판정 : 여러 대의 동일한 기종을 동일한 조건으로 운전하여 상호 비교하여 판단하는 기준
- 상대 판정 : 여러 대의 기종에서 동일 부분을 주기적으로 측정하여 정상상태와 비교하여 측정하는 기준

24 생산하는 제품의 흐름에 따라 설비를 배치하여 운반거리가 짧고 가공물의 흐름이 빠르며 대량 생산하는 경우에 가장 적합한 설비의 배치로서 맞는 것은?

① 그룹별 배치
② 공정별 배치
③ 제품별 배치
④ 제품고정 배치

설비배치의 형태
- 제품별 배치 : 각 공정에 따라 필요한 기기를 적정 요소에 배치하는 것
- 혼합형 배치 : 기능별, 제품별, 제품 고정형 배치와의 혼합형이다.
- 기능별 배치 : 제품 중심으로 그 제품을 가공하는데 소요되는 작업장을 구성
- 제품 고정형 배치 : 주재료의 부품이 고정된 창고에 있고 사람이나 기계가 이동하며, 작업이 행하여지는 배치

25 제조원가는 크게 직접비와 간접비로 구분된다. 직접비에 포함되지 않는 비용은 무엇인가?

① 제품 재료비
② 기술지원 인건비
③ 제품 생산 인건비
④ 외주 및 임가공 비용

②항의 경우 간접비에 해당된다.

26 한국산업표준에 따른 방청유로 구분되지 않는 것은?

① 수분 함유형
② 지문 제거형
③ 용제 희석형
④ 방청 페트롤레이텀

방청유의 종류
지문 제거형, 용제 희석형, 방청 페트롤레이텀, 방청 윤활유, 기화성 방청제

27 다음 중 가속도 센서로 널리 사용되는 형식은?

① 광학형
② 압전형
③ 용량형
④ 와전류형

광학형, 용량형, 와전류형 등은 변위계에 해당된다.

28 롤링 베어링에 발생하는 진동의 종류가 아닌 것은?

① 다듬면의 굴곡에 의한 진동
② 베어링 구조에 기인하는 진동
③ 베어링의 손상에 의한 진동
④ 베어링 선형성에 의한 진동

롤링 베어링에 발생하는 진동의 종류 4가지
- 다듬면의 굴곡에 의한 진동
- 베어링 구조에 기인하는 진동
- 베어링의 비선형성에 의하여 발생하는 진동
- 베어링의 손상에 의하여 발생하는 진동

29 톱-다운(Top-down)으로서의 회사목표와 보텀-업(Bottom-up)으로서의 전 종업원이 참가하여 활동을 일체화하고 동기부여로 현장 설비에 대한 자주보전을 통하여 설비 종합효율 향상을 추진하는 활동은?

① 벤치마킹
② QC 분임조
③ 안전 분임조
④ TPM 분임조

TPM(종합적 생산보전)의 개요
- 설비효율을 최고로 높이기 위한 보전 활동
- 전원이 참가하여 동기부여 관리
- 소집단 활동에 의하여 생산보전 추진
- 작업자의 자주보전 체제의 확립
- 현장 체질개선으로 설비의 고장과 불량을 사전에 방지

30 설비 배치 계획이 필요한 경우가 아닌 것은?

① 설비 개선
② 작업장의 확장
③ 신제품의 제조
④ 새 공장의 건설

설비 배치 계획이 필요한 경우
작업장의 확장, 신제품의 제조, 새 공장의 건설, 새 작업장 증설, 설계 변경, 작업장 축소, 작업장의 이동

31 설비보전표준에서 급유표준, 청소표준, 조정표준은 어디에 속하는가?

① 정비표준
② 설비검사표준
③ 설비성능표준
④ 설비자재검사표준

설비보전표준
- 설비검사표준 : 운전 중 예방보전검사, 수리 후의 항목, 부위, 주기 등에 대한 표준화 검사 방법
- 설비성능표준 : 설비의 용도, 용량, 성능, 능력, 재질, 작동상태 등 운전 시 필요한 성능의 표준
- 설비자재검사표준 : 설비의 자재가 표준에 적합한 상태인가를 확인하는 검사 방법

32 설비진단 기술의 도입 시 나타나는 일반적인 효과와 관련이 가장 적은 것은?

① 경향관리를 통하여 설비의 수명예측이 가능하다.
② 열화가 심한 설비에 효과적이며 오감에 의한 진단이 일반적이다.
③ 중요 설비 부위를 상시 감시함에 따라 돌발사고를 미연에 방지할 수 있다.
④ 점검원이 경험적인 기능과 진단기기를 사용하면 보다 정량화할 수 있으므로 쉽게 이상측정이 가능하다.

②항의 경우 열화 부위, 상태를 점검할 수 있어 전체적인 수리 진단이 불필요해진다.

33 연간 불출 횟수가 4회 이상인 정량 발주방식의 주문점 계산식으로 적당한 것은?(단, P : 주문점, x : 월평균사용량, D : 기준조달기간, m : 예비재고이다)

① $P = x \times D + m$
② $P = x \times D - m$
③ $P = x \times m + D$
④ $P = x \times m - D$

34 다음 중 생산의 3요소가 아닌 것은?

① 사람(Man)
② 자본(Capital)
③ 설비(Machine)
④ 재료(Material)

생산의 3요소 : 토지(설비), 노동력(사람), 자본

35 구입 또는 설치된 설비가 사용자의 환경변화나 또는 요구를 효율적 및 경제적 측면으로 만족시켜 주지 못할 때 설계 또는 부품의 일부를 공학적 또는 기술적인 방법으로 개조시키는 설비보전활동은?

① 개량보전
② 사후보전
③ 예방보전
④ 보전예방

설비 계획
- 사후보전(BM) : 고장, 정지 또는 성능저하의 수리를 행하는 것
- 예방보전(PM) : 설비의 주기적인 검사로 미연에 고장, 정지 또는 성능저하 상태를 제거하고 복구시키기 위한 보전
- 생산보전(PM) : 생산성이 높은 보전, 경제성
- 개량보전(CM) : 설비자체의 체질개선으로 예방보전으로 고장이 없고, 보전하기 쉬운 설비로 개량
- 보전예방(MP) : 고장이 없고, 보전이 필요치 않은 설비를 설계, 제작 또는 구입

36 설비관리 업무에 있어서 최고부하(Peak Load)를 없애는 방법에 해당되지 않는 것은?

① OSI(On Stream Inspection) : 기계장치 운전 중 검사
② OSR(On Stream Repair) : 기계장치 운전 중 수리
③ 부분적 SD(Shut Down) : 부분적으로 설비를 정지시켜 수리
④ CD(Cost Down) : 원가 절감을 위한 오버홀(Overhaul) 실시

최고부하(Peak Load)를 없애는 방법은 ①, ②, ③ 항 이외에 유닛 방식이 있다.
※ 유닛 방식 : 예비 유닛으로 운전하면서 유닛을 교체 또는 정비

37 다음의 진동방지방법 중 고주파 진동제어에는 효과적이나 저주파 진동제어에는 역효과를 줄 수 있는 방법은?

① 진동차단기 사용
② 거더(Girder)의 사용
③ 2단계 차단기의 사용
④ 기초의 진동을 제어하는 방법

> 진동 차단기 구비 조건
> • 강성이 충분히 작아서 차단 능력이 있어야 한다.
> • 강성은 작되 걸어준 하중을 충분히 견딜 수 있어야 한다.
> • 온도, 습도, 화학적 변화 등에 의해 견딜 수 있어야 한다.
> ※ 2단계 차단기 사용 : 2단계 진동제어는 고주파 진동제어에 효과적이지만 저주파 진동제어에는 역효과를 줄 수 있다.

38 설비의 열화측정, 열화진행방지, 열화회복 등을 하기 위한 제 조건의 표준으로서 보전직능마다 각기 설비검사표준, 정비표준, 수리표준으로 구분하여 명시하는 표준은?

① 설비설계규격
② 설비성능표준
③ 설비보전표준
④ 시운전 검수표준

> 설비보전표준 : 설비의 모든 상태가 이상 저하를 일으키는 원인을 제거하여 설비성능을 최상의 상태로 유지하는 활동으로 설비검사, 설비정비, 설비수리 등이 있다.

39 TPM에서 자주보전활동에 해당되는 것은?

① 오버홀을 요하는 것
② 일상점검을 요하는 것
③ 분해, 부착이 어려운 것
④ 특수한 기능을 요하는 것

> TPM에서 자주보전에서 할 수 없는 사항
> ①, ③, ④ 항 이외에 고공작업처럼 안전상 어려운 것, 특수한 측정을 필요로 하는 것

40 음에너지(Sound Energy)에 의해 매질에 미소한 압력 변화가 생기는 부분은?

① 음원
② 음장
③ 음압
④ 음의 세기

> 음압 : 음 에너지에 의해 매질에는 미소한 압력변화에 따른 압력 변차부분을 말한다.

제3과목 공업계측 및 전기전자제어

41 증폭기에서 방형파 또는 계단 신호 입력에 대해 출력 전압이 변하는 비율의 최대값은?

① 슬루율
② 증폭율
③ 감세율
④ 이득율

> 슬루율은 출력 전압의 최대 변화율을 말한다. 즉, 시간당 변화할 수 있는 전압으로 슬루율이 부족하면 출력 신호는 높은 주파수를 갖는 입력 신호의 급격한 변화를 따라가지 못하여 사다리꼴 파형처럼 나타나며 더 높은 주파수라면 출력 신호가 삼각파형처럼 변하게 된다.

42 전원전압을 일정하게 유지하기 위해 사용되는 소자는?

① 제너 다이오드
② 터널 다이오드
③ 포토 다이오드
④ 쇼트기 다이오드

> 다이오드는 하나의 반도체 단결정 속에 하나의 접합면을 경계로 P형과 N형의 영역을 갖는 반도체 소자로 교류의 정류와 검파에 사용하며 전원전압을 일정하게 유지하기 위해 사용되는 소자는 제너 다이오드이다.

43 어떤 도체에 t[sec] 동안 Q[C]의 전기량이 이동하면 이때 흐르는 전류 I[A]는 어떤 식으로 표시되는가?

① $I = Q \cdot t$
② $I = Q^2 \cdot t$
③ $I = \dfrac{Q}{t}$
④ $I = \dfrac{t}{Q}$

> 전류의 크기는 도체의 수직단면을 1초간 이동하는 전기량으로 나타내고 단위는 암페어(A)를 쓴다.

44 조절밸브(제어 요소)가 프로세스 제어 대상에 주는 신호는?

① 조작량
② 제어량
③ 기준입력
④ 동작신호

> 조작량은 제어량을 조절하기 위해 조작되는 양으로 이 양은 조절계에서의 신호를 받아 제어된다.

45 도체에 변형을 가하면 길이와 단면적의 변화에 의해 저항률이 바뀌는 원리를 이용하여 압력센서로 사용되는 것은?

① 홀센서　　② 서미스터
③ 리드스위치　④ 스트레인 게이지

스트레인 게이지는 단위 길이에 대한 길이의 변화를 전기 저항치의 변화로 하여 잡을 수 있도록, 얇은 필름 위에 전기 저항기를 배합한 것으로 탄성체에 생기는 힘을 신호로 해서 용이하게 취득할 수가 있다.

46 열동계전기의 문자기호로 옳은 것은?

① TR　　② TDR
③ THR　④ TLR

THR(thermal relay)는 열동계전기를 나타내는 기호이며, 이 열동계전기는 과부하시에 동작한다.

47 차압식 유량계가 아닌 것은?

① 오리피스　② 벤투리관
③ 로터미터　④ 플로 노즐

로터미터는 면적식 유량계이며 투영관속의 부자에 의하여 눈금으로부터 유량을 직접 읽을 수 있다.

48 시퀀스제어의 작동 상태 방식이 아닌 것은?

① 타임 차트　　② 플로 차트
③ 릴레이 회로도　④ 나이퀴스트 선도

나이퀴스트 선도는 자동 제어계나 피드백 증폭기의 안정도 판별에서 사용되는 선도로 피드백계의 안전성을 판정하기 위해 것이다.

49 전자식 유량계용 변환기를 설명한 것으로 옳은 것은?

① 유량은 기전력에 반비례한다.
② 유체의 종류에 영향을 받지 않는다.
③ 패러데이의 전자유도법칙을 응용한 것이다.
④ 유량변환의 1차 결과 출력은 직류 전압이다.

패러데이의 전자유도법칙 : 유도기전력의 크기는 코일을 관통하는 자속(자기력선속)의 시간적 변화율과 코일의 감은 횟수에 비례한다.

50 다음 그림의 회로에서 출력전압(V_{out})은?
(단, $R_1 = R_2 = R_3 = R_F$)

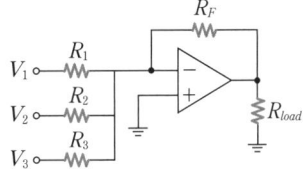

① $-(V_1+V_2+V_3)$　　② $+(V_1+V_2+V_3)$
③ $\dfrac{V_1+V_2+V_3}{R_1+R_2+R_3}V_1$　④ $\dfrac{R_1+R_2+R_3}{V_1+V_2+V_3}V_1$

$V_{out} = -(V_1 \cdot R_f/R_1 + V_2 \cdot R_f/R_2 + V_3 \cdot R_f/R_3)$
$R_1 = R_2 = R_3 = R_F$이므로, $V_{out} = -(V_1+V_2+V_3)$

51 자기 인덕턴스가 0.5[H]인 코일에 전류 10[A]를 흘릴 때 축적되는 에너지는 몇 [J]인가?

① 50　② 25
③ 5　④ 2.5

$W = 1/2 \cdot L \cdot I^2 = 1/2 \times 0.5 \times 10^2 = 25 J$
여기서, W : 축적 에너지(J), L : 자기 인덕턴스(H), I : 전류(A)

52 다이오드 PN접합을 하고 순바이어스 전압을 공급 시 나타나는 현상은?

① 전기장이 강해진다.
② 전위장벽이 낮아진다.
③ 전류의 흐름이 어렵다.
④ 공간 전하 영역의 폭이 넓어진다.

P형 쪽에 (+)단자를, N형 쪽에 (−) 단자를 접속시키는 방식을 순바이어스라 하며 이 접합이 이루어지면 전위장벽이 낮아져 전류가 흐르게 된다.

53 PLC(Programmable Logic Controller)가 갖추어야 할 조건이 아닌 것은?

① 점검 및 보수가 용이할 것
② 제어판 설치 면적이 클 것
③ 안정성 및 신뢰성이 높을 것
④ 프로그램 작성 변경이 용이할 것

> PLC(Programmable Logic Controller)
> • 동작실행에 대한 내용 변경을 프로그램에 의하여 쉽게 바꿀수 있으며 배선작업이나 부품 교체 작업이 없게 된다.
> • 프로그램 내용을 필요할 때 간단히 확인할 수 있으므로 체계적인 고장 진단과 점검이 용이하다.
> • 릴레이 반에 비하여 신뢰성이 높고 고속 동작이 가능하다.
> • 제어 기능량에 비하여 설치면적이 대폭 적어지며 전기 소모량도 대단히 적어진다.

54 슈미트 트리거 회로의 출력 파형은 어느 것인가?

① 정현파 ② 구형파 ③ 삼각파 ④ 톱니파

> 슈미트 트리거 회로
> • 히스테리시스 특성을 가지고 있어 어떤 입력 파형이라도 깨끗한 구형파로 만들어 낼 수 있다.
> • 입력진폭이 소정의 값을 넘으면 급격히 작동하여 일정한 출력을 얻고, 소정의 값 이하가 되면 즉시 복구한다.

55 면적식 유량계의 설치 요령 설명 중 틀린 것은?

① 수직으로 설치한다.
② 하류측에는 역지밸브를 설치한다.
③ 가로세로 응력이 걸리지 않도록 한다.
④ 유체의 유입방향은 상부에서 하부방향으로 한다.

> 면적식 유량계는 유량의 대소에 의해 교축면적을 바꾸고 차압을 일정하게 유지하면서 면적변화에 의한 유량을 구하는 것으로 유체의 유입방향은 하부에서 상부방향으로 한다.

56 다음과 같은 논리회로의 출력 Y를 구하면?

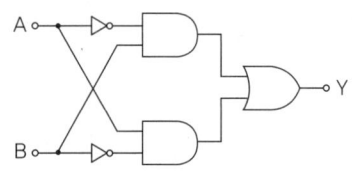

① $Y = \overline{A} + \overline{B}$
② $Y = A\overline{B} + \overline{A}B$
③ $Y = \overline{AB} + AB$
④ $Y = A\overline{B} + \overline{AB}$

> 위, 아래 모두 AND 회로이며 이들은 OR 회로에 연결되어 있다. 위는 A가 부정이며, 아래는 B가 부정이 된다. 따라서 ② 항과 같이 출력 표시가 된다.

57 단위 계단 함수 u(t)의 라플라스 변환은?

① e
② $\dfrac{1}{s}e$
③ $\dfrac{1}{e}$
④ $\dfrac{1}{s}$

58 제어기기는 검출기, 변환기, 증폭기, 조작기기 등으로 구성된다. 이때 서보모터는 어디에 해당되는가?

① 증폭기 ② 변환기
③ 검출기 ④ 조작기기

> 서보모터는 자동 제어기기에 있어서 전압 입력을 회전각으로 바꾸기 위해 사용되는 전동기로 조작기기에 해당된다.

59 SI 기본 단위계에 해당되지 않는 것은?

① 켈빈[K]   ② 암페어[A]
③ 라디안[rad] ④ 킬로그램[kg]

SI 기본 단위

항목	명칭	기호	항목	명칭	기호
길이	미터	m	온도	캘빈온도	K
질량	킬로그램	kg	물질량	몰수	mol
시간	초	s	광도	칸델라	cd
전류	암페어	A			

60 수동조작 자동복귀 접점 심벌은?

① 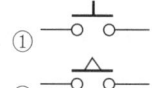 ②
③ ④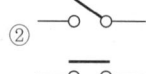

① 수동조작 자동복귀 a접점 ② 수동조작 수동복귀 a접점
③ 타이머 접점 a 한시동작 ④ 릴레이 접점 a 자동복귀

제4과목 기계정비일반

61 미끄럼이 거의 없어 변속비가 일정하게 유지되고 두 축이 평행한 경우에 한하여 사용되며 진동, 소음에 취약하여 고속 회전에는 사용하기 곤란한 전동장치는?

① 벨트 전동장치
② 체인 전동장치
③ 기어 전동장치
④ 로프 전동장치

체인 전동장치 특징
• 미끄럼없이 일정한 속도비를 얻을 수 있다.
• 초 장력이 필요 없으므로 베어링 마찰손실이 적다.
• 접촉각이 90° 이상이면 전동 가능하다.
• 내열, 내유, 내수성이 크다.
• 큰 동력 전달효율이 95% 이상이다.
• 체인의 탄성으로 어느 정도 충격 하중을 흡수한다.
• 진동, 소음이 발생하기 쉽다.
• 고속회전에 부적당하고 저속, 큰 마력에 적당하다.

62 편 흡입형 벌류트 펌프(Volute Pump)의 임펠러에 작용하는 추력을 평형시키는 방법으로 가장 적절한 것은?

① 고양정의 펌프로 만든다.
② 임펠러에 웨어링(wearing)을 부착한다.
③ 임펠러에 밸런스 홀(Balance Hole)을 만든다.
④ 레이디얼 베어링(Radial Bearing)을 사용한다.

추력은 축 방향으로 밀어내는 힘으로 이를 방지하기 위하여 임펠러에 밸런스 홀을 만들면 임펠러 뒤에서 받치는 힘이 작용하므로 추력을 방지할 수 있다.

63 볼트의 밑부분이 부러졌을 때 빼내기 위해 사용하는 공구는?

① 탭
② 드릴
③ 스크류 바이스
④ 스크류 익스트랙터

스크류 익스트랙터는 볼트의 밑부분이 부러졌을 때 빼내기 위해 사용하는 공구이다.

64 베어링의 그리스 윤활상태를 측정하는 측정기구는?

① 회전계
② 진동계
③ 소음계
④ 베어링 체커

65 다음 커플링 중 플렉시블 커플링이 아닌 것은?

① 기어 커플링
② 머프 커플링
③ 고무 커플링
④ 체인 커플링

머프 카플링은 간단한 분할 구조로 되어 있기 때문에 축이동, 조립, 분해가 용이하며 플렉시블 커플링은 충격 및 진동을 방지하는 목적으로 사용한다.

66 벌류트 펌프(Volute Pump) 시운전 시 체크해야 할 항목으로 옳지 않은 것은?

① 토출 밸브를 열어 둔다.
② 각종 게이지를 확인 후 기록해 둔다.
③ 공기빼기 코크를 열고 마중물을 넣는다.
④ 펌프를 손으로 돌려 회전상태를 확인한다.

벌류트 펌프 : 시운전 시에는 토출밸브를 닫아두어야 펌프에 걸리는 압력 상태를 점검할 수가 있다.

67 다음 중 V 벨트의 특징이 아닌 것은?

① 벨트가 잘 벗겨진다.
② 고속 운전을 시킬 수 있다.
③ 미끄럼이 적고 속도비가 크다.
④ 이음이 없어 전체가 균일한 강도를 갖는다.

V-벨트는 단면의 각도는 40°로 벨트가 쉽게 벗겨지지 않는다.

68 송풍기의 회전수를 변화시키는 방법이 아닌 것은?

① 가변 풀리에 의한 조절
② 정류자 전동기에 의한 조절
③ 극수 변환 전동기에 의한 조절
④ 열동 과전류 계전기에 의한 조절

열동 과전류 계전기는 설정값 이상의 전류가 흐르면 접점을 동작시키는 계전기로서 전동기의 과부하보호용이다.

69 열 박음을 위해 베어링을 가열 유조에 넣고 가열할 때 몇 [℃] 이상에서 베어링의 경도가 저하되는가?

① 130[℃]　　② 180[℃]
③ 210[℃]　　④ 280[℃]

> 베어링의 열박음은 베어링을 100~130℃ 정도로 가열 후 안지름을 팽창하여 조립하며 이때 가열온도가 130℃를 초과하게 되면 베어링 재료의 경도가 급격히 저하하게 된다.

70 베어링 외, 탄소강 재질의 기계부품을 가열끼움 작업 할 때 다음 중 가열온도로 가장 적합한 것은?

① 100~150[℃]　　② 200~250[℃]
③ 400~450[℃]　　④ 500~600[℃]

> 열박음로에서 가열하는 법 : 가열 시 전체를 200~250℃로 서서히 가열한다.

71 사용압력이 1[kgf/cm²] 이상의 큰 압력으로 기체를 송출시키는 기기는?

① 왕복식 압축기
② 양흡입형 송풍기
③ 터보 팬(Turbo Fan)
④ 시로코 통풍기(Siroco Fan)

> 송출압력
> • 통풍기(fan) : 0.1kgf/cm² 이하
> • 송풍기 : 0.1~1kgf/cm² 이하
> • 압축기 : 1.0kgf/cm² 이상

72 기어의 치면 열화가 아닌 것은?

① 습동 마모　　② 소성 항복
③ 표면 피로　　④ 균열, 소손

> 이의 면의 열화
> • 마모 : 정상 마모, 습동 마모, 과부하 마모, 줄 흔적 마모
> • 소성 항복 : 압연 항복, 피이닝 항복, 파상 항복
> • 용착 : 가벼운 스코어링, 심한 스코어링
> • 표면피로 : 초기 피칭, 파괴적 피칭, 박리
> • 기타 : 부식, 버닝, 간섭, 연삭 파손
> • 이의 파손 : 과부하 절손, 피로 파손, 균열, 소손

73 유체가 일직선으로 흐르고 유체저항이 가장 작으며, 유체흐름에 대해 수직으로 개폐하는 밸브는?

① 앵글 밸브(Angle Valve)
② 글로브 밸브(Globe Valve)
③ 슬루스 밸브(Sluice Valve)
④ 스윙 체크밸브(Swing Check Valve)

> 슬루스 밸브는 게이트 밸브라고도 하며 유체 흐름에 대하여 압력 손실이 적으므로 주로 펌프 흡입관에 많이 사용한다.

74 1[kW] 이상의 3상 유도전동기에 부착되어 있는 유성기어 감속기에 사용하는 급유의 형태는?

① 적하 급유　　② 유욕 급유
③ 그리스 급유　　④ 사이펀 급유

> 유욕급유(Bath Oiling)는 윤활개소의 일부가 유욕(Oil Bath)에 들어가 윤활이 되는 방식으로 저속, 중속 회전에 많이 사용된다.

75 압축기 부품에서 밸브의 취급불량에 의한 고장이라고 볼 수 없는 것은?

① 볼트의 조임 불량
② 시트의 조립 불량
③ 그랜드 패킹의 과다 조임
④ 스프링과 스프링 홈의 부적당

> 그랜드 패킹의 과다 조임은 결국 패킹의 마모로 이어져 축봉부에서의 누설의 원인이 된다.

76 전 양정이 약 100[m] 이하인 중 · 대형 원심펌프에 사용되는 역류 방지 밸브는?

① 푸트 밸브　　② 플랩 밸브
③ 체크밸브　　④ 슬루스 밸브

> 체크밸브는 역류방지밸브로 스윙형과 리프트형으로 구분한다.

77 마이크로미터에 관한 설명으로 옳은 것은?

① 측정 범위는 0~150mm, 0~300mm 등 150 mm씩 증가한다.
② 본척의 어미자와 부척의 아들자를 이용하여 길이를 측정한다.
③ 딤블을 이용하여 측정압력을 일정하게 하여 균일한 측정이 되도록 한다.
④ 외측 마이크로미터는 앤빌과 스핀들 사이에 측정물을 대고 길이를 측정한다.

마이크로미터는 나사의 이송량이 피치(회전각)에 비례하고 있는 것을 응용한 길이의 정밀 측정기로 나사의 피치를 0.5mm, 딤블의 눈금을 50등분으로 되어 있으며 한 눈금은 0.01mm이다. 종류로는 외측 마이크로미터와 내측 마이크로미터가 있으며, 측정범위는 25mm씩 증가한다.

78 밸브의 정비에 관한 설명으로 옳은 것은?

① 밸브 시트 접촉면이 편마모되어 래핑하였다.
② 밸브 스프링의 탄성이 감소되어 손으로 수정하여 사용하였다.
③ 밸브 플레이트가 마모한계에 달하였으나 파손되지 않아 그대로 두었다.
④ 밸브 부품의 사용 수명기간이 초과하였으나 성능에는 이상이 없어 교환하지 않았다.

②, ③, ④ 항의 경우 즉시 밸브 정비를 해야 한다.

79 플랜지의 볼트 조임순서로 가장 적합한 것은?

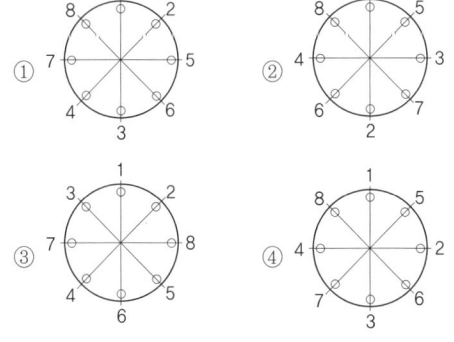

볼트의 조임 순서는 마주보는 쪽으로 조임을 해야 힘의 균형을 얻을 수 있다.

80 두 축이 서로 평행한 기어는?

① 베벨 기어
② 헬리컬 기어
③ 헬리컬 베벨 기어
④ 스파이럴 베벨 기어

기어 감속기

두 축이 서로 평행한 경우	스퍼 기어, 헬리컬 기어, 더블 헬리컬 기어, 인터널 기어, 랙
두 축이 만나는 경우	베벨 기어, 스큐 기어, 스파이럴 베벨 기어
두 축이 만나지도 평행하지도 않는 경우	하이포이드 기어, 스크류 기어, 웜 기어

정답 최근기출문제 2016년 2회

01 ④	02 ④	03 ③	04 ①	05 ③
06 ①	07 ④	08 ①	09 ④	10 ①
11 ④	12 ④	13 ④	14 ④	15 ④
16 ①	17 ②	18 ①	19 ④	20 ④
21 ④	22 ③	23 ②	24 ③	25 ②
26 ①	27 ②	28 ④	29 ④	30 ①
31 ①	32 ②	33 ①	34 ④	35 ①
36 ④	37 ③	38 ③	39 ②	40 ④
41 ①	42 ①	43 ②	44 ①	45 ④
46 ③	47 ②	48 ②	49 ②	50 ①
51 ②	52 ②	53 ②	54 ②	55 ④
56 ②	57 ④	58 ④	59 ③	60 ①
61 ②	62 ③	63 ④	64 ④	65 ②
66 ①	67 ①	68 ④	69 ①	70 ②
71 ①	72 ④	73 ②	74 ②	75 ③
76 ③	77 ④	78 ①	79 ②	80 ②

2016년 3회 최근기출문제

제1과목 공유압 및 자동화시스템

01 양끝의 지름이 다른 관이 수평으로 놓여 있다. 왼쪽에서 오른쪽으로 물이 정상류를 이루고 매초 2.8[L]의 물이 흐른다. B부분의 단면적이 20[cm²]이라면 B부분에서 물의 속도는?

① 14[cm/s] ② 56[cm/s]
③ 140[cm/s] ④ 560[cm/s]

$Q = A \times V$에서 (1L = 1000cm³)
$V = \dfrac{2.8 \times 1000 [\text{cm}^3/\text{s}]}{20[\text{cm}^2]} = 140[\text{cm/s}]$

02 어큐뮬레이터(Accumulator)의 일반적 기능이 아닌 것은?

① 맥동 제거 ② 압력 감소
③ 충격 완충 ④ 에너지 축적

어큐뮬레이터의 기능
• 유압에너지 축적용
• 고장·정전 등의 긴급 유압원
• 맥동·충격압력의 흡수용
• 유체의 수송, 압력의 전달

03 오일의 점도를 알맞게 유지하기 위하여 오일의 온도를 제어하는 것은?

① 필터 ② 가열기
③ 윤활기 ④ 축압기

동절기를 대비하여 오일 가열기(오일 히터)를 설치하여 오일의 온도를 적정하게 유지하므로서 유압펌프의 작동을 원활하게 한다.

04 다음 공압기호의 명칭은?

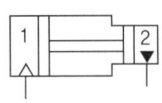

① 증압기
② 복동 실린더
③ 차동 실린더
④ 다이어프램형 실린더

2종 유체 증기압 기호이다.

05 다음 중 2개의 공압 복동 실린더가 1개의 실린더 형태로 조립되어 실린더의 출력이 거의 2배의 큰 힘을 얻을 수 있는 것은?

① 충격 실린더 ② 탠덤 실린더
③ 양로드형 실린더 ④ 다위치 제어 실린더

• 복동 실린더 : 전, 후진 모두 할 수 있으나 전, 후진 운동 시 힘의 차이가 있으며 행정거리가 길다.
• 양로드형 실린더 : 양쪽 방향으로 작동하는 힘이 동일하다.
• 탠덤 실린더 : 단계적으로 출력제어가 가능하며 큰 위치 에너지를 얻을 수 있다.
• 충격실린더 : 상당히 큰 충격 에너지를 얻을 수 있으며 속도는 7.5~10m/s까지 얻을 수 있다
• 다위치 제어 실린더 : 정확한 위치를 제어할 수 있다.
• 쿠션 내장형 실린더 : 충격을 완화할 때 사용한다.

06 카운터 밸런스 밸브 및 시퀀스 밸브에 관한 설명으로 옳은 것은?

① 원격제어가 가능한 시퀀스 밸브는 내부 파일럿형이다.
② 카운터 밸런스 밸브는 압력 릴리프 밸브와 체크 밸브의 조합이다.
③ 카운터 밸런스 밸브는 무부하, 시퀀스 밸브는 배압 발생밸브이다.
④ 카운터 밸러스 밸브는 압력제어밸브, 시퀀스 밸브는 방향제어 밸브이다.

시퀀스 밸브는 내부 파일럿형과 외부 파일럿형 두가지로 되어 있다.

07 날개의 회전운동에 따라 공기의 흐름이 회전축과 평행으로 흐르는 압축기는?

① 사류식 압축기 ② 원심식 압축기
③ 축류식 압축기 ④ 혼류식 압축기

축류식 압축기는 터보 압축기로 임펠러의 고속 회전으로 높은 압력이나 큰 유량의 가스체를 취급하는 데 가장 적합하고, 대량의 기체를 압축하기 위해서 사용하나 유체의 흐름이 회전축과 평행으로 흐르며 압력은 크게 높아지지 않는다.

08 제어밸브의 구조에 의한 분류에 해당되지 않는 것은?

① 스풀 형식 ② 포핏 형식
③ 로터리 형식 ④ 파일럿 형식

파일럿 형식은 푸시 버튼, 마스터 스위치 등 제어기에 제어 신호를 부여하도록 구성된 제어 장치로 제어밸브 구조에 대한 분류에는 해당되지 않는다.

09 관로 면적을 감소시킨 동로로서 길이가 단면 치수에 비하여 짧은 것은?

① 스풀(Spool) ② 초크(Choke)
③ 플런저(Plunger) ④ 오리피스(Orifice)

유체가 흐르는 관의 도중에 있는 중심에 구멍을 뚫어 놓은 원판을 오리피스라 하며 그 전후의 압력을 측정함으로써 유속, 유량을 알 수 있다.

10 공압 시스템의 고장을 빨리 발견하고 조치를 취하기 위한 방법으로 가장 거리가 먼 것은?

① 회로도를 알기 쉬운 형태로 작성한다.
② 배관을 길게 하여 가능한 많은 수분을 응축시킨다.
③ 사용 부품들은 쉽게 교체 가능한 범용제품을 사용한다.
④ 배관은 제어 캐비닛 배치도와 회로도가 일치하도록 한다.

배관은 가급적 짧게 해야 압력손실을 줄일 수 있으며 수분은 신속히 방출해야 한다.

11 다음 중 증압기의 사용 용도로 가장 적합한 것은?

① 압력 에너지를 저장할 때
② 빠른 선형 속도를 얻고 싶을 때
③ 빠른 회전 속도를 얻고 싶을 때
④ 압력을 증대시켜 큰 힘을 얻고 싶을 때

유체의 흐름 도중에 설치하여 흐름의 압력을 높이기 위해 사용하는 기계이며 펌프·압축기·송풍기 등에서 이용되고 있다.

12 핸들링(Handling) 장치의 기능으로 볼 수 없는 것은?

① 계수(Counting) ② 삽입(Inserting)
③ 이송(Feeding) ④ 파지(Gripping)

핸들링은 가공 및 전달, 이송, 조임, 배치, 정리 등을 사람의 손이나 기계적인 힘에 의해 작동하는 것을 핸들링이라 하며 부품의 이송을 회전에 의하여 이루어지는 것을 로터리 인덱싱 핸들링, 직선으로 부품이 이송되는 것은 리니어 인덱싱 핸들링이라 한다.

13 공압 타이머에서 제어 신호가 존재함에도 출력신호가 발생하지 않을 때, 다음 중 가장 먼저 점검해야 할 사항은?

① 탱크가 오염되었는지 확인한다.
② 서비스 유닛이 잠겨 있는지 확인한다.
③ 윤활유에 수분이 섞였는지 확인한다.
④ 유량조절용 밸브의 조절 나사를 완전히 열고 공기의 새는 소리를 확인한다.

14 로드리스 실린더에 관한 설명으로 틀린 것은?

① 설치공간을 줄일 수 있다.
② 빠른 속도를 얻을 수 있다.
③ 임의의 위치에서 정지시키기가 유리하다.
④ 양방향의 운동에서 균일한 힘과 속도를 얻기가 유리하다.

로드리스 실린더 : 제한된 공간상에서 긴 행정거리가 요구되는 곳에서 사용하며 외부와 피스톤 사이의 강한 자력에 의해 운동을 전달하므로 내·외부의 실링효과가 우수하고 비 접촉식 센서에 의하여 위치제어가 가능하다. 행정이 크기 때문에 고속은 얻을 수 없다.

15 다음 그림과 같이 S_1과 S_2를 동시에 누른 경우 램프에 불이 들어오는 논리회로는?

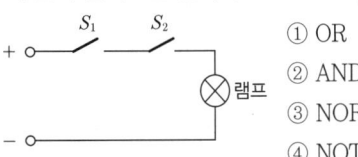

① OR
② AND
③ NOR
④ NOT

S_1과 S_2가 직렬 연결이므로 AND 회로에 해당된다.

16 60[Hz], 4극 유도전동기의 회전자 속도가 1,710[rpm]일 때 슬립은?

① 5[%] ② 8[%]
③ 10[%] ④ 15[%]

회전수$(Ns) = \dfrac{120 \times f}{P} = \dfrac{120 \times 60}{4} = 1800 \text{rpm}$
실제 회전수$(N) = Ns \times (1-S)$ S : 슬립
$1710 \text{rpm} = 1800 \text{rpm} \times (1-S), \therefore S = 0.05 = 5[\%]$

17 신호의 처리 중 최근 DSP(Digital Signal Processing) 기술의 발달로 음향기기, 통신, 제어계측 등의 분야에 응용되는 신호형태는?

① 계수 신호(Counting Signal)
② 연속 신호(Continuous Signal)
③ 아날로그 신호(Analog Signal)
④ 이산시간 신호(Discrete-time Signal)

이산시간 신호는 지속 시간, 파형, 진폭 등과 같이 정보를 전달할 수 있는 특성을 갖는 요소들로 구성된 신호이다.

18 다음 중 자동화 시스템 구축 시 생기는 단점과 가장 거리가 먼 것은?

① 제어장치 증가
② 시설 투자비 증대
③ 자재비, 인건비 과다
④ 보수유지에 높은 기술 수준 요구

자동화 시스템 구축 시 시설 투자비 및 운영비 지출은 증가하나 자재비, 인건비 등은 오히려 감소하게 된다.

19 신호 발생 요소의 신호영역을 ON-OFF 표시방식으로 표현함으로써 각 입력 신호 발생간의 신호간섭 현상을 예지할 수 있는 동작 상태 표현법은?

① 논리선도   ② 제어선도
③ 플로차트   ④ 변위단계선도

프로그램 모델의 변화
• 제어선도 : 자동제어에 있어서, 조절부의 출력신호로 조작부를 조작하는 선도이며 종류로는 2위치(on-off) 동작, 비례동작, 미분 동작, 적분 동작 등이 있다.
• 논리도 : AND, OR, NOT 등의 기본 논리연결을 표시한다.
• 플로차트 : 산업용, 기공용으로 논리 순서를 표현한다.
※ 변위-단계선도는 작업요소의 작업 순서가 표시되고 그 변위는 순서에 따라 표시된다.

20 다음 중 유압 모터의 효율을 감소시키는 사항으로 가장 거리가 먼 것은?

① 유체의 유량 변화
② 유체 접촉부와 유체의 마찰
③ 유체의 난류성에 의한 마찰
④ 흡입구와 토출구 사이의 내부 누설

유압 모터의 효율을 감소는 주로 유체 흐름에 대한 마찰손실로 인하여 발생되며 유량 변화에는 큰 영향이 없다.

제2과목 설비진단 및 관리

21 음압을 표시할 때 log 눈금을 주로 사용하는데 이러한 log 눈금상의 크기를 비교하여 표시한 음압도(SPL) 산출공식은?(단, P : Power, P_0 : 기준 Power)

① $20 log(\dfrac{P}{P_0})$ ② $20 log(\dfrac{P_0}{P})$
③ $10 log(\dfrac{P}{P_0})$ ④ $10 log(\dfrac{P_0}{P})$

음압은 음 에너지에 의해 매질에는 미소한 압력변화에 따른 압력 변차부분을 말하며 단위는 N/m²이다.
$SPL = 10 \log(\dfrac{P^2}{P_0^2}) = 10 \log(\dfrac{P}{P_0})^2 = 20 \log(\dfrac{P}{P_0})$

22. 석면과 암면 등 섬유성 재료의 흡음력을 이용해서 소음을 감소시키는 장치는?

① 반사 소음기
② 충격식 소음기
③ 흡음식 소음기
④ 흡진식 소음기

> 흡음식 소음기는 음파의 발생이 흡음재료(석면 또는 암면)로 처리된 천장 또는 벽에서 반사될 때 일부는 소음 에너지가 흡수되어 소멸되는 현상이다.

23. TPM의 특징은 고장 제로, 불량 제로이다. 이를 예방하기 위해서는 예방이 가장 좋은 방법인데 이 예방의 개념과 거리가 먼 것은?

① 조기 대처
② 이상 조기 발견
③ 고장 및 정지의 방치
④ 정상적인 상태 유지

> **설비효율 개선방법**
> - 모든 것은 정품을 정위치에 정량으로 보관해야 한다.
> - 모든 설비는 안정적으로 작동되어야 하고 각 부분의 운전공정으로 제 성능을 발휘할수 있도록 해야 한다.
> - 1일 또는 월 단위로 고장, 작업계획, 준비변경, 품질, 트러블에 의한 조정, 교환 등으로 인한 정지시간을 부하시간에서 제외한 시간으로 실제로 설비가 가동한 시간을 가동시간으로 행한다.
> - 조업시간에서 가동이 중단된 시간을 제외한 가동시간과의 비를 가동율이라 하며 설비를 정지상태에서 언제라도 정상적으로 가동하여 기능을 충분히 발휘하여 가동할 수 있는 비율이다.

24. 강철 시스템의 고유진동수와 차단기의 정적변위와의 관계로 옳은 것은?

① 고유진동수 = $\dfrac{15\pi}{\sqrt{동적변위}}$

② 고유진동수 = $\dfrac{10\pi}{\sqrt{정적변위}}$

③ 고유진동수 = $\dfrac{\sqrt{동적변위}}{15\pi}$

④ 고유진동수 = $\dfrac{\sqrt{정적변위}}{10\pi}$

25. 방청유의 종류가 아닌 것은?

① 용제 희석형
② 지문 제거형
③ 기화성 방청제
④ 열처리 방청제

> **방청유의 종류**
> 지문 제거형, 용제 희석형, 방청 페트롤레이텀, 방청 윤활유, 기화성 방청제

26. 설비의 배치 시 동일 기종의 설비를 모아서 배열하는 설비배치 형태는?

① 기능형 배치
② 제품형 배치
③ 혼합형 배치
④ 제품 고정형 배치

> **설비배치의 형태**
> - 제품별 배치 : 각 공정에 따라 필요한 기기를 적정 요소에 배치하는 것
> - 혼합형 배치 : 기능별, 제품별, 제품 고정형 배치와의 혼합형
> - 기능별 배치 : 제품 중심으로 그 제품을 가공하는데 소요되는 작업장을 구성
> - 제품 고정형 배치 : 주재료의 부품이 고정된 창고에 있고 사람이나 기계가 이동하며, 작업이 행하여지는 배치

27. 설비 표준의 종류에 관한 내용으로 옳은 것은?

① 설비설계규격 : 설비 사양서, 설비 열화 측정, 열화 회복을 위한 조건의 표준
② 설비자재 구매규격 : 설비설계표준, 설비성능표준에 따라 규정되는 것으로의 표준
③ 시운전 검수표준 : 표준에 일치되는지의 시험방법, 검사방법에 대한 표준
④ 보전작업표준 : 설비 열화 측정(점검 검사), 열화 진행방지(일상보전) 및 열화회복(수리)을 위한 조건의 표준

> **설비 표준의 종류**
> - 설비설계규격 : 기존설비에 대한 표준 규격 및 설비능력 부하량에 대한 규격을 표시
> - 시운전 검수표준 : 설비의 신설, 증설, 보수, 수리 등 설비 정상 운전전 성능을 검사하는 표준
> - 보전작업표준 : 설비의 검사, 보수, 수리 등에 대한 보전작업 방법과 시간에 대한 표준
> - 설비보전표준 : 설비 열화 측정(점검 검사), 열화진행방지(일상보전) 및 열화회복(수리)을 위한 조건의 표준

28 회전체의 무게 중심이 축 중심과 일치하지 않아 회전주파수 성분이 높게 나타났을 때 발생하는 현상은?

① 풀림
② 압력 맥동
③ 언밸런스(Unbalance)
④ 미스얼라인먼트(Misalignment)

> **회전기계의 정밀진단**
> - 언밸런스(unbalance) : 회전수와 동일한 주파수가 검출되었을 때 진동을 발생시키며 모든 기기에서 발생하는 진동으로 수평·수직방향에 최대의 진폭이 발생하며 언밸런스량과 회전수가 증가할수록 진동레벨이 높게 나타난다.
> - 미스얼라인먼트(misalignment) : 베어링 설치가 잘못되었거나 축 중심이 어긋난 경우에 발생하는 경우로 측정은 축 방향에 센서를 부착하여 측정하며 이때 위상각은 180°이다.
> - 기계적 풀림(looseness) : 회전기계 특히 베어링 케이스에서 주로 발생하며 회전 이상에 의해 진동이 불규칙적으로 발생한다.
> - 편심 : 로터의 중심과 실체의 회전 중심이 어긋난 경우 중심이 한쪽으로 치우쳐 진동이 발생한다.
> - 공진 : 기계의 고유 진동수와 강제 진동수가 일치하게 되면 진폭이 크게 발생하여 진동이 최대가 되어 설비에 악영향을 끼치게 되므로 가급적 공진점은 피하여 운전하는 것이 좋다.

29 보수자재 예비부품 관리에서 재고율 분석사항으로 틀린 것은?

① 상비품 재고량의 적합성
② 상비품 항목의 타당성
③ 예비품의 사용과 발주방식 표준화
④ 보관 창고 배치나 공간 효율 등의 적합성

> ③항의 경우 예비품 표준화 및 구입 방법이 된다.

30 음원으로부터 단위 시간당 방출되는 총 음에너지를 무엇이라 하는가?

① 음향 출력 ② 음향 세기
③ 음향 입력 ④ 음의 회절

> - dB(decibel) : 음의 강도를 나타내는데 사용되는 단위
> - 음압 : 음 에너지에 의해 매질에는 발생하는 미소한 압력변화
> - 음속 : 음파가 1초 동안에 전파하는 거리
> - 음향 출력 : 음원으로부터 단위시간당 방출되는 총 음에너지

31 설비의 보전효과를 측정하는 방법은 여러 가지가 있다. 다음 중 보전효과 측정방법 중 틀린 것은?

① 평균고장간격 = $\dfrac{1}{\text{고장률}}$

② 고장도수율 = $\dfrac{\text{고장횟수}}{\text{부하시간}} \times 100(\%)$

③ 고장빈도(회수)율 = $\dfrac{\text{보전비총액}}{\text{생산량}} \times 100(\%)$

④ 설비가동률 = $\dfrac{\text{정미가동시간}}{\text{부하시간}} \times 100(\%)$

> 고장빈도(회수)율 = $\dfrac{\text{고장건수}}{\text{부하시간}} \times 100(\%)$
> 고장빈도율은 고장도수율이라고도 하며, 부하(負荷)시간 당의 고장발생비율을 말한다.

32 진동 측정 시 주의해야 할 사항으로 틀린 것은?

① 항상 동일한 장소를 측정한다.
② 진동계를 바꿔가면서 측정한다.
③ 항상 동일한 방향으로 측정한다.
④ 언제나 같은 센서의 측정기를 사용한다.

> **진동 측정 시 주의사항**
> - 항상 동일 장소나 방향에서 측정해야 한다.
> - 항상 동일 센서로 측정해야 한다.
> - 센서 부착면에 먼지나 녹이 있는 경우 제거하고 센서를 부착해야 한다.
> - 항상 동일한 부하일 때 측정해야 한다.
> - 진동의 크기는 회전수 2승에 비례하므로 동일한 회전수를 유지해야 한다.

33 품질보전의 전개에 있어서 요인해석의 방법에 해당하지 않는 것은?

① PM분석 ② 특성 요인도
③ 경제성 분석 ④ FMECA 분석

> **품질보전의 전개**
> - PM분석 : 만성고장과 불량로스를 원리원칙에 의해 현상을 물리적으로 해석하여 현상 메커니즘을 명확히 한 후 사람, 설비, 재료, 방법(4M)의 해석을 통해 불합리한 점을 찾아낸 후 개선함으로서 만성로스를 절감하기 위해 개발된 기법
> - 특성 요인도 : 특성에 대하여 어떤 요인이 어떤 관계로 영향을 미치고 있는지를 명확히 하여 원인 규명을 쉽게 할 수 있도록 하는 그림으로 나타내는 기법
> - FMECA 분석 : 고장 분석을 위한 우선적으로 수행하는 체계적인 기술로 일반 개념 또는 초기 설계 단계에 수행되는데 가능성 있는 모든 고장 유형을 확인하고 적절한 조치를 취하여 고장을 줄이도록 한다.

34 다음 그림은 설비관리 조직 중에서 어떤 형태의 조직인가?

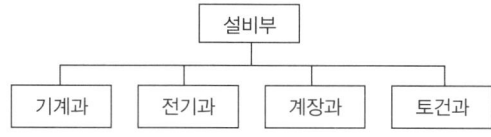

① 공정별 조직
② 기능별 조직
③ 제품별 조직
④ 전문 기술별 조직

전문 기술별 조직은 기계, 전기, 계장, 토건 등으로 구분되어 각 전문가가 조직관리함으로서 전문기술향상에 유리하지만 각 부서간의 수평적인 의사전달이 문제될 경우가 있다.

35 설비의 효율화를 저해하는 가장 큰 로스(Loss)는?

① 고장로스
② 조정로스
③ 일시정체로스
④ 초기 수율로스

6대 로스
- 고장 로스 : 돌발적, 만성적으로 발생하는 고장에 의한 로스로, 시간저인 로스와 물량 로스(불량, 불량수리)를 수반하며 손실이 가장 큰 로스이다.
- 준비·조정 로스 : 준비교체에 수반하는 정지 로스이다.
- 순간정지(공전) 로스 : 일시적인 문제 때문에 설비가 정지 또는 공전하는 상태
- 속도 로스 : 설비의 설정 속도에 대한 실제의 속도 차이
- 불량·불량수리 로스 : 모르고 넘어가는 경우가 많고, 불량품의 대상으로 되어있지 않은 경우가 많지만 이 모든 것이 불량품으로 되어야 한다.
- 초기수율 로스 : 생산 시에 발생하는 물량 로스

36 공장의 특정 지역에 보전요원이 배치되어 그 지역의 예방 보전, 검사, 급유, 수리 등을 담당하는 보전 방식은?

① 부분 보전
② 지역 보전
③ 절충 보전
④ 집중 보전

지역 보전
- 생산 공장에 보전요원을 배치함으로서 설비의 이상 유무, 수리, 검사 등을 직접 처리한다.
- 보전요원과 작업자가 바로 접촉함으로서 제품 생산까지 소요시간을 단축할 수 있다.
- 제품 생산에 있어서 문제점이나 공정변경 등을 신속히 처리가 가능하다.
- 설비의 전문가가 상주해야 하므로 어려움이 있다.
- 설비 전체에 대한 수리나 근무시간 연장 등에 대한 문제점이 야기된다.

37 대부분의 설비는 어느 기간 동안 수명을 유지한다. 그러다 어느 기간이 지나면 설비가 고장 나기 시작한다. 다음 중 초기 고장기와 우발 고장기가 지난 후, 마모 고장기에 발생하는 고장 원인과 가장 거리가 먼 것은?

① 불충분한 오버홀
② 부품들 간의 변형
③ 열화에 의한 고장
④ 부적절한 설비의 설치

설비의 신뢰성 및 보전성 관리
- 초기 고장기 : 설비를 사용함에 따라 고장의 발생이 감소하게 되는데 이상이 있거나 설계·제작 불량 등은 고장을 일으키며 보전요원에 의하여 그때마다 수리·정비를 해야 한다.
- 우발 고장기 : 기계의 축 절단, 전기회로의 단선, 과부하로 인한 모터의 소손 등 돌발적으로 고장이 일어나는 현상으로 예비품 관리의 필요성을 중시하게 된다.
- 마모 고장의 현상 : 압축기 피스톤링의 마모, 베어링의 마모 등 설비의 열화 및 마모에 의하여 일어나는 현상으로 주기적으로 급유, 청소를 하면 고장률을 줄일 수 있다.

38 순환급유를 할 수 없는 곳에 사용하는 윤활유 급유법은?

① 체인 급유법
② 칼라 급유법
③ 패드 급유법
④ 사이펀 급유법

순환 급유법
패드 급유법, 유륜 급유법, 체인 급유법, 버킷 급유법, 칼라 급유법, 비말 급유법, 롤러 급유법, 원심 급유법, 나사 급유법

39 다음 중 전치 증폭기의 기능은?

① 신호 증폭과 임피던스 결합
② 저항 증폭과 임피던스 결합
③ 전류 증폭과 리액던스 결합
④ 전압 증폭과 리액턴스 결합

전치증폭기는 적당한 입출력 임피던스를 제공하면서 후단에서 신호 처리하기 쉬울 정도까지 신호 증폭을 높이는데, 신호의 등화나 혼합 등을 겸하는 경우도 있다.

40 진동 측정용 센서 중 비접촉형으로 변위검출용에 사용되는 센서가 아닌 것은?

① 용량형 센서
② 동전형 센서
③ 와전류형 센서
④ 전자광학형 센서

진동 측정용 센서의 분류		
분류	설명	비고
가속도계	• 적은 출력 전압에서 가속도 레벨이 낮아지는 취약성과 높은 주파수 대역에서는 저주파 결함이 나타나는 것으로서 베어링의 결함 유무를 측정 • 압전형, 서보형, 스트레인 게이지형	접촉형
속도계	• 진동에너지나 피로도가 문제되는 경우 측정변수 • 측정 주파수 범위 : 10~1000Hz • 동전형	
변위계	• 축과 마운트 사이에 발생되는 진동이나 축 표면의 흠집, 표면 거칠기 등의 측정에 용이 • 와전류식, 전자광학식, 정전용량식	비접촉형

제3과목 공업계측 및 전기전자제어

41 베이스 접지 시 전류 증폭률이 0.99인 트랜지스터를 이미터 접지 회로에 사용할 때 전류 증폭률은?

① 97　　② 98
③ 99　　④ 100

증폭률$(\beta) = \dfrac{\alpha}{1-\alpha} = \dfrac{0.99}{1-0.99} = 99$

42 SCR의 올바른 전원공급방법인 것은?

① 애노드(−)전압, 캐소드 (+)전압, 게이트(−)전압
② 애노드(−)전압, 캐소드 (+)전압, 게이트(+)전압
③ 애노드(+)전압, 캐소드 (−)전압, 게이트(−)전압
④ 애노드(+)전압, 캐소드 (−)전압, 게이트(+)전압

SCR(silicon controlled rectifier)은 실리콘 제어 정류소자로 사이리스터(thyristor) 라고도 하며 애노드 (+)전압, 캐소드 (−)전압, 게이트 (+)전압을 인가한다.

43 피드백 프로세스제어에서 검출부에서 검지하여 조절계에 가하는 검출량을 나타내는 것은?

① 변량(PV)　　② 설정값(SV)
③ 조작신호(MV)　　④ 제어편차(DV)

44 저항의 직렬접속회로에 대한 설명 중 틀린 것은?

① 직렬회로의 전체 저항값은 각 저항의 총합계와 같다.
② 직렬회로 내에서 각 저항에는 같은 크기의 전류가 흐른다.
③ 직렬회로 내에서 각 저항에 걸리는 전압강하의 합은 전원 전압과 같다.
④ 직렬회로 내에서 각 저항에 걸리는 전압의 크기는 각 저항의 크기와 무관하다.

저항의 직렬접속에서 합성저항은 여러 개 저항의 합으로 표시하며 전압은 저항의 크기에 비례한다.

45 다음 그림의 휘트스톤 브리지(Wheatston Bridge) 회로에서 검류계의 지침이 0을 지시할 때 미지저항 R_X의 값(Ω)은?

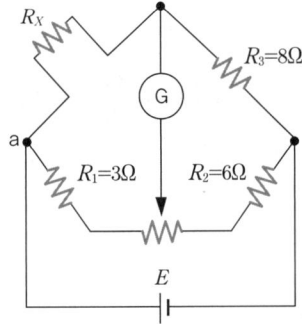

① 1　　② 2
③ 3　　④ 4

휘트스톤 브리지 회로에서 마주보는 저항끼리 곱한 값은 같다. $3 \times 8 = 6 \times R_X$, $R_X = 4\Omega$

46 자동제어의 분류 중 폐루프 제어에 해당하는 내용으로 적합한 것은?

① 시퀀스 제어 시스템이다.
② 피드백(Feed Back) 신호가 요구된다.
③ 출력이 제어에 영향을 주지 않는다.
④ 외란에 대한 영향을 고려할 필요가 없다.

폐루프 제어는 제어 대상에 미리 설정한 목표값과 검출된 되먹임(feedback) 신호를 비교하여 그 오차를 자동적으로 조정하는 제어로서 피드백 되기에 많이 사용한다.

47 미리 정해진 순서에 따라 제어의 각 단계를 차례로 진행시켜 가는 제어는?

① 정치 제어 ② 추치 제어
③ 시퀀스 제어 ④ 피드백 제어

① 정치 제어 : 목표값이 시간적으로 변화하지 않고 일정한 제어
② 추치 제어 : 목표값이 시간적으로 변화하는 경우의 제어
④ 피드백 제어 : 제어량과 목표값을 비교하여 그 값이 일치시키도록 하는 제어

48 다음 논리회로의 논리식은?

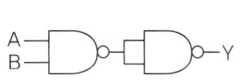

① Y = A+B
② Y = $\overline{A \cdot B}$
③ Y = A · B
④ Y = $\overline{A} \cdot \overline{B}$

두 그림 모두 AND회로의 부정이다. 그러므로 부정에 부정이므로 긍정이 된다.

49 A · (A+B) 논리식을 간단히 하면?

① A ② B
③ A · B ④ A+B

A · (A+B) = A · A + A · B = A + A · B = A(1+B) = A

50 다음의 진리표를 만족하는 논리 게이트는?(단, A와 B는 입력단이고, S는 출력단이다)

입력		출력
A	B	S
0	0	1
0	1	1
1	0	1
1	1	0

① NOR ② XOR
③ NAND ④ XNOR

NAND 회로는 AND 회로와 NOT 회로로 구성되어 있으며, AND의 부정연산회로이다. 따라서, 입력 A, B가 모두 1일 때만 출력이 0이 된다.

51 3상 유도전동기의 정 · 역 운전회로에서 정 · 역 동시 투입에 의한 단락사고를 방지하기 위하여 사용하는 회로는?

① 역상회로 ② 인터록회로
③ 자기유지회로 ④ 시한동작회로

인터록회로는 한쪽이 먼저 동작하면 다른 쪽은 동작할 수 없게 서로 간섭을 하여 동시 동작이 일어나지 않도록 하는 회로로 3상 유도전동기의 정 · 역 운전회로에서 정 · 역 동시 투입에 의한 단락사고를 방지할 수 있다.

52 다음 회로의 명칭은 무엇인가?

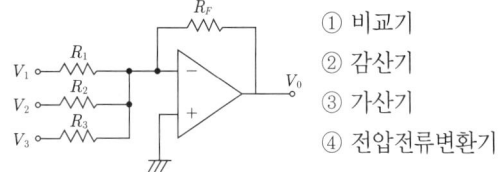

① 비교기
② 감산기
③ 가산기
④ 전압전류변환기

가산기는 여러 개의 수를 입력하고, 이 수의 합을 출력으로 하는 논리 회로이다.

53 다음 내용 설명 중 틀린 것은?

① 오버슈트는 응답 중에 생기는 입력과 출력 사이의 편차량을 말한다.
② 지연시간(Delay Time)이란 응답이 최초로 희망값의 30[%] 진행되는 데 요하는 시간이다.
③ 상승시간(Rise Time)이란 응답이 희망값의 10[%]에서 90[%]까지 도달하는 데 요하는 시간이다.
④ 정정시간(Setting Time)은 응답의 최종값의 허용범위가 5~10[%] 내에 안정되기까지 요하는 시간이다.

지연시간(Delay Time)이란 응답이 최초로 희망값의 50[%] 진행되는 데 요하는 시간이다.

54 온도를 저항으로 변환시키는 것은?

① 열전대 ② 전자코일
③ 인덕턴스 ④ 서미스터

서미스터는 온도에 따라서 저항 값이 현저하게 변하는 저항체로 이를 응용하여 측정기와 제어기기가 작동한다.

55 계전기(Relay)접점의 불꽃을 소거할 목적으로 사용하는 반도체 소자는?

① 바리스터 ② 서미스터
③ 터널 다이오드 ④ 바랙터 다이오드

> 바리스터는 외부로부터 과도한 전압이나 서지 노이즈가 들어올 때 이를 막아주는 역할을 한다.

56 입력 신호가 주어지고 일정시간 경과 후에 내장된 접점을 ON, OFF시키는 시퀀스 제어용 기기는?

① 스위치 ② 타이머
③ 릴레이 ④ 전자 개폐기

> 타이머는 입력 신호가 주어지고 일정시간 경과 후에 내장된 접점을 ON/OFF시키는 역할을 한다.

57 평균 반지름이 10[cm]이고 감은 횟수가 20회인 원형코일에 2[A]의 전류를 흐르게 하면 이 코일 중심의 자장의 세기는 몇 [AT/m]인가?

① 100 ② 200
③ 300 ④ 400

> 자장의 세기 = $\dfrac{N \cdot I}{2r} = \dfrac{20 \times 2}{2 \times 0.1} = 200\,[AT/m]$

58 히스테리시스(Hysteresis) 차에 의한 오차에 해당되는 것은?

① 이론 오차 ② 관측 오차
③ 계측기 오차 ④ 환경적 오차

> 히스테리시스는 재료에 하중을 가할 때 하중과 재료의 변형과의 관계로 결국 계측기기의 오차로 나타난다.

59 단락보호와 과부하보호에 사용되는 기기는?

① 전자개폐기 ② 한시계전기
③ 전자릴레이 ④ 배선용 차단기

> 배선용 차단기는 과부하 및 단락보호를 겸한 차단기로서 과부하에 대하여서는 지연 트립하고, 단락에 대하여서는 순시 트립 특성을 가지고 있다. 지연 트립은 열동형, 전자기형 모두 있지만 순시 트립은 전자기형이다.

60 PLC에 사용되는 부품 중 출력 기기와 관계가 없는 것은?

① 벨 ② 리밋 스위치
③ 전자 개폐기 ④ 솔레노이드 밸브

> PLC(Power Line Communication) : 가정이나 사무실에서 전기선을 꽂으면 전기선을 통하여 음성, 데이터, 인터넷 등을 고속으로 이용할 수 있게 제공한 서비스이다.
> 출력기기는 ①, ③, ④ 항 이외에 모터 구동용 접촉기, 릴레이 코일 등이 있다.

제4과목 기계정비일반

61 방청제의 종류 중 방청능력이 크고 두터운 피막을 형성하며, 1종(KP-4), 2종(KP-5), 3종(KP-6)으로 분류되는 것은?

① 윤활 방청유
② 바셀린 방청유
③ 용제 희석형 방청유
④ 지문 제거형 방청유

> 바셀린 방청유는 80~100℃ 정도로 가열 용해해서 사용한다.

62 플랜지형 커플링의 센터링 작업을 할 때에 사용되는 다이얼 게이지의 사용상 주의사항으로 잘못된 것은?

① 커플링이 가열되어 있어도 즉시 측정한다.
② 사용 중에는 다이얼 게이지 스핀들(Spindle)에 기름을 주지 않는다.
③ 다이얼 게이지 눈금을 읽는 시선은 측정면과 직각 방향이어야 한다.
④ 다이얼 게이지 스핀들의 선단을 손가락 끝으로 가볍게 밀어올리고 가만히 내린다.

> 커플링이 가열되어 있으면 이완의 우려가 있으므로 충분히 식혀서 상온에서 측정한다.

63 기어 내경이 D이고 죔새가 Δd일 때 가열온도를 구하는 식은? (단, 기어의 열팽창계수는 α이다)

① $T = \dfrac{\Delta d}{\alpha \times D}$ ② $T = \dfrac{D}{\alpha \times \Delta d}$

③ $T = \dfrac{\alpha \times \Delta d}{D}$ ④ $T = \alpha \times \Delta d \times D$

변형량(죔새 : Δd) = $\alpha \times D \times T$로 표시된다.

64 기어의 파손 원인 중 윤활 문제로 발생하는 것은?

① 피칭   ② 스폴링
③ 피로파괴   ④ 스코어링

스코어링은 길게 긁힌 홈 자국 모양의 흠집으로 윤활부족이나 오일의 점도가 이상이 생기면 기어의 파손 원인이 된다.

65 상온에서 유동적인 접착성 물질로서 바른 후 일정시간이 경과하면 건조되어 누설을 방지하는 것은?

① 고무 개스킷   ② 석면 개스킷
③ 액상 개스킷   ④ 글랜드 개스킷

액상 개스킷의 사용온도는 40~400℃로 부품의 접합 부분을 밀봉할 때 얇게 바르고 건조를 위해 일정시간 경과할 때까지 기다려야 한다.

66 기어의 모듈이 M, 잇수를 Z라고 할 때 피치원 지름 D[mm]를 구하는 공식은?

① $D = \dfrac{Z}{M}$ ② $D = M \cdot Z$

③ $T = \dfrac{Z}{\pi M}$ ④ $D = \dfrac{\pi Z}{M}$

67 전동기의 고장 원인 중 기동 불능에 대한 원인으로 옳지 않은 것은?

① 단선
② 퓨즈 용단
③ 서머 릴레이 작동
④ 전원 전압의 변동

전동기 전원 전압의 변동 시 전원의 전압저하 및 과전압 등 임의의 레벨변동을 가상으로 발생시켜 오동작을 일으킨다.

68 펌프의 동력이 급차단, 급기동 시에 관 내부의 압력이 상승 또는 하강하는 현상은?

① 서징(Surging)
② 부식(Corrosion)
③ 캐비테이션(Cavitation)
④ 수격 현상(Water Hammer)

수격 작용 : 관내를 흐르는 유체의 운동을 급격히 멈추거나 또는 관내에서 정지하고 있는 유체가 급히 운동을 일으키는 순간에 압력의 급격한 변화를 일으키는 현상

69 정비용 측정기구 중 베어링의 윤활상태를 측정하는 기구는?

① 록 타이트   ② 그리스 컵
③ 베어링 체커   ④ 스트로브 스코프

정비용 측정기구
• 록 타이트 : 순간 접착제
• 그리스 컵 : 회전축 베어링에 그리스를 급유하는 데 사용하는 컵이다
• 스트로브 스코프 : 물체가 어떤 주파수에서 진동을 하는지 알고 싶거나 그 주파수에서 진동 모드를 확인하고자 할 때

70 구름 베어링의 경우 간섭량이 적으면 원주방향으로 미끄럼이 생겨 발생하는 결함은?

① 균열(Crack)   ② 크리프(Creep)
③ 뜯김(Scoring)   ④ 플레이킹(Flaking)

크리프는 일정한 부하 응력 하에서 시간의 경과와 더불어 발생하는 변형이 점차 증가하는 현상이다.

71 토출 배관 중에 스톱 밸브를 부착할 경우 압축기와 스톱 밸브 사이에 설치되는 밸브는?

① 안전 밸브   ② 유량 제어 밸브
③ 방향 제어 밸브   ④ 솔레노이드 밸브

압축기 토출배관은 고압관이 되며 이상 압력 상승이 되면 배관 파열의 우려가 있으므로 안전밸브를 설치하여 이를 방지해야 한다.

72 기계분해 작업 시 이상 상황에 대한 주의사항으로 틀린 것은?

① 부착물 등을 파악하고 확인한다.
② 분해 중 이상은 없는지 점검한다.
③ 표면이 손상되지 않도록 주의한다.
④ 회전방지 록(Lock)은 철저히 확인한다.

> **기계의 분해조립 주의사항**
> • 무리한 분해 · 조립을 하지 말 것
> • 접촉면은 깨끗이 청소 후에 조립할 것
> • 접합 전에 이 물질이 침입되지 않도록 할 것
> • 라이너의 틈새 조정은 정확히 할 것
> • 분해 부품의 분실에 주의할 것
> • 분해 순서를 정확히 하여 조립 시 순서가 틀리지 않도록 한다.
> • 습동부 등에 흠집이 나지 않도록 한다.
> • 배관 내에 이물질을 넣은 채로 조립하지 말아야 한다.

73 일반 배관용 강관의 기호 중 배관용 탄소 강관을 나타내는 것은?

① SPA
② SPW
③ SPP
④ SUS

> **강관의 기호**
> • SPA : 배관용 합금강 강관
> • SPW : 배관용 아크용접 탄소강 강관
> • SUS : 구조용 스테인리스 강관
> • SPP : 배관용 탄소강 강관 (사용압력 1MPa 이하, 사용온도 350℃ 이하)

74 기름펌프로 사용되는 기어 펌프의 송출량 계산식으로 옳은 것은? (단, Q : 송출량[L/min], h : 이의 높이[cm], b : 이의 폭[cm], N : 회전수[rpm], d : 피치원 지름[cm])

① $Q = \dfrac{\pi bdhN}{1,000}$ [L/min]

② $Q = \dfrac{1,000bN}{\pi hd}$ [L/min]

③ $Q = \dfrac{\pi hN}{1,000bd}$ [L/min]

④ $Q = \dfrac{1,000bh}{\pi dN}$ [L/min]

1L = 1000cm³ 이다.

75 압력계의 지침이 흔들리며 불안정한 경우의 원인으로 가장 적합한 것은?

① 펌프의 선정 잘못
② 밸브나 관로가 막힘
③ 펌프가 공회전할 때
④ 캐비테이션이 발생하거나 공기 흡입

> 압력계의 지침이 심하게 흔들리는 경우는 펌프일 때는 캐비테이션이 발생하거나 공기 흡입한 경우이며, 압축기일 때는 액 압축을 하는 경우에 발생한다.

76 공기 압축기 언로더(Unloader)의 작동 불량원인이 아닌 것은?

① 언로더 조작 압력이 낮은 경우
② 다이어프램(Diaphragm)이 파손되어 있는 경우
③ 루브리케이터(Lubricator)의 작동이 불량인 경우
④ 솔레노이드 밸브(Solenoid Valve)의 작동이 불량인 경우

> 언로더(Unloader)는 일부 실린더를 늘리는 방법으로 부하변동에 대응하여 운전하거나 기동 시 무(경)부하 기동을 하기 위한 장치이며, 루브리케이터는 급유를 필요로 하는 전자 밸브나 액추에이터(실린더 등)를 사용할 경우 이용되는 것으로 언로더와는 무관하다.

77 날개가 회전차의 회전방향에 대하여 반대방향으로 기울어져 있으며, 원심통풍기 중 가장 효율이 좋은 것은?

① 터보 팬
② 다익 팬
③ 레이디얼 팬
④ 한계부하 팬

> 터보 팬은 베인 방향이 후향 베인 타입이며 베인을 고속 회전시켜 기체를 방사상으로 흐르게 하고, 원심력을 이용해서 압축함으로서 효율이 다른 통풍기에 비해 양호하다.

78 유효 흡입수두(NPSH)를 필요 흡입수두보다 크게 하며, 펌프의 설치 위치를 되도록 낮게 하고 흡입양정을 작게 하며, 흡입관은 짧게 펌프의 회전수를 낮게 하고, 양흡입형 펌프로 사용하려고 한다. 이는 무엇을 방지하기 위한 대책인가?

① 디더 현상
② 수격 현상
③ 캐비테이션 현상
④ 히스테리시스 현상

캐비테이션(cavitation, 공동현상) : 펌프 흡입측에서의 압력 손실로 발생된 기체가 펌프 상부에 모이게 되면 유체의 송출을 방해하고 펌프는 공회전을 하게 되는데 이를 말한다.

79 보통 PIV라고도 하며 한 쌍의 베벨기어에 강제 링크체인을 연결하여 유효반경을 바꿈으로서 회전수를 조절하는 무단변속기는?

① 벨트형 무단변속기
② 체인형 무단변속기
③ 링크형 무단변속기
④ 디스크형 무단변속기

벨트형 무단변속기는 동력의 입력축과 출력축에 간격이 변하는 측판을 지닌 풀리를 부착하여 이것을 강철 벨트로 연결한 구조이다.

80 교류 3상 유도전동기의 회전방향을 바꾸려면 어떻게 하는가?

① 접지선을 단락시킨다.
② 전원 3선 중 1선을 단락시킨다.
③ 선원 3선 중 1선을 교체하여 결선한다.
④ 전원 3선 중 2선을 서로 교체하여 결선한다.

3상 유도전동기의 회전방향을 바꾸려면 극성을 바꾸어 주면 되는데 이는 전원 3선 중 2선을 서로 교체하여 결선하면 된다.

정답 최근기출문제 2016년 3회

01 ③	02 ②	03 ②	04 ①	05 ②
06 ②	07 ③	08 ④	09 ④	10 ②
11 ④	12 ①	13 ④	14 ②	15 ②
16 ①	17 ④	18 ③	19 ②	20 ①
21 ①	22 ③	23 ③	24 ②	25 ④
26 ①	27 ②	28 ③	29 ③	30 ①
31 ③	32 ②	33 ③	34 ④	35 ①
36 ②	37 ④	38 ④	39 ①	40 ②
41 ③	42 ④	43 ①	44 ②	45 ④
46 ②	47 ③	48 ③	49 ①	50 ③
51 ②	52 ②	53 ②	54 ②	55 ①
56 ②	57 ②	58 ②	59 ②	60 ②
61 ②	62 ①	63 ①	64 ②	65 ③
66 ②	67 ④	68 ④	69 ③	70 ②
71 ①	72 ②	73 ③	74 ①	75 ④
76 ③	77 ①	78 ③	79 ②	80 ④

2017년 1회 최근기출문제

제1과목 | 공유압 및 자동화시스템

01 다음 유압 회로의 명칭으로 옳은 것은?

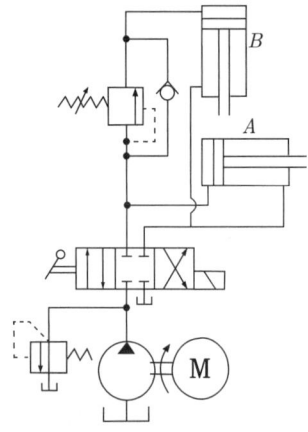

① 시퀀스 회로
② 미터아웃 회로
③ 블리드 오프 회로
④ 카운터 밸런스 회로

2개의 실린더 A, B가 시퀀스 밸브에 의해 실린더 A가 작동된 후 시퀀스밸브가 열려 실린더 A를 작동시킨다.

02 다음 밸브 기호의 명칭은?

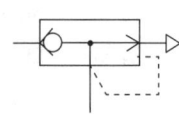

① 급속 배기밸브
② 고압 우선형밸브
③ 저압 우선형밸브
④ 파일럿 조작 체크밸브

03 토출되는 압축공기가 왕복 운동을 하는 피스톤과 직접 접촉하지 않아 주로 깨끗한 환경에 사용되는 압축기는?

① 격판 압축기
② 베인 압축기
③ 스크루 압축기
④ 피스톤 압축기

격판 압축기는 피스톤 압축기의 일종으로 격판에 의하여 흡입실과 압축실로 분리되어 있으며 양질의 압축공기 생산을 요하는 제약회사, 화학산업, 식음료 등에 응용된다.

04 공기탱크와 공압회로 내의 공기압을 규정 이상으로 상승되지 않도록 하며 주로 안전밸브로 사용되는 밸브는?

① 감압 밸브
② 교축 밸브
③ 릴리프 밸브
④ 시퀀스 밸브

압력 제어밸브의 종류
- 릴리프 밸브 : 유체압력이 설정값을 초과할 때 회로내의 유체압력을 설정값 이하로 일정하게 유지
- 감압밸브 : 고압의 유체를 감압시켜 사용조건이 변동되어도 설정공급압력을 일정하게 유지
- 시퀀스 밸브 : 공유압 회로에서 순차적으로 작동할 때 작동 순서를 회로의 압력에 의해 제어
- 교축밸브 : 유로의 단면적을 교축하여 유량을 제어하는 밸브로 연료와 공기의 혼합량을 조절

05 그림에서 팽창측과 수축측의 부하가 같고, 로드측의 밸브 C를 닫았을 때, 압력 P_2[kgf/cm^2]는?(단, D=50mm, d=25mm, P_1=30kgf/cm^{2}이다.)

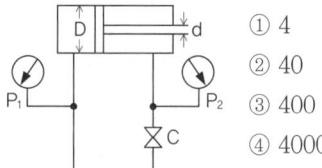

① 4
② 40
③ 400
④ 4000

양측 누르는 힘이 동일하므로 $P_1 \times A_1 = P_2 \times A_2$
여기서, A_2는 '피스톤의 단면적 − 로드의 단면적'이다.
$P_1 \times (\pi/4) \times D^2 = P_2 \times (\pi/4) \times (D^2-d^2)$
$30 \times 0.785 \times 5^2 = P_2 \times 0.785 \times (5^2 - 2.5^2)$
$\therefore P_2 = \dfrac{30 \times 25}{25-6.25} = 40 \text{kgf/cm}^2$

06 파스칼 원리에 대한 설명으로 옳은 것은?

① 일정한 부피에서 압력은 온도에 비례한다.
② 일정한 온도에서 압력은 부피에 반비례한다.
③ 밀폐된 용기내의 압력은 모든 방향에서 동일하다.
④ 유체의 운동 속도가 빠를수록 배관의 압력은 낮아진다.

파스칼 원리 : 밀폐된 공간에 있는 유체(변형이 쉽고 흐르는 성질의 액체나 기체)의 일부분에 압력을 가했을 때, 이 압력은 밀폐된 모든 면에 같은 크기로 전달된다는 원리이다.

07 공압모터의 사용 시 주의사항으로 적절하지 않은 것은?

① 저온에서의 사용 시 결빙에 주의한다.
② 모터의 진동 및 소음문제로 밸브는 모터에서 먼 곳에 설치한다.
③ 윤활기를 반드시 사용하고 윤활유 공급이 중단되어 소손되지 않도록 한다.
④ 모터의 성능이 충분히 확보되도록 배관 및 밸브는 가능한 유효단면적이 큰 것을 사용한다.

진동 및 소음을 제거할 목적으로 플렉시블 밸브 등은 가급적 모터 가까이 설치하여 진동을 흡수하여야 한다.

08 유압모터의 특징으로 틀린 것은?

① 점도 변화에 영향이 적다.
② 소형·경량으로서 큰 출력을 낼 수 있다.
③ 작동유내에 먼지나 공기가 침입하지 않도록 특히 보수에 주의하여야 한다.
④ 작동유는 인화하기 쉬우므로 화재 염려가 있는 곳에서의 사용은 곤란하다.

유압모터는 작동유에 대한 점도의 사용 제한이 따른다.

09 어큐뮬레이터의 사용 목적이 아닌 것은?

① 일정 압력 유지 ② 충격 및 진동 흡수
③ 유압 에너지의 저장 ④ 실린더 추력의 증가

어큐뮬레이터(축압기)의 용도
• 압력 에너지 축적 : 회로내 소정의 압력을 유지
• 맥동, 충격의 세서 : 밸브류, 배관, 계기류 파손 방지
• 액체의 이송

10 압력을 검출할 수 있는 센서는?

① 리졸버 ② 유도형 센서
③ 용량형 센서 ④ 스트레인 게이지

스트레인 게이지는 금속 또는 반도체의 저항체에 변형이 가해지면 그 저항치가 변화하는 압력 저항 효과를 이용한 것으로 압력, 응력 측정에 사용한다.

11 4포트 3위치 밸브 중 중립 위치에서 펌프를 무부하시킬 수 있는 것은?

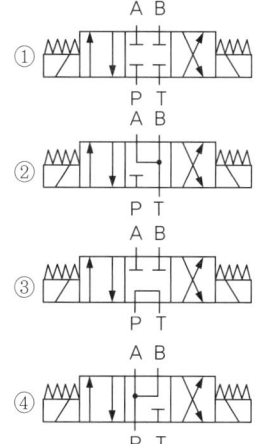

12 시간의 변화에 대해 연속적 출력을 갖는 신호는?

① 디지털 신호 ② 접점의 개폐
③ 아날로그 신호 ④ ON-OFF 신호

아날로그신호는 시간적으로 전압, 전류 또는 그 밖의 형태의 신호를 연속적으로 출력하며 반면, 펄스 등의 불연속적인 신호일 때는 디지털 신호이다.

13 스핀들 리드가 20mm이고, 회전각이 180°인 스텝모터의 이송거리[mm]는?

① 5 ② 10 ③ 15 ④ 20

이송거리 = 20mm×180°/360° = 10mm

14 A_1의 면적이 20cm²일 때 이곳에서 흐르는 물의 속도 V_1은 10m/s이다. A_2의 면적이 5cm²라면, 이곳에 흐르는 물의 속도 V_2[m/s]는?

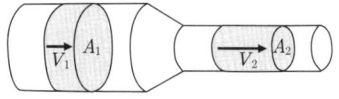

① 2 ② 40 ③ 100 ④ 1000

유량이 같으므로, $Q = A_1 \times V_1 = A_2 \times V_2$
20cm²×10m/s = 5cm²×V_2, V_2 = 40m/s

15 펌프에서 소음이 나는 원인으로 적합하지 않은 것은?

① 공기의 침입   ② 이물질의 침입
③ 작동유의 과열   ④ 펌프의 흡입불량

작동유 과열은 발열의 원인이 되며 소음과는 무관하다.

16 다음 회로에서 점선 안에 있는 제어기의 명칭은?

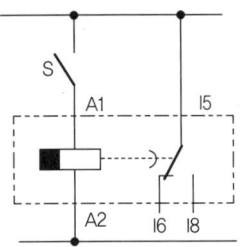

① 카운터   ② 플리커 릴레이
③ ON 지연 타이머   ④ OFF 지연 타이머

OFF지연 타이머는 비 주기적인 전기신호(+)가 있을 때는 릴레이모듈이 차단되고 신호가 없을 때는 켜지는 방식이다.

17 2kbit의 단위 변환이 옳은 것은?

① 1024bit   ② 2000bit
③ 128byte   ④ 256byte

1kbit = 1024 bit = 128byte, 1byte = 8 bit
∴ 2kbit = 2×128 = 256 byte

18 작업요소의 작업순서가 표시되고, 각 요소의 관계는 스텝별로 비교될 수 있는 것은?

① 논리도   ② 제어선도
③ 파레토도   ④ 변위-단계선도

변위-단계선도 : 작업요소의 작업 순서가 표시되고 그 변위는 순서에 따라 표시된다.
• 제어신호 중복과 작동속도 시간을 알 수 있다.
• 작동시간이 많이 걸린다.
• 작동선도와 같이 모든 동작을 한 눈에 알 수 있다.
• 시간제어가 반드시 요구되는 경우에 한정된다.

19 두 개의 복동 실린더가 직렬로 하나의 유니트에 조합되어 가압하면 약 2배의 추력을 얻을 수 있는 구조의 실린더는?

① 격판 실린더   ② 충격 실린더
③ 탠덤 실린더   ④ 다위치 제어 실린더

• 복동 실린더 : 전, 후진 모두 할 수 있으나 전, 후진 운동 시 힘의 차이가 있으며 행정거리가 길다.
• 양로드형 실린더 : 양쪽 방향으로 작동하는 힘이 동일하다.
• 탠덤 실린더 : 단계적으로 출력제어가 가능하며 큰 위치 에너지를 얻을 수 있다.
• 충격 실린더 : 상당히 큰 충격 에너지를 얻을 수 있으며 속도는 7.5~10m/s까지 얻을 수 있다
• 다위치 제어 실린더 : 정확한 위치를 제어할 수 있다.
• 쿠션 내장형 실린더 : 충격을 완화할 때 사용한다.

20 실제의 시간과 관계된 신호에 의해서 제어가 이루어지는 것은?

① 논리 제어   ② 동기 제어
③ 비동기 제어   ④ 시퀀스 제어

신호처리 방식에 의해 구분
• 동기 제어계 : 실제 시간과 관계된 신호에 의하여 제어
• 비동기 제어계 : 시간과 관계없이 입력신호의 변화에 의해서만 제어
• 논리 제어계 : 요구되는 입력조건에 의해 그에 상응하는 신호가 출력되는 시스템
• 시퀀스 제어계 : 처음에 정해진 조건 또는 순서에 따라 행하여지는 제어로서 항상 배관은 직선으로 최단거리로 설치하여야 신호 지연 방지와 압력손실을 최소화 할 수 있다.

제2과목 설비진단 및 관리

21 윤활유를 사용하는 목적이 아닌 것은?

① 감마작용   ② 냉각작용
③ 방청작용   ④ 응력 집중 작용

윤활유의 목적
감마작용, 냉각작용, 응력 분산작용, 밀봉작용, 방청작용, 방진작용

22 공진(resonance)에 관한 설명으로 옳은 것은?

① 진동 파형의 순간적인 위치 및 시간의 지연
② 수직과 수평 방향으로 동시에 발생하는 진동
③ 고유진동수와 강제진동수가 일치할 때 진폭이 증가하는 현상
④ 연결된 두 개의 축 중심이 일치하지 않을 때 발생하는 진동

고유 진동수를 가진 물체가 같은 진동수의 힘이 외부에서 가해지면 진폭이 커지면서 에너지가 증가하는 현상을 공진이라 한다.

23 기계진동의 발생에 따른 문제점으로 가장 관련성이 적은 것은?

① 기계의 수명 저하
② 고유진동수의 증가
③ 기계가공 정밀도의 저하
④ 진동체에 의한 소음 발생

기계진동 발생원인은 기계 고유의 진동수와 강제 진동수를 같게 하면 심하게 발생한다.

24 제품에 대한 전형적인 고장률 패턴인 욕조곡선 중 우발고장기간에 발생될 수 있는 원인이 아닌 것은?

① 안전계수가 낮은 경우
② 사용자 과오가 발생한 경우
③ 스트레스가 기대 이상인 경우
④ 디버깅 중에 발견되었던 고장이 발생한 경우

디버깅은 오류를 발견하여 제거하는 일로서 초기고장기간에 해당된다.

25 보전표준의 종류 중 진단(Diagnosis)방법, 항목, 부위, 주기 등에 대한 것이 표준화 대상인 것은?

① 수리표준
② 작업표준
③ 설비점검표준
④ 일상점검표준

보전작업표준은 설비의 검사, 수리, 정비 등의 기술적인 방법이 해당되므로 설비점검표준에 포함된다.

26 설비보전 관리시스템의 지속적인 개선을 위한 사이클로 옳은 것은?

① P(계획) − D(실시) − A(재실시) − C(분석)
② P(계획) − D(실시) − C(분석) − A(재실시)
③ P(계획) − A(재실시) − C(분석) − D(실시)
④ P(계획) − A(재실시) − D(실시) − C(분석)

설비보전 관리시스템 목표는 설비의 효율적 관리를 통한 가동률 증대, 제품 품질의 향상 및 원가 절감이라고 할 수 있으므로 계획 − 실시 − 분석 − 재실시 사이클로 이루어져야 한다.

27 로스 계산방법 중 설비의 종합효율과 관계가 가장 적은 것은?

① 양품률
② 에너지 효율
③ 시간 가동률
④ 성능 가동률

품질 개선
• 시간 가동률 = [(부하시간−정지시간)/부하시간]×100%
• 설비효율 = 시간 가동률×성능 가동률×양품률
• 양품률 = 양품수 / 투입수량

28 공압밸브에서 나오는 배기소음을 줄이기 위하여 사용되는 소음 방지장치로 가장 적당한 것은?

① 차음벽
② 진동 차단기
③ 댐퍼(damper)
④ 소음기(silencer)

소음을 방지하기 위한 일반적인 방법은 흡음과 차음, 진동 및 소음의 차단, 진동 댐핑, 소음기 설치 등이 있으며 배기 소음을 방지하는데 소음기 설치가 이상적이다.

29 주기(T), 주파수(f), 각진동수(ω)의 관계가 옳은 것은?

① $\omega = 2\pi T$
② $\omega = 2\pi f$
③ $\omega = \pi T$
④ $\omega = \pi f$

주기(T) : 진동이 완전한 1사이클에 걸린 시간 (sec/cycle)
주파수(f) : 단위 시간의 사이클 횟수 (cycle/sec)
각 진동수(ω) (rad/sec)
주기(T) = $2\pi/\omega$, 주파수(f) = $1/T = \omega/2\pi$

30 설비보전 자재관리의 활동영역과 거리가 먼 것은?

① 보전자재 범위결정
② 보전자재 재고관리
③ 설비 손실(loss)관리
④ 구매 또는 제작에 관한 의사결정

> **설비보전자재관리**
> • 보전 자재 범위 결정, 재고관리, 구매 또는 제작에 관한 의사 결정 설비보전표준
> • 설비수리표준, 설비검사표준, 설비정비표준

31 설비보전 조직에서 지역보전의 특징의 아닌 것은?

① 근무시간의 교대가 유기적이다.
② 생산라인의 공정변경이 신속히 이루어진다.
③ 1인으로 보전에 관한 전 책임을 지고 있다.
④ 보전감독자나 보전 작업원들은 생산계획, 생산성의 문제점, 특별작업 등에 관하여 잘 알게 된다.

> ③항의 경우 집중 보전에 해당된다.

32 설비 열화 현상 중 돌발고장 현상이 아닌 것은?

① 기계 축 절단
② 전기회로 단선
③ 압축기 피스톤 링 마모
④ 과부하로 인한 모터 소손

> 압축기 피스톤 링 마모는 마모 고장의 현상에 해당된다.

33 센서 부착 방법 중 일반적인 에폭시 시멘트 고정의 특징으로 틀린 것은?

① 고정이 빠르다.
② 먼지와 습기가 많아도 접착에는 문제가 없다.
③ 사용할 수 있는 주파수 영역이 넓고 정확도와 안정성이 좋다.
④ 에폭시를 사용할 경우 고온에서 문제가 발생할 수 있다.

> 먼지나 습기 등을 제거하지 않고 시공하면 에폭시 작업 부분이 제대로 접착이 되질 않으니 완전히 제거하고 작업을 하여야 한다.

34 기계의 공진을 제거하는 방법으로 맞지 않는 것은?

① 우발력을 증대시킨다.
② 기계의 강성을 보강한다.
③ 기계의 질량을 바꾸어 고유진동수를 변화시킨다.
④ 우발력의 주파수를 기계의 고유진동수와 다르게 한다.

> **구조물의 공진을 피하기 위한 방법**
> • 구조물의 강성을 작게 하고 질량을 크게 한다.
> • 기계 고유의 진동수와 강제 진동수를 다르게 한다.
> • 우발력을 제거한다.

35 품질 개선 활동 시 사용하는 현상 파악 방법 중 공정에서 취득한 계량치 데이터가 여러 개 있을 때 데이터가 어떤 값을 중심으로 어떤 모습으로 산포하고 있는가를 조사하는데 사용하는 방법은?

① 산점도   ② 그래프
③ 파레토도 ④ 히스토그램

> 히스토그램은 이해하기가 쉽고 데이터 분포를 파악할 수 있다. 여러 개의 데이터가 있을 경우 이를 여러 개의 구간으로 나누고 각 구간을 밑변으로 하고 그 구간에 속한 데이터의 출현 빈도 수에 비례하는 면적을 나타낸다.

36 설비보전의 발전 순서가 올바르게 나열된 것은?

① 사후보전 → 예방보전 → 생산보전 → 개량보전 → 보전예방 → TPM
② 예방보전 → 생산보전 → 사후보전 → 개량보전 → TPM → 보전예방
③ 사후보전 → 예방보전 → 생산보전 → 개량보전 → TPM → 보전예방
④ 예방보전 → 생산보전 → 사후보전 → 개량보전 → 보전예방 → TPM

> **설비계획의 개요**
> 사후보전(BM) → 예방보전(PM) → 생산보전(PM) → 개량보전(CM) → 보전예방(MP) → 종합적생산보전(TPM)

37 작업이 표준화되고 대량생산에 적합한 설비배치로 일명 라인별 배치라고도 하는 것은?

① 기능별 설비배치
② 제품별 설비배치
③ 혼합형 설비배치
④ 제품 고정형 설비배치

설비배치의 형태
- 제품별 배치 : 각 공정에 따라 필요한 기기를 적정 요소에 배치
- 혼합형 배치 : 기능별, 제품별, 제품 고정형 배치와의 혼합형
- 기능별 배치 : 제품 중심으로 그 제품을 가공하는데 소요되는 작업장을 구성
- 제품 고정형 배치 : 주재료의 부품이 고정된 창고에 있고 사람이나 기계가 이동하며, 작업이 행하여지는 배치

38 회전기계에서 발생하는 이상 현상 중 언밸런스나 베어링 결함 검출에 가장 널리 사용되는 설비진단 기법은?

① 진동법
② 오일분석법
③ 응력해석법
④ 페로그래피법

설비 진단 기법

진동법	• 송풍기, 펌프, 팬 등의 기초 설비 및 밸런스 이상 진동 유무 진단 • 각 회전 기기의 언밸런스에 의한 이상 진동 유무 진단 • 기기에 공급되는 이상 압력에 의한 진동 여부 진단
오일 분석법	• 페로그래피법 : 시료용 오일을 용제에 희석하여 경사면을 따라 흐르게 하고 자석을 가까이 하면 오일 중에 마모된 금속이 크기에 따라 자석에 부착하게 되며 이를 색현미경에 의하여 크기, 형상 등을 관찰 • SOAP법 : 시료용 오일을 연소하면서 발생되는 금속성분의 발광 또는 흡광현상으로 분석
응력법	• 계속되는 기기 운전으로 인해 설비의 피로 축적에 따른 응력 집중 제거 • 기기의 실제 응력을 조사하여 파악 • 설비 내부의 응력 분포도를 파악 • 설비 피로에 의한 수명을 파악

39 설비배치 계획이 필요한 경우가 아닌 것은?

① 시제품 제조
② 작업장 축소
③ 새 공장 건설
④ 작업 방법 개선

설비 배치 계획 필요한 경우
작업 방법 개선, 새 공장 건설, 작업장 축소, 생산관리 향상, 시설 변경

40 정비계획을 수립할 때 주어진 조건을 조합하여 최적 보수비용, 최적 수리 시기 등을 결정한다. 이 때 주어진 조건이 아닌 것은?

① 계측관리
② 생산계획
③ 설비능력
④ 수리형태

계측관리는 생산과정에서의 모든 양을 측정·기록·적산 또는 자동제어하여 생산을 관리하는 일이다.

제3과목 공업계측 및 전기전자제어

41 3상 유도전동기 정·역 운전회로에서 정·역 동시 투입에 의한 단락사고를 방지하기 위하여 사용하는 회로는?

① 인터록 회로
② 자기유지 회로
③ 플러깅 회로
④ 시한동작 회로

인터록 : 2대 이상의 기기를 운전하는 경우에 그 운전 순서를 결정하거나 동시 기동을 피하거나 일정한 조건이 충전되지 않았을 때는 다음 기기가 운전되지 않도록 할 필요가 있는 경우에 사용하는 전기적 회로이다.

42 미리 정해진 공정에 따라 제어를 진행하는 것은?

① 정치 제어
② 추종 제어
③ 비율 제어
④ 프로그램 제어

프로그램 제어(program control)
목표치가 미리 정해진 시간적 변화를 하는 경우 제어량을 그것에 추종시키기 위한 제어

43 직류기의 3대 요소는?

① 계자, 전기자, 보주
② 전기자, 보주, 정류자
③ 계자, 전기자, 정류자
④ 전기자, 정류자, 보상권선

직류기의 3대 요소
- 계자 : 전기자에 쇄교하는 자속을 만들어 주는 부분
- 전기자 : 회전부분으로 자속을 끊어서 기전력을 유도하는 부분
- 정류자 : 브러쉬와 접촉하면서 전기자 권선에서 생긴 유도 기전력을 직류로 변환하는 부분

44 5kgf/cm²와 같은 압력은?

① 50mHg
② 3.68mAq
③ 61.1psi
④ 490kPa

표준 대기압 = 1.0332kg/cm² = 14.7 lb/in²
= 1atm = 1기압
= 1.01325 bar = 1013.25mbar
= 10.332mH₂O = 10.332Aq
= 76cm Hg = 30in Hg
= 101325 Pa = 101325 N/m²
= 101.325 kPa = 101.325 kN/m²

① 5kgf/cm²×0.76mHg / 1.0332kgf/cm² = 3.68 mHg
② 5kgf/cm²×10.332mAq / 1.0332kgf/cm² = 50mAq
③ 5kgf/cm²×14.7psi / 1.0332kgf/cm² = 71.13 psi
④ 5kgf/cm²×101.325kPa / 1.0332kgf/cm² = 490.34kPa

45 블록선도에서 블록을 잇는 선은 무엇을 표시하는가?

① 변수의 흐름
② 대상의 흐름
③ 공정의 흐름
④ 신호의 흐름

복잡한 시스템을 기능에 따라 분류하고 입·출력 신호의 흐름에 따라 배치하여 시스템의 이해를 돕기 위한 방법으로 블록 선도를 많이 사용하며 블록을 잇는 선을 신호의 흐름이라 한다.

46 인덕턴스 회로의 설명으로 틀린 것은?

① 전압은 전류보다 위상이 90° 앞선다.
② 전압과 전류는 동일 주파수의 정현파이다.
③ 코일은 일반적으로 순수한 L값만을 가진다.
④ 전압과 전류의 실효치의 비는 $X_L = \omega L$과 같다.

인덕턴스회로는 인덕턴스만의 교류회로에서는 전압과 전류는 동일 주파수의 정현파이며 전압은 전류보다 위상이 90°앞선다. L = 투자율×면적×&×(권선수)² / 길이

47 액위 측정장치로서 원리와 구조가 간단하며 고온 및 고압에도 사용할 수 있어 공업용으로 많이 쓰이는 직접식 액위계는?

① 압력식 액위계
② 기포식 액위계
③ 초음파식 액위계
④ 플로트식 액위계

액체 위에 플로트(float, 부자)를 띄워 액면을 직접 읽는 액위계를 플로트식 액면계라 한다.

48 다음의 특성방정식을 갖는 시스템의 안정도는?

$$s^3+4s^2+20s+100 = 0$$

① 안정하다.
② 불안정하다.
③ 고주파 영역에서만 안정하다.
④ 안정, 불안정 여부를 파악할 수 없다.

시스템의 절대안정도 판단조건
- 모든 계수의 부호가 같다.
- 어떤 항의 계수도 0이 아니다.
- 루스 배열표에서 제1열 값의 부호가 변하지 않는다.
※ 루스 배열표를 이용하면

s^3	1	20
s^2	4	100
s^1	$\frac{(20\times4)-(1\times100)}{4}=-5$	

시스템의 안정성을 만족하기 위해 1열의 값 부호가 같아야 하지만, -5는 음수로 불안정하다.

49 그림과 같은 반전 증폭기의 입력전압과 출력전압의 비 즉, 전압이득을 옳게 표현한 식은?

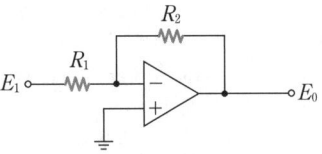

① $\dfrac{R_2}{R_1}$
② $-\dfrac{R_2}{R_1}$
③ $1+\dfrac{R_2}{R_1}$
④ $1-\dfrac{R_2}{R_1}$

증폭기의 입력과 출력과의 관계와 같이 신호의 양이 증가했을 때 전압이득이 발생하는 것으로 $-\dfrac{R_2}{R_1}$으로 표기된다.

50 최대눈금의 1% 확도를 갖는 0~300V 전압계를 사용해서 측정한 전압이 120V일 때 제한 오차를 백분율로 계산하면 약 몇 % 인가?

① 1.0
② 1.5
③ 2.0
④ 2.5

$$\frac{300 \times 0.01}{120} \times 100 = 2.5\%$$

51 온도가 변화함에 따라 저항값이 변화하는 특성을 이용하여 온도를 검출하는데 사용되는 반도체는?

① 발광 다이오드
② CdS(황화 카드뮴)
③ 배리스터(Varistor)
④ 서미스터(thermistor)

서미스터는 온도변화에 따라 소자의 전기저항이 크게 변화하는 반도체 감온소자로서 널리 이용되고 있다.

52 부울 대수의 법칙으로 틀린 것은?

① $A+1=1$
② $A \cdot 1 = A$
③ $A + \overline{A} = A$
④ $A \cdot \overline{A} = 0$

③항의 경우 $A + \overline{A} = 1$ 이 된다.

53 직류 직권 전동기의 벨트운전을 금하는 이유는?

① 출력이 감소하므로
② 손실이 많이 발생하므로
③ 과대 전압이 유기되므로
④ 벨트가 벗겨지면 무구속 속도가 되므로

무부하 상태라는 것은 전동기의 기계적인 회전력을 사용하지 않는 것으로 전동기가 혼자 돌기 때문에 전류가 작아지고 이에 따라 속도는 증가하며 무구속 속도에 도달할 수 있다.

54 논리식 $Y = A \cdot \overline{A} + B$ 를 간단히 한 식은?

① $Y = A$
② $Y = B$
③ $Y = \overline{A} + B$
④ $Y = 1 + B$

$Y = A \cdot \overline{A} + B = B(A + \overline{A}) = B$

55 잔류편차를 제거하기 위해 사용하는 제어기는?

① 비례제어
② ON · OFF제어
③ 비례적분제어
④ 비례미분제어

연속 동작 제어
- 비례제어 동작 : 전류편차가 있는 제어계로서 사이클링은 없으나 오프셋을 일으킨다.
- 적분 동작 : 조작량이 편차의 시간 적분값에 비례하여 조작부를 제어하는 동작으로 오프셋을 소멸시킨다.
- 비례 적분 동작 : 잔류편차와 사이클링이 없어 널리 사용되는 동작
- 미분 동작 : 제어오차의 변화속도에 비례하여 조작량을 조절하는 제어동작
- 비례미분 동작 : 제어 결과에 빨리 도달하도록 미분 동작을 부가한 제어동작
- 비례적분 미분 동작 : 잔류편차를 최소화

56 연산증폭기(op-amp)의 입력단과 출력단의 구성은?

① 1개의 입력과 1개의 출력
② 1개의 입력과 2개의 출력
③ 2개의 입력과 1개의 출력
④ 2개의 입력과 2개의 출력

연산 증폭기는 2개의 입력단자에 가해진 1개의 신호차를 증폭하여 출력하는 회로이며 차동 증폭기는 2개의 입력단자에 가해진 2개의 신호차를 증폭하여 출력하는 회로이다.

57 이상적인 연산 증폭기의 특징이 아닌 것은?

① CMRR = ∞
② 전압이득 = 0
③ 출력 임피던스 = 0
④ 입력 임피던스 = ∞

이상적인 연산 증폭기 특성
- 전압 이득, 입력 저항, 대역폭 : 무한대
- 출력 임피던스, 지연응답, 오프셋(off-set) : 0

58 단상 교류 전력 측정법과 가장 관계가 없는 것은?

① 2전력계법
② 3전압계법
③ 3전류계법
④ 단상 전력계법

단상교류는 하나의 전원과 부하 사이를 2개의 선으로 연결한 가장 간단한 회로이며, 2전력계법은 3상 전력의 측정 방법이다.

59 40Ω의 저항에 5A의 전류가 흐르면 전압은 몇 V 인가?

① 8   ② 100
③ 200 ④ 400

$E = I \times R = 5 \times 40 = 200\ V$

60 유접점 방식의 시퀀스제어에 사용되는 것은?

① 다이오드   ② 트랜지스터
③ 사이리스터 ④ 전자개폐기

전자 개폐기는 전기 접촉기와 과부하 보호장치 등을 한 케이스 내에 내장한 것으로 전동기 회로 등의 개폐에 이용하는 시퀀스 제어이다.

제4과목 기계정비 일반

61 배관계통의 정비를 위하여 분해할 필요가 있는 곳에 사용하는 관 이음쇠로 맞는 것은?

① 니플   ② 엘보우
③ 레듀셔 ④ 유니언

분해, 점검이 필요한 경우 유니언, 플랜지 이음을 한다.

62 다음 V-벨트의 종류 중 단면이 가장 작은 것은?

① A형 ② B형
③ E형 ④ M형

V벨트 종류에는 M, A, B, C, D, E의 6가지가 있으며, M형이 제일 작고 E형이 가장 단면이 크다.

63 용적형 펌프의 종류가 아닌 것은?

① 기어 펌프 ② 베인 펌프
③ 나사 펌프 ④ 터빈 펌프

터빈펌프는 원심펌프에 해당된다.

64 체인을 걸 때 이음 링크를 관통시켜 임시 고정시키고 체인의 느슨한 측을 손으로 눌러보고 조정해야 하는데 다음 그림에서 S-S'가 어느 정도일 때 적당한가?

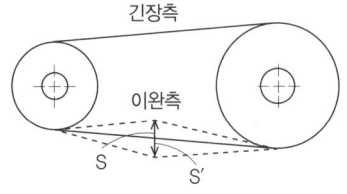

① 체인 폭의 1~2배
② 체인 폭의 2~4배
③ 체인 피치의 1~2배
④ 체인 피치의 2~4배

체인은 두 축간의 거리가 4m 이하에서 사용하며 체인휠(chain wheel)에 체인을 물려서 동력을 전달하는 것으로 체인 아랫부분을 손으로 눌러 체인 폭의 2~4배 정도로 느슨한 상태가 가장 적당하다.

65 임펠러(impeller)의 진동원인으로 가장 거리가 먼 것은?

① 임펠러(impeller)의 부식마모
② 임펠러(impeller)의 낮은 회전수
③ 임펠러(impeller)의 질량 불평형
④ 임펠러(impeller)에 더스트(dust) 부착

임펠러의 낮은 회전수는 배출압력을 높일 수가 없으며 진동과는 무관하다.

66 펌프를 정격유량 이하의 부분유량으로 운전 시 발생되는 현상이 아닌 것은?

① 임펠러에 작용하는 추력의 증가
② 차단점 부근에서 펌프 과열현상 발생
③ 고양정 펌프는 차단점 부근에서 수온저하 발생
④ 특성곡선의 변곡점 부근에서 소음 및 진동 발생

부분유량의 운전 시 펌프를 정격유량 이하의 부분유량 상태에서 운전할 때 문제점은 체절점 부근의 과열현상, 임펠러에 작용하는 반경방향추력의 증가, 축류펌프의 높이에서 펌프의 축 동력 증대와 아울러 특성곡선의 변곡점 부근에서 생기는 소음, 진동 등의 문제 발생한다.

67 송풍기 축의 설치와 조정 방법으로 가장 적당한 것은?

① 베어링 케이스와 축 관통부 축과의 틈새의 차가 0.5mm 이하이어야 한다.
② 베어링 케이스와 축 관통부 축과의 틈새의 차가 0.5mm 이상이어야 한다.
③ 전동기 축과 반 전동기축의 수평부에 수준기를 놓고 수준기의 좌·우의 구배의 차가 0.2mm 이하이어야 한다.
④ 전동기 축과 반 전동기축의 수평부에 수준기를 놓고 수준기의 좌·우의 구배의 차가 0.05mm 이하이어야 한다.

송풍기설치는 축 관통부의 축과의 틈새 차이가 0.2mm이하가 되어야 하므로 틈새 게이지가 필요하며 좌·우 구배차가 0.05mm 이하가 되어야 하므로 테이퍼 게이지, 축의 센터링은 커플링의 외주에 다이얼 게이지를 붙여서 측정·조정한다.

68 효율이 높은 터보 팬의 베인 방향으로 맞는 것은?

① 사류 베인 ② 횡류 베인
③ 후향 베인 ④ 가변익 베인

터보 팬(후향 베인 350~500)은 효율이 가장 좋다. 실로코 팬(전향 베인 15~200)은 풍량 변화에 따른 풍압 변화가 적다. 풍량이 증가하면, 동력이 증가한다.

69 나사의 피치가 2mm이고, 2줄 나사일 때 리드는 몇 mm인가?

① 1 ② 2
③ 3 ④ 4

리드 = 나사의 피치×줄수 = 2mm×2줄 = 4mm

70 글로브 밸브의 일종으로 L형 밸브라고도 하며 관의 접속구가 직각으로 되어 있는 밸브는?

① 체크 밸브 ② 앵글 밸브
③ 게이트 밸브 ④ 버터플라이 밸브

앵글 밸브는 유체의 입구와 출구의 중심선이 직각으로서 유체의 흐름 방향이 직각으로 변하는 밸브이다.

71 압축기에 부착된 밸브의 조립에 관한 사항으로 틀린 것은?

① 밸브 홀더 볼트는 각각 서로 다른 토크로 잠근다.
② 밸브 컴플릿(complete)을 실린더 밸브 홈에 부착한다.
③ 실린더 밸브 홈의 시트 패킹의 오물을 청소한 후 조립한다.
④ 시트 패킹을 물고 있지는 않은가 밸브를 좌우로 회전시켜 확인한다.

압축기에 사용되는 밸브는 같은 토크렌치를 사용한다.

72 열박음 가열 작업 시 주의사항으로 틀린 것은?

① 조립 후 냉각할 때는 급냉해서는 안 된다.
② 중심에서 둘레로 서서히 균일하게 가열한다.
③ 대형부품을 열박음 할 때는 기중기를 사용한다.
④ 250℃ 이상으로 가열하면 재질의 변화와 변형이 발생한다.

열박음로에서 가열하는 법 : 전체를 200~250℃ 이하로 서서히 가열한다.

73 운전 중에 두 축을 결합시키거나 떼어 놓을 수 있도록 한 축이음은?

① 클러치(clutch)
② 스플라인(spline)
③ 커플링(coupling)
④ 자재이음(universal joint)

클러치 : 서로 맞물리면 동력을 전달할 수 있으며, 떨어지면 동력전달이 단속된다.

74 스패너를 사용하여 볼트를 체결할 때, 힘이 작용하는 점까지의 스패너의 길이를 L, 가하는 힘을 F라 하면 볼트에 작용하는 토크 T는?

① $F = \dfrac{T}{L}$ ② $T = \dfrac{F}{L}$
③ $T = L^2 \times F$ ④ $T = \dfrac{F}{L^2}$

토크의 단위는 N · m 또는 kgf · m이다.
F(kgf) = T(kgf · m) / L(m)

75 왕복펌프의 종류가 아닌 것은?
① 기어 펌프 ② 피스톤 펌프
③ 플런저 펌프 ④ 다이어프램 펌프

기어펌프는 회전(로터리) 펌프이다.

76 센터링 불량으로 인한 현상이 아닌 것은?
① 기계 성능이 저하된다.
② 축의 진동이 증가한다.
③ 동력의 전달이 원활하다.
④ 베어링부의 마모가 심하다.

센터링 : 금긋기 블록이나 센터 스퀘어를 사용하여 환봉 등의 단면 중심을 구하는 것으로 이는 기계의 운전이 양호하게 이루어지도록 하며 진동, 소음을 억제하며 결국 기기의 수명을 연장시키는 역할을 한다. 센터링 불량은 동력전달이 어렵게 된다.

77 프로펠러의 양력으로 액체의 흐름을 임펠러에 대해 축 방향으로 평행하게 흡입, 토출하는 것으로 대구경, 대용량이며 비교적 낮은 양정(1~5m)이 필요한 곳에 사용되는 펌프는?
① 기어 펌프 ② 수격 펌프
③ 원심 펌프 ④ 축류 펌프

축류펌프는 프로펠러형 임펠러의 회전으로 물이 임펠러에 대해 축 방향으로 송출하는 펌프이며 비교 회전도가 크고, 대용량, 저양정인 경우에 쓰인다.

78 소음과 진동이 적고 역전을 방지하는 기능을 가지고 있으며 효율이 낮고 호환성이 없는 기어는?
① 웜 기어 ② 스퍼 기어
③ 베벨 기어 ④ 하이포이드 기어

웜 기어 : 웜과 웜 기어를 한 쌍으로 사용하며 두 축이 서로 직각을 이룰 때 사용되는 기어로 큰 감속비가 얻어지며 역전이 안되며 큰 감속비를 얻을 수 있다.

79 기어의 표면피로에 의한 손상으로 가장 적합한 것은?
① 습동 마모 ② 피이닝 항복
③ 파괴적 피칭 ④ 심한 스코어링

이의 면의 열화
- 마모 : 정상 마모, 습동 마모, 과부하 마모, 줄 흔적 마모
- 소성 항복 : 압연 항복, 피이닝 항복, 파상 항복
- 용착 : 가벼운 스코어링, 심한 스코어링
- 표면피로 : 초기 피칭, 파괴적 피칭, 박리
- 기타 : 부식, 버닝, 간섭, 연삭 파손

80 직접 측정기가 아닌 것은?
① 측장기 ② 마이크로미터
③ 다이얼 게이지 ④ 버니어 캘리퍼스

다이얼 게이지는 측정물의 길이를 직접 측정하는 것이 아니라 길이를 비교하기 위한 것으로 간접 측정기에 해당된다.

정답 최근기출문제 2017년 1회

01 ①	02 ①	03 ①	04 ③	05 ②
06 ③	07 ②	08 ①	09 ④	10 ④
11 ③	12 ③	13 ②	14 ②	15 ③
16 ④	17 ④	18 ④	19 ③	20 ②
21 ④	22 ③	23 ②	24 ④	25 ③
26 ②	27 ②	28 ④	29 ②	30 ③
31 ③	32 ③	33 ②	34 ①	35 ④
36 ①	37 ②	38 ①	39 ①	40 ①
41 ①	42 ④	43 ③	44 ①	45 ④
46 ③	47 ②	48 ②	49 ②	50 ④
51 ④	52 ③	53 ④	54 ②	55 ③
56 ③	57 ②	58 ①	59 ③	60 ④
61 ④	62 ②	63 ②	64 ②	65 ②
66 ③	67 ②	68 ③	69 ④	70 ②
71 ①	72 ②	73 ①	74 ①	75 ①
76 ③	77 ④	78 ①	79 ③	80 ③

2017년 2회 최근기출문제

제1과목 공유압 및 자동화시스템

01 두 개의 실린더를 동조시키는데 사용되며, 정확도가 크게 요구되지 않는 경우에 사용되는 밸브는?

① 감속 밸브
② 감압 밸브
③ 체크 밸브
④ 분류 및 집류 밸브

분류 및 집류밸브는 유압실린더나 유압모터 등 작동기의 운동속도를 제어하기 위하여 유량을 조정하는 밸브로 사용한다.

02 공기 압축기의 용량제어 방식이 아닌 것은?

① 고속제어
② 배기제어
③ 차단제어
④ ON-OFF제어

용량제어는 부하변동에 따라서 압축기를 정지 또는 기동하는 것보다는 운전을 계속하면서 압축기의 능력을 변화시킬 수 있으며 압축기를 보호하여 수명을 연장시킨다. 공기 압축기에서 고속제어보다는 회전수 가감법으로 하여야 한다.

03 다음 회로의 속도제어방식으로 옳은 것은?

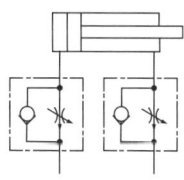

① 전진 시 미터인, 후진 시 미터인 제어회로
② 전진 시 미터인, 후진 시 미터아웃 제어회로
③ 전진 시 미터아웃, 후진 시 미터인 제어회로
④ 전진 시 미터아웃, 후진 시 미터아웃 제어회로

• 미터-인 : 액추에이터의 입구 측 관로에서 유량을 교축하여 작동 속도를 조절하는 방식
• 미터-아웃 : 액추에이터의 출구 측 관로에서 유량을 교축하여 작동 속도를 조절하는 방식

04 절대 압력을 올바르게 표현한 것은?

① 절대압력은 게이지압력을 말한다.
② 절대압력은 표준 대기압력보다 항상 높다.
③ 절대압력은 대기압을 '0'으로 하여 측정한 압력이다.
④ 절대압력은 완전한 진공을 '0'으로 하여 측정한 압력이다.

• 계기압력 : 대기압을 "0"으로 하여 측정한 압력
• 절대압력 : 완전 진공을 "0"으로 하여 측정한 압력
※ 절대압력 = 대기압+계기압력 = 국소 대기압-진공압

05 방향제어밸브의 연결구 표시방법 중 'R'이 의미하는 것은?

① 배출구
② 작업라인
③ 제어라인
④ 에너지 공급구

06 공유압회로 작성 방법 중 2개 이상의 기능을 갖는 유닛을 포위하는 선으로 맞는 것은?

① 실선
② 파선
③ 1점 쇄선
④ 2점 쇄선

07 내경 10cm, 추력 3140kgf, 피스톤 속도 40m/min인 유압 실린더에서 필요로 하는 유압은 최소 몇 kgf/cm²인가?

① 40
② 60
③ 80
④ 160

$$유압 = \frac{하중}{단면적} = \frac{3140 kgf}{\pi/4 \times (10cm)^2} = 40 [kgf/cm^2]$$

08 유압에너지를 직선왕복운동으로 변환하는 기계요소는?

① 실린더　　② 축압기
③ 회전모터　④ 스트레이너

> 유압 에너지를 직선 왕복운동으로 변환시키는 것이 유압 실린더이다.

09 톱니바퀴처럼 생긴 한 쌍의 로터가 케이싱 내에서 맞물려 회전하며 유압유를 흡입 및 토출시키는 원리의 유압펌프가 아닌 것은?

① 기어 펌프　　② 로브 펌프
③ 터빈 펌프　　④ 트로코이트 펌프

> 터빈펌프는 안내날개로 유체의 원심력을 이용하여 이를 압력으로 전환하면서 유체를 송출하는데 주로 수두가 높거나 소방용수처럼 정해진 분출압력이 필요한 설비에 사용되며 기름이송에는 부적합하다.

10 피스톤에 공기 압력을 급격하게 작용시켜 피스톤을 고속으로 움직이며, 이 때의 속도 에너지를 이용한 실린더는?

① 충격 실린더　　② 로드리스 실린더
③ 다위치제어 실린더　④ 텔레스코프 실린더

> 충격 실린더 : 상당히 큰 충격 에너지를 얻을 수 있으며 이 충격으로 속도는 7.5~10m/s까지 얻을 수 있다.

11 자동화시스템을 구성하는 각 단위기기를 하드웨어 및 소프트웨어적으로 연결하는 방법을 의미하는 것은?

① 네트워크(network)
② 프로세서(processor)
③ 액추에이터(actuator)
④ 메카니즘(mechanism)

> 네트워크는 자동화 시스템을 구성하는 전기통신으로 수취한 정보를 내용을 변경하지 않고 하드웨어 및 소프트웨어로 연결하여 지정된 하나 또는 복수의 상대방에 전달하는 방법이다.

12 직류 전동기의 구성 요소로 토크를 발생하여 회전력을 전달하는 요소는?

① 계자　　② 브러시
③ 전기자　④ 정류자

> 직류 발전기 3요소
> • 계자 : 전기자에 쇄교하는 자속을 만들어 주는 부분
> • 전기자 : 회전부분으로 자속을 끊어서 기전력(회전력)을 유도하는 부분
> • 정류자 : 브러쉬와 접촉하면서 전기자 권선에서 생긴 유도기전력을 직류로 변환하는 부분
> • 브러시 : 직류 전동기에서 정류자와 접촉해서 전기자 권선과 외부 회로를 연결하여 주는 것으로 전동기나 발전기 등에 있어서 회전자와 정지하고 있는 부분(고정자 등)을 접속하는 경우의 접촉자의 역할을 하는 도체이다.

13 공압 시스템에 있어서 윤활유 등과 섞여 에멀션(emulsion) 상태나 수지 상태가 되어 밸브의 동작을 가로막을 우려가 있는 고장은?

① 수분으로 인한 고장
② 이물질로 인한 고장
③ 공급 유량 부족으로 인한 고장
④ 배관 불량에 의한 공기의 유출로 인한 고장

> 수분에 이물질이 첨가되면 기름과 혼합은 되지 않지만 기름의 입자를 미립자로 분리시키고 우유빛으로 변하게 하는 현상을 에멀션이라 한다. 에멀션은 수분에 의하여 발생한다.

14 되먹임 제어계(feedback control system)의 특징이 아닌 것은?

① 전체 제어계는 항상 안정하다.
② 목표값에 정확히 도달할 수 있다.
③ 제어계의 특성을 향상 시킬 수 있다.
④ 외부 조건 변화에 대한 영향을 줄일 수 있다.

> 피드백 제어(되먹임 제어)는 제어량을 측정하여 목표값과 비교하여 그 차이를 적절한 정정 신호로 교환하여 제어 장치로 되돌린다. 제어량이 목표값과 일치할 때까지 수정 동작을 한다.

15 설비의 평균 고장률을 나타내는 것은?

① MTBF ② MTTR
③ $\dfrac{1}{MTBF}$ ④ $\dfrac{1}{MTTR}$

MTBF : 평균고장시간 MTTR : 평균수리시간
평균 고장률 = $\dfrac{1}{MTBF}$

16 회전량을 펄스수로 변환하는데 사용되며 기계적인 아날로그 변화량을 디지털량으로 변환하는 것은?

① 서보 모터 ② 포토 센서
③ 매트 스위치 ④ 로터리 엔코더

로터리 엔코더는 회전각을 펄스 신호로 변환하는 사용하며 기계적인 길이나 변위 등을 디지털 신호로 변환하여 판독오차를 작게 한다.

17 PLC 프로그램의 최초 단계인 0스텝에서 최후 스텝까지 진행하는데 걸리는 시간은?

① 리드 타임(red time) ② 스캔 타임(scan time)
③ 스텝 타임(step time) ④ 딜레이 타임(delay time)

스캔타임은 프로그램의 0 스텝부터 다음 0 스텝 이전까지의 처리시간이다.

18 다음 그림과 같은 타이밍 차트(timing chart)에서 입력이 A와 B이며, 출력은 Y일 때 이 타이밍 차트는 어떤 회로인가? (단, 입·출력 모두 양논리로 동작한다.)

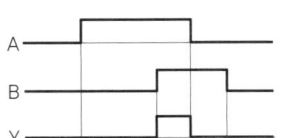

① OR 회로
② AND 회로
③ NOT 회로
④ NAND 회로

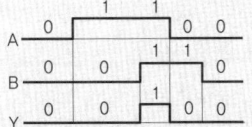

즉 A, B 모두 1일때만 1이므로 AND 회로이다.

19 짧은 실린더 본체로 긴 행정거리를 낼 수 있는 다단 튜브형 로드로 구성되어 있는 실린더는?

① 충격 실린더 ② 로드리스 실린더
③ 텔레스코프 실린더 ④ 다위치 제어 실린더

텔레스코프 실린더 : 로드의 전장에 비해 긴 행정(스트로크)을 얻을 수 있다.

20 열팽창 계수가 다른 두 개의 금속판을 접합시켜 온도 변화에 따른 변형 또는 내부 응력을 이용한 센서는?

① 홀 센서 ② 바이메탈
③ 서미스터 ④ 측온 저항체

바이메탈은 팽창계수가 다른 두 금속(주로 니켈+황동)의 온도 변화에 따른 굴곡작용을 응용하여 작동하는 센서이다.

제2과목 설비진단 및 관리

21 진동센서를 설비에 설치하는 경우, 정확도와 장기적 안정성이 가장 좋은 설치 방법은?

① 자석 고정 ② 밀랍 고정
③ 나사 고정 ④ 에폭시 고정

진동 센서는 가속도를 직접 알아내는 센서로 나사 또는 볼트, 너트 등으로 고정하는 것이 정확도가 양호하다.

22 진동을 측정할 때 회전하는 축을 기준으로 진동센서를 부착하여 측정하려고 한다. 진동측정방향이 아닌 것은?

① 축 방향 ② 수직 방향
③ 경사 방향 ④ 수평 방향

진동 측정점은 커플링에서 먼 측의 베어링 근접한 견고한 위치와 반면에 커플링에서 가까운 측의 베어링 근접 견고한 위치로 두 지점의 수평, 수직, 축 등 3방향으로 측정한다.

23 고장이 없고, 보전이 필요치 않은 설비를 설계, 제작하기 위한 설비보전 방법은?

① 사후보전(BM) ② 생산보전(PM)
③ 개량보전(CM) ④ 보전예방(MP)

> **설비 계획**
> - 사후보전(BM) : 고장, 정지 또는 성능저하의 수리를 행하는 것
> - 예방보전(PM) : 설비의 주기적인 검사로 미연에 고장, 정지 또는 성능저하 상태를 제거하고 복구시키기 위한 보전
> - 생산보전(PM) : 생산성이 높은 보전, 경제성
> - 개량보전(CM) : 설비자체의 체질개선으로 예방보전으로 고장이 없고, 보전하기 쉬운 설비로 개량
> - 보전예방(MP) : 고장이 없고, 보전이 필요치 않은 설비를 설계, 제작 또는 구입

24 설비보전에서 효과 측정을 위한 척도로서 널리 사용되는 지수 중 고장 도수율의 공식은?

① $\dfrac{\text{정미 가동시간}}{\text{부하 시간}} \times 100$

② $\dfrac{\text{고장 횟수}}{\text{부하 시간}} \times 100$

③ $\dfrac{\text{고장 정지시간}}{\text{부하 시간}} \times 100$

④ $\dfrac{\text{보전비 총액}}{\text{생산량}} \times 100$

> **설비의 경제성 평가**
> - 설비 가동률 = (정미 가동시간 / 부하시간)×100
> - 고장 도수율 = (고장횟수 / 부하시간)×100
> - 고장 강도율 = (고장 정지시간 / 부하시간)×100
> - 제품 단위당 보전비 = 보전비 총액 / 생산량
> - 평균고장 간격 = 1/고장률
> - 평균고장시간 = 부품이 처음 사용되어 발생할 때까지의 평균시간

25 설비종합효율을 산출하기 위한 공식으로 옳은 것은?

① 설비종합효율 = 공정효율×수율×양품률
② 설비종합효율 = 공정효율×시간가동률×양품률
③ 설비종합효율 = 시간가동률×성능가동률×양품률
④ 설비종합효율 = 시간가동률×수율×양품률

> - 시간 가동률 = [(부하시간 − 정지시간)/ 부하시간]×100
> - 설비효율 = 시간 가동률×성능 가동률×양품률
> - 양품률 = 양품수 / 투입수량

26 속도센서로 널리 사용되는 동전형 속도센서의 측정 원리로 옳은 것은?

① 압전의 법칙
② 렌쯔의 법칙
③ 오른나사의 법칙
④ 패러데이의 전자유도 법칙

> **동전형 센서**
> - 진동 측정용 센서에서 가속도계로 가동코일에 붙은 추가 스프링에 매달려 있는 구조로 진동에 의해 가동코일이 영구자석 내를 상하로 움직이면 코일에는 추의 상대속도에 비례하는 기전력이 유기되는 것
> - 페러데이의 전자유도법칙(전자기유도에 의해 회로 내에 유발되는 기전력의 크기는 코일 속을 지나는 자속의 시간적 변화율과 코일의 감은 횟수에 비례한다.)을 응용한 것

27 물 또는 적당한 액체를 가득 채운 유리관 속에서 유적이 서서히 떠올라오게 하는 급유기를 사용한 것으로서 급유상태를 뚜렷이 볼 수 있는 이점이 있는 급유법은?

① 패드 급유법
② 유륜식 급유법
③ 강제 순환 급유법
④ 가시 부상 유적 급유법

> - 패드 급유법 : 털실이 직접 마찰면에 접촉하는데 모세관 현상에 의해 급유
> - 유륜 급유법 : 축의 회전에 오일링이 수반되어 마찰면에 오일을 이송하여 윤활작용

28 만성로스의 대책으로 틀린 것은?

① 현상의 해석을 철저히 한다.
② 관리해야 할 요인계를 철저히 검토한다.
③ 원인이 명확하므로 표면적인 요인만 해결한다.
④ 요인 중에 숨어 있는 결함을 표면으로 끌어낸다.

> **만성로스 개선책**
> - 로스 발생 원인·상황을 철저히 조사하여 분석
> - 관리해야 할 요인계를 철저히 검토
> - 철저한 현장 해석
> - 요인 중에 숨어 있는 결함을 표면으로 끌어낸다.
> - 각 부서의 협조를 얻어 전시스템 공정의 문제점을 해결
> - 조직력을 바탕으로 책임과 권한을 부여
> - 공정의 부조화 속에서 발생하는 원인을 구조 분석
> - 업무 중 불필요한 공정, 저해요인, 안전 장애 등 개선 및 긍정적인 방안의 구체화

29 디지털 신호처리에서 일반적으로 데이터의 경향을 제거하는 방법으로 옳은 것은?

① 최소 자승법
② 최대 자승법
③ 이산적 신호법
④ 데이터 주밍법

> 일반적인 최소자승법은 오차 제곱 합을 최소화하는 추정량을 구하는 것이며 데이터 경향을 제거하는데도 응용된다.

30 보전작업표준을 설정하고자 할 때 사용하지 않는 방법은?

① 경험법
② 공정 실험법
③ 작업 연구법
④ 실적 자료법

> **보전작업 표준**
> • 경험법 : 숙련자에 의하여 작업 방향을 결정하는 것으로, 간단한 수리공사에 많이 사용하는 방법이다.
> • 실적 자료법 : 모든 일은 그동안의 실적에 의하여 작업의 표준시간을 결정하는 방법으로 적용범위가 넓어진다.
> • 작업 연구법 : 작업 연구에 의하여 표준시간을 결정하는 방법으로 작업 순서나 시간이 다같이 신뢰적인 방법이다.

31 직접적인 공기의 압력변화에 의한 유체역학적 원인에 의해 난류음을 발생시키는 것은?

① 압축기   ② 송풍기
③ 진공펌프 ④ 엔진 배기음

> 기류음(선풍기, 송풍기 소기)은 난류음, 맥동음은 압축기, 진공펌프, 엔신의 배기음으로 구분한다.

32 고유 진동수와 강제 진동수가 일치 할 경우, 진동이 크게 발생하는 현상을 무엇이라 하는가?

① 울림   ② 공진
③ 외란   ④ 상호 간섭

> 공진 : 기계의 고유 진동수와 강제 진동수가 일치하게 되면 진폭이 크게 발생하여 진동이 최대가 되어 설비에 악영향을 끼치게 되므로 가급적 공진점은 피하여 운전하는 것이 좋다.

33 다음 그림은 설비관리 조직 중에서 어떤 형태의 조직인가??

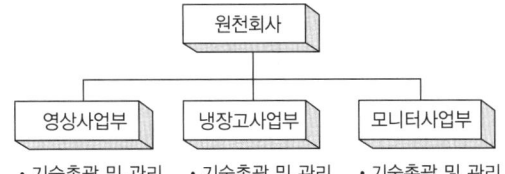

① 제품 중심 조직
② 기능중심 조직
③ 설계보증 조직
④ 제품중심 매트릭스 조직

> **제품 중심 조직** : 각 공정에 따라 필요한 부서를 적정하게 배치하는 것

34 윤활관리의 효과에 대한 설명으로 틀린 것은?

① 동력비의 증가
② 제품 정도의 향상
③ 보수 유지비의 절감
④ 기계 정도와 기능의 유지

35 정현파 진동에서 진동의 상한과 하한의 거리를 무엇이라고 하는가?

① 변위   ② 속도
③ 가속도 ④ 진동수

> **변위** : 진동의 상한과 하한의 거리 또는 진동의 매개체(공기)의 위치와 그것의 평균 위치와의 거리

36 다음 중 보전용 자재의 특징으로 옳은 것은?

① 연간 사용빈도가 많고 소비속도가 빠르다.
② 베어링, 그랜드 패킹 등은 교체 후 재활용 할 수 있다.
③ 설비개선, 설비변경 등으로 불용자재가 발생하지 않는다.
④ 자재구입의 품목, 수량, 시기에 관한 계획을 수립하기 곤란하다.

설비 보전용 자재의 관리상 특징
- 감속기, 모터 등은 고장 시 교체하고 교체품은 수리하여 예비품으로 사용할 수 있다.
- 자재의 품목 및 수량의 구입계획을 수립하기 곤란하다.
- 예비품이 사용되지 않고 폐기될 수도 있다.
- 연간 사용빈도가 낮으며, 소비속도가 늦은 것이 많다.
- 보전 자재의 재고량은 보전의 관리 및 기술 수준에 따라 달라진다.

37 효율적인 설비보전 활동을 위하여 설비의 열화나 고장, 성능 및 강도 등을 정량적으로 계측하여 설비의 상태를 예측할 수 있는 기술은?

① 신뢰성 기술　　② 정량화 기술
③ 설비 진단 기술　④ 트러블슈팅 기술

> 설비진단 기술은 모든 설비의 작동을 정확히 파악하기 위하여 설비의 고장 및 열화, 성능이나 강도 등을 정량적으로 관측하여 지속적인 운전상태를 예측할 수 있는 기술이다.

38 윤활유 사용 중에 거품이 발생하지 않도록 해주는 첨가제는?

① 청정제　　② 소포제
③ 분산제　　④ 유동점 강하제

> 소포제는 거품을 제거하는 역할을 한다.

39 설비투자의 합리적인 투자결정에 필요한 경제성 평가방법이 아닌 것은?

① MAPI법　　② 자본 회수법
③ 비용 비교법　④ 처분 가치법

40 진동 차단기의 재료로 합성고무를 사용했을 때 강철 코일스프링보다 유리한 점은 무엇인가?

① 정적변위가 크다.
② 주파수 폭이 넓다.
③ 고온강도에 강하다.
④ 측면으로 미끄러지는 하중에 강하다.

> 진동 차단기는 스프링, 천연고무 또는 합성고무 등으로 기기에서 발생되는 진동을 차단하는 탄성 지지체이며 천연고무 또는 합성고무 등을 사용하면 측면으로 미끄러지는 하중에 잘 견딘다.

제3과목　공업계측 및 전기전자제어

41 제어량에 따른 분류에서 프로세스 제어라고 볼 수 없는 것은?

① 온도　　② 압력
③ 방향　　④ 유량

> **프로세스 제어(공정제어)**
> • 온도, 압력, 유량, 액위, 농도, 효율 등의 공업 프로세스의 상태를 제어량으로 하는 제어

42 다음 중 공업량의 계측에 필요한 비접촉방식의 온도계는?

① 저항 온도계　　② 열전 온도계
③ 방사 온도계　　④ 서미스터 온도계

> 비접촉 온도계는 방사 온도계와 광고 온도계가 있다.

43 오리피스 유량계는 어떤 정리를 이용한 것인가?

① 프랭크의 정리　② 토리첼리의 정리
③ 베르누이의 정리　④ 보일-샤를의 정리

> 베르누이의 정리는 수로의 각 단면에 있어서의 속도수두, 위치수두, 압력수두는 일정하다는 것으로 유체의 흐름 내에서는 유속이 빠를수록 정압이 낮아지고 유속이 느릴수록 정압이 높아지므로 정압을 측정하면 유속을 알 수 있다. 베르누이의 정리를 적용한 것이 차압식 유량계(오리피스, 벤튜리 등)이다.

44 어떤 코일에 흐르는 전류가 0.1초 사이에 50A에서 10A로 변할 때 40V의 유도 기전력이 발생한다면 이때 코일의 자기 인덕턴스는 몇 mH인가?

① 100　　② 200
③ 300　　④ 400

> $e = -L \times di/dt$ 에서
> $L = -e \times di/dt = -40 \times 0.1/(-40) = 0.1[H] = 100[mH]$
> ($e : 40V, di : 10A - 50A = -40A, dt : 0.1$초)

45 유도전동기의 기동에서 기동전류가 정격전류의 4~6배가 되는 기동법은?

① Y-Δ 기동
② 전전압 기동
③ 2차 저항기동
④ 기동 보상기를 사용한 기동

> 유도 전동기의 기동법에는 전전압 기동법, 기동보상기법, Y-Δ 기동법이 있으며, 기동전류가 정격전류의 4~6배가 되는 것은 전전압 기동법이다.

46 도수법으로 60도인 각도를 호도법(rad)으로 환산하면?

① $\frac{\pi}{4}$
② $\frac{\pi}{3}$
③ $\frac{\pi}{2}$
④ π

> 도수법을 호도법으로 환산하면 $(60/180) \times \pi = \pi/3$ [rad]
> ※ 호도법과 도수법 : $2\pi = 360°$, $\pi = 180°$, $\pi/2 = 90°$, $\pi/3 = 60°$, $\pi/4 = 45°$, $\pi/6 = 30°$

47 원자 구조를 평면적으로 보면 원자 번호와 같은 수의 전자가 정해진 궤도상을 정해진 개수만큼 원자핵을 중심으로 돌고 있다. M각 궤도에 들어 갈 수 있는 최대 전자의 수는 얼마인가?

① 2
② 8
③ 18
④ 32

> 전자각은 원자핵 가까이부터 순서대로 1, 2, 3, …, n번째, 이것을 K각(2개), L각(8개), M각(18개), N각(32개), …, Q각이라 한다.

48 논리회로의 부울 대수 $(A+B) \cdot (A+\overline{B})$를 간략화한 것은?

① $\overline{B}$
② $\overline{A}$
③ B
④ A

> 불대수의 기본원리 중 분배법칙과 보수법칙을 응용하면 다음과 같이 간략화할 수 있다.
> $(A+B) \cdot (A+\overline{B}) = A + (B \cdot \overline{B}) = A + 0 = A$

49 블록선도의 구성요소에서 그림과 같은 블록선도를 무엇이라 하는가?

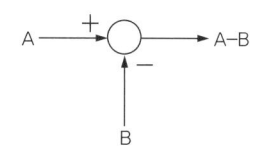

① 블록
② 가산점
③ 인출점
④ 직렬결합

50 전자가 자유로이 이동할 수 있는 에너지 준위대를 무엇이라 하는가?

① 금지대
② 충만대
③ 일함수
④ 전도대

> 전자가 조금 밖에는 존재하지 않고, 자유롭게 움직일 수 있는 레벨의 에너지대를 전도대라 한다.

51 회로에 가해진 전기에너지를 정전에너지로 변환하여 축적하는 소자는?

① 저항
② 콘덴서
③ 인덕터
④ 변압기

> **콘덴서의 역할**
> • 전원회로에 에너지를 저장하는 역할(전기에너지를 정전에너지로 변환)
> • 콘덴서는 교류만 통과시키고, 직류는 차단
> • 노이즈를 제거
> • 전력손실을 줄이며 전압이 강하되는 것을 보강

52 절연저항을 측정하는 계기는?

① 메거
② 전력계
③ 계기용 변류기
④ 계기용 변압기

> 메거는 전선로나 전동기 등의 절연 저항의 측정에 사용하는 계기이다.

53 국제단위계(SI)에서 사용되는 기본 단위가 아닌 것은?

① 시간
② 부피
③ 질량
④ 광도

> 국제 SI 기본단위 : 길이(m), 질량(kg), 시간-초(s), 전류(A), 온도(K), 물질량(mol), 광도(cd)

54 다음 중 밸브에 포지셔너를 사용하게 된 이유로 볼 수 없는 것은?

① 조절계 신호와 구동부 신호가 다른 경우
② 제어밸브의 특성을 개선할 필요가 있는 경우
③ 하나의 신호로 2대 이상의 제어밸브를 동작시킬 경우
④ 그랜드 패킹의 마찰이 작고 유체의 영향을 받기 어려운 경우

> 밸브 포지셔너는 그랜드 패킹 부분의 마찰 및 유체의 차압에 의한 불평형력 등을 극복하기 위한 방안으로도 사용된다.

55 100μF의 콘덴서에 1000V의의 직류 전압을 인가하면 충전되는 전하량(C)은 얼마인가?

① 1
② 10
③ 0.1
④ 0.01

> $100 \times 10^{-6}[F] \times 1000[V] = 0.1[C]$

56 다음 논리회로의 출력 X는?

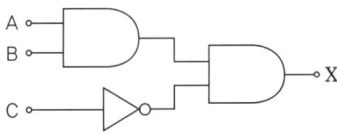

① $A \cdot B + \overline{C}$
② $A + B + \overline{C}$
③ $(A \cdot B) \cdot \overline{C}$
④ $A \cdot B \cdot \overline{C}$

> A와 B, C 모두 직렬(AND회로)이며 C 는 부정이다.

57 과전류 계전기가 트립된다면 그 원인은?

① 과부하
② 퓨즈용단
③ 시동스위치 불량
④ 배선용 차단기 불량

> 과전류 계전기는 전류가 허용한계 이상(과부하)으로 흐를 때 작동하는 계전기이다.

58 실리콘 정류 소자(SCR)에 관한 설명으로 틀린 것은?

① PNPN 소자이다.
② 스위칭 소자이다.
③ 쌍방향 사이리스터이다.
④ 직류, 교류 전력제어에 사용된다.

> 실리콘 제어 정류 소자(SCR, Silicon Controlled Rectifier)는 PNPN 소자의 P에 게이트 단자를 달아 P, N 사이에 전류를 흘릴 수 있게 만든 단방향성 소자이다.

59 직류전동기를 급정지 또는 역전시키는 전기적 제동법은?

① 역상 제동
② 회생 제동
③ 발전 제동
④ 단상 제동

> 역상제동은 전동기의 전원 전압의 극성을 역함으로써 전동기에 역토크를 발생시켜 제동한다.

60 자동제어의 분류 중 미사일의 유도제어는 어디에 속하는가?

① 자동조정
② 서보기구
③ 시퀀스제어
④ 프로세스제어

> 서보기구는 피드백 제어계 중 물체의 위치, 방위, 자세 등의 기계적 변위를 제어량으로 하는 추종제어이다.

제4과목 기계정비 일반

61 송풍기의 회전수가 1200rpm이고 풍량이 2400m³/min 일 때, 회전수를 1800rpm으로 변화시키면 풍량은 몇 m³/min 인가?

① 3000
② 3200
③ 3400
④ 3600

> 상사의 법칙에 의하여
> $Q = \dfrac{2400[m^3/min] \times 1800[rpm]}{1200[rpm]} = 3600[m^3/min]$

62 관로에 유속의 급격한 변화 및 정전에 의한 펌프의 동력이 급히 차단될 때 관내 압력이 상승 또는 하강하는 현상은?

① 서징(surging)현상
② 수격(water hammer)현상
③ 베이퍼 록(vapor lock)현상
④ 캐비테이션(cavitation)현상

수격현상(water hammering) : 관로 내의 물의 운동상태를 갑자기 변화시킴에 따라 생기는 물의 급격한 압력 변화의 현상으로 관 속에 전달되어 진동 및 충격음을 내고, 심할 때는 고장의 원인이 된다.

63 원심펌프의 이상 현상 원인이 아닌 것은?

① 스터핑박스로 공기 침입
② 펌프의 회전방향이 틀릴 때
③ 패킹과 주축간의 과도한 틈새
④ 펌프 내 공기빼기를 하였을 때

펌프 내 공기를 제거하면 공동현상을 방지할 수 있으며 이상음이 제거된다.

64 테이퍼 핀을 밑에서 때려서 뺄 수 없을 경우에 적합한 분해 방법은?

① 테이퍼 핀을 정으로 잘라서 뺀다.
② 스크류 익스트랙터를 사용하여 뺀다.
③ 테이퍼 핀 머리부분에 용접을 하여 뺀다.
④ 테이퍼 핀 머리부분에 나사를 내어 너트를 걸어 뺀다.

테이퍼 핀은 원추형 핀으로 1/50의 테이퍼로 되어 있으며 주축을 보스에 고정할 때 사용하며 테이퍼 핀 머리 부분에 나사를 내어 너트를 걸면 분해를 할 수 있다.

65 다음 중 충격과 진동을 완화시켜주는 플렉시블 커플링이 아닌 것은?

① 고무 커플링
② 체인 커플링
③ 기어 커플링
④ 플랜지 커플링

플랜지 커플링 : 주철제 또는 주강제의 플렌지를 양축에 고정한 후 볼트로 고정한 것이다.

66 압축기 부품 중 밸브의 분해조립에 대한 내용으로 틀린 것은?

① 밸브 볼트의 너트는 규정값으로 조인다.
② 밸브 볼트의 와셔는 분해 후 재사용한다.
③ 스프링의 내외주가 스프링 홈 벽과 잘 맞는지 확인한다.
④ 밸브 플레이트의 리프트는 규정값에 들어 있는가를 틈새로 확인한다.

밸브 볼트의 와셔는 분해 후에 재사용하지 않고 신품으로 교환하여 사용하도록 한다.

67 V벨트 전동장치에서 V벨트를 선정하려 할 때 고려하지 않아도 되는 것은?

① V벨트의 장력
② 소요벨트의 가닥수
③ V벨트의 종류 및 형식
④ V벨트 풀리의 형상과 지름

V벨트는 천이나 고무로 만든 V자형의 벨트로 풀리에 걸어서 사용하는 것으로 고속이며 전동능력이 좋으며 미끄럼 및 소음이 적다.

68 밸브에 대한 설명으로 옳은 것은?

① 글로브 밸브는 밸브 박스가 구형으로 되어 있고 밸브의 개도를 조절해서 교축기구로 쓰인다.
② 슬루스 밸브는 유체의 역류를 방지하기 위한 밸브이며 리프트식과 스윙식이 있다.
③ 체크 밸브는 전두부(핸들)를 90도 회전시킴으로써 유로의 개폐를 신속히 할 수 있다.
④ 콕(cock)은 밸브 박스의 밸브 시트와 평행으로 작동하고 흐름에 대해 수직으로 개폐를 한다.

② 역류방지밸브, ③ 코크, ④ 슬루스 밸브

69 다음 중 캐비테이션의 방지 대책으로 틀린 것은?

① 흡입양정을 작게 한다.
② 펌프의 회전수를 높게 한다.
③ 펌프의 설치 위치를 낮게 한다.
④ 단 흡입형 펌프이면 양 흡입형 펌프로 고친다.

> 펌프의 회전수가 지나치게 빠를 경우 캐비테이션 현상이 일어난다.

70 분해 중에 볼트가 부러졌을 때 부러진 볼트를 제거하는 방법은?

① 토크 미터를 이용하여 제거한다.
② 스크류 익스트랙터를 이용하여 제거한다.
③ 볼트 밑 부분을 정으로 잘라 넓힌 후 해머를 이용하여 제거한다.
④ 두 개의 해머를 이용하며 볼트 머리부의 대면을 두드려서 제거한다.

> 스크류 익스트랙터를 사용하면 볼트 헤드가 부러진 경우 볼트를 빼낼 수 있다.

71 다음 정비용 공구 중 체결용 공구가 아닌 것은?

① L 렌치   ② 기어 풀러
③ 양구 스패너   ④ 조합 스패너

> 기어풀러는 풀리 빼기라고도 하며 기어, 풀리, 구름 베어링 등을 축에서 빼낼 때 사용하는 공구이다.

72 원심형 통풍기 중 고속도로 터널 환풍기에 사용되며 효율이 가장 좋은 통풍기는?

① 터보 통풍기   ② 실로코 통풍기
③ 용적식 통풍기   ④ 플레이트 통풍기

> **원심형 통풍기**
> • 시로코 팬 : 시로코 통풍기는 원심식으로 전향베인이며 풍량변화에 풍압변화가 적으며 풍량이 증가하면 소요 동력도 증가한다.
> • 플레이트 팬 : 베인 형상이 간단하다.
> • 터보 팬 : 효율이 가장 좋다.

73 체인의 고속, 중하중 용에 적합한 급유 방법은?

① 적하 급유
② 유욕 윤활
③ 강제 펌프 윤활
④ 회전판에 의한 윤활

> 강제펌프 윤활은 윤활유에 압력을 가하여 운동 마찰 부분에 강제적으로 기름을 공급하는 장치로 체인의 고속, 중하중 용에 적합하다.

74 생 이음이라고도 하며, 파이프에 나사를 절삭하지 않고 이음하는 것으로 숙련이 필요하지 않으며 시간과 공정이 절약되는 관이음은?

① 신축 이음
② 고무 이음
③ 패킹 이음
④ 턱걸이 이음

> 패킹 이음은 누설 우려가 있는 부분에 패킹을 대고 양측에서 볼트, 너트 등으로 조이면 누설을 방지할 수 있는 이음이다.

75 이의 맞물림이 원활하여 이의 변형과 진동, 소음이 작고 큰 동력의 전달과 고속운전에 적합한 기어는?

① 웜 기어(worm gear)
② 스퍼 기어(spur gear)
③ 헬리컬 기어(helical gear)
④ 크라운 기어(crown gear)

> 헬리컬 기어(helical gear) : 평행한 두 축 사이에 회전을 전달하는 기어로서, 이를 축에 경사시킨 것으로 물림이 순조롭고 축에 스러스트가 발생한다.

76 로크 너트는 무엇을 방지하기 위한 것인가?

① 부식   ② 풀림
③ 고착   ④ 파손

> 로크 너트 : 너트가 진동 등으로 풀림을 방지하기 위하여 두 개의 너트로 죌 때 아래쪽에 끼우는 너트이다.

77 전동기의 운전 중 점검 항목으로 볼 수 없는 것은?

① 전압 상태
② 회전수 상태
③ 베어링 온도 상태
④ 브러시 습동 상태

> 브러시는 전동기의 정류자에 닿아서 밖으로 전류를 끌어내거나 밖으로부터 전류를 끌어들이는 장치로 미끄러지며 마찰되는 것을 습동이라 한다.

78 펌프의 비속도(specific speed : Ns) 특성을 설명한 것 중 옳은 것은?

① 양정과 토출량은 비속도와 관계가 없다.
② 양정이 낮고 토출량이 큰 펌프는 비속도가 낮아진다.
③ 양정이 높고 토출량이 적은 펌프는 비속도가 낮아진다.
④ 토출량이 일정하고 회전수가 큰 펌프는 비속도가 낮아진다.

> 펌프의 비속도는 펌프의 형식·구조·성능을 일정한 기준치로 환산하여 서로 다른 펌프를 비교 검사를 위해 사용하는 값이다.
> 비속도 $(Ns) = \dfrac{n \times \sqrt{Q}}{H^{\frac{3}{4}}}$ 여기서, n : 회전수(rpm)
> Q : 토출량(m³/min)
> H : 양정(m)
> 공식에서 양정이 높고 토출량이 적은 경우 비속도는 낮아진다.

79 관이음(pipe joint)의 종류가 아닌 것은?

① 나사이음
② 신축이음
③ 수막이음
④ 플랜지이음

> 관이음의 종류
> 영구이음(용접이음), 나사이음, 플랜지이음, 신축이음

80 플렉시블 커플링(flexible coupling)을 사용하는 이유로 적합하지 않은 것은?

① 고속회전으로 인한 진동을 완화시킬 때
② 전달토크의 변동으로 축에 충격이 가해질 때
③ 두 축의 중심을 완전히 일치시키기 어려울 때
④ 축 방향으로 인장력이 작용하는 긴 전동축에 사용할 때

> 플렉시블 커플링은 두 축이 정확히 일치하지 않는 경우에 사용하며, 급격히 힘이 변화하는 경우, 완충 작용과 전기 절연 작용을 한다.

정답 최근기출문제 2017년 2회

01 ④	02 ①	03 ④	04 ④	05 ①
06 ③	07 ①	08 ①	09 ③	10 ①
11 ①	12 ③	13 ①	14 ①	15 ③
16 ④	17 ②	18 ①	19 ③	20 ②
21 ③	22 ③	23 ②	24 ②	25 ②
26 ④	27 ④	28 ②	29 ①	30 ②
31 ②	32 ②	33 ①	34 ①	35 ①
36 ④	37 ③	38 ②	39 ④	40 ④
41 ③	42 ③	43 ②	44 ①	45 ②
46 ②	47 ②	48 ④	49 ②	50 ④
51 ②	52 ①	53 ②	54 ④	55 ③
56 ④	57 ①	58 ②	59 ①	60 ②
61 ④	62 ②	63 ④	64 ①	65 ④
66 ②	67 ①	68 ①	69 ②	70 ②
71 ②	72 ①	73 ②	74 ③	75 ③
76 ②	77 ④	78 ③	79 ③	80 ④

2017년 3회 최근기출문제

제1과목 공유압 및 자동화시스템

01 피스톤의 직선왕복운동을 회전운동으로 변환하는 요동 액추에이터는?
① 충격 실린더
② 로드리스 실린더
③ 다위치제어 실린더
④ 래크와 피니언형 실린더

> 래크와 피니언형 실린더는 공압 액추에이터로 압축공기의 압력 에너지를 기계적인 에너지로 변환시키는 기기로, 특히 직선운동을 회전운동으로 변화시킨다.

02 공·유압 도면의 기호요소에 대한 설명으로 옳은 것은?
① 기기장치의 상세한 기능을 명시하는 경우에 사용하는 기호
② 기기장치의 상세한 기능을 명시할 필요가 없을 때 사용하는 기호
③ 기기, 장치, 유로 등의 종류를 기호로 표시할 때 사용하는 기본적인 선 또는 도형
④ 기기, 장치의 특성, 작동 등을 기호로 표시할 때 사용하는 기본적인 선 또는 도형

03 유체의 성질에 대한 설명 중 옳은 것은?
① 유체의 속도는 단면적이 큰 곳에서는 빠르다.
② 유속이 느리고 가는 관을 통과할 때 난류가 발생한다.
③ 유속이 빠르고 굵은 관을 통과할 때 층류가 발생한다.
④ 점성이 없는 비압축성의 유체가 수평관을 흐를 때 압력, 위치, 속도에너지의 합은 일정하다.

> 베르누이의 정리에 의하면 비압축성 유체가 임의 지점을 흐를 때 속도, 압력, 위치에너지의 합은 일정하다.

04 공기필터 또는 탱크의 응축수를 배출하는 기기는?
① 윤활기
② 압력조절기
③ 에어드라이어
④ 드레인 분리기

> 드레인 분리기는 응축수를 배출하는 기기로서 탱크 하부에 주로 설치되어 있다.

05 유압 펌프가 기름을 토출하지 않고 있다. 다음 중 검사 방법이 적합하지 않은 것은?
① 펌프의 온도를 측정한다.
② 펌프의 흡입쪽을 검사한다.
③ 전동기의 상태를 검사한다.
④ 펌프의 회전 방향을 확인한다.

> 유압펌프에서 기름이 송출하지 않는 경우는 펌프 작동상태, 회전방향, 펌프 흡입측 막힘여부, 여과기 점검 등을 검사하여야 하며 펌프 온도와는 무관하다.

06 공압모터의 설치 및 유의사항에 대한 설명으로 틀린 것은?
① 윤활기를 반드시 설치하여야 한다.
② 저온에서 사용할 경우 빙결(氷結)에 주의한다.
③ 배관 및 밸브는 될 수 있는 한 유효 단면적이 큰 것을 사용한다.
④ 밸브는 될 수 있는 한 공압모터에서 멀리 떨어지도록 설치한다.

> 밸브(valve)는 유압과 공압 시스템에서 유체의 흐름을 조정하거나 제어하기 위하여 사용되므로 가급적 기기와 가까이 설치하여야 한다.

07 토출압력의 크기로 송풍기와 압축기를 구분할 때, 압축기에 해당하는 압력 [kgf/cm²]은?

① 0.01~0.3 ② 0.3~0.5
③ 0.5~0.7 ④ 1.0 이상

압력에 의한 분류
- 팬(Fan) : 0.1kg/cm² 이하
- 블로워(Blower) : 0.1~1.0kg/cm² 미만
- 압축기(Compressor) : 압력이 1.0 kg/cm² 이상

08 밸브의 조작력 또는 제어신호가 걸리지 않을 때 밸브 몸체의 위치는?

① 초기 위치 ② 작동 위치
③ 과도 위치 ④ 노멀 위치

노멀 위치는 일반적인 위치를 나타낸다.

09 유압기기 중 불필요한 오일을 탱크로 방출시켜 펌프에 부하가 걸리지 않도록 하는 밸브는?

① 감압 밸브 ② 교축 밸브
③ 무부하 밸브 ④ 카운터 밸런스 밸브

무부하 밸브는 작동압이 규정압력 이상으로 도달하였을 경우 무부하 운전을 하여 배출하고, 이하가 되면 밸브를 닫고 다시 작동한다. 열화방지 및 동력절감 효과를 갖게 된다.

10 입력을 A, B라 하고 출력을 C라 할 때, 다음 진리표를 충족시키는 회로는?

입력		출력
A	B	C
0	0	1
0	1	0
1	0	0
1	1	0

① AND 회로 ② OR 회로
③ NOT 회로 ④ NOR 회로

OR 회로와 NOT 회로를 조합하여 만들 수 있는 회로이며, 입력이 모두 0일 때만 출력할 수 있는 NOR 회로에 해당된다.

11 역학센서에 해당되지 않는 것은?

① 변위센서 ② 압력센서
③ 자기센서 ④ 진동센서

역학센서는 물체 간에 작용하는 힘의 운동관계를 검지하는 센서로 실제적인 힘을 측정하고 이를 전기적인 신호로 나타내는 것으로 압력센서, 변위센서, 속도센서, 진동센서, 스트레인 게이지 등이 있다.

12 변위 단계 선도(displacement step diagram)에 대한 설명으로 옳은 것은?

① 단순한 논리 연결을 표현한다.
② 순차제어에서 시간에 대한 정보를 제공한다.
③ 스텝에 따른 작업요소의 작동순서를 표현한다.
④ 플래그, 카운터, 타이머의 기능을 가지고 있다.

변위-단계선도는 작업요소의 작업 순서가 표시되고 그 변위는 순서에 따라 표시된다.

13 어떤 제어시스템에서 0~5V를 4개의 2진 신호만을 사용하여 간격을 나눌 때 표시되는 최소값은 약 얼마인가?

① 0.139V ② 0.313V
③ 0.625V ④ 1.250V

4개의 2진 신호로 입력되는 아날로그신호는 $2^4 = 16$개의 간격으로 나눌 수 있다. 그러므로 5V를 16으로 나누면 5/16 = 0.3125V가 된다.

14 메모리의 단위를 크기순으로 올바르게 나열한 것은?

① bit < kbyte < Mbyte < Gbyte
② kbyte < Mbyte < Gbyte < bit
③ Mbyte < Gbyte < byte < bit
④ Mbyte < bit < kbyte < Gbyte

- 1Gbyte = 1024 Mbyte
- 1Mbyte = 1024 Kbyte
- 1Kbyte = 8192 bit

15 자동제어에 대한 설명으로 틀린 것은?

① 피드백(feed back) 신호를 필요로 한다.
② 제어하고자 하는 변수가 계속 측정된다.
③ 출력이 제어 자체에 영향을 미치지 않는다.
④ 여러 개의 외란 변수가 존재할 때 사용한다.

> 자동제어에는 입·출력 모두 영향을 미친다.

16 다음 그림과 같이 두 개의 복동 실린더가 한 개의 실린더 형태로 조립되어 있고 실린더의 지름이 한정되고 큰 힘을 요하는 곳에 사용하는 실린더는?

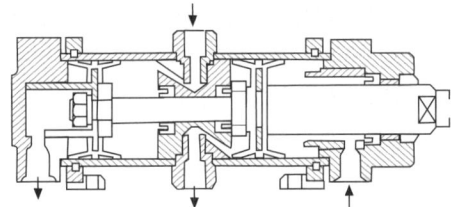

① 탠덤 실린더　　② 양로드형 실린더
③ 텔레스코프 실린더　　④ 쿠션 내장형 실린더

> **실린더 특징**
> • 양로드형 실린더 : 양쪽 방향으로 작동하는 힘이 동일하다.
> • 탠덤 실린더 : 단계적으로 출력제어가 가능하며 큰 위치 에너지를 얻을 수 있다.
> • 충격실린더 : 상당히 큰 충격 에너지를 얻을 수 있으며 속도는 7.5~10m/s까지 얻을 수 있다.
> • 다위치 제어 실린더 : 정확한 위치를 제어할 수 있다.
> • 쿠션 내장형 실린더 : 충격을 완화할 때 사용한다.
> • 텔레스코프 실린더 : 로드의 전장에 비해 긴 행정(스트로크)을 얻을 수 있다.

17 피스톤형 공기압 모터에 대한 설명으로 틀린 것은?

① 요동형 액추에이터에 속한다.
② 시계 방향이나 반시계 방향의 회전이 가능하다.
③ 공기의 압력 에너지를 회전 운동으로 변환한다.
④ 공기 압력이나 피스톤의 수에 의해 출력이 결정된다.

> 요동형 액추에이터는 출력축의 회전각도가 제한되어 있는 공압 모터와 같으며 압축공기 에너지를 기계적인 회전운동 에너지로 변환하여 일정각도 사이를 왕복 회전시키는 것으로 회전형에 해당된다.

18 다음 회로와 같은 동작을 하는 논리회로는?

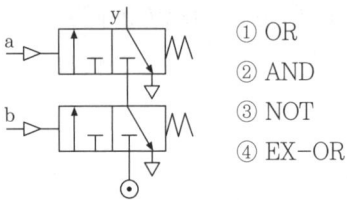

① OR
② AND
③ NOT
④ EX-OR

19 시스템의 고장을 사전에 방지하는 목적으로 점검, 검사, 시험, 재조정 등을 정기적으로 행하는 보전 방식은?

① 개량보전　　② 보전예방
③ 사후보전　　④ 예방보전

> 예방보전(PM) : 설비의 주기적인 검사로 미연에 고장, 정지 또는 성능저하 상태를 제거하고 복구시키기 위한 보전

20 하나의 제어변수에 ON/OFF와 같이 두 가지 값으로 제어하는 제어계는?

① 2진 제어계　　② 동기 제어계
③ 디지털 제어계　　④ 아날로그 제어계

> ON/OFF 두 가지로 하나의 제어변수를 제어하는 것은 2진 제어에 해당된다.

제2과목 설비진단 및 관리

21 설비 보전의 효과가 아닌 것은?

① 가동률이 향상된다.
② 설비 보전비용이 감소한다.
③ 예비 설비의 필요성이 증가된다.
④ 설비고장으로 인한 정지 손실이 감소한다.

> **설비 보전의 효과**
> • 가동률 향상
> • 설비 보전비용 감소
> • 설비고장으로 인한 정지 손실 감소
> • 제작 불량 감소
> • 예비설비 필요성 감소로 투자비 감소
> • 제조원가 절감
> • 고장으로 인한 납기 지연의 감소 등

22 예방보전의 효과가 가장 높게 나타나는 시기는?

① 새로운 원료를 투입할 때
② 설비를 새로 제작하여 시운전 할 때
③ 설비가 유효 수명을 초과하여 가동 중일 때
④ 설비가 유효 수명 내에서 정상 가동 중일 때

> 예방보전(PM) : 고장, 정지 또는 유해한 성능저하를 가져오는 상태를 발견하기 위한 설비의 주기적인 검사로 초기단계에서 이러한 상태를 제거 또는 복구시키기 위한 보전

23 진동 차단기가 갖추어야 할 요건으로 옳은 것은?

① 온도, 습도에 견딜 수 있어야 한다.
② 화학적 변화에 따라 변형되어야 한다.
③ 강성은 충분히 커야 하고 하중은 고려하지 않는다.
④ 차단하려는 진동의 최저 주파수와 같은 고유진동수를 가져야 한다.

> • 강성이 충분히 작아서 차단 능력이 있어야 한다.
> • 강성은 작되 걸어준 하중을 충분히 견딜 수 있어야 한다.
> • 온도, 습도, 화학적 변화 등에 의해 견딜 수 있어야 한다.

24 설비진단 기술의 목적으로 틀린 것은?

① 설비의 상태를 파악한다.
② 설비의 미래 상태를 예측한다.
③ 설비를 분해하여 열화를 찾는다.
④ 설비의 이상이나 고장의 원인을 파악한다.

> 설비진단 기술은 모든 설비의 작동을 정확히 파악하기 위하여 설비의 고장 및 열화, 성능이나 강도 등을 정량적으로 관측하여 지속적인 운전 상태를 예측할 수 있는 기술이며 설비를 분해하는 것은 아니나.

25 TPM의 목표인 "맨, 머신, 시스템(man, machine, system)을 극한 상태까지 높일 것"에서 머신이 고장, 일시정지를 발생시키지 않도록 하여 최대한 설비 가동률을 높이고자 할 때의 방법으로 틀린 것은?

① 현장의 체질개선
② 설비의 성능을 최고 상태로 유지
③ 설비의 성능을 최고로 하여 장기간 유지
④ 주기적인 오버홀(over haul)을 수행하여 생산량 증가

④항의 경우 정비 계획에서 예방 정비에 해당된다.

26 기계의 공진을 제거하는 방법으로 맞지 않는 것은?

① 우발력을 없앤다.
② 기계의 질량을 바꾸어 고유진동수를 변화시킨다.
③ 기계의 강성을 바꾸어 고유진동수를 변화시킨다.
④ 우발력의 주파수를 기계의 고유진동수와 같게 한다.

> 기계의 공진을 제거하는 방법
> • 구조물의 강성을 작게 하고 질량을 크게 한다.
> • 기계 고유의 진동수와 강제 진동수를 다르게 한다.
> • 우발력을 제거한다.

27 제품별 설비배치에 대한 특징이 아닌 것은?

① 하나 또는 소수의 표준화된 제품을 대량으로 반복 생산하는 라인공정에 적합함
② 작업흐름은 미리 정해진 패턴을 따라가며, 각 작업장은 소품종 작업을 수행함
③ 하나의 기계 고장 시에도 유연하게 생산을 수행하며 고임금 기술자가 필요함
④ 작업흐름이 원활하고, 생산시간이 짧고, 작업장간 거리축소로 재고감소, 비용감소 생산통제가 용이함

> 제품별 배치는 각 공정에 따라 필요한 기기를 적정 요소에 배치하는 것으로 고임금 기술자가 필요한 것은 아니다.

28 자주보전을 설명한 것 중 틀린 것은?

① 작업자에게 가장 중요한 것은 "이상을 발견할 수 있는 능력"이다.
② 자주보전이란 "작업자 개개인이 자기설비는 자신이 지킨다."이다.
③ 자주보전을 하기 위해서는 "설비에 강한 작업자"가 되어야 한다.
④ 작업자는 단순한 운전 조직원의 구성원으로 "설비보전 업무는 설비요원"만 하도록 한다.

> 자주 보전은 설비의 운전부문을 주제로 전원 참가의 소집단 활동을 기본으로 하여 전개하는 보전 활동이다.

29 설비의 경제성을 평가하기 위한 방법으로 가장 거리가 먼 것은?

① 자본회수 기간법　② 수익률 비교법
③ 미래 가치법　　　④ 원가 비교법

> **설비의 경제성 평가**
> 자본 회수법, 비용비교법, MAPI법, 수익률 비교법, 설비투자
> (자금회수 기간법, 원가비교법, 투자이익율법, EE법)

30 설비의 제1차 진단 기술로 현장 작업원이 수행하는 기술은?

① 간이진단 기술　② 정밀진단 기술
③ 고장해석 기술　④ 응력해석 기술

> **설비진단 기술의 종류**
> • 간이진단기술 : 사람의 제1차 건강진단에 해당되는 것으로 다수의 설비 열화상태를 신속히 조사하는 것으로 전문적 지식, 기술을 습득하지 않은 사람도 가능하다.
> • 정밀진단기술 : 간이진단에 의해 이상 징후의 가능성이 있다고 판단된 경우 전문적 지식, 기술을 습득하고 있는 사람이 실행하는 것이다.

31 다음 중 설비진단 기법이 아닌 것은?

① 응력법　　　② 진동법
③ 오일 분석법　④ 사각 탐상법

> **설비진단 기법**
>
> | 기법 | 설명 |
> | --- | --- |
> | 진동법 | • 송풍기, 펌프, 팬 등의 기초 설비 및 밸런스 이상 진동 유무 진단
• 각 회전 기기의 언밸런스에 의한 이상 진동 유무 진단
• 기기에 공급되는 이상 압력에 의한 진동 여부 진단 |
> | 오일 분석법 | • 페로그래피법 : 시료용 오일을 용제에 희석하여 경사면을 따라 흐르게 하면서 자력을 가하면 오일 중에 마모된 금속이 크기에 따라 자석에 부착하게 되며 이를 색 현미경에 의하여 크기, 형상 등을 관찰하여 마모부위와 원인 분석
• SOAP법 : 시료용 오일을 연소하면서 발생되는 금속성분의 발광 또는 흡광현상으로 분석 |
> | 응력법 | • 계속된 기기의 운전에 의하여 설비에 피로가 축적되면 응력이 집중되는데 이를 제거하기 위한 방법
• 응용 : 기기의 실제 응력 조사, 설비 내부의 응력 분포도, 설비 피로에 의한 수명 파악 |

32 측정된 진동값에 대해 정상값인지 이상값인지를 판정하는 기준의 종류가 아닌 것은?

① 절대판정기준　② 절충판정기준
③ 상대판정기준　④ 상호판정기준

> **판정 기준의 종류**
> 절대판정기준, 상대판정기준, 상호판정기준

33 정비의 시기에 맞추어 필요한 예비품을 준비해 두어야 하는데, 해당되는 예비품이 아닌 것은?

① 부품 예비품
② 연료 예비품
③ 라인 예비품
④ 부분적 세트 예비품

> **예비품 종류**
> 부품 예비품, 라인 예비품, 부분적 세트 예비품

34 윤활유 급유법 중 순환 급유법에 해당되는 것은?

① 적하 급유법
② 유륜식 급유법
③ 사이펀 급유법
④ 가시 부상 유적 급유법

> **순환 급유법**
> • 패드 급유법 : 털실이 직접 마찰면에 접촉하는데 모세관 현상에 의해 기름을 공급
> • 유륜 급유법 : 축의 회전에 오일링이 수반되어 마찰면에 기름을 이송하여 윤활작용
> • 체인 급유법 : 저속의 베어링에 적합하며 고점도의 윤활유를 필요로 할 때 사용
> • 버킷 급유법 : 고하중 베어링의 온도를 냉각하기 위하여 사용
> • 칼라 급유법 : 베어링 전체에 기름이 공급될 수 있으며 스크레이퍼가 부착되어 있다.
> • 비말 급유법 : 활동부의 축에 오일 디퍼나 밸런스웨이터를 설치하여 오일을 튀겨 올리는 방식으로 마찰면에 동시에 급유할 수 있다.
> • 롤러 급유법 : 유류 탱크에 롤러를 설치하여 롤러에 부착되는 기름을 공급한다.
> • 원심 급유법 : 축의 회전력에 의하여 기름이 공급되며 회전이 정지되면 급유가 중단.
> • 나사 급유법 : 축에 나선상의 홈을 만들어 축의 회전에 의해 기름이 홈을 따라 공급

35 다음 중 변위 센서로 사용되는 것은?

① 동전형 센서　　② 압전형 센서
③ 기전력 센서　　④ 와전류형 센서

변위 센서 : 축과 마운트 사이에 발생되는 진동이나 축 표면의 흠집, 표면 거칠기 등의 측정에 용이하다. (와전류식, 전자광학식, 정전용량식)

36 진폭을 나타내는 파라미터 중 거리로 표현하는 것은?

① 속도　　② 변위
③ 가속도　　④ 중력

- 변위 : 진동이 어떤 위치에서 다른 위치로 이동한 양으로 크기와 방향을 갖는 벡터이며 저주파 성분이나 기계부품 사이의 미세한 틈이 문제가 되는 경우에 주로 사용
- 속도 : 진동이 단위 시간동안 이동할 수 있는 거리
- 가속도 : 단위 시간당 진동 속도 변화의 비율

37 공장의 증설 및 신설, 휴지공사 등에 임시로 편성하는 설비관리 조직은?

① 정상 조직　　② 기능별 조직
③ 경상적 조직　　④ 프로젝트 조직

프로젝트 조직은 임시로 편성된 일시적 조직으로 비 일상적인 과제의 해결을 위해 형성되는 조직이다.

38 일반적인 집중보전의 특징으로 옳은 것은?

① 일정 작성이 용이하다.
② 긴급작업을 신속히 처리할 수 있다.
③ 작업의뢰와 완성까지의 시간이 매우 짧다.
④ 자본과 새로운 일에 대하여 통제가 불확실하다.

집중 보전 : 책임자 한 사람을 기준으로 하여 조직이 구성되며 모든 보전 요원은 책임자의 지시에 따라 움직이는 집중 관리 시스템으로 설비의 수리, 고장, 교체 등 모든 일처리가 신속히 이루어진다.

39 조직상으로 집중보전과 같이 한 관리자 밑에 조직되어 있지만 배치상 각 지역에 분산된 보전 조직은?

① 지역보전　　② 절충보전
③ 설비보전　　④ 절충형보전

지역보전 : 생산 공장에 보전요원을 배치함으로서 설비의 이상 유무, 수리, 검사 등을 직접 처리하며 보전요원과 작업자가 바로 접촉함으로서 제품 생산까지 소요시간을 단축할 수 있다.

40 설비보전 조직의 직접 기능이 아닌 것은?

① 일상보전　　② 원가보전
③ 사후보전　　④ 예방보전검사

설비보전과 관리 시스템
- 보전예방 : 설비의 이상 유무를 조기에 발견하거나 예측하여 점검, 측정, 수리
- 일상보전 : 급유, 청소, 부품교체 등 고장예방 또는 조기 점검을 위해서 시행
- 예방보전 : 설비의 고장예방을 위해서 실시되는 제작, 분해, 조립 등
- 사후보전 : 설비의 고장 또는 이상 발생 후 제작, 분해, 조립 등
- 개량보전 : 설비의 수명연장, 검사나 수리하기 쉽도록 개선
- 검수 : 수리 또는 부품이나 설비제작의 점검, 측정, 시운전
- 설비점검표준 : 진단 방법, 항목, 부위, 주기 등에 대한 표준화 대상

제3과목　공업계측 및 전기전자제어

41 전자코일에 전원을 주어 형성된 자력을 이용하여 접점을 즉시 개폐하는 역할을 하는 것은?

① 카운터　　② 릴레이
③ 열동형 계전기　　④ 셀렉터 스위치

릴레이는 전자석의 힘으로 스위치를 ON/OFF를 해주는 것으로 코일에 전류를 흘려주면 전자석에서 자력이 발생하여 ON, 코일에 전류가 흐르지 않을 때는 통상 OFF가 된다.

42 검출용 기기가 아닌 것은?

① 캠 스위치　　② 리밋 스위치
③ 근접 스위치　　④ 플로트 스위치

캠 스위치는 고정 접촉 요소와 가동 접촉 요소가 축에 의해 움직이는 스위치로 검출용 기기와는 무관하다.

43 되먹임 제어(feed back control)에서 반드시 필요한 장치는?

① 구동기 ② 조작기
③ 검출기 ④ 비교기

> 피드백 제어는 제어값을 입력측으로 되돌려 이것을 목표치와 비교하여 제어량을 목표치에 일치시키도록 정정 동작을 제어하는 것으로 비교기가 반드시 설치되어 있어야 한다.

44 3상 Y-Y 회로에서 a상의 전압 V_a가 220V이고 부하 한 상의 임피던스 Z는 $8+j6\,\Omega$일 때 선전류 값은 몇 A인가?

① 10 ② 11
③ 20 ④ 22

> 임피던스 $Z = R+jX = 8+j6 = \sqrt{8^2+6^2} = 10\,\Omega$
> Y결선에서 선전류는 상전류와 같으므로
> $I = \dfrac{V_a}{Z} = \dfrac{220}{10} = 22$

45 측정하고자 하는 양과 일정한 관계가 있는 다른 종류의 양을 각각 직접 측정으로 구하여, 그 결과로부터 계산에 의해 측정량의 값을 결정하는 측정방법은?

① 일반측정 ② 비교측정
③ 절대측정 ④ 간접측정

> 측정량과 일정한 관계가 있는 몇 개의 양을 측정함으로써 구하고자 하는 측정값을 간접적으로 구하는 측정 방법을 간접측정이라고 한다.

46 유도전동기에서 슬립링이 필요한 전동기는?

① 농형 유도전동기
② 단상 유도전동기
③ 권선형 유도전동기
④ 2중 농형 유도전동기

> 회전자에 슬립링을 설치하고 외부에 기동저항을 접속하여 기동전류를 제한하는 전동기는 권선형 유도전동기이다.

47 회전수 120rpm인 6극 교류발전기와 병렬 운전하는 8극 교류발전기의 회전수는 몇 rpm인가?

① 900 ② 1000
③ 1100 ④ 1200

> $N_s = 1200 \times 6/8 = 900\,\text{rpm}$

48 다음 보기에서 조작량에 해당되는 것은?

> 보일러의 온도를 80℃로 유지시키기 위하여 기름의 공급량을 변화시킨다.

① 온도 ② 80℃
③ 보일러 ④ 기름의 공급량

> 조작량 : 제어장치가 제어대상에 가하는 제어신호로서 제어장치의 출력인 동시에 제어 대상에의 입력이다.

49 이상적인 연산증폭기의 특성이 아닌 것은?

① 주파수대역폭 = ∞
② 개방전압이득 = ∞
③ 입력임피던스 = ∞
④ 출력임피던스 = ∞

> 이상적인 연산 증폭기 특성
> • 전압 이득, 입력 저항, 대역폭 : 무한대
> • 출력 임피던스, 지연응답, 오프셋(off-set) : 0

50 다음의 반가산기의 회로도에서 입력이 A = 1, B = 1 일 때, S와 C는?

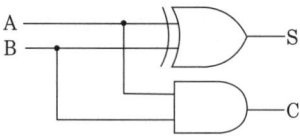

① S = 0, C = 0 ② S = 0, C = 1
③ S = 1, C = 0 ④ S = 1, C = 1

> S는 부정을 표시하므로 출력이 "0"이 되며 C는 정상 출력이 되므로 "1"이 된다.

51 다음 전력 증폭기 중 효율이 가장 높은 것은?

① A급 전력증폭기 ② B급 전력증폭기
③ C급 전력증폭기 ④ AB급 전력증폭기

이론상 최대효율은 A급 50%, B급 78%이며, C급은 100%에 가깝다.

52 신호 변환기에서 변위 센서로 많이 사용되며, 변위를 전압으로 변환하는 장치는?

① 벨로즈 ② 서미스터
③ 노즐 플래퍼 ④ 차동 변압기

차동변압기는 변위를 전압으로, 벨로즈는 압력을 변위로, 노즐 플래퍼는 변위를 압력으로, 서미스터는 온도를 임피던스로 변환한다.

53 소자상태에서 트랜지스터의 이미터와 컬렉터 사이의 이상적인 저항값(Ω)은?

① 0 ② 20
③ 50 ④ ∞

이미터와 컬렉터 사이의 이상적인 저항값은 ∞이다.

54 전기기계의 철심을 성층하는 이유와 가장 관계가 있는 것은?

① 와류손 ② 기계손
③ 표유부하손 ④ 히스테리시스손

와류손은 철심을 통과하는 자속의 변화가 일어나는 곳에서 발생한다.

55 공기식 조작기기의 장점으로 옳은 것은?

① 선형 특성이다.
② 간단하게 PID 동작이 된다.
③ 신호를 먼 곳까지 보낼 수 있다.
④ 다른 방식에 적용시키기 어렵다.

PID 동작(비례+적분+미분 동작)이 된다.

56 전압과 주파수를 가변시켜 전동기의 속도를 고효율로 쉽게 제어하는 장치로 사용되는 것은?

① 인버터 ② 카운터
③ 다이오드 ④ 배선용 차단기

인버터는 주파수를 바꾸어 모터의 회전속도를 바꾸는 것이다.

57 다음 논리회로에서 입력이 A, B일 때 출력 Y에 나타나는 논리식은?

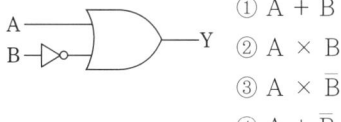

① $A + B$
② $A \times B$
③ $A \times \overline{B}$
④ $A + \overline{B}$

A는 긍정이며 B는 부정으로 OR회로에 연결된 상태이다.

58 10~15kW 정도의 3상 농형 유도전동기의 기동방식으로 사용하는 것은?

① 반발 기동
② Y-Δ 기동
③ 전전압 기동
④ 기동보상기를 사용한 기동

Y-Δ 기동은 기동할 때의 권선은 Y결선으로 되어 1차 각 상의 전압은 전원 전압의 배가 걸리므로, Δ결선에 비하여 기동 전류(선전류)와, 기동 토크가 감소한다. Y-Δ기동은 10~15[kW] 출력의 3상 농형 유도 전동기에 많이 사용한다.

59 두 코일이 있다. 한 코일의 전류가 매초 20A의 비율로 변화할 때, 다른 코일에 10V의 기전력이 발생하였다면 두 코일의 상호 인덕턴스는 약 몇 H 인가?

① 1.25 ② 0.75
③ 0.5 ④ 0.25

2차 코일의 기전력의 높이를 좌우하는 것으로, 1차 코일에 흐르는 전류를 1초 동안에 1A 변화시키면 2차 코일에 1V의 기전력이 발생되는 것을 1 헨리(H)라고 한다.
H = 10V/20A = 0.5

60 측온 저항온도계에서 사용하는 금속 저항체가 아닌 것은?

① 백금   ② 니켈
③ 구리   ④ 안티몬

> 측온 저항 온도계는 금속선으로 백금선을 사용한다. (니켈, 동 사용)

제4과목 기계정비 일반

61 펌프 점검 관리 항목 중 일상 점검 항목이 아닌 것은?

① 누수량   ② 토출 압력
③ 베어링 온도   ④ 임펠러의 마모

> 임펠러의 마모는 정기적인 점검에 해당된다.

62 V 벨트나 풀리의 홈 크기에 대한 규격 중 단면의 면적이 가장 큰 것은?

① M형   ② A형
③ E형   ④ Y형

> M, A, B, C, D, E의 6가지가 있으며 M형이 제일 작고 E형이 가장 단면이 크다.

63 측정방법 중 비교측정의 장점으로 가장 적합한 것은?

① 측정범위가 넓다.
② 측정물의 치수를 직접 잴 수 있다.
③ 소량 다종의 제품 측정에 적합하다.
④ 길이뿐만 아니라 면의 모양 측정 등 사용범위가 넓다.

> 비교측정은 측정 대상과 동일 종류의 모델과 비교하는 측정 방법하는 것으로 사용범위가 넓다.

64 전동기 고장현상 중 과열의 원인으로 틀린 것은?

① 과부하 운전
② 냉각팬에 의한 발열
③ 빈번한 기동 및 정지
④ 베어링 부에서의 발열

> 냉각 팬은 오히려 발열을 제거해 주는 역할을 한다.

65 가열 끼워 맞춤에서 가열온도를 250℃ 이하로 하는 이유로 가장 적합한 것은?

① 에너지 절감을 위하여
② 끼워 맞춤 후 급냉을 위하여
③ 가열 작업시간 단축을 위하여
④ 재질의 변화 및 변형을 방지하기 위하여

> 가열 시 전체를 200~250℃ 이하로 서서히 가열하여야 재질의 변화와 변형을 막을 수 있다.

66 압력이 포화 수증기압 이하로 낮아지면서 기포가 발생하는 현상을 무엇이라 하는가?

① 공동현상   ② 교축현상
③ 수격현상   ④ 채터링현상

> 펌프 흡입측에서의 압력 손실로 발생된 기체가 펌프 상부에 모이게 되면 유체의 송출을 방해하고 펌프는 공회전을 하게 되는데 이를 공동현상이라 한다.

67 기계요소에 대한 설명 중 옳지 않은 것은?

① 분할핀은 풀림방지용으로 사용한다.
② 테이퍼핀은 위치결정용으로 사용한다.
③ V벨트는 평벨트보다 전동효율이 높다.
④ 크랭크 축은 연삭기 등의 주축에 사용한다.

> 크랭크 축은 피스톤의 왕복 운동을 회전 운동으로 바꾸는 기능을 하는 축이다.

68 다음 중 원심식 압축기의 장점으로 틀린 것은?

① 대용량이다.   ② 윤활이 쉽다.
③ 고압 발생이 쉽다.   ④ 맥동 압력이 없다.

> 원심식 압축기는 임펠러의 고속회전으로 압력을 가하는 것으로 가스의 비중량이 커야만 원심력을 받을 수 있으며 압력은 주로 저압이다.

69 체결용 기계요소 중 볼트 너트의 이완방지 방법이 아닌 것은?

① 절삭 너트에 의한 방법
② 로크 너트에 의한 방법
③ 테이퍼 핀에 의한 방법
④ 홈 달림 너트 분할핀에 의한 방법

> 볼트와 너트의 풀림 방지법
> • 로크 너트, 자동 쳄 너트를 사용
> • 핀, 작은나사, 멈춤나사 등을 사용
> • 탄력성이 있는 와셔를 사용

70 왕복동 압축기의 피스톤 앤드 간극 측정에 대한 설명으로 옳은 것은?

① 하부 간극보다 상부 간극을 크게 한다.
② 수평 게이지는 0.05mm/m 정도의 것을 사용한다.
③ 테이퍼 라이너를 사용하여 크로스 헤드를 조정한다.
④ 다이얼 게이지를 사용하여 90° 간격으로 편차가 0.03mm 이하로 한다.

71 축정렬 작업 시 사용하는 심플레이트(shim plate)의 용도는?

① 축의 진직도를 측정하는 게이지이다.
② 양 커플링 사이에 삽입하여 축의 간격 조정에 사용한다.
③ 커플링 면간을 측정하는 틈새게이지의 일종이다.
④ 기초볼트에 삽입하여 기계 등의 높낮이 조정에 사용한다.

> 심플레이트는 제품의 틈새의 치수를 간접적으로 측정하는데 사용한다.

72 관의 안지름 1.2m, 평균유속 3m/s인 도수관 1개를 사용할 때 이 도수관에 흐르는 유량은 약 몇 m³/s인가?

① 3.39   ② 6.79
③ 33.93   ④ 67.85

$$Q = A \times V = \frac{\pi}{4} \times 1.2^2 [m^2] \times 3 [m/s] = 3.39 [m^3/s]$$

73 다음 V 벨트 호칭법에서 80은 무엇을 의미하는가?

> 일반용 V벨트 A80 또는 A2032

① 폭(mm)
② 호칭번호
③ 호칭 지름(mm)
④ 인장강도(kg/cm²)

> V벨트 호칭번호는 V벨트의 유효둘레(mm)를 표시한다.

74 펌프 운전 중 발생되는 캐비테이션의 방지법으로 적합하지 않은 것은?

① 흡입구를 작게 한다.
② 흡입양정을 작게 한다.
③ 양흡입 펌프를 사용한다.
④ 펌프의 회전수를 낮게 한다.

> 흡입관경이 작거나 가늘 경우 캐비테이션(공동현상)을 유발하게 된다.

75 송풍기의 압력 범위를 올바르게 표현한 것은?

① 0.1kgf/cm² 이하
② 1.4kgf/cm² 이상
③ 0.1~1.0kgf/cm²
④ 1.0~1.4kgf/cm²

> 송풍기 압력범위 0.1~1.0kgf/cm²(0.01~0.1MPa)

76 다음 변속기 중 유성 운동을 하는 원추판을 반경방향으로 이동시켜 접시형 스프링을 가진 한 쌍의 태양플랜지와 접촉시켜 유성 원추판의 공전을 출력축으로 빼내는 구조로 된 것은?

① 가변 변속기
② 컵 무단변속기
③ 디스크 무단변속기
④ 체인식 무단 변속기

77 축의 고장원인과 가장 거리가 먼 것은?

① 윤활 불량   ② 응력 분산
③ 키 홈 마모 ④ 끼워 맞춤 불량

응력 집중이 되면 축의 고장원인이 된다.

78 플렉시블 커플링에 대한 설명으로 틀린 것은?

① 완충작용이 필요한 경우에 사용한다.
② 두 축이 일직선상에 일치하는 경우에 사용한다.
③ 고무 커플링은 방진고무의 탄성을 이용한 커플링이다.
④ 그리드 플렉시블 커플링을 스틸 플렉시블 커플링이라고도 한다.

플렉시블 커플링 : 두 축이 정확히 일치하지 않는 경우에 사용하며, 급격히 힘이 변화하는 경우, 완충 작용과 전기 절연 작용을 한다.

79 펌프의 부식에 관한 설명으로 옳은 것은?

① 유속이 느릴수록 부식되기 쉽다.
② 온도가 낮을수록 부식되기 쉽다.
③ 유체 내의 산소량이 적을수록 부식되기 쉽다.
④ 재료가 응력을 받고 있는 부분은 부식되기 쉽다.

유속이 빠를수록, 온도가 높을수록, 유체 내 산소 함유량이 많을수록, 재료에 응력이 집중될수록 펌프의 부식은 커진다.

80 원심형 통풍기(fan)의 정기 검사 항목이 아닌 것은?

① 덕트의 마모상태
② 흡기, 배기의 능력
③ 통풍기의 주유상태
④ 배기세정장치 수리

원심형 통풍기(fan)의 정기검사 항목
흡기·배기의 능력, 통풍기의 주유상태, 덕트의 마모상태

정답 최근기출문제 2017년 3회

01 ④	02 ③	03 ④	04 ④	05 ①
06 ④	07 ④	08 ④	09 ③	10 ④
11 ③	12 ③	13 ②	14 ①	15 ③
16 ①	17 ①	18 ②	19 ③	20 ①
21 ②	22 ③	23 ①	24 ②	25 ②
26 ④	27 ③	28 ④	29 ③	30 ①
31 ④	32 ②	33 ②	34 ②	35 ④
36 ②	37 ④	38 ②	39 ①	40 ②
41 ②	42 ①	43 ④	44 ②	45 ④
46 ③	47 ①	48 ④	49 ②	50 ②
51 ②	52 ②	53 ②	54 ①	55 ②
56 ①	57 ④	58 ②	59 ③	60 ④
61 ④	62 ②	63 ④	64 ②	65 ④
66 ①	67 ④	68 ③	69 ②	70 ①
71 ④	72 ①	73 ②	74 ④	75 ③
76 ③	77 ②	78 ②	79 ④	80 ④

2018년 1회 최근기출문제

제1과목 공유압 및 자동화시스템

01 공학기압 1 at와 크기가 다른 것은?

① 10 bar
② 10 mAq
③ 1 kgf/cm²
④ 10000 kgf/m²

1at = 1kgf/cm² = 10mAq = 10000kgf/m² ≠ 1bar

02 릴리프 밸브를 이용한 유압 브레이크 회로에서 유압 모터를 정지시키고자 오일의 공급을 중단했을 때 유압 모터의 현상은?(단, 모터축의 부하 관성이 크다.)

① 바로 정지한다.
② 잠시동안 고정된다.
③ 얼마간 회전을 지속하다가 정지한다.
④ 급정지했다가 관성에 의해 다시 회전한다.

릴리프 밸브는 유체압력이 설정값을 초과할 때 회로 내의 유체압력을 설정값 이하로 일정하게 유지시키는 밸브로 오일 공급이 중단되면 유압모터는 회전을 일정 이상을 지속하다가 정지하게 된다.

03 AND 밸브라고도 불리며 연동제어, 안전제어에 사용되는 밸브는?

① 2압 밸브
② 셔틀 밸브
③ 차단 밸브
④ 체크 밸브

2압 밸브(AND 밸브)는 어느 한쪽으로만 흐르게 하는 밸브로서 주로 안전제어에 사용한다.

04 내경 32mm의 실린더 10mm/s의 속도로 움직이려 할 때 필요한 최소 펌프 토출량은 약 몇 L/min 인가?

① 0.48
② 1.04
③ 1.52
④ 2.17

$Q = AV = \dfrac{\pi}{4} \times 3.2^2 [cm^2] \times 1[cm/s] = 8.0384 [cm^3/s]$
$1L = 1000cm^3,\ 1min = 60s$이므로
$\therefore Q = 8.0384[cm^3/sec] \times \dfrac{60}{1000} = 0.48[L/min]$

05 일반적인 압축공기의 생산과 준비 단계가 옳은 것은?

① 압축기→건조기→서비스 유닛→애프터 쿨러→저장탱크
② 압축기→애프터 쿨러→저장탱크→건조기→서비스 유닛
③ 압축기→건조기→서비스 유닛→저장탱크→애프터 쿨러
④ 압축기→서비스 유닛→애프터 쿨러→건조기→저장탱크

- 애프터 쿨러 : 토출 압축공기의 냉각과 응축수를 분리하는 역할을 한다.
- 저장탱크 : 압축공기의 압력 조절과 균일화를 목적으로 한다.
- 건조기 : 압축공기 중에 존재하는 수분을 제거한다.
- 라인필터 : 압축공기 중의 불순물(이물질)을 제거한다.

06 직선왕복운동용 액추에이터가 아닌 것은?

① 다단 실린더
② 단동 실린더
③ 복동 실린더
④ 요동 실린더

요동 실린더는 요동각이 280° 제한 각도로 회전운동을 한다.

07 다음 유압밸브에서 알 수 없는 것은?

① 3위치 ② 4포트
③ 가스켓 ④ 오픈 센터

> 3위치 4포트 밸브 중 중립위치에서 모든 포트가 통하는 올포트 오픈형 밸브이다.

08 제어시스템에서 신호발생요소의 작동 상태를 알 수 있으며 시퀀스 상의 간섭 유무를 판별할 수 있는 것은?

① 논리도 ② 제어선도
③ 내부결선도 ④ 변위단계선도

> 프로그램 모델의 변화
> • 제어선도 : 자동제어에 있어서 조절부의 출력신호로 조작부를 조작하는 선도이며 종류로는 2위치(on-off)동작, 비례동작, 미분동작, 적분동작 등이 있다.
> • 논리도 : AND, OR, NOT 등의 기본 논리연결을 표시한다.
> • 플로챠트 : 산업용, 기술용으로 논리 순서를 표현한다.
> • 변위-단계선도 : 작업요소의 작업 순서가 표시되고 그 변위는 순서에 따라 표시된다.

09 유압펌프에서 압력이 상승하지 않는 경우 점검사항이 아닌 것은?

① 언로드 회로의 점검
② 릴리프 밸브의 압력설정 점검
③ 유량조절밸브의 조절 상태 점검
④ 펌프 축 및 카트리지 등의 파손 점검

> 유압펌프에서 유압저하 원인
> • 언로드 회로의 막힘
> • 릴리프 밸브의 작동 불량 또는 조정 불량
> • 펌프 고장 및 성능 불량
> • 펌프 동력 부족 및 흡입 불량

10 무부하 밸브(unloading valve)에 대한 설명으로 틀린 것은?

① 동력을 절감시키는 역할을 한다.
② 유압의 상승을 방지하는 역할을 한다.
③ 실린더의 부하를 감소시키는 역할을 한다.
④ 펌프 송출량을 탱크로 되돌리는 역할을 한다.

> 무부하 밸브는 작동압이 규정압력 이상으로 달하였을 경우 무부하 운전을 하여 배출하고 이하가 되면 밸브를 닫고 다시 작동한다. 펌프 송출량을 탱크로 되돌리는 역할을 하며 열화 방지 및 동력절감 효과를 갖게 된다.

11 제작회사에서 미리 ROM에 프로그램 내용을 기억시켜 스스로 판독하여 프로그램을 수행할 수 있도록 만든 것은?

① EPROM
② EEPROM
③ PROM
④ MASK ROM

> • Mask ROM : 제조시에 마스크를 이용하여 영구적으로 기록한 것으로 한번 기억된 것은 지울 수가 없다.
> • PROM : 사용자가 원하는 내용을 한번은 저장할 수 있다.
> • EPROM : PROM의 특성을 개선하여, 수시로 사용자가 원하는 경우 내용을 지우고 다시 쓸 수 있다.
> • RAM : 주기억장치의 메모리로 읽기·쓰기가 가능하며 보통 주기억장치를 의미한다. 전원공급이 중단되면 내용이 삭제된다.

12 다음 밸브 작동 방법 기호의 의미는?

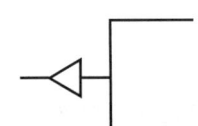

① 감압 작동
② 레버 작동
③ 압축 공기 작동
④ 롤러 레버 작동

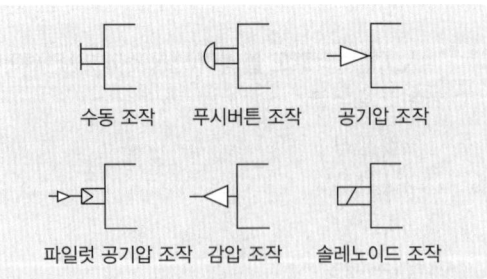

13 큰 운동에너지를 얻기 위해 설계된 것으로 리벳팅, 펀칭, 프레싱 작업 등에 사용되는 실린더는?

① 충격 실린더
② 양로드 실린더

③ 쿠션 내장형 실린더
④ 텔레스코프형 실린더

> 충격 실린더는 상당히 큰 운동에너지를 얻을 수 있으며 속도는 7.5~10m/sec까지 얻을 수 있다.

14 자동화 시스템 유지보수에 관한 설명 중 틀린 것은?

① 유지 보수비 지출을 가능한 최소로 하는 것이 전체 생산 원가를 줄이는 방법이다.
② 설비의 상태를 관찰하여 필요한 시기에 필요한 보전을 하는 것을 개량보전(CM)이라 한다.
③ 예비 부품의 상시 확보 여부는 그 부품의 보관비용과 고장 빈도 또는 고장 1회당 설비 손실 금액을 고려하여 결정하여야 한다.
④ 설비가 고장을 일으키기 전에 정기적으로 예방수리를 하여 돌발적인 고장을 줄이는데 목적이 있는 설비 관리 기법이 예방보전(PM)이다.

> **설비계획 개요**
> • 사후보전(BM) : 고장, 전지 또는 유해한 성능저하 후 수리를 행하는 것
> • 예방보전(PM) : 고장, 정지 또는 유해한 성능저하를 가져오는 상태를 발견하기 위한 설비의 주기적인 검사로 초기단계에서 이러한 상태를 제거 또는 복구시키기 위한 보전
> • 생산보전(PM) : 생산성이 높은 보전, 경제성
> • 개량보전(CM) : 설비 자체의 체질개선으로 고장이 없고, 보전하기 쉬운 설비로 개량
> • 보전예방(MP) : 고장이 없고, 보전이 필요치 않은 설비를 설계, 제작 또는 구입
> • 종합적생산보전(TPM) : 설비효율을 최고로 하는 것을 목표로 하여 설비의 계획, 사용, 보전부문 등 전 부문에 걸쳐 최고경영자로부터 제일선 종업원에 이르기까지 전원이 참가하여 동기부여 관리, 즉 그룹별 자주관리 활동에 의하여 PM을 추진하는 것

15 미터-아웃 유량제어 방식의 특징으로 틀린 것은?

① 부하가 카운터 밸런스 되어 있어 끄는 힘에 강하다.
② 교축 요소에 의하여 발생된 열은 탱크로 옮겨진다.
③ 낮은 속도 조절면에서 미터-인 방식보다 불리하다.
④ 유압유의 압축성 측면에서 미터-인 방식보다 유리하다.

> • 미터 아웃 방식은 카운터 밸런스되어 배압이 걸리므로 속도면에서 미터-인 방식이 미터-아웃 방식보다 빠르다.
> • 유압유는 비압축성이므로 무관하다.

16 검출 물체가 센서의 작동 영역(감지거리 이내)에 들어올 때부터 센서의 출력 상태가 변화하는 순간까지의 시간 지연을 무엇이라 하는가?

① 동작주기   ② 복귀시간
③ 응답시간   ④ 초기지연

> 응답시간은 회로 등에서 입력이 가해진 뒤에 출력이 표시될 때까지의 시간이다.

17 직류 전동기가 과열하는 원인이 아닌 것은?

① 저전압
② 과부하
③ 핸들 이송 속도가 느림
④ 저항 요소 또는 접촉자의 단락

> **전동기의 과열 원인**
> • 전동기의 과부하 운전
> • 핸들 이송 속도가 느림
> • 코일의 단락
> • 저항 요소 또는 접촉자의 단락
> • 회전지 동봉의 움직임

18 다음 중 서보센서가 아닌 것은?

① 리졸버   ② 엔코더
③ 서미스터   ④ 타코미터

> **서보센서의 종류와 역할**
> • 리졸버 : 서보기구에 있어서 회전각을 검출하는데 사용된다.
> • 엔코더 : 모터의 회전각을 측정하는 센서이다.
> • 타코미터 : 회전속도계로 원동기나 자동차의 회전속도를 측정하는 계기이다.

19 메모리 제어의 설명으로 옳은 것은?

① 이번 단계 완료 여부를 센서를 이용하여 확인 후 다음 단계의 작업을 수행하는 제어
② 시스템 내의 하나 또는 여러 개의 입력변수가 약속된 법칙에 의하여 출력변수에 영향을 미치는 공정
③ 어떤 신호가 입력되어 출력신호가 발생한 후에는 입력신호가 없어져도 그때의 출력상태를 유지하는 제어

④ 제어하고자 하는 하나의 변수가 계속 측정되어 다른 변수, 즉 지령치와 비교되며 그 결과가 첫 번째의 변수를 지령치에 맞추도록 수정을 가하는 것

제어과정에 따른 분류
- 파일럿 제어 : 입력과 출력이 1:1 대응관계가 있는 시스템으로서 메모리 기능은 없고 이의 해결을 위해 불(Boolean) 논리 방정식이 이용된다.
- 조합 제어 : 제어명령은 시간에 따른 제어와 같은 방법으로 주어지나 이의 수행은 시퀀스 제어와 마찬가지 방법으로 감시된다.
- 메모리 제어 : 어떤 신호가 입력되어 출력신호가 발생된 후에는 입력신호가 없어져도 그때의 출력상태를 유지하는 제어방법이다.
- 시퀀스 제어 : 전 단계의 작업완료 여부를 리밋 스위치나 센서를 이용하여 확인한 후 다음 단계의 작업을 수행하는 것으로 공장 자동화에 가장 많이 이용되는 제어방법이다.

20 로터의 피치가 60°, 극수가 8, 회전자의 치수가 6인 4상 스테핑 모터의 스텝각은?

① 15° ② 24° ③ 32° ④ 48°

- 스테이터(고정자)의 피치각 $\theta_S = \dfrac{360}{N_S} = \dfrac{360}{8} = 45°$
- 로터(회전자)의 피치각 $\theta_R = 60°$
- ∴ 스텝각 $\Delta\theta = \theta_R - \theta_S = 60 - 45 = 15°$

제2과목 설비진단 및 관리

21 진동 차단기의 기본 요구조건 중 틀린 것은?

① 온도, 습도, 화학적 변화 등에 대해 견딜 수 있어야 한다.
② 차단하려는 진동의 최저 주파수보다 큰 고유 진동수를 가져야 한다.
③ 차단기의 강성은 그에 부착된 진동 보호대상체의 구조적 강성보다 작아야 한다.
④ 강성은 충분히 작아 차단능력이 있되 작용하는 하중을 충분히 받칠 수 있어야 한다.

진동 차단기 구비 조건
- 강성이 충분히 작아서 차단 능력이 있어야 한다.
- 강성은 작되 걸어준 하중을 충분히 견딜 수 있어야 한다.
- 온도, 습도, 화학적 변화 등에 의해 견딜 수 있어야 한다.

22 변위 센서의 종류가 아닌 것은?

① 압전형
② 와전류형
③ 전자 광학형
④ 정전 용량형

변위계는 축과 마운트 사이에 발생되는 진동이나 축 표면의 흠집, 표면 거칠기 등의 측정에 용이하며 와전류식, 전자광학식, 정전용량식이 있다. 참고로 압전형은 가속도계에 해당된다.

23 PM(Phenomena mechanism) 분석의 단계별 내용에 해당되지 않은 것은?

① 현상을 명확히 한다.
② 조사방법을 검토한다.
③ 이상한 점을 발견한다.
④ 최적 조건을 파악한다.

예방보전(PM) : 고장, 정지 또는 유해한 성능저하를 가져오는 상태를 발견하기 위한 설비의 주기적인 검사로 초기단계에서 이러한 상태를 제거 또는 복구시키기 위한 보전이며, 최적 조건으로 유지하는 것은 종합적생산보전(TPM)에 해당된다.

24 진동 센서 고정방법 중 주파수 영역이 넓고 진동 측정 정확도가 가장 좋은 것은?

① 손 고정   ② 나사 고정
③ 밀랍 고정   ④ 마그네틱 고정

가속도 센서의 부착
- 나사 고정 : 주파수 영역이 넓고 진동 측정 정확도 및 장기적인 안정성이 좋으며 먼지, 습기 등의 영향이 적으며 가속도계의 이동 및 고정시간이 길다.
- 손 고정 : 전체적으로 측정 오차가 심하나 빠른 조사에 용이하다.
- 밀랍 고정 : 주파수 영역이 적당하고 장기적인 안정성이 나쁘며 40℃ 이하의 온도에서 사용하여야 한다.
- 마그네틱 고정 : 가속도계의 이동 및 고정이 용이하며 주파수 영역이 좁고 정확도가 떨어지나 작은 구조물에는 자석의 질량효과가 크다.

25 생산의 정지 혹은 유해한 성능저하를 초래하는 상태를 발견하기 위한 설비의 정기적인 검사를 무엇이라 하는가?

① 개량보전 ② 사후보전
③ 예방보전 ④ 보전예방

설비계획의 개요
- 사후보전(BM) : 고장, 정지 또는 유해한 성능저하 후 수리를 행하는 것
- 예방보전(PM) : 고장, 정지 또는 유해한 성능저하를 가져오는 상태를 발견하기 위한 설비의 주기적인 검사로 초기단계에서 이러한 상태를 제거 또는 복구시키기 위한 보전
- 생산보전(PM) : 생산성이 높은 보전, 경제성
- 개량보전(CM) : 설비 자체의 체질개선으로 고장이 없고, 보전하기 쉬운 설비로 개량
- 보전예방(MP) : 고장이 없고, 보전이 필요치 않은 설비를 설계, 제작 또는 구입
- 종합적생산보전(TPM) : 설비효율을 최고로 하는 것을 목표로 하여 설비의 계획, 사용, 보전부문 등 전 부문에 걸쳐 최고경영자로부터 제일선 종업원에 이르기까지 전원이 참가하여 동기부여 관리, 즉 그룹별 자주관리 활동에 의하여 PM을 추진하는 것

26 다음 그림과 같은 보전 조직은?

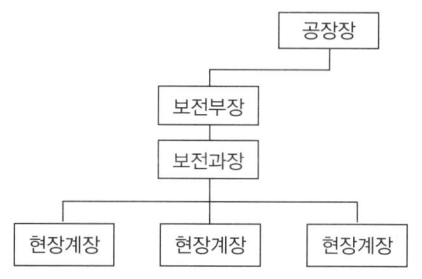

① 지역보전
② 집중보전
③ 부문보전
④ 절충보전

설비보존 조직
- 집중보전 : 책임자 한 사람을 기준으로 하여 조직이 구성되며 모든 보전 요원은 책임자의 지시에 따라 움직이는 집중관리 시스템이다.
- 지역보전 : 생산 공장에 보전요원을 배치함으로서 설비의 이상 유무, 수리, 검사 등을 직접 처리한다.
- 부분보전 : 생산 제조 부분 책임자 관할아래 보전요원을 상주시키는 방식이다.
- 절충보전 : 집중보전에 지역보전이나 부분보전을 접목시켜 서로의 장점을 계승하고 단점을 보완하여 운영하는 보전방식이다.

27 다음 설비보전 표준 중 검사, 정비, 수리 등의 보전 작업 방법과 보전작업 시간의 표준을 말하는 것은?

① 설비 성능표준
② 일상 점검표준
③ 설비 점검표준
④ 보전 작업표준

보전 작업표준
- 경험법 : 숙련자에 의하여 작업 방향을 결정하는 것으로, 간단한 수리공사에 많이 사용하는 방법이다.
- 실적 자료법 : 모든 일은 그동안의 실적에 의하여 작업의 표준시간을 결정하는 방법으로 적용범위가 넓어지는 것이 특징이다.
- 작업 연구법 : 작업 연구에 의하여 표준시간을 결정하는 방법으로 작업 순서나 시간이 다 같이 신뢰적인 방법이다.

28 다음 중 회전기계의 진동 측정방법 중 변위를 측정해야 하는 경우로 가장 적합한 것은?

① 회전축의 흔들림 ② 캐비테이션 진동
③ 베어링 홈 진동   ④ 기어의 홈 진동

변위 : 진동이 어떤 위치에서 다른 위치로 이동한 양으로 크기와 방향을 갖는 벡터이며 저주파 성분이나 기계부품 사이의 미세한 틈이 문제가 되는 경우에 주로 사용하며 회전축의 흔들림 등에 이용된다.

29 다음 그림과 같은 설비관리의 조직형태는?

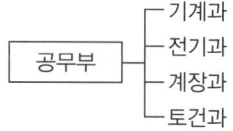

① 기능별 조직
② 대상별 조직
③ 전문기술별 조직
④ 매트릭스(Matrix) 조직

전문 기술별 조직
- 설비부, 시설부 : 설비계획 및 보전의 성능관리
- 공무부, 기술부 : 설비계획 및 보전의 성능관리, 프로세스 기술 담당
- 건설부 : 설비계획, 설계, 건설 담당
- 정비부, 설비관리부 : 설비보전의 성능관리
- 영선부 : 설비의 수리기능 담당

30 팽창식 체임버(chamber)의 소음기 면적비는?

① $\dfrac{\text{팽창식 체임버의 단면적}}{\text{연결 길이}}$

② $\dfrac{\text{연결 길이}}{\text{팽창식 체임버의 단면적}}$

③ $\dfrac{\text{연결 덕트의 단면적}}{\text{팽창식 체임버의 단면적}}$

④ $\dfrac{\text{팽창식 체임버의 단면적}}{\text{연결 덕트의 단면적}}$

> 팽창식 체임버의 소음 흡수 능력은 면적비로 나타낸다.
> 면적비 = $\dfrac{\text{팽창식 체임버의 단면적}}{\text{연결 덕트의 단면적}}$

31 보전자재 관리상의 특징으로 틀린 것은?

① 불용 자재의 발생 가능성이 적다.
② 자재구입품목, 구입 수량, 구입 시기계획을 수립하기 곤란하다.
③ 보전 기술수준 및 관리수준이 보전자재의 재고량을 좌우하게 된다.
④ 보전자재는 년 간 사용빈도가 낮으며, 소비속도가 늦은 것이 많다.

> 설비 보전용 자재의 관리상 특징
> • 감속기, 모터 등은 고장 시 교체하고 교체품은 수리하여 예비품으로 사용할 수 있다.
> • 자재의 품목 및 수량의 구입계획을 수립하기 곤란하다.
> • 예비품이 사용되지 않고 폐기될 수도 있다.
> • 연간 사용빈도가 낮으며, 소비속도가 늦은 것이 많다.
> • 보전 자재의 재고량은 보전의 관리 및 기술 수준에 따라 달라진다.

32 설비배치에서 설비의 소요 면적 결정방법이 아닌 것은?

① 변환법　　② 계산법
③ 이분법　　④ 비율 경향법

> 설비배치에서 설비의 소요 면적 결정방법 : 변환법, 계산법, 비율 경향법

33 고속도로 회전하는 기어 및 베어링 등에서 충격력 등과 같이 힘의 크기가 문제로 되는 이상의 진단 시 일반적으로 사용되는 측정변수는?

① 변위　② 속도　③ 가속도　④ 위상각

> 진동 측정량
> • 변위 : 진동이 어떤 위치에서 다른 위치로 이동한 양으로 크기와 방향을 갖는 벡터이며 저주파 성분이나 기계부품 사이의 미세한 틈이 문제가 되는 경우에 주로 사용한다. 단위는 m, mm, μm
> • 속도 : 진동이 단위 시간 동안 이동할 수 있는 거리. 단위는 m/sec, mm/sec
> • 가속도 : 단위 시간당 진동 속도 변화의 비율. 단위는 m/sec^2

34 정현파 신호에서 진동의 크기를 표현하는 방법으로 피크값의 $2/\pi$인 값은?

① 편진폭　② 양진폭　③ 평균값　④ 실효값

> 진동의 크기
> • 피크값(편진폭) : 진동량의 절대값의 최대값
> • 피크-피크값 : 정측의 최대값에서 부측의 최대값까지의 값으로 정현파의 경우는 피크값의 2배
> • 실효값 : 진동의 에너지를 표현하는 것에 적합한 값으로 정현파의 경우는 피크값의 $1/\sqrt{2}$배
> • 평균값 : 진동량을 평균한 값으로 정현파의 경우는 피크값의 $2/\pi$배

35 유(oil)윤활과 비교한 그리스 윤활의 장점으로 옳은 것은?

① 누설이 적다.
② 냉각작용이 크다.
③ 급유가 용이하다.
④ 이물질 혼입 시 제거가 용이하다.

> 그리스 윤활유는 냉각효과는 적고, 순환 급유의 어려움이 있다. 밀봉은 간단하고 회전 저항이 비교적 크다.

36 제품의 크기, 무게 및 기타 특성 때문에 제품 이동이 곤란한 경우에 생기는 배치 형태로 자재, 공구, 장비 및 작업자가 제품이 있는 장소로 이동하여 작업을 수행하는 설비배치의 형태는?

① 공정별 배치　　② 제품별 배치
③ 혼합형 배치　　④ 제품 고정형 배치

설비배치의 형태
- 제품별 배치 : 각 공정에 따라 필요한 기기를 적정 요소에 배치하는 것
- 혼합형 배치 : 기능별, 제품별, 제품 고정형 배치와의 혼합형
- 기능별 배치 : 제품 중심으로 그 제품을 가공하는데 소요되는 작업장을 구성
- 제품고정형 배치 : 주재료의 부품이 고정된 창고에 있고 사람이나 기계가 이동하며, 작업이 행하여지는 배치

37 종합적 생산보전 활동과 가장 거리가 먼 것은?

① 계획보전체제를 확립한다.
② 작업자를 보전 전문요원으로 활용한다.
③ 설비에 관계하는 사람은 빠짐없이 참여한다.
④ 설비의 효율화를 저해하는 로스(loss)를 없앤다.

TPM(종합적 생산보전)의 개요
- 설비효율을 최고로 높이기 위한 보전 활동
- 전사원이 참가하여 동기부여 관리
- 소집단 활동에 의하여 생산보전 추진
- 작업자의 자주보전 체제의 확립
- 현장 체질개선으로 설비의 고장과 불량을 사전에 방지

38 설비관리의 조직계획에서 지역이나 제품, 공정 등에 따라 설비를 분류하여 그 관리를 담당하는 방식은?

① 기능 분업
② 지역 분업
③ 직접 분업
④ 전문기술 분업

지역 분업 : 설비관리의 조직계획에서 지역이나 제품, 공정 등에 따라 설비를 분류하여 그 관리를 담당하는 방식으로 제품 생산에 있어서 문제점이나 공정변경 등을 신속하게 처리할 수 있다.

39 다음 중 설비의 체질 개선을 위하여 실시하는 보전활동은?

① 예방보전
② 생산보전
③ 개량보전
④ 고장보전

- 사후보전(BM) : 고장, 정지 또는 유해한 성능저하 후 수리를 행하는 것
- 예방보전(PM) : 고장, 정지 또는 유해한 성능저하를 가져오는 상태를 발견하기 위한 설비의 주기적인 검사로 초기단계에서 이러한 상태를 제거 또는 복구시키기 위한 보전
- 생산보전(PM) : 생산성이 높은 보전, 경제성
- 개량보전(CM) : 설비 자체의 체질개선으로 고장이 없고, 보전하기 쉬운 설비로 개량

40 음파가 서로 다른 매질을 통과할 때 구부러지는 현상을 무엇이라고 하는가?

① 음의 반사
② 음의 간섭
③ 음의 굴절
④ 마스킹(Masking) 효과

- 음의 굴절은 음속의 차이에 의해 음이 휘어지는 현상이다.
- 음의 간섭은 둘 또는 그 이상의 파동이 서로 만났을 때 중첩의 원리에 따라서 서로 더해지면서 나타나는 현상이다
- 마스킹 효과는 필요한 소리를 듣고자 할 때 방해 음이 함께 들어와 잘 들리지 않게 되거나 전혀 들리지 않게 되는 현상을 말한다.

제3과목 공업계측 및 전기전자제어

41 0.1H의 코일에 60Hz, 200V인 교류전압을 인가하면 유도리액턴스는 약 몇 Ω인가?

① 12   ② 18.8
③ 37.7   ④ 125.6

유도리액턴스는 교류 전기를 코일에 접속했을 때 코일은 저항 역할을 하며 전류의 흐름을 방해하는 작용을 하는 것으로 $2\pi fL$로 구한다.
∴ $2 \times \pi \times 60 \times 0.1 = 37.69\Omega$

42 기호 중 계전기의 b접점을 나타낸 것은?

① 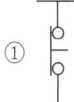   ②

① 수동조작 자동복귀 b접점　② 계전기 b접점
③ 계전기 a접점　　　　　　④ 수동조작 자동복귀 a접점

43 셰이딩 코일형 전동기의 특성이 아닌 것은?

① 구조가 간단하다.
② 효율이 좋지 않다.
③ 기동 토크가 매우 작다.
④ 회전 방향을 바꿀 수 있다.

> 셰이딩 코일형 유도전동기
> • 구조가 간단하나 기동 토크가 작고 효율과 역률이 떨어지는 결점이 있다.
> • 회전 방향을 바꿀 수 없다.

44 제어 밸브는 프로세스의 요구에 따라 여러 종류의 형식이 있다. 다음 중 제어 밸브를 조작 신호와 밸브 시트의 형식에 따라 분류할 때 조작 신호에 따른 분류에 속하는 것은?

① 격막 밸브　　　② 글로브 밸브
③ 게이트 밸브　　④ 자력식 밸브

> 자력식 밸브는 밸브에 일정한 압력 또는 온도를 설정하여 설정치 내에서 자동 조절되는 것으로 밸브의 작동에 필요한 동력을 검출부를 통해 제어 대상으로부터 취하도록 되어 있다.

45 다음 그림에서 검류계의 지침이 0을 지시하고 있다면 미지전압 E_x는 몇 V 인가?

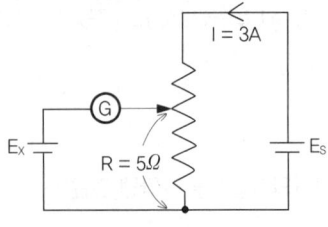

① 10　　　　② 15
③ 20　　　　④ 30

$V = I \times R = 3 \times 5 = 15V$

46 직류발전기의 전기자 철심을 성층 철심으로 하는 이유는?

① 동손의 감소
② 철손의 감소
③ 풍손의 감소
④ 기계손의 감소

> 전기자 철심을 성층 철심으로 하는 것은 규소 강판은 포화와 자기이력을 막기 위해서이며 성층은 맴돌이 손실을 막기 위함이다. 즉, 철손은 전류의 손실을 의미한다.

47 옴의 법칙(Ohm's law)에 관한 설명 중 옳은 것은?

① 전압은 전류에 비례한다.
② 전압은 저항에 반비례한다.
③ 전압은 전류에 반비례한다.
④ 전압은 전류의 2승에 비례한다.

> 전류의 세기는 두 점 사이의 전위차에 비례하고, 전기저항에 반비례한다.($V = I \times R$)

48 다음의 그림은 3상 유도전동기의 단자를 표시한 것이다. 이 전동기를 △결선하고자 한다면?

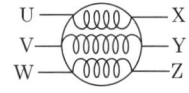

① X-Y-Z, U-V-W를 연결한다.
② U-W, Z-Y, V-X를 연결한다.
③ U-Y, V-W, X-Z를 연결한다.
④ U-Y, V-Z, W-X를 연결한다.

> △결선은 각상의 상전압이 각 선간 전압과 동일하기 때문에 각상에 흐르는 상전류는 각선 전류의 $1/\sqrt{3}$ 이 된다

49 구조는 간단하나 잔류편차가 생기는 제어요소는?

① 적분제어　　② 미분제어
③ 비례제어　　④ 온/오프제어

비례제어 동작(Proportional control : P 동작)
- 전류편차가 있는 제어계로서 사이클링은 없으나 오프셋을 일으킨다.
- 검출값 편차의 크기에 비례하고 조작부를 제어하는 동작이다.
- 계단 응답이 입력신호와 파형이 같고 크기만 증가한다.(비례요소)

50 외부 압력에 대한 탄성체의 기계적 변위를 이용한 압력 검출기에 해당되지 않는 것은?

① 벨로스(bellows)
② 다이어프램(diaphragm)
③ 부르동 관(bourdon tube)
④ 스트레인 게이지(strain gauge)

스트레인 게이지 : 기계적으로 동작하는 부분을 가급적 적게 하고 기계량을 직접 전기량으로 인출되도록 한 센서이다.

51 연산증폭기의 심벌로 옳은 것은?

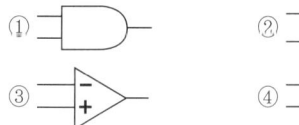

① AND 회로, ② NOT 회로, ③ 연산증폭기, ④ OR 회로

52 다음 그림과 같이 입력이 동시에 ON 되었을 때에만 출력이 ON 되는 회로를 무슨 회로라고 하는가?

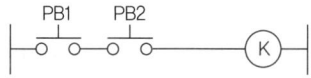

① OR 회로   ② AND 회로
③ NOR 회로   ④ NAND 회로

두 개 이상의 입력단자와 한 개의 출력단자를 가지며 모든 입력이 1일 때에만 출력이 1이 되는 회로를 AND 회로라 한다.

53 타여자 발전기의 용도로 적당하지 않은 것은?

① 고전압 발전기
② 승압기(booster)
③ 저전압 대전류 발전기
④ 동기발전기의 주여자기

타여자 발전기 종류 중 직권 발전기는 계자권선과 전기자가 직렬로 접속된 발전기로 전압 승압기, 아크 용접 발전기로 사용한다

54 PLC 제어반의 특징이 아닌 것은?

① 유닛 교환으로 수리를 할 수 있다.
② 복잡한 제어라도 설계가 용이하다.
③ 완성된 장치는 다른 곳에서 사용할 수 없다.
④ 프로그램으로 복잡한 제어기능도 할 수 있다.

PLC(Programmable Logic Controller) 특징
- 동작실행에 대한 내용 변경을 프로그램에 의하여 쉽게 바꿀 수 있으며 배선작업이나 부품 교체 작업이 없게 된다.
- 프로그램 내용을 필요할 때 간단히 확인할 수 있으므로 체계적인 고장 진단과 점검이 용이하다.
- 릴레이 반에 비하여 신뢰성이 높고 고속 동작이 가능하다.
- 제어 기능량에 비하여 설치 면적이 대폭 적어지며 전기 소모량도 대단히 적어진다.

55 논리식 a · 1(a AND 1)을 간략히 했을 때 옳은 것은?

① 1   ② 0
③ a   ④ ā

AND 식이므로 a×1 = a가 된다.

56 접합 전계효과 트랜지스터(JFET)의 드레인-소스간 전압을 0에서부터 증가시킬 때 드레인 전류가 일정하게 흐르기 시작할 때의 전압은?

① 차단 전압(Cutoff Voltage)
② 임계 전압(Threshold Voltage)
③ 항복 전압(Breakdown Voltage)
④ 핀치오프 전압(Pinch-off Voltage)

핀치오프(pinch-off)는 드레인의 전압이 게이트 전압보다 커지면 공핍층이 형성되면서 반전층이 사라져 전류의 이동이 점차 차단되는 것이며, 핀치오프 전압(Pinch-off Voltage)과 관련하여 접합형 전계효과 트랜지스터에서 드레인 전압을 점차 상승시킨 경우 드레인 전류가 포화 상태가 될 때의 드레인 전압과 게이트 전압의 합은 게이트 전압의 크기와 관계없이 일정하다.

57 공기식 조작기로 옳은 것은?

① 전자밸브 ② 전동밸브
③ 서보전동기 ④ 다이어프램 밸브

다이어프램 밸브 : 공기압의 신호를 받아 밸브의 열림을 조작하는 밸브이다. 밸브 몸통의 중앙에 원호 모양의 위어를 가지며 내열, 내약품성의 다이어프램을 밸브 시트에 밀착시켜 개폐하는 밸브로 화학약품의 차단에 사용하며 유체저항이 적다.

58 프로세서 제어에 속하지 않는 것은?

① 압력 ② 유량
③ 온도 ④ 자세

프로세스 제어(공정제어)
- 온도, 압력, 유량, 액위, 농도, 효율 등의 공업 프로세스의 상태를 제어량으로 하는 제어로서 온도, 압력, 유량, 액위의 제어장치 등이 이에 속한다.
- 프로세스 제어에 있어서 최적제어의 일반적인 의미는 최대 효율 유지, 최대 수량 생산, 최저 단가 제품생산이다.

59 이미터 접지 증폭회로에서 트랜지스터의 $h_{fe}=100$, $h_{ie}=10k\Omega$, 부하저항이 $5k\Omega$이면 이 회로의 전압증폭도는?

① -5 ② -10
③ -50 ④ -100

전압증폭도 $AV = -(R_L \times \dfrac{h_{fe}}{h_{ie}}) = -(5 \times \dfrac{100}{10}) = -50$

60 도전성 유체의 유속 또는 유량측정에 가장 적합한 것은?

① 전자 유량계
② 차압식 유량계
③ 와류식 유량계
④ 초음파식 유량계

전자식 유량계는 파라데이의 전자유도법칙을 이용하여 기전력을 측정하며 유량을 구한다.

제4과목 기계정비 일반

61 축에 보스를 가열 끼움 시 가열온도로 가장 적당한 것은?

① 50 ~ 100℃ 이하
② 100 ~ 150℃ 이하
③ 200 ~ 250℃ 이하
④ 300 ~ 350℃ 이하

축에 보스를 가열 끼움 시 전체를 서서히 가열하며 200~250℃ 이하로 가열하여야 한다.

62 유로방향의 수로 분류한 콕의 종류가 아닌 것은?

① 이방 콕 ② 삼방 콕
③ 사방 콕 ④ 오방 콕

콕(cock)은 90° 회전으로 개폐가 가능하며 유체 흐름에 따라 2방향, 3방향, 4방향의 종류로 나누어진다.

63 마이크로미터 나사의 피치가 P[mm], 나사의 회전각이 α[rad]일 때, 스핀들의 이동거리는 x[mm]는?

① $P\dfrac{\alpha}{2\pi}$ ② $\dfrac{\alpha}{2\pi P}$
③ $\dfrac{2\pi P}{\alpha}$ ④ $P\dfrac{\alpha}{\pi}$

마이크로미터 : 나사의 이송량이 피치(회전각)에 비례하고 있는 것을 응용한 길이의 정밀 측정기로 나사의 피치를 0.5mm, 딤블의 눈금은 50 등분으로 되어 있으며 한 눈금은 0.01mm이다.

64 코터의 빠짐을 방지하기 위한 방법으로 가장 적합한 것은?

① 코터를 용접한다.
② 코터에 나사를 만든다.
③ 코터에 분할핀을 조립한다.
④ 코터를 편구배로 가공한다.

코터는 축 방향으로 인장 혹은 압축이 작용하는 두 축을 연결·분해에 사용하며 분할핀은 볼트·너트 체결 또는 풀림방지용으로 사용한다. 따라서, 코터의 빠짐을 방지하기 코터에 분할핀을 조립하면 된다.

65 원심 펌프가 기동은 하지만 진동하는 원인으로 옳지 않은 것은?

① 축의 굽음
② 회전수 저하
③ 캐비테이션 발생
④ 볼 베어링의 손상

원심 펌프가 기동은 하지만 진동하는 발생하는 경우는 액의 송출이 되지 않고 공회전하는 경우로 이는 캐비테이션(공동현상) 또는 베어링의 손상, 축의 굽음 현상이 있을 때 발생한다.

66 유량 1m³/min, 전양정 25m인 원심펌프의 축동력은 약 몇 PS인가?(단, 펌프 전효율 0.78, 물의 비중량은 1000kgf/m³이다.)

① 5.5
② 6.5
③ 7.1
④ 8.2

원심펌프의 축동력
$$PS = \frac{1000 \times Q \times H}{75 \times 60 \times \eta} = \frac{1000 \times 1 \times 25}{75 \times 60 \times 0.78} = 7.12 PS$$
$1PS = 75kg \cdot m/sec$, Q : 유량(m³/sec), H : 양정(m), η : 펌프 효율

67 펌프의 캐비테이션 방지책으로 적합한 것은?

① 펌프의 흡입양정을 되도록 높게 한다.
② 펌프의 회전속도를 되도록 높게 한다.
③ 단 흡입 펌프이면 양 흡입 펌프로 사용한다.
④ 유효흡입수두를 필요흡입수두보다 작게 한다.

캐비테이션(cavitation, 공동현상) 방지대책
- 유효흡입양정(NPSH)을 고려하여 선정할 것
- 충분한 굵기의 흡입관경을 선정할 것
- 여과기, 후트밸브 등은 주기적으로 청소할 것
- 펌프의 회전수를 재조정할 것
- 양 흡입 펌프를 사용하거나 펌프를 액중에 잠기게 할 것
- 순환밸브(릴리프밸브)를 내장시킬 것

68 축 마모부의 수리는 보스 내경과의 관계를 고려, 그 수리방법을 결정해야 한다. 수리방법의 판단기준으로 적합하지 않은 것은?

① 외관
② 신뢰성
③ 비용과 시간
④ 수리 후의 강도

축의 마모부 수리에서 수리방법의 판단기준에 외관은 비중을 차지하지 않는다. 수리에 따르는 비용과 시간, 수리 후의 강도 그리고 신뢰성이 1차적으로 강조되어야 한다.

69 축의 급유불량으로 나타나는 현상은?

① 조립 불량
② 축의 굽힘
③ 강도 부족
④ 기어 마모 및 소음

축의 급유불량은 윤활작용이 원활하지 못하므로 결국 기어 마모 및 소음으로 이어진다.

70 구부러진 축을 현장에서 수리하여 사용할 수 있는 일반적인 경우로 옳은 것은?

① 감속기가 고속회전축일 경우
② 중하중용이고 고속회전축일 경우
③ 단 달림부에서 급하게 휘어져 있는 경우
④ 500rpm 이하이며 베어링 간격이 길 경우

500rpm 이하로 운전되며 베어링 간격이 길 경우는 축을 현장에서 수리하여 사용할 수 있다.

71 임펠러(impeller) 흡입구에 의하여 송풍기를 분류한 것이 아닌 것은?

① 편 흡입형
② 양 흡입형
③ 구름체 흡입형
④ 양쪽 흐름 다단형

- 편 흡입형 : 흡입구가 하나인 표준 폭의 와류 케이싱 내에 한쪽 흡입의 깃을 가진 임펠러를 내장한 원심송풍기이다.
- 양 흡입형 : 흡입구가 양쪽 대칭으로 설치된 넓은 폭의 와류 케이싱 내에 한쪽 흡입의 깃을 양쪽 대칭인 임펠러를 내장한 원심 송풍기이다.

72 바셀린(petrolatum) 방청유의 종류가 아닌 것은?

① KP-4
② KP-5
③ KP-6
④ KP-7

바셀린 방청유 종류 : KP-4, KP-5, KP-6

73 수격현상에서 압력상승 방지책으로 사용되지 않는 것은?

① 흡수조
② 밸브제어
③ 안전밸브
④ 체크밸브

흡수조는 소용돌이(Vortex) 또는 와류의 발생으로 공동현상을 일으키는 원인이 된다. 수격작용은 펌프 토출배관에서 발생한다.

74 V 벨트에 관한 설명으로 옳은 것은?

① V 벨트는 벨트 풀리와의 마찰이 없다.
② V 벨트의 종류는 M, A, B, C, D, E 여섯가지이다.
③ V 벨트 풀리의 홈 모양의 크기는 V벨트 크기에 관계없이 일정하다.
④ V 벨트의 형상은 V벨트 풀리와 밀착성을 높이기 위해 38°(도)의 마름모꼴 형상이다.

V 벨트는 고무벨트의 일종으로 단면이 V형인 동력전달용 벨트이며 각도는 40°, 중심층(끈, 고무), 압축층(고무), 성형층(섬유, 고무층), 외피(섬유, 고무)로 이루어져 있으며 종류로는 M, A, B, C, D, E의 6 가지가 있으며 M형이 제일 작고 E형이 단면이 가장 크다.

75 베어링의 열박음 시 주의 사항이 아닌 것은?

① 깨끗한 광유에 베어링을 넣고 90~120°C로 가열한다.
② 축과 베어링 사이에 틈새가 발생되면 널링 작업 후 억지 끼워맞춤을 한다.
③ 베어링 가열온도는 경도 저하 방지를 위해 120°C를 초과해서는 안된다.
④ 베어링 냉각 시 틈이 있을 경우 지그를 사용하여 축 방향에 베어링을 밀어 고정한다.

열박음(fitting)은 부속 기기를 끼워 조립하여 설치하는 것으로 주로 가열법을 많이 선택한다. 베어링의 열박음은 베어링을 100~120°C 정도로 가열 후 안지름을 팽창하여 조립하며 이때 가열온도가 120°C를 초과하게 되면 베어링 재료의 경도가 급격히 저하하게 된다.

76 전동기 베어링 부분에서 발열이 발생할 때 주요 원인이 아닌 것은?

① 벨트의 장력 과대
② 베어링의 조립 불량
③ 커플링 중심내기 불량
④ 전동기 입력전압의 변동

전동기 과열 원인
- 3상 중 하나의 퓨즈 이상으로 단상되어 과전류가 흐른다.
- 과부하 운전
- 빈번한 기동·정지
- 냉각 불충분

77 다음 중 축의 고장 원인으로 볼 수 없는 것은?

① 축의 재질 불량
② 원동기의 회전 불량
③ 휘어진 축 사용으로 진동 발생
④ 풀리, 베어링 등의 끼워맞춤 불량

원동기의 회전불량은 축의 회전속도와 관계가 있으며 축위 고장과는 무관하다.

78 다음 그림은 기어 감속기에 부착된 명판이다. 이 감속기의 출력회전수는 약 얼마인가?

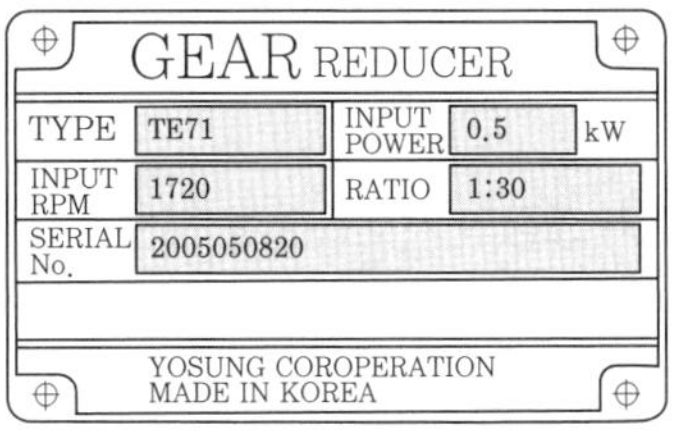

```
┌─────────────────────────────────────┐
│        GEAR REDUCER                 │
│ TYPE    │ TE71      │ INPUT   │ 0.5 │ kW
│         │           │ POWER   │     │
│ INPUT   │ 1720      │ RATIO   │ 1:30│
│ RPM     │           │         │     │
│ SERIAL  │ 2005050820│         │     │
│ No.     │           │         │     │
│       YOSUNG COROPERATION           │
│         MADE IN KOREA               │
└─────────────────────────────────────┘
```

① 27.3 rpm ② 57.3 rpm
③ 516 rpm   ④ 860 rpm

최대회전수가 1720rpm, 감속비는 1 : 30 이므로
출력회전수는 1720×1/30 = 57.33rpm 이다.

79 펌프 축에 설치된 베어링의 이상 현상을 일으키는 원인이 아닌 것은?

① 윤활유의 부족
② 축 중심의 일치
③ 축 추력의 발생
④ 베어링 끼워맞춤 불량

축 중심과 일치되면 펌프는 이상없이 작동한다.

80 헬리컬 기어에 관한 설명으로 틀린 것은?

① 축 방향의 반력이 발생한다.
② 큰 동력의 전달과 고속운전에 적합하다.
③ 이의 맞물림의 원활하여 이의 변형과 진동소음이 작다.
④ 이 끝이 직선이며 축에 나란한 원통형 기어로 감속비는 최고 1:6까지 가능하다.

헬리컬 기어(helical gear)는 평행한 두 축 사이에서 회전을 전달하는 기어로서 이를 축에 경사시킨 것으로(톱니 줄기가 비스듬히 경사져 있음) 물림이 순조롭고 축에 스러스트가 발생한다.

정답 최근기출문제 2018년 1회

01 ①	02 ③	03 ①	04 ①	05 ②
06 ④	07 ③	08 ②	09 ③	10 ③
11 ④	12 ①	13 ①	14 ②	15 ④
16 ③	17 ①	18 ③	19 ③	20 ①
21 ②	22 ①	23 ②	24 ②	25 ③
26 ②	27 ④	28 ①	29 ③	30 ④
31 ①	32 ②	33 ③	34 ③	35 ①
36 ④	37 ②	38 ②	39 ③	40 ③
41 ③	42 ②	43 ④	44 ③	45 ②
46 ②	47 ①	48 ④	49 ③	50 ④
51 ③	52 ②	53 ②	54 ③	55 ③
56 ④	57 ④	58 ④	59 ③	60 ①
61 ③	62 ④	63 ①	64 ③	65 ②
66 ③	67 ③	68 ①	69 ④	70 ④
71 ③	72 ②	73 ①	74 ②	75 ②
76 ④	77 ②	78 ②	79 ②	80 ④

2018년 2회 최근기출문제

제1과목 공유압 및 자동화시스템

01 다음 유압밸브 중 주회로의 압력보다 저압으로 사용할 경우 쓰이는 밸브는?

① 감압밸브
② 릴리프밸브
③ 무부하밸브
④ 시퀀스밸브

> 감압밸브는 고압의 유체를 감압시켜 사용조건이 변동되어도 설정 공급압력을 일정하게 유지시킨다.

02 공압모터의 단점에 대한 설명으로 틀린 것은?

① 배기음이 크다.
② 에너지 변환 효율이 낮다.
③ 과부하 시 위험성이 크다.
④ 공기의 압축성으로 인해 제어성이 나쁘다.

> 공압 모터는 토크가 전혀 걸리지 않을 때(무부하) 최고 회전속도를 나타내고 부하의 증가에 따라 회전속도가 감소하여 최종적으로 회전이 정지되며 효율이 낮은 반면 과부하에 대한 위험도는 작다.

03 다음 중 전진과 후진 운동에서 같은 속도와 출력을 얻을 수 있는 실린더는?

① 탠덤 실린더   ② 다위치 실린더
③ 차동형 실린더 ④ 양 로드 실린더

> **실린더의 종류**
> • 양로드형 실린더 : 양쪽 방향으로 작동하는 힘이 동일하다.
> • 탠덤 실린더 : 단계적으로 출력제어가 가능하며 큰 위치 에너지를 얻을 수 있다.
> • 충격 실린더 : 상당히 큰 충격 에너지를 얻을 수 있으며 속도는 7.5~10m/sec 까지 얻을 수 있다.
> • 다위치제어 실린더 : 정확한 위치를 제어할 수 있다.
> • 쿠션내장형 실린더 : 충격을 완화할 때 사용한다.

04 다음 유압기기 그림의 기호로 옳은 것은?

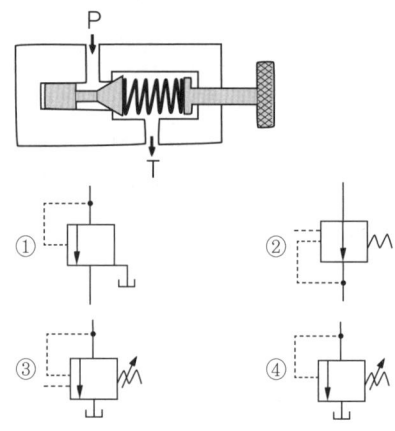

> 유압기기에서 작동압력이 규정압력 이상으로 도달하면 무부하 운전을 하여 배출하고 규정압력 이하가 되면 밸브는 닫히고 다시 작동하게 되는 무부하 밸브이다.

05 압력 릴리프 밸브의 용도에 따른 분류가 아닌 것은?

① 감압 밸브   ② 안전 밸브
③ 압력 시퀀스 밸브 ④ 카운터 밸런스 밸브

> 릴리프 밸브는 공압 회로 내의 압력이 이상 상승하면 이를 배기시켜 회로 내의 압력을 일정하게 유지시키는 역할이며, 감압 밸브는 고압의 유체를 감압시켜 압력을 낮추는 역할을 하므로 서로 용도가 다르게 사용된다.

06 다음 회로의 명칭으로 옳은 것은?

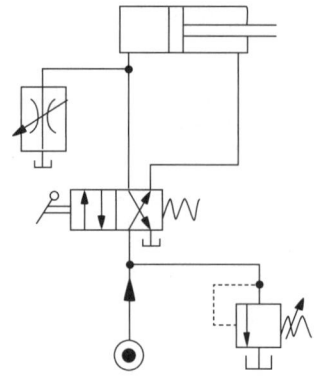

① 동조 회로　　② 미터인 회로
③ 브레이크 회로　④ 블리드 오프 회로

> 실린더 입구의 분기 회로에 유량제어 밸브를 설치하여 작동 효율을 증진시킨 회로로 블리드오프 회로이다.

07 A_1의 면적은 $30cm^2$이고 유속 V_1은 $2m/s$이다. A_2의 면적이 $10cm^2$일 때 유속 $V_2[m/s]$는 얼마인가?

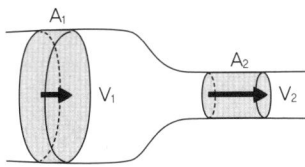

① 3　　② 6
③ 12　④ 24

> $Q_1 = Q_2$ 에서 $A_1 \times V_1 = A_2 \times V_2$
> $30cm^2 \times 2m/sec = 10cm^2 \times V_2$
> $\therefore V_2 = 6m/sec$

08 안지름이 60mm인 관내에 유체가 3m/s로 흐르고 있을 때, 유량 $[m^3/s]$은 약 얼마인가?

① 4.24×10^{-2}
② 4.24×10^{-3}
③ 8.48×10^{-2}
④ 8.48×10^{-3}

> $Q = A \times V = \frac{\pi}{4} \times 0.06^2 \times 3 = 8.48 \times 10^{-3} [m^3/s]$

09 다음 중 밀도의 의미로 옳은 것은?

① 단위 용적 당 면적
② 단위 면적 당 체적
③ 단위 체적 당 질량
④ 단위 질량 당 점성 계수

> · 밀도 : 단위 체적당 질량(kg/m^3)
> · 비중량 : 단위 체적당 중량(kgf/m^3)
> · 비체적 : 단위 중량당 체적(m^3/kgf)

10 소용량 펌프와 대용량 펌프를 동일 축선상에 조합시킨 펌프는?

① 2연 베인 펌프　② 3단 베인 펌프
③ 단단 베인 펌프　④ 복합 베인 펌프

> 소용량 베인펌프와 대용량 베인펌프를 동일 축 선상에 조합시킨 것을 2연 베인펌프라 한다.

11 로터리 인덱싱 핸들링 장치를 이용하여 작업하기에 적합한 것은?

① 연속된 동일 작업을 수행할 때
② 스트립 형태의 재질이 길이 방향으로 작업될 때
③ 하나의 가공물에 여러 가공 공정을 진행할 때
④ 전체의 길이에 걸쳐 부분적인 공정이 이루어질 때

> 하나의 가공물에 여러 공정으로 부품의 이송을 회전에 의하여 이루어지는 것을 로터리 인덱싱 핸들링, 직선으로 부품이 이송되는 것은 리니어 인덱싱 핸들링이라 한다.

12 유압펌프의 소음 발생 원인으로 적절하지 않은 것은?

① 이물질의 침입
② 펌프 흡입 불량
③ 작동유 점성 증가
④ 펌프의 저속 회전

> 유압펌프의 고속회전 운전은 소음 및 진동 발생의 원인 중 하나이다.

13 데이터 단위에 대한 설명으로 옳은 것은?

① 1byte는 2bit로 구성되고, 1k byte는 1012byte이다.
② 1byte는 2bit로 구성되고, 1k byte는 1024byte이다.
③ 1byte는 8bit로 구성되고, 1k byte는 1012byte이다.
④ 1byte는 8bit로 구성되고, 1k byte는 1024byte이다.

- 8bit(비트) = 1byte(바이트)
- 1024byte = 1k byte(KB, 킬로바이트)
- 1024k byte(KB) = 1MB(메가바이트)
- 1024MB = 1GB(기가바이트)

14 변위, 길이 등을 감지 대상으로 하는 센서가 아닌 것은?

① 로드 셀
② 포텐쇼미터
③ 차동 트랜스
④ 콘덴서 변위계

로드 셀은 하중 센서 또는 힘 센서이다.

15 자동화 시스템의 보수관리 목적으로 옳은 것은?

① 설비의 보전성을 감소시킨다.
② 평균 고장 수리시간(MTTR)를 짧게 한다.
③ 자동화 시스템을 최상의 상태로 유지한다.
④ 저비용의 시스템 운영으로 인력 수요를 창출한다.

자동화 시스템의 보수, 관리는 자동화 시스템을 최상의 상태로 유지하기 위한 것이다.

16 스테핑 모터가 사용되는 곳이 아닌 것은?

① D/A변환기
② 디지털 X-Y플로터
③ 정확한 회전각이 요구되는 NC공작기계
④ 저속과 큰 힘을 필요로 하는 유압 프레스

큰 힘을 필요로 하는 곳에는 스테핑 모터보다는 서보 모터가 효과적이다.

17 2진 신호 8bit로 표현할 수 있는 신호의 최대 개수는?

① 4
② 16
③ 128
④ 256

$2^8 = 256$

18 정성적 제어 방식으로 분류되는 것은?

① 비교 제어
② 되먹임 제어
③ 시퀀스 제어
④ 폐루프 제어

정성적 제어는 시퀀스 제어라고도 하며 정해진 순서, 절차에 의해서 각 단계를 진행하는 제어이며, 정량적 제어는 피드백 제어라고도 하며 출력 신호를 그 입력 신호로 되돌림으로써 제어량의 값을 목표값과 비교하여 그들을 일치시키도록 정정 동작을 하는 제어이다.

19 실린더의 부하 운동 방향이 고정형인 것은?

① 축방향 풋형
② 분납식 아이이형
③ 로드측 트러니언형
④ 분압식 클레비스형

실린더 고정방식
- 고정 실린더 : 풋형(LA), 플런지형(FA)
- 요동 실린더 : 클레비스형(CA), 트러니언형(TA)

20 다음 회로의 명칭은?

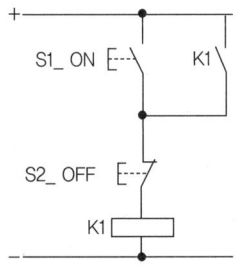

① ON반복회로
② ON우선회로
③ OFF반복회로
④ OFF우선회로

OFF 우선회로는 OFF 푸시버튼 스위치를 누르고 있으면 ON 푸시버튼 스위치를 눌러도 ON되지 못하는 회로를 말한다.

제2과목 설비진단 및 관리

21 설비 경제성 평가 방법 중 평균 이자법에서 연간 비용 산출식으로 옳은 것은?

① 연간비용 = 정액 상각비 + 세금 + 연평균 가동비
② 연간비용 = 설비 구입비 + 평균이자 + 연평균 가동비
③ 연간비용 = 정액 상각비 + 평균이자 + 연평균 가동비
④ 연간비용 = 정액 상각비 + 평균이자 + 정지 손실비

- 연간비용 = 정액상각비 + 평균이자 + 연평균 가동비
- 정액상각비 : 시간의 경과로 인한 공장 혹은 설비시설 등의 고정 자산의 가치의 변동

22 설비의 돌발고장을 방지하기 위한 조치로 적절하지 않은 것은?

① 고장에 대비하여 예비설비를 보유한다.
② 설비를 사용하기 전에 점검을 실시한다.
③ 충격, 피로의 원인을 없애고 규정된 취급방법을 지킨다.
④ 설비의 만성적인 부하요인을 제거한다.

돌발고장은 갑자기 발생하고, 사전의 검사 또는 감시에 의해서 예측할 수 없는 고장으로 충격, 피로의 원인 제거, 설비에 대한 사전 점검, 설비의 만성적인 부하요인을 제거함으로써 방지할 수 있다.

23 기초와 진동보호대상물체 사이에 스프링형 진동차단기를 설치하였더니 진동보호대상물체에 진동이 발생하여 그림과 같이 진동보호대상물체와 스프링 사이에 블록을 설치하였다. 블록을 설치한 이유로 옳은 것은?

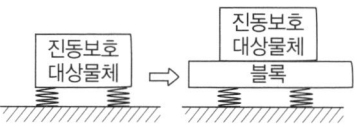

① 강성을 높이기 위해
② 진동을 차단하기 위해
③ 고유 진동수를 낮추기 위해
④ 고유 진동수를 높이기 위해

스프링과 진동보호대상물 사이에 설치한 블록은 스프링을 부드럽게 해주므로 이는 고유 진동수를 낮춘다고 할 수 있다.

24 다음 그림과 같은 설비관리 조직의 형태를 무엇이라고 하는가?

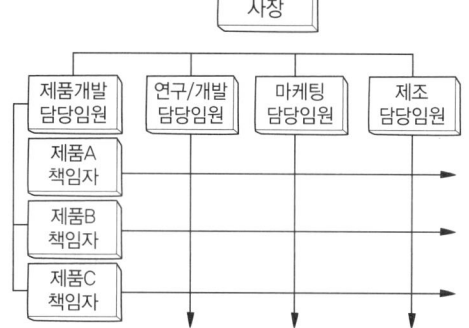

① 대상별 조직
② 전문기술별 조직
③ 기능중심 매트릭스(Matrix) 조직
④ 제품중심 매트릭스(Matrix) 조직

연구개발, 제품개발, 마케팅, 제조 모두 제품 중심으로 조직이 이루어져 있다.

25 차음벽의 무게는 중간 이상 주파수 소음의 투과손실을 결정한다. 무게를 두 배 증가시킬 때 투과손실은 이론적으로 얼마나 증가하는가?

① 2dB ② 6dB
③ 12dB ④ 24dB

차음 벽의 질량 또는 주파수가 2배 증가하게 되면 투과손실은 6dB 증가하게 된다.

26 미스얼라인먼트(misalignment)의 주요 발생 원인이 아닌 것은?

① 윤활유 불량   ② 축심의 어긋남
③ 휨축(bend shaft) ④ 베어링 설치 불량

미스얼라인먼트(misalignment)는 베어링 설치가 잘못되었거나 축 중심이 어긋난 경우에 발생하는 경우로 측정은 축 방향에 센서를 부착하여 측정한다. 이때 위상각은 180°이며 윤활유 불량과는 무관하다.

27 설비 상태를 정확히 알고 기술적 근거에 의해 수행하는 설비관리의 중요 업무에 해당되지 않는 것은?

① 예비품 발주 시기의 결정
② 보수나 교환의 시기 또는 범위 결정
③ 생산 원자재 수급 및 재고관리 결정
④ 수리 작업 또는 교환 작업의 신뢰성 확보

생산 원자재 수급과 재고관리 결정은 생산관리에 해당된다.

28 소음에서 마스킹(masking)에 대한 설명으로 틀린 것은?

① 저음이 고음을 잘 마스킹한다.
② 두 음의 주파수가 비슷할 때는 마스킹 효과가 대단히 커진다.
③ 공장 내의 배경 음악, 자동차의 스테레오 음악 등이 있다.
④ 발음원이 이동할 때 그 진행 방향 쪽에서는 원래 발음원의 음보다 고음으로 나타난다.

마스킹은 둘 이상의 음이 존재할 때 그 한 쪽 때문에 다른 쪽이 들리지 않게 되는 현상으로 주파수가 낮은 음은 높은 음에 쉽게 마스크 당하지만 반대로 높은 음은 낮은 음에 마스크 당하기가 어렵다. 발음원이 이동할 때는 원래 발음원보다 저음으로 나타난다.

29 다음 중 부하시간을 나타낸 것은?

① 부하시간 = 조업시간 + 정지시간
② 부하시간 = 정미 가동시간 − 무부하 시간
③ 부하시간 = 조업시간 + 무부하 시간
④ 부하시간 = 정미 가동시간 + 정지시간

- 부하시간 = 정미 가동시간 + 정지시간
- 무부하시간 : 기계가 정지되어 있는 시간
- 정미 가동시간 : 기계가 가동되어 제품을 생산하고 있는 시간
- 정지시간 : 설비 수리시간, 준비시간, 대기시간, 불량수정 시간

30 설비보전표준의 분류와 가장 거리가 먼 것은?

① 설비 검사 표준   ② 설비 성능 표준
③ 정비 표준   ④ 수리 표준

보전작업표준은 설비의 검사, 수리, 정비 등의 기술적인 방법을 말한다.

31 초기고장기간에 발생할 수 있는 고장의 원인과 가장 거리가 먼 것은?

① 설비의 혹사   ② 부적정한 설치
③ 설계상의 오류   ④ 제작상의 오류

설비의 신뢰성 및 보전성 관리
- 초기고장 : 설비를 사용함에 따라 고장의 발생이 감소하게 되는데 이상이 있거나 설계·제작 불량 등은 고장을 일으키며 보전요원에 의하여 그때마다 수리·정비를 하여야 한다.
- 돌발고장 : 기계의 축 절단, 전기회로의 단선, 과부하로 인한 모터의 소손 등 돌발적으로 고장이 일어나는 현상으로 예비품 관리의 필요성을 중시하게 된다.
- 마모고장 : 압축기 피스톤링의 마모, 베어링의 마모 등 설비의 열화 및 마모에 의하여 일어나는 현상으로 주기적으로 급유, 청소를 하면 고장률을 줄일 수 있다.

32 한 개의 진동 사이클에 걸린 총시간을 무엇이라고 하는가?

① 주기   ② 진폭
③ 주파수   ④ 진동수

- 주기(T) : 진동이 완전한 1사이클에 걸린 시간(sec/cycle)
- 주파수(f) : 단위 시간의 사이클 횟수(cycle/sec)

33 흡음식 소음기를 사용하기에 가장 적합한 곳은?

① 헬름홀츠 공명기
② 실내 냉난방 덕트
③ 집전시설의 배출기
④ 내연기관의 송기구

흡음식 소음기는 음파의 발생이 흡음재료로 처리된 천장 또는 벽에서 반사될 때 일부는 소음 에너지가 흡수되어 소멸되는 소음기로 실내 냉난방 덕트가 천장 또는 벽에 설치하므로 적합하다.

34 패킹을 저널에 가볍게 접촉시켜 급유하는 방법으로 모세관 현상을 이용하여 윤활시키며 윤활유를 순환시켜 사용하는 급유방법은?

① 손 급유법
② 패드 급유법
③ 적하 급유법
④ 가시 부상 유적 급유법

> 패드 급유법은 털실(패킹)을 직접 마찰면에 접촉시켜 모세관 현상에 의해 급유되는 공급방식이다.

35 설비배치 계획자가 설비배치의 기초자료 수집 및 유 형을 선택하는 것을 돕기 위해서 쓰이는 방법은?

① P-Q 분석
② ABC 분석
③ 일정계획법
④ 활동관련 분석

> P-Q 분석은 제품과 생산량의 분석을 행하는 공정분석의 한 기법으로 사용한다.

36 설비배치의 분류 중 제품별 배치의 특징으로 틀린 것은?

① 기계 대수가 많아지고 공구의 가동률이 저하된다.
② 작업자의 보전 간접작업이 적어지므로 실질적 가동률이 향상된다.
③ 정체 시간이 길기 때문에 재공품이 많아지고 공정이 복잡해진다.
④ 작업의 흐름 판별이 용이하며 설비의 이상상태 조기발견, 예방, 회복 등을 쉽게 할 수 있다.

> 제품별 배치는 라인별 배치라고도 하며 각 공정에 따라 필요한 기기를 적정 요소에 배치하는 것으로 작업의 균형, 표준화로 생산량이 증가하고 재료의 원활한 흐름 등이 장점이나 설비배치의 제한, 가동률 저하, 숙련자 양성의 어려움 등이 단점이다.

37 대응하는 두 개의 데이터가 있을 때 두 데이터가 상관관계가 있는지 여부를 판단하는 현상 파악에 사용되는 방법은?

① 관리도
② 산점도
③ 체크 시트
④ 히스토그램

> 하나의 데이터를 x축에 다른 하나의 데이터를 y축에 넣고 두 데이터의 상관관계를 측정하는 것이 산점도이다.

38 설비진단 방법 중 금속성분 특유의 발광 또는 흡광 현상을 이용하는 방법은?

① 진동법
② 응력법
③ SOAP법
④ 페로그래피법

> 분광분석(SOAP)법은 빛의 스펙트럼을 이용하여 각 파장에 대한 빛에너지의 분포를 조사하기 위해 빛을 분광기를 이용하여 세기를 측정하는 방법이다.

39 설비관리기능은 일반관리기능, 기술기능, 실시기능, 지원기능 등이 있다. 기술기능에 해당하지 않는 것은?

① 설비 성능 분석
② 설비진단기술 이전 및 개발
③ 고장 분석 방법 개발 및 실시
④ 주유, 조정, 수리업무 등의 준비 및 실시

> 주유, 조정, 수리업무 등의 준비 및 실시 등은 지원기능에 해당된다.

40 설비 효율화를 저해하는 로스(loss)에 해당하지 않는 것은?

① 고장로스
② 속도로스
③ 가동로스
④ 작업준비 · 조정로스

> 설비 저해 로스(loss)
> • 고장 로스 : 효율화를 저해하는 가장 큰 로스(최대 요인)
> • 속도 로스 : 설계속도와 실제 속도와의 차이로 생기는 로스
> • 작업준비, 조정 로스 : 작업준비, 품종교체, 공구교환에 의한 시간적 정치 로스
> • 일시정체 로스 : 센서 오동작, 작업물 제거 등으로 일시적으로 정지하는 로스

제3과목 공업계측 및 전기전자제어

41 직류전동기의 속도제어법에 해당하지 않는 것은?

① 계자제어 ② 저항제어
③ 전압제어 ④ 전류제어

> **직류전동기의 속도 제어법**
> • 계자제어법 : 직류전동기의 속도제어법에서 정출력 제어에 속한다.
> • 전압제어법 : 직류전동기에 가해지는 전압을 제어하는 속도제어로 많이 사용되는 방법이다.
> • 저항제어법 : 전차 등의 직권전동기의 속도제어에 쓰인다. 부하토크에 의한 속도변동이 크며 직렬저항의 손실이 크다.

42 유도전동기를 기동할 때 필요한 조건은?

① 기동 토크를 크게 할 것
② 기동 토크를 작게 할 것
③ 천천히 가속시키도록 할 것
④ 기동 전류가 많이 흐르도록 할 것

> 기동 토크가 커야 전동기 기동이 된다.

43 전동밸브의 제어성을 양호하게 하기 위하여 사용되는 포지셔너(positioner)는?

① 전기-전기식 포지셔너
② 전기-유압식 포지셔너
③ 전기-공기식 포지셔너
④ 공기-공기식 포지셔너

> 전기-전기식 포지셔너는 전동밸브의 개폐에 의해 조절 신호에 비례한 제어성을 양호하게 하기 위하여 사용한다.

44 공진 주파수를 나타내는 공식은?(단, 공진 주파수 : f(Hz), 인덕턴스 : L(H), 커패시턴스 : C(F)이다.)

① $f = 2\pi fL$ ② $f = \dfrac{1}{2\pi fC}$
③ $\dfrac{\pi}{2\pi\sqrt{C}}$ ④ $\dfrac{1}{2\pi\sqrt{LC}}$

> 공진 주파수는 진동계 또는 진동회로에서 제동력 또는 전기 저항을 '0'으로 하였을 때의 고유 주파수이다.

45 표준압력계로서 다른 압력계의 교정용으로 사용되는 것은?

① 단관식 압력계
② 분동식 압력계
③ 피스톤식 압력계
④ 브르돈관식 압력계

> 분동식 압력계는 유압 및 공압 측정 및 교정에서 1차 표준기로 다른 압력계 교정용으로 사용하며 단위 면적에 수직으로 작용하는 힘의 크기를 기준으로 하여 압력을 측정한다.

46 다음 논리식을 간단히 한 것은?

$$Y = \overline{A} \cdot B \cdot \overline{C} + A \cdot B \cdot \overline{C} + \overline{A} \cdot B \cdot C + A \cdot B \cdot C$$

① A ② $\overline{A}$
③ B ④ $\overline{B}$

> $Y = \overline{A} \cdot B \cdot \overline{C} + A \cdot B \cdot \overline{C} + \overline{A} \cdot B \cdot C + A \cdot B \cdot C$
> $= B(\overline{A} \cdot \overline{C} + A \cdot \overline{C} + \overline{A} \cdot C + A \cdot C)$
> $= B\{(\overline{C}(\overline{A}+A) + C(\overline{A}+A)\} \leftarrow \overline{A} \cdot A = 1$이므로
> $= B(\overline{C} + C) \leftarrow \overline{C} \cdot C = 1$이므로
> $= B$

47 두 종류의 금속을 접속하고 양 접점에 온도차를 주어 단자 사이에 발생되는 기전력을 이용한 온도계는?

① 광 온도계
② 열전 온도계
③ 방사 온도계
④ 액정 온도계

> 열전 온도계는 2개의 금속으로 폐회로를 만들어 접점 간의 온도차에 의해 기전력을 발생시키는 장치(제백효과)를 이용한 온도계이다.

48 기준량을 준비하고 이것을 피측정량과 평행시켜 기준량의 크기로부터 피측정량을 간접적으로 알아내는 방법은?

① 편위법 ② 영위법
③ 치환법 ④ 보상법

- 영위법 : 측정량의 크기와 기준의 크기를 비교하여 그 차를 '0'으로 하는 조작으로 피드백이라고 한다.
- 편위법 : 피측정량에 따라서 측정기에 편위를 주어 그 편위 량에서 피측정량을 판독하는 방법이다.
- 치환법 : 측정량과 이미 알고 있는 양을 치환하여 전후 2회 의 측정 결과로부터 측정량을 파악하는 방법이다.
- 보상법 : 측정량에서 측정하기 전에 이미 알고 있는 양을 차감하고 그 차를 측정하여 측정량을 아는 방법이다.

49 연산 증폭기의 특징이 아닌 것은?

① 2개의 입력단자를 가진 차동 증폭기이다.
② 일반적으로 비반전 입력은 (−)로 표기한다.
③ 2개의 입력단자와 1개의 출력단자를 가지고 있다.
④ 일반적으로 연산 증폭기는 2개의 전원단자(+, −)를 가지고 있다.

연산증폭기는 (+) 표시인 비반전 입력단자와 (−) 표시의 반전 입력단자를 필요로 한다.

50 센서 선정 시 고려해야 할 기본사항으로 틀린 것은?

① 정밀도　　② 응답속도
③ 검출범위　④ 폐기비용

센서 선정 시 응답속도, 정밀도, 검출범위 등은 매우 중요한 사항이며 온도, 압력, 광, 초음파, 자기 센서 등이 있다.

51 미분시간 3분, 비례이득 10인 PD 동작의 전달함수는?

① 1+3s　　② 5+2s
③ 10(1+2s)　④ 10(1+3s)

비례미분제어(PD)기 함수
$PD = Kp(1+Td \cdot s)$ (Kp : 비례이득, Td : 미분시간)
∴ $PD = 10(1+3s)$

52 검출용 기기가 아닌 것은?

① 리밋 스위치
② 근접 스위치
③ 광전 스위치
④ 푸시버튼 스위치

푸시버튼 스위치는 제어 버튼의 작동으로 원상 복귀가 되지 않을 때 수동 복귀형 버튼으로 사용한다.

53 반가산기에서 자리올림 C(CARRY)의 값은?
(단, A와 B는 입력이다.)

① $A + B$　　② $A \cdot B$
③ $A + \overline{B}$　　④ $A \cdot \overline{B}$

반가산기는 2진 신호(0, 1)에 대하여 2개의 입력과 2개의 출력을 가지며, 자리올림의 경우 직렬형 가산기($A \cdot B$)가 된다.

54 다음 (　)에 알맞은 내용은?

교류의 전압, 전류의 크기를 나타낼 때 일반적으로 특별한 언급이 없을 경우에는 (　　)을 가리킨다.

① 평균값　　② 최대값
③ 순시값　　④ 실효값

교류의 실효값이란 같은 저항에서 같은 시간에 같은 양의 전기 에너지가 열로 바뀌는 직류의 값으로 순시값의 제곱에 대한 평균값의 제곱근으로 나타난다.

55 4층 이상의 pnpn구조로 이루어졌으며, 전류의 도통과 저지 상태를 가진 반도체 스위치 소자는?

① 저항　　② 다이오드
③ 사이리스터　　④ 트랜지스터

사이리스터는 OFF 상태에서는 수천 볼트를 차단할 수 있고, ON 상태에서는 수천 암페어를 흐르게 할 수 있는 4개의 층으로 구성된 PNPN 소자이다.

56 광 센서의 종류가 아닌 것은?

① 포토다이오드　　② 광위치 검출기
③ 포토트랜지스터　④ 스트레인 게이지

스트레인 게이지는 기계적으로 동작하는 부분을 가급적 적게 하고 기계량을 직접 전기량으로 인출되도록 한 압력 센서이다.

57 직류전동기의 회전방향을 바꾸는 방법으로 적합한 것은?

① 콘덴서의 극성을 바꾼다.
② 정류자의 접속을 바꾼다.
③ 브러시의 위치를 조정한다.
④ 전기자권선의 접속을 바꾼다.

> 직류전동기 회전방향 전환은 계자회로나 전기자회로 중 한쪽의 접속을 바꾸어 회전자계의 방향을 바꾸어 주면 된다.

58 전류이득 $\beta = 25$, 베이스 전류 $I_B = 100\mu A$, 컬렉터 전류 $I_C = 3mA$인 BJT가 있다. $I_B = 125\mu A$일 때 $I_C(mA)$는?

① 3
② 3.125
③ 3.625
④ 3.9

> $I_B = 125\mu A$인 경우 전류변화는 $25\mu A$이므로 I_C변화는 $25\mu A \times 25 = 625\mu A$ 이다.
> ∴ $I_C = 3mA + 625\mu A = 3.625mA$

59 직류전동기에서 정류자와 접촉하여 전기자 권선과 외부 회로를 연결하여 주는 것은?

① 계자
② 전기자
③ 브러시
④ 계자철심

> 브러시 : 직류전동기에서 정류자와 접촉해서 전기자 권선과 외부 회로를 연결하여 주는 것으로 전동기나 발전기 등에 있어서 회전자와 정지하고 있는 부분(고정자 등)을 접속하는 경우의 접촉자의 역할을 하는 도체이다. 일반적으로 탄소 브러시, 흑연 브러시를 많이 사용한다.

60 PLC의 특징이 아닌 것은?

① 제어반 설치 면적이 크다.
② 설비의 변경, 확장이 쉽다.
③ 신뢰성이 높고 수명이 길다.
④ 조작이 간편하고 유지보수가 쉽다.

> PLC(Programmable Logic Controller)
> • 동작실행에 대한 내용 변경을 프로그램에 의하여 쉽게 바꿀 수 있으며 배선작업이나 부품 교체 작업이 없게 된다.
> • 프로그램 내용을 필요할 때 간단히 확인할 수 있으므로 체계적인 고장 진단과 점검이 용이하다.
> • 릴레이 반에 비하여 신뢰성이 높고 고속 동작이 가능하다.
> • 제어 기능량에 비하여 설치면적이 대폭 적어지며 전기 소모량도 대단히 적어진다.

제4과목 기계정비 일반

61 삼각형 모양의 다리가 있는 특수한 형태의 강판을 여러 장 연결한 체인으로, 소음이 작아 고속 정숙 회전이 필요할 때 사용하는 체인은?

① 링크 체인(link chain)
② 오프셋 링크(offset link)
③ 사일런트 체인(silent chain)
④ 스프로킷 휠(sprocket wheel)

> 사일런트 체인 : 전동할 때 링의 경사면이 체인 휠에 밀착하므로 롤러 체인과 같은 소음은 발생하지 않는다.

62 수격현상의 피해를 설명한 것 중 적합하지 않은 것은?

① 압력 강하에 따라 관로가 파손된다.
② 펌프나 원동기에 역전 또는 과속에 따른 사고가 발생한다.
③ 워터해머 상승 압에 따라 밸브 등이 파손된다.
④ 수주분리현상에 기인하여 펌프를 돌리는 전동기의 전압상승이 일어난다.

> ④항은 캐비태이션(공동현상)에 대한 설명이다.

63 피치 2mm인 세 줄 나사를 1회전 시켰을 때의 리드는?

① 2mm
② 3mm
③ 6mm
④ 12mm

> 리드 = 피치×줄수 = 2×3 = 6mm

64 접착제의 종류 중 용매 또는 분산매의 증발에 의하여 경화되는 것은?

① 감압형 접착제
② 유화액형 접착제
③ 중합제형 접착제
④ 열 용융형 접착제

> 유화액형 접착제는 폴리초산비닐, 유화액 등 용매 또는 분산매의 증발에 의하여 경화를 한다.

65 정비용 측정 기구가 아닌 것은?

① 오스터　　　② 진동 측정기
③ 베어링 체커　④ 지시 소음계

> 오스터는 파이프에 나사를 절삭하는 공구로 정비용 공구에 해당되지 않는다.

66 회전기계에서 센터링(centering) 불량 시 나타나는 현상이 아닌 것은?

① 진동, 소음이 크다.
② 기계성능이 저하된다.
③ 구동의 전달이 원활하다.
④ 베어링부의 마모가 심하다.

> 센터링은 금 긋기 블록이나 센터 스퀘어를 사용하여 환봉 등의 단면 중심을 구하는 것으로 이는 기계의 운전이 양호하게 이루어지도록 하며 진동, 소음을 억제하며 결국 기기의 수명을 연장시키는 역할을 하는 것으로 센터링이 불량하면 동력 전달이 어려워진다.

67 다음 중 일반적인 밸브의 취급방법으로 틀린 것은?

① 이종 금속으로 된 밸브는 열팽창에 주의하여 취급한다.
② 밸브를 열 때는 기기의 이상 유무를 확인하면서 천천히 연다.
③ 손으로 돌리는 밸브는 회전방향을 정확히 확인한 후 핸들을 돌려 개폐한다.
④ 밸브 열고 닫을 때는 누설을 방지하기 위해 빨리 조작한다.

> 모든 밸브의 조작은 서서히 열고 닫기를 행하여야 한다. 다만, 안전밸브의 작동은 신속히 이루어져야 한다.

68 축이 마모되어 수리할 때 보스에 부시를 넣어야 하는 경우의 작업방법으로 옳은 것은?

① 마모부분 다시 깎기
② 마모부에 금속 용사하기
③ 마모부에 덧살 붙임 용접하기
④ 마모부를 잘라 맞춰 용접하기

> 축이 마모되어 수리할 때는 보스의 마모 부분을 다시 깎고 부시를 넣어야 한다.

69 원심형 통풍기 중 전향 베인으로 풍량 변화에 풍압 변화가 적고, 풍량이 증가하면 동력이 증가하는 통풍기는?

① 터보 통풍기　　② 용적식 통풍기
③ 실로코 통풍기　④ 플레이트 통풍기

> **원심형 통풍기**
> • 실로코 팬 : 원심식으로 전향 베인이며 풍량 변화에 따른 풍압 변화가 적으며 풍량이 증가하면 소요동력도 증가한다.
> • 플레이트 팬 : 베인 형상이 간단하며 토출압력이 50 ~250mmHg 정도이다.
> • 터보 팬 : 효율이 가장 좋다.

70 전동기의 과열 원인으로 가장 거리가 먼 것은?

① 과부하 운전
② 빈번한 기동
③ 전원 전압의 변동
④ 베어링부에서의 발열

> **전동기 과열**
> • 3상 중 하나의 퓨즈 이상으로 단상되어 과전류가 흐른다.
> • 과부하 운전
> • 빈번한 기동 · 정지
> • 냉각 불충분

71 배관정비에서 누설에 관한 설명으로 틀린 것은?

① 나사부의 정비 등으로 탈·부착을 반복함으로써 나타난 마모는 누설과 관계가 없다.
② 나사부에서 증기, 물 등의 누설은 관의 나사 부분을 부식시켜 강도 저하, 균열, 파단의 원인이 된다.
③ 배관 이음쇠 용접부의 일부에 균열이 생겨 누설이 진행되면 파단에 이르기도 하므로 조기 발견이 중요하다.
④ 비틀어 넣기부 배관의 나사부에서 누설 시 그 상태로 밸브나 관을 더 조이면 반드시 반대 측의 나사부에 풀림이 생겨 누설개소가 이동한다.

나사의 탈·부착을 반복하면 나사 이음부의 이격으로 누설의 원인이 된다.

72 끼워맞춤부 보스의 수리법으로 틀린 것은?

① 편 마모된 부분은 최소한도로 깎아서 다듬질한다.
② 원래 구멍 이상으로 상당량 절삭할 경우는 부시를 삽입한다.
③ 보스의 외경이 작아서 강도가 부족할 시에는 링을 용접하여 사용한다.
④ 보스 내경에 부시를 압입할 경우는 중심내기 마무리를 한다.

보스는 억지끼움용으로 열박음을 하여야 한다.

73 송풍기 기동 후 베어링의 온도가 급상승하는 경우 점검사항이 아닌 것은?

① 윤활유의 적정 여부
② 베어링 케이스의 볼트 조임 상태 여부
③ 미끄럼 베어링의 경우 오일링의 회전이 정상인지 여부
④ 관통부에 펠트(felt)가 쓰인 경우, 축에 강하게 접촉되어 있는지 여부

베어링 케이스 볼트 조임상태는 운전 전에 점검하여야 한다.

74 다음 정비용 공기구 중 크게 축용과 구멍용으로 구분되어 있으며, 스냅 링이나 리테이닝 링의 부착이나 분해용으로 사용되는 공구는?

① 조합 플라이어
② 스톱 링 플라이어
③ 롱 노즈 플라이어
④ 컴비네이션 바이스 플라이어

스톱 링 플라이어 : 축용은 손잡이를 잡으면 벌어지는 형태이며 구멍용은 손잡이를 잡으면 닫히는 형태로 스냅 링, 리테이닝 링 부착하고 분해할 때 사용한다.

75 체인의 검사 시기나 기준으로 적합하지 않은 것은?

① 과부하가 걸렸을 때
② 균열이 발생했을 때
③ 체인의 길이가 처음보다 5% 이상 늘어났을 때
④ 링(Ring) 단면의 직경이 10% 이상 감소했을 때

체인의 기준
• 연결된 5개의 링크를 측정하여 연신율이 제조당시 길이의 5% 이하일 것(습동면의 마모량 포함)
• 링크 단면의 지름 감소가 해당 체인의 제조시보다 10 % 이하일 것
• 균열이 없을 것
• 심한 부식이 없을 것
• 깨지거나 홈 모양의 결함이 없을 것
• 심한 변형 등이 없을 것

76 일반적인 왕복식 압축기의 장점으로 옳은 것은?

① 윤활이 어렵다.
② 설치 면적이 넓다.
③ 맥동 압력이 있다.
④ 고압을 발생시킬 수 있다.

압축기 중 가장 고압을 얻을 수 있는 것은 왕복 압축기이다.

77 다음 밸브 중 밸브 박스가 구형으로 만들어져 있으며, 구조상 유로가 S형이고 유체의 저항이 크고 압력강하가 큰 결점은 있지만, 전개까지의 밸브 리프트가 적어 개폐가 빠르고 구조가 간단한 밸브는?

① 체크 밸브
② 글로브 밸브
③ 플러그 밸브
④ 버터플라이 밸브

글로브 밸브(Glove valve) : 밸브 형상이 둥글게 되어 있으며, 유체의 흐름이 S자 모형으로 되므로 유체 흐름의 저항은 크나 밸브의 리프트(양정)는 작아 개폐가 용이하므로 유량 조절에 적합하고 소형 경량이다.

78 가열 끼움에서 사용하는 가열법이 아닌 것은?

① 수증기로 가열하는 법
② 전기로로 가열하는 법
③ 가스토치로 가열하는 법
④ 자연광으로 가열하는 법

> 가열 끼움 방법
> • 수증기로 가열하는 법
> • 기름으로 가열하는 법
> • 전기로로 가열하는 법
> • 가스버너나 가스 토치로 가열하는 법

79 펌프의 흡입 양정이 높거나 흐름속도가 국부적으로 빠른 부분에서 압력 저하고 유체가 증발하는 현상은?

① 서징 현상
② 수격 현상
③ 압력상승 현상
④ 캐비테이션 현상

> 펌프 흡입측 압력손실 또는 흡입양정이 지나치게 길 경우 펌프의 공회전을 일으키는데 이를 공동현상(캐비테이션)이라 한다.

80 보통 금속과 고무로 되어 있고 회전축의 동적 실로 사용되는 것으로 바깥쪽 부분은 하우징에 고정시키고 안쪽 부분은 회전축에 부착하여 스프링으로 두 실 부분을 단단히 지지하는 기밀요소는?

① 립 패킹   ② 금속 실
③ 기계적 실   ④ 플랜지 패킹

> 메커니컬 실은 한 쪽은 고정시키고, 다른 한 쪽은 축과 미끄럼 접촉하여 회전시켜 유체의 누설을 막는 것으로 마찰 손실이 적고 수명이 길어 기계 밀봉으로 사용한다.

정답 최근기출문제 2018년 2회

01 ①	02 ③	03 ④	04 ④	05 ①
06 ④	07 ②	08 ④	09 ③	10 ①
11 ③	12 ④	13 ④	14 ①	15 ③
16 ④	17 ④	18 ③	19 ①	20 ④
21 ③	22 ①	23 ③	24 ④	25 ②
26 ①	27 ②	28 ④	29 ④	30 ②
31 ①	32 ②	33 ②	34 ②	35 ①
36 ③	37 ②	38 ②	39 ②	40 ④
41 ④	42 ①	43 ①	44 ④	45 ②
46 ③	47 ②	48 ②	49 ②	50 ④
51 ④	52 ④	53 ②	54 ④	55 ③
56 ④	57 ②	58 ③	59 ③	60 ①
61 ③	62 ④	63 ③	64 ②	65 ①
66 ③	67 ④	68 ①	69 ③	70 ④
71 ①	72 ③	73 ②	74 ②	75 ①
76 ④	77 ②	78 ④	79 ④	80 ③

2018년 3회 최근기출문제

제1과목 공유압 및 자동화시스템

01 다음 유압배관 중 내식성 또는 고온용으로 사용되며 열처리하여 관의 굽힘가공, 플레어가공에 가장 적합한 배관은?

① 동관 ② 합성고무관
③ 알루미늄관 ④ 스테인리스 강관

> 스테인리스강관은 열에 잘 견디기 때문에 주로 고온용에 이용되지만 저온용에도 쓰인다. 동관도 플레어 가공이 용이하지만 열처리를 하지 않고 작업하므로 부적합하다.

02 유압 모터를 급정지하고자 할 때, 관성으로 인한 과부하를 방지하는 회로는?

① 직렬 회로 ② 브레이크 회로
③ 일정출력 회로 ④ 일정토크 회로

> 유압에서 브레이크 회로는 부드러운 멈춤 역할을 해줄 수 있는 릴리프회로와 같은 역할을 한다.

03 밸브에 조작력이 작용하고 있을 때의 위치를 나타내는 용어는?

① 과도 위치 ② 노멀 위치
③ 작동 위치 ④ 초기 위치

> 주 관로의 압력이 걸리고 나서 조작력에 의해 예정 운전사이클이 시작되기 전의 밸브 몸체위치는 초기 위치, 밸브에 조작력이 작용하지 않을 때 밸브 몸체의 위치를 노멀위치라 하며 작용하고 있을 때는 작동위치라 한다.

04 공압 요동 액추에이터에서 피스톤형 요동 액추에이터의 종류가 아닌 것은?

① 나사형 ② 베인형
③ 크랭크형 ④ 래크와 피니어형

> 액추에이터란 에너지를 사용하여 기계적인 일을 하는 기기이며 피스톤식 요동형 액추에이터에는 랙 피니언스, 나사식, 크랭크식, 요크식 등으로 분류되며 이중 가장 많이 이용되고 있는 래크 피니언식 요동형 액추에이터이다.

05 유압 제어밸브 중 회로의 최고압력을 제한하는 밸브는?

① 감압 밸브
② 릴리프 밸브
③ 시퀀스 밸브
④ 카운터 밸런스 밸브

> **압력 제어밸브의 종류**
> • 릴리프 밸브(작동형, 내부 파일럿형, 외부 파일럿형) : 유체 압력이 설정값을 초과할 때 회로 내의 유체압력을 설정값 이하로 일정하게 유지시키는 밸브이다.
> • 감압밸브(작동형, 내부 파일럿형, 외부 파일럿형) : 고압의 유체를 감압시켜 사용조건이 변동되어도 설정공급압력을 일정하게 유지시킨다.
> • 시퀀스 밸브 : 공유압 회로에서 순차적으로 작동할 때 작동 순서를 회로의 압력에 의해 제어하는 밸브
> • 카운터 밸런스 밸브 : 부하가 급속히 제거될 경우, 그 자중이나 관성력 때문에 소정의 제어를 못하게 된다거나 램의 자유낙하를 방지하기 위하여 귀환유의 유량에 관계없이 일정한 배압을 발생시켜 실린더의 급속전진을 방지하는 밸브로 주로 배압제어용으로 사용한다.

06 다음의 기호가 의미하는 기기는?

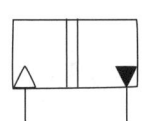

① 증압기
② 공기유압 변환기
③ 텔레스코프형 실린더
④ 고압우선형 셔틀밸브

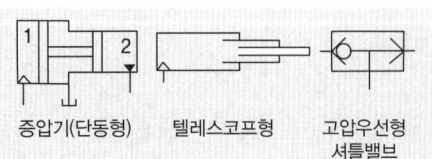
증압기(단동형) 텔레스코프형 고압우선형 셔틀밸브

07 압력의 크기가 다른 것은?

① 1 bar
② 14.5 psi
③ 10 kgf/cm²
④ 750 mmHg

- 1bar×1.0332kgf/cm² / 1.01325bar = 1.019kgf/cm²
- 14.5psi×1.0332kgf/cm² / 14.7psi = 1.019kgf/cm²
- 750mmHg×1.0332kgf/cm² / 760mmHg = 1.019kgf/cm²

08 유압 프레스를 설계하려고 한다. 사용압력은 24MPa 이고, 필요한 힘은 500kN일 경우 유압 실린더의 직경 (cm)으로 가장 적합한 것은?

① 17
② 27
③ 37
④ 47

원심펌프의 축동력

$P = \dfrac{F}{A}$, $A = \dfrac{F}{P} = \dfrac{500}{24 \times 10^3} = 0.020833 m^2 = 208.33 cm^2$

$208.33 = \dfrac{\pi}{4} \times d^2$

$\therefore d = \sqrt{\dfrac{4 \times 208.33}{\pi}} = 16.29 cm$

09 유압모터의 장점으로 틀린 것은?

① 기계식모터에 비해 효율이 높다.
② 소형경량으로 큰 출력을 낼 수 있다.
③ 무단으로 회전속도를 조절할 수 있다.
④ 회전체의 관성이 작아 응답성이 빠르다.

유압모터의 장·단점

특징	설명
장점	• 속도 제어가 용이하다. • 힘의 연속 제어가 용이하다. • 운동방향 제어가 용이하다. • 소형 경량으로 큰 출력을 낼 수 있다. • 릴리프밸브를 부착하면 기구적 손상을 주지 않고 급정지시킬 수 있다. • 2개의 배관만 사용해도 되므로 내폭성이 우수하다.
단점	• 효율이 낮다. • 누설에 문제점이 많다. • 온도에 영향을 많이 받는다. • 작동유에 이물질이 들어가지 않도록 보수에 주의하지 않으면 안된다. • 수명은 사용조건에 따라 다르므로 일정시간 후 점검해야 한다.

10 공압기기 중 소음기에 대한 설명으로 옳은 것은?

① 흡입 속도를 빠르게 한다.
② 공압 기기의 수명이 길어진다.
③ 공압 작동부의 출력이 커진다.
④ 배기 속도를 줄일 수 있고, 효율이 나빠진다.

소음기는 배기소음을 방지하기 위하여 배기속도를 감소시키는 방식으로 반면 배기 효율은 저하된다.

11 공압 단동 실린더의 특징으로 틀린 것은?

① 귀환장치를 내장한다.
② 행정거리의 제한을 받는다.
③ 압축공기를 한쪽에서만 공급한다.
④ 압축공기의 유량을 조절하여도 전·후진 속도가 동일하다.

- 단동 실린더 : 행정거리가 짧고 귀환장치가 내장되어 공기 소요량이 작다. 종류로는 피스톤형, 벨로스형, 다이아프램형 등이 있다.
- 복동 실린더 : 전·후진 모두 할 수 있으나 전·후진 운동 시 힘의 차이가 있으며 행정 거리가 길다.

12 다음 그림의 시스템 방식은?

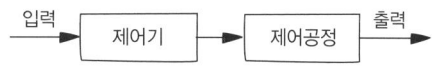

① 서보 시스템(servo system)
② 피드백 제어시스템(feedback control system)
③ 개회로 제어시스템(open loop control system)
④ 폐회로 제어시스템(closed loop control system)

- 개회로 제어장치는 미리 정해놓은 순서에 따라서 제어의 각 단계가 순차적으로 진행되며 피드백이 없는 시퀀스 제어이다.
- 폐회로 제어장치는 입력을 출력과 비교하는 장치이다.
 - 제어요소 = 조절부 + 조작부
 - 제어장치 = 설정부(기준입력요소) + 제어요소 + 검출부

13 실린더의 피스톤 위치를 영구자석의 힘으로 검출하는 것은?

① 광센서
② 리드 스위치
③ 리밋 스위치
④ 정전 용량형 센서

리드 스위치는 백금, 금, 로듐 등의 귀금속의 접점 도금을 한 자성체 리드편을 적당히 접점 간격을 유지하도록 하고, 유리관 중에 질소와 수소 혼합가스와 같은 불활성가스와 함께 봉입한 것으로 영구자석의 힘을 가지고 있다.

14 다음 기능선도 기본기호의 의미로 옳은 것은?

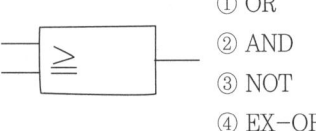

① OR
② AND
③ NOT
④ EX-OR

OR 회로는 둘 또는 그 이상의 입력 중 하나라도 1이면 출력이 1이 되는 회로이며 병렬조합으로, JIS 기호로는 '≧1'으로 표시된다.

15 제어장치의 기능을 실행하고자 PLC 프로그램을 작성할 때 고려사항이 아닌 것은?

① 공진 주파수의 중역공진과 고역공진
② 릴레이와 PLC의 특성 및 사용 방법
③ 그림 기호, 기구 번호, 상태 등에 대한 약속(규칙)
④ 제어 목적, 운전 방법, 동작 등의 각종 전기적인 조건

진동계 또는 진동회로에서 제동력 또는 전기저항을 0으로 하였을 때의 고유 주파수를 공진주파수라 하며 PLC 프로그램 작성과는 무관하다.

16 자석의 회전에 의해 도체에 유도전류가 흐르고 이 유도전류와 자속의 상호 작용에 의해 회전하는 현상을 이용한 전동기는?

① 복권전동기   ② 분권전동기
③ 유도전동기   ④ 직권전동기

• 직권전동기 : 토크가 증가하면 속도가 낮아져 대체적으로 일정한 출력이 발생하는 것을 이용해서 전차, 기중기 등에 주로 사용하는 직류전동기이다.
• 직류 분권 전동기 : 일반적으로 정속도 전동기일 뿐만 아니라 계자 조정기를 사용하면 속도 제어가 용이하다는 특징이 있다.

17 보수관리의 효과에 대한 설명으로 틀린 것은?

① 유지비가 높아 비경제적이다.
② 수리기간이 정기적이며 단축할 수 있다.
③ 수리를 위한 공장 휴지의 예고를 경영자, 생산 담당자가 알 수 있다.
④ 예기치 않는 기계의 고장, 파손이 생산 도중에 발생되는 것을 방지한다.

보수관리를 유지함으로서 설비의 고장 등을 사전에 방지할 수 있어 경제적이다.

18 비접촉식 근접 센서의 특징이 아닌 것은?

① 빠른 스위칭 주기를 갖는다.
② 비교적 수명이 길고, 신뢰성이 높다.
③ 접점부의 개방으로 내환경성이 나쁘다.
④ 비접촉 감지 동작으로 마모의 염려가 없다.

근접센서는 응답속도가 빠르고 접촉 신뢰성이 높으며 유리에 봉입되어 있기 때문에, 외부환경의 영향을 받기 어렵다.

19 AC 220V, Δ결선 전동기를 Y결선으로 바꿀 때 전동기에 인가되는 선간 전압[V]은 약 얼마인가?

① 381   ② 441
③ 621   ④ 761

선간전압은 상과 상 사이를 연결하여 전압을 얻는 것이며 상전압은 한 상과 중성점을 연결한 것이다. 즉, 상전압은 $220/\sqrt{3} = 127V$이다.
∴ Δ결선 = 3×Y결선 = 3×127 = 381V

20 서보 전동기의 노이즈 대책이 아닌 것은?

① 접지
② 서지 킬러
③ 실드선 처리
④ 인버터 사용

인버터는 직류를 교류전원 형태로 바꾸어 주는 장치나 회로로 노이즈 대책과는 무관하다.

제2과목 설비진단 및 관리

21 공장 소음, 특히 저주파 소음을 방지할 수 있는 방법은?

① 재료의 무게를 줄인다.
② 재료의 무게를 늘인다.
③ 재료의 내부 댐핑을 줄인다.
④ 재료의 강성을 높여야 한다.

저주파는 귀로 들을 수 없는 10Hz 이하로 재료의 강성을 높여야 소음을 방지할 수 있다.

22 회전기계의 열화 시 발생되는 주파수 특성에서 언밸런스에 대한 설명으로 틀린 것은?

① 언밸런스는 회전 벡터이다.
② 회전 주파수의 1f 성분의 탁월 주파수가 나타난다.
③ 휜 축이거나 베어링의 설치가 잘못 되었을 때 나타난다.
④ 언밸런스에 의한 진동은 수평·수직방향에 최대의 진폭이 발생한다.

회전기계의 정밀진단
- 언밸런스(unbalance) : 회전수와 동일한 주파수가 검출되었을 때 진동을 발생시키며 모든 기기에서 발생하는 진동으로 수평·수직방향에 최대의 진폭이 발생하며 언밸런스량과 회전수가 증가할수록 진동레벨이 높게 나타난다.
- 미스얼라인먼트(misalignment) : 베어링 설치가 잘못되었거나 축 중심이 어긋난 경우에 발생하는 경우로 측정은 축 방향에 센서를 부착하여 측정하며 이때 위상각은 180°이다.
- 기계적 풀림(looseness) : 회전기계 특히 베어링 케이스에서 주로 발생하며 회전 이싱에 의해 진동이 불규직적으로 발생한다.
- 편심 : 로터의 중심과 실체의 회전 중심이 어긋난 경우 중심이 한쪽으로 치우쳐 진동이 발생한다.
- 공진 : 기계의 고유 진동수와 강제 진동수가 일치하게 되면 진폭이 크게 발생하여 진동이 최대가 되어 설비에 악영향을 끼치게 되므로 가급적 공진점은 피하여 운전하는 것이 좋다.

23 다음 보기에서 설비의 탄생에서 사멸까지의 라이프 사이클(life cycle) 4단계 순서를 바르게 나열한 것은?

㉠ 설비의 개념 구성과 규격결정
㉡ 제작 설치
㉢ 설비의 설계 개발
㉣ 설비의 운용 유지

① ㉠ → ㉡ → ㉢ → ㉣
② ㉠ → ㉢ → ㉡ → ㉣
③ ㉡ → ㉠ → ㉢ → ㉣
④ ㉡ → ㉣ → ㉢ → ㉠

라이프 사이클 4단계
설비의 개념 구성과 규격 결정 → 설비의 설계 개발 → 제작 설치 → 설비의 운영 유지

24 설비 표준의 종류에 속하지 않는 것은?

① 설비 성능 표준
② 시운전 검수 표준
③ 설비 보전원 표준
④ 설비 자재 검사 표준

설비 표준
- 설비 성능 표준 : 용량 및 능력, 성능, 주요부분의 구조, 증기량, 수량 등을 표시
- 시운전 검수 표준 : 설비의 신설, 갱신, 수리 등의 공사 완성 후 하는 운전
- 설비 자재 검사 표준 : 설비 자재에 대한 표준에 일치 여부를 검사
- 이외에 설비 보전 표준, 보전 작업 표준, 설비 자재 구매 규격, 설비 설계 규격 등이 있다.

25 설비관리의 기능과 가장 거리가 먼 것은?

① 실행 기능
② 기술 기능
③ 개발 기능
④ 일반관리 기능

설비관리기능
- 실행 기능 : 실시기능과 지원기능을 포함(주유, 교육훈련, 저장, 수송, 구매, 포장 등)
- 기술 기능 : 설비성능 분석, 고장분석, 설비진단기술 이전 및 개발 등
- 일반관리 기능 : 계획, 통제, 조정, 보전정책 수립 및 효율성 분석·측정

26 설비의 고장률과 열화패턴에서 시간의 경과와 함께 고장발생이 감소되는 고장률 감소형의 기간으로 설계불량, 제작불량에 의한 약점 등이 나타나는 고장기는?

① 우발 고장기 ② 초기 고장기
③ 마모 고장기 ④ 혼합 고장기

> **설비의 신뢰성 및 보전성 관리**
> • 초기고장 : 설비를 사용함에 따라 고장의 발생이 감소하게 되는데 이상이 있거나 설계·제작 불량 등은 고장을 일으키며 보전요원에 의하여 그때마다 수리·정비를 하여야 한다.
> • 돌발고장 : 기계의 축 절단, 전기회로의 단선, 과부하로 인한 모터의 소손 등 돌발적으로 고장이 일어나는 현상으로 예비품 관리의 필요성을 중시하게 된다.
> • 마모고장 : 압축기 피스톤링의 마모, 베어링의 마모 등 설비의 열화 및 마모에 의하여 일어나는 현상으로 주기적으로 급유, 청소를 하면 고장률을 줄일 수 있다.

27 진동 에너지를 표현하는 값으로 정현파의 경우 피크값이 $1/\sqrt{2}$ 배에 해당되는 것은?

① 피크값   ② 실효값
③ 평균값   ④ 피크-피크

> • 피크값(편진폭) : 진동량의 절대값의 최대값
> • 피크-피크값 : 정측의 최대값에서 부측의 최대값까지의 값으로 정현파의 경우는 피크값의 2배
> • 실효값 : 진동의 에너지를 표현하는 것에 적합한 값으로 정현파의 경우는 피크값의 $1/\sqrt{2}$ 배
> • 평균값 : 진동량을 평균한 값으로 정현파의 경우는 피크값의 $2/\pi$배

28 보전 계획을 수립할 때 검토하여야 할 사항으로 가장 거리가 먼 것은?

① 보전 비용   ② 수리 시간
③ 운전원 역량 ④ 생산 및 수리 계획

> 보전 계획에는 설비 등의 보전비용, 열화의 정도, 수리시간, 안전성, 내용년수, 시공 상의 여러 조건을 고려하여야 한다.

29 설비보전 조직 설계 시 고려사항으로 가장 거리가 먼 것은?

① 생산 형태   ② 설비의 특징
③ 생산제품의 특성 ④ 기업 경영 방식

> **설비보전 조직 설계 시 고려하여야 할 사항**
> • 관리기능 : 생산형태, 설비의 특징, 생산제품의 특성
> • 직접기능 : 설비점검, 일상보전, 설비수리

30 신뢰도와 보전도를 종합한 평가 척도로 "설비가 어느 특정 순간에 기능을 유지하고 있는 확률"로 정의할 수 있는 용어는?

① 유용성   ② 보전성
③ 경제성   ④ 설비 가동률

> **신뢰도와 보전 종합 평가**
> • 보전성 : 규정된 조건에서 보전이 실시될 때 규정시간 내에 보전이 종료되는 확률이다.
> • 유용성 : 신뢰성과 보전성을 종합하여 평가하는 척도이며 어느 특정 순간에 기능을 유지하고 있는 확률이다.
> • 신뢰성 : 고유 신뢰성(설계, 제조 기술 및 재료의 상태)과 사용 신뢰성(보전, 조업 기술 및 사용조건, 환경의 적합 여부)으로 구분된다.

31 연간 불출 회수가 4회 이상인 정량 발주방식의 주문점 계산식으로 옳은 것은?(단, P : 주문점, X : 월 평균 사용량, D : 기준조달기간, m : 예비재고이다.)

① $P = X \times D + m$
② $P = X \times D - m$
③ $P = X \times m + D$
④ $P = X \times m - D$

32 회전기계에서 발생하는 이상 현상 중 유체기계에서 국부적 압력 저하에 의하여 기포가 생기며 일반적으로 불규칙한 고주파 진동 음향이 발생하는 현상은?

① 공동   ② 풀림
③ 언밸런스   ④ 미스얼라인먼트

> **회전기계의 정밀진단**
> • 언밸런스(unbalance) : 회전수와 동일한 주파수가 검출되었을 때 진동을 발생시키며 모든 기기에서 발생하는 진동으로 수평·수직방향에 최대의 진폭이 발생하며 언밸런스량과 회전수가 증가할수록 진동레벨이 높게 나타난다.
> • 미스얼라인먼트(misalignment) : 베어링 설치가 잘못되었거나 축 중심이 어긋난 경우에 발생하는 경우로 측정은 축 방향에 센서를 부착하여 측정하며 이때 위상각은 180°이다.
> • 기계적 풀림(looseness) : 회전기계 특히 베어링 케이스에서 주로 발생하며 회전 이상에 의해 진동이 불규칙적으로 발생한다.

33 보전 작업 표준에서 표준시간의 결정방법이 아닌 것은?

① 경험법
② 실적 자료법
③ 작업 연구법
④ 관적 자료법

보전작업 표준에서 표준시간 결정방법
- 경험법 : 숙련자에 의하여 작업 방향을 결정하는 것으로, 간단한 수리공사에 많이 사용하는 방법이다.
- 실적 자료법 : 모든 일은 그동안의 실적에 의하여 작업의 표준시간을 결정하는 방법으로 적용범위가 넓어지는 것이 특징이다.
- 작업 연구법 : 작업 연구에 의하여 표준시간을 결정하는 방법으로 작업 순서나 시간이 모두 신뢰적인 방법이다.

34 종합적 생산보전(TPM)에 대한 설명 중 틀린 것은?

① 전원이 참가하여 동기부여 관리
② 작업자의 자주보전 체제의 확립
③ 설비효율을 최고로 높이기 위한 보전 활동
④ 생산설비의 라이프 사이클만 관리하는 활동

TPM(종합적 생산보전)의 개요
- 설비효율을 최고로 높이기 위한 보전 활동
- 전사원이 참가하여 동기부여 관리
- 소집단 활동에 의하여 생산보전 추진
- 작업자의 자주보전 체제의 확립
- 현장 체질개선으로 설비의 고장과 불량을 사전에 방지

35 설비의 돌발적인 고장으로 인한 손실이 아닌 것은?

① 생산정지로 인한 원료 절약
② 돌발고장으로 인한 수리비의 지출
③ 생산 정지시간의 감산에 의한 손실
④ 설비수리로 인한 저 능률 조업에 따른 복구 손실

설비의 신뢰성 및 보전성 관리
- 초기고장 : 설비를 사용함에 따라 고장의 발생이 감소하게 되는데 이상이 있거나 설계·제작 불량 등은 고장을 일으키며 보전요원에 의해 수리·정비를 하여야 한다.
- 돌발고장 : 기계의 축 절단, 전기회로의 단선, 과부하로 인한 모터의 소손 등 돌발적으로 고장이 일어나는 현상으로 예비품 관리의 필요성을 중시하게 된다.
- 마모고장 : 압축기 피스톤링의 마모, 베어링의 마모 등 설비의 열화 및 마모에 의하여 일어나는 현상으로 주기적으로 급유, 청소를 하면 고장률을 줄일 수 있다.

36 설비의 노화를 나타내는 파라미터에 해당되지 않는 것은?

① 진동
② 소음
③ 가격
④ 기름의 오염도

파라미터는 회로나 기계를 동작시킬 때 조작 가능한 요소를 나타내는 것으로 설비 노화의 파라미터는 진동, 충격, 소음, AE, 온도, 기름의 오염도 등이 해당된다.

37 윤활관리의 목적에 대한 설명과 가장 관련이 적은 것은?

① 기계에 대한 올바른 급유
② 고점도유 사용으로 누유방지
③ 정기적 검검을 통한 고장 감소
④ 시설관리비의 절감과 생산성 향상

윤활유의 작용
- 감마작용 : 윤활 부분의 마찰을 감소하므로 마모와 소착(燒着)을 방지
- 냉각작용 : 마찰열 및 외부에서 흡수된 열을 방출하는 작용
- 응력 분산작용 : 활동 부분에 가해진 힘을 분산시켜 균일하게 작용
- 밀봉작용 : 내부의 유체 누설과 외부로부터 외기의 침입을 방지
- 방청작용 : 금속 표면의 녹이 스는 것을 방지
- 방진작용 : 윤활개소에 먼지 등 이물질 혼입되는 것을 방지

38 다음 중 집중보전의 장점이 아닌 것은?

① 노동력의 유효이용
② 보전 책임의 명확성
③ 현장 감독의 용이성
④ 보전용 설비 공구의 유효이용

집중 보전은 책임자 한 사람을 기준으로 하여 조직이 구성되며 모든 보전 요원은 책임자의 지시에 따라 움직이는 집중 관리 시스템이다으로 다음과 같은 특징을 갖는다.
- 모든 일에 대하여 통제가 수월하고 인원 관리를 획일화 할 수 있다.
- 설비의 수리, 고장, 교체 등 모든 일 처리가 신속히 이루어진다.
- 모든 보전원의 기능 숙련이 향상되고 새로운 기능에 대하여 적응이 가능하다.
- 작업 표준화를 하기 위하여 시간 손실이 많다.
- 작업 의뢰에서 생산까지 책임자의 지시를 받아야 하므로 소요시간이 많이 걸린다.

39 패킹을 가볍게 저널에 접촉시켜 급유하는 방법으로, 일종의 모세관 현상에 의하여 기름을 마찰면에 보내게 되는데 이때 털실이 직접 마찰면에 접촉하게 되는 급유법은?

① 패드 급유법　② 칼라 급유법
③ 버킷 급유법　④ 비말 급유법

> **순환 급유법**
> - 패드 급유법 : 털실이 직접 마찰면에 접촉하는데 모세관 현상에 의해 공급한다.
> - 버킷 급유법 : 고 하중 베어링의 온도를 냉각하기 위하여 사용된다.
> - 칼라 급유법 : 베어링 전체에 기름이 공급될 수 있으며 스크레이퍼가 부착되어 있다.
> - 비말 급유법 : 활동부의 축에 오일 디퍼나 밸런스웨이터를 설치하여 오일을 퍼 올리는 방식으로 마찰면에 동시에 급유할 수 있다.

40 다음 중 설비진단기술의 정의로 가장 적합한 것은?

① 설비를 교정하는 것
② 설비의 경제성을 평가하는 것
③ 설비를 투자할 것인지 결정하는 것
④ 설비의 상태를 정량적으로 관측하여 예측하는 것

> 설비진단 기술 : 모든 설비의 작동을 정확히 파악하기 위하여 설비의 고장 및 열화, 성능이나 강도 등을 정량적으로 관측하여 지속적인 운전상태를 예측할 수 있는 기술이다.

제3과목 공업계측 및 전기전자제어

41 PLC의 구성 중 입력(input)측에 해당되지 않는 것은?

① 광센서
② 전자 접촉기
③ 레벨 스위치
④ 푸시버튼 스위치

> PLC의 구성 중 입력측 : 센서, 입력 스위치, 열동 과전류 계전기의 접점 설치, 레벨 스위치, 푸시버튼 스위치

42 직류전동기의 속도 제어법에 속하지 않는 것은?

① 계자제어법
② 저항제어법
③ 전압제어법
④ 주파수제어법

> **직류전동기의 속도 제어법**
> - 계자제어법 : 직류전동기의 속도제어법에서 정출력 제어에 속한다.
> - 전압제어법 : 직류전동기에 가해지는 전압을 제어하는 속도제어로 많이 사용되는 방법이다.
> - 저항제어법 : 전차 등의 직권전동기의 속도 제어에 쓰인다. 부하토크에 의한 속도변동이 크며 직렬저항의 손실이 크다.

43 일정한 환경 조건하에서 측정량이 일정함에도 불구하고 전기적인 증폭기를 갖는 계측기의 지시가 시간과 함께 계속적으로 느슨하게 변화하는 현상은?

① 비직선성　② 과도특성
③ 히스테리시스　④ 드리프트(drift)

> 드리프트는 보통 측정되는 변수의 최대 측정값의 백분율로 동기기의 조정장치 오차가 부품의 열화, 온도변화, 기타 불규칙한 변동 때문에 오랜기간 동안에 변동하는 것이다.

44 다음 그림의 출력전압은?

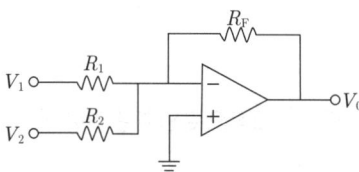

① $V_0 = R_F(\dfrac{V_1}{R_1} + \dfrac{V_2}{R_2})$

② $V_0 = -R_F(\dfrac{V_1}{R_1} + \dfrac{V_2}{R_2})$

③ $V_0 = -R_F(\dfrac{V_1}{R_1} - \dfrac{V_2}{R_2})$

④ $V_0 = -R_F(\dfrac{V_2}{R_2} - \dfrac{V_1}{R_1})$

> $V_0 = -(\dfrac{V_1 \times R_F}{R_1} + \dfrac{V_2 \times R_F}{R_1}) = -R_F(\dfrac{V_1}{R_1} + \dfrac{V_2}{R_2})$

45 교류의 최대값이 100A인 경우 실효값은 약 몇 A 인가?

① 64　　　　② 71
③ 80　　　　④ 141

$V = 0.707 V_m$ (V : 실효값, V_m : 최대값)
$\therefore V = 0.707 \times 100A = 70.7A$

46 2개의 합성 저항 R_1, R_2를 병렬로 접속하면 합성 저항 R은 어떻게 되는가?

① $R_1 + R_2$　　　　② $\dfrac{R_1 + R_2}{2}$
③ $\dfrac{R_1 + R_2}{R_1 \cdot R_2}$　　　　④ $\dfrac{R_1 \cdot R_2}{R_1 + R_2}$

합성저항
• 직렬접속 : $R_0 = R_1 + R_2 [\Omega]$
• 병렬접속 : $R_0 = \dfrac{1}{\dfrac{1}{R_1} + \dfrac{1}{R_2}} = \dfrac{R_1 \cdot R_2}{R_1 + R_2} [\Omega]$

47 1차 지연요소의 스텝응답이 시정수 τ를 경과했을 때, 그 값의 최종 도달 값에 대한 비율은 약 % 인가?

① 50　　　　② 63
③ 90　　　　④ 98

시정수(τ)는 "전기저항×전기용량"으로 표시하며 축전지 최대전압의 63.2%까지 충전되는 시간을 말한다.

48 절연저항 측정 시 가장 많이 사용되는 계기는?

① 메거　　　　② 캘빈더블
③ 휘트스톤 브리지　　　　④ 코올라시 브리지

메거 테스터는 절연저항 측정기이다.

49 감도를 나타내는 식으로 옳은 것은?

① $\dfrac{\text{지시량}}{\text{측정량}}$　　　　② $\dfrac{\text{측정량}}{\text{지시량}}$
③ $\dfrac{\text{지시량의 변화}}{\text{측정량의 변화}}$　　　　④ $\dfrac{\text{측정량의 변화}}{\text{지시량의 변화}}$

감도계수란 계측기의 지시량 변화의 측정량 변화에 대한 비율, 편차계수란 측정량의 변화로서 계측기의 지시량 변화에 대한 비율, 감도한계는 계측기가 얼마만큼 미소한 측정량을 느끼는가를 나타내는 정도로 나타낸다.

50 연산증폭기에 계단파 입력(Step Function)을 인가하였을 때 시간에 따른 출력전압의 최대 변화율은?

① 옵셋(offset)
② 드리프트(drift)
③ 슬루율(slew rate)
④ 대역폭(bandwidth)

슬루율(slew rate)은 연산증폭기의 계단 입력 전압에 응답하는 연산증폭기의 출력 전압의 최대 시간 변화율로 출력전압의 시간에 따른 변화율이다.

51 방폭형이고 본질적으로 안정적이지만 전송거리가 먼 경우에는 적용하기 곤란한 조작부의 종류는?

① 공압식　　　　② 전기식
③ 유압식　　　　④ 전자식

공기압식은 오래전부터 사용되어 왔으며 신뢰도가 높고 보수가 용이하며 방폭성을 구비하고 있어서 지금까지 많이 사용되고 있는 조절밸브 중의 하나이다. 응답성을 빠르게 하면서도 히스테리시스를 작게 하기 위해 보조기기인 포지셔너를 사용하는 경우가 많다.

52 피드백 제어시스템에서 반드시 필요한 장치는?

① 조작장치
② 안정도 향상장치
③ 속응성 향상장치
④ 입·출력 비교장치

피드백 제어는 출력 신호를 그 입력 신호로 되돌림으로써 제어량의 값을 목표값과 비교하여 그들을 일치시키도록 정정 동작을 하는 제어이므로 입·출력비교장치가 반드시 필요하다.

53 60Hz, 4극 유도전동기의 회전자 속도가 1728rpm일 때, 슬립은 얼마인가?

① 0.04　　　　② 0.05
③ 0.08　　　　④ 0.10

$$N = 120 \times \frac{f}{P} = 120 \times \frac{60}{4} = 1800 \text{rpm}$$
$$1800 \times (1-s) = 1728$$
$$\therefore s = 0.04$$

54 3상 유도전동기의 회전방향을 시계방향에서 반시계방향으로 변경하는 방법은?

① 3상 전원선 중 1선을 단락시킨다.
② 3상 전원선 중 2선을 단락시킨다.
③ 3상 전원선 모두를 바꾸어 접속한다.
④ 3상 전원선 중 임의의 2선의 접속을 바꾼다.

3상 유도전동기에서 회전방향을 반대로 하려면 3상 전원선 중 임의의 2선의 접속을 바꾸면 된다.

55 계측기가 미소한 측정량의 변화를 감지할 수 있는 최소 측정량의 크기를 무엇이라 하는가?

① 오차
② 정밀도
③ 정확도
④ 분해능

분해능은 장치가 인식할 수 있는 최소 측정치의 증가를 단위로 표현한 것이다.

56 입력회로가 "0"이면 출력은 "1", 입력신호가 "1"이면 출력이 "0"이 되는 논리회로는?

① OR회로
② AND회로
③ NOT회로
④ NAND회로

시퀀스제어의 기본회로
- 논리곱 회로(AND gate) : 2개의 입력 A와 B 모두가 "1"일 때만 출력이 "1"이 되는 회로
- 논리합 회로(OR gate) : 입력 A 또는 B의 어느 한쪽이던가, 양자 모두가 "1"일 때 출력이 "1"이 되는 회로
- 논리부정회로(NOT gate) : 입력이 "0"일 때 출력은 "1", 입력이 "1"일 때 출력은 "0"이 되는 회로
- NAND 회로(NAND gate) : AND 회로에 NOT 회로를 결합한 AND-NOT 회로
- NOR 회로(NOR gate) : OR 회로에 NOT 회로를 결합한 OR-NOT 회로

57 공업계측에서 측정량의 쉬운 변환과 확대, 증폭이나 전송에 편리한 기본신호가 아닌 것은?

① 변위
② 전압
③ 압력
④ 주파수

주파수는 일정한 크기의 전류나 전압 또는 자계의 진동과 같은 주기적 현상이 단위 시간(1초) 동안에 반복되는 횟수를 표현하는 것이다.

58 전원전압을 일정하게 유지하기 위해 사용되는 소자는?

① 제너 다이오드
② 터널 다이오드
③ 포토 다이오드
④ 쇼트기 다이오드

- 제너 다이오드 : 전압을 일정하게 유지하기 위한 전압 제어 소자로 정전압 다이오드라고도 하며, 정전압회로에 사용된다.
- 터널 다이오드 : 불순물 농도를 매우 크게 만들어 부성 저항 특성을 갖으며, 마이크로파대의 발진이나 전자계산기의 고속 스위칭 소자로 사용된다.
- 포토 다이오드 : 빛에너지를 전기에너지로 변환한다.
- 쇼트키 다이오드 : 금속과 반도체의 접촉면에 생기는 장벽(쇼트키 장벽)의 정류 작용을 이용한 다이오드이다.

59 직류전동기에서 자속을 감소시키면 회전수는?

① 증가
② 감소
③ 정지
④ 불변

직류전동기에서 자속과 회전수는 반비례하며 계자전류는 자속을 만드는 전류이므로 계자전류가 감소하면 자속도 감소하므로 반면 회전수는 증가하게 된다.

60 다음 그림은 어떤 논리회로를 나타낸 것인가?

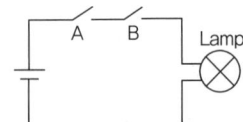

① OR 회로
② AND 회로
③ NOR 회로
④ NAND 회로

A, B 접점이 직렬로 연결되어 있으며 동시에 입력이 되어야 출력이 이루어지므로 AND 회로에 해당된다.

제4과목 기계정비 일반

61 수격현상에서 압력상승 방지책으로 사용되는 밸브는?

① 안전 밸브 ② 슬루스 밸브
③ 셔틀 밸브 ④ 언로딩 밸브

압력이 일정이상이 되면 유체 일부를 방출하고 다시 압력이 규정압력 이하로 내려가면 밸브를 닫아 정상운전을 할 수 있게 하는 것은 안전밸브이며 주로 스프링식 안전밸브를 많이 사용한다.

62 전동기 본체의 점검항목이 아닌 것은?

① 지침의 영점 ② 본체의 진동
③ 베어링의 이음 ④ 베어링부의 발열

전동기 본체 점검 항목
- 전동기 발열 및 이음상태
- 전동기 본체의 진동, 소음
- 전동기 과부하 운전 여부
- 전동기 냉각 상태 여부

63 다이얼게이지를 이용한 축의 센터링 측정준비 작업이 아닌 것은?

① 커플링의 외면을 세척한다.
② 면간을 센터게이지를 이용하여 측정한다.
③ 다이얼 게이지의 오차 및 편차를 구한다.
④ 커플링의 외면을 0°, 90°, 180°, 270°의 방향을 표시한다.

다이얼게이지는 평면의 요철이나 원통면의 정도, 축의 편심 등 적은 틈새를 기준치수에 대하여 비교 측정하는 장비이다.

64 펌프 축의 밀봉장치로 봉수가 공급되는 것으로 맞는 것은?

① 밸런스 홀 ② 스터핑 박스
③ 금속 개스킷 ④ 케이싱 웨어링

스터핑 박스 : 펌프의 축 밀봉부를 형성하여 그랜드 패킹 및 기계식 시일 등의 밀봉 장치를 설치하기 위한 부분이다.

65 기어 감속기의 분류에서 평행 축형 감속기에 속하지 않은 기어는?

① 스퍼 기어 ② 헬리컬 기어
③ 더블 헬리컬 기어 ④ 웜 기어

축과 평행 여부에 따른 기어의 분류
- 두 축이 서로 평행한 기어 : 스퍼 기어(평기어), 헬리컬 기어, 인터널 기어, 랙과 피니언 기어
- 두 축이 교차하는 기어 : 베벨 기어, 스파이럴 베벨 기어
- 두 축이 만나지도 평행하지도 않는 기어 : 하이포이드 기어, 스크루 기어, 웜 기어

66 원심형 통풍기의 종류 중 간단한 형상의 경향 베인을 사용하고 토출압력이 50~250mmHg인 것은?

① 축류 팬 ② 터보 팬
③ 실로코 팬 ④ 플레이트 팬

원심형 통풍기
- 실로코 팬 : 원심식으로 전향 베인이며 풍량 변화에 따른 풍압 변화가 적으며 풍량이 증가하면 소요동력도 증가한다.
- 플레이트 팬 : 베인 형상이 간단하며 토출압력이 50~250 mmHg 정도이다.
- 터보 팬 : 효율이 가장 좋다.

67 펌프의 흡입 쪽에 설치하여 흡입한 유체를 역류하지 않도록 하기 위한 밸브로 가장 적당한 것은?

① 감압 밸브 ② 체크 밸브
③ 니들 밸브 ④ 슬루스 밸브

체크밸브는 역류방지밸브이며 수평, 수직 배관에 모두 사용할 수 있는 것은 스윙식이며, 수평배관에만 사용 가능한 것은 리프트식이다.

68 열 박음에서 가열끼움 방법이 아닌 것은?

① 수증기로 가열하는 법
② 기름으로 가열하는 법
③ 액화질소로 가열하는 법
④ 전기로로 가열하는 법

열박음에서 가열 끼움 방법
- 수증기로 가열하는 법
- 기름으로 가열하는 법
- 전기로로 가열하는 법
- 가스버너나 가스 토치로 가열하는 법

69 하우징에서 베어링을 설치할 때 한쪽 또는 양쪽을 좌우로 이동할 수 있게 하는 이유로 가장 적합한 것은?

① 베어링 마찰 감소
② 윤활유의 원활한 공급
③ 베어링의 끼워맞춤 용이
④ 열팽창에 의한 소손 방지

> 하우징에 베어링을 설치할 때 유동을 자유롭게 하는 것은 열팽창에 의한 소손을 방지하기 위한 것이다.

70 분할핀의 사용방법 중 적합하지 않은 것은?

① 부착 후 양끝은 충분히 넓혀 둔다.
② 볼트, 너트의 풀림방지용으로 사용한다.
③ 이음핀의 빠짐 방지용으로 사용한다.
④ 볼트 또는 기계부품의 위치결정용으로 사용한다.

> **핀의 용도**
> • 평행핀 : 기계 부품을 조립할 경우나 안내위치를 결정할 경우에 사용한다.
> • 테이퍼핀 : 원추형 핀으로 1/50 의 테이퍼로 되어 있으며 주축을 보스에 고정할 때 사용한다.
> • 분할핀 : 너트의 풀림방지나 바퀴가 축에서 이탈하는 것을 방지하기 위하여 사용한다.
> • 스프링핀 : 탄성을 이용하여 물체를 고정시키는데 사용한다.

71 축이음에서 센터링이 불량할 때 나타나는 현상이 아닌 것은?

① 진동이 크다.
② 축의 손상이 심하다.
③ 구동의 전달이 원활하다.
④ 베어링부의 마모가 심하다.

> 축이음에서 센터링이 불량하면 동력 전달이 힘들어진다.

72 다음 중 원심 펌프에 해당되는 것은?

① 기어 펌프
② 플런저 펌프
③ 벌류트 펌프
④ 다이어프램 펌프

> 플런저 펌프, 다이어프램 펌프는 왕복펌프에 해당되며, 기어 펌프는 회전 펌프에 속한다.

73 펌프의 전효율을 구하는 공식으로 맞는 것은?

① 파이프의 단면적 × 인장하중
② 압송유량 × 누설량
③ 축동력 × 기계손실
④ 수력효율 × 기계효율 × 체적효율

> 펌프의 전 효율 = 수력효율 × 기계효율 × 체적효율

74 롤러체인에 링크의 수가 홀수일 때 연결부로 사용되는 것은?

① 핀 링크
② 롤러 링크
③ 이음 링크
④ 오프셋 링크

> 링크 수가 홀수인 경우는 같은 형상의 링크를 연결하는 것이기 때문에 어느 쪽이든 끝의 링을 오프셋 링크로 해주어야 한다.

75 송풍기를 흡입 방법에 의해 분류했을 때 속하지 않는 것은?

① 양 흡입형
② 풍로 흡입형
③ 흡입관 취부형
④ 실내 대기 흡입형

> 양 흡입형의 경우 펌프에서 주로 캐비테이션(공동현상) 방지용으로 많이 사용한다.

76 합성 고무와 합성수지 및 금속 클로이드 등을 주성분으로 제조한 개스킷으로 상온에서 유동성이 있는 접착성 물질로써 접합면에 바르면 일정시간이 지난 후 건조되어 누설을 방지하는 개스킷은?

① 메탈 개스킷   ② 고상 개스킷
③ 접착 개스킷   ④ 액상 개스킷

액상 개스킷은 상온에서 유동성이 있는 접착성 물질로 일정 시간이 경과하면 건조 또는 균일하게 접착되어 표면보호 또는 누수 방지 등의 기능을 한다.

77 구름 베어링을 구성하는 기본 요소가 아닌 것은?

① 저널
② 내륜
③ 회전체
④ 리테이너

구름 베어링은 내륜과 외륜 사이에 볼(ball) 또는 롤러(roller) 등의 전동체를 넣어 전동체의 간격을 일정하게 유지하기 위하여 리테이너(retainer)를 가지고 있다.

78 공기를 압축할 때 압력 맥동이 발생하며 설치면적이 넓고 윤활이 어려운 압축기는?

① 왕복식 압축기
② 원심식 압축기
③ 축류식 압축기
④ 나사식 압축기

왕복식 압축기는 압축기 중에서 가장 고압을 얻을 수 있으나 압축이 대부분 단속적이며 압축 시 맥동을 일으키며 기어펌프에 의해 강제 급유를 해야 한다.

79 다음 중 기어 펌프의 특징으로 맞는 것은?

① 효율이 낮다.
② 소음과 진동이 적다.
③ 기름 속에 기포가 발생되지 않는다.
④ 점성이 큰 액체에서는 회전수를 크게 해야 한다.

기어펌프는 두 개의 암, 수 치형이 맞물려 송액하는 펌프로서 경량이고 구조가 간단하며, 역류하지 않도록 되어 있기 때문에 밸브가 필요 없으나 효율이 낮다.

80 페더 키라도 하며, 키를 조립하였을 경우 보스가 가볍게 이동할 수 있는 키는?

① 묻힘 키
② 접선 키
③ 반달 키
④ 미끄럼 키

미끄럼 키는 보스가 축에 고정되어 있지 않고 보스가 축 위를 미끄러질 수 있는 구조로 된 테이퍼가 없는 키이다.

정답 최근기출문제 2018년 3회

01 ④	02 ②	03 ③	04 ②	05 ②
06 ②	07 ③	08 ①	09 ①	10 ④
11 ④	12 ③	13 ②	14 ①	15 ①
16 ③	17 ①	18 ②	19 ①	20 ④
21 ④	22 ②	23 ②	24 ③	25 ③
26 ②	27 ②	28 ③	29 ④	30 ①
31 ①	32 ①	33 ②	34 ④	35 ①
36 ③	37 ②	38 ③	39 ①	40 ④
41 ②	42 ④	43 ②	44 ②	45 ②
46 ④	47 ②	48 ①	49 ③	50 ③
51 ①	52 ④	53 ①	54 ④	55 ④
56 ③	57 ④	58 ①	59 ①	60 ②
61 ①	62 ①	63 ②	64 ②	65 ①
66 ④	67 ②	68 ③	69 ④	70 ④
71 ③	72 ③	73 ②	74 ④	75 ①
76 ④	77 ①	78 ①	79 ①	80 ④

2019년 1회 최근기출문제

제1과목 공유압 및 자동화시스템

01 가열기를 나타낸 공·유압기호는?

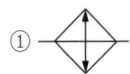 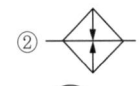

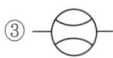

① 열교환 냉각기, ② 가열기, ③ 순간지시방식, ④ 압력계

02 다음 실린더 중 전진운동과 후진운동의 속도와 힘을 같게 할 수 있는 것은?

① 탠덤 실린더
② 충격 실린더
③ 복동 양로드 실린더
④ 단동 텔레스코프 실린더

- 탠덤 실린더 : 단계적으로 출력제어가 가능하며 큰 위치 에너지를 얻을 수 있다.
- 충격실린더 : 상당히 큰 충격 에너지를 얻을 수 있으며 속도는 7.5~10m/sec까지 얻을 수 있다
- 복동 양로드형 실린더 : 양쪽 방향으로 작동하는 힘이 동일하다.
- 단동 실린더 : 행정거리가 짧고 귀환 장치가 내장되어 공기 소요량이 작다.

03 외부의 압력부하가 변하더라도 회로에 흐르는 유량을 항상 일정하게 유지시켜 주면서 유압모터의 회전이나 유압실린더의 이동속도를 제어하는 밸브는?

① 분류 밸브
② 단순 교축 밸브
③ 압력 보상형 유량 조절 밸브
④ 온도 보상형 유량 조절 밸브

압력보상형 유량조절 밸브는 유량조절부, 압력보상부, 체크밸브 등 압력보상기구를 내장하고 있으므로 압력이 변화하여도 유량을 일정하게 흐르게 하는 밸브이다.

04 용적형 공기압축기가 아닌 것은?

① 격판 압축기 ② 베인 압축기
③ 터보 압축기 ④ 피스톤 압축기

작동원리에 따른 공기압축기의 분류
- 용적형 : 격판식, 베인식, 피스톤식, 나사식, 스크롤식
- 터보형 : 원심식, 축류식

05 압력이 설정압력 이상이 되면 작동유를 탱크로 귀환시키는 회로는?

① 단락 회로   ② 미터인 회로
③ 압력설정 회로 ④ 미터아웃 회로

① 단락회로 : 전기 회로에서 두 지점 사이에 전기 저항이 작은 도체로 접속된 회로를 말한다.
② 미터인 회로 : 실린더 입구 측에 설치하여 유압 유량을 조절하며 실린더 속도를 제어한다.
④ 미터아웃 회로 : 실린더로부터 유출하는 유량을 직접 제어한다.

06 유압모터 중 구조가 간단하며 출력 토크가 일정하고 정·역회전이 가능하지만 정밀한 서보기구에는 적합하지 않은 모터는?

① 기어 모터   ② 베인 모터
③ 레디얼 피스톤 모터 ④ 액시얼 피스톤 모터

기어 모터는 구조가 간단하나 누설량이 많고, 토크 변동이 심하여 정밀한 서보기구에는 부적당하다.

07 공기의 체적과 온도의 관계를 표현한 것은?

① 보일의 법칙   ② 샤를의 법칙
③ 베르누이 원리 ④ 파스칼의 원리

샤를의 법칙에 따르면 일정 압력 하에서 완전가스체적은 절대온도에 정비례한다.

08 다음 유압 회로에서 실린더에 70kgf/cm² 압력이 가해지고 있다. 이 실린더의 동작으로 옳은 것은?
(단, 마찰저항은 무시한다.)

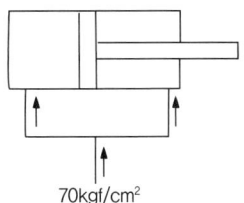

① 전진한다.　　② 정지한다.
③ 후진한다.　　④ 전진 후 후진한다.

> 실린더의 작동
> • 전진 운동 : 힘 = 압력×피스톤 면적
> • 후진 운동 : 힘 = 압력×(피스톤 면적 – 로드면적)

09 어큐뮬레이터의 용도로 적합하지 않은 것은?

① 압력 증대용　　② 에너지 축적용
③ 펌프 맥동 완화용　　④ 충격압력의 완충용

> 어큐뮬레이터(축압기)
> • 압력 에너지 축적 : 회로 내 소정의 압력을 유지
> • 맥동, 충격의 제거 : 밸브류, 배관, 계기류 파손 방지

10 다음 조작방식의 명칭은?

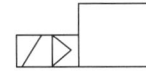

① 유압 2단 파일럿
② 전자 유압 파일럿
③ 전자 공기압 파일럿
④ 공기압 유압 파일럿

11 프로그램에 의한 제어가 아닌 것은?

① 조합 제어　　② 시퀀스 제어
③ 파일럿 제어　　④ 시간에 따른 제어

> 파일럿 제어는 메모리 기능이 없고, 불대수 방정식을 이용해서 해결이 가능한 제어이다.

12 플라스틱, 유리, 도자기, 목재 등과 같은 절연물의 위치를 검출할 수 있는 센서는?

① 압력 센서　　② 리드 스위치
③ 유도형 센서　　④ 용량형 센서

> 용량형 센서는 주로 비금속 제품을 검출할 때 사용하며, 유도형 센서는 금속제품을 검출할 때 사용한다.

13 유압시스템에서 펌프 구동 동력이 부족할 때 발생되는 현상은?

① 작동유가 과열된다.
② 토출유량이 많아진다.
③ 실린더 추력이 감소된다.
④ 유압유의 점도가 높아진다.

> 펌프 구동 동력이 부족하면 실린더를 미는 힘(추력)이 무속하게 된다.

14 두 종류의 금속을 접합하여 폐회로를 만들고 두 접합점의 온도차를 다르게 유지했을 때 두 금속 사이에 기전력이 발생하여 전류가 흐르는 현상은?

① 제백 효과　　② 초전 효과
③ 톰슨 효과　　④ 펠티어 효과

> ② 초전 효과 : 온도변화가 있을 때에는 전하가 발생하고 온도변화가 없을 때는 전하가 발생하지 않는다.
> ③ 톰슨 효과 : 동일한 금속선에 온도 차가 있을 때 여기에 전류를 흐르게 하면 열의 흡수 또는 발열이 생기는 현상
> ④ 펠티어 효과 : 어느 한 회로에 서로 다른 금속체를 놓고 전류를 흐르게 하면 한쪽은 뜨겁게 되고 한쪽은 차갑게 되는 현상

15 스테핑 모터의 속도를 결정하는 요소는?

① 펄스의 방향　　② 펄스의 전류
③ 펄스의 주파수　　④ 펄스의 상승시간

> 스테핑 모터는 펄스신호의 주파수에 비례하여 회전속도가 얻어지며, 광범위한 변속이 가능하다.

16 자동화의 작업순서를 제어하는 제어 시스템(control system)의 최종작업 목표가 아닌 것은?

① 공정 상태 확인
② 작업 공정의 계획 수립
③ 처리된 결과에 기초한 공정 작업
④ 공정 상태에 따른 자료의 분석처리

> 작업 공정의 계획 수립은 작업 전에 수립하여야 하는 계획이다.

17 다음 논리 회로에서 출력이 1이 되기 위한 입력값으로 옳은 것은?

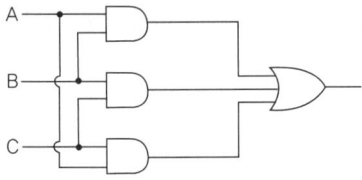

① A = B = C = 0
② A = 1, B = C = 0
③ A = B = 1, C = 0
④ A = C = 0, B = 1

> 3개의 논리합(AND) 게이트에서는 하나라도 1이 출력되어야 논리합(OR) 게이트에서 1이 출력되므로 A, B, C 중 2개 이상은 1이 되어야 한다.

18 설비 보전과 관리 차원에서 신뢰성을 활용한 경우의 특징이 아닌 것은?

① 제품 출고시간을 판단할 수 있다.
② 설비의 장래 가동 상황을 예측할 수 있다.
③ 사용 시간과 고장 발생과의 관계를 알 수 있다.
④ 운전 중인 설비의 장비수리나 생산계획수립에 도움이 된다.

> ②, ③, ④항 이외에 제작 불량 감소 및 가동률 향상에 도움이 된다.

19 다단형 피스톤 로드를 가진 형태로 실린더 길이에 비해 긴 행정거리를 얻을 수 있는 실린더는?

① 충격 실린더
② 탠덤 실린더
③ 텔레스코프 실린더
④ 복동 양 로드 실린더

- 충격 실린더 : 상당히 큰 충격 에너지를 얻을 수 있으며 속도는 7.5~10m/sec까지 얻을 수 있다.
- 탠덤 실린더 : 단계적으로 출력제어가 가능하며 큰 위치 에너지를 얻을 수 있다.
- 양로드형 실린더 : 양쪽 방향으로 작동하는 힘이 동일하다.

20 양 제어밸브라고도 하며 다음 그림과 같이 압축 공기가 입구 Y에 작용할 경우 볼에 의해 다른 입구 X를 차단하면서 공기의 통로를 Y에서 A로 개방하는 구조의 밸브는?

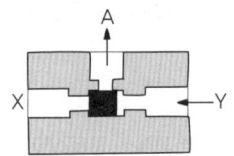

① 2압 밸브
② 셔틀 밸브
③ 차단 밸브
④ 체크 밸브

> 셔틀밸브는 하나의 출구와 2개 이상의 입구를 가지고, 출구가 최고 압력측 입구를 선택하는 기능을 가진 밸브이다.

제2과목 설비진단관리 및 기계정비

21 TPM 관리와 전통적 관리의 차이점 중 TPM 관리에 속하지 않는 것은?

① 결과 측정
② 사전 활동
③ 원인추구 시스템
④ 전사적 조직과 전사원 참여

> 종합적 생산보전(TPM)의 개요
> - 설비효율을 최고로 높이기 위한 보전 활동
> - 전 사원이 참가하여 동기부여 관리
> - 소집단 활동에 의하여 생산보전 추진
> - 작업자의 자주보전 체제의 확립
> - 현장 체질개선으로 설비의 고장과 불량을 사전에 방지

22 설비배치의 형태 중 제품별 배치 형태의 특징으로 틀린 것은?

① 기계 대수가 적어지고 공구의 가동률이 증가한다.
② 작업을 단순화 할 수 있으므로 작업자의 훈련이

용이하다.
③ 공정이 확정되므로 검사 횟수가 적어도 되며 품질관리가 쉽다.
④ 작업의 융통성이 적고 공정계열이 다르면 배치를 바꾸어야 한다.

> 제품별 배치란 각 공정에 따라 필요한 기기를 적정 요소에 배치하는 것을 말한다.

23 다음 중 설비진단 기법이 아닌 것은?

① 진동법   ② 응력법
③ 회절법   ④ 오일 분석법

> 설비진단 기법
> • 진동법 : 각 회전 기기의 언밸런스에 의한 이상 진동 유무 진단
> • 오일 분석법 : 페로그래피법, SOAP법 등
> • 응력법 : 계속된 기기의 운전에 의하여 설비에 피로가 축적되면 응력이 집중되는데 이를 제거하기 위한 방법

24 설비를 배치할 때 필요한 소요면적 산정법으로 기계 1대의 소요면적을 계산하여 전체 면적을 산출하는 방식은?

① 변환법   ② 계산법
③ 표준 면적법   ④ 비율 경향법

> 설비배치는 제품별, 혼합형, 기능별, 제품 고정형 등이 있으며, 1대 설치면적×전체 대수 = 전체면적은 계산법에 해당된다.

25 설비의 열화 중 피로현상의 원인은?

① 자연적인 열화
② 비교적인 열화
③ 재해에 의한 열화
④ 사용에 의한 열화

> 설비 열화방지는 일상보전에 해당되며 열화측정은 검사, 열화회복은 수리이다. 피로현상은 사용에 의한 열화이다.

26 다음 그림은 어떤 보전 조직을 나타낸 것인가?

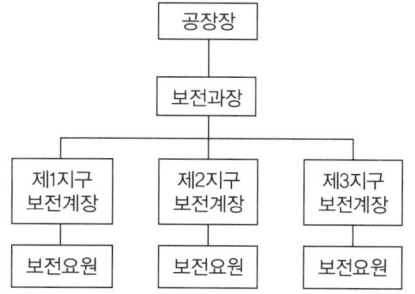

① 집중보전 조직   ② 부분보전 조직
③ 절충보전 조직   ④ 지역보전 조직

> 설비 표준의 분류
> • 집중 보전 : 책임자 한 사람을 기준으로 하여 조직이 구성되며 모든 보전 요원은 책임자의 지시에 따라 움직이는 집중 관리 시스템이다.
> • 부분보전 : 생산 제조 부분 책임자 관할 아래 보전요원을 상주시키는 방식이다.
> • 절충보전 : 집중보전에 지역보전이나 부분보전을 접목시켜 서로의 장점을 계승하고 단점을 보완하여 운영하는 보전방식이다.
> • 지역보전 : 생산 공장에 보전요원을 배치함으로써 설비의 이상 유무, 수리, 검사 등을 직접 처리한다.

27 진동 현상을 표현할 때 진폭 표시의 파라미터가 아닌 것은?

① 변위   ② 속도
③ 위상   ④ 가속도

> 파라미터에는 변위, 속도, 가속도 등이 있다.

28 사람이 가청할 수 있는 최대 가청음의 세기(W/m²)는? (단, W : 음향출력, m² : 표면적)

① 10^{-12} ② 10
③ 10^{10} ④ 20^{10}

> • 최소가청음의 세기 : $10^{-12}[W/m^2]$
> • 최대가청음의 세기 : $10[W/m^2]$

29 여러 파동이 마루는 마루끼리 골은 골끼리 서로 만나 엇갈려 지나갈 때 그 합성파의 진폭이 크게 나타나는 음의 현상은?

① 맥놀이　　② 보강간섭
③ 소멸간섭　④ 마스킹효과

> **음의 간섭**
> - 중첩의 원리 : 동일한 성질의 파동이 동시에 어느 한 점을 통과할 때 그 점에서의 진폭은 각각의 파동의 진폭을 합한 것과 같다.
> - 보강간섭 : 여러 개의 파동이 마루는 마루에서, 골은 골에서 서로 엇갈려 지나갈 때 합성파의 진폭은 각각의 진폭보다 작게 된다.
> - 소멸간섭 : 여러 개의 파동이 마루는 골과, 골은 마루와 만나면서 엇갈려 지나갈 때 합성파의 진폭은 각각의 진폭보다 작게 된다.
> - 맥놀이 : 주파수가 다른 두 개의 음원이 동시에 나오게 되면 음은 보강간섭과 소멸간섭이 교대로 이루어 한번은 큰 소리로 한번은 작은 소리로 들리는 현상을 말한다.
> - 마스킹효과 : 크고 강한 음에 의해 어떤 음의 최저 가청한계가 상승하여 잘 들리지 않는 현상을 말한다.

30 설비의 고장률에 관한 설명으로 옳은 것은?

① 설비의 도입 초기에는 고장이 없다.
② 마모 고장기에서 예방정비의 효과가 크다.
③ 설계불량으로 인한 고장은 우발 고장기에 주로 발생한다.
④ 우발 고장기의 고장률 곡선은 고장률 증가형이다.

> 고장률 : 일정 시간동안 설비를 사용하면서 단위시간에 발생하는 고장횟수로 1000시간을 기준으로 하며 이를 100백분율로 표시하며 설비의 열화 및 마모에 의하여 일어나는 현상은 마모 고장기에서 예방정비하면 고장률을 줄일 수 있다.

31 윤활제 중 그리스의 상태를 평가하는 항목이 아닌 것은?

① 점도　　② 주도
③ 이유도　④ 적하점

> **그리스 상태를 평가하는 항목(주도, 이유도, 적하점)**
> - 주도 : 그리스의 굳은 정도
> - 적하점 : 가열했을 때 반고체 상태의 그리스가 액체 상태로 떨어지는 최초의 온도
> - 이유도 : 그리스를 구성하는 기름이 분리되는 현상

32 설비진단기술의 기본 시스템 구성에서 간이진단 기술이란?

① 작업원이 실시하는 고장검출 해석 기술
② 전문요원이 실시하는 스트레스 정량화 기술
③ 전문요원이 실시하는 강도, 성능의 정량화
④ 현장 작업원이 사용하는 설비의 제1차 건강진단기술

> **설비진단기술의 기본 시스템 구성**
> - 간이진단 : 설비의 상태를 현장에서 신속하고 효율적으로 파악하는 단계
> - 정밀진단 : 간이진단에서 설비 이상으로 판정된 경우 조치하여야 할 정비활동을 결정하는 단계

33 직접 오는 소음은 소음원으로부터 거리가 2배 증가함에 따라 소음은 얼마나 감소하는가?

① 2dB　　② 4dB
③ 6dB　　④ 8dB

> 소음원의 경우 거리가 2배 증가할 때마다 6dB 감소한다.

34 보전효과 측정방법에서 항목별 계산식이 틀린 것은?

① 설비가동률 = $\frac{부하시간}{가동시간} \times 100(\%)$

② 고장강도율 = $\frac{고장정지시간}{부하시간} \times 100(\%)$

③ 고장빈도(회수)율 = $\frac{고장건수}{부하시간} \times 100(\%)$

④ 예방보전 수행률 = $\frac{예방보전건수}{예방보전계획건수} \times 100(\%)$

> - 설비 가동률 = $\frac{정미가동시간}{부하시간} \times 100$
> - 정미가동시간 = 부하시간 - 설비고장시간

35 설비보전 표준의 종류가 아닌 것은?

① 개별 표준
② 설비 성능표준
③ 보전 작업표준
④ 시운전 검수표준

36 석유 제품의 산성 또는 알칼리성을 나타내는 것으로 산화 조건하에서 사용되는 동안 기름 중에 일어난 변화를 알기 위한 척도로 사용되는 것은?

① 주도
② 중화가
③ 산화 안정도
④ 혼화 안정도

> 중화가는 산과 염기가 반응하여 서로의 성질을 잃어 버리거나 또는 반응을 하는 상태를 말한다.

37 설비관리 기능을 일반 관리기능, 기술기능, 실시기능 및 지원기능으로 분류할 때 일반 관리기능이 아닌 것은?

① 보전업무 분석 및 검사기준 개발
② 보전정책 결정 및 보전시스템 수립
③ 자산관리와 연동된 설비관리 시스템 수립
④ 보전업무의 경제성 및 효율성 분석ㆍ측정

> 보전업무 분석 및 검사기준 개발은 지원기능에 해당된다.

38 최고 재고량을 일정량으로 정해 놓고, 사용할 때마다 사용량만큼을 발주해서 언제든지 일정량을 유지하는 방식은?

① 2궤법 방식
② 정량발주방식
③ 정기발주방식
④ 사용고발주방식

> 보전작업관리와 보전효과 측정
> • 정량발주방식 : 재고량이 일정 이하로 소비가 되면 소비된 양만큼 주문하는 방식으로 항상 최저ㆍ최고의 범위에서 재고를 보유하는 방식이다.
> • 사용고발주방식 : 일정한 재고량을 정해 놓고 사용한 만큼을 발주시키는 예비용 발주방식으로 항상 일정량을 유지하는 방식이다.
> • 정기발주방식 : 소비의 상태나 실적을 감안하여 발주 수량은 상황에 따라 변하나 발주시기는 항상 일정하다.

39 기계의 결함을 분석하기 위하여 사용되는 진동수의 단위는?

① g
② Hz
③ mm/s
④ micron

> 진동수는 물체가 일정 시간마다 같은 운동을 반복하는 현상으로 단위는 Hz으로 표기된다.

40 측정 반복성이 양호하고 사용 주파수의 영역이 넓으며, 먼지, 습기, 온도의 영향이 적어 장기적 안정성이 좋은 진동 센서 설치방법은?

① 손 고정
② 밀랍 고정
③ 나사 고정
④ 영구자석 고정

> • 손 고정 : 빠른 조사에 편리하나 측정오차의 우려가 있다.
> • 밀랍 고정 : 온도가 높아지면 밀랍상태가 이상이 생기므로 40℃ 이하에 사용. 먼지, 습기, 고온 조건하에서 접착의 문제가 발생한다.
> • 마그네틱(자석) 고정 : 사용 주파수 영역이 좁고 정확도가 떨어진다.

제3과목 공업계측 및 전기전자제어

41 도너(donor)와 억셉터(acceptor)의 설명 중 틀린 것은?

① 반도체 결정에서 Ge이나 Si에 넣는 5가의 불순물을 도너라고 한다.
② N형 반도체의 불순물은 억셉터이고 P형 반도체의 불순물이 도너이다.
③ 반도체 결정에서 Ge이나 Si에 넣는 3가의 불순물에는 In, Ga, B 등이 있다.
④ Ge이나 Si에 도너 불순물을 넣어 결정하면 과잉 전자(excess electron)가 생긴다.

> • N형 반도체 : 과잉 전자에 의해 전기 전도가 이루어지는 불순물 반도체로 N형 반도체의 불순물(Sb, As, P, Pb)을 도너(donor)라 한다.
> • P형 반도체 : 정공(hole)에 의해 전기 전도가 이루어지는 불순물 반도체로 P형 반도체의 불순물(Ga, In, B, Al)를 억셉터(acceptor)라 한다.

42 그림은 접점에 의한 논리회로를 표현한 것이다. 알맞은 논리회로는?

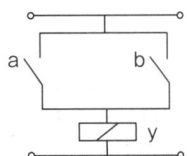

① OR 논리회로
② AND 논리회로
③ NOT 논리회로
④ X-OR 논리회로

a, b 접점이 병렬이므로 OR 회로에 해당된다.

43 3상 유도전동기의 Y-Δ기동에 대한 설명 중 틀린 것은?

① 기동 시 선전류는 $1/\sqrt{3}$로 감소된다.
② 10~15kW 정도의 전동기에 적당하다.
③ 기동전류는 전부하 전류보다 매우 크다.
④ 기동 시는 고정자 권선을 Y결선하고 정상 운전 시 Δ결선하는 방법이다.

유도전동기 기동을 위해서 Δ결선를 Y결선으로 전환하였을 때 토크(전류)는 1/3배가 된다.

44 어떤 제어계의 응답이 지수 함수적으로 증가하고 일정 값으로 되었다면, 이 제어계는 어떤 요소인가?

① 미분요소
② 부동작요소
③ 1차 지연요소
④ 2차 지연요소

45 콘덴서에 대한 설명으로 옳은 것은?

① 단위로는 F가 사용된다.
② 발열작용을 하므로 전구로도 사용된다.
③ 자기작용을 하므로 전자석으로 사용된다.
④ 직렬연결은 가능하나 병렬연결은 할 수 없다.

46 어떤 도체에 5A의 전류가 10분 동안 흐르면 이때 이동한 전기량은 몇 C인가?

① 500
② 1000
③ 2000
④ 3000

전하량 Q = 전류[A]×시간[s] = 5×10×60 = 3000[C]

47 조작량의 일정한 값에 대응하여 제어대상인 자신에 의해 제어량이 일정한 값에 도달하는 성질은 무엇이라고 하는가?

① 자기 평형성
② 자동 평형성
③ 프로세스 제어
④ 프로세스 특성

자기 평형성 : 어떤 일정한 크기의 입력 신호를 주었을 때 그 출력 신호의 크기가 어떤 시간 경과한 후에는 어떤 일정한 값으로 안정하는 성질

48 유접점 시퀀스 제어의 특징이 아닌 것은?

① 개폐 부하의 용량이 크다.
② 제어반의 외형과 설치면적이 작다.
③ 온도 특성이 좋다.
④ 입·출력이 분리된다.

• 유접점 : 전자석에 의한 접점동작으로 외형과 설치면적이 크다.
• 무접점 : 반도체를 이용한 논리회로로 설치면적이 작다.

49 NOR 회로를 나타내는 논리회로는?

① NAND 회로, ② OR 회로, ③ AND 회로, ④ NOR 회로

50 국제단위계(SI)의 기본 단위가 아닌 것은?

① 길이-미터
② 전류-암페어
③ 질량-킬로그램
④ 면적-제곱미터

국제단위계(SI)에서 기본 단위계 종류와 기호
길이 m, 질량 kg, 시간 sec, 전류 A, 열역학적 온도 K, 물질량 mol, 광도 cd

51 물리적인 양을 전기적 신호로 변환하거나, 역으로 전기적 신호를 다른 물리적인 양으로 바꾸어주는 장치는?

① 포지셔너　② 오리피스
③ 트랜스듀셔　④ 액추에이터

> 트랜스듀셔는 어떤 에너지를 다른 형태의 에너지로 변환하는 장치로 전기 에너지를 자기 에너지 또는 기계 에너지로 변환시키고 기계 에너지를 전기 에너지로 변환시키기도 한다.

52 아래의 회로도에서 입력 A=0, B=1일 때 출력 C, S로 옳은 것은? (단, C : 자리올림(carry), S : 합(sum))

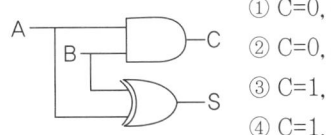

① C=0, S=0
② C=0, S=1
③ C=1, S=0
④ C=1, S=1

> A, B는 AND 회로이나 A = 0이므로 C는 "0"이 되며, 출력 S는 OR 회로이므로 B = 1 이 되므로 S = 1 이 된다.

53 시퀀스 제어회로에서 입력에 의해 작동된 후 입력을 제거하여도 계속 작동되는 회로는?

① 인터록회로　② 타이머회로
③ 자기유지회로　④ 수동복귀회로

> 자기유지회로는 시퀀스 제어를 하는 회로를 구성하는 기본적인 회로소자로 시동신호 및 정지신호 등의 제어명령에 의해서 접점이 작동하고, 그 상태를 계속 유지하는 기능을 가지고 있다.

54 와류식 유량계는 유량에 비례한 주파수에 의해 체적유량을 측정할 수 있다. 안정한 와류를 발생시키는 조건은? (단, 와류의 간격을 L, 와류사이의 거리를 l 이라 한다.)

① $\dfrac{L}{l} = 0.5$　② $\dfrac{L}{l} = 0.357$
③ $\dfrac{L}{l} = 0.281$　④ $\dfrac{L}{l} = 0.194$

> 이상적인 와류흐름은 $\dfrac{L}{l} = 0.281$ 이다.(Von Karman)

55 전기자 도체에 전류는 전기자 도체가 브러시를 통과할 때마다 반대방향으로 바뀐다. 이러한 전기자 권선의 교류 기전력을 직류 기전력으로 변환하는 것을 무엇이라 하는가?

① 정류　② 교번
③ 점호　④ 섬락

> 교류회로를 직류회로로 변환시킬 때 이를 정류라 한다.

56 P형 반도체의 다수 반송자(Carrier)는?

① 전자　② 정공
③ 중성자　④ 억셉터

> 정공은 가전자가 없든가 또는 빠진 자리의 원자 최외각 궤도로 반도체에서는 전자와 양공이 전기전도에 기여하는데, 밀도가 높은 쪽을 다수반송자, 밀도가 낮은 쪽을 소수반송자라 한다.

57 $E_1 = 80V$인 전압과 E_1 보다 위상이 90° 앞선 $E_2 = 60$인 전압의 합성전압 $E_0(V)$는?

① 100　② 110
③ 120　④ 140

> E_1의 위상을 0°라고 하면
> $E_1 = 80(cos0 + jsin0) = 80$
> $E_2 = 60(cos90 + jsin90) = j60$
> ∴ $E_1 + E_2 = 80 + j60 = 100[V]$

58 제백효과(Seebeck effect)를 이용한 온도계는?

① 2색온도계　② 열전온도계
③ 저항온도계　④ 방사온도계

> 열전대 : 2개의 금속으로 폐회로를 만들어 접점간의 온도차에 의해 기전력을 발생시키는 장치(제백효과)

59 제어요소의 동작 중 연속동작이 아닌 것은?

① 미분동작
② on-off동작
③ 비례미분동작
④ 비례적분동작

on-off동작은 불연속 동작으로 2위치 동작이라고도 한다.

60 면적식 유량계의 설치 요령으로 틀린 것은?

① 설치 시에 수직으로 설치한다.
② 하류 측에는 반드시 역지밸브를 설치하여야 한다.
③ 가로·세로방향으로 응력이 걸리도록 하여야 한다.
④ 유체의 유입 방향은 반드시 하부에서 상부방향으로 한다.

면적식 유량계 : 유량의 대소에 의해 교축면적을 바꾸고 차압을 일정하게 유지하면서 면적변화에 의한 유량을 구하는 것이다.

제4과목 기계설계 및 기계재료

61 아주 높은 온도를 유지하는 장치의 실(seal)로 사용되고 다른 실에 비해 유밀기능이 떨어지므로 와이퍼(Wiper)형 실로 많이 사용되는 것은?

① 금속 실(metallic seal)
② 플랜지 실(flange seal)
③ 스프링 실(spring seal)
④ 기계적 실(mechanical seal)

금속재질의 Metallic Seal은 극저온, 고온, 초고압, 초내화학성 등이 요구되는 곳에 사용된다.

62 배관용 파이프에 나사를 가공하기 위하여 사용하는 공구는?

① 오스터(oster)
② 파이프 벤더(pipe bender)
③ 파이프 렌치(pipe wrench)
④ 플레어링 툴 셋(flaring tool set)

파이프 벤더는 관을 구부리는데 사용하며 파이프 렌치는 관을 돌려 조인트나 기타 부품과 체결, 해체하는 공구이다.

63 100m 높이에 유량 240L/min으로 물을 보내고자 할 때 사용되는 펌프에 필요 동력은 약 몇 kW인가? (단, 물의 비중량은 1000kgf/m³이다.)

① 1.8
② 3.9
③ 4.8
④ 7.6

$$kW = \frac{1000 \times Q \times H}{102 \times 60 \times \eta} = \frac{1000 \times 0.24 \times 100}{102 \times 60} = 3.92[kW]$$

64 버니어 캘리퍼스의 용도로 적합하지 않은 것은?

① 물체의 길이 측정
② 구멍의 내경 측정
③ 구멍의 깊이 측정
④ 나사의 유효직경 측정

버어니어 캘리퍼스는 외경·내경·깊이·길이 등을 측정할 수 있으며, 어미자의 측정면과 버어니어를 가진 슬라이드(아들자)의 측정면과 사이에서 제품을 측정한다.

65 일반적인 주철관의 특징으로 틀린 것은?

① 가격이 고가이다.
② 내식성이 우수하다.
③ 내구성이 우수하다.
④ 수도, 가스 등의 배설관으로 사용한다.

주철관은 탄소 함유량이 많은 관으로 내식성 등이 우수하나 취성이 있으며 가격이 저렴하다.

66 두 물체 사이의 거리를 일정하게 유지시키면서 결합하는데 사용되는 볼트로 옳은 것은?

① 스터드 볼트(stud bolt)
② 스테이 볼트(stay bolt)
③ 리머 볼트(reamer bolt)
④ 관통 볼트(through bolt)

> 스테이 볼트(stay bolt)는 부품을 일정한 간격을 두고 고정할 때 사용한다.

67 펌프를 원리 구조상에 따라 분류할 때 용적형 회전 펌프의 종류에 해당되지 않는 것은?

① 기어 펌프
② 나사 펌프
③ 편심 펌프
④ 프로펠러 펌프

> 펌프의 분류 및 종류
> • 원심 펌프 : 디퓨저 펌프, 볼류트 펌프
> • 축류 펌프 : 프로펠러 펌프
> • 왕복 펌프 : 피스톤 펌프, 플런저 펌프
> • 회전 펌프 : 기어 펌프, 베인 펌프
> • 특수 펌프 : 마찰 펌프, 제트 펌프, 기포 펌프

68 수격현상에 의해 발생되는 피해현상이 아닌 것은?

① 압력강하에 따른 관로의 파손 발생
② 펌프 및 원동기의 역회전 과속에 따른 사고 발생
③ 수격현상 상승함에 따라 펌프, 밸브, 관로 등의 파손 발생
④ 관로의 압력상승에 의한 수주 분리로 낮은 충격압 발생

> 수격현상(water hammering)은 관로 내의 물의 운동 상태를 갑자기 변화시킴에 따라 생기는 물의 급격한 압력 변화의 현상으로 관 속에 전달되어 진동 및 충격음을 내고, 심할 때는 고장의 원인이 된다.

69 공동현상의 방지 대책이 아닌 것은?

① 펌프회전수를 낮게 한다.
② 양흡입 펌프를 사용한다.
③ 펌프의 설치위치를 높게 한다.
④ 임펠러의 재질을 침식에 강한 것으로 택한다.

> 캐비테이션(cavitation, 공동현상)의 방지대책
> • 유효흡입양정(NPSH)을 고려하여 선정할 것
> • 충분한 굵기의 흡입관경을 선정할 것
> • 여과기, 후트밸브 등은 주기적으로 청소할 것
> • 펌프의 회전수를 재조정할 것
> • 양 흡입 펌프를 사용하거나 펌프를 액중에 잠기게 할 것
> • 순환밸브(릴리프 밸브)를 내장시킬 것

70 일반적인 기계분해 작업 시 주의사항으로 틀린 것은?

① 부착물 등을 파악하고 확인한다.
② 분해 중 이상이 없는지 점검한다.
③ 표면이 손상되지 않도록 주의한다.
④ 볼트와 너트를 조일 때는 균일하게 조인다.

> 기계의 분해조립 주의사항
> • 무리한 분해·조립을 하지 말 것
> • 접촉면은 깨끗이 청소 후에 조립할 것
> • 접합 면에 이 물질이 침입되지 않도록 할 것
> • 라이너의 틈새 조정은 정확히 할 것
> • 분해 부품의 분실에 주의할 것
> • 분해 순서를 정확히 하여 조립 시 순서가 틀리지 않도록 할 것
> • 습동부 등에 흠집이 나지 않도록 할 것
> • 배관 내에 이물질을 넣은 채로 조립하지 말 것

71 한쪽 또는 양쪽의 기울기를 갖는 평판 모양의 쐐기로 인장력이나 압축력을 받는 2개의 축을 연결하는 결합용 기계요소는?

① 키
② 핀
③ 코터
④ 리벳

> 코터는 축과 축 등을 결합시키는 데 사용하는 쐐기로 축의 길이방향에 직각으로 끼워서 축을 결합시킨다.

72 펌프를 중심으로 하여 흡입 수면으로부터 송출 수면까지 수직 높이를 무엇이라 하는가?

① 전양정
② 실양정
③ 흡입양정
④ 토출양정

> • 흡입양정 : 흡입측 액면으로부터 펌프 중간까지의 높이
> • 토출양정 : 펌프가 유체를 올릴 수 있는 최대의 높이
> • 실양정 : 흡입양정 + 토출양정
> • 전양정 : 실양정 + 손실양정(배관 마찰손실수두 등)

73 벨트 풀리와 벨트 사이의 접촉면에 치형의 돌기가 있어 미끄럼을 방지하고 맞물려 전동할 수 있는 벨트는?

① 평 벨트
② V 벨트
③ 타이밍 벨트
④ 체인 벨트

> 타이밍 벨트(timing belt) : 기어처럼 등간격의 홈을 가진 벨트 풀리의 홈에 정확히 맞물리도록 내측에 같은 간격의 홈을 가진 벨트로 회전을 정확히 전달할 수 있다. 벨트는 고무로 만들어지며 내부에는 면사, 면모 와이어로프 등을 넣는다.

74 압축기 밸브 플레이트 교환에 관한 내용으로 틀린 것은?

① 두께가 0.3mm 이상 마모되면 교체한다.
② 마모된 플레이트는 뒤집어서 재사용한다.
③ 교환시간이 되면 사용한계의 기준치 내에서도 교환한다.
④ 마모한계에 달하였을 때는 파손되지 않아도 교환한다.

> 마모된 플레이트는 새로운 것으로 교체하여야 누설의 우려가 없다.

75 전동기의 고장 현상과 원인의 연결이 틀린 것은?

① 기동 불능 – 공진
② 과열 – 과부하 운전
③ 진동 – 베어링 손상
④ 절연불량 – 코일 절연물의 열화

> 공진 : 진동체의 고유진동수에 같은 진동수의 강제력을 가했을 때 약간의 힘으로 대단히 큰 진동을 일으키는 현상

76 송풍기의 중심 맞추기(centering)에 일반적으로 사용되는 측정기는?

① 센터 게이지
② 게이지 블록
③ 높이 게이지
④ 다이얼 게이지

> 다이얼 게이지 : 평면의 요철이나, 원통면의 정도, 축의 편심 등, 적은 틈새를 기준치수에 대하여 비교 측정하는 것이다.

77 일반적인 펌프 성능 곡선에 나타나지 않는 내용은?

① 효율
② 비교회전도
③ 축동력
④ 전양정

> 비교회전도는 1개의 임펠러를 대상으로 형상과 운전상태를 동일하게 유지하면서 그 크기를 바꾸고, 유량 $1m^3/min$에서 단위양정 1m를 발생시킬 때 그 임펠러에 주어져야 회전수(rpm)를 비교회전도 또는 비회전도, 비속도라 한다.

78 M22 볼트를 스패너로 체결할 경우 가장 적절한 죔 방법은?

① 팔꿈치의 힘으로 돌린다.
② 손목의 힘만 사용하여 돌린다.
③ 팔의 힘을 충분히 써서 돌린다.
④ 발을 충분히 벌리고 체중을 실어서 돌린다.

> 육각형 머리와 나사산형의 몸통을 가진 기계요소의 기본 볼트로 스패너류의 수공구로 조이고 풀어 사용하며, 육각너트와 함께 체결하는 것으로 발을 충분히 벌리고 체중을 실어서 천천히 돌린다.

79 볼트, 너트의 풀림을 방지하기 위해 사용하는 방법으로 틀린 것은?

① 캡 너트에 의한 방법
② 로크 너트에 의한 방법
③ 자동 죔 너트에 의한 방법
④ 분할 핀 고정에 의한 방법

> 볼트와 너트의 풀림 방지법
> • 로크 너트에 의한 방법
> • 자동 죔 너트에 의한 방법
> • 핀, 작은나사, 멈춤나사 등에 의한 방법
> • 탄력성이 있는 와셔를 사용하는 방법

80 송풍기 운전 중 점검사항이 아닌 것은?

① 베어링의 온도
② 베어링의 진동
③ 임펠러의 부식여부
④ 윤활유의 적정여부

임펠러의 부식여부는 운전 전에 점검하여야 할 사항이다.

정답 최근기출문제 2019년 1회

01 ②	02 ③	03 ③	04 ③	05 ③
06 ①	07 ②	08 ①	09 ①	10 ③
11 ③	12 ④	13 ③	14 ①	15 ③
16 ②	17 ③	18 ①	19 ③	20 ②
21 ①	22 ①	23 ③	24 ②	25 ④
26 ④	27 ③	28 ②	29 ②	30 ②
31 ①	32 ④	33 ③	34 ①	35 ①
36 ②	37 ①	38 ④	39 ②	40 ③
41 ②	42 ①	43 ①	44 ③	45 ①
46 ④	47 ①	48 ②	49 ④	50 ④
51 ③	52 ②	53 ③	54 ②	55 ①
56 ②	57 ①	58 ②	59 ②	60 ③
61 ①	62 ①	63 ②	64 ④	65 ①
66 ②	67 ④	68 ④	69 ③	70 ④
71 ③	72 ②	73 ③	74 ②	75 ①
76 ④	77 ②	78 ④	79 ①	80 ③

2019년 2회 최근기출문제

제1과목 공유압 및 자동화시스템

01 공압 모터의 특징으로 틀린 것은?

① 배기소음이 크다.
② 모터 자체의 발열이 적다.
③ 에너지 변환 효율이 높으며 제어성이 좋다.
④ 폭발의 위험성이 있는 환경에서도 안전하다.

> 공업 모터는 에너지 변환효율이 낮으며 압축성 때문에 제어성이 나쁘나 회전수, 토크를 자유로이 조절할 수 있다.

02 유압 실린더를 선정함에 있어서 유의할 사항이 아닌 것은?

① 행정길이
② 설치형식
③ 실린더 색상
④ 튜브의 안지름

> 실린더 색상은 선정에 있어서 전혀 관계가 없는 사항이다.

03 4포트 3위치 방향제어밸브 중 텐덤센터형에 대한 설명이 아닌 것은?

① 펌프를 무부하시킬 수 있다.
② 센터 바이패스형이라고도 한다.
③ 실린더를 임의의 위치에서 정지시킬 수 있다.
④ 중립위치에서 액추에이터 배관에 압력이 걸리지 않는다.

> 4포트 3위치 방향제어밸브 중 텐덤센터형 : 4포트 3위치 방향전환밸브의 중간위치 형식 중 센터 바이패스형이라고도 하며 중립위치에서 펌프를 무부하 시킬 수 있고 실린더를 임의의 위치에 고정시킬 수 있다.

04 다음 그림과 같은 구조의 밸브 명칭은?

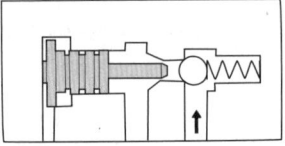

① 셔틀 밸브
② 릴리프 밸브
③ 파일럿 조작 체크 밸브
④ 압력 보상형 유량 조정 밸브

> 파일럿 조작 체크 밸브는 평상시에는 체크 밸브와 마찬가지로 유체를 한 방향으로만 통과시키지만, 외부의 파일럿 압력에 의해 체크 밸브를 밀어 올려 역류하도록 하는 밸브이다.

05 다음 공·유압 기호의 명칭은?

① 공압 펌프
② 유압 펌프
③ 유압 모터
④ 요동 모터

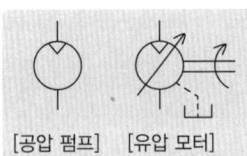
[공압 펌프]   [유압 모터]

06 유체의 과로 중 짧은 줄임 기구로 면적을 줄인 길이가 단면 치수에 비하여 비교적 짧은 것은?

① 초크
② 벤추리
③ 피토관
④ 오리피스

> - 벤추리 : 압력차를 이용한 유량계로 노즐 뒷면에 확대관을 두어 압력을 회복하며 오리피스보다 압력손실이 작다.
> - 피토관 : 유체의 전압과 정압의 차이를 이용하여 유속을 구하는 장치이다.
> - 오리피스 : 유체가 흐르는 중간에 원형 구멍을 가진 얇은 관을 말한다.

07 공압 회로에서 얻어지는 압력보다 큰 압력이 필요할 때 사용하는 것은?

① 증압기
② 공기배리어
③ 어큐뮬레이터
④ 하이드로릭 체크유닛

증압기는 유체의 흐름 도중에 설치하여 흐름의 압력을 높이기 위해 사용하는 기기로 펌프·압축기·송풍기 등이 있다.

08 다음 회로에서 실린더의 속도제어방식은?

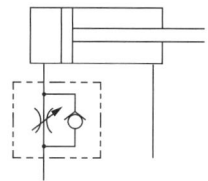

① 블리드 오프 방식
② 파일럿 오프 방식
③ 전진 시 미터 인 방식
④ 후진 시 미터 아웃 방식

교재 29쪽 그림 참조

09 점성계수의 단위로 옳은 것은?

① $kgf \cdot m$
② kgf/cm^2
③ $kgf \cdot s/m^2$
④ $kgf/s^2 \cdot m^4$

점성계수 : 유체 유동(흐름)이 있는 평면에 작용하는 전단력과 점성의 관계식을 정리한 법칙이며 동점성계수 = 점성계수/밀노로 표현된나.(단위 : $kgf \cdot s/m^2$)

10 유압펌프 운전 시 점검 사항에 대한 설명으로 틀린 것은?

① 작동유의 온도는 유온계로 점검한다.
② 오일탱크 속에 이물질이 있는지 확인한다.
③ 유면계를 이용하여 작동유의 점도를 점검한다.
④ 배관의 연결부가 완전히 연결되었는지 확인한다.

유면계는 작동유의 적정유량을 측정하는데 사용한다.

11 선형 스텝모터의 구성요소가 아닌 것은?

① 스핀들
② 인덕터
③ 고정자 코일
④ 회전자(영구자석)

인덕터는 전기·전자 에너지를 자기장의 형태로 저장하는 회로 구성물이다.

12 유량 제어 밸브가 아닌 것은?

① 스로틀 밸브
② 시퀀스 밸브
③ 급속 배기 밸브
④ 속도 제어 밸브

시퀀스밸브는 주 회로의 압력을 일정하게 유지하면서 조작의 순서를 제어할 때 사용하는 밸브이다.

13 다음 기능 다이어그램(Function Diagram)과 동작이 같은 것은?

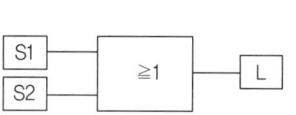

① OR
② AND
③ NOT
④ EX-OR

OR 회로 : 두 개의 입력신호가 병렬로 연결된 것으로 어느 한쪽의 입력이 1이면, 출력이 1이 되는 회로이다.

14 폐회로 자동제어 시스템의 특징을 옳은 것은?

① 외란 변수의 변화가 적다.
② 작은 에너지로 큰 에너지를 조절한다.
③ 외란 변수에 의한 영향을 제어할 수 없다.
④ 출력신호의 일부가 시스템에 보내져 오차를 수정하는 피드백 통로가 있다.

폐회로 자동제어 시스템은 제어량을 검출하여 그 값을 제어장치의 입력측으로 피드백함으로써 정정 동작을 하여 제어량을 언제나 목표값에 일치시키도록 하는 제어계이다.

15 열전대에 사용하는 열전쌍의 조합이 틀린 것은?

① 구리 – 백금
② 철 – 콘스탄탄
③ 크로멜 – 알루멜
④ 동 – 콘스탄탄

열전대는 2개의 금속으로 폐회로를 만들어 접점간의 온도차에 의하여 기전력을 발생하는 것이다.
- 백금로듐 – 백금(1400℃)
- 크로멜 – 알루멜(650~1000℃)
- 철 – 콘스탄탄(400~600℃)
- 동 – 콘스탄탄(200~300℃)

16 설비의 효율화에 나쁜 영향을 미치는 로스(Loss) 중 속도 로스에 속하는 것은?

① 고장 정지 로스
② 작업준비/조정 로스
③ 공전/순간 정지 로스
④ 초기 유동 관리 수율 로스

- 속도 가동률 = 표준가공시간 / 실제가공시간
- 속도 로스 = 공전 / 순간 정지 로스 = 이론시간과 실제시간의 차이

17 수요 변화에 따른 다양한 제품의 생산에 유연하게 대처하고 높은 생산성의 요구에 대응하는 생산 시스템을 의미하는 용어는?

① FMS
② FTL
③ LCA
④ MRP

FMS(Flexible Manufacturing System) : 다품종 소량생산을 가능하게 하는 생산 시스템이다.

18 다음 블리드 오프 방식의 회로에서 점선 안에 들어갈 기호로 적절한 것은?

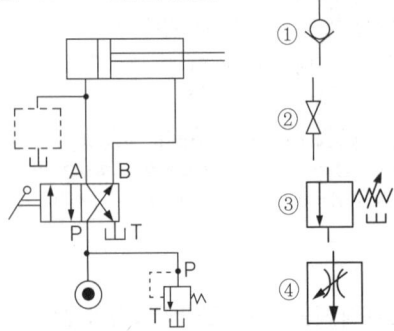

블리드 오프 방식 : 실린더와 병렬로 밸브를 설치하여 실린더로 유입되는 유량을 조절한다.

19 로드 커버와 피스톤에 연결되어 피스톤 출력 및 변위를 외부에 전달하는 공압 실린더의 구성 요소는?

① 로드 부싱
② 타이 로드
③ 실린더 튜브
④ 피스톤 로드

피스톤 로드는 피스톤에 고정되어 피스톤의 운동을 실린더 밖으로 전달하는 작용을 하는 연결봉이다.

20 다음 중 능동센서가 아닌 것은?

① 서미스터
② 측온 저항체
③ 포토 다이오드
④ 스트레인 게이지

능동센서는 에너지를 측정하고자 하는 측정대상인 발생원과는 다른 입력에너지를 필요로 하는 측정용 장치이며, 포토 다이오드는 반도체 다이오드 일종으로 빛에너지를 전기에너지로 변환한다.

제2과목 설비진단관리 및 기계정비

21 음파가 한 매질에서 타 매질로 통과할 때 구부러지는 현상을 무엇이라 하는가?

① 파면
② 음선
③ 음의 굴절
④ 음의 회절

음의 굴절은 음속의 차이에 의해 음이 휘어지는 현상이다.

22 설비 효율을 저하시키는 손실계산에 대한 설명으로 옳은 것은?

① 실질가동률은 부하시간에 대한 가동시간의 비율이다.
② 성능가동률은 속도가동률에 시간가동률을 곱한 수치이다.
③ 시간가동률은 단위시간당 일정속도로 가동하고 있는 비율이다.
④ 속도가동률은 설비가 본래 갖고 있는 능력에 대한 실제 속도의 비율이다.

- 설비가동률 = (정미 가동시간 / 부하시간) × 100
- 성능가동률 = 정미가동률×속도가동율
- 시간가동률 = 부하시간 / (부하시간 − 정지시간)
- 설비효율 = 시간가동률×성능가동률×양품률
- 속도가동률 = 표준가공시간 / 실제가공시간

23 다음 중 윤활유의 작용으로 틀린 것은?

① 감마작용 ② 방청작용
③ 냉각작용 ④ 마찰작용

윤활유의 작용
- 감마작용 : 윤활부분의 마찰을 감소시켜 마모와 소착을 방지
- 냉각작용 : 마찰열 및 외부에서 흡수된 열을 방출하는 작용
- 응력 분산작용 : 활동 부분에 가해진 힘을 분산시켜 균일하게 작용
- 밀봉작용 : 내부의 유체 누설과 외부로부터 외기의 침입을 방지
- 방청작용 : 금속 표면의 녹이 스는 것을 방지
- 방진작용 : 윤활개소에 먼지 등 이물질의 혼입을 방지

24 계획공사의 견적공수와 현 보유 표준 능력을 비교하여 이월량이 거의 일정하게 되도록 공사요구의 접수 조정, 예비공사 중간 차입, 외주 발주량 조정 등을 하는 것은?

① 일정계획 ② 휴지공사
③ 진도관리 ④ 여력관리

여력관리는 능력관리라고도 하며 실제능력과 부하의 균형을 도모하고 능력과 부하의 차이를 조정 등을 하는 것이다.

25 설비의 효율화를 저해하는 가장 큰 로스(loss)는?

① 고장로스
② 조정로스
③ 일시정체로스
④ 초기 수율로스

설비의 효율화를 저해하는 로스
- 고장로스 : 효율화를 저해하는 최대요인이다.
- 조정로스 : 작업준비, 공구교환 등 시간적 로스이다.
- 일시정체로스 : 센서의 오동작 등으로 일시적으로 정지하는 것으로 리셋하면 다시 작동한다.
- 초기 수율로스 : 생산 개시부터 안정화 될 때 까지 발생하는 로스로 정비불량, 작업자의 기능불량 등이 있다.

26 롤링 베어링에서 발생하는 진동의 종류에 해당되지 않는 것은?

① 신품의 베어링에 의한 진동
② 다듬면의 굴곡에 의한 진동
③ 베어링 구조에 기인하는 진동
④ 베어링의 비선형성에 의해 발생하는 진동

롤링 베어링에 발생하는 진동의 종류 4가지
- 다듬면의 굴곡에 의한 진동
- 베어링 구조에 기인하는 진동
- 베어링의 비선형성에 의하여 발생하는 진동
- 베어링의 손상에 의하여 발생하는 진동

27 다음의 상황은 그림과 같은 그래프에서 어느 구역의 고장기에 해당하는가?

펌프를 사용하던 중 축봉부의 누설로 인해 목표 양정이 되지 않음을 발견하여 메커니컬 실을 교체한 후 계속 정상 가동하였다.

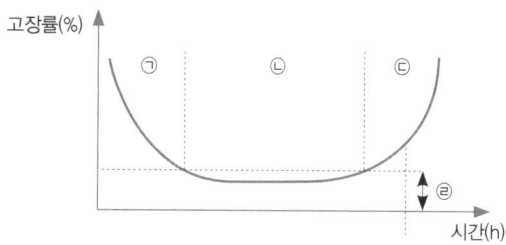

① ㉠ 구역
② ㉡ 구역
③ ㉢ 구역
④ ㉣ 구역

욕조 곡선
- 초기 고장의 현상(㉠ 구역) : 설비를 사용함에 따라 고장의 발생이 감소하게 되는데 이상이 있거나 설계·제작 불량 등은 고장을 일으키며 보전요원에 의하여 그때마다 수리·정비를 하여야 한다.
- 우발 고장의 현상(㉡ 구역) : 기계의 축 절단, 전기회로의 단선, 과부하로 인한 모터의 소손 등 돌발적으로 고장이 일어나는 현상으로 예비품 관리의 필요성을 중시하게 된다.
- 마모 고장의 현상(㉢ 구역) : 압축기 피스톤링의 마모, 베어링의 마모 등 설비의 열화 및 마모에 의하여 일어나는 현상으로 주기적으로 급유, 청소를 하면 고장률을 줄일 수 있다.

28 2대의 기계가 각각 90dB의 소음을 발생시킨다면 2대가 동시에 동작할 때의 소음도는 얼마인가?

① 90 dB
② 93 dB
③ 135 dB
④ 180 dB

> 합성소음 = $10 log(10^{\frac{90}{10}} + 10^{\frac{90}{10}})$ = 93dB

29 설비진단 기술을 도입할 때 나타나는 일반적인 효과와 관련이 가장 적은 것은?

① 경향관리를 통하여 설비의 수명 예측이 가능하다.
② 열화가 심한 설비에 효과적이며 오감에 의한 진단이 일반적이다.
③ 중요 설비, 부위를 상시 감시함에 따라 돌발사고를 미연에 방지할 수 있다.
④ 점검원이 경험적인 기능과 진단기기를 사용하면 보다 정량화할 수 있으므로 쉽게 이상측정이 가능하다.

> 설비진단 기술 도입은 모든 설비의 작동을 정확히 파악하기 위하여 설비의 고장 및 열화, 성능이나 강도 등을 정량적으로 관측하여 지속적인 운전상태를 예측할 수 있는 기술이다.

30 설비의 유효가동률을 나타낸 것은?

① 설비유효가동률 = $\frac{시간가동률}{속도가동률}$
② 설비유효가동률 = 시간가동률 × 속도가동률
③ 설비유효가동률 = 시간가동률 + 속도가동률
④ 설비유효가동률 = 시간가동률 − 속도가동률

> **설비 효율**
> • 설비가동률 = (정미 가동시간 / 부하시간)×100
> • 시간가동률 = 부하시간 / (부하시간 − 정지시간)
> • 설비효율 = 시간가동률×성능가동률×양품률
> • 양품률 = 양품수 / 투입수량
> • 설비유효가동률 = 시간가동률 ×속도가동률

31 최소의 비용으로 최대의 설비효율을 얻기 위하여 고장분석을 실시한다. 고장분석을 행하는 이유가 아닌 것은?

① 설비의 고장을 없애고 신뢰성을 향상시키기 위하여
② 설비의 가동시간을 늘리고 열화고장을 방지하기 위하여
③ 설비의 보수비용을 늘려 경제성을 향상시키기 위하여
④ 설비의 고장에 의한 휴지시간을 단축시켜 보전성을 향상시키기 위하여

> 보기 중 ③항은 계획보전에 해당된다.

32 제품의 종류가 많고 수량이 적으며, 주문생산과 표준화가 곤란한 다품종 소량생산일 경우에 알맞은 설비배치 형태는?

① 공정별 배치   ② 제품별 배치
③ 라인별 배치   ④ 제품 고정형 배치

> **설비배치의 형태**
> • 제품별 배치 : 각 공정에 따라 필요한 기기를 적정 요소에 배치하는 것
> • 혼합형 배치 : 기능별, 제품별, 제품 고정형 배치와의 혼합형
> • 기능별 배치 : 제품 중심으로 그 제품을 가공하는데 소요되는 작업장을 구성
> • 제품 고정형 배치 : 주재료의 부품이 고정된 창고에 있고 사람이나 기계가 이동하며, 작업이 행하여지는 배치

33 설비보전요원이 제조부문의 감독자 밑에 배치되어 보전을 행하는 설비보전 방식은?

① 절충보전
② 지역보전
③ 부분보전
④ 집중보전

> **설비보전 방식**
> • 절충보전 : 집중보전에 지역보전이나 부분보전을 접목시켜 서로의 장점을 계승하고 단점을 보완하여 운영
> • 지역보전 : 생산 공장에 보전요원을 배치함으로서 설비의 이상 유무, 수리, 검사 등을 직접 처리
> • 부분보전 : 생산 제조 부분 책임자 관할아래 보전요원을 상주시키는 방식
> • 집중보전 : 책임자 한 사람을 기준으로 하여 조직이 구성되며 모든 보전요원은 책임자의 지시에 따라 움직이는 집중 관리 시스템

34 소음원으로부터 거리를 2배 증가시키면 음압도(dB)는 어떻게 변하는가?

① 2배 증가한다.　② 1/2로 감소한다.
③ 6dB 증가한다.　④ 6dB 감소한다.

> 소음원의 경우, 거리가 2배 증가할 때마다 6dB 감소한다.

35 고속 고하중 기어 이면의 유막이 파단되면 국부적인 금속접촉마찰에 의한 용융으로 뜯겨 나가는 현상이 발생되는데 이러한 기어의 이면손상은?

① 리징(ridging)
② 긁힘(scratching)
③ 스코어링(scoring)
④ 정상마모(normal wear)

> 스코어링은 이물질 입자의 예리한 끝부분에 긁히거나 또는 길게 긁힌 홈 자국 모양의 흠집을 표현한다.

36 진동차단기의 기본 요구조건과 가장 거리가 먼 것은?

① 온도, 습도, 화학적 변화 등에 견딜 수 있어야 한다.
② 강성을 충분히 크게 하여 차단능력이 있어야 한다.
③ 차단기의 강성은 그에 부착된 진동보호 대상체의 구조적 강성보다 작아야 한다.
④ 차단기의 강성은 차단하려는 진동의 최저 주파수보다 작은 고유진동수를 가져야 한다.

> 진동 차단기 구비 조건
> • 강성을 충분히 작게 하여 차단 능력이 있어야 한다.
> • 강성은 작되 걸어준 하중을 충분히 견딜 수 있어야 한다.
> • 온도, 습도, 화학적 변화 등에 의해 견딜 수 있어야 한다.

37 다음 설비진단기법 중 응력법에 해당하지 않는 것은?

① SOAP　② 응력측정
③ 응력분포해석　④ 피로수명예측

> SOAP법은 시료용 오일을 연소하면서 발생되는 금속성분의 발광 또는 흡광현상으로 분석하는 방법이다.

38 윤활유를 선정할 때 가장 기본적으로 검토해야 할 사항은?

① 적정 점도
② 운전 속도
③ 다양한 유종
④ 관리 방법

> 윤활유 선정 시 구비 조건
> 적절한 점도 및 높은 점도지수, 비압축성, 비열이 클 것, 인화점 및 발열점, 내열성, 내연성이 높을 것, 빙점이 작을 것, 유동점이 낮을 것, 열팽창이 작을 것, 산화, 열화 안정성이 있을 것 등

39 설비의 신뢰성 향상을 위한 대책으로 틀린 것은?

① 예방보전의 철저
② 예지 기술의 향상
③ 폐기품 관리기준의 설정개정
④ 윤활관리, 급유기준의 설비개정

> 신뢰성은 고유 신뢰성(설계, 제조 기술 및 재료의 상태)과 사용 신뢰성(보전, 조업 기술 및 사용조건, 환경의 적합 여부)으로 나뉜다.

40 보전비를 들여 설비를 만족한 상태로 유지하여 막을 수 있는 생산상의 손실을 무엇이라고 하는가?

① 단위 원가
② 열화 원가
③ 기회 원가
④ 수리한계 원가

> 기회 원가는 어떤 자원을 이용하여 생산이나 소비를 하였을 경우, 다른 것을 생산하거나 소비했다면 얻을 수 있었던 잠재적 이익, 즉 어떤 일을 한 결과 그로 인하여 포기된 이익을 말한다.

제3과목 공업계측 및 전기전자제어

41 다음의 진리표가 나타내는 논리게이트는?

입력		출력
A	B	Y
0	0	1
0	1	0
1	0	0
1	1	0

① AND
② OR
③ NAND
④ NOR

> NOR 회로는 OR 회로에 NOT 회로를 접속한 OR-NOT 회로로서 논리식은 $X = \overline{A + B}$ 이다. 문제의 진리표는 입력이 "0"인데 출력이 "1"이며, 입력이 "1"일 때 출력은 "0"이 되므로 NOR 회로에 해당된다.

42 소비전력 100kW, 역률 0.8인 부하의 피상전력(kVA)은?

① 75
② 80
③ 100
④ 125

> 역률 = $\dfrac{\text{유효전력}}{\text{피상전력}}$ = $\dfrac{100kW}{0.8}$ = 125[kVA]

43 국제단위계(SI)에서 기본 단위로 옳은 것은?

① 길이, 질량, 시간, 전압, 열역학적 온도, 물질량, 광속
② 길이, 질량, 시간, 전류, 열역학적 온도, 물질량, 광도
③ 길이, 질량, 시간, 저항, 열역학적 온도, 물질량, 광도
④ 길이, 질량, 시간, 전압, 열역학적 온도, 물질량, 광도

> 국제 단위계(SI)에서 기본 단위계 종류와 기호
> 길이 m, 질량 kg, 시간 sec, 전류 A, 열역학적 온도 K, 물질량 mol, 광도 cd

44 다음 압력계의 종류 중 탄성식 압력계는?

① 단관식 압력계
② 침종식 압력계
③ 저항선식 압력계
④ 벨로스식 압력계

> 압력계의 종류
> - 전기식 압력계 : 전기저항 압력계, 피에조 전기 압력계, 스트레인 게이지
> - 액주식 압력계 : U자관형, 경사관형, 단관형
> - 탄성식 압력계 : 부르돈관형, 벨로즈형, 다이아프램형

45 P형 불순물 반도체의 불순물로 사용할 수 있는 것은?

① 인(P)
② 비소(As)
③ 갈륨(Ga)
④ 안티몬(Sb)

> 불순물 반도체
> - N형 반도체 : 과잉 전자에 의해 전기 전도가 이루어지는 불순물 반도체로 N형 반도체의 불순물(Sb, As, P, Pb)을 도너(donor)라 한다.
> - P형 반도체 : 정공(hole)에 의해 전기 전도가 이루어지는 불순물 반도체로 P형 반도체의 불순물(Ga, In, B, Al)를 억셉터(acceptor)라 한다.

46 2개의 입력을 가지는 경우에 두 입력이 서로 다를 때에는 출력이 "1"이 되고 같을 때는 출력이 "0"이 되는 배타적 OR 회로의 논리식은?

① $Y = A \cdot B$
② $Y = A + B$
③ $Y = A \oplus B$
④ $Y = A \odot B$

> NOR 회로는 OR 회로에 NOT 회로를 접속한 OR-NOT 회로로서 논리식은 $X = \overline{A} + B$ 또는 $Y = A \oplus B$, $Y = \overline{A+B}$ 로 표현된다.

47 전기 회로에서 일어나는 과도현상은 그 회로의 시정수와 관계가 있다. 과도현상과 시정수의 관계를 바르게 표현한 것은?

① 시정수는 과도현상의 지속 시간에는 상관되지 않는다.
② 시정수가 클수록 과도현상은 빨라진다.
③ 회로의 시정수가 클수록 과도현상은 오래 지속된다.
④ 시정수의 역이 클수록 과도현상은 천천히 사라진다.

> 시정수는 1차 회로에서 과도응답 특성을 나타내는 주요 특성 변수로 회로의 시정수가 클수록 과도현상은 오래 지속된다.

48 자기장의 에너지를 이용하여 검출 헤드에 접근하는 금속체를 기계적으로 접촉시키지 않고 검출하는 스위치는?

① 근접 스위치　　② 플로트레스 스위치
③ 광전 스위치　　④ 리밋 스위치

> 근접스위치는 도체 전극을 가진 검출부에 피 검지 물체가 접근하면 센서 부분의 정전용량이 크게 변화하는 현상을 이용한 것이다.

49 다음 중 직류전동기의 속도 제어법이 아닌 것은?

① 저항제어　　② 극수제어
③ 계자제어　　④ 전압제어

> 직류전동기의 속도 제어법 : 계자제어법, 저항제어법, 전압제어법

50 제어 밸브는 다음 중 어디에 속하는가?

① 변환기　　② 조절기
③ 설정기　　④ 조작기

> 제어밸브(볼밸브, 다이어프램밸브, 온도조절밸브, 안전밸브, 릴리프밸브 등)는 조작부에 해당된다.

51 프로세서 제어의 제어량으로 틀린 것은?

① 속도　　② 온도
③ 유량　　④ 압력

> 프로세스 제어(공정제어)는 온도, 압력, 유량, 액위, 농도, 효율 등의 공업 프로세스의 상태를 제어량으로 하는 제어로서 온도, 압력, 유량, 액위의 제어장치 등이 이에 속한다.

52 변환기에서 노이즈 대책이 아닌 것은?

① 실드의 사용　　② 비접지
③ 접지　　　　　④ 필터의 사용

> 노이즈(noise)는 전기적, 기계적 이유로 시스템에서 발생하는 불필요한 신호로 흔히 잡음이라고 한다. 정전유도, 전도, 중첩 등이 노이즈 원인에 해당되며, 접지, 필터사용, 실드 사용 등은 노이즈 대책에 해당된다.

53 다음 중 전자계전기의 기능이라 볼 수 없는 것은?

① 증폭기능　　② 전달기능
③ 연산기능　　④ 충전기능

> 전자계전기는 전류가 흐르면 계전기의 코일이 여자되어 접점을 개폐시키는 장치로 증폭기능, 전달기능, 연산기능 등이 있다.

54 온도가 변화함에 따라 저항값이 변화하는 특성을 이용하여 온도를 검출하는데 사용하는 반도체는?

① 발광 다이오드
② 황화 카드뮴(CdS)
③ 배리스터(Varistor)
④ 서미스터(thermistor)

> 서미스터(thermistor)는 저항기의 일종으로, 온도에 따라 물질의 저항이 변화하는 성질을 이용한 전기적 장치이다.

55 $R_1 = 10\Omega$, $R_2 = 20\Omega$의 저항이 병렬로 연결된 회로에 전압을 인가하면 전체 전류가 6A 이다. 저항 R_2에 흐르는 전류(A)는?

① 1　　② 2　　③ 3　　④ 4

$$I_2 = I \times \frac{R_1}{R_1 + R_2} = 6 \times \frac{10}{10+20} = 2[A]$$

56 잔류 편차가 발생하는 제어계는?

① 비례 제어계
② 적분 제어계
③ 비례 적분 제어계
④ 비례 적분 미분 제어계

> **비례제어 동작**(Proportional control, P동작)
> • 잔류 편차가 있는 제어계로서 사이클링은 없으나 오프셋을 일으킨다.
> • 검출값 편차의 크기에 비례하고 조작부를 제어하는 동작이다.

57 차동증폭기의 동상신호제거비에 대한 설명으로 틀린 것은?

① 증폭기의 잡음을 제거하는 능력을 말한다.
② 차동신호이득은 크고, 동상신호이득은 가능한 작아야 좋다.
③ CMRR(Common-Mode Rejention Ratio)로 표현된다.
④ 동상 입력 시 출력 전압은 2배가 된다.

> 동상·입력 시 출력 전압은 차가 없으므로 "0"가 된다.

58 $100\mu F$의 콘덴서의 200V, 60Hz의 교류전압을 가할 때 용량성 리액턴스(X)는?

① 30.52 ② 26.53
③ 24.63 ④ 30.42

> 용량성 리액턴스$(Xc) = \dfrac{1}{2\pi fC}$
> $= \dfrac{1}{2\pi \times 60 \times 100 \times 10^{-6}} = 26.5\ [\Omega]$

59 그림의 시퀀스 회로를 논리식으로 나타내면?

① $X = AB + \overline{C}X$
② $X = AB + CX$
③ $X = \overline{A}B + \overline{C}X$
④ $X = \overline{AB} + C\overline{X}$

> A, B는 AND 회로이며 C, D는 NAND 회로가 되며 두 회는 OR 회로에 해당된다.

60 다음 중 트랜지스터의 접지방식이 아닌 것은?

① 게이트접지 ② 이미터접지
③ 베이스접지 ④ 컬렉터접지

> 트랜지스터의 전극
> • 컬렉터(collector, C) : 전류의 반송자를 모으는 부분의 전극
> • 베이스(base, B) : 주입된 반송자를 제어하는 경우
> • 이미터(emitter, E) : 전류의 반송자를 주입하는 전극

제4과목 기계설계 및 기계재료

61 실로코 통풍기의 베인 방향으로 옳은 것은?

① 경향베인 ② 수직베인
③ 전향베인 ④ 후향베인

> 실로코 팬은 원심식으로 전향베인이며, 풍량변화에 풍압변화가 적으며 풍량이 증가하면 소요동력도 증가한다.

62 기어의 이 부분이 파손되는 주원인이 아닌 것은?

① 균열 ② 마모
③ 피로 파손 ④ 과부하 절손

> 이의 파손 원인 : 과부하 절손, 피로 파손, 균열, 소손

63 감압밸브에 관한 설명으로 옳은 것은?

① 밸브의 양면에 작용하는 온도차에 의해 자동적으로 작동한다.
② 피스톤의 왕복운동에 의한 유체의 역류를 자동적으로 방지한다.
③ 내약품, 내열 고무제의 격막판을 밸브시트에 밀어 붙인 밸브이다.
④ 유체압력이 높을 경우에는 자동적으로 압력을 감소시키며 감소된 압력을 일정하게 유지한다.

> 감압밸브 : 고압 배관과 저압 배관 사이에 설치하여서 증기 사용량이나 고압측의 압력 변동에 관계없이 밸브의 개폐를 자동으로 조절하여 저압측 압력을 항상 일정하게 유지하는 역할을 한다.

64 송풍기를 흡입 방법에 따라 분류할 때 포함되지 않는 것은?

① 풍로 흡입형 ② 토출관 취부형
③ 흡입관 취부형 ④ 실내 대기 흡입형

> 토출관 취부형은 토출방법에 따른 분류에 해당된다.

65 무동력 펌프라고도 하며, 비교적 저 낙차의 물을 긴 관으로 이끌어 그 관성 작용을 이용하여 일부분의 물을 원래의 높이 보다 높은 곳으로 수송하는 양수기는?

① 마찰펌프
② 분류펌프
③ 기포펌프
④ 수격펌프

수격펌프 : 흐르는 물을 막아서 발생하는 수격 압력으로 높은 곳으로 양수하는 펌프이다. 수격 펌프는 양수능력에 비해 대형이어서 널리 사용되지는 않는다. 그러나 외부 동력이 필요 없고 운전비용이 싼 장점이 있다.

66 다음 중 펌프의 부착계기가 아닌 것은?

① 리밋 스위치
② 압력 스위치
③ 플로트 스위치
④ 액면제어 스위치

리밋 스위치는 기계 장치 등에서 동작이 일정한 한계 위치에 이르면 접점이 전환되는 스위치로 자동제어장치에 사용한다

67 다음 중 액상 개스킷의 사용법 중 잘못된 것은?

① 얇고 균일하게 칠한다.
② 바른 직후에 접합해서는 안 된다.
③ 접합면에 수분 등 오물을 제거한다.
④ 사용온도 범위는 대체로 40~400℃ 이다.

액상 개스킷은 접합면의 수분이나 이물질을 제거하고, 얇게 고루 바른 후 바로 접합하여야 하며 사용온도 범위는 40~400℃이다.

68 어떤 볼트를 조이기 위해 50kgf · cm 정도의 토크가 적당하다고 할 때 길이 10cm의 스패너를 사용한다면 가해야 하는 힘은 약 얼마 정도가 적정한가?

① 5 kgf
② 10 kgf
③ 50 kgf
④ 100 kgf

힘(F) = $\frac{토크}{길이}$ = $\frac{50\text{kgf·cm}}{10\text{cm}}$ ≒ 5[kgf]

69 펌프의 배관을 90도로 방향을 바꾸고자 할 때 사용하는 배관용 이음쇠는?

① 크로스(cross)
② 유니언(union)
③ 엘보(elbow)
④ 레듀셔(reducer)

• 크로스 : 서로 직각을 이루며 4방향으로 배치되는 관의 이음쇠이다.
• 유니언 : 배관의 양측으로부터 접속하는 경우에 이용되는 것으로 수리, 분리가 용이한 너트에 의한 조립식의 관 이음쇠이다.
• 레듀셔 : 서로 다른 관경을 이을 때 사용하며 연결부 양측 모두가 암나사로 되어 있다.

70 기어 감속기 중 평행 축형 감속기의 종류가 아닌 것은?

① 웜 기어 감속기
② 스퍼 기어 감속기
③ 헬리컬 기어 감속기
④ 더블 헬리컬 기어 감속기

기어 감속기
• 두 축이 서로 평행한 경우 : 스퍼 기어, 헬리컬 기어, 더블 헬리컬 기어, 인터널 기어, 래크
• 두 축이 만나는 경우 : 베벨 기어, 스파이럴 베벨 기어
• 두 축이 만나지도 평행하지도 않는 경우 : 하이포이드 기어, 스크류 기어, 웜 기어

71 수도, 가스, 배수관 등에 사용하는 주철관이 강관에 비하여 우수한 점은?

① 충격에 강하고 수명이 길다.
② 내약품성, 열전도성, 용접성이 좋다.
③ 비중이 작고 높은 내압에 잘 견딘다.
④ 내식성이 우수하고 가격이 저렴하다.

주철관은 내식성, 내마모성 및 내압성이 강하므로 수도관, 급수 및 배수관, 케이블 매설관에 널리 사용된다.

72 송풍기(blower)는 일반적으로 사용 공기압력이 몇 kgf/cm² 인가?

① 0.01 이하　　② 0.1~1.0
③ 2.0~10　　　④ 20 이상

> 1.0kgf/cm² 이상이 되면 압축기에 해당된다.

73 3상 유도 전동기의 구조에 속하지 않는 것은?

① 정류기　　　② 회전자 철심
③ 고정자 철심　④ 고정자 권선

> 정류기는 정류기란 회로에 한 방향으로 전류가 흐르게 하는 소자로 3상 유도전동기는 고정자와 회전자가 있으며, 고정자에는 코일이 감겨 있다.

74 두 축의 중심을 정확히 일치시키기 어려울 때 사용되며 고무, 강선, 가죽, 스프링 등을 이용하여 충격과 진동을 완화시켜 주는 커플링은?

① 올덤 커플링
② 고정식 커플링
③ 플랜지 커플링
④ 플랙시블 커플링

> • 두 축이 평행하거나 교차하는 경우
>   - 올덤 커플링 : 두 축이 평행하며 약간 어긋나는 경우에 사용하나, 진동이나 마찰저항이 커서 고속회전에는 적당하지 않다.
>   - 유니버설 조인트 : 두 축이 일직선 상에 있지 않고 서로 교차하는 경우에 사용하며, 두 축이 만나는 각은 30° 이하로 해야 한다.
> • 두 축이 일직선상에 있는 경우
>   - 슬리브 커플링 : 고정축 이음으로 주철제 원통 안에 두 축을 맞추어 키로 고정한 것이다.
>   - 플랜지 커플링 : 가장 많이 사용하는 축 이음으로, 주철제 또는 주강제의 플랜지를 양축에 고정한 후 볼트로 고정한 것이다.
>   - 플랙시블 커플링 : 두 축이 정확히 일치하지 않는 경우에 사용하며, 급격히 힘이 변화하는 경우, 완충 작용과 전기 절연작용을 한다.

75 관의 직경이 비교적 크고, 내압이 비교적 높은 경우에 사용되며, 분해 조립이 편리한 관이음은?

① 나사이음　　② 용접이음
③ 플랜지이음　④ 턱걸이음

> 나사이음, 유니언이음, 플랜지 이음 등은 동일 관경 이음에 사용되며 특히 관경이 큰 경우 플랜지 이음을 사용한다.

76 기어 전동장치에 대한 설명으로 틀린 것은?

① 큰 동력을 일정한 속도비로 전달할 수 있다.
② 소형이면서 높은 효율로 큰 회전력을 전달할 수 있다.
③ 서로 맞물려 있는 한 쌍의 기어에서 잇수가 많은 것을 피니언이라 한다.
④ 연속적인 이의 물림에 의하여 동력을 전달하는 기계요소를 기어라 한다.

> 맞물리는 크고 작은 2개의 기어 중에서 작은 쪽 기어를 피니언, 많은 쪽을 래크(rack)라 한다.

77 열박음을 하기 위해 베어링을 가열 유조에 넣고 가열할 때 적당한 온도는?

① 40℃ 정도
② 100℃ 정도
③ 150℃ 정도
④ 190℃ 정도

> 베어링의 열박음은 베어링을 100~120℃ 정도로 가열 후 안지름을 팽창하여 조립하며 이때 가열온도가 120℃를 초과하게 되면 베어링 재료의 경도가 급격히 저하하게 된다.

78 원심펌프 스터핑 박스의 봉수 압력에 대한 설명으로 옳은 것은?(단, 단위는 kgf/cm²이다.)

① 흡입 압력보다 0.5~1 정도 높게 한다.
② 토출 압력보다 0.5~1.5 정도 낮게 한다.
③ 흡입 압력보다 1.5~2 정도 높게 한다.
④ 토출 압력보다 1~2 정도 낮게 한다.

> 스터핑 박스는 피스톤, 플런저 등에 증기나 물이 새는 것을 막아주는 장치로 봉수압력은 흡입 압력보다 1.5~2kgf/cm² 정도 높게 하여야 한다.

79 펌프를 구조상 분류할 때 왕복 펌프의 종류가 아닌 것은?

① 피스톤 펌프
② 플런저 펌프
③ 다이어프램 펌프
④ 로터리 플랜지 펌프

펌프의 종류
- 원심 펌프 : 디퓨저 펌프, 볼류트 펌프
- 축류 펌프 : 프로펠러 펌프
- 왕복 펌프 : 피스톤 펌프, 플런저 펌프
- 회전 펌프 : 기어 펌프, 베인 펌프, 로터리 펌프
- 특수 펌프 : 마찰 펌프, 제트 펌프, 기포 펌프

80 다음 배관용 공기구에서 파이프에 나사를 절삭하는 것은?

① 오스터
② 파이프커터
③ 파이프벤더
④ 플레이링 툴 세트

파이프 벤더는 관을 구부리는데 사용하며 파이프 렌치는 관을 돌려 조인트나 기타 부품과 체결, 해체하는 공구이다.

정답 최근기출문제 2019년 2회

01 ③	02 ③	03 ④	04 ③	05 ②
06 ④	07 ①	08 ③	09 ③	10 ③
11 ②	12 ②	13 ①	14 ④	15 ①
16 ③	17 ①	18 ④	19 ③	20 ③
21 ③	22 ④	23 ④	24 ④	25 ①
26 ①	27 ②	28 ④	29 ②	30 ②
31 ③	32 ①	33 ③	34 ④	35 ③
36 ②	37 ①	38 ①	39 ④	40 ③
41 ④	42 ④	43 ②	44 ④	45 ③
46 ③	47 ③	48 ①	49 ②	50 ④
51 ①	52 ②	53 ④	54 ①	55 ②
56 ①	57 ④	58 ②	59 ①	60 ①
61 ③	62 ②	63 ④	64 ②	65 ④
66 ①	67 ②	68 ①	69 ①	70 ①
71 ④	72 ②	73 ①	74 ④	75 ③
76 ③	77 ②	78 ③	79 ④	80 ①

2019년 3회 최근기출문제

제1과목 공유압 및 자동화시스템

01 공압제어 밸브의 연결구 표시방법이 틀린 것은?
① 압축공기 공급라인 : P 또는 1
② 작업라인 : A, B, C 또는 1, 2, 3
③ 배기라인 : R, S, T 또는 3, 5, 7
④ 제어라인 : X, Y, Z 또는 10, 12, 14

연결구 표시방법

구분	ISO 1219	ISO 5599
공급 포트	P	1
작업 포트	A, B, C	2, 4
배기 포트	R, S, T	3, 5, 7
제어 포트	X, Y, Z	10, 12, 14
누출 포트	L	-

02 유압장치의 구성요소와 해당기기의 연결이 옳은 것은?
① 동력원 - 전동기, 엔진, 윤활기
② 동력장치 - 오일탱크, 유압 모터
③ 구동부 - 실린더, 유압 펌프, 요동 액추에이터
④ 제어부 - 압력제어밸브, 유량제어밸브, 방향제어밸브

유압장치의 구성요소와 해당기기
• 동력원 : 전동기, 엔진
• 공기압 발생부 : 압축기, 탱크, 후부 냉각기
• 청정화부 : 필터, 윤활기(lubricator), 드라이어
• 제어부 : 압력제어밸브, 유량제어밸브, 방향제어밸브
• 작동부 : 실린더, 요동 액추에이터, 공기압 모터, 회전 작동기

03 공압 회로에서 압축 공기를 대기 중으로 방출할 경우 배기속도를 줄이고 배기음을 작게 하기 위하여 사용되는 것은?
① 소음기
② 완충기
③ 진공패드
④ 원터치 피팅

소음기는 음파의 통로를 확대한 뒤에 축소시킴으로써 배기속도를 줄이고 이로 인하여 소음을 감소시킨다.

04 자중에 의한 낙하 등을 방지하기 위한 배압을 생기게 하고, 역 방향의 흐름이 자유롭도록 체크 밸브의 기능이 내장되어 있는 밸브는?
① 방향 제어 밸브
② 유압 서보 밸브
③ 유량 제어 밸브
④ 카운터 밸런스 밸브

카운터 밸런스 밸브는 부하가 급속히 제거될 경우, 그 자중이나 관성력 때문에 소정의 제어를 못하게 된다거나 램의 자유낙하를 방지하기 위하여 귀환유의 유량에 관계없이 일정한 배압을 발생시켜 실린더의 급속전진을 방지하는 밸브로 주로 배압제어용으로 사용된다.

05 절대압력이 일정할 때 절대 온도와 체적과의 관계는?
① 공기의 체적은 절대 온도에 비례한다.
② 공기의 체적은 절대 온도에 반비례한다.
③ 공기의 체적은 절대 온도의 제곱에 비례한다.
④ 공기의 체적은 절대 온도의 제곱에 반비례한다.

보일-샤를의 법칙 : 완전가스 체적은 절대압력에 반비례하고 절대온도에 비례한다.

06 다음 회로와 동일한 동작의 논리는?(단, 입력은 X1, X2, 출력은 Y이다.)

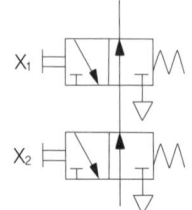

① OR 논리
② AND 논리
③ NOR 논리
④ NAND 논리

X1, X2가 병렬연결이며 부정이므로 NOR 회로가 된다.

07 구조가 간단하고 값이 저렴하며 차량, 건설기계, 운반기계 등에 널리 사용되고 외접, 내접 등의 구조를 갖는 펌프는?

① 기어 펌프
② 베인 펌프
③ 피스톤 펌프
④ 플런저 펌프

> **기어 펌프의 특징**
> • 구조가 간단하고 운전 및 보수가 용이하다.
> • 누설량이 많고 효율이 낮다.
> • 유체의 점도가 크면 작동이 원활해진다.
> • 신뢰도가 높은 반면 소음이 크다.

08 유압실린더의 실린더 전진과 후진 속도를 일정하게 하는 방법으로 옳은 것은?

① 양로드 실린더를 사용한다.
② 브레이크 회로를 사용한다.
③ 블리드 오프 회로를 사용한다.
④ 카운터 밸런스 회로를 사용한다.

> **유압 실린더 종류와 특징**
> • 양로드형 실린더 : 양쪽방향으로 작동하는 힘이 동일하다.
> • 탠덤 실린더 : 단계적으로 출력제어가 가능하며 큰 위치 에너지를 얻을 수 있다.
> • 충격실린더 : 상당히 큰 충격 에너지를 얻을 수 있으며 속도는 7.5~10m/sec까지 얻을 수 있다
> • 다위치 제어 실린더 : 정확한 위치를 제어할 수 있다.
> • 쿠션 내장형 실린더 : 충격을 완화할 때 사용한다.
> • 텔레스코프 실린더 : 로드의 전장에 비해 긴 행정(스트로크)을 얻을 수 있다.
> • 램형 실린더 : 좌굴 등 강성을 요구할 때 사용한다.

09 다음 밸브 기호의 명칭은?

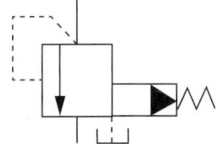

① 감압 밸브
② 릴리프 밸브
③ 카운터 밸런스 밸브
④ 파일럿 작동형 시퀀스 밸브

> 파일럿 작동형 시퀀스 밸브는 2개 이상의 분기회로를 가지고 있는 회로 중에서 운동에 의해 규제하는 자동밸브이다.

10 공압 모터의 종류가 아닌 것은?

① 기어 모터
② 나사 모터
③ 베인 모터
④ 피스톤 모터

> 공압 모터는 기계적인 연속회전운동으로 변환하는 기기로 베인형, 피스톤형, 기어형, 터빈형으로 나누어진다.

11 측온저항체로 이용되기 위한 요구조건이 아닌 것은?

① 저항 온도계수가 작을 것
② 소선의 가공이 용이할 것
③ 사용온도 범위가 넓을 것
④ 화학적, 기계적으로 안정될 것

> 측온 저항체는 전기 저항이 온도에 따라 변화하는 성질을 이용한 온도 측정용의 저항체로 사용온도범위는 -200~500℃이며, 다음과 같은 요구조건을 갖추어야 한다.
> • 저항 온도 계수가 클 것
> • 온도 저항 측정이 직선적일 것
> • 사용온도범위가 넓고 제작이 용이할 것
> • 소성가공이 용이할 것
> • 열적 · 화학적 · 기계적으로 안정될 것

12 유압 작동유에 공기가 침입할 경우 발생하는 현상으로 적절한 것은?

① 작동유의 과열
② 토출유량의 증대
③ 비금속 실(seal)의 파손
④ 실린더의 불규칙적인 작동

> **실린더의 불규칙 작동 원인**
> • 피스톤 링이 마모 되었을 때
> • 유압유의 점도가 너무 높을 때
> • 회로 내에 공기가 혼입되었을 때

13 다음 기호의 명칭으로 옳은 것은?

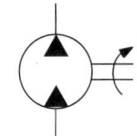

① 공기압 모터
② 요동형 액추에이터
③ 정용량형 펌프 모터
④ 가변용량형 펌프 모터

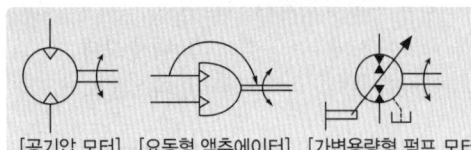
[공기압 모터]　[요동형 액추에이터]　[가변용량형 펌프 모터]

14 구조가 간단하고 무게가 가벼우며, 3~10개의 날개가 삽입되어 있는 구조로 대부분의 공압회로에 사용되는 모터는?

① 기어 모터
② 베인 모터
③ 터빈 모터
④ 피스톤 모터

> **공압 모터 종류와 특성**
> - 기어 모터 : 가장 간단한 구조이며 저속회전이 가능하고 정·역회전이 가능하며 소형으로 큰 토크를 가질 수 있으나 누설량이 많고 토크 변동이 큰 편이다. 이물질의 영향을 적게 받으며 토크 효율은 75~85%, 최저속도는 150rpm 정도이며 서보기구에는 부적합하다.
> - 베인 모터 : 구성 부품수가 적고 구조가 간단하여 고장이 적으며 축 마력당 다른 모터에 비해 크기가 소형이며 베어링 마모로 인하여 최고사용압력이 낮아질 우려가 없다. 전 효율은 70~80%이다.
> - 피스톤 모터 : 구조가 복잡하나 고속, 고압으로 높은 출력이 가능하며 효율이 좋다.
> - 요동형 유압 모터 : 출력회전으로는 기구적으로 회전각에 한정되어 있으면 그 범위를 왕복·회전운동하는 것이다. 베인형과 피스톤형 2종류가 있다.

15 제어시스템 분류 중 신호처리 방식에 의한 분류가 아닌 것은?

① 논리 제어계
② 비동기 제어계
③ 시퀀스 제어계
④ 파일럿 제어계

> **신호처리 방식에 의해 구분**
> - 동기 제어계 : 실제 시간과 관계된 신호에 의하여 제어
> - 비동기 제어계 : 시간과 관계없이 입력신호의 변화에 의해서만 제어
> - 논리 제어계 : 요구되는 입력조건에 의해 그에 상응하는 신호가 출력되는 제어
> - 시퀀스 제어계 : 처음에 정해진 조건 또는 순서에 따라 행하여지는 제어

16 설비 개선 사고법의 종류가 아닌 것은?

① 복원
② 기능의 사고법
③ 미결함의 사고법
④ 미조정, 미조절화의 사고법

> **설비개선 사고법**
> - 복원이란 결함이 있는 현재의 상태를 원래의 바른 상태로 되돌리는 일이다.
> - 미결함의 사고법은 결과에 대한 영향이 적다고 일반적으로 생각되는 것을 철저하게 제거하는 사고를 뜻한다.
> - 조정의 조절화의 사고법은 자동화의 계측방법의 개발에 의한 수치화를 통해 활용하는 것이다.
> - 기능의 사고법이란 모든 현상에 대하여 체득한 것을 근거로 바르게 또한 반사적으로 행동할 수 있는 힘이며 장시간에 걸쳐 지속될 수 있는 능력을 말한다.

17 전자 계전기를 사용할 때 주의사항이 아닌 것은?

① 계전기의 설치 높이를 확인한다.
② 정격전압 및 정격전류를 확인한다.
③ 본체 취부 시 확실히 고정하여야 한다.
④ 2개 이상의 계전기를 사용할 때 적당한 간격을 유지하여야 한다.

> 전자 계전기는 전자력에 의하여 전기 스위치의 접점부를 작동시켜 전기를 통하고 차단하는 기구로 계전기 설치 높이는 관계가 없다.

18 단동 실린더가 아닌 것은?

① 탠덤 실린더　② 격판 실린더
③ 피스톤 실린더　④ 벨로스 실린더

> 단동 실린더는 행정거리가 짧고 귀환 장치가 내장되어 공기 소요량이 작다. 종류로는 피스톤형, 벨로스형, 다이아프램형 등이 있다. 참고로 탠덤 실린더는 복동 실린더에 속하며, 단계적으로 출력제어가 가능하며 큰 위치 에너지를 얻을 수 있다.

19 리드 스위치의 특징으로 틀린 것은?

① 반복 정밀도가 낮다.
② 회로 구성이 간단하다.
③ 사용온도 범위가 넓다.
④ 내전압 특성이 우수하다.

근접 스위치는 리드 스위치라고도 하며 백금, 금, 로듐 등의 귀금속의 접점도금을 한 자성체 리드편을 적당히 접점 간격을 유지하도록 하고, 유리관 중에 질소와 수소 혼합가스와 같은 불활성가스와 함께 봉입한 것으로 반복 정밀도가 높다.

20 PLC에 사용되는 CPU의 내부 구성요소에서 ALU의 역할은?

① 스파크 방지
② 데이터의 저장
③ 아날로그의 영상화
④ 산술이나 논리연산

산술 논리 연산(ALU)장치는 가감승제와 같은 산술연산과 두 수의 크기를 비교하고 판단하는 연산을 담당하는 장치이다.

설비의 신뢰성 및 보전성 관리
- 초기 고장의 현상 : 설비를 사용함에 따라 고장의 발생이 감소하게 되는데 이상이 있거나 설계 · 제작 불량 등은 고장을 일으키며 보전요원에 의하여 그때마다 수리 · 정비를 하여야 한다.
- 돌발 고장의 현상 : 기계의 축 절단, 전기회로의 단선, 과부하로 인한 모터의 소손 등 돌발적으로 고장이 일어나는 현상으로 예비품 관리의 필요성을 중시하게 된다.
- 마모 고장의 현상 : 압축기 피스톤링의 마모, 베어링의 마모 등 설비의 열화 및 마모에 의하여 일어나는 현상으로 주기적으로 급유, 청소를 하면 고장률을 줄일 수 있다.

23 다음 중 설비진단기법이 아닌 것은?

① 진동법
② 잔류법
③ SOAP법
④ 페로그래피법

설비진단기법

구분	설명
진동법	• 송풍기, 펌프, 팬 등의 기초 설비 및 밸런스 이상 진동 유무 진단 • 각 회전 기기의 언밸런스에 의한 이상 진동 유무 진단 • 기기에 공급되는 이상 압력에 의한 진동 여부 진단
오일 분석법	시료용 오일을 용제에 희석하여 경사면을 따라 흐르게 하면서 자석을 가하면 오일 중에 마모된 금속이 크기에 따라 자석에 부착하게 되며 이를 색 현미경에 의하여 크기, 형상 등을 관찰하여 마모부위와 원인을 알아내는 방법
페로그래피법	시료용 오일을 연소하면서 발생되는 금속성분의 발광 또는 흡광현상으로 분석하는 방법
SOAP법	계속된 기기의 운전에 의하여 설비에 피로가 축적되면 응력이 집중되는데 이를 제거하기 위한 방법

제2과목 **설비진단관리 및 기계정비**

21 윤활유를 사용하는 목적이 아닌 것은?

① 감마 작용
② 냉각 작용
③ 방청 작용
④ 응력 집중 작용

윤활유의 작용
- 감마작용 : 윤활부분의 마찰을 감소시켜 마모와 소착을 방지
- 냉각작용 : 마찰열 및 외부에서 흡수된 열을 방출하는 작용
- 응력 분산작용 : 활동 부분에 가해진 힘을 분산시켜 균일하게 작용
- 밀봉작용 : 내부의 유체 누설과 외부로부터 외기의 침입을 방지
- 방청작용 : 금속 표면의 녹이 스는 것을 방지
- 방진작용 : 윤활개소에 먼지 등 이물질 혼입되는 것을 방지

22 설비를 구성하고 있는 부품의 피로, 노화현상 등에 의해서 시간의 경과와 함께 고장률이 증가하는 시기는?

① 초기 고장기
② 우발 고장기
③ 마모 고장기
④ 라이프 사이클

24 전동 차단기로 이용되는 패드의 재료로 부적합한 것은?

① 스프링
② 코르크
③ 스폰지 고무
④ 파이버 글라스

진동 차단기는 스프링, 천연고무 또는 합성고무 등으로 기기에서 발생되는 진동을 차단하는 탄성 지지체로 방진 지지물이라고도 한다.

25 내부에 형성되어 있는 하나 혹은 그 이상의 챔버(chamber)에 의해서 입사 소음 에너지를 반사하여 소멸시키는 장치는?

① 반사 소음기 ② 회전식 소음기
③ 흡음식 소음기 ④ 흡진식 소음기

> **소음기의 종류**
> - 반사 소음기 : 음파가 진행하는 통로에 장애물을 설치하여, 음파가 진행방향을 바꾸거나 반사되도록 한다.
> - 간섭 소음기 : 소음기 전반부에서 배기가스를 여러 갈래로 나누어, 길이가 다른 통로를 거쳐 소음기 후반부에서 다시 합쳐지게 하는 방법을 사용한다.
> - 흡수 소음기 : 흡수원리를 이용한 소음기에서 배기가스가 다공질의 흡음재를 통과하도록 한다. 소음에너지는 흡음재에 흡수될 때 마찰에 의해 열로 변환된다.
> - 공명 소음기 : 배기가스가 단면적이 다른 공간 사이를 여러 번 반복적으로 왕복하게 되면 경우에 따라서는 공명현상을 일으키게 된다.

26 설비보전 표준 설정의 직접 기능에 속하지 않는 것은?

① 설비검사 ② 설비정비
③ 설비수리 ④ 설비교체

> 직접 기능으로는 설비검사, 설비점검, 설비보전, 설비수리 등 3가지로 대별한다.

27 설비관리기능 중 지원기능과 가장 거리가 먼 것은?

① 부품대체(교체) 분석
② 보전자재 선정 및 구매
③ 보전인력관리 및 교육훈련
④ 포장, 자재취급, 저장 및 수송

> 부품대체(교체) 분석은 기술기능에 해당된다.

28 윤활제 공급방식에서 비순환 급유법에 속하는 것은?

① 원심 급유법 ② 패드 급유법
③ 유륜식 급유법 ④ 사이펀 급유법

> 원심 급유법, 패드 급유법, 유륜식 급유법은 순환 급유식에 해당된다.

29 센서 부착 방법 중 일반적인 밀랍고정의 특징으로 틀린 것은?

① 장기적 안정성이 안 좋다.
② 고정 및 이동이 용이하다.
③ 사용 후 구조물의 접착면을 깨끗이 할 수 있다.
④ 먼지, 습기, 고온의 영향을 받지 않는다.

> - 손 고정 : 빠른 조사에 편리하나 측정오차의 우려가 있다.
> - 밀랍 고정 : 온도가 높아지면 밀랍상태가 이상이 생기므로 40℃ 이하에 사용. 먼지, 습기, 고온 조건에서 접착의 문제가 발생한다.
> - 나사 고정 : 측정 반복성이 양호하고 사용 주파수의 영역이 넓으며, 먼지, 습기, 온도의 영향이 적어 장기적 안정성이 좋다.
> - 마그네틱 고정 : 사용 주파수 영역이 좁고 정확도가 떨어진다.

30 그리스를 가열했을 때 반고체 상태의 그리스가 액체 상태로 되어 떨어지는 최초의 온도로 그리스의 내열성을 평가하는 기준이 되는 것은?

① 이유도 ② 적하점
③ 침투점 ④ 산화 안정도

> **그리스 상태를 평가하는 항목(주도, 이유도, 적하점)**
> - 주도 : 그리스의 굳은 정도
> - 적하점 : 가열했을 때 반고체 상태의 그리스가 액체 상태로 떨어지는 최초의 온도
> - 이유도 : 그리스를 구성하는 기름이 분리되는 현상

31 설비의 라이프 사이클 중 설비투자계획과정에 속하는 것은?

① 설계, 제작 ② 설치, 운전
③ 조사, 연구 ④ 보전, 폐기

> **설비의 라이프 사이클**
> - 설비투자계획 : 조사, 연구
> - 건설 : 설계, 제작, 설치
> - 조업 : 운전, 보전, 폐기

32 자재흐름분석의 P-Q분석에 의하여 분류가 결정되면 그 분류 내에 있는 제품들에 대하여 개별적인 분석을 행할 때 그 분류와 내용이 옳은 것은?

① A급 분류 : 제품의 종류는 많고 생산량은 적다. 유입 유출표를 작성한다.

② B급 분류 : 제품의 종류는 중간이고 생산량도 중간이다. 다품종 공정표를 작성한다.
③ C급 분류 : 제품의 종류는 적고 생산량이 많다. 단순작업 공정표 다음 조립공정표를 작성한다.
④ D급 분류 : 제품의 종류도 적고 생산량도 적다. 소품종 공정표를 작성한다.

P-Q분석
- A구간에 포함되는 제품은 소품종 다량생산
- B구간 품목은 중간형태의 배치형식을 채택
- C구간에 포함되는 제품은 다품종 소량생산으로 전자는 흐름식 배치, 후자는 기능식 배치로 공장배치를 행한다.

33 설비의 분류가 바르게 연결된 것은?

① 관리 설비 : 인입선 설비, 도로, 항만설비, 육상 하역설비, 저장설비
② 유틸리티 설비 : 기계, 운반장치, 전기장치, 배관, 조명, 냉난방 설비
③ 판매설비 : 서비스 스테이션(service station), 서비스 숍(service shop)
④ 생산 설비 : 건물, 공장 관리설비 및 보조설비, 복리 후생설비

설비의 분류
- 유틸리티 설비 : 연료, 전기, 급수, 가스 등을 유틸리티라 하며 이를 이용하는 설비를 말한다.
- 연구 개발설비 : 기초설비, 응용 연구설비, 기업 합리화를 위한 공장 연구설비 등이 있다.
- 생산설비 : 직접 생산에 참여하는 기계, 전기, 배관, 계측기기, 운반장치 등이 있다.
- 수송설비 : 도로, 항만, 차량, 철도 등이 해당된다.
- 판매설비 : 입지 선정으로 판매활동을 추진하기 위한 설비이다.
- 관리설비 : 본사의 건물관리, 공상의 시설관리, 직원 복리 후생 관리설비 등이 있다.

34 설비 관리 조직의 계획상 고려되어야 할 사항으로 가장 거리가 먼 것은?

① 제품의 품질   ② 설비의 특징
③ 지리적 조건   ④ 외주 이용도

설비 관리 조직의 계획상 고려되어야 할 사항으로는 제품의 특성, 생산형태, 설비의 특징, 지리적 조건, 기업의 크기 또는 공장의 규모, 인적 구성과 그 역사적 배경, 외주 이용도 등이 있다.

35 기계진동의 가장 일반적인 원인으로서 진동 특성이 $1f$ 성분이 탁월한 회전기계의 열화 원인은?(단, f = 회전 주파수)

① 공진   ② 언밸런스
③ 기계적 풀림   ④ 미스얼라인먼트

회전기계의 정밀진단
- 언밸런스 : 회전수와 동일한 주파수가 검출되었을 때 진동을 발생시키며 모든 기기에서 발생하는 진동으로 수평·수직방향에 최대의 진폭이 발생하며 언밸런스 량과 회전수가 증가할수록 진동레벨이 높게 나타난다.
- 미스얼라인먼트 : 베어링 설치가 잘못되었거나 축 중심이 어긋난 경우에 발생하며 축정은 축 방향에 센서를 부착하여 측정하며 이때 위상각은 180°이다.
- 기계적 풀림 : 회전기계 특히 베어링 케이스에서 주로 발생하며 회전 이상에 의해 진동이 불규칙적으로 발생한다.
- 편심 : 로터의 중심과 실체의 회전 중심이 어긋난 경우 중심이 한쪽으로 치우쳐 진동이 발생한다.
- 공진 : 기계의 고유 진동수와 강제 진동수가 일치하게 되면 진폭이 크게 발생하여 진동이 최대가 되어 설비에 악영향을 끼치게 되므로 가급적 공진점은 피하여 운전하는 것이 좋다.

36 다음 중 로스(loss) 계산방법이 잘못된 것은?

① 속도가동률 = $\dfrac{\text{기준 사이클 시간}}{\text{실제 사이클 시간}}$

② 시간가동률 = $\dfrac{\text{부하시간} - \text{정지시간}}{\text{부하시간}}$

③ 실질가동률 = $\dfrac{\text{생산량} \times \text{실제 사이클 시간}}{\text{부하시간} - \text{정지시간}}$

④ 성능가동률 = $\dfrac{\text{속도가동률} \times \text{실질가동률}}{\text{부하시간} - \text{정지시간}}$

성능가동률 = 정미가동률(실질가동률) × 속도가동률

37 만성 로스의 대책으로 가장 거리가 먼 것은?

① 현상 해석을 철저히 한다.
② 로스의 발생량을 정확하게 측정한다.
③ 관리해야 할 요인계를 철저히 검토한다.
④ 요인 중에 숨어 있는 결함을 표면으로 끌어낸다.

만성로스 개선방법
- 로스 발생원인·상황을 철저히 조사하여 분석한다.
- 관리해야 할 요인 계를 철저히 검토한다.
- 현장 해석을 철저히 한다.

(계속)

- 요인 중에 숨어 있는 결함을 표면으로 끌어낸다.
- 각 부서의 협조를 얻어 전 시스템 공정의 문제점을 해결한다.
- 조직력을 바탕으로 그 역할에 대한 책임과 권한을 부여한다.
- 공정의 부조화 속에서 발생하는 원인을 구조 분석한다.
- 업무 중 불필요한 공정, 저해요인, 안전 장애 등 개선이나 긍정적인 방안이 필요할 때 제안서를 작성하여 이를 구체화시킨다.

38 작업이 표준화되고 대량생산에 적합한 설비배치로 일명 라인별 배치라고도 하는 것은?

① 기능별 설비배치
② 혼합형 설비배치
③ 제품별 설비배치
④ 제품 고정형 설비배치

설비배치의 형태
- 제품별 배치 : 각 공정에 따라 필요한 기기를 적정 요소에 배치하는 것
- 혼합형 배치 : 기능별, 제품별, 제품 고정형 배치와의 혼합형
- 기능별 배치 : 제품 중심으로 그 제품을 가공하는데 소요되는 작업장을 구성
- 제품 고정형 배치 : 주재료의 부품이 고정된 창고에 있고 사람이나 기계가 이동하며, 작업이 행하여지는 배치

39 보전용 자재의 상비품 발주방식 중 발주량은 일정하고 발주의 시기가 변화되는 방식은?

① 정량 발주방식
② 정기 발주방식
③ 적소 발주방식
④ 비상 발주방식

보전작업관리와 보전효과 측정
- 정량발주방식 : 재고량이 일정 이하로 소비가 되면 소비된 양만큼 주문을 하는 방식으로 항상 최저·최고의 범위에서 재고를 보유하는 방식이다.
- 사용고발주방식 : 일정한 재고량을 정해놓고 사용한 만큼을 발주시키는 예비용 발주방식으로 항상 일정량을 유지하는 방식이다.
- 정기발주방식 : 소비의 상태나 실적을 감안하여 발주 수량을 상황에 따라 변하나 발주시기는 항상 일정하다.

40 다음 중 전치 증폭기의 기능은?

① 전류 증폭과 리액턴스 결합
② 전압 증폭과 리액턴스 결합
③ 신호 증폭과 임피던스 결합
④ 저항 증폭과 임피던스 결합

전치 증폭기는 신호 검출기와 증폭기를 분리할 필요가 있을 때 검출기에 붙여서 신호를 증폭하는 장치로 신호 증폭과 임피던스 결합의 기능을 갖는다.

제3과목 공업계측 및 전기전자제어

41 다음 중 수동형 센서(Passive sensor)에 속하는 것은?

① 포터 커플러
② 포토 리플렉터
③ 레이저 센서
④ 적외선 센서

적외선 센서는 물체가 발산하는 적외선을 검출하여 이들로부터 온도를 구하는 비접촉식 센서로 가전제품의 리모콘, 방범용, 방사온도계로 이용되고 있다.

42 출력파형이 그림과 같다면 논리기호는?

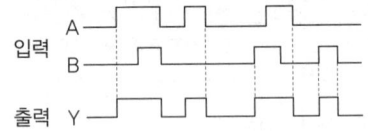

① OR
② AND
③ NOR
④ NAND

입력 A, B가 병렬로 연결되어 하나만 연결되어도 출력이 이루어지므로 OR 회로이다.

43 다음 중 제어밸브를 밸브시트의 형태에 따라 분류한 것으로 틀린 것은?

① 앵글 밸브
② 공기압식 제어밸브
③ 게이트 밸브
④ 글로브 밸브

44 0.2μF의 콘덴서에 1000V의 전압을 가할 때 축적되는 에너지(J)는?

① 0.1　② 1
③ 10　④ 100

$$W = \frac{1}{2}CV^2 = \frac{1}{2} \times 0.2 \times 10^{-6} \times 1000^2 = 0.1[J]$$

45 다음 그림의 회로에서 출력전압(V_O)은?
(단, $R_1 = R_2 = R_3 = R_F$)

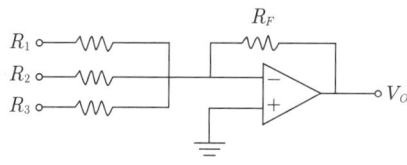

① $-(V_1+V_2+V_3)$　② $V_1+V_2+V_3$
③ $\dfrac{V_1+V_2+V_3}{R_1+R_2+R_3} \times V_1$　④ $\dfrac{R_1+R_2+R_3}{V_1+V_2+V_3} \times V_1$

$V_{out} = -(V_1 \times \dfrac{R_F}{R_1} + V_2 \times \dfrac{R_F}{R_2} + V_3 \times \dfrac{R_F}{R_3})$
$R_1 = R_2 = R_3 = R_F$ 이므로
$V_{out} = -(V_1 + V_2 + V_3)$

46 다음의 열전대 조합에서 가장 높은 온도까지 측정할 수 있는 것은?

① 백금로듐 – 백금
② 크로멜 – 알루멜
③ 철 – 콘스탄탄
④ 구리 – 콘스탄탄

열전대 온도계
- 백금로듐 – 백금(1400℃)
- 크로멜 – 알루멜(650~1000℃)
- 철 – 콘스탄탄(400~600℃)
- 동 – 콘스탄탄(200~300℃)

47 다음 중 제어시스템의 안정도 판별법이 아닌 것은?

① 루드–홀비쯔(Routh-Hurwitz) 판별법
② 나이퀴스트(Nyquist) 판별법
③ 디지털제어 판별법
④ 보드선도 판별법

제어시스템의 성능과 안정도를 판별하기 위한 근궤적기법, 나이퀴스트 판별법, 보드선도 판별법, 루드–홀비쯔 판별법 등이 이용되고 있다.

48 다음 그림기호 중 한시동작형 a접점은?

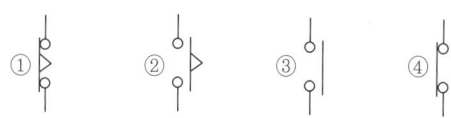

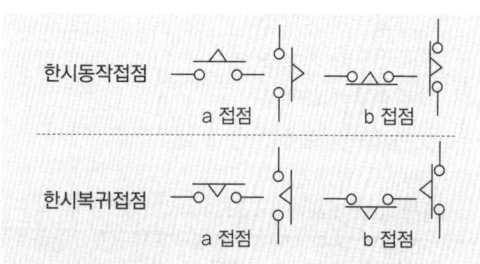

49 8개의 비트(bit)로 표현 가능한 정보의 최대 가지수는?

① 211　② 256
③ 285　④ 512

$2^8 = 256$

50 트랜지스터 증폭회로 중 입력과 출력전압이 동위상이고 큰 입력저항과 작은 출력을 가지며 전압이득이 1에 가까워 임피던스 매칭용 버퍼로 사용되는 회로는?

① 공통 이미터 증폭기 회로
② 공통 베이스 증폭기 회로
③ 공통 컬렉터 증폭기 회로
④ 공통 소스 증폭기 회로

이미터 플로어(Emitter Follower)
- 컬렉터 접지방식으로 전압 증폭이 필요 없고 큰 전류 이득이 필요한 회로에 사용된다.
- 입력 임피던스가 매우 높고 출력 임피던스는 매우 낮으므로 저항 변환을 위한 버퍼로 사용된다.
- 전압이득은 1 또는 1 이하이다.

51 도선의 전기저항에 관한 설명으로 옳은 것은?

① 도선의 길이에 비례한다.
② 도선의 길이에 반비례한다.
③ 도선의 길이의 제곱에 비례한다.
④ 도선의 길이의 제곱에 반비례한다.

> 도선이 길수록 저항이 커지고 단면적이 클수록 저항이 작아진다. 즉, 도선의 길이에 비례하여 저항은 증가한다.

52 피드백 제어계에서 제어요소는?

① 검출부와 조작부
② 조절부와 조작부
③ 검출부와 조절부
④ 비교부와 검출부

> 피드백 제어계에서 제어요소
> • 조절부 : 자동 제어계에 있어서 동작 신호의 값에 따라 제어계가 필요로 하는 작동을 하는 데에 필요한 신호를 만들어 내어 조작부로 송출하는 부분
> • 조작부 : 조절부로부터 오는 신호를 조작량으로 바꾸어 제어 대상에 작용을 가하는 부분

53 다음 중 단상유도 전동기의 기동 방법으로 틀린 것은?

① 분상 기동형   ② 직권 기동형
③ 셰이딩 코일형 ④ 콘덴서 기동형

> 단상유도 전동기의 기동 방법의 종류 : 콘덴서 기동형, 분상 기동형, 셰이딩 코일형, 반발 기동형 등

54 차압식 유량계의 차압 기구에 해당되지 않는 것은?

① 회전자   ② 오리피스
③ 벤투리관 ④ 피토관

> • 차압식 유량계 : 측정관로 중에 교축기구를 설치하여 유동을 교축하고 이 때문에 생기는 교축부 전후의 압력차에 의해서 유속을 구하여 유량을 측정하는 것으로 오리피스 미터, 벤투리 미터 등이 있으며 유량은 교축기구 전후의 차압과 평방근에 비례한다.
> • 피토관 : 유체 중에 피토관을 삽입하고 유동하고 있는 유체에 대한 동압을 측정하여 유량을 구한다.

55 다음 소자 중 검출용 기기는?

① 누름버튼 스위치 ② 캠 스위치
③ 토글 스위치   ④ 리밋 스위치

> 리밋 스위치는 검출용 기기로 기구부품의 일부 또는 물체가 소정의 위치에 도달하면 전기 접점을 개폐하는 스위치이다.

56 연산 증폭기(Op Amp)의 특징으로 틀린 것은? (단, 연산 증폭기는 이상적인 연산 증폭기이다.)

① 전압 이득이 무한대이다.
② 단위이득 대역폭은 0이다.
③ 입력 저항이 무한대이다.
④ 출력 저항이 0이다.

> 연산 증폭기 특성
> • 전압 이득이 무한대이다.
> • 입력 저항이 무한대이다.
> • 출력 저항이 "0"이다.
> • 대역폭이 무한대이고, 지연응답이 "0"이다.
> • 오프셋(off-set)이 "0"이다.

57 직류기의 3대 요소는?

① 계자, 전기자, 보주
② 전기자, 보주, 정류자
③ 계자, 전기자, 정류자
④ 전기자, 정류자, 보상권선

> 직류 발전기 3요소
> • 계자 : 전기자에 쇄교하는 자속을 만들어 주는 부분
> • 전기자 : 회전부분으로 자속을 끊어서 기전력을 유도하는 부분
> • 정류자 : 브러쉬와 접촉하면서 전기자 권선에서 생긴 유도 기전력을 직류로 변환하는 부분

58 그림과 같이 정전 용량 C_1, C_2를 병렬로 접속하였을 때의 합성 정전 용량은?

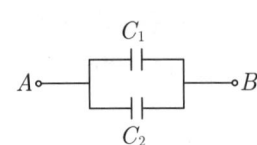

① C_1+C_2
② $\dfrac{1}{C_1+C_2}$
③ $\dfrac{C_1 \times C_2}{C_1+C_2}$
④ $C_1 \times C_2$

콘덴서의 직렬연결은 저항의 병렬연결과 같고 콘덴서의 병렬연결은 저항의 직렬연결과 같다.

59 계장 제어 시스템의 제어 밸브 조작부의 구비조건으로 틀린 것은?

① 제어 신호에 정확하게 동작할 것
② 히스테리시스 현상이 클 것
③ 현장의 환경 조건에 충분히 견딜 것
④ 보수 점검이 용이할 것

히스테리시스 현상은 어떤 물리량이 그 때의 물리조건만으로 결정되지 않고 이전에 그 물질이 경과해 온 과정에 의존하는 특성으로 제어 밸브 조작부에서는 이 현상이 작아야 한다.

60 아래 회로의 다이오드의 양단에 걸리는 전압(V)은? (단, 다이오드는 이상적인 다이오드다.)

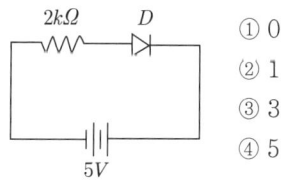

① 0
② 1
③ 3
④ 5

다이오드는 전류를 한쪽으로는 흐르게 하고 반대쪽으로는 흐르지 않게 하는 정류작용을 하므로 전압은 5V 그대로이다.

제4과목 기계정비일반

61 합성고무와 합성수지 및 금속 클로이드 등을 주성분으로 제조된 액상 개스킷의 특징이 아닌 것은?

① 접합면에 바르면 일정시간 후 건조된다.
② 상온에서 유동성이 있는 접착성 물질이다.
③ 사용온도 범위는 보통 5~35℃ 정도이다.
④ 누유 및 누수를 방지하고 내압 기능을 가지고 있다.

액상 개스킷의 사용 온도범위는 -50~250℃이다.

62 관 이음쇠의 기능이 아닌 것은?

① 관로의 연장
② 관로의 곡절
③ 관로의 분기
④ 관의 피스톤 운동

피스톤 운동은 실린더 내에서 일어난다.

63 500 rpm 이하로 사용되던 길이 2m의 축이 구부러져 수정하고자 할 때 사용하는 공구는?

① 짐 크로(jim crow)
② 토크 렌치(torque wrench)
③ 임팩트 렌치(impact wrench)
④ 스크류 익스트랙터(screw extractor)

짐 크로는 나사를 사용하여 형강·축·레일 등의 굽혀진 부분을 바로 잡는 도구이다.

64 다음 기어 중 두 축이 평행하지도 않고 만나지는 않는 것은?

① 래크
② 스퍼 기어
③ 웜 기어
④ 헬리컬 기어

기어 감속기
• 두 축이 서로 평행한 경우 : 스퍼 기어, 헬리컬 기어, 더블 헬리컬 기어, 인터널 기어, 래크
• 두 축이 만나는 경우 : 베벨 기어, 스큐 기어, 스파이럴 베벨 기어
• 두 축이 만나지도 평행하지도 않는 경우 : 하이포이드 기어, 스크류 기어, 웜 기어

65 볼트, 너트의 풀림 방지에 주로 사용되는 핀은?

① 평행 핀
② 분할 핀
③ 스프링 핀
④ 테이퍼 핀

핀의 종류와 역할
• 평행 핀 : 기계 부품을 조립할 경우나 안내 위치를 결정할 경우에 사용한다.
• 테이퍼 핀 : 원추형 핀으로 1/50의 테이퍼로 되어 있으며 주축을 보스에 고정할 때 사용한다.
• 분할 핀 : 너트의 풀림방지나 바퀴가 축에서 이탈하는 것을 방지하기 위하여 사용한다.
• 스프링 핀 : 탄성을 이용하여 물체를 고정시키는데 사용한다.

66 혐기성 접착제에 대한 설명으로 틀린 것은?

① 경화가 느리고 경화한 후 무게가 증가한다.
② 가스, 액체가 누설되는 것을 막을 때 사용한다.
③ 진동이 있는 차량, 항공기, 동력기 등의 체결용 요소 등의 풀림을 막기 위해 사용한다.
④ 일단 경화되면 유류, 소금물, 유기용제에 대하여 내성이 우수하고 반영구적으로 노화되지 않는다.

> 혐기성 접착제
> • 공기 중에 액체 상태를 유지하고 공기가 차단되면 중합반응이 촉진되면서 경화되어 접착된다.
> • 진동이 있는 곳에 풀림을 막기 위해 사용한다.
> • 침투성이 좋고 경화 후 무게 증감이 없다.
> • 내성이 우수하고 반영구적이다.

67 펌프 운전 시 캐비테이션 발생 없이 펌프가 안전하게 운전되고 있는가를 나타내는 척도로 사용되는 것은?

① 전수두
② 실수두
③ 토출수두
④ 유효흡입수두

> 캐비테이션은 공동현상으로 펌프 흡입측 압력손실로 발생되는 현상이다. 이를 방지하는 방법 중의 하나는 유효흡입수두(NPSH)를 고려하여 펌프를 설치하는 것이다.

68 밸브에 대한 설명으로 옳은 것은?

① 슬루스 밸브는 유체의 역류를 방지하기 위한 밸브이며 리프트식과 스윙식이 있다.
② 글로브 밸브는 밸브 박스가 구형으로 되어 있고 밸브의 개도를 조절해서 교축기구로 쓰인다.
③ 체크 밸브는 전두부(핸들)를 90도 회전시킴으로써 유로의 개폐를 신속히 할 수 있다.
④ 콕(cock)은 밸브 박스의 밸브 시트와 평행으로 작동하고 흐름에 대해 수직으로 개폐를 한다.

> 밸브의 역할
> • 슬루스 밸브 : 밸브 본체가 밸브 시트 안을 상하로 개폐하는 방식으로서 밸브를 완전히 열면 밸브 본체 속의 지름과 같은 단면적이 되므로 유체 저항이 적어 마찰손실이 매우 적다. 양정이 커서 개폐시간이 걸리며, 유량조절이 어렵다.
> • 글로브 밸브 : 밸브 형상이 둥글게 되어 있으며, 유체의 흐름이 S자 모형으로 되므로 유체 흐름의 저항은 크나 밸브의 리프트(양정)는 작아 개폐가 용이하므로 유량 조절에 적합하고 소형 경량이다.
> (계속)

> • 체크 밸브 : 유체의 흐름이 한쪽으로 흐르게 하고, 역류하면 자동적으로 배압에 의하여 밸브체가 닫히며 스윙식과 리프트식이 있다.
> • 콕(cock) : 구멍이 뚫린 원추를 1/4(90°) 회전함에 따라 유로가 개폐되어 유체의 흐름을 차단 또는 조절하는 밸브로 플러그 밸브라 한다. 개폐가 빠르므로 물, 공기, 기름의 급속 개폐에 사용하며 반면 기밀성이 나쁘고, 고압 대유량에는 부적당하다.

69 펌프에 흡입관을 설치할 때 적절한 방법이 아닌 것은?

① 관의 길이는 짧고 곡관의 수는 적게 한다.
② 흡입관에서 편류나 와류를 발생시킨다.
③ 흡입관 끝에 스트레이너 또는 푸트 밸브를 사용한다.
④ 관내 압력은 대기압 이하로 공기 누설이 없는 관 이음으로 한다.

> 흡입관에서 편류나 와류가 발생하면 캐비테이션(공동현상) 발생의 우려가 있다.

70 쬠새가 있는 베어링을 축에 설치할 경우 베어링의 적정 가열 온도는?

① 90~120℃
② 130~150℃
③ 160~180℃
④ 190~210℃

> 베어링의 적정 가열온도는 100℃ 정도 유지하는 것이 좋으나 130℃ 이상 가열되면 베어링의 경도가 저하될 우려가 있다.

71 송풍기를 설치할 때 기초판 위에 넣어 높이를 조정할 수 있도록 하는 기계요소는?

① 코터
② 평행핀
③ 구배키
④ 구배 라이너

> 송풍기 축 관통부의 축과의 틈새 차이가 0.2mm 이하가 되어야 하므로 틈새 게이지가 필요하며 좌·우 구배차가 0.05mm 이하가 되어야 하므로 테이퍼 게이지, 축의 센터링은 커플링의 외주에 다이얼 게이지를 붙여서 측정 조정하며 기초판 위에 넣어 높이를 조정할 수 있도록 구배 라이너를 이용한다.

72 벌류트 펌프(volute pump) 시운전 시 체크하여야 할 항목으로 옳지 않은 것은?

① 토출 밸브를 열어둔다.
② 각종 게이지를 확인 후 기록해 둔다.
③ 공기빼기 코크를 열고 마중물을 넣는다.
④ 펌프를 손으로 돌려 회전상태를 확인한다.

> 시운전 시 흡입 밸브는 열고, 토출 밸브를 닫은 상태로 운전하여야 한다.

73 펌프의 부식을 촉진시키는 요인으로 옳지 않은 것은?

① 온도가 높을수록 부식되기 쉽다.
② 유속이 빠를수록 부식되기 쉽다.
③ 금속 표면이 거칠수록 부식되기 쉽다.
④ 유체 내의 산소량이 적을수록 부식되기 쉽다.

> 산소량이 많으면 산화작용이 촉진되므로 부식이 많이 일어나게 된다.

74 펌프를 구조상으로 분류할 때 회전펌프에 속하지 않는 것은?

① 베인 펌프
② 나사 펌프
③ 플런저 펌프
④ 외접 기어 펌프

> 플런저 펌프, 피스톤 펌프, 다이아프램 펌프 등은 왕복펌프에 해당된다.

75 공기의 유량과 압력을 이용한 장치를 압력에 의해 분류할 때 0.1~1.0kgf/cm² 압력으로 분류되는 장치는?

① 압축기
② 통풍기
③ 송풍기
④ 공기여과기

> 압력이 0.1~1.0kgf/cm²이면 송풍기, 1.0kgf/cm² 이상이 되면 압축기에 해당된다.

76 깊은 홈 볼 베어링의 규격이 6200 일 때 안지름은 얼마인가?

① 10 mm
② 12 mm
③ 15 mm
④ 20 mm

> 안지름 번호
> • 00 : 안지름 10mm
> • 01 : 안지름 12mm
> • 02 : 안지름 15mm
> • 03 : 안지름 17mm
> • 안지름 20mm 이상 500mm 미만 : 안지름을 5로 나눈 수가 안지름 번호(2자리)

77 송풍기의 주요 구성품이 아닌 것은?

① 임펠러
② 케이싱
③ 이송장치
④ 풍량 제어장치

> 이송장치는 물건이송을 위해 조합된 부품으로 송풍기 구성성분과는 관계가 없다.

78 압축기에 부착된 밸브의 조립에 관한 사항으로 틀린 것은?

① 밸브 홀더 볼트는 각각 서로 다른 토크로 잠근다.
② 밸브 컴플릿(complete)을 실린더 밸브 홀에 부착한다.
③ 실린더 밸브 홈의 시트 패킹의 오물을 청소한 후 조립한다.
④ 시트 패킹을 물고 있지는 않은가 밸브를 좌우로 회전시켜 확인한다.

> 토크는 내연기관의 크랭크축에 일어나는 회전력으로 밸브 홀더 볼트 등은 동일한 토크로 잠근다.

79 다음 중 전동기 기동불능의 원인이 아닌 것은?

① 전선의 단선
② 정전압 발생
③ 기계적 과부하
④ 과부하계전기의 작동

> **전동기 기동불능의 원인**
> • 전선의 단선
> • 기계적 과부하
> • 과부하계전기의 작동
> • 퓨즈 용단
> • 운전조작 잘못
> • 전기 기기류 고장

80 베어링의 그리스 윤활상태를 측정하는 측정기구는?

① 회전계
② 진동계
③ 소음계
④ 베어링 체커

> 베어링 체커는 베어링 상태와 윤활 상태를 신속하게 분석할 수 있는 측정기구이다.

정답 최근기출문제 2019년 3회

01 ②	02 ④	03 ①	04 ④	05 ①
06 ③	07 ①	08 ①	09 ④	10 ②
11 ①	12 ④	13 ③	14 ②	15 ④
16 ④	17 ①	18 ①	19 ①	20 ④
21 ④	22 ③	23 ②	24 ①	25 ①
26 ④	27 ①	28 ④	29 ④	30 ②
31 ③	32 ②	33 ③	34 ①	35 ②
36 ④	37 ②	38 ③	39 ①	40 ③
41 ④	42 ①	43 ②	44 ①	45 ①
46 ①	47 ③	48 ②	49 ②	50 ③
51 ①	52 ②	53 ②	54 ①	55 ④
56 ②	57 ③	58 ①	59 ②	60 ④
61 ③	62 ④	63 ①	64 ③	65 ②
66 ①	67 ④	68 ②	69 ①	70 ①
71 ④	72 ①	73 ②	74 ③	75 ③
76 ①	77 ③	78 ①	79 ②	80 ④

2020년 1·2회 통합 최근기출문제

제1과목: 공유압 및 자동화시스템

01 압력의 조정을 통해 실린더를 순서대로 작동시키기 위해 사용하는 밸브는?

① 시퀀스 밸브
② 카운터 밸런스 밸브
③ 파일럿 작동 체크밸브
④ 일방향 유량제어 밸브

▶ **시퀀스 밸브**
두 개 이상의 분기 회로를 가진 회로 내에서 그 작동 순서를 회로의 압력에 의해 제어하는 밸브로 압력 상승을 검출하면 밸브가 열리고 2차 측으로 압력을 전달하여 실린더나 방향제어 밸브를 움직여 작동 순서를 제어한다.

02 유압 실린더의 호칭을 표시할 때 포함되지 않는 정보는?

① 규격 명칭
② 로드 무게
③ 쿠션 구분
④ 실린더 안지름

유압실린더의 호칭은 규격 명칭 또는 규격 번호, 구조 형식, 지지 형식의 기호, 실린더 안지름, 로드 지름 기호, 최고 압력 사용, 쿠션의 구분, 행정 거리, 외부 누출의 구분 및 패킹의 종류이다.

03 서비스 유닛의 구성요소에 포함되지 않은 것은?

① 필터
② 소음기
③ 압력조절기
④ 드레인 배출기

▶ **서비스 유닛의 구성품**
필터, 압력조절기, 윤활기, 드레인 배출기 등

04 실린더에 인장 하중이 걸리거나 부하의 관성에 의한 인장하중 효과가 발생되면 피스톤 로드가 끌리게 되는데 이를 방지하기 위하여 구성하는 회로는?

① 감압 회로
② 언로딩 회로
③ 압력 시퀀스 회로
④ 카운터 밸런스 회로

▶ **카운터 밸런스 회로**
피스톤 로드가 자동에 의하여 떨어지는 것을 방지하거나 부하가 급격히 감소되더라도 피스톤이 급진되지 않도록 제어하는 회로이다.

05 시간지연 밸브의 구성요소가 아닌 것은?

① 압력 증폭기
② 3/2 way 밸브
③ 속도 조절밸브
④ 공기저장 탱크

시간지연 밸브는 공압 작동 3/2-way, 유량을 제어해 주는 교축 릴리프 밸브 및 탱크의 3가지로 구성되어 있다.

06 사축식과 사판식으로 분류되며 고압출력에 적합한 유압펌프는?

① 기어 펌프
② 나사 펌프
③ 베인형 펌프
④ 피스톤 펌프

피스톤 펌프는 피스톤의 왕복운동을 활용하여 작동유에 압력을 주는 것이며 고압(210~600kgf/cm² 정도)에 적합하다. 또한 누설이 적어 효율을 높일 수 있으며 구동축과 실린더 블록의 중심축이 경사진 사축식(bent axis)과 구동축과 실린더 블록을 동일 축 상에 배치하고 경사판의 각도를 바꿈으로써 피스톤 행정을 변화시키는 사판식(swash plate)이 있다.

07 공기압 실린더의 고정방법 중 가장 강력한 부착이 가능한 설치 형식은?

① 풋형
② 피벗형
③ 플랜지형
④ 트러니언형

▶ **공기압 실린더의 고정방법**
- 풋형 : 주로 경부하용으로 이용하며 설치방법이 간단하다.
- 피벗형 : 요동형에 이용된다.(부하의 운동 방향과 실린더 요동 방향을 일치시킬 것)
- 트러니언형 : 로드 중심선에 대하여 직각으로 실린더 양측으로 뻗은 원통산의 피벗으로 지탱하는 형식이다.

08 공압시스템의 특징으로 틀린 것은?

① 과부하에 대하여 안전하다.
② 에너지로서 저장성이 있다.
③ 사용에너지를 쉽게 구할 수 있다.
④ 방청과 윤활이 자동으로 이뤄진다.

▶ 공압시스템의 특징
• 레귤레이터를 이용하여 실린더의 출력을 조절할 수 있다.
• 무단계로 작업속도를 조절함으로서 변경이 가능하다.
• 힘의 증폭이 용이하고 에너지 축적이 가능하다.
• 고속 작동이 가능하고 인화의 위험이 없다.
• 큰 힘을 얻을 수 없어 대용량에는 부적합하다.

09 실린더에 적용된 사양이 다음과 같을 때 실린더의 전진 추력(N)은 얼마인가? (단, 배압은 작용하지 않는다.)

[사양]
• 피스톤 직경 : 10cm
• 공급 압력 : 1000kPa
• 로드 직경 : 2cm

① 250π ② 500π
③ 2500π ④ 5000π

P = F/A에서
F = P×A = 1000×1000 [N/m²] × $\frac{\pi}{4}$ × (0.1m)² = 2500π [N]

10 아래와 같은 밸브를 사용하는 목적으로 옳은 것은?

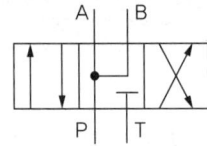

① 중립위치에서 펌프의 부하를 줄이기 위해 사용된다.
② 중립위치에서 실린더의 힘을 증대시키기 위해 사용된다.
③ 중립위치에서 실린더의 후진속도를 제어하기 위해 사용된다.
④ 중립위치에서 실린더의 전진속도를 빠르게 하기 위해 사용된다.

상기 그림은 탱크 포트 블록형(Tank Closed Center Type)으로 중립위치에서 P, A, B 포트가 접속하여야 하며 전진 행정은 차동 회로에 의한 전진속도를 빠르게 할 수 있다.

11 실린더가 전진할 때 이론 출력을 구하는 식으로 옳은 것은? (단, D : 실린더 내경, P : 사용공기압력, d : 로드 직경, 마찰력은 무시하고 로드측 압력은 대기압이다.)

① $\frac{\pi D^2}{4} \times P$ ② $\frac{\pi}{4} \times (D^2-d^2) \times P$
③ $\frac{\pi}{4} \times (D^2-d^2) \times P^2$ ④ $\frac{\pi}{4 \times (D-d)} \times P$

▶ 실린더 이론 출력
① 전진 시 : $F_1 = A_1 \times P$ [kgf]
② 후진 시 : $F_2 = A_2 \times P$ [kgf]

• A_1 = 전진 시 피스톤 면적 = $\frac{\pi}{4} \times D^2$ [cm²]
• A_2 = 후진 시 피스톤 면적 = $\frac{\pi}{4} \times (D^2-d^2)$ [cm²]
  - D : 실린더 내경 [cm]
  - d : 피스톤 로드경 [cm]
  - P : 작동 압력 [kgf/cm²]

※ 후진 시에는 튜브 내경에서 로드 지름을 뺀 수압면적에 압력이 작용한다.

12 공기압 요동형 액추에이터에 관한 설명으로 틀린 것은?

① 속도 조정은 속도제어 밸브를 미터인 방식으로 접속한다.
② 부하의 운동에너지가 기기의 허용 운동에너지 보다 큰 경우에는 외부 완충기구를 설치한다.
③ 외부 완충기구는 부하 쪽의 지름이 큰 곳에 설치하여 내구성의 향상과 정지 정밀도를 확보할 수 있게 한다.
④ 축과 베어링에 과부하가 작용되지 않도록 과대부하를 직접 액추에이터 축에 부착하지 않고 축에 부하가 적게 작용하도록 부착한다.

공기압 액추에이터는 압축공기의 압력 에너지를 기계적인 에너지로 변환하여 직선운동, 회전운동 등의 기계적인 일을 하는 기기로서, 전·후진속도를 배기 조절 방식에 의해 조절하는 미터아웃방식을 사용한다.

13 측정값이 참값에 얼마나 가까운가를 나타내는 것은?

① 감도
② 오차
③ 정도
④ 확도

▶ 오차와 정도
- 확도 : 측정값이 참값과 어느 정도 일치하는가 하는 정도를 나타내는 값
- 정도 : 측정기로 미지량을 측정하는 경우에 어느 정도 미세하게 측정할 수 있느냐를 나타내는 것
- 감도 : 측정기의 지시로 나타낼 수 있는 최소의 측정량
- 오차 : 측정값과 참값이 어느 정도 다른가를 나타낸 것

14 피드백 제어계에서 신호흐름의 순서가 바르게 나열된 것은?

ㄱ. 프로세서가 제어 프로그램을 처리
ㄴ. 센서의 신호 상태를 확인
ㄷ. 액추에이터 작동
ㄹ. 제어대상의 상태값과 목표값을 비교

① ㄱ → ㄴ → ㄷ → ㄹ
② ㄴ → ㄹ → ㄱ → ㄷ
③ ㄷ → ㄱ → ㄹ → ㄴ
④ ㄹ → ㄷ → ㄴ → ㄱ

▶ 피드백 제어계
출력 신호를 그 제어계의 입력측으로 되돌림으로써 출력 신호와 목표값의 비교에 의해서 제어하는 시스템이다.

15 저투자성 자동화(LCA, Low Cost Automation)의 특징이 아닌 것은?

① 단계적 자동화 구축
② 원리가 간단하고 확실
③ 기존의 장비 이용 가능
④ 다양한 제품에 유연하게 대응 가능

▶ 저투자성 자동화(LCA, Low Cost Automation)의 특징
- 단계적 자동화를 구축한다.
- 기존의 장비를 이용하여 자동화에 장치를 설계 및 시설을 할 수 있어야 한다.
- 원리가 간단하고 확실하여 스스로 자동화장치를 설계 및 시설을 할 수 있어야 한다.
- 자신이 직접 자동화를 한다.

16 온도센서에서 측정된 값을 PLC에서 제어하고자 한다. 이 때 적용되는 변환기는?

① A/D 변환기
② D/A 변환기
③ F/V 변환기
④ U/D 변환기

PLC는 프로그램 가능한 논리 제어 장치이며, A/D 변환기는 아날로그 데이터를 디지털 데이터로 변환시킨다. 즉, 온도 센서에서 측정된 아날로그 값을 빠르게 디지털로 변환시켜 제어하는 것은 A/D 변환기이다.

17 입력요소 S_1, S_2가 동시에 작동되던지, S_3이 작동되지 않는 상태에서 S_4가 작동되었을 때 출력이 발생되는 제어기의 논리식으로 옳은 것은?

① $Z = S_1 + S_2 + \overline{S_3} + S_4$
② $Z = S_1 \cdot S_2 \cdot \overline{S_3} + S_4$
③ $Z = S_1 \cdot S_2 + \overline{S_3} \cdot S_4$
④ $Z = (S_1 + S_2) + (\overline{S_3} + S_4)$

S_1, S_2가 동시에 작동은 직렬이며 S_3이 작동되지 않는 상태에서 S_4가 작동되었다면 병렬이며, 이 상태에서 출력이 이루어졌다면 두 조합은 병렬연결이 된다.

18 다음 플로차트(Flow Chart) 기호의 의미는?

① 분지 (branch)
② 전이점 (move point)
③ 서브루틴 (subroutines)
④ 일반적인 작업 (general work)

서브루틴은 프로그램이 실행될 때 반복해서 사용되도록 만들어진 일련의 코드이다.

19 설비의 신뢰성을 나타내는 척도가 아닌 것은?

① 고장률
② 폐입률
③ 평균 고장 간격 시간
④ 평균 고장 수리 시간

▶ 설비의 신뢰성
- 고장률 : 어떤 시점까지 동작하여 온 품목이 계속되는 단위 기간 내에 고장을 일으키는 비율(횟수)
- 평균 고장 간격 시간 : 어떤 하나의 장치에서 고장이 발생한 이후에서부터 다음에 다시 고장이 날 때까지 소요되는 평균 시간
- 평균 고장 수리 시간 : 고장 발생 순간부터 수리완료 후 정상 작동 시까지의 평균시간

20 직류 전동기의 주요 구성 요소가 아닌 것은?
① 계자
② 격자
③ 전기자
④ 정류자

직류 전동기의 주요 부분으로는 계자, 전기자, 정류자, 브러시가 있으며, 직류 전동기들은 대부분 계자가 고정자이고 전기자가 회전자인 구조로 되어 있다.

제2과목 설비진단관리 및 기계정비

21 7개의 깃을 가진 축류 펌프가 2400rpm으로 회전하고 있을 때 깃 통과 주파수는?
① 40 Hz
② 80 Hz
③ 280 Hz
④ 310 Hz

깃 통과 주파수 $f_B = \dfrac{rpm \times N}{60} = \dfrac{2400 \times 7}{60} = 280Hz$

22 기계를 가동하여 직접 생산하는 시간을 무엇이라 하는가?
① 실제생산시간
② 실제조업시간
③ 정미가동시간
④ 직접조업시간

- 정미가동시간 : 기계가 가동되어 제품을 생산하고 있는 시간
- 정지시간 : 설비 수리시간, 준비시간, 대기시간, 불량수정시간
- 기타시간 : 조업 시간 내에 전기, 압축기 등이 정지되어 작업이 불가능한 시간
- 무부하시간 : 기계가 정지되어 있는 시간

23 특수한 고장 이외에는 사용하지 않는 예비품은?
① 부품 예비품
② 라인 예비품
③ 단일기계 예비품
④ 부분적 세트(set) 예비품

특수한 고장 이외에는 사용하지 않는 예비품은 라인예비품이며 전 공장에 영향을 미치는 동력 설비에 사용되는 것은 단일기계 예비품이다.

24 진동 차단기의 변위가 걸리는 힘에 비례할 때 시스템의 고유진동수(ω)와 정적변위(δ)와의 관계식으로 옳은 것은?
① $\omega = 5\pi\delta$
② $\omega = \dfrac{5\pi}{\delta}$
③ $\omega = \dfrac{10\pi}{\delta}$
④ $\omega = \dfrac{10\pi}{\sqrt{\delta}}$

고유 진동수 : 시스템을 외부 힘에 의해서 평형 위치로부터 움직였다가 그 외부 힘을 끊었을 때 시스템이 자유 진동을 하는 진동수이다.

25 진동방지 대책으로 스프링차단기 위에 놓아 고유진동수를 낮추는 역할을 하는 것은?
① 거더
② 고무
③ 패드
④ 파이버그라스

스프링, 천연고무 또는 합성고무 등으로 기기에서 발생되는 진동을 차단하는 탄성 지지체로 방진 지지물이라고 하며 거더는 스프링 차단기 위에 놓아 고유진동수를 낮추는 역할을 한다.

26 가공 및 조립설비에서 부품 막힘, 센서의 오작동에 의한 일시적인 설비정지 또는 설비만 공회전함으로써 발생되는 로스에 해당하는 것은?
① 고장로스
② 속도저하로스
③ 수율저하로스
④ 순간정지로스

▶ 저해로스
- 고장로스 : 효율화를 저해하는 최대요인이다.
- 속도저하로스 : 설비의 설계속도와 실제 움직이는 속도와의 차이에서 생기는 로스를 말한다.
- 수율저하로스 : 가공조건의 불안정성, 지그, 금형의 정비 불량, 작업자의 기능 등이 있다.
- 순간정지로스 : 센서의 오동작, 가공 및 조립설비에서 부품 막힘 등이 있다.

27 설비표준화를 위한 설비위치 코드 부여 순서가 바르게 나열된 것은?

ㄱ. 공장   ㄴ. 부서   ㄷ. 작업장   ㄹ. 생산라인

① ㄱ → ㄷ → ㄴ → ㄹ
② ㄴ → ㄷ → ㄹ → ㄱ
③ ㄹ → ㄴ → ㄷ → ㄱ
④ ㄹ → ㄷ → ㄱ → ㄴ

▶ 설비위치 코드 부여 순서
회사·공장 등에서 재료·부품, 제품을 작업장에서 조직과 제조·검사·관리 등을 부서별로 나누어 생산라인에 정한 기준대로 생산하면 된다. (계정분류 → 특성분류 → 기종분류 → 규격분류 → 일련번호)

28 보전표준의 종류 중 진단(diagnosis)방법, 항목, 부위, 주기 등에 대한 것이 표준화 대상인 것은?

① 수리표준
② 작업표준
③ 설비점검표준
④ 일상점검표준

▶ 설비보전과 관리 시스템
- 설비점검표준 : 진단 방법, 항목, 부위, 주기 등에 대한 표준화 대상
- 검수 : 수리 또는 부품이나 설비제작의 점검, 측정, 시운전

29 설비의 이상진단 방법 중 정밀진단에 해당하는 것은?

① 상대판정법
② 상호판정법
③ 절대판정법
④ 주파수분석법

▶ 주파수분석법
물리학으로 회전, 진동, 파장의 주기성을 관찰할 수 있는 측정 방법으로 정밀진단에 유용하며 매우 쉬운 직독 방식이나 신호 레벨이 작은 경우 검출이 어려움이 있다.

30 동점도를 나타내는 단위는?

① cm^2/s
② m/s^2
③ s/cm^2
④ s/m

동점도 : 점성유체의 점도(점성율)를 밀도로 나눈 양으로 단위는 cm^2/s 또는 m^2/s 이다.

31 보전작업표준을 설정하고자 할 때 사용하지 않는 방법은?

① 경험법
② 공정 실험법
③ 실적 자료법
④ 작업 연구법

▶ 보전작업 표준
- 경험법 : 숙련자에 의하여 작업 방향을 결정하는 것으로, 간단한 수리공사에 많이 사용하는 방법이다.
- 실적 자료법 : 모든 일은 그동안의 실적에 의하여 작업의 표준시간을 결정하는 방법으로 적용범위가 넓어지는 것이 특징이다.
- 작업 연구법 : 작업 연구에 의하여 표준시간을 결정하는 방법으로 작업 순서나 시간이 모두 신뢰적인 방법이다.

32 회전기계에서 발생하는 이상현상의 설명이 틀린 것은?

① 언밸런스 : 로터 축심 회전의 질량 분포 부적정에 의한 것으로 통상 회전주파수가 발생
② 미스얼라인먼트 : 커플링으로 연결된 2개의 회전축 중심선이 엇갈려 있는 경우로 통상 회전주파수 발생
③ 풀림 : 기초볼트의 풀림이나 베어링 마모 등에 의하여 발생하는 것으로 통상 회전주파수의 고차성분이 발생
④ 캐비테이션 : 유체기계에서 국부적 압력저하에 의하여 기포가 발생하고 구압부에서 파괴될 때 규칙적인 저주파 발생

▶ 캐비테이션(cavitation, 공동현상)
유체기계 흡입 측에서의 압력 손실로 발생된 기체가 기계 상부에 모이게 되면 유체의 송출을 방해하고 기계는 공회전을 하게 되는데 이를 말한다.

33 기계의 공진을 제거하는 방법으로 적절하지 않은 것은?

① 우발력을 없앤다.
② 기계의 질량을 바꾸어 고유진동수를 변화시킨다.
③ 기계의 강성을 바꾸어 고유진동수를 변화시킨다.
④ 우발력의 주파수를 기계의 고유진동수와 같게 한다.

▶ 구조물의 공진을 피하기 위한 방법
• 구조물의 강성을 작게 하고 질량을 크게 한다.
• 기계 고유의 진동수와 강제 진동수를 다르게 한다.
• 우발력을 제거한다.

34 진동과 소음에 관한 설명으로 옳은 것은?

① 소음은 진동과 전혀 상관없다.
② 공진은 고유진동수와 상관없다.
③ 투과손실은 반사값만 계산한다.
④ 이론상으로 차음벽 무게를 2배 증가시키면 투과손실은 6dB정도 증가한다.

▶ 소음투과율(τ) = $\frac{투과된 에너지}{입사된 에너지}$
이론상으로 차음 벽의 질량 또는 주파수가 2배 증가하게 되면 투과손실은 6dB 증가하게 된다.

35 MAPI(Machinery & Allied Products Institute) 방식에 관한 설명으로 옳은 것은?

① 긴급도의 산출 방식이다.
② 연간 생산량의 결정 방식이다.
③ 설비교체의 경제분석 방법이다.
④ 인플레이션을 고려하여 분석한다.

미국 기계 및 관련제품협회(MAPI, Machinery and Allied Products Institute)를 중심으로 연구발표된 교체분석 기법이다.

36 전기 스위치나 퓨즈(fuse) 등을 수리하지 않고 고장이 나면 교체하는 부품의 신뢰성 평가 척도는?

① 고장율   ② 유용성
③ 평균고장간격 ④ 평균고장시간

▶ 신뢰성 평가 척도
• 평균고장시간(MTTF) : 제품 고장시 수명이 다하는 것으로 보고 교체까지의 평균시간
• 평균수리시간(MTTR) : 고장 발생 순간부터 수리완료 후 정상 작동 시 까지의 평균시간
• 평균고장간격(MTBF) : 고장이 발생하여도 다시 수리하여 사용할 수 있는 제품의 간격

37 마찰이나 저항 등으로 인하여 진동에너지가 손실되는 진동은?

① 감쇠진동   ② 규칙진동
③ 선형진동   ④ 자유진동

▶ 진동에너지
• 감쇠진동 : 마찰력이나 저항과 같은 외력에 의해 진폭이 시간에 따라 감소하는 진동이다.
• 선형진동 : 힘과 변형이 비례한다는 복원성 특성을 갖는 진동계의 진동이다.
• 자유진동 : 정지 상태에 있는 물체에 정적 또는 동적으로 힘을 가하여 변형을 일으킨 힘을 제거하면 물체는 그 자신이 고유의 주기를 가지고 진동한다.

38 사용 중인 설비의 고장정지 또는 유해한 성능저하를 가져오는 상태를 발견하기 위한 보전은?

① 개량보전   ② 보전예방
③ 사후보전   ④ 예방보전

▶ 설비의 예방보전
설비의 주기적인 검사와 초기단계 상태를 제거조정 또는 회복을 위한 설비의 보전으로서 검사와 예방수리가 예방보전의 특징이다.

39 보전작업의 낭비를 제거하여 효율성을 증대시키기 위한 것으로 보전작업 측정, 검사 및 일정계획을 위해서 반드시 필요한 것은?

① 설비보전표준   ② 설비효율측정
③ 로스(loss) 관리 ④ 설비 경제성 평가

▶ 설비보전표준
설비의 모든 상태가 이상 저하를 일으키는 원인을 제거하여 설비성능을 최상의 상태로 유지하는 활동으로 설비검사, 설비정비, 설비수리 등이 있다.

40 운전 중에 실시되는 수리작업을 무엇이라고 하는가?

① SD(Shut Down)
② 유닛(unit) 방식
③ OSR(On Stream Repair)
④ OSi(On Stream Inspection)

- OSI(On Stream Inspection) : 기계장치 운전 중 검사
- OSR(On Stream Repair) : 기계장치 운전 중 수리
- SD(Shut Down) : 설비를 정지시켜 수리

제3과목 공업계측 및 전기전자제어

41 시퀀스제어에서 사용되는 조작용 기기에 속하지 않는 것은?

① 캠스위치 ② 압력스위치
③ 토글스위치 ④ 선택스위치

시퀀스제어에서 사용되는 조작용 기기는 인간의 명령을 제어 시스템에 전달하는 역할을 하며, 주요 기기로는 캠스위치, 선택스위치나 토글스위치와 같은 조작 스위치가 있다.

42 역률 80%인 부하의 전력이 400kW 이라면 무효전력은 몇 kVar인가?

① 200 ② 300
③ 400 ④ 500

무효 전력(VAR)은 연결된 부하에서 소비되지 않고, 발전소와 부하 사이를 오가는 전력이다.
유효전력 $(P) = P_a \times cos\theta$ 이므로 (피상전력 : P_a)
피상전력 $P_a = \dfrac{P}{cos\theta}$
손실이 최소가 되려면 역률은 1, 전력용콘덴서의 용량은 무효전력(Q)과 같은 값이 되어야 한다.
∴ 무효전력 $(Q) = P_a \times sin\theta = \dfrac{P}{cos\theta} \times sin\theta$
$= 400 \times \dfrac{0.6}{0.8} = 300$
※ 역률이 0.8은 $cos\theta$가 0.8이며, $sin\theta$는 0.6이 된다.
$(sin\theta^2 + cos\theta^2 = 1)$

43 그림의 트랜지스터 기호에서 A가 표시하는 것은?

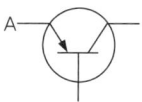

① 게이트 ② 베이스
③ 콜렉터 ④ 이미터

▶ NPN형 트랜지스터의 구조
- 이미터(emitter, E) : 전류의 반송자로 주입하는 전류
- 베이스(base, B) : 주입된 반송자를 제어하는 전류 공급
- 컬렉터(collector, C) : 전류의 반송자를 모으는 부분의 전극

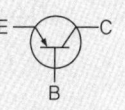

44 대칭 3상 교류에 대한 설명으로 옳은 것은?

① 각 상의 기전력과 전류의 크기가 같고 위상이 120도인 3상 교류
② 각 상의 기전력과 전류의 크기가 같고 위상이 240도인 3상 교류
③ 각 상의 기전력과 전류의 크기가 다르고 위상이 120도인 3상 교류
④ 각 상의 기전력과 전류의 크기가 다르고 위상이 240도인 3상 교류

대칭 3상 교류 : 기전력과 전류의 크기가 같고 서로 $2\pi/3$[rad] (120°) 만큼의 위상차를 가지는 3상 교류

45 절연 저항계에 대한 설명으로 적합하지 않은 것은?

① 발전기식과 전지식이 있다.
② 영구자석과 교차코일로 구성되어 있다.
③ 매거(megger)는 절연 저항계의 일종이다.
④ 발전기식의 경우 핸들의 분당 회전수는 60을 표준으로 하고 있다.

발전기식에서 메가의 핸들을 돌리는 것은 전기를 발전하는 것이며, 회전수는 전압에 따라 달라진다. 통상 인가전압은 250볼트에서 1000볼트의 메가를 주로 사용한다.

46 교류의 정현파에서 주파수가 1kHz일 때 주기는?

① $1ms$ ② $1\mu s$
③ $1ns$ ④ $1ps$

▶ 주기 $= \dfrac{1}{주파수} = \dfrac{1}{1000} = 0.001\ sec = 1\ ms$

47 10진수 25를 2진수로 변환하면?

① 10011 ② 11010
③ 11001 ④ 11100

```
2) 25
2) 12 ─── 1
2)  6 ─── 0   나머지를 뒤에서부터
2)  3 ─── 0   나열하면 11001
    1 ─── 1
```

48 신호변환기에서 다음 중 필터링에 대한 설명으로 옳은 것은?

① 트랜스를 이용한다.
② 포토커플러를 이용한다.
③ 검출신호의 비선형성을 선형화한다.
④ 잡음에 의한 수신계의 오동작을 방지한다.

▶ 신호변환기에서 필터링 역할
- 잡음의 제거 (Noise Elimination)
- 등화와 같은 주파수 스펙트럼 성형 (Spectrum Shaping)
- 신호의 분리 검출 (Signal Detection) 등

49 열전대는 어느 현상을 이용하여 온도를 측정하는 것인가?

① 온도에 의한 열팽창을 이용한 것
② 온도에 의한 저항변화를 이용한 것
③ 온도에 의한 화학적 변화를 이용한 것
④ 온도에 의한 열기전력의 발생을 이용한 것

▶ 열전대 : 2개의 금속으로 폐회로를 만들어 접점 간의 온도차에 의해 기전력을 발생시키는 장치

50 쿨롱의 법칙을 설명한 것 중 틀린 것은?

① 서로 다른 부호인 경우 두 자극은 끌어 당긴다.
② 그 힘의 방향은 두 자극을 이은 직선 위에 있다.
③ 두 자극 사이에 작용하는 힘의 크기는 두 자극의 세기의 곱에 비례한다.
④ 두 자극 사이에 작용하는 힘의 크기는 두 전하 사이의 거리의 제곱에 비례한다.

▶ 쿨롱의 법칙
전하를 가진 두 물체 사이에 작용하는 힘의 크기는 두 전하의 곱에 비례하고 거리의 제곱에 반비례한다.

51 프로세스 제어시스템에서 조작부의 구비조건으로 틀린 것은?

① 보수점검이 용이할 것
② 제이신호에 정확히 동작할 것
③ 응답성이 좋고 히스테리시스가 클 것
④ 주위환경과 사용조건에 충분히 견딜 것

▶ 제어 시스템의 구성 중 조작부의 구비조건
- 제어신호에 정확히 동작할 것
- 주위환경과 사용조건에 충분히 견딜 것
- 보수점검이 용이할 것
※ 히스테리시스(Hysteresis) : 철심을 자화하도록 자계를 변화했을 때 철심 중의 자속밀도의 변화를 나타내는 곡선으로 히스테리시스가 크면 정밀도가 높은 공정제어에는 사용이 곤란하다.

52 다음의 압력의 크기 중에서 값이 다른 것은?

① 1 psi ② 0.71 lb/ft²
③ 0.0703 kg/cm² ④ 51.715 mmHg

보기의 압력 단위를 kg/cm² 으로 환산하면
① $1\ psi\ (=\dfrac{lb}{in^2}) \times \dfrac{0.4536 kgf}{2.54^2 cm^2} \fallingdotseq 0.0703\ kg/cm^2$
② $0.71\ \dfrac{lb}{ft^2} \times \dfrac{0.4536 kgf}{30.48^2 cm^2} \fallingdotseq 3.466\ kgf/cm^2$
④ $760 mmHg = 1.0332 kgf/cm^2$ 이므로,
$\dfrac{51.715 \times 1.0332}{760} \fallingdotseq 0.0703\ kgf/cm^2$

53 다음 중 1eV에 해당하는 것은?

① 1.602×10^{-19} [J]
② 1.602×10^{-19} [C·W]
③ 1.602×10^{-19} [V·W]
④ 1.602×10^{-19} [C·kg]

전자볼트(기호 eV)는 에너지의 단위로 기본 전하와 1 볼트의 곱으로 국제단위계의 에너지 단위인 줄은 다음과 같다.
$1\,[eV] = 1.60217646 \times 10^{-19}\,[J]$

54 다음 논리회로도의 출력식은?

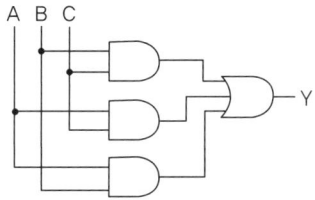

① $Y = A \cdot B \cdot C$
② $Y = A+B+C$
③ $Y = \overline{A}+\overline{B}+\overline{C}$
④ $Y = AB+BC+AC$

A와 B, A와 C, B와 C는 모두 직렬연결이며 이들 모두는 병렬연결이다.
∴ Y = AB+BC+AC로 표기된다.

55 100Ω과 400Ω인 두 개의 저항을 병렬로 연결하였을 때 합성저항은 몇 Ω인가?

① 80 ② 250
③ 400 ④ 500

병렬접속 시 합성저항(R) $= \dfrac{R_1 \times R_2}{R_1+R_2} = \dfrac{100 \times 400}{100+400} = 80\,\Omega$

56 PD 미터라고도 부르며 오발기어식과 루츠미터식이 대표적인 유량계는?

① 면적식 유량계 ② 용적식 유량계
③ 차압식 유량계 ④ 터빈식 유량계

용적식 유량계
체적기지의 계산실에 유체압에 의해 유체를 만량시키고 이어 배출조작을 반복하므로서 유체의 용적 유량을 측정하여 적산 표시하는 것으로 정도로 좋고 공업적 용도도 넓다. (가스미터, 회전자형 미터)

57 프로세스 제어에 속하는 것은?

① 장력
② 압력
③ 전압
④ 주파수

프로세스 제어 (공정제어)
• 온도, 압력, 유량, 액위, 농도, 효율 등의 공업 프로세스의 상태를 제어량으로 하는 제어로서 온도, 압력, 유량, 액위의 제어장치 등이 이에 속한다.
• 공업 공정의 상태량을 제어량으로 하는 제어

58 전류가 흐르는 두 평행 도선 간에 반발력이 작용했다면 두 도선의 전류방향은?

① 같은 방향이다.
② 반대 방향이다.
③ 서로 수직방향이다.
④ 전류방향과는 관계없다.

평행도체 상호간에 작용하는 힘
• 두 도체의 전류가 동일 방향 : 흡인력
• 두 도체의 전류가 반대 방향 : 반발력

59 자동제어의 분류 중 폐루프 제어에 해당되는 내용으로 적합한 것은?

① 시퀀스제어 시스템이다.
② 피드백(feed back)신호가 요구된다.
③ 출력이 제어에 영향을 주지 않는다.
④ 외란에 대한 영향을 고려할 필요가 없다.

▶ **폐루프 제어**
입력신호와 피드백신호의 차이가 오차제어동작신호이며, 이 신호가 조절기에 전달되어 오차를 감소시키고 최종적으로 시스템의 출력을 요구하는 수치에 도달하도록 한다.

60 이득을 나타내는 단위는?

① A ② C
③ dB ④ kW

> 이득은 제어계에서 입력 신호로 일정한 사인의 정현파를 가하였을 때 출력 신호의 입력 신호에 대한 진폭의 비이며 단위는 데시벨(dB)로 표기된다.

제4과목 기계정비 일반

61 핀(Pin)에 대한 설명 중 잘못된 것은?

① 핀은 주로 인장력이나 압축력으로 파괴된다.
② 종류에는 평행 핀, 스프링 핀, 분할 핀 등이 있다.
③ 분할 핀은 코터이음 및 너트의 풀림을 방지하기 위해 사용된다.
④ 경하중의 기계부품을 결합하거나 위치 결정용에도 사용된다.

> 핀은 바퀴, 기어, 너트 등의 큰 힘이 걸리지 않는 기계부분의 고정, 조립, 연결 등에 사용되므로 인장력이나 압축력이 있는 곳에는 사용하지 않는다.

62 두 기어 사이에 있는 기어로 속도비에 관계없이 회전방향만 변하는 기어는?

① 웜 기어 ② 아이들 기어
③ 구동 기어 ④ 헬리컬 기어

> 아이들 기어는 마찰차에서 두 기어 중간에 넣는 톱니바퀴로서 회전방향을 바꿀 때 사용된다.

63 펌프에서 발생하는 이상 현상 중 수격현상에 관한 설명으로 옳은 것은?

① 관로의 유체가 비중이 낮아 흐름속도가 빨라지는 현상이다.
② 펌프 내부에서 흡입양정이 높아 유체가 증발하여 기포가 생기는 현상이다.
③ 배관을 흐르는 유체에 불순물이 섞여 관로에서 충격파를 발생시키는 현상이다.
④ 배관에 흐르는 유체의 속도가 급격한 변화에 의해 관내 압력이 상승 또는 하강하는 현상이다.

> ▶ 수격현상(water hammering)
> 관로 내의 물의 운동 상태를 갑자기 변화시킴에 따라 생기는 물의 급격한 압력 변화의 현상으로 관 속에 전달되어 진동 및 충격음을 내고, 심할 때는 고장의 원인이 된다.

64 다음 중 고무벨트의 특징이 아닌 것은?

① 유연하고 밀착성이 좋아 미끄럼이 적다.
② 열과 기름에 약하여 장시간 연속운전에 손상되기 쉽다.
③ 내습성이 좋아 습기가 많은 곳에 사용하기에 알맞다.
④ 다른 벨트에 비해 수명이 길고 연신율이 작아 고정밀도의 큰 동력을 전달한다.

> 고무벨트는 연신율이 크며 연속운전으로 손상이 되기 쉬우므로 수명이 짧고 큰 동력에는 사용하기 어렵다.

65 접선 키에서 120°의 각도로 두 곳에 한 쌍의 키를 사용하는 가장 큰 이유는?

① 큰 회전력을 전달하기 위하여
② 축에서 보스를 이동하기 위하여
③ 축의 강도 저하를 방지하기 위하여
④ 정, 역회전을 가능하게 하기 위하여

> 회전방향이 양쪽 방향(정, 역회전)일 때는 일반적으로 중심각이 120도가 되는 위치에 두 쌍을 설치하며 아주 큰 회전력을 전달하는데 사용한다.

66 펌프 흡입관 배관 시 주의사항으로 맞지 않는 것은?

① 흡입관 끝에 스트레이너를 설치한다.
② 관의 길이는 짧고 곡관의 수는 적게 한다.
③ 배관은 펌프를 향해 1/100 내림 구배 한다.
④ 흡입관에서 편류나 와류가 발생치 못하게 한다.

> 배관은 공기가 모이지 않은 형태이어야 하고 펌프를 향해서 약 1/50 정도의 올림 구배가 되도록 하고, 공기가 모이는 부분은 배기할 수 있어야 한다.

67 합성고무와 합성수지 및 금속 콜로이드 등을 주성분으로 한 액상 개스킷의 사용방법으로 옳지 않은 것은?

① 얇고 균일하게 칠한다.
② 바른 직후 접합해도 관계없다.
③ 사용온도 범위는 0~30℃까지이다.
④ 접합면의 수분, 기름, 기타 오물을 제거한다.

> 합성고무와 합성수지 및 금속 콜로이드 등을 주성분으로 한 액상 개스킷의 사용온도 범위는 50~350℃ 정도이다.

68 펌프의 부식 작용 요소로 맞지 않는 것은?

① 온도가 높을수록 부식되기 쉽다.
② 금속 표면이 거칠수록 부식되기 쉽다.
③ 유체 내의 산소량이 적을수록 부식되기 쉽다.
④ 재료가 응력을 받고 있는 부분은 부식되기 쉽다.

> 유체 내의 산소가 많을수록, 공기와 접촉이 많을수록 부식이 촉진된다.

69 다음 중 주철관에 대한 설명으로 틀린 것은?

① 내식성이 풍부하다.
② 내구성이 우수하다.
③ 강관보다 가볍고 강하다.
④ 수도, 가스, 배수 등의 배설관으로 사용된다.

> 주철관은 강관에 비해 내압성, 내마모성이 우수하고 내충격성, 내식성, 내구성이 좋지만, 마찰저항이 크고 인장강도가 작으며, 무게가 무겁다.

70 다음 중 유체의 역류를 방지하는 밸브로 가장 적합한 것은?

① 체크 밸브   ② 앵글 밸브
③ 니들 밸브   ④ 슬루스 밸브

> 유체의 역류를 방지하는 밸브는 체크밸브이며 수평배관에는 리프트형, 수직·수평배관 모두에 사용 가능한 것은 스윙형을 사용한다.

71 수격현상에서 압력 상승 방지책으로 사용되지 않는 것은?

① 밸브의 제어   ② 흡수조의 사용
③ 안전밸브의 사용   ④ 체크밸브의 사용

> 수격현상은 펌프 토출배관상에서 발생하는 것으로 흡수조와는 무관하다.

72 전동기의 고장현상 중 기동불능의 원인으로 가장 거리가 먼 것은?

① 퓨즈 단락   ② 베어링의 손상
③ 서머 릴레이 작동   ④ 노 퓨즈 브레이크 작동

> 베어링 손상은 소음, 진동의 원인이 된다.

73 다음 중 직접 측정의 장점이 아닌 것은?

① 제품의 치수가 고르지 못한 것은 계산하지 않고 알 수 있다.
② 양이 적고 종류가 많은 제품을 측정하기에 적합하다.
③ 측정물의 실제치수를 직접 잴 수 있다.
④ 측정범위가 다른 측정방법보다 넓다.

> 직접측정은 측정 기기의 눈금 범위에서 폭넓게 측정할 수 있는 반면, 눈금을 잘못 읽으면 측정 오차가 생길 수 있으며 제품의 치수가 고르지 못한 것은 계산하기 어렵다.

74 송풍기의 진동 원인으로 가장 거리가 먼 것은?

① 축의 굽음
② 임팰러의 마모
③ 모터의 용량 증가
④ 임펠러에 더스트(dust) 부착

> 모터의 용량 증가는 과속의 원인이며 진동의 원인과는 무관하다.

75 체결 후 장기간 방치한 볼트와 너트가 고착되는 가장 주된 원인은?

① 조임 시 적절한 체결용 공구를 사용하지 않았을 때
② 너트 조임 시 수용성 절삭유를 사용하지 않고 조임 했을 때
③ 볼트와 너트 가공 시 재질이 고르지 않고 표면 거칠기가 클 때
④ 틈새로 수분, 부식성 가스가 침입하거나 가열시 산화철이 발생했을 때

> 볼트와 너트가 고착(굳게 들러붙어 있음)되는 것은 틈새, 녹이 생김, 수분이나 부식에 의한 녹 발생, 체결, 분해 시 접촉면의 윤활불량 및 이물질 혼입에 의한 소착 등이 있다.
> ※ 고착현상의 방지방법 : 표면처리나 점도가 높은 윤활처리, 스테인레스나 내식성 볼트, 너트 사용한다.

76 키 맞춤을 위해 보스의 구멍 지름, 홈의 깊이 등을 측정할 때 가장 적합한 측정기는?

① 강철자   ② 틈새게이지
③ 마이크로미터   ④ 버니어 캘리퍼스

> 버니어 캘리퍼스의 측정 : 내·외경 및 깊이, 길이

77 육각 홈이 있는 둥근 머리 볼트를 체결할 때 사용하는 공구는?

① 훅 스패너   ② 육각 L-렌치
③ 조합 스패너   ④ 더블 오프셋 렌치

> 육각 L-렌치는 볼트 머리에 6각의 홈이 파져 있는 볼트나 나사의 탈착에 사용한다.

78 송풍기의 베어링 과열 원인이 아닌 것은?

① 베어링의 마모
② 베어링 조립 불량
③ 임펠러(impeller)의 부식
④ 그리스(grease)의 과충전

> 임펠러 부식은 송풍량 감소의 원인이 된다.

79 송풍기의 회전수를 변화시키는 방법이 아닌 것은?

① 가변 풀리에 의한 조절
② 정류자 전동기에 의한 조절
③ 극수 변환 전동기에 의한 조절
④ 열동 과전류 계전기에 의한 조절

> 열동 과전류 계전기는 열 효과에 의해 작동하는 계전기로, 흔히 '과부하계전기(서멀릴레이)'라고도 하며 주로 전동기설비의 과부하 보호에 사용된다.

80 유도전동기에서 회전수(N_S), 극수(P) 및 주파수(F)의 관계식이 옳은 것은?

① $N_S = \dfrac{120F}{P}$ ② $N_S = \dfrac{120P}{F}$

③ $N_S = \dfrac{120F}{PF}$ ④ $N_S = \dfrac{PF}{120}$

정답 최근기출문제 2020년 1·2회 통합 시행

01 ①	02 ②	03 ②	04 ④	05 ①
06 ④	07 ③	08 ④	09 ③	10 ④
11 ①	12 ①	13 ④	14 ②	15 ④
16 ①	17 ③	18 ④	19 ②	20 ②
21 ③	22 ②	23 ②	24 ④	25 ①
26 ④	27 ①	28 ③	29 ④	30 ①
31 ②	32 ②	33 ④	34 ④	35 ③
36 ④	37 ①	38 ④	39 ①	40 ③
41 ②	42 ②	43 ④	44 ①	45 ④
46 ①	47 ③	48 ④	49 ④	50 ④
51 ③	52 ②	53 ①	54 ②	55 ①
56 ②	57 ②	58 ②	59 ②	60 ③
61 ①	62 ②	63 ④	64 ②	65 ④
66 ③	67 ②	68 ③	69 ③	70 ①
71 ②	72 ②	73 ①	74 ③	75 ④
76 ④	77 ②	78 ③	79 ④	80 ①

제1과목 공유압 및 자동화시스템

01 유체의 흐름은 층류와 난류가 있다. 배관 내에서 유체 흐름의 형태를 결정짓는 것은?

① 레이놀즈 수 ② 베르누이 정리
③ 파스칼의 원리 ④ 토리첼리의 정리

> 레이놀즈수(Re)는 관성력과 점성력의 비율로, Re : 2100 이하일 때 층류, Re : 4000 이상일 때 난류로 구분하며, 그 사이 영역을 천이구역이라 한다.

02 베인형 압축기의 특징이 아닌 것은?

① 소음과 진동이 작다.
② 압력을 일정하게 공급한다.
③ 소형으로 제작이 가능하다.
④ 압축기 벽면에 냉각핀을 부착해야 한다.

> 압축기 벽면에 냉각핀을 부착하는 것은 왕복 압축기에 해당된다.

03 실린더 튜브와 커버를 체결하는 것으로, 공기 압력이나 피스톤 왕복운동 시 충격력을 흡수할 수 있는 충분한 강도를 가져야 하는 부품은?

① 쿠션 링 ② 타이로드
③ 피스톤 로드 ④ 피스톤 패킹

> 타이로드는 고압이 가해지는 실린더에서 압력에 의한 충격을 감소시키기 위해 사용한다.

04 유압실린더 피스톤 로드의 추력 방향이 실린더 축심 끝을 기준으로 원주상 일정각도로 회전할 수 있도록 하기 위한 실린더 설치형식은?

① 풋형 ② 램형
③ 플랜지형 ④ 클레비스형

> 단동실린더에는 피스톤형, 플런저 램형 등이 있으며 요동실린더에는 클레비스형(CA), 트러니언형(TA) 등이 있다. 클레비스비형은 피스톤 로드의 중심선에 대해 수직 방향의 핀 구멍을 가진 U자형 링크에 의해 지지된 결합 형식의 실린더이다.

05 다음 회로의 명칭은? (단, A와 B는 입력이다.)

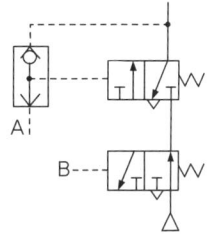

① NAND 회로
② Flip-Flop 회로
③ Check Valve 회로
④ Exclusive OR 회로

> 플립플롭 회로는 0과1을 가지고 1비트를 기억 할 수 있는 회로이며 2개의 안정인 상태를 갖고, 외부로부터의 신호에 의해 어느 한쪽의 안정적인 상태를 선택할 수 있는 회로이다.

06 유압신호를 전기신호로 전환시키는 기기는?

① 압력스위치 ② 유압실린더
③ 방향제어밸브 ④ 압력제어밸브

> ▶ 유량제어밸브
> • 교축밸브 : 유로의 단면적을 교축하여 유량을 제어하는 밸브로 연료와 공기의 혼합량을 조절한다.
> • 속도제어밸브 : 유량을 교축하는 동시에 흐름의 방향을 제어하는 밸브로 실린더 속도 제어용으로 사용한다.
> • 급속배기밸브 : 실린더의 속도를 증가시켜 급속히 작동시키고자 할 때 사용된다.
> • 스톱밸브 : 배관내의 흐름을 열거나 닫히게 하여 제어하는 밸브이다.
> • 압력스위치 : 유압신호를 전기신호로 전환시키는 일종의 스위치이다.

07 회로압이 설정압을 초과하면 유체압에 의하여 파열되어 유압유를 탱크로 귀환시키고 동시에 압력상승을 막아 기기를 보호하는 역할을 하는 유압기기는?

① 유체 퓨즈
② 체크 밸브
③ 압력 스위치
④ 릴리프 밸브

> 유체 퓨즈(fluid switch)는 과대한 압력상승으로부터 유압회로의 기기를 보호하는 것으로, 다른 압력제어밸브보다 급격한 압력변화에 대해 응답이 빨라 신뢰성이 좋다.

08 공기압시스템에 부착된 압력게이지의 눈금이 0.5MPa을 나타낼 때 절대압력은 몇 MPa 인가?

① 0.3
② 0.4
③ 0.5
④ 0.6

> 절대압력 = 대기압 + 계기압 = 0.1MPa + 0.5MPa = 0.6MPa

09 기호의 표시방법과 해석에 관한 설명으로 틀린 것은?

① 포트는 관로나 기호요소의 접점으로 나타낸다.
② 기호는 기기의 실제 구조를 나타내는 것이 아니다.
③ 기호는 기능·조작 방법 및 외부 접속구를 표시한다.
④ 기호는 압력, 유량 등의 수치 또는 기기의 설정값을 표시한 것이다.

> ▶ 유압 공압 기호의 표시방법과 해석과 기본사항
> • 기호는 기능 조작 방법 및 외부 접속구를 표시한다.
> • 기호는 기기의 실제구조를 나타내는 것은 아니다.
> • 기호는 원칙적으로 통상의 운휴상태 또는 기능적인 중립 상태를 나타낸다.
> • 기호는 해당기기의 외부포트의 존재를 표시하나 그 실제의 위치를 나타낼 필요는 없다.
> • 포트는 관로와 기호요소의 접점으로 나타낸다.
> • 포위선 기호를 사용하고 있는 기기의 외부 포트는 관로와 포위선의 접점으로 나타낸다.
> • 복잡한 기호의 경우 기능상 사용되는 접속구만을 나타내면 된다.
> • 기호 중의 문자(숫자는 제외)는 기호의 일부분이다.
> • 기호의 표시법은 한정되어 있는 것을 제외하고 어떠한 방향이라도 좋으나 90° 방향마다 쓰는 것이 바람직하다. 또한 표시방법에 따라 기호의 의미가 달라지는 것은 아니다.
> • 기호는 압력 유량 등의 수치 또는 기기의 설정값을 표시하는 것은 아니다.

10 한쪽 방향으로의 흐름은 제어하지만 역방향의 흐름은 제어가 불가능한 밸브는?

① 감속밸브
② 니들밸브
③ 셔틀밸브
④ 체크밸브

> 체크밸브는 한쪽 방향으로만 흐르게 하는 밸브이며 수평방향에만 설치 가능한 리프트형, 수평, 수직 어느 방향에도 설치가 가능한 스윙형이 있다.

11 전진 및 후진 완료 위치에서 가해지는 충격을 방지하기 위한 유압실린더는?

① 충격 실린더
② 탠덤 실린더
③ 양 로드 실린더
④ 쿠션 내장형 실린더

> • 복동 실린더 : 전, 후진 모두 할 수 있으나 전, 후진 운동 시 힘의 차이가 있으며 행정 거리가 길다.
> • 양로드형 실린더 : 양쪽 방향으로 작동하는 힘이 동일하다.
> • 탠덤 실린더 : 단계적으로 출력제어가 가능하며 큰 위치 에너지를 얻을 수 있다.
> • 충격실린더 : 상당히 큰 충격 에너지를 얻을 수 있으며 속도는 7.5~10m/sec까지 얻을 수 있다
> • 다위치 제어 실린더 : 정확한 위치를 제어할 수 있다.
> • 쿠션 내장형 실린더 : 충격을 완화할 때 사용한다.

12 설비의 신뢰성 정도를 측정하는 기준이 아닌 것은?

① 고장률
② 관리도
③ 평균고장간격시간
④ 평균고장수리시간

> ▶ 설비의 신뢰성 정도를 측정하는 기준
> • 고장률 : 어떤 시점까지 동작하여 온 품목이 계속되는 단위기간 내에 고장을 일으키는 비율(횟수)
> • 평균 고장 간격 시간 : 장치가 고장이 발생한 후부터 재고장이 날 때까지 소요되는 평균 시간
> • 평균 고장 수리 시간 : 고장 발생 순간부터 수리완료 후 정상 작동 시 까지의 평균시간

13 스텝 전동기를 여자 상태로 하여 출력축을 외부에서 회전시키려고 했을 때 이 힘에 대항하여 발생하는 최대 토크는?

① 탈출 토크(pull out torque)
② 홀딩 토크(holding torque)
③ 풀 인 토크(pull in torque)
④ 디텐트 토크(detent torque)

▶ 홀딩 토크(holding torque)
- 스테핑 모터를 여자 상태로 하여 출력축을 외부에서 돌리려고 했을 때 이 힘에 대항하여 발생하는 토크의 최대치를 말한다.
- 최대정지 토크, 최대 홀딩 토크, 구속 토크, 유지 토크라고도 한다.

14 다음 그림에서 입력 신호가 증폭되어 출력신호가 될 때 증폭은 몇 배인가?

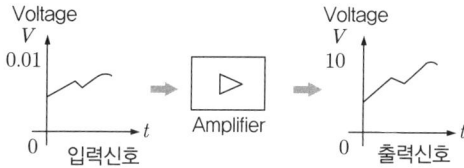

① 10배
② 100배
③ 1000배
④ 10000배

증폭 = $\dfrac{10}{0.01}$ = 1000배

15 자계의 세기나 자극을 판단할 수 있는 반도체 소자는?

① 홀소자
② 포토커플러
③ 포토다이오드
④ 포토트랜지스터

- 홀소자 : 자계의 방향이나 강도를 측정할 수 있는 자기 센서를 말한다.
- 포토커플러 : 전기신호를 빛으로 결합시키는 장치이다.
- 포토다이오드 : 빛에너지를 전기에너지로 변환하는 광센서의 한 종류이다.
- 포토트랜지스터 : 빛에너지를 전기에너지로 변환하는 광센서의 일종으로, 빛의 세기에 따라 흐르는 전류가 변화하는 광기전력 효과를 이용한다.

16 기기에서 발생하는 노이즈를 제거하기 위하여 전원 접지와 구분하여 PLC 기기에 별도로 접지하는 방식은?

① 공용 접지
② 라인 접지
③ 절연 접지
④ 프레임 접지

누전되고 있는 기기에 접촉되었을 때 감전을 방지하고, 노이즈를 제거하기 위해 외함접지 또는 프레임 접지를 한다.

17 다음 프로그램 플로차트(Flow Chart) 기호 중 입력 또는 출력을 나타내는 기호는?

① ○
② ⬭
③ ▱
④ ▭

▶ 플로차트(Flow Chart) 기호
① : 연결자 (흐름이 다른 곳과 연결되는 입·출구를 나타냄)
② : 터미널 (순서도의 시작과 끝을 나타냄)
③ : 입·출력 (터미널의 입력과 출력)
④ : 미리 정의된 처리 (미리 정의된 처리로 옮길 때 사용)

18 고정 결선에 의한 제어 시스템 구성 순서가 바르게 나열된 것은?

ㄱ. 시운전   ㄴ. 기술 선정
ㄷ. 시스템 구성   ㄹ. 회로도 구성

① ㄴ → ㄷ → ㄹ → ㄱ
② ㄴ → ㄹ → ㄷ → ㄱ
③ ㄹ → ㄷ → ㄱ → ㄴ
④ ㄹ → ㄷ → ㄴ → ㄱ

▶ 고정 결선에 의한 제어 시스템 구성 순서
기술 선정 → 회로도 작성 → 시스템 구성 → 시운전

19 이미 정의된 위치 데이터를 수동 키(key) 조작에 의해 직접 입력하는 방식은?

① AGV
② MDI
③ PTP
④ TPB

▶ 로봇 운영 방식
- MDI(Manual Data Input) : 이미 정의된 위치 데이터를 수동 키(key) 조작에 의해 직접 입력하는 방식
- TPB(Teaching Play Back) : 위치 데이터를 서보 오프(servo off)상태에서 수동조작하여 위치를 확인한 후 입력하는 방식
- PTP(Point To Point) : 직각 좌표상에서 두 축을 동시에 제어할 때 두 축이 한 점에서 다른 점까지 움직이는 궤적을 원이 되도록 제어하는 방식

20 제어(control)의 의미로 옳은 것은?

① 측정장치, 제어장치 등을 정비하는 것
② 입력신호보다 높은 레벨의 출력신호를 주는 것
③ 어떤 목적에 적합하도록 대상이 되어 있는 것에 필요한 조작을 가하는 것
④ 어떤 양을 기준으로 하여 사용하는 양과 비교하여 수치나 부호를 표시하는 것

> 제어(control)란 어떤 대상시스템의 상태나 출력이 원하는 특성을 따라가도록 입력신호를 적절히 조절하는 방법이다.

제2과목 설비진단관리 및 기계정비

21 다음 중 흡음에 대한 설명으로 옳은 것은?

① 흡음재의 종류가 같을 경우 흡음률은 항상 일정하다.
② 흡음판에서 일부의 음향에너지는 열로 손실된다.
③ 부드럽고 다공성 표면을 갖는 재질일수록 흡음률은 낮다.
④ 흡음률은 손실에너지에 대한 전체 음향에너지의 비이다.

> 흡음 : 음파의 발생이 흡음재료로 처리된 천장 또는 벽에서 반사될 때 일부는 소음 에너지가 흡수되어 소멸되는 현상
>
> 흡음율 = $\dfrac{\text{흡수된 에너지}}{\text{입사 에너지}}$

22 설비표준화를 위한 설비 코드의 부여 순서로 옳은 것은?

① 계정분류 → 기종분류 → 특성분류 → 규격분류 → 일련번호
② 기종분류 → 특성분류 → 계정분류 → 규격분류 → 일련번호
③ 계정분류 → 특성분류 → 기종분류 → 규격분류 → 일련번호
④ 기종분류 → 계정분류 → 특성분류 → 규격분류 → 일련번호

> 회사·공장 등에서 재료·부품, 제품을 작업장에서 조직과 제조·검사·관리 등을 부서별로 나누어 생산라인에 정한 기준대로 생산하면 된다. (계정분류 → 특성분류 → 기종분류 → 규격분류 → 일련번호)

23 제조원가는 크게 직접비와 간접비로 구분된다. 직접비에 포함되지 않는 비용은 무엇인가?

① 제품 재료비
② 기술지원 인건비
③ 제품 생산 인건비
④ 외주 및 임가공 비용

> ▶ 직접비와 간접비
> • 직접비 : 제품을 만들기 위한 원가가 개개의 제품에 사용되었던 원재료비
> • 간접비 : 어느 제품을 만들기 위해서 사용되었는지가 불명확한 원가(예 사무실 직원 급여 등)

24 축면에 나선상의 홈을 만들고 축을 회전시키면 축의 회전에 따라 기름이 홈을 따라 올라가 축면에 급유되는 방식은?

① 나사 급유법
② 원심 급유법
③ 유욕 급유법
④ 롤러 급유법

> ▶ 순환 급유법
> • 패드 급유법 : 털실이 직접 마찰면에 접촉하는데 모세관 현상에 의해 오일을 공급한다.
> • 유륜 급유법 : 축의 회전에 오일링이 수반되어 마찰면에 오일을 이송하여 윤활한다.
> • 체인 급유법 : 저속의 베어링에 적합하며 고점도의 윤활유를 필요로 할 때 사용한다.
> • 버킷 급유법 : 고하중·고온의 베어링를 냉각하기 위하여 사용한다.
> • 칼라 급유법 : 베어링 전체에 오일이 공급될 수 있으며 스크레이퍼가 부착되어 있다.
> • 비말 급유법 : 활동부의 축에 오일 디퍼나 밸런스웨이터를 설치하여 오일을 튀겨 올리는 방식으로 마찰면에 동시에 급유할 수 있다.
> • 롤러 급유법 : 유류 탱크에 롤러를 설치하여 롤러에 부착되는 오일을 공급한다.
> • 원심 급유법 : 축의 회전력에 의하여 오일이 공급되며 회전이 정지되면 급유가 중단된다.
> • 나사 급유법 : 축에 나선상의 홈을 만들어 축의 회전에 의해 오일이 홈을 따라 공급된다.

25 다음 중 회전기계에서 발생하는 진동을 측정하는 경우, 측정변수를 선정하는 내용에 대한 설명으로 맞는 것은?

① 주파수가 높을수록 변위의 검출감도가 높아진다.
② 진동에너지나 피로도가 문제가 되는 경우 측정변수는 속도로 한다.
③ 회전축의 흔들림이나 공작기계의 떨림 현상이 문제가 되는 경우 측정변수로 가속도를 이용한다.
④ 낮은 주파수에서는 가속도, 중간 주파수에서는 속도, 높은 주파수에서는 변위를 측정변수로 한다.

속도계 : 진동에너지나 피로도가 문제되는 경우 측정변수이며 측정 주파수 범위는 보통 10~1000Hz이다.

26 차음벽 재료의 강성을 두배로 증가시킬 때 투과손실은?

① 3dB 증가한다.
② 3dB 감소한다.
③ 6dB 증가한다.
④ 6dB 감소한다.

무게를 2배로 증가시키거나 주파수를 2배로 증가시키면 투과손실은 6dB 증가한다.

27 제품별 배치(product layout)의 장점이 아닌 것은?

① 정체 시간이 짧기 때문에 재공품이 적다.
② 공정이나 설비가 집중되고 소요면적이 적어진다.
③ 작업자의 간접작업이 적어지므로 실질적 가동률이 향상된다.
④ 작업의 융통성이 적고 공정계열이 다르면 배치를 바꾸어야 한다.

제품별 배치는 각 공정에 따라 필요한 기기를 적정 요소에 배치하는 것으로 공정이나 설비가 집중되고 작업의 융통성이 좋아 가동률이 향상되므로 정체시간이 짧아진다.
※ 재공품 : 생산과정 중에 있는 물품

28 설비보전표준의 분류에 포함되지 않는 것은?

① 수리표준
② 정비표준
③ 설비검사표준
④ 설비성능표준

보전작업표준은 설비의 검사, 수리, 정비 등의 기술적인 방법을 말한다.

29 덕트(duct) 소음이나 배기소음을 방지하기 위해서 사용되는 장치로 맞는 것은?

① 소음기
② 유공판
③ 공명판
④ 진동차단기

배기측에 설치하는 것과 흡입측에 설치하는 것이 있는데, 배기측의 경우를 배기 소음기라고 하고, 흡입측의 경우를 흡입 소음기라고 하며 덕트의 경우 흡입측 소음이 크므로 흡입 소음기를 설치한다.

30 여러 대의 공작기계를 1대의 컴퓨터에 결합시켜 제어하는 생산설비시스템으로 머시닝 센터의 기초가 되는 생산설비를 무엇이라 하는가?

① 수치제어기계(numerical control machine)
② 유연기술시스템(flexible technological system)
③ 직접제어기계(DNC : direct numerical control machine)
④ 컴퓨터 수치 제어(CNC : computerized numerical control machine)

▶ 자동화 시스템
• 여러 대의 CNC 공작기계를 한 대의 컴퓨터에 연결시켜 제어하는 시스템으로, 작업성 및 생산성을 개선함과 동시에 그것을 조합하여 하나의 CNC공작기계 군으로 운영을 제어 관리하는 것을 말하며 컴퓨터와 DNC용 소프트웨어가 필요하다.
• CNC(computer numerical control) : 여러 분야의 기계에 적용되어 사용되고 있으며 급격한 정보화, 전문화에 따른 다품종 소량생산 체제가 요구되고 원가절감 및 생산성 향상으로 경쟁력을 갖추기 위해 NC 공작기계가 널리 사용되고 있다.
• FMS(flexible manufacturing system) : 자동 공구 교환장치나 자동 공작물 교환장치 등을 갖춘 CNC 공작기계와 산업용 로봇, 자동 반송 시스템, 자동창고 등을 총괄하는 중앙 컴퓨터로 소재의 투입에서 가공, 조립, 출고까지 관리하는 생산 시스템을 말하며, 공장 전체를 무인화하여 효율적인 생산관리를 할 수 있다.

31 외란(disturbance)이 가해진 후에 계가 스스로 진동하고 반복되며 외부 힘이 이 계에 작용하지 않는 진동은?

① 감쇠진동　② 강제진동
③ 선형진동　④ 자유진동

> 자유진동에 대하여 주기적인 외력이 작용하고 있을 경우에 생기는 진동을 강제진동이라 하며, 자유진동의 진동수는 진동체의 고유진동수에만 한정된다.

32 일반적으로 사람이 들을 수 있는 가청주파수의 범위는?

① 0.2~30000 Hz
② 0.1~10000 Hz
③ 10~30000 Hz
④ 20~20000 Hz

> 가청주파수는 사람의 귀로 들을 수 있는 음파의 주파수로 가청주파수 범위는 20~20000Hz이며, 이에 따라 초음파의 기준은 20000Hz 이상이 된다.

33 고장 분석에서 설비관리의 목적인 최소비용으로 최대 효율을 얻기 위해서 계획, 진행하는 것과 관계없는 것은?

① 유용성의 향상 : 설비의 가동률을 높인다.
② 경제성의 향상 : 가능한 비용을 절감한다.
③ 신뢰성의 향상 : 설비의 고장을 없게 한다.
④ 보전성의 향상 : 고장에 의한 휴지시간을 단축한다.

> 유용성 : 신뢰성과 보전성을 종합하여 평가하는 척도이며 어느 특정 순간에 기능을 유지하고 있는 확률이다.

34 유틸리티 설비와 관계없는 것은?

① 급수설비　② 하역설비
③ 수처리시설　④ 증기발생장치

> 유틸리티 설비 : 연료, 전기, 급수, 가스 등을 유틸리티라 하며 이를 이용하는 설비를 말한다.

35 제품의 물리적 특성이 기계와 사람을 제품으로 가져오도록 강요하는 설비배치 방식은?

① 제품별 배치(Product Layout)
② 공정별 배치(Process Layout)
③ 정지제품 배치(Static Product Layout)
④ 혼합방식 배치(Mixed Model Layout)

> ▶ 설비배치의 형태
> • 제품별 배치 : 각 공정에 따라 필요한 기기를 적정 요소에 배치하는 것
> • 혼합형 배치 : 기능별, 제품별, 제품 고정형 배치와의 혼합형
> • 기능별 배치 : 제품 중심으로 그 제품을 가공하는데 소요되는 작업장을 구성
> • 정지제품 배치 : 주재료의 부품이 고정된 창고에 있고 사람이나 기계가 이동하며, 작업이 행하여지는 배치

36 다음 가속도계 센서 부착방법 중 사용 주파수 영역이 가장 좁은 방법은?

① 손 고정　② 밀랍 고정
③ 자석 고정　④ 나사 고정

> ▶ 가속도계 센서 부착방법
> • 손 고정 : 조사가 빠르나 전체적인 오차가 생기기 쉽다.
> • 밀랍 고정 : 온도가 높아지면 이상이 생기므로 40℃ 이하에 사용하고 주파수 영역이 정확하다.
> • 자석 고정 : 가속도계의 고정이 용이하나 주파수 영역이 좁고 정확도가 떨어진다.
> • 나사 고정 : 사용 주파수 영역이 넓고 정확도가 좋다.

37 설비관리의 조직계획상 고려할 사항이 옳게 연결된 것은?

① 제품의 특성 - 프로세스, 계속성
② 설비의 특징 - 입지, 분산의 비율, 환경
③ 외주 이용도 - 구조, 기능, 열화의 속도 및 정도
④ 인적구성과 그의 역사적 배경 - 기술 수준, 관리 수준, 인간관계

> ▶ 설비 기능
> • 지리적 조건 : 입지, 분산의 비율과 주변 환경
> • 생산 형태 : 프로세스, 계속성 · 설비의 특징 : 구조, 기능, 열화의 속도 및 정도
> • 외주 이용도 : 외주 이용의 가능성 및 경제성
> • 인적구성과 그의 역사적 배경 : 기술 수준, 관리 수준, 인간관계

38 정비계획 수립 시 고려할 사항이 아닌 것은?

① 수리 요원
② 제품성분 분석
③ 생산계획 확인
④ 설비능력 파악

> ▶ 정비 계획 수립 시 검토할 사항
> • 설비의 능력을 파악
> • 수리형태를 파악하고 점검계획
> • 수리 요원의 능력과 인원을 검토하여 정비계획을 수립
> • 수리시기 및 수리기간 파악
> • 생산계획 및 수리계획
> • 일상점검 및 주간, 월간, 연간 등의 정기수리 파악

39 기계진동 방지대책으로 거더(girder)를 이용하는 주된 이유는?

① 강성을 높인다.
② 균형을 맞춘다.
③ 설치면적을 넓힌다.
④ 고유진동수를 낮춘다.

> 거더(girder)는 진동방지 대책으로 스프링 차단기 위에 놓아 고유진동수를 낮추는 역할을 한다.

40 다음 중 윤활유의 작용이 아닌 것은?

① 감마 작용
② 냉각 작용
③ 방독 작용
④ 응력 분산 작용

> 윤활유의 작용
> • 감마작용 : 윤활부분의 마찰을 감소하므로 마모와 소착(燒着)을 방지
> • 냉각작용 : 마찰열 및 외부에서 흡수된 열을 방출하는 작용
> • 응력 분산작용 : 활동 부분에 가해진 힘을 분산시켜 균일하게 작용
> • 밀봉작용 : 내부의 유체 누설과 외부로부터 외기의 침입을 방지
> • 방청작용 : 금속 표면의 녹이 스는 것을 방지
> • 방진작용 : 윤활개소에 먼지 등 이물질 혼입되는 것을 방지

제3과목 공업계측 및 전기전자제어

41 논리식 $Y = \overline{A} \cdot B \cdot \overline{C} + \overline{A} \cdot B \cdot C + A \cdot B \cdot \overline{C}$를 간략화한 식은?

① $Y = A \cdot B + B \cdot C$
② $Y = A \cdot \overline{B} + B \cdot C$
③ $Y = A \cdot \overline{B} + B \cdot \overline{C}$
④ $Y = \overline{A} \cdot B + B \cdot \overline{C}$

> $Y = \overline{A} \cdot B \cdot \overline{C} + \overline{A} \cdot B \cdot C + A \cdot B \cdot \overline{C}$
> $= \overline{A} \cdot B \cdot (\overline{C}+C) + A \cdot B \cdot \overline{C}$ ← $\overline{A} \cdot B$로 묶음
> $= \overline{A} \cdot B + A \cdot B \cdot \overline{C}$ ← $\overline{C} \cdot C = 1$
> $= B \cdot (\overline{A} + A \cdot \overline{C})$ ← B로 묶음
> $= B \cdot (\overline{A} + A) \cdot (\overline{A} + \overline{C})$ ← 분배법칙
> $= B \cdot (\overline{B} + \overline{C})$ ← $\overline{A} \cdot A = 1$
> $= \overline{B} \cdot \overline{A} + B \cdot \overline{C}$ ← 분배법칙
> $= \overline{A} \cdot B + B \cdot \overline{C}$

42 $C_1 = 3\mu F$, $C_2 = 6\mu F$의 콘덴서를 병렬로 접속해서 1kV의 전압을 인가하였다. 전체 콘덴서 C에 축적되는 에너지(J)는?

① 1
② 2
③ 3.5
④ 4.5

> 콘덴서들을 병렬로 접속하면 합성 정전 용량은 각 콘덴서의 정전용량의 합과 같다.
> $C = C_1 + C_2 = 3 + 6 = 9 [\mu F] = 9 \times 10^{-6} [F]$
> 축적에너지 $W = \frac{1}{2}CV^2 = \frac{1}{2} \times 9 \times 10^{-6} \times (10^3)^2 = 4.5 [J]$

43 잔류편차를 제거하기 위해 사용하는 제어기는?

① 비례제어
② ON · OFF제어
③ 비례적분제어
④ 비례미분제어

> 비례 적분 동작(Proportional - Integral control)
> • PI 제어동작, 비례 Reset 동작이라고도 한다.
> • 제어 동작 중 가장 정밀하다.
> • off - set이 없게 할 수 있는 동작이다.
> • 전류편차와 사이클링이 없어 널리 사용되는 동작이다.
> • 간헐현상이 있다.
> • PI제어동작은 프로세스 제어계의 정상 특성 개선에 흔히 사용되는데, 이것에 대응하는 보상요소를 지상보상요소라 한다.
> • PI 제어 공학은 공정 제어계의 정상특성을 개선하기 위하여 사용한다.

44 다음 그림은 제어밸브 고유 유량 특성에 대한 것이다. ①번 곡선에 해당되는 특성은?

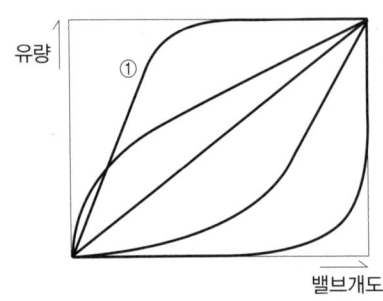

① 리니어
② 이퀄 퍼센트
③ 퀵 오픈
④ 하이퍼 볼릭

> 퀵 오픈 곡선은 밸브의 stem이 올라가면 순식간에 최대유량에 접근되는 특성을 나타내며 주로 2위치 제어밸브에 적당하다.

45 그림과 같은 연산 증폭기의 출력 전압 V_O는 다음 중 어느 것인가?

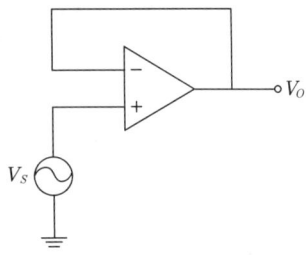

① $V_O = 1$
② $V_O = V_S$
③ $V_O = 0$
④ $V_O = -V_S$

> 연산증폭기는 직류로부터 특정한 주파수 범위 사이에서 되먹임 증폭기를 이용하여 일정한 연산을 할 수 있도록 한 직류 증폭기이며 두 개의 입력단자와 한 개의 출력단자를 갖는다. 연산증폭기는 두 입력단자 전압간의 차이를 증폭하는 증폭기이기에 입력단은 차동증폭기로 되어있다.

46 3상 유도 전동기의 회전 방향은 전동기에서 발생되는 회전 자계의 회전 방향과 어떤 관계가 있는가?

① 부하 조건에 따라 회전 방향이 변화 한다.
② 특별한 관계가 없다.
③ 회전 자계의 회전 방향으로 회전한다.
④ 회전 자계의 반대 방향으로 회전한다.

> 3상 유도 전동기의 회전 방향은 이 전동기에서 발생되는 회전 자계의 회전 방향으로 회전한다.

47 조절밸브(제어요소)가 프로세스(제어대상)에 주는 신호는?

① 조작량
② 제어량
③ 기준입력
④ 동작신호

> ▶ 프로세스(제어대상)
> • 조작부 : 조절부로 부터의 신호를 조작량으로 변화하여 제어대상에 작용한다.
> • 검출부 : 압력, 온도, 유량 등의 제어량을 측정 신호로 나타낸다.
> • 조절부 : 기준 입력과 검출부 출력을 합하여 제어계가 소요의 작용을 하는데 필요한 신호를 조작부로 보낸다. (동작신호를 만드는 부분)

48 다음 시퀀스 회로를 논리식으로 나타낸 것은?

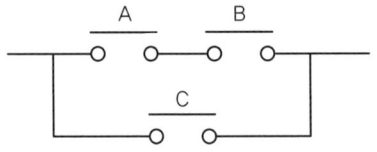

① $A \cdot B \cdot C$
② $(A \cdot B) + C$
③ $A \cdot (B + C)$
④ $(A + B) \cdot C$

> A와 B는 직렬연결(논리곱, AND회로), A, B와 C는 병렬연결(논리합, OR회로)이므로 (A · B) + C 가 되어야 한다.

49 이상적인 연산증폭기의 특성이 아닌 것은?

① 입력저항은 무한대이다.
② 전압이득은 무한대이다.
③ 대역폭은 0 이다.
④ 출력저항은 0 이다.

> ▶ 이상적인 연산증폭기 특성
> • 전압 이득이 무한대이다.
> • 입력 저항이 무한대이다.
> • 출력 저항이 "0" 이다.
> • 대역폭이 무한대이고, 지연응답이 "0" 이다.
> • 오프셋(off-set)이 "0" 이다.

50 SI 기본 단위계가 아닌 것은?

① m
② K
③ cd
④ rad

▶ SI 기본 단위계 (7가지)
미터(m), 킬로그램(kg), 초(s), 암페어(A), 켈빈(K), 몰(mol), 칸델라(cd)

51 전동기의 과부하 보호장치로 사용되는 계전기는?

① 지락계전기(GR)
② 열동계전기(THR)
③ 부족전압 계전기(UVR)
④ 래칭 릴레이(LR)

▶ 전동기의 과부하 보호장치
· 전동기용 퓨즈, 전동기 보호용 배선용 차단기
· 열동, 유도형, 전자식, 디지털 계전기

52 16진수 A6을 2진수로 나타낸 것은?

① 10010110
② 01101001
③ 10100110
④ 01101010

▶ 진법변환(10진수↔2진수↔16진수)

| 2진수 | | | | 10진수 | 16진수 |
$8 (=2^3)$	$4 (=2^2)$	$2 (=2^1)$	$1 (=2^0)$		
0	0	0	0	0	0
0	0	0	1	1	1
0	0	1	0	2	2
0	0	1	1	3	3
0	1	0	0	4	4
0	1	0	1	5	5
0	1	1	0	6	6
0	1	1	1	7	7
1	0	0	0	8	8
1	0	0	1	9	9
1	0	1	0	10	A
1	0	1	1	11	B
1	1	0	0	12	C
1	1	0	1	13	D
1	1	1	0	14	E
1	1	1	1	15	F

∴ $A6_{(16)} = 1010\ 0110_{(2)}$

53 전동식 구동부를 가진 제어밸브의 특징이 아닌 것은?

① 신호전달의 지연이 없다.
② 동력원 획득이 용이하다.
③ 큰 조작력을 얻을 수 있다.
④ 공기압 구동부에 비해 구조가 복잡하지 않고 비용이 적게 든다.

전동식은 구조가 복잡하다.

54 저항의 직렬접속 회로에 대한 설명 중 틀린 것은?

① 직렬회로의 전체 저항 값은 각 저항의 총 합계와 같다.
② 직렬회로 내에서 각 저항에는 같은 크기의 전류가 흐른다.
③ 직렬회로 내에서 각 저항에 걸리는 전압강하의 합은 전원 전압과 같다.
④ 직렬회로 내에서 각 저항에 걸리는 전압의 크기는 각 저항의 크기와 무관하다.

직렬접속의 전압과 전류는 저항에 비례하여 전압이 분배된다. 직렬 접속은 저항의 합이 증가하는 것으로 합성저항은 전체를 더한 것과 같다.

55 15Ω의 저항 3개를 병렬로 접속하면 합성저항(Ω)은?

① 45
② 10
③ 20
④ 5

동일한 값을 가진 병렬연결의 저항값은 다음과 같다.
합성저항 = $\dfrac{\text{저항값}}{\text{저항갯수}} = \dfrac{15}{3} = 5\Omega$

56 측정의 기본방법 중 눈금자를 직접 제품에 대고 실제 길이를 알아내는 것은?

① 직접 측정
② 간접 측정
③ 절대 측정
④ 비교 측정

▶ 측정의 기본방법
- 직접 측정 : 일정한 길이나 각도가 표시되어 있는 측정기구를 사용하여 직접 눈금을 읽어 측정하는 방법이다.
- 간접 측정 : 측정물의 측정치를 직접 읽을 수 없는 경우에 측정량과 일정한 관계에 있는 개개의 양을 측정하여, 그 측정값으로부터 계산에 의하여 측정하는 방법이다.
- 비교 측정 : 기준이 되는 일정한 치수와 측정물의 치수를 비교하여 그 측정치의 차이를 읽는 방법으로, 게이지 블록을 이용하여 높이를 정밀 측정하거나, 각도게이지를 이용하여 부품의 각도를 비교 측정하는 방법 등이 있다.
- 절대 측정 : 정의에 따라 결정된 양을 실현시키고, 그것을 이용하여 측정하는 것 또는 조립량의 측정을 기본량만의 측정으로 유도하는 것을 절대 측정이라 한다.

57 전류의 최댓값을 I_m이라 할 때 사인파 교류의 실효값 I와 I_m의 관계는?

① $I = I_m$　　② $I = \dfrac{I_m}{\sqrt{2}}$

③ $I = \dfrac{2}{\pi} I_m$　　④ $I = \sqrt{2}\, I_m$

▶ 순시값, 최대값, 실효값, 평균값
- 순시값 : 시간(t)에 전압이나 전류가 순간변화하고 있는 것을 나타내는 것
- 최대값 : 순시값 중에서 가장 큰 값 $I_m = I \times \sqrt{2}$
- 실효값 : 순시값의 제곱에 대한 평균값의 제곱근 $I = \dfrac{I_m}{\sqrt{2}}$
- 평균값 : 순시값의 1주기 동안의 평균으로 정현파는 1/2 기간의 평균
$$V_a = \dfrac{2\sqrt{2}}{\pi} \times V = 0.9 \times V$$

58 다음 중 트랜지스터의 최대정격으로 사용하지 않는 것은?

① 접합 온도　　② 최고 사용 주파수
③ 컬렉터 전류　　④ 컬렉터-베이스 전압

트랜지스터를 안전하게 사용하기 위해 전류, 전압, 전력, 온도 등의 정해진 최대 정격값을 넘게 해서는 안된다.

59 10~15kW 정도의 3상 농형 유도전동기의 기동방식으로 사용하는 것은?

① 반발 기동
② $Y-\Delta$ 기동
③ 전전압 기동
④ 기동보상기를 사용한 기동

▶ 3상 농형 유도전동기의 기동 방식
- 3.75kW 이하 : 전전압 기동(직입 기동)
- 5~15kW : $Y-\Delta$ 기동
- 15kW 이상 : 기동 보상기에 의한 기동이나 리액터 기동 방식

60 온도검출에 적합한 소자는?

① 포토 다이오드
② 서미스터
③ 바리스터
④ 제너 다이오드

▶ 서미스터(thermistor)
온도변화에 따라 소자의 전기저항이 크게 변화하는 반도체 감온소자로서 널리 이용되고 있다

제4과목 기계정비 일반

61 다음 중 축에 고정된 기어, 커플링, 풀리 등을 분해하려고 할 때 가장 적절한 방법은?

① 기어 풀러를 이용한다.
② 황동 망치로 가볍게 두드린다.
③ 쇠붙이를 대고 쇠망치로 두드린다.
④ 가열하여 팽창되었을 때 충격을 주어 빼낸다.

기어 풀러는 풀리 빼기라고도 하며 기어, 풀리, 구름 베어링 등을 축에서 분해 할 때 사용하는 공구이다.

62 펌프의 축 추력을 제거할 수 있는 방법으로 적절한 것은?

① 다단 펌프를 사용한다.
② 고 양정 펌프를 사용한다.
③ 고 유량 펌프를 사용한다.
④ 양 흡입 펌프를 사용한다.

일반적으로 양 흡입 펌프는 임펠러를 대칭으로 배열하여 각각으로 작용하는 축 추력을 상쇄시킨다.

63 압축기 설치장소를 적절하지 않은 곳은?

① 습기가 적은 곳
② 지반이 견고한 곳
③ 유해물질이 적은 곳
④ 우수, 염풍, 일광이 있는 곳

> 압축기는 저압의 가스를 고압의 가스로 압축하는 곳으로 외기(우수, 일광 등)의 영향이 없는 곳에 설치하여야 한다.

64 통풍기의 압력 범위는?

① 0.1 kgf/cm^2 이하
② $0.1 \sim 10 \text{ kgf/cm}^2$
③ 10 kgf/cm^2 이상
④ 20 kgf/cm^2 이상

> ▶ 통풍기 압력 : 0.1kgf/cm^2 이하 (= 1mAq)
> • 송풍기 압력 : 대기압 하에서 공기를 흡입하고 압력 상승은 1000mmAq 미만이다.

65 밸브의 무게와 양면에 작용하는 압력차로 작동하여 유체의 역류를 방지하는 밸브는?

① 감압 밸브
② 체크 밸브
③ 게이트 밸브
④ 다이어프램 밸브

> 유체의 역류를 방지하는 밸브는 체크밸브이며 수평배관에는 리프트형, 수직·수평 배관 모두에 사용 가능한 것은 스윙형을 사용한다.

66 소형 원심 펌프에서 전 양정이 몇 m 이상일 때 체크 밸브를 설치하는가?

① 10m
② 20m
③ 50m
④ 100m

> 전양정 100m 이상의 고양정 소구경의 펌프에 역류방지밸브 또는 풋 밸브가 사용된다.

67 너트의 풀림 방지용으로 사용되는 와셔로 적절하지 않은 것은?

① 사각 와셔
② 스프링 와셔
③ 톱니붙이 와셔
④ 혀붙이 와셔

> 볼트와 너트를 체결할 때 스프링 와셔(Spring washer), 고무 와셔, 혀붙이 와셔, 톱니붙이 와셔 등 특수 와셔를 사용한다.
> ▶ 볼트, 너트의 풀림 발생원인
> • 너트의 길이가 짧아 접촉압력이 작을 경우
> • 주변의 진동, 충격을 받아 순간적으로 접촉압력이 감소되는 경우
> • 나사 접합부에서 미끄럼이 반복되어 미동 마멸이 생기는 경우
> • 주변 온도의 변화로 인해 나사가 수축, 팽창되어 나사 이음이 약해지는 경우

68 두 축의 중심선이 일치하지 않거나, 토크의 변동으로 충격 하중이 발생하거나 진동이 많은 곳에 주로 사용하는 축이음은?

① 머플 커플링
② 셀러 커플링
③ 올덤 커플링
④ 플렉시블 커플링

> ▶ 플렉시블 커플링
> 두 축이 정확히 일치하지 않는 경우에 사용하며, 급격히 힘이 변화하는 경우, 완충 작용과 전기 절연작용을 한다.

69 베어링을 축 방향으로 이동을 방지하기 위하여 스냅 링을 보스나 축에 장착하는데, 이를 조립하거나 분해할 때 쓰이는 공구로 적절한 것은?

① 조합 플라이어(combination plier)
② 스톱 링 플라이어(stop ring plier)
③ 롱 노즈 플라이어(iong nose plier)
④ 워터 노즈 플라이어(water nose plier)

> 스냅 링은 축 또는 구멍의 틈에 끼워넣어 상대의 보스 또는 축 등의 부품이 빠져 나가지 않도록 사용하며 스톱 링 플라이어(stop ring plier)는 구부러진 축을 수리 또는 분해 할 때 사용되는 공구이다.

70 공기압축기의 흡입 관로에 설치하는 스트레이너(strainer)의 설치 목적으로 옳은 것은?

① 배관의 맥동으로 소음이 발생하는 것을 방지해 준다.
② 빗물이 스며들어 압축기에 들어가지 않도록 차단해 준다.
③ 나뭇잎 등의 이물질이 압축기에 들어가지 않도록 차단해 준다.
④ 공기 중의 수분이 응축되어 압축기에 들어가지 않도록 제거해 준다.

> 스트레이너(strainer)는 압축기나 펌프 흡입측에 설치하여 이물질이 들어가지 못하도록 하는 역할을 한다.

71 볼트의 밑 부분이 부러졌을 때 빼내기 위해 사용하는 공구는?

① 탭
② 드릴
③ 스크루 바이스
④ 스크루 익스트랙터

> 스크루 익스트랙터는 드라이버이지만 훨씬 단단한 강철로 만들어졌으며, 끝이 역나사로 되어 있으며 마모된 나사 또는 볼트의 밑 부분이 부러졌을 때 이를 제거할 수 있다.

72 접착제의 구비조건으로 적절하지 않은 것은?

① 액체성일 것
② 접착제가 파괴되지 않는 저분자일 것
③ 고체 표면의 좁은 틈새에 침투하여 모세관 작용을 할 것
④ 도포 직후 화학반응에 의하여 고체화되고 일정한 강도를 가질 것

> 접착제가 파괴되지 않는 고분자이어야 한다.

73 열 박음에서 끼워 맞춤 가열온도를 구하는 식으로 옳은 것은? (단, T : 가열온도, Δd : 죔새(축지름-구멍지름), α : 열팽창계수, D : 구멍지름)

① $T = \dfrac{\Delta d}{D}$
② $T = \dfrac{\alpha \times D}{\Delta d}$
③ $T = \dfrac{\Delta d}{\alpha \times D}$
④ $T = \dfrac{D}{\Delta d}$

74 롤러 체인을 스프로킷 휠이 부착된 평행 축에 평행 걸기를 할 때 거는 방법으로 적절한 것은?

① 긴장측에 긴장 풀리를 사용하여 건다.
② 이완측에 이완 풀리를 사용하여 건다.
③ 긴장측은 위로, 이완측은 아래로 하여 건다.
④ 긴장측은 아래로, 이완측은 위로 하여 건다.

> 롤러 체인은 2개의 강판으로 만든 링을 핀으로 연결한 것으로 핀에 부시, 롤러를 끼운 것이며 스프로킷 휠은 작은 스프로킷과 큰 스프로킷으로 나뉘어지며 긴장측은 위로, 이완측은 아래로 하여 건다.

75 축이나 커플링이 진원에서 얼마나 편차가 되었는가를 확인하는 축 정렬 준비사항은?

① 봉의 변형량(sag)의 측정
② 흔들림 공차(ren out)의 측정
③ 커플링 면 갭(face gap)의 측정
④ 소프트 풋(soft foot) 상태의 측정

> 흔들림 공차(ren out)는 어떤 직선을 회전축으로 하고 대상 물체(부품)를 회전시켜 대상 물체 형체의 흔들림 변동값을 규제하는 기하 공차로 축이나 커플링이 진원에서의 편차를 확인하여 축을 정렬하는데 사용한다.

76 프로펠러의 양력으로 액체의 흐름을 임펠러에 대해 축 방향으로 평행하게 흡입, 토출하는 것으로 대구경, 대용량이며 비교적 낮은 양정(1~5m 정도)이 필요한 곳에 사용되는 펌프는?

① 기어 펌프
② 수격 펌프
③ 원심 펌프
④ 축류 펌프

> 축류펌프는 송출량이 매우 많으며 저양정(양정은 1~5m)으로 축방향에서 유입하여 임펠러를 지나 축방향으로 유출한다. 많은 유량에 비해 형상이 작아서 설치 면적도 줄일 수 있는 장점이 있다.

77 원심형 통풍기의 정기 검사 시 기록해야 할 사항이 아닌 것은?

① 검사비
② 검사자
③ 검사 개소
④ 검사 방법

> ▶ 원심형 통풍기(fan)의 정기검사 기록 사항
> 검사자, 검사 개소, 검사방법
>
> ▶ 원심형 통풍기(fan)의 정기검사 항목
> • 흡기, 배기의 능력
> • 통풍기의 주유상태
> • 덕트의 마모상태
> • 덕트, 배풍기의 먼지, 퇴적상태
> • 덕트 접촉부의 풀림 상태

78 원심 펌프의 이상원인 중 시동 후 송출이 되지 않는 원인으로 적절하지 않은 것은?

① 회전 방향이 다를 때
② 펌프 내 공기가 없을 때
③ 인펠러가 손상 되었을 때
④ 임펄러에 이물질이 걸렸을 때

> 펌프 내 공기가 존재하면 물의 송출을 방해하고 공동현상을 유발하게 된다. 펌프 시동 전에 반드시 공기를 방출하고 펌프 내 액을 충만하게 하여 운전하여야 한다.

79 펌프에서 캐비테이션(cavitation)이 발생했을 때 그 영향으로 적절하지 않은 것은?

① 소음과 진동이 생긴다.
② 펌프의 성능에는 변화가 없다.
③ 압력이 저하되면 양수가 불가능해진다.
④ 펌프 내부에 침식이 생겨 펌프를 손상시킨다.

> 펌프에서 캐비테이션(cavitation)이 발생하면 펌프 성능저하로 액의 송출을 방해한다.

80 기계 조립작업 시 주의사항으로 적절하지 않은 것은?

① 볼트와 너트는 균일하게 체결할 것
② 무리한 힘을 가하여 조립하지 말 것
③ 정밀기계는 장갑을 착용하고 작업할 것
④ 접합면에 이물질이 들어가지 않도록 할 것

> ▶ 기계의 분해 · 조립 주의사항
> • 무리한 분해 · 조립을 하지 말 것
> • 접촉면은 깨끗이 청소 후에 조립할 것
> • 접합면에 이물질이 침입되지 않도록 할 것
> • 라이너의 틈새 조정은 정확히 할 것
> • 정밀기계는 장갑을 착용하지 말 것
> • 분해 순서를 정확히 하여 조립 시 순서가 틀리지 않도록 할 것
> • 습동부 등에 흠집이 나지 않도록 할 것
> • 배관 내에 이물질을 넣은 채로 조립하지 말 것

정답 최근기출문제 2020년 3회 시행

01 ①	02 ④	03 ②	04 ④	05 ②
06 ①	07 ①	08 ④	09 ④	10 ④
11 ④	12 ②	13 ②	14 ③	15 ①
16 ④	17 ③	18 ②	19 ②	20 ③
21 ②	22 ③	23 ②	24 ①	25 ②
26 ③	27 ④	28 ④	29 ①	30 ②
31 ④	32 ④	33 ①	34 ②	35 ③
36 ①	37 ②	38 ②	39 ④	40 ③
41 ④	42 ④	43 ②	44 ③	45 ②
46 ②	47 ①	48 ②	49 ③	50 ④
51 ②	52 ③	53 ④	54 ④	55 ④
56 ①	57 ②	58 ②	59 ②	60 ②
61 ①	62 ④	63 ④	64 ①	65 ②
66 ④	67 ①	68 ④	69 ②	70 ③
71 ④	72 ②	73 ②	74 ③	75 ②
76 ④	77 ①	78 ②	79 ②	80 ③

기계정비산업기사 필기

2024년 01월 05일 인쇄
2024년 01월 20일 발행

지은이 | 마용화
펴낸이 | 이강복

펴낸곳 | (주)도서출판 책과상상
주 소 | 경기도 고양시 일산동구 장항로 203-191
대표전화 | 02-3272-1703
구입문의 | 02-3272-1704
출판등록 | 제2020-000205호
홈페이지 | www.sangsangbooks.co.kr

Copyright©마용화, 2024. Printed in Seoul, Korea

- 잘못된 책은 구입한 서점에서 교환해 드립니다.
- 이 책에 실린 모든 내용, 디자인, 이미지, 편집구성의 저작권은 (주)책과상상과 저자에게 있습니다. 허락없이 복제하거나 다른 매체에 옮겨 실을 수 없습니다.

책값은 뒤표지에 있습니다.

ISBN 979-11-6967-027-2